中国石油“十五”科技进展丛书
丛书主编：周吉平

石油地球物理勘探技术进展

主　编：钱荣钧　王尚旭
副主编：詹世凡　赵　恒

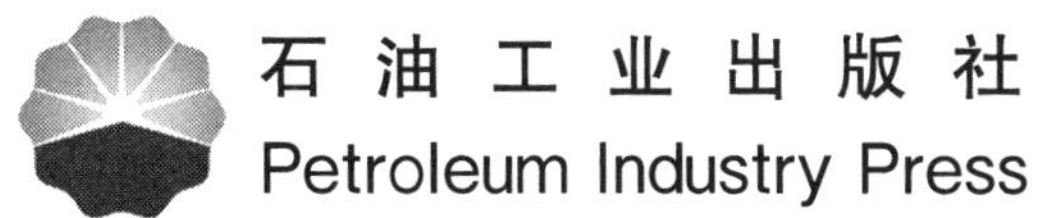

内 容 提 要

本书在总结中国石油天然气集团公司近年来石油地球物理勘探科技发展技术创新成果的基础上，概述了“十五”以来地震勘探数据采集、处理、解释、地球物理软件、模型、储层地球物理、重磁电综合勘探等技术，并对“十一五”石油地球物理勘探技术作了展望。

本书可供从事石油物探的科技人员和管理人员使用，也可作为大专院校相关专业师生的参考书。

图书在版编目（CIP）数据

石油地球物理勘探技术进展/钱荣钧，王尚旭主编．
北京：石油工业出版社，2006.9
（中国石油“十五”科技进展丛书/周吉平主编）
ISBN 7－5021－5653－4

Ⅰ. 石…
Ⅱ. ①钱… ②王…
Ⅲ. 油气勘探：地球物理勘探
Ⅳ. P618.130.8

中国版本图书馆 CIP 数据核字（2006）第 089362 号

石油地球物理勘探技术进展
Shiyou Diqiu Wuli Kantan Jishu Jinzhan

出版发行：石油工业出版社
（北京安定门外安华里 2 区 1 号　100011）
网　址：www.petropub.com.cn
发行部：（010）64210392
经　销：全国新华书店
印　刷：石油工业出版社印刷厂

2006 年 9 月第 1 版　2006 年 9 月第 1 次印刷
787×1092 毫米　开本：1/16　印张：28.75
字数：731 千字　印数：1—5000 册

定价：96.00 元
（如出现印装质量问题，我社发行部负责调换）

《石油地球物理勘探技术进展》编写组

主　　编：钱荣钧　王尚旭

副 主 编：詹世凡　赵　恒

主要编写人员：（按姓氏笔画排序）

王守东　王润秋　冯许魁　卢学琪　全海燕　刘云祥
严又生　何展翔　张延庆　张振生　李生杰　李彦鹏
李培明　汪廷璋　邵永梅　陈小宏　易昌华　罗福龙
郑　莉　姚逢昌　赵　波　赵振文　倪　逸　徐礼贵
柴玉璞　陶知非　曹孟起　蒋先艺　撒利明　戴晓云

序

人类进入21世纪，能源的全球供求矛盾呈现日益突出的态势。石油是世界能源消费的重要组成部分。近年来，随着国民经济的持续、快速发展，中国已经成为世界第二大石油消费国。如何保障我国石油安全和有效供给，已经成为我们面临的巨大挑战。

中国石油担负着保障国家油气安全供给的责任。长期以来，面对国内外竞争环境的变化，面临资源有限与需求不断增长的现实矛盾，中国石油实施技术创新战略，努力建设创新型企业，把提升自主创新能力放在突出的位置，围绕主营业务发展的需求，一手抓关键技术的攻关，一手抓技术创新能力建设，通过技术研发培育创新能力，依靠创新能力的提升，实现技术突破，使技术创新成为实现持续有效较快协调发展的重要支撑，成为建设具有较强国际竞争力跨国企业集团的重要支撑。“十五”期间，在勘探开发、炼油化工、油气储运、工程技术和软件、装备等研发领域，取得了一大批创新成果，在日益复杂的条件下，实现了石油储量和产量的稳步增长。

创新固然重要，技术的集成、有形化和共享同样重要，总结和提高非常有意义，这些都是提高科技竞争力所必须做的工作。国外的许多大型石油公司就有各专业系统、详尽、实用的技术手册，并且经常在修订。正是出于总结和提高的目的，中国石油天然气集团公司科技发展部以创新的思路，提出了组织《中国石油“十五”科技进展丛书》编写的计划，系统、全面总结中国石油五年来的科技工作，包括应用基础研究、技术开发、技术引进、技术推广与应用和装备研制等。这是十分有益的尝试，也是一项非常重要的工作，应该做好并继续做下去。

我十分高兴地看到，现在这项工作得到了大家的充分重视，进展得很顺利。《丛书》的阶段成果已经为我们编制“十一五”科技发展计划提供了重要的基础和依据；《丛书》的审稿结果也表明，我们的科技成果得到了很好的总结，体现了我们自己的专有技术、特色技术和技术集成；《丛书》的出版，我们预期也会对培养一批优秀专业人才起到重要的作用。

今年是“十一五”的开局之年，中国石油的发展也处于重要的战略机遇期。中国石油天然气集团公司召开科技大会，总结“十五”，部署“十一五”的科技工作，我们要以此为契机，进一步贯彻落实全国科技大会精神，要全面理解自主创新的科学内涵，做好原始创新、集成创新和引进消化吸收再创新。要坚定信心，坚忍不拔地建设创新型企业。在中国石油全面建设具有国际竞争力的跨国企业集团的进程中，科技工作要率先与国际接轨。值此《丛书》出版之际，我真切地希望这套书能成为记载中国石油科技发展的重要的里程碑，真诚地感谢参与研究和编撰工作的广大科技工作者。让我们继续努力，使中国石油的科技工作更加辉煌!

周吉平

2006年4月

丛书前言

“十五”期间，中国石油天然气集团公司（以下简称中国石油）在石油天然气勘探开发、炼油化工、石油工程技术服务、石油化工产品储运和贸易以及国际业务等方面都取得了长足的发展。中国石油的规模实力和可持续发展能力显著增强，成为历史上最好的发展时期之一。

随着半个多世纪石油天然气的勘探开发，近年来我国石油工业不得不面对越来越复杂的石油地质条件和高难度的油气生产、加工环境，而中国石油“十五”以来之所以能够取得令人瞩目的成就，得益于科技发展对主营业务的技术支持。为了应对国内外竞争环境的变化，中国石油实施建设一流社会主义现代化企业和具有国际竞争力的跨国企业集团的发展战略，全面落实科学发展观，紧密围绕主营业务发展的技术需求，以“两个转变”（由跟踪模仿向自主创新的转变，由主要为国内业务提供技术支持向立足国内、大力为海外业务提供技术支持的转变）和“四个加强”（加强重大工程技术瓶颈的攻关、加强对具有自主知识产权核心技术的开发、加强对海外业务的技术支持、加强应用基础研究）的创新思路，集中组织了重大科技攻关、重大现场试验、新技术推广应用和超前储备技术研究。“十五”期间，共承担实施国家级科技项目15项，安排公司级科技项目359项，获得国家级科技奖励29项和一批集团公司级重大科技成果，这些创新成果有力地支持了中国石油的生产经营和各项业务的快速发展。

为了系统全面反映中国石油“十五”的科技发展和技术创新成果，中国石油天然气集团公司科技发展部决定组织编写《中国石油“十五”科技进展丛书》（以下简称《丛书》），通过系统总结，以期形成专有技术的集成，形成中国石油具有共享性质的知识体系，从而构成企业有载体的无形资产和企业文化的重要组成部分。

《丛书》以总结中国石油科技研发活动的进展为主，兼顾国内其他部门和国外的进展；以科技计划为基础，以重大研究项目或攻关项目为重点。各分册既有重点成果，又形成相对完整的知识体系，具有先进性、系统性、实用性。它是科研成果的集成，是集体智慧的结晶，是整个科技创新的精华提升和综合性总结。

从2003年四季度开始调研至今的两年多时间里，中国石油天然气集团公司科技发展部组织了《丛书》项目组，在充分调研的基础上设计了14个分册，明确了各分册的牵头单位及负责人，讨论确定了各分册构成内容、编写大纲，提出了各分册编写及审稿工作要求。分别于2004年8月、2005年7月和2006年3月召开了三次编委会。

《丛书》编委会主任、中国石油天然气集团公司周吉平副总经理非常重视《丛书》的组织编写工作，做出了重要指示，提出了具体要求，指出《丛书》编写也是科技集成创新的一个方面：①《丛书》是对“十五”科技成果的总结、提高，是编制“十一五”科技发展规划的重要基础和依据；②《丛书》应体现出自己的专有技术和特色技术；③《丛书》对提高科技自主创新能力要发挥重要的作用；④《丛书》对培养优秀专业人才要起到重要的指导作用。

具体来说，我们组织这套《丛书》的目的，一方面是总结中国石油阶段性的科技进展，为“十一五”的工作打好基础，另一方面且更重要的是为了扩散传播和推广应用这些成果和技术。《丛书》的编写是由行政单位牵头，把学术带头人、知名专家和有学术影响的人融合在一起组成编写团队。《丛书》的编写工作有如下特点：①各单位领导高度重视，抽调精兵强将参与分册编写工作；②各分册负责人高度重视，精心组织；③编写队伍中凝聚了一大批高水平的专家，基本代表各个专业领域的最高水平；④各分册既有重点成果，又形成了相对完整的体系，体现了先进性、系统性和实用性；⑤《丛书》展望未来科技发展方向，对编制“十一五”科技计划有很好的指导作用。

经过两年多的组织编写，到2005年底，经过多次审稿、修改，各分册都达到了预期目标。各分册的主要内容如下。

（1）石油科技进展综述：由中国石油天然气集团公司科技发展部牵头，负责人为刘振武。该分册综述中国石油“十五”期间在石油科技各个方面的进展以及对“十一五”的展望。

（2）石油地质理论与方法进展：由中国石油勘探开发研究院牵头，负责人为赵文智。内容包括陆相层序地层学理论与方法、岩性地层油气藏理论与方法以及前陆盆地、被动裂谷盆地、叠合盆地的油气富集规律和勘探技术的新进展，油气资源评价方法体系建立与应用，前瞻性地对非常规油气资源进行了展望并总结了石油地质综合研究方法。

（3）石油地球物理勘探技术进展：由东方地球物理勘探有限责任公司和中国石油天然气集团公司物探重点实验室牵头，负责人钱荣钧、王尚旭。内容包括地震勘探数据采集技术、处理方法、解释技术，地球物理软件、模型技术，油藏地球物理、重磁电综合勘探技术、勘探实例，以及今后技术发展方向等。

（4）石油地球物理测井技术进展：由中国石油天然气集团公司测井重点实

验室和中国石油大学（北京）牵头，负责人王敬农、鞠晓东。内容包括测井应用基础研究、测井新技术开发、测井装备研制、测井新技术推广与应用等。

（5）钻井工程技术进展：由中国石油天然气集团公司科技发展部和中国石油勘探开发研究院牵头，负责人孙宁、苏义脑。内容包括水平井钻井技术、深井超深井钻井技术、欠平衡钻井与气体钻井技术、大位移井与分支井钻井技术、固井和完井技术、钻井液与储层保护技术、海外钻井实践、钻井装备与工具，以及钻井工程应用基础与前沿技术等方面的新进展。

（6）采油工程技术进展：由中国石油勘探开发研究院牵头，负责人刘玉章。内容包括采油工程方案编制、完井、人工举升、注水工艺、油田堵水调剖技术、低渗透油藏压裂酸化工艺技术、热力采油、防砂工艺技术、套损机理分析及修复防护技术、采气工艺等方面的新进展。

（7）油气藏工程技术进展：由中国石油勘探开发研究院牵头，负责人袁士义。内容包括油层物理与渗流力学的理论进展，以及油气藏精细描述与精细数值模拟技术、勘探开发一体化油气藏评价技术、不同类型油气藏开发与调整方案优化设计技术、剩余油分布预测研究形成的改善水驱技术和油气田开发规划与经济评价研究取得的新进展。

（8）提高采收率技术进展：由中国石油勘探开发研究院牵头，负责人沈平平。内容包括油藏精细描述技术，聚合物驱油技术、化学复合驱油技术，热力采油技术，注气提高采收率技术、微生物提高采收率技术，以及其他提高采收率技术等方面的新进展。

（9）石油地面工程技术进展：由中国石油集团工程设计有限责任公司牵头，负责人迟尚忠。内容包括油田地面工程、气田地面工程、滩海油气田工程、腐蚀与防护、地面工程新设备与应用、计量仪表与自动化、化学药剂等方面的新进展。

（10）油气输送管道工程技术进展：由中国石油天然气集团公司管材研究所和中国石油天然气管道局牵头，负责人杨龙、高泽涛。内容包括油气管道勘察设计技术、高性能管材国产化技术、管道施工技术、管道输送技术、管道检测与完整性评价技术、腐蚀与防护技术、施工和运行管理技术等方面的新进展。

（11）石油炼制与化工技术进展：由重质油国家重点实验室、中国石油天然气集团公司催化重点实验室和中国石油炼油化工技术研究开发中心牵头，负责人徐春明、鲍晓军。内容包括重油加工、清洁油品生产和润滑油、石蜡、沥青等特色产品的生产技术等石油炼制技术方面取得的进展，基本有机原料、三大合成材料、天然气化工和化肥以及精细化工等石油化工领域的进展，以及在催化材料、催化剂、石油化工装备和先进控制技术方面取得的新进展。

（12）石油信息技术进展：由中国石油天然气集团公司石油经济技术研究中心牵头，负责人王同良。内容包括信息技术在石油工业上游、下游中的应用，中国石油计算机网络建设、管理信息系统、电子商务以及信息网站和门户建设等。

（13）石油环保技术进展：由中国石油天然气集团公司质量安全环保部和环境工程技术中心牵头，负责人董国永。内容包括环保技术、石油相关污染及其控制、清洁化生产、环境影响评价等。

（14）勘探开发集成配套技术及应用实践：由中国石油天然气集团公司科技发展部、中国石油勘探开发研究院和中国石油天然气勘探开发公司研究中心牵头，负责人方朝亮、牛嘉玉、卞德智。主要内容是围绕岩性地层油气藏、前陆盆地、老油区挖潜、边际油田、被动裂谷、复杂碳酸盐岩油气藏、复杂小断块、低渗透油藏等重大勘探开发领域，系统分析和总结了使油气勘探和开发取得重大突破的各项配套技术与方法。

以这样一个思路来组织编写这样一套《丛书》，是一个新的尝试。期待通过我们的努力，这套《丛书》能够达到预期的目的，能够得到大家的认可。我们计划今后每五年总结编写一次，形成一个模式。对每五年的科技进展进行总结、提炼、积累，让后人站在这个平台上继续攀登，加快企业对已有技术的学习应用和加快技术创新的步伐。

《丛书》的组织编写和出版工作也是一项任务量很大的工程。在两年多的时间里，组织数十个科研单位、数百名科研人员投身于其中，在完成紧张的科研和生产任务的同时，认真落实周吉平副总经理的指示和要求，以高质量高标准完成了各个分册的编写工作，并不厌其烦的进行修改，达到了最终的出版要求；石油工业出版社组织一流的编辑出版力量，高质量、高标准完成《丛书》的编辑出版工作，力争把这套《丛书》出成精品图书。值此《丛书》出版之际，对所有参与这项工作的院士、专家及科研人员辛勤而杰出的工作深表感谢。

《丛书》的出版又使我们迈向了新的起点。我们在期望《丛书》发挥应有效用的同时，也真诚地希望广大科技界的同仁能不吝赐教，使《中国石油“十一五”科技进展丛书》能够编得更好。

《丛书》编委会

2006 年 4 月

前　言

根据中国石油天然气集团公司科技发展部的总体要求，东方地球物理勘探有限责任公司牵头组成了以钱荣钧为组长、以中国石油天然气集团公司物探行业专家为成员的编写组，包括中国石油大学、中国石油勘探开发研究院及其西北分院，以及东方地球物理勘探有限责任公司的物探专家。

2004 年 9 月 1 日召开《石油地球物理勘探技术进展》分册编写组第一次会议暨启动大会。会上传达了中国石油天然气集团公司科技发展部组织编写《中国石油“十五”科技进展丛书》的要求。经过本分册编写组成员讨论确定了编写提纲、编写分工与进度安排，并安排布置了编写工作，各章节的负责人、执笔人按编写大纲进行初稿编写，要求综合、全面、系统反映石油地球物理勘探专业近五年的技术进步情况，在 2004 年 11 月底前提交初稿。

2004 年 12 月，各节初稿完成，由各章负责人及执笔人进行交流讨论，并在 2004 年 12 月底由各章负责人完成本章全部文稿的审定。

2005 年 1 月 7 日，编写组召开了第二次会议。会上，由各章负责人介绍了编写情况和主要内容，编写组成员针对每章内容进行了讨论，提出了修改意见。确定由钱荣钧、王尚旭、詹世凡、赵恒进行全书的统稿、审稿工作。

2005 年 6 月，安排各章节负责人根据总审稿人的意见，对本章节进行修改、完善。

2005 年 9 月，对全书进行审定，完成送审稿。

全书由钱荣钧、王尚旭担任主编，由詹世凡、赵恒担任副主编，并负责人员组织、章节确定及审稿等工作。

本书第一章由汪廷璋、赵恒执笔，共分三节；第二章由李培明负责，共分五节，邓志文、唐东磊、张慕刚、全海燕、易昌华、陶知非、罗福龙、冯泽元、邹雪峰、胡永贵、蔡希伟等人参与了本章的编写工作；第三章由曹孟起负责，共分六节，赵波、王润秋、陈殿卿、徐子伯、黄丽丽、王守东、高军、郭向宇、李振春、倪逸、戴晓云等人参与了本章的编写工作；第四章由张延庆负责，共分三节，姚逢昌、张振生、冯许魁等人参与了本章的编写工作；第五章由赵振文负责，共分五节，蒋先艺、卢学琪、倪逸、陈小宏、撒利明、姚逢昌、戴世坤等人参与了本章的编写工作；第六章由王尚旭负责，共分三节，王守东、狄帮让参与了本章的编写工作；第七章由詹世凡负责，共分四节，李生杰、李彦鹏、陈小宏、严又生参与了本章的编写工作；第八章由何展翔负责，共分三节，柴玉璞、郑莉、刘云祥、陈秀儒参与了本章的编写工作；第九章由徐礼贵负责，共分十节，郑良合、刘永雷、冯许魁、倪宇东、严峰、黄永平、李廷辉、王鹏、王乃建、崔全章、张慕刚、李振勇、李建林等参与了本章的编写工作；第十章由汪廷璋负责，共分三节。

本书在初稿完成后，熊翥教授审阅了全书并提出了修改意见，邵永梅同志承担了初稿、修改稿及终稿的整理和文字、图件的校核工作。在此一并向为本书的编写付出辛勤工作的同仁表示感谢。

由于编者水平有限，书中难免出现不妥之处，敬请广大读者批评指正。

目　　录

第一章　石油地球物理勘探技术发展现状 ……………………………………………… (1)
第一节　石油地球物理勘探解决复杂地区地质问题的能力 ………………………… (5)
第二节　各种地球物理信息的综合应用 ………………………………………………… (8)
第三节　石油物探装备研制 ……………………………………………………………… (11)
第二章　地震勘探数据采集技术 ……………………………………………………… (14)
第一节　石油物探测量技术 ……………………………………………………………… (14)
第二节　观测系统及其设计方法 ………………………………………………………… (24)
第三节　激发与接收技术 ………………………………………………………………… (36)
第四节　近地表结构调查与野外静校正技术 …………………………………………… (45)
第五节　地震采集装备 …………………………………………………………………… (63)
参考文献 …………………………………………………………………………………… (79)
第三章　地震数据处理方法 …………………………………………………………… (81)
第一节　静校正技术 ……………………………………………………………………… (81)
第二节　去噪技术 ………………………………………………………………………… (101)
第三节　时频域大地吸收衰减补偿与反褶积技术 ……………………………………… (117)
第四节　速度分析与叠加技术 …………………………………………………………… (130)
第五节　叠前偏移成像技术 ……………………………………………………………… (149)
第六节　海底电缆地震数据处理技术 …………………………………………………… (163)
第七节　地震数据处理配套技术及应用效果 …………………………………………… (168)
参考文献 …………………………………………………………………………………… (176)
第四章　地震资料解释 ………………………………………………………………… (178)
第一节　构造解释 ………………………………………………………………………… (178)
第二节　层序地层分析 …………………………………………………………………… (186)
第三节　地震属性分析与储层预测 ……………………………………………………… (196)
参考文献 …………………………………………………………………………………… (207)
第五章　地球物理软件 ………………………………………………………………… (208)
第一节　KLSeis 地震采集工程软件系统 ………………………………………………… (208)
第二节　GRISYS 地震数据处理系统 …………………………………………………… (215)
第三节　GRIStation 解释系统 …………………………………………………………… (222)
第四节　GeoEast 地震数据处理解释一体化系统 ……………………………………… (227)
第五节　特色软件 ………………………………………………………………………… (237)
第六章　模型技术 ……………………………………………………………………… (250)
第一节　数学模型技术 …………………………………………………………………… (250)

第二节　物理模型技术 …………………………………………………………… (268)
第三节　复杂介质模型实例 ……………………………………………………… (271)
参考文献 ………………………………………………………………………… (283)
第七章　储层地球物理 ………………………………………………………… (284)
第一节　岩石物理 ………………………………………………………………… (284)
第二节　多分量地震 ……………………………………………………………… (298)
第三节　时移地震 ………………………………………………………………… (308)
第四节　井中地震 ………………………………………………………………… (315)
第五节　小结 ……………………………………………………………………… (328)
参考文献 ………………………………………………………………………… (328)
第八章　重磁电综合勘探技术 ………………………………………………… (330)
第一节　重磁勘探 ………………………………………………………………… (330)
第二节　电法勘探 ………………………………………………………………… (342)
第三节　综合物化探应用实例 …………………………………………………… (354)
参考文献 ………………………………………………………………………… (366)
第九章　地球物理技术应用实例 ……………………………………………… (368)
第一节　塔里木盆地迪那 2 气田山地三维地震勘探 …………………………… (368)
第二节　塔里木盆地塔中 30 井大沙漠区三维地震勘探 ………………………… (374)
第三节　鄂尔多斯盆地子洲—清涧黄土塬区多线地震勘探技术 ………………… (379)
第四节　塔里木盆地轮南奥陶系潜山储层地震解释与预测 ……………………… (384)
第五节　哈萨克斯坦肯基亚克油田盐下构造三维地震勘探 ……………………… (389)
第六节　大港滩海埕北断阶带三维地震勘探 …………………………………… (394)
第七节　冀东老油区二次三维地震勘探 ………………………………………… (399)
第八节　准噶尔盆地莫北开发三维地震勘探 …………………………………… (405)
第九节　苏南金坛储气库三维地震勘探 ………………………………………… (411)
第十节　扶余油田浅目的层三维地震勘探技术及效果 ………………………… (416)
参考文献 ………………………………………………………………………… (421)
第十章　技术发展战略 ………………………………………………………… (423)
第一节　地球物理技术发展趋势 ………………………………………………… (423)
第二节　我国油气勘探面临的主要问题 ………………………………………… (429)
第三节　勘探对策 ………………………………………………………………… (431)
参考文献 ………………………………………………………………………… (437)
附录　大事记 …………………………………………………………………… (438)

Contents

1 Current Status of Petroleum Geophysical Technology Development (1)
1.1 Petroleum geophysics improvement in dealing with geological problems in complex areas (5)
1.2 Comprehensive application of all kinds of geophysical information (8)
1.3 R&D of geophysical equipment (11)
2 Seismic Data Acquisition Techniques (14)
2.1 Surveying (14)
2.2 Seismic survey design (24)
2.3 Shooting and receiving (36)
2.4 Near-surface survey and field statics (45)
2.5 Seismic equipment (63)
References (79)
3 Seismic Data Processing Techniques (81)
3.1 Static corrections (81)
3.2 Noise suppression (101)
3.3 Earth absorption and attenuation compensation in the time and frequency domains and deconvolution (117)
3.4 Velocity analysis and stacking (130)
3.5 Pre-stack migration and imaging (149)
3.6 OBC seismic data processing (163)
3.7 Seismic data processing auxiliary techniques and applications (168)
References (176)
4 Seismic Data Interpretation Techniques (178)
4.1 Structural interpretation (178)
4.2 Sequence stratigraphy analysis (186)
4.3 Reservoir prediction and description (196)
References (207)
5 Geophysical Software Systems (208)
5.1 GRIStation——Seismic data interpretation system (208)
5.2 KLSeis——Seismic survey design system (215)
5.3 GRISYS——Seismic data processing system (222)
5.4 GeoEast——Integrated seismic data processing and interpretation system (227)
5.5 Special software systems (237)

6 Modeling Techniques …… (250)
6.1 Numerical modeling …… (250)
6.2 Physical modeling …… (268)
6.3 Example models for complex media …… (271)
References …… (283)
7 Reservoir Geophysics …… (284)
7.1 Petrophysics …… (284)
7.2 Multi-component seismic …… (298)
7.3 Time-lapse seismic …… (308)
7.4 Borehole seismic …… (315)
7.5 Summary …… (328)
References …… (328)
8 GME Surveys …… (330)
8.1 Gravity and magnetic surveys …… (330)
8.2 Electric survey …… (342)
8.3 Applications of geo-chemical techniques …… (354)
References …… (366)
9 Applications of Geophysical Techniques …… (368)
9.1 3D mountain seismic exploration in Dina 2 gas field, the Tarim Basin …… (368)
9.2 3D desert seismic exploration, Well 30 in Tazhong, the Tarim Basin …… (374)
9.3 Multi-line seismic exploration in Zizhou-Qingjian loess land, Erdos Basin …… (379)
9.4 Seismic interpretation and reservoir prediction for the Ordovician buried hills in Lunnan, the Tarim Basin …… (384)
9.5 3D subsalt seismic exploration in Kenjiyak oil field, Kazakhstan …… (389)
9.6 3D seismic exploration in the fault bench area of Chengbei, Dagang transition zone …… (394)
9.7 High-density 3D seismic exploration in Jidong oil field …… (399)
9.8 3D production-oriented seismic exploration in Mobei, Junggar Basin …… (405)
9.9 3D seismic exploration for the gas pool in Jintan, south of Jiangsu province …… (411)
9.10 3D seismic exploration in Fuyu with shallow target layers …… (416)
References …… (421)
10 Technology Development Strategies …… (423)
10.1 Trend of geophysical technology development …… (423)
10.2 Major problems in oil and gas exploration in China …… (429)
10.3 Solutions …… (431)
References …… (437)
Appendix Sequence of Events …… (438)

第一章　石油地球物理勘探技术发展现状

石油地球物理勘探（简称石油物探）是基于地球物理学和石油地质学理论，采用相应的地球物理仪器和装备在地球表面（包括陆地与海洋），或者在空中、井中记录地下信息，并通过相应的数据处理和解释获取地下地层的物性（弹性、电性、磁性、密度、放射性）及结构，寻找隐藏在地层中的石油及天然气的方法。

自 19 世纪末匈牙利人巴朗·罗兰德·封·艾维发明扭称用于测量储油构造至今，石油物探已经走过了 100 多年的历程。

在 1915—1924 年期间，一些勘探先驱先后利用扭称详查了捷克的埃格贝尔单井油田、德国哈尼格森的盐丘构造、埃及的霍尔加达油田、美国得克萨斯州的斯平德托普油田及纳什穹窿状构造。

在 1915—1924 年期间，英国人 J. C. 卡彻尔在俄克拉荷马州开始了地震反射法试验工作，并首次绘出了该区的 1 个浅层反射剖面。1919 年，德国人明特罗普（Mintrop）获得了折射初至波法专利。1922 年，明特罗普勘探公司正式组建两个地震队在墨西哥湾沿岸地区进行折射法地震勘探。1923 年，苏联人 B. C. 伏尤斯基获得了反射法专利。1927 年，卡彻尔利用光点地震仪在俄克拉荷马州进行了大规模勘探工作，从此地震反射法成为工业生产中的一种常规勘探方法。1928 年，在水域石油勘探中开始应用物探方法。1932 年出现了新型重力仪。1933 年，在反射法勘探中开始使用组合检波方法。1938 年，苏联人 N. C. 贝尔宗提出了应用反射横波与反射转换波进行勘探的可行性。1939 年，苏联人 A. A. 达兹凯维奇提出了井中地震记录法。

我国的石油物探工作始于 1939 年。当时，我国石油物探创始人之一翁文波博士从英国伦敦大学应用地球物理专业学成回国，首先在重庆原中央大学物理系开设地球物理勘探课程，并于次年开始用自己组装的零长式重力仪在中国第一个油田——玉门油田开始了试验工作，同时还开展了电测井试验。

第二次世界大战以后，各石油公司、地球物理公司和仪器制造商在改造原有与研制新型地球物理勘探仪器方面取得了很大进展，其中以地震勘探仪器和设备的发展最令人瞩目。

自 1927 年地震反射波法用于工业生产以来，地震勘探大体经历了 3 个发展阶段：

第一阶段为“光点记录”阶段（1927—1952 年）。使用光点地震仪，采用电子管元件，把接收的地震波位移转变成光点的摆动，记录在照相纸上。记录的地震道数由最初的 5 道（1935 年）增至 12 道（1940 年），20 世纪 50 年代初增至 24 道，后发展为 48 道。由这种光学照相方法得到的记录既不能复制，又无法长期保存，而且不具备再处理条件，只能用手工方式进行时间标定、对比、制图和解释。

第二阶段为“模拟磁带记录”阶段（1953—1962 年）。使用模拟磁带地震仪，采用晶体管元件，将接收的地震波录制在磁带上，然后在室内通过模拟电子计算机（又称模拟磁带回放仪）对地震记录进行处理，得到地震时间剖面。由于“模拟地震仪”比“光点地震仪”

的动态范围大10多倍，加之模拟地震仪拥有多种频率滤波、动静校正和组合、叠加功能，更适合在地震勘探中采用多次覆盖观测，所以模拟地震记录的信噪比与分辨率较光点地震记录有了较大的提高，解决复杂地质问题的能力也明显增强。由于记录方式与最终储存方式均采用“磁带”介质，因此它可以复制，重新处理，不仅提高了地震记录的质量和工作效率，而且有利于长期保存。

由模拟地震仪替代光点地震仪是地震勘探技术发展史上第一次飞跃，这不仅因为地震仪器使用了磁记录系统，更重要的是出现了与磁带地震仪相匹配的多次覆盖方法。该法由M. H. 梅恩于20世纪50年代初发明，1962年得到广泛应用。

第三阶段为“数字磁带记录”阶段（1963年至今）。使用数字地震仪，它由集成块组件构成，可将地震波位移以数字化形式记录在磁带上，然后将磁带数据直接输入电子计算机进行各项处理，不仅能自动生成各类时间剖面（也可生成深度剖面），而且还能进行速度分析、频谱分析及其他相关的分析。数字地震记录比模拟地震记录有更高的分辨率。

用数字地震仪替代模拟地震仪是地震勘探技术的又一次飞跃。数字地震仪的出现和更新为地震勘探数据采集、处理和解释带来一个全新的环境，为勘探家们提供了一个创造性思维空间，使勘探家们有可能将自己的感知、记忆、思考、联想和理解能力结合到一起，从而创造出许多新的方法，更有利于对各种复杂地质现象进行正确的解释和推断。

自1963年以来，数字地震仪的发展日新月异，主要表现为集成度越来越高、动态范围越来越宽、体积越来越小、遥控性越来越好；其次是适用于高密度采样与多波多分量采集。

与地震仪的发展同步，地震检波器、地震震源的发展也呈现出方兴未艾的局面。

20世纪60年代末至70年代初，原先陆地勘探普遍使用的电磁型速度检波器与海洋勘探使用的压力检波器开始被失真度只有0.001的高性能检波器所替代，这种高性能检波器的问世使地震勘探进入高分辨率勘探阶段。与此同时，在海洋勘探中相继出现了电火花、空气枪和丙烷—氧气等震源取代传统的炸药震源；在陆地勘探中也出现了“敲击器”、“气动震源”及“连续震动器”，其中连续震动器又称可控震源，它适用于沙漠、戈壁滩和砾石覆盖区的地震激发，为提高地震勘探效率创造了条件。

20世纪50年代初，1台地震仪通常拥有24个或48个地震记录道，80年代初出现了96道或120道地震仪，80年代中期达到了240道，80年代末至90年代初达到了480道或960道地震仪。90年代中期以后，千道、数千道地震仪也相继问世。

值得注意的是，20世纪70年代初，三维地震勘探方法的出现将地震勘探技术解决地质问题的能力提升到一个前所未有的水平。三维地震技术开辟了地震勘探的新时代。从20世纪80年代开始，超多道地震仪的发展主要是为了适应三维地震勘探的需要。

我国的石油物探工作全面开始于1950年，当年9月“中苏石油股份公司”地质调查处成立，随后组建了电法勘探队、重力勘探队和磁法勘探队，在新疆准噶尔盆地南缘开展勘探工作。1951年3月，由翁文波博士筹建的我国第一个地震勘探队成立，所用仪器为美国技术仪器公司生产的24道轻便光点地震仪，在陕北延长胡家村一带开展地震勘探工作。

由于我国石油物探工作起步比较晚，地球物理勘探仪器制造技术基础薄弱，所以我国石油物探在初期发展缓慢。我国的地震勘探队从1951年开始使用“光点地震仪”到1972

年最后 1 台“光点地震仪”退出使用，历时 21 年；从 1965 年开始使用“模拟磁带地震仪”到 1981 年最后 1 台“模拟磁带地震仪”退出使用，历时 16 年。但是从 1974 年开始使用“数字地震仪”到 1981 年实现全部数字化只用了 7 年的时间。可以看出我国的地球物理勘探仪器更新水平不断加快，原因在于我们扩大引进的同时，也加强了地球物理勘探仪器国产化研制。1956 年，仿制的“51 型光点地震仪”问世；1964 年，ZS—591B 型石英弹簧重力仪投产；1966 年，DZ—661 型和 DZ—663 型模拟磁带仪批量生产；1971 年，SCD—711 型数字地震仪研制成功；1973 年，我国研制成功 DJS—11（150）型地震数据处理专用计算机；1976 年，国产 DJS—130、TQ—16 等一批小型计算机开始广泛地进入地震数据处理领域；1978 年，SDZ—751 数字地震仪开始批量生产；1980 年，SK—8000 瞬时浮点增益数控地震仪研制成功；1981 年，7 吨级 KZ—7 国产可控震源研制成功；1985 年，研制成功 SD—1 型数字大地电磁测深仪；1989 年，研制出 SDZ—120（120 道）数字地震仪；1990 年，YKZ—480 和 SK—1004 型遥测数字地震仪同时通过国家鉴定；1993 年，GRISYS/WS 地震数据处理系统工作站版本问世；1994 年，SK—1005 和 WF—1006 型轻便多道遥测地震仪相继问世，其中 WF—1006 型地震仪还外销俄罗斯 1 台；1995 年，GRIStation 地震数据交互综合解释系统投入应用。地震数据处理与解释系统的研制成功，标志着我国地震数据软件开发进入到一个新阶段。

需要说明的是，早在 1965 年，我国的地球物理学家李庆忠和俞寿朋等人使用国产 DZ—571 型光点地震仪，在山东开展了三维地震勘探试验；1967 年，获得 1 张沙一段地层三维构造图，也是世界上第一张三维构造图，但当时此项创举并未公布于世，直到 1979 年，才在《地球物理学报》上发表。

石油物探方法历经长期发展，已经形成一套完整的方法系列。按测量空间可分为陆地物探（又称地面物探）、海洋物探、空中物探和井中物探（包括物探测井、垂直地震剖面、井间物探）；以测量岩石物性参数为准可分为地震勘探、电法勘探、重力勘探、磁法勘探及放射性勘探。

地震勘探是指在地球表面或在井中研究人工震源产生的弹性波（又称地震波）在地壳中的传播特性，进而反映地质构造和地层特性的方法。此法按照人工震源产生的波型分为纵波勘探和横波勘探（或转换波勘探）；以地震波场特征为准分为反射法勘探、折射法勘探。上述各种方法既可单独使用，又可联合使用。联合使用时称为多波勘探。地震勘探是石油物探方法中最主要的勘探方法，其中又以地震反射法应用最为普遍。

电法勘探是指在地表或井中、空中以测量地表面电磁场空间与时间的分布变化，勘查地质构造及地层的电磁性，进而推断不同电性层起伏及其含油气性的方法。由于采用场源、观测方式及测量要素的不同，形成了不同的勘探方法。现今石油勘探中广泛应用的方法有大地电磁法、电磁连续剖面法、声频电磁法、瞬变电磁测深法（主要用于陆地地面测量）和自然电位法、直流电阻率法（主要用于井中）。遥感测量也是一种电法勘探方法，它是通过在地球卫星和高空飞行器上测量地球表面辐射的电磁微波信息探查地球表面与地下地质结构的方法。主要应用于大面积岩石露头区的区域地质测量，是一种有效的辅助勘探手段。

重力勘探是指在地球表面（或空中）及井中以研究地下岩石密度分布特征为基础的勘探方法。它是一种体积勘探方法，以仪器轻便、数据采集效率高著称。在一些地震勘探困难的地区，重力勘探可以作为地震勘探的一种辅助勘探手段。在海洋物探中，重力勘探与地震勘探一般同步进行。

磁法勘探是指在地球表面或空中测量磁场强度或者磁场强度某个分量变化的方法。这里的磁场强度表示地磁场与含磁性地层或异常磁性体引起的磁场叠加的总磁场强度。现代用于陆地、海洋和空中测量的仪器均测量总磁场。磁法勘探往往与重力勘探同步进行，合称为重磁勘探。

放射性勘探是指在地表或井中测量岩石放射性特性的勘探方法。在油气勘探早期曾少量应用。自20世纪中期以来，因该方法影响因素过多，在地面油气勘探领域中很少应用。但是在金属矿产与井中物探领域仍在广泛应用。

虽然石油物探方法种类繁多，但所研究的基本问题可归结为两类：一类在数学上称为正演，也称为正问题；另一类在数学上称为反演，也称为反问题。研究正问题有两类基本方法，即物理模型实验方法与数值模拟方法。研究反问题是石油物探研究中采用的最基本方法，通常在一个新的地区开展石油物探工作时，事先并不知道该区的地质结构，通过石油物探工作，将所获得的物探资料（或响应），经过相应的数据处理，制作相关的分析图件，即可得到对该区地质结构的认识。即使该区已作过若干次石油物探工作，对该区的地质结构已有相当程度的了解，但由于各种石油物探方法的局限性和多解性，每一次物探工作的结果只能说是对真实地质结构认识的一次逼近。

不论正问题或反问题的研究，都要涉及到基础理论、仪器设备、数据采集方法、数据处理技术、数据解释及显示技术。由此可见，石油物探技术的发展与现代高科技的发展是紧密相关的。

石油物探是石油勘探中使用最广泛的方法，与钻探相比也是一种最经济的勘探方法，因当在一个新的地区被列为勘探对象时，总是最先使用石油物探方法。在一个地区一旦有探井发现油气后，仍然需要应用石油物探方法查明油气分布规律。也就是说，在石油勘探的各个阶段，石油物探技术均能发挥重要作用，而且是其他方法所不能替代的。但是也应看到石油物探又是一项具有很强的探索性和风险性的工作，因为它研究的对象是隐藏在地层中的石油和天然气，研究的基本依据是使用各类地球物理仪器在地球表面记录的观测数据，这些数据的真实性不仅受仪器观测精度的制约，而且还受到地球表层的地质条件及各类噪声的污染。所以利用这些数据进行地下地质结构、地层物性及含油气性分析与解释的结论，就带有一定的不确定性，或者说具有风险性。随着现代科学技术的发展，各类地球物理仪器日新月异，观测精度不断提高，地球物理勘探数据采集技术、地球物理数据处理技术和图形显示技术不断改进与完善，加之各种石油物探方法的综合应用，其风险在不断降低。

21世纪世界将进入一个经济全球化与智力经济迅速发展的新时代，它将推动世界各国产业结构的重大调整与重组，有力地推进高新技术产业的发展，也必将对石油工业产生重大的影响。我国的石油工业正面临前所未有的挑战和发展机遇。我国21世纪前10年的发展方针是：加强资源勘探，增加后备储量，保持石油天然气稳步增长，并利用部分国外资源；陆上坚持“稳定东部、发展西部、油气并举、扩大开放”，海上实行“继续开放、扩大自营、油气并举、稳步提高”。

经过多年的努力，尤其是近5年来许多新技术、新方法的广泛应用，中国石油天然气集团公司所属各石油物探单位在贯彻落实上述战略方针方面已经取得了巨大的成绩，主要表现在两个方面：其一，利用石油物探方法解决复杂地质问题的能力有了显著增强，其中库车坳陷和陕甘宁盆地大型油气田的发现，为国家兴建“西气东输”工程提供充足的油气资源就是最具代表性的标志；其二，各种地球物理信息的综合应用取得了长足的进步，今天不论何人在利用石油物探资料评估各项勘探与研究成果的时候，都会有综合研究成果的论述，而不像以往那样仅局限于某种单一信息所反映的结果。多种信息的综合应用不仅仅是具体做法的改变，实际是“认识论”的飞跃。既然人们承认客观事物不是孤立存在，而是有其内在联系的，那么就应从这个角度去看待问题。

第一节　石油地球物理勘探解决复杂地区地质问题的能力

复杂地区泛指地震地质条件比较复杂的地区。如大沙漠、戈壁、黄土塬、山地、滩海、沼泽、喀斯特地形等特殊地表区，统称为表层地震地质条件比较复杂地区。但是在这些复杂地表之下，有时伴生复杂的地质结构。在我国西部许多大型含油气盆地周边，多为地形起伏剧烈的山地，地下经常伴有逆冲构造和反转构造，深层地震地质条件复杂；我国东部的一些含油气盆地，虽然地表为平原，但地下深部却断层发育，地质构造破碎，此类地区也属于深层地震地质条件复杂；此外对于岩相变化大、油层埋藏深、厚度小的储集体，用石油物探方法分辨很困难，也属地震地质条件复杂。

我国西部的许多地区都具有复杂的地震地质条件，这些地区不仅是我国未来油气资源主要的接替地区，而且是勘探技术难度极大的地区，其中许多勘探领域在当前国际上尚无成功的经验可以借鉴。因此，在我国西部油气勘探中遇到的许多问题都是“世界级”的难题。

近5年来，中国石油天然气集团公司所属各石油物探单位主要针对上述复杂地震地质条件的地区开展勘探工作，不仅开展了二维、三维地震勘探、VSP勘探，还开展了综合物化探工作，初步建立了一套完整的勘探技术体系，包括：山地地球物理勘探技术、沙漠区地球物理勘探技术、黄土塬地球物理勘探技术、深层潜山勘探技术和隐蔽油气藏勘探技术。其中主要涉及6项配套技术和17项专用技术。

一、配套技术

（1）高分辨率勘探技术。现已具有在不同地表条件和不同地质条件下进行高分辨率勘探的经验，形成了一套从采集、处理到解释的一体化思路及策略。高分辨率勘探技术已在全国推广应用。在我国西部地区，采用地震勘探方法，在地层埋深5000～6000 m时，可分辨25 m的小幅度构造；在我国东部地区，采用地震勘探方法，可使反射时间2 s处的反射层勘探精度小于10 m。

（2）全三维地震勘探技术。包括全三维采集设计、全三维处理技术和全三维解释技术。在全三维采集设计中，充分考虑到炮检距方位角、炮检距大小、面元大小、覆盖次数及静校正等情况。全三维处理在有效分离信号和噪声方面有新的突破，主要表现在有效的叠前去噪技术有了新的发展。以往长期困扰地震数据处理人员的不是随机噪声，而是强规则噪声。过去通常采用 $f—k$ 滤波方法压制，效果不理想。采用中值相关滤波法去噪（王卫华，2000 年）及叠前逐点自动识别法去噪（赵波，2003 年），效果比较理想。此外，对叠前深度偏移技术的理解和应用能力也有了新的提高。叠前深度偏移处理主要是解决由于横向速度变化引起下伏地层的成像问题，而不是解决信噪比和静校正问题。因此深度偏移对地震资料的信噪比、速度模型精度和偏移基准面的选取都有特别的要求。我国西部山前褶皱带及山间盆地的逆掩推覆带，东部地区的深层潜山内幕构造，均依赖叠前深度偏移技术取得了重大突破。全三维解释技术主要体现在三维可视化技术取得了长足的进步，在解释中不仅能够通过垂直剖面和水平切片进行研究分析，而且能够通过改变颜色、旋转目标、透视、改变光源角度等方法雕刻地质体，直观地反映出地质异常体的形态和走向。在此基础上，发展和完善了断层解释技术、裂缝发育带解释技术、岩溶解释技术和储层解释技术。高精度三维地震勘探技术是提高钻探成功率的最可靠方法。

（3）复杂山地三维地震勘探技术。据统计，地球上前陆盆地的油气资源占总资源量的30% ～ 45%。我国的前陆盆地也蕴藏有大量的油气资源，这些地区的地表复杂山地，所以发展复杂山地三维地震勘探技术不论从需求角度，还是从技术角度都具有重要意义。东方地球物理勘探有限责任公司已经初步形成一套复杂山地三维地震勘探技术，主要包括炮点转移、优选激发岩性技术；多台少震次长扫描可控震源激发技术；宽线地震数据采集技术等。此外，由于山地表层结构非常复杂，从而导致静校正问题尤为突出，为此研制了有效的静校正方法：由简单的表层模型内插法发展为模型约束初至反演静校正方法，提高了静校正精度；利用模型约束初至反演静校正方法与中间参考面技术的结合，在低降速带校正的基础上，进一步提高静校正的精度；应用层析反演静校正方法消除长、短波长的影响；综合应用多种静校正方法，解决种地表区的静校正问题，进一步提高整体静校正效果。

（4）重磁电综合勘探技术。近年来重磁电勘探方法继续沿两个方向发展：其一是面向高精度、高分辨率三维；其二是面向综合。为了实现高精度、高分辨率三维重磁勘探采集，实施了正交网纵横双向观测，以便建立高密度、高精度的基线网，采用节点平差法获得基线的重磁勘探值。为了实现高精度三维电磁法采集，实施了以面元、多分量采集站为中心、远参考及互参考结合、密集布点方式为特征的采集方法。为了更好地实施重磁电综合勘探，通过在三维数据基础上联合反演及综合研究完成。目前已研制出多种联合反演方法可供选择，即约束外推法、异常剥离法、顺序修正法和联合修正法。

电磁方法发展最有成效的还是电磁连续剖面法（CEMP）和瞬变电磁测深法。这些方法对揭示高阻覆盖区、山前逆掩推覆体、目的层埋深较大地区的地层结构，具有特殊的效果。

（5）储层地震解释技术。精细三维构造解释、约束反演、地震属性提取和识别是当前储层解释技术广为应用的主要手段。精细三维构造解释基本流程包括：通过已知井标定及地震微相分析，将目的层段的波形分类，划分地震相，进而提取时间、振幅、频率、倾角等属性，作出宏观定性预测；进行地震相解释和沉积相分析，首先利用标准地震相编绘地震相图，然后通过单井划相，再结合地层厚度、层速度及砂岩厚度等资料，将地震相转换为沉积相，预测储层发育带，并利用前积、丘状等反射特征分析物源方向及河道、砂坝等地质现象。约束反演可先利用波阻抗反演，在对大套储层的空间位置、厚度及特征宏观认识的基础上，再以测井资料为约束条件，以地震解释层位为控制，从井点出发，基于模型多参数（波阻抗、速度、密度、电阻率和伽马值等）进行反演。此种反演方法不仅能充分利用测井资料的高频信息与完整的低频信息补充地震资料带宽的不足，提高反演结果的分辨率，而且能在已知地震地质信息与测井信息约束下获得地层的波阻抗、电阻率和伽马值等多种参数的反演结果，从而克服仅用地震资料反演的不足。地震属性提取和识别是近年来开展储层预测、储层特征参数描述及储层动态监测最热门的技术。地震属性是表征地震波数据的几何学、运动学、动力学及统计学等特征的量，大约有 100 多种，而实际中常用的有 50 种左右。对这些属性，不同的人有不同的分类方法。有的人按地震数据的几何学属性和物理学属性分类，有的人按地震波的基本特性分类，有的人主张按不同的解释目标分类，有的人以叠前、叠后数据处理特征分类。不论何种分类，其目的均在于为地震地质解释人员根据解释目标从众多的属性中选择合适的、有效的地震属性，并且能正确地使用这些属性。凌云研究组（2003 年）认为在种类繁多的地震属性中，瞬时振幅、瞬时频率、瞬时相位和相干数据体、波形聚类是地震数据的 5 种基本属性，前 3 种反映单一地震道的基本瞬时特性，后两种反映多地震道的特性，其他地震属性均与这 5 种基本属性有直接或间接关系。这 5 种基本属性均能反映某种沉积现象：瞬时振幅可以反映地层的波阻抗（速度和密度）及孔隙流体的差异；瞬时频率与提取信息部位的地层固有频率有关，而地层固有频率又和沉积物颗粒粗细（密度）有关；瞬时相位可以刻画岩性变化的边界和一些异常体的边界；相干数据体可以反映地质体的空间变化；波形聚类可以反映地质体的空间相似度。在广泛应用地震属性进行解释时可以看到，众多的地震属性几乎都与储层特征有关，但是有一些属性对储层的某些特征比另外的一些属性更敏感，一些属性能很好地揭示地下不易探测的异常，有一些属性还可以用来直接检测油气。总之地震属性的研究和应用为地震勘探向深度和广度进军提供了一条可行途径。

（6）石油物探软件技术。建立国产软件一直是我国地球物理勘探工作者追求的目标。由东方地球物理勘探有限责任公司及其前身石油地球物理勘探局独立开发、具有自主知识产权的 SAAS 采集应用软件及 2000 年开发的 KLSeis 新一代地震数据采集工程软件和不断升级的 GRISYS 地震数据处理软件以及 GRIStation 地震资料解释系统软件等，标志我国石油物探软件已经进入一个崭新的阶段。它不仅广泛地用于生产和研究工作，而且有力地推动着我国石油物探软件业的发展。2003 年，GeoEast 地震数据处理解释一体化系统开始启动，其目标是：研发能够满足油气勘探和开发需要，实现多种数据信息共享和可视化交互功能，突出叠前偏移成像、叠前地震信息储层特征提取与分析、三维可视化体解释等应用新功能；统一数据平台、统一开发平台，可动态进行处理解释系统组装的处理解释协同工作的一体化软件系统。

二、特色技术

（1）卫星遥感照片设计测线及综合放样技术。

（2）近地表模型调查及基于近地表模型的数据库静校正技术。

（3）山地三维地震采集技术。

（4）配套静校正技术。

（5）有效叠前去噪技术。

（6）基于三维模型的多重约束偏移速度建场技术。

（7）起伏地表叠前深度偏移技术。

（8）山地三维地震数据处理技术。

（9）地震地质层位标定技术。

（10）相干数据体处理解释技术。

（11）三维可视化解释权技术。

（12）目标区高精度速度建场技术。

（13）利用地震属性识别尖灭线技术。

（14）地震岩溶识别技术。

（15）隐蔽油气藏解释技术。

（16）重磁电地震综合解释技术。

（17）基于模型的地球物理正反演技术。

第二节 各种地球物理信息的综合应用

一、石油物探数据采集、处理和解释一体化

石油物探数据采集、处理与解释一体化不仅是一种组织形式，实际上是一种技术思想的体现，所以它不仅适应当前油气勘探开发形势的需要，而且是石油物探技术发展的必然趋势。每一种石油地球物理勘探方法都是一个整体，因为任何一个地区的石油物探数据采集、处理目标均由解释人员根据勘探目标确定，数据采集、处理的质量也必须符合石油物探资料解释的要求。在 20 世纪 70 年代以前，各种石油物探方法均按照这种模式运行。70 年代以后，由于数字地震仪和计算机技术的发展，地震勘探技术解决地质问题能力和效率得到了迅速提高，地震数据采集、处理和解释逐步分离成 3 个独立的环节，而重、磁、电勘探方法基本上仍然保持一体化作业模式。在此条件下，地震勘探采用分割模式管理不仅适应了当时的油气勘探实际，分割式管理又极大地促进了地震勘探数据采集、处理和解释技术的发展。如今勘探目标和勘探环境均发生了很大的变化：勘探目标日趋复杂，尤其是勘探开发领域的滚动勘探，要求地震数据采集、处理和解释按照一个项目实施，勘探周期要求也越来越短；勘探环境已经今非昔比，现场采集软件已经比较完善，现场处理能力也有了很大提高。今天倡导石油物探数据采集、数据和解释一体化不仅是勘探的需要，也是石油物探技术本身发展的需要。要真正实现采集、处理和解释的一体化，还存在一定的难度，主要表现在：（1）基于地下三维模型的采集方法与观测系统设计还无法完全实现；（2）在现场对数据采集质量进行实时评估的分析软件功能还不够完善，难以从一体化的角度评价采集数据质量的优劣；（3）采集、处理和解释一体化思路尚未成为每个当事者的自觉行动，也就是不能使每个人在从事不同环节工作时，考虑或研究其他环节的要求和对自身工作的影响；（4）目前人们对于采集、处理和解释一体化的认识并未完全统一。

二、地震属性综合应用技术

我国在20世纪70年代，开始利用反射波振幅属性形成的“亮点”、“暗点”和“平点”直接进行碳氢化合物检测；80年代开始利用反射波特征构成的地震相识别沉积相，同时利用地震波的瞬时属性及AVO属性识别油气显示；90年代以来，地震属性的应用得到了迅速的普及，应用领域也十分广泛，其中以用于储层预测和油气藏描述居多，这主要得益于三维地震技术的普及。当前应用中存在的问题在于人们对地震属性的物理意义及地质意义还缺乏深入的理解，不能仅基于简单的数学关系。目前所用的属性多数是从叠后数据中提取的，一些叠前属性主要是从AVO数据中提取的。层位属性受自动拾取精度的影响。时窗属性是在一个定义的时窗内提取的，受地震采样点精度的制约，此时宜采用对采样点作累加或取平均，给出总的属性。可以选择单一属性，也可计算时窗内属性值的分布或趋势。根据时间求取的属性有助于分辨构造细节，根据振幅和频率求取的属性有助于地层和油气藏特性分析，其中以振幅属性最稳健、最有用。

三、多波多分量地震勘探技术

多波技术是正在兴起、具有广阔应用前景的勘探方法。我国于20世纪70年代末80年代初先后在四川、华北等地区开始了多波勘探试验工作。由于横波信号激发难度大、成本高，且效率低、能量衰减快，故多采用纵波激发、三分量接收的转换波勘探方法，其中采用垂直检波器接收与地面垂直的Z分量，采用水平检波器接收水平分量X、Y，有时也分别称这两个水平分量为SV分量和SH分量。在海洋地震勘探和井中物探中，三分量接收比较普遍，现在海洋勘探中还应用四分量，新增的分量采用独立的压敏传感器，主要用来记录压力。在陆地勘探中有时也使用两分量勘探，一个接收垂直分量，另一个接收SV分量或SH分量。

多波多分量勘探主要用于减少地震地质解释的多解性、识别纵横波速度各向异性和进行裂隙检测、岩性预测和构造成像。

就陆地多波勘探而言，我国还未进入商业化普及应用阶段。主要问题不外乎以下几个方面：（1）多波多分量技术的发展涉及到各向异性介质、粘弹性介质及双相介质弹性波理论，目前有关这些方面的理论准备还不够充分；（2）采用转换波勘探，需大动态的三分量检波器，现在三分量检波器价格很高，这要增加勘探成本；（3）横波数据处理不同于纵波勘探方法，虽然我们已经积累了一些这方面的技术和经验，但基本上还处于探索阶段，例如我们曾经开展过横波勘探的地区均未认真开展过采集方法详细论证，又因处理方法不配套对所获得的试验资料难以进行深入的分析。

四、井间地震勘探技术

井间地震是20世纪80年代中后期出现的一项新的勘探技术，主要借助于医学上CT技术的发展。我国于1991年首先在辽河油田开展先导性试验，随后在吉林、山东等地也开展了十余次井间地震试验工作。其中有代表性的试验工作是由原石油地球物理勘探局严又生项目组（1997年）在吉林油田开展的试验，此次试验不仅是采集、处理和解释一体化作业的范例，也是多单位精诚合作的典范。采集方法设计和现场质量监督、处理方法研究软件编制及数据解释，均由该项目组完成。此项目由中国石油天然气总公司开发局牵头、西安仪器总厂负责井下接收系统、石油勘探开发科学研究院石油机械厂负责井下激发震源、吉林油田负责井场协调。

针对我国东部大部分老油田的储层多为高度非均质、低渗透，且多为砂泥岩薄互层的情况，依靠常规石油地球物理勘探方法提高油气采收率及寻找剩余油的分布有些力不从心，因此井间地震及四维地震方法就应运而生。当前我国开展井间地震工作的主要困难在于：(1) 研究工作过分地追求近期效果，未能从长远及整体上考虑；(2) 决策人的思想未能变成多数人的实际行动，因此现有的科研成果缺乏足够的应用实践，不少的人对这种方法甚至还有怀疑；(3) 井间地震技术的快速发展并不体现在它的基础理论和方法研究，而是体现在井间地震激发和接收系统的研制和开发，在此我们的差距比较大；(4) 缺少一套准确评估井间地震技术经济效益的方法，应该看到井间地震成果不仅表现在确定两井间油层的连通性，还在于它能提供井间垂向和横向的地层结构及储层参数。

五、时移地震勘探技术

早在20世纪中叶，就有人开始利用两次地震勘探测量数据振幅的变化研究油气藏的变化。到了80年代，随着三维地震勘探技术的迅速发展，发现了许多油田，但是人们也感到勘探条件越来越复杂，所需勘探费用越来越高，而且越发感到地震勘探的分辨率难以满足油气田开发的需要。此时，人们开始把目光转向老油田的开采，时移地震商业化应运而生，并作为油气藏动态监测的一项技术措施。80年代末，时移地震传入我国。“时移”二字是一个广义的概念：对重复三维地震来说，构成四维地震，这是现今最常用的方法；对一维地震测井来说，使用时移方法就构成时移地震测井，像VSP、声波测井使用时移方法就属于此种情况，当然其他测井方法也可以采用这种时移方法观测；其他重磁电勘探方法及井间地震均可以采用时移方法观测。1989年10月，新疆石油地质调查处率先利用时移地震方法在克拉玛依油田开展了稠油热采地震热前缘监测试验，随后胜利、辽河、大庆等油田和石油地球物理勘探局也开展了时移地震先导性试验。近10年来，国外已累计完成了100多个时移地震项目，目前全世界大约还有75个项目正在执行中；国内也完成了将近10个项目。从国、内外所完成的项目数即可以看出我们的差距。按理说，国内启动时移地震工作与国外时移地震商业化运作时间基本同步，国外从方法的理论研究到数据采集质量监控、风险评估、数据处理和解释，已经形成了一套比较成熟的方法，而我国仍然处在探索阶段。国外完成的项目中多数是海上的例子，国内的油气田多为薄层和低孔渗油田，陆地的风化层变化无常，因此陆地时移地震工作的难度大也是情理之中的事。现有资料表明，观测地质目标体储层属性变化所引起的物性变化达到10%，才能被地震勘探方法检测到。然而，由于采集环境、采集方法和数据处理方法不当所造成的影响，就会淹没地质因素产生的微小响应。可见时移地震对采集环境、采集方法和处理方法有更高的要求。当前我国时移地震主要存在以下问题：(1) 事先科学论证不够，对于工区的储层变化条件是否满足进行时移地震的基本条件认识不足；(2) 对采集环境、采集方法和处理方法的可重复性缺少规范的风险评估；(3) 即使采用较严格的一致性采集措施，仍会产生许多的非地质因素引起的非一致性信息，为此必须研究新的处理方法消除这些非地质因素引起的影响。

六、三维高精度重磁电综合勘探和重磁电地震联合反演技术

近年来，在一些地震激发和接收条件比较差、难以获得高质量地震资料的地区，重磁电方法的应用比较普遍。重磁电勘探方法不仅可以独立地进行工作，而且可以成为联合勘探中不可或缺的方法。这主要得益于重磁电仪器更新的速度加快：重力仪器的精度比20世纪中叶提高了数百倍，磁力仪器的精度提高了将近1000倍，电法仪器的采样率、动态范围和近代数字地震仪基本相当；数字处理技术的进步和大量新技术、新方法的引进及研发，使重磁电勘探方法得到了脱胎换骨的改造。如今的重磁电勘探方法正向三维高精度勘探及联合反演方向迈进。

重磁勘探方法的数据采集由二维转向三维在技术上不存在障碍，只需进行高密度数据采集，即将现有的测线及测点加密到要求的精度。至于重磁数据处理与解释，现有的技术均能满足要求。

电磁勘探方法由二维转向三维，就数据采集而言，原则上也不存在技术障碍，因为大地电磁场法（MT）与电磁连续剖面法（CEMP）的三维布置易于实现。其主要原因在于这两种方法均以天然电磁场为场源，不涉及人工场源问题。在平原区可以采用规则测网，电极首尾成网状相接，可以高精度记录地面电场的变化。对于山地和其他复杂地表区，可采用不规则测网，虽然电极无法做到首尾相接，但可以统一电磁场测量方向，使整个探区电磁测量具有足够密集的控制点，以足够高的精度记录地面电磁场的变化。至于三维天然场源的电磁数据处理与解释在技术上仍有许多工作要做，有些问题还有较大的难度。

重磁电联合反演20世纪中叶已在生产和研究中广为应用。但是，经过近年重磁电技术的快速发展，再加上以前系统缺少一个完善的平台，系统应用不灵活，重磁电软件之间数据通信很慢。鉴于这种情况，必须在现代技术条件下，以地震数据为依据重新组装和构建重磁电地震联合反演系统。也就是说，要以综合多功能解释工作站平台为基础，以地震构造数据为框架，以共享数据库为纽带。在此综合平台上，不仅可以进行重磁电数据处理与解释，而且可以在地震构造的框架中充填密度、磁化率、电阻率等解释参数，从而实现多种解释参数与地震数据、测井数据、地质数据在空间相互约束的正反演计算，达到多种方法及多种信息的立体交叉综合，最大限度地提高解释精度，减少最终解的非唯一性。

第三节　石油物探装备研制

石油物探装备技术的进步是促进油气勘探事业持续发展的重要动力之一，每一种石油物探新装备的出现，不仅带来新的市场，而且也促进了相应石油物探方法的发展。由于国内勘探市场需求大，而且开拓国外勘探市场的潜力也大，因此在引进技术的同时，不断提高石油物探装备国产化水平始终是我国勘探工作者责无旁贷的职责。从20世纪60年代初开始，我国石油物探装备基本上沿着仿制、吸收、改造、自制的道路探索前进。其中经历过一些曲折，但也经历过快速发展时期。在20世纪80年代中期至90年代中期，相继按国

际先进标准建成4条现代化仪器仪表生产线，其中1条为20DX检波器生产线，1条为石油物探专用电缆生产线，两条为多功能仪器、仪表生产线；为适应山区、山前砾石带、大沙漠、沼泽和滩海勘探的需要，也按国际先进标准相继开发出9种不同类型的地震钻机；可控震源的研制和发展是我国石油物探装备研制工作中一个具有标志性的事件，从1976年起至90年代末，相继推出5种更新换代产品，并形成了具有自主知识产权的产品。

我国石油物探软件设备研制和开发始于20世纪70年代。1973年，为配合我国第一台用于地震数据处理的大型专用计算机投入应用，原石油地球物理勘探局的科研人员就开始潜心研发石油物探处理软件。历经30年的不断努力，终于先后推出具有独立版权的国产石油物探软件——GRISYS、GRIStation、KLSeis Geo East等软件，它标志我国石油物探软件完全依赖国外进口的历史结束。

一、炸药震源和可控震源

炸药震源是陆地地震勘探中最常用的震源，也是事关数据采集质量的重要因素，所以许多国内外地球物理学家一直十分关注炸药震源激发理论的研究。近年来，普遍认为爆炸产生的空腔形状对地震波的强度有影响，弹性波在某一方向的振动振幅与等效空腔在此方向的曲率半径成正比。据此理论分析了实际工作中的炸药类型与形状，认为细长药柱和聚能弹激发均不能形成曲率半径较大的等效空腔，因而达不到增大激发能量的效果。所以在药量与药柱的选择上要力求使爆炸产生的空腔形状接近球形，药柱不宜过长；此外要考虑炸药包与井孔介质的耦合，以及炸药的密度、速度构成的阻抗耦合；为了得到最佳的激发效果还需选择合适的激发介质，除要求在潜水面以下激发外，在高速层以下有低速层存在时不宜在高速层中激发。

可控震源技术是1974年由美国引进的新技术。我国于1978年开始研制，1980年推出第一套KZ—7型可控震源，其性能基本达到设计要求。随后一个长期跟踪国外研制可控震源的计划付诸实施，至1997年先后推出KZ—13型、KZ—20型、KZ—23型、KZ—28型等4个更新换代产品，有效地促进了我国砾石区、城市工业区及一切不适宜炸药激发地区的地震勘探工作。其中KZ—28型是我国独立研制的28 t级大吨位可控震源，具有自主知识产权，从而使我国成为世界上除美国、法国之外第三个可生产此吨位级可控震源的国家。目前正在开发新一代KZ—28型系列震源KZ—28E型，此型在系统结构上更趋于简化，其可靠性、操作性和维护性均体现了许多新的设计思想，而且基于低畸变思想设计的激发信号质量上将超过现有市场上相同级别的可控震源。

二、数字检波器

地震检波器是地震勘探接收系统的有机组成部分。20世纪70年代，我国开始研制失真度只有0.001的数字地震检波器，此种检波器能够适应常规地震勘探的需要。80年代此种地震检波器形成批量生产能力，1993年以后开始研制用于高分辨率及其他特殊用途的检波器，如三分量检波器、垂向检波器、高灵敏度检波器和微测井检波器、沼泽检波器等。我国生产的检波器不仅满足国内市场的需要，而且还外销国际市场。近年来又开发成功水陆两用地震检波器，其防水、防漏电性能均有明显提高，而且具有重量轻、体积小、携带方便的特点。为了适应井间地震测量的需要还研制成功井下三级检波器，现正在研制多级井下检波器。为了进一步提高地震检波器的动态范围，科研人员正在开发新型数字检波器及光栅检波器，数字检波器采用高性能传感器，可将大地振动的机械信号转换成数字信号，再由数传电缆传输给地震记录仪；光栅检波器采用光栅谐振子为传感元件，将大地振动的机械信号转换成光调制信号，再用光电器件转换成数字信号传输。

三、地震数据采集系统

地震数据采集系统的发展既是世界石油勘探市场的晴雨表，又是地震勘探技术发展的关键环节。目前国际上先进的地震采集系统有如下特点：（1）有线系统与无线系统混编，野外观测系统设计更加灵活；（2）数传过程中网络化概念更加清晰，有利于海量扩展记录能力；（3）单站单道的重量与体积在不断缩小；（4）采用分布式供电系统；（5）预设计与质量控制及排列监测手段不断加强；（6）采集系统容错能力不断提高，对采集系统的保护更有效；（7）与辅助设备的接口更友好；（8）整个系统的功耗在不断下降。为了适应未来地震采集海量数据存储问题，地震道势必要成倍地增加，因此单站单道、单站 6 道、单站 8 道将会成为今后地震数据采集系统发展的主流。

我国于 20 世纪 60 年代中期开始仿制地震数据采集系统，由光点地震仪到模拟地震仪；70 年代中期，开始研制 24 道瞬时浮点数字地震仪；70 年代末，我国研制的 48 道和 96 道数控地震仪相继问世；为了满足日益增长的三维地震和高分辨率勘探需要，从 80 年代末开始相继推出 240 道、480 道、1536 道、4000 道轻便遥测数字地震仪，其中千道以上地震仪采用了当时国际上流行的 Δ—Σ24 位数据转换技术、高速数传技术、现场可编程技术和微机技术等。此类地震仪还具有实时滤波、实时叠加及相关功能，可以适应各种复杂地表条件下地震勘探的需要。目前正在研制记录道数达 1 万道的陆用地震仪、井下、井间地震采集设备，以适应油气田开发的需要。

四、地震钻机

地震勘探中传统的炸药激发方式，在复杂山区、大沙漠、沼泽、丛林和极浅海等地区仍然有广大的市场，也是其他激发方式难以替代的，因此改进地震钻机性能和效率、研制新型钻机，进一步提高地震激发效果仍是一个不可忽视的领域。我国研制地震钻机已有 30 多年的历史，如今已能生产适应各种地表条件的钻机：满足我国西部复杂山地勘探需要的轻便山地钻机；适应大沙漠地区勘探需要的沙漠空气与螺旋式钻机；适应沼泽、丛林和极浅海等地区勘探需要的相应钻机。地震钻机通常与运载工具、传动方式、驱动方式、钻井方式和排屑方式有关。轻便型山地钻机不仅能完成最深达 80m 井深的钻井工作（可自动排屑），同时还具有快速可拆卸及组装功能，单件质量小于 80kg，便于直升机吊装和搬运。在海滩及沼泽地区工作时，钻机可安装在浅吃水船上，并具有定位功能。目前钻机的传动方式由机械传动发展到液压传动，钻井方式已由泥浆钻井、螺旋钻井发展到空气钻井、潜孔锤钻井、喷射钻井和泡沫钻井，有效地提高了钻井效率。

第二章　地震勘探数据采集技术

无论过去、现在，还是将来，地震勘探都是寻找油气藏最主要的勘探方法。而地震勘探数据资料采集又是这一系统工程中最基础、最重要的工作，采集质量的优劣直接影响后续的数据处理和解释成果的精度，事关勘探成败的大局，数据采集的费用一般要占地震勘探项目总投入的90%左右，其重要性不言而喻。数据采集由测量、观测系统选择、激发与接收和表层结构调查等几个主要环节构成，要安全、优质、高效、低成本地完成数据采集工作，需要拥有先进的技术，同时需要高素质的管理人员和科技人员，以及性能先进的采集设备。本章主要介绍地震勘探测量、观测系统设计、激发与接收、表层结构调查、地震采集装备等方面的技术进步情况。

第一节　石油物探测量技术

20世纪80年代以前，石油物探测量作业设备简陋、技术落后，长期采用一台经纬仪、一根测绳、两根花杆的手工作业模式，测量计算使用算盘和各种计算表。测量作业效率与成果精度都很低。为适应油气勘探的需要，从20世纪80年代初开始，引进了MX1502、HP3810A（美）多普勒卫星定位仪、K+E（美）和Disl（瑞士）等型号的测距仪、TI—59和PC—1500等手持计算器。这些设备的引进和应用，摆脱了长期采用的手工作业模式，实现了石油物探测量技术发展的第一次飞跃。进入20世纪90年代后，又先后引进了一批新的测量设备，通过引进、消化、创新，以3S和4D为代表的石油物探测量技术得到了迅速的发展，软件技术也日趋成熟。主要设备有GPS接收机、全站仪和微型计算机。这些设备的应用使石油物探测量精度和效率都得到了显著提高，使我国石油物探测量技术达到了国际先进水平。

一、空间定位技术

1. 静态定位技术

所谓静态定位，就是在进行GPS定位时，认为接收机的天线在整个观测过程中的位置是保持不变的。在数据处理时，将接收机天线的位置作为一个不随时间变化而改变的量。静态定位一般用于高精度的测量定位，其具体观测模式是多台接收机在不同的测站上进行同步观测，观测时间由几分钟至数小时不等。

早期的定位仪器只能用于静态定位，由于当时SA政策的影响和GPS技术的不完善，民用单点定位精度只能达到百米级，因此在石油物探测量中静态相对定位，主要用于建立各种控制点。

随着GPS技术的日益完善及石油物探工作对测量定位技术要求的提高，精密相对定位方法已经逐步应用于GPS控制网的建立。为了提高GPS控制网的精度，特别是对数百千米以上的长基线的解算，目前通常采用与 IGS 站点联测以及利用精密星历作为起算数据的方法进行数据处理。

国际 GPS 服务（IGS）机构是由国际大地测量协会（IAG）协调的一个永久性 GPS 服务机构，成立于 1992 年。IGS 为全球科研机构及时提供 GPS 数据与精密星历，以支持世界范围内的 GPS 数据应用。IGS 在相应的网站上免费发布 IGS 站点的观测值数据（RINEX 格式）和精密星历（SP3 或 E18 格式），并使用 ITRF（国际地球参考框架）作为其进行 GPS 数据分析及计算精密星历的坐标框架基准。通常我们采用高精度的数据处理软件对工区所建网点与 IGS 跟踪站的数据进行基线处理，并采用精密星历代替广播星历对空间卫星精密定轨，以改善测量基线的质量，获得长基线的整周模糊度，使得大规模的、高精度的 GPS 控制网的质量大幅度提高。

除 GPS 系统以外，俄罗斯的 GLONASS、欧洲的伽利略（Galileo）系统以及我国的北斗定位导航系统等都在不断发展与完善中，逐步形成了多元化的空间定位环境，使同时接收多系统信号的定位技术已成为可能。

2. RTK 定位技术

RTK（Real Time Kinematic），又称载波相位实时差分定位技术，特指实时处理两个测站载波相位观测值，利用差分测量原理，实时地提供测站在指定坐标系中的三维定位结果，精度可达到厘米级。

典型的 RTK 测量系统由基准站、流动站、UHF/VHF 电台等组成。在 RTK 模式下作业，通常将基准站接收机置于一个已知点上，基准站接收机采集来自卫星的原始数据，并通过数据链将其观测值与测站坐标信息一起传送给流动站。流动站不仅通过数据链接收来自基准站的数据，也采集来自卫星的观测数据，并在系统内组成差分观测值进行实时处理，同时给出定位结果以及实测精度。

RTK 系统虽然无需点间通视，但仍受观测条件限制。一方面，在城镇高楼密集区、高大林区等卫星接收条件差的环境中，难以达到厘米级的定位精度。另一方面，随着流动站与基准站距离的增大，电台通信信号的衰减，初始化时间将会延长，而且定位精度随作业距离的增加而显著降低。第三，单基准站作业模式还在一定程度上存在可靠性问题。

当今的 RTK 定位技术，呈现出多元化与学科交叉的特点，其发展方向是网络 RTK。Trimble 公司最近推出了一种全新的 RTK 增强技术，称为 eRTK。它通过对 GPS 天线、处理器等内部结构的改造，对通信手段的完善方式（既可以采用专用的 UHF/VHF，也可以借助公共网络，如 GSM，CDMA，GPRS 等），突破了电台传输有效范围的限制。作业范围也比 RTK 扩大 4 倍。如需在更大范围内作业，则可以运用同频多基站技术，同时接收多个基准站数据，可根据信号强度或距离选择最优基准站或对多个基准站采用加权策略。

3. 信标差分技术

近年来，由于海洋测绘、海洋石油、海洋渔业、海上交通、疏浚及导航等行业的不断发展，作业范围越来越大，RTK 定位技术受 UHF 数据传输距离的限制，不能满足多种高精度用户的需求。

信标差分技术是利用现有的海上无线电信标台，在其所发射的信号中加一个副载波调制，以发射差分修正信号，提供米级定位导航精度。

信标—GPS二合一接收机是将信标接收机、GPS接收机集成为一体的接收机，GPS信标机的工作模式为实时伪距差分定位（图2-1）。图中的沿海信标台站相当于RTK的基准站。信标差分定位与RTK定位的主要区别在于：其一，采用码（伪距）观测值，定位精度为米级；其二，采用已有的信标台站，不需要建立基准站。

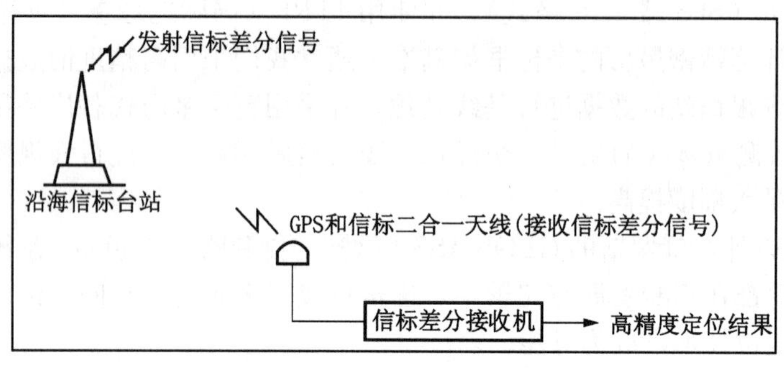

图2-1　信标差分定位

国家交通部海监局在我国从南到北沿海岸线建立了20个信标台站，这些信标站24h发送RTCM差分校正信息，而且不收任何费用。其传输的距离在内陆为300km，在海上达400km。

目前，GPS信标接收机都具有一个集成的双通道低噪声MSK（最小频移键控）模块，可在无线电信标台之间进行智能、无缝切换，从而实现高性能与高效率。采用双串口标准NEMA数据输出，每秒钟输出一次位置信息，以10Hz的速率输出位置信息，其最大延迟为0.1s。可与导航软件相连，实现实时导航功能，也可与其他船载设备如集成桥梁系统、雷达自动驾驶仪、绘图仪等连接。

未来，信标差分技术将会广泛应用于海上石油地球物理勘探。

4. 广域差分技术

广域差分技术是在一个广大的区域范围内，建立若干GPS跟踪站组成GPS差分基准网，通过对GPS观测量的误差源加以区分，并分别对每一种误差源加以模型化，然后将计算得到的每一种误差源数值通过无线电通信数据链传输给用户，对用户的GPS观测量加以改正，达到削弱误差，提高定位精度的目的。

目前，国外已有一些提供广域差分GPS信号服务的系统，如LandStar、OmniStar和StarFire（图2-2）信号服务系统。各种广域差分GPS信号服务系统由于组网方案、覆盖范围的区域性和核心算法技术应用的差别，提供给用户的精度及作业距离是不同的。

利用广域差分GPS技术进行石油物探测量作业与目前自建基准站的差分作业模式相比，每个作业组可省去一台基准站所用的GPS接收机及中继站；减少了无线电差分信号的盲区，提高了野外作业效率。因此，广域差分技术在未来石油勘探工作（特别是复杂地区与远海海域）中，必将拥有广阔的应用前景。

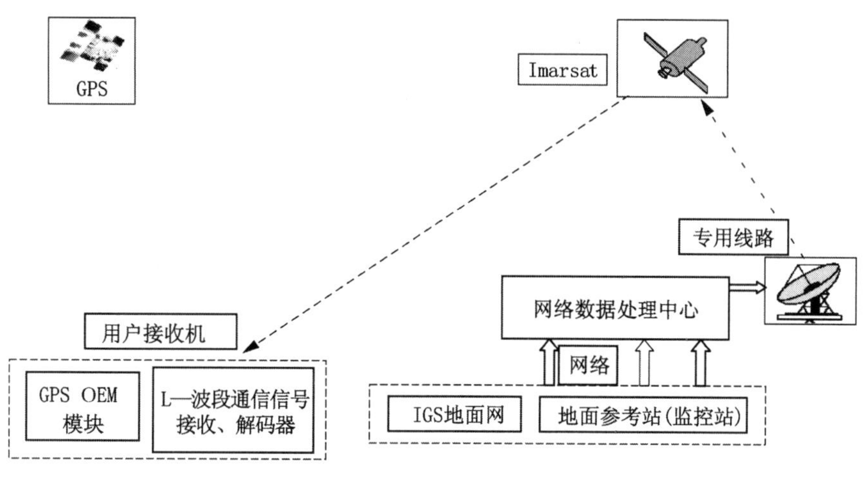

图 2-2　StarFire 系统结构示意图

二、陆上石油物探测量

1. 遥感技术应用

所谓遥感（Remote Sensing 简称 RS），就是从遥远处感知，泛指各种非接触的、远距离的探测技术。遥感技术是指在高空或外层空间，运用各种传感器（如摄影仪、扫描仪及雷达等）获取目标信息，通过数据传输与处理，实现研究地面物体形状、尺度、位置、性质及其与环境的相互关系的现代科学技术。

遥感实际上是一个反演问题，即从接收的电磁波或光波的信息反演出地物的几何、物理特性。而这一信息反演过程就是利用遥感处理软件对遥感信息进行处理的过程。通常包括如下步骤：

（1）将传感器获取的地面信息，经过一系列的几何处理、图像增强处理，制成数字正射影像图（DOM）；

（2）根据信息识别出图像中的地物，并分类；

（3）将数字正射影像图与数字高程模型（DEM）结合处理，制成三维可视化的数字模型；

（4）将数字模型与工区的石油物探信息结合，应用于实际勘探生产。

目前在石油物探领域，仅利用经遥感处理形成的数字正射影像图（DOM），大部分遥感信息未能充分应用。

开发服务于石油物探的遥感数据处理软件，可根据地形图、卫星照片、航空照片、DEM 资料，自动地分辨并显示地表各种地物、地貌，包括地表岩性、植被种类以及密度、道路、河流等石油物探所关注的信息，然后利用虚拟现实技术建立一套三维模型，可以直观反映石油物探野外作业现场，为勘探设计、生产管理与质量控制等工作提供必要的信息，从而提高生产质量与作业效率，降低安全风险。

2. 地理信息系统应用

所谓地理信息系统（Geographic Information System，简称 GIS）是管理空间数据的计算机系统。所谓空间数据指以不同来源和方式的遥感与非遥感手段获得的数据，它有多种数据类型，包括地图、各种专题图、图像、统计数据等，依据这些数据能够确定空间位置，因此地理信息系统也可理解为是“空间信息系统”。

从 20 世纪 80 年代中期开始，GIS 技术的发展经历了 20 多年的时间，从理论到应用已相当成熟，在国民经济各领域展现了强大的生命力。石油企业尤其是各油田勘探开发部门早已将 GIS 技术引入并充分应用，国外一些石油公司利用网络 GIS 技术已经解决了勘探数据共享的问题。

国内部分石油地球物理勘探单位也先后开始了 GIS 应用研究工作，并在石油物探数据处理方面得到了应用，三维 GIS 技术在地质构造解释方面也发挥了很好的作用，但在石油物探数据采集方面的应用还很有限，主要是使用 GIS 平台绘制一些图件，并在此平台上进行一些简单的管理。

将来应开发一套基于某一平台的 GIS 系统，用于管理、分析、共享石油物探数据。在野外通过网络系统获取所需要的资料，然后叠加上施工时收集的各种信息，既能有效地指导生产，又可及时反馈信息，获得专家和管理部门的远程支持和指导。

3. 3S 综合应用

3S 集成是指将 GPS、GIS、RS 进行有机结合，实现实时、快速地提供目标空间位置，包括各类传感器和运载平台的空间位置；实时或准实时地提供目标及其环境的语义或非语义信息，发现地球表面上的各种变化，及时地对 GIS 进行数据更新；完成对多种来源的时空数据进行综合处理、集成管理、动态存取，为智能化数据采集提供地学知识。

目前，在石油物探领域，3S 集成应用的典型范例是“GPS 车辆实时监控系统”。该系统集车辆行驶、调度、报警求助、HSE 管理等功能于一体，使作业单位的管理水平从模拟方式跃升到数字方式。

三、海上综合定位技术

1. 海上综合导航技术

海上综合导航技术是一门集测绘、电子、计算机及海上勘查等多学科于一体的技术。20 世纪应用最广泛的水下声学定位系统包括长基线定位系统、短基线定位系统与超短基线定位系统等。这些定位方法在海洋石油勘探中发挥了重要作用。

现在海上综合导航技术集 GPS 定位、水深测量、自动化控制、激光定位和相对 GPS 测量、罗盘定位、GIS 等技术于一体，是一套计算机智能化的专门系统。它通过获取各种不同类型传感器测出的环境状况，如风速、风向、浪高、波涌等数据和工作状况，通过其数据库或知识库，提供种种判断与选择，并提供船舶航线、航向、航速、纵倾、舵角、发动机转数等数据。

2. 二次定位系统技术

目前广泛使用的二次定位技术包括声波二次定位与初至定位。声波二次定位技术是当前海上 OBC 勘探的先进技术之一，它可以准确有效地测出海底电缆每一检波器组的二维或三维坐标，如图 2－3 所示。资料证实，在水深 10m、潮流速度 2Knot 时，海底电缆检波器组位移误差会达到 20m 以上。因此，应用声波二次定位技术对已经沉入海底的电缆检波器组进行二次定位测量以提供真实可靠的电缆位置非常必要。同时，我们也可利用地震数据采集时对同一个检波点接收到的来自不同激发点的初至时间及传播速度通过圆圆交会的原理进行迭代计算，求出检波点的实际位置。

二次定位技术是海上地震数据采集的关键技术，在未来的发展中，它必定会随同自动控制化等其他学科技术的进一步发展而不断改进和完善，提高海洋地震勘探数据采集施工的效率和质量。

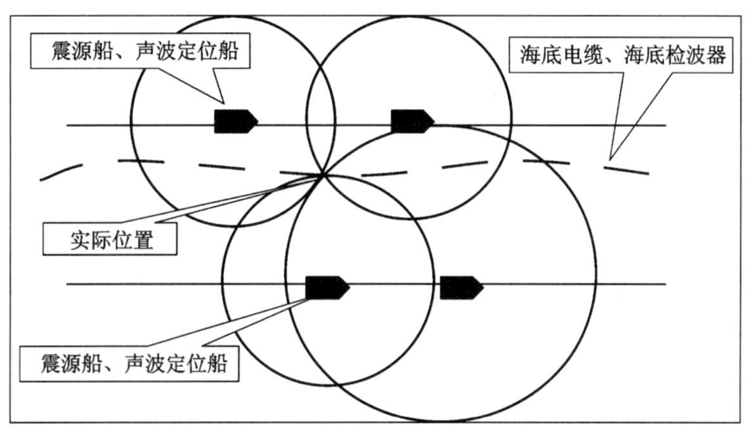

图 2－3　声波二次定位示意图

3. 船舶跟踪技术

船舶跟踪系统 VTS（Vessels Tracking System）是利用 GPS、GIS、无线通信技术，完成船舶的实时位置、工作状态、报警信息的传输与管理的系统，如图 2－4 所示。

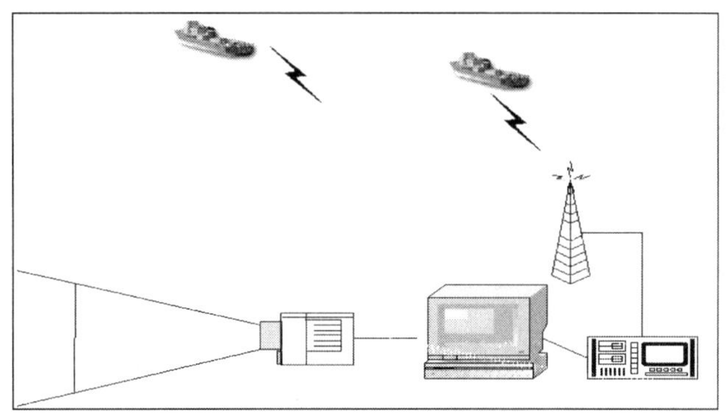

图 2－4　船舶跟踪系统示意图

船舶跟踪系统（VTS）技术发展已比较成熟，根据使用目的不同而具有不同的功能和配置，所使用的通信手段也不尽相同。石油物探领域应用此项技术相对较晚，比较成功的应是“GPS船舶跟踪监控系统”。该系统利用GPS定位技术，以GIS平台作为系统管理的人机交互界面，便于用户使用及图形管理，数据传输使用无线数字电台，保证数据传输的实时性，同时可利用此系统实现文档的透明传输。

随着微电子技术、3S技术、卫星通信技术的发展，以此系统作为信息采集终端，可实现海上作业现场的远端实时监控管理，这样可将陆上、海上连成一体，可长距离随时调阅某一作业现场的实时信息。

四、大地水准面精化技术

大地水准面是重力等位面，它表现了地球的基本几何与物理特征，是对定义和建立大地测量坐标系起基准作用的一个曲面，如图2-5所示。它将几何大地测量与物理大地测量科学地结合起来，使人们在确定空间几何位置的同时，还能获得海拔高度和地球引力场关系等重要信息。

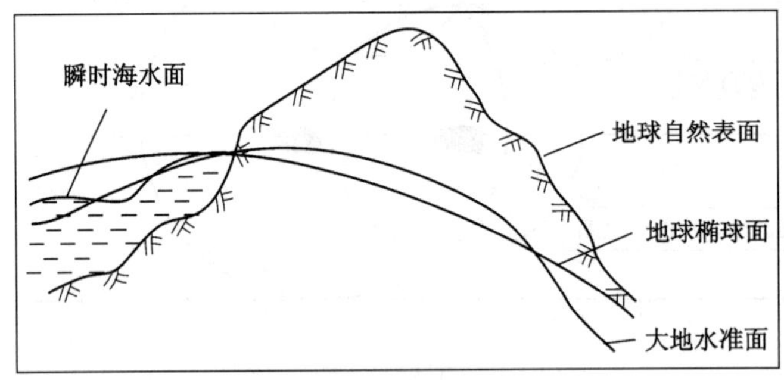

图2-5　大地水准面示意图

1. 全球大地水准面模型

20世纪90年代以来，世界各国大地水准面的精化技术有了很大发展，分辨率和精度水平提高了一个数量级。

美国先后推出了GEOID90，GEOID93和G9501区域大地水准面模型，3个模型计算方法基本相同。高程基准为NAVD88，采用Helmert正高高程系统。计算中，首先是按莫洛金斯基级数计算高程异常，再转换为大地水准面高。计算G9501采用了180万个重力数据，同时包括DMA控制的数据，海洋空白区用OSU91A模型重力值填充；DTM来自由1∶25万地形图产生的30″点地形数据库（TOPO30），OSU91A模型的大地水准面误差在美国陆地为±38cm，在海洋为±26cm。

随后，NASA宇航局又公布了利用联合测量数据确定的全球重力场模型EGM96，它的位系数取到360阶，是目前世界上位系数阶数最高的全球重力场模型（图2-6）。

在国际石油地球物理勘探中，一些测绘技术不发达的国家和地区直接利用这些全球大地水准面模型（如OSU91A、EGM96等）获取海拔高。我国基本采用区域模型。

2. 局部（区域）似大地水准面模型

我国似大地水准面的确定经历了近半个世纪的发展过程，从20世纪50年代到20世

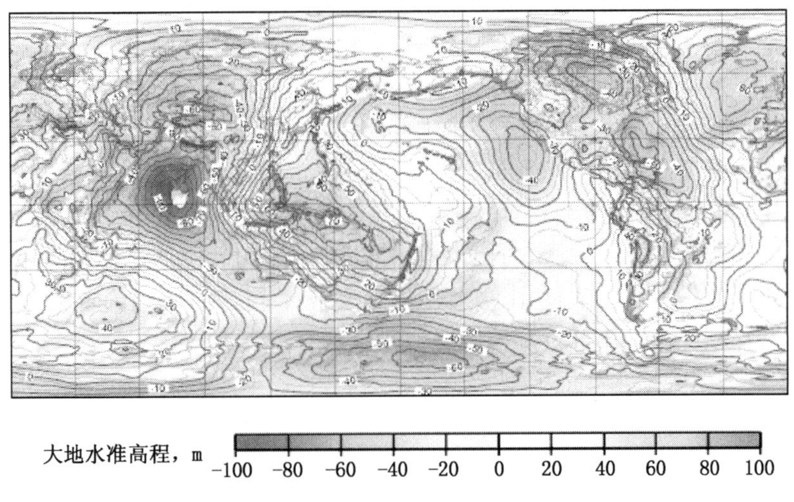

图 2－6　EGM96 全球重力场模型

纪 70 年代进行了全国一、二等天文重力水准测量，建立了 1954 北京坐标系的第一代似大地水准面 CLQG60，总体分辨率大致为 200～500km，精度为 2～4m，满足了当时建立国家天文大地网地面观测数据归算到参考椭球面对似大地水准面高和垂线偏差数据的需要。

20 世纪 90 年代初，在国家测绘局“八五”重点攻关项目支持下，利用包括我国重力数据在内的全球 30′×30′平均空间重力异常，形成了 WDM94（360 阶）全球重力场模型，在中国区域模型大地水准面的精度略优于当时公布的美国 OSU91（A）模型。

“九五”期间，国家测绘局研究、建立了高精度、高分辨率并完整覆盖我国国土（包含海洋专属经济区）的新一代似大地水准面 CQG2000。CQG2000 大地水准面的建立是由国家基础地理信息中心、武汉测绘科技大学、国家测绘局共同承担，采用了全国重力、数字地面模型、GPS 水准、海深模型和卫星测高等资料，于 2001 年完成，参考椭球为 GRS80。覆盖范围为我国大陆及海岸线以外 400km，分辨率（以东经 102°为分界线）东部为 15′×15′、西部为 30′×30′。东部精度优于 0.3m；西部精度北纬 36°以北优于 0.4m，北纬 36°以南优于 0.6m。其精度可以满足石油地球物理勘探施工的需要。

近几年，石油系统也建立了数个探区似大地水准面模型，其中主要包括塔里木盆地、柴达木盆地、陕甘宁盆地等几个似大地水准面模型。

1）陕甘宁盆地似大地水准面模型

在计算陕甘宁地区大地水准面过程中，采用了 6545 个重力点值，并以地球重力场模型 WDM94 作为参考重力场，格网重力异常的求解在高分辨率 30″×30″和 1′×1′DTM 基础上利用均衡归算，通过移去—恢复原理计算，似重力大地水准面是由 Stokes 和 Molodenskii 方法确定的，7′30″×7′30″格网重力大地水准面、GPS—重力大地水准面其精度分别优于 ±0.598m 和 ±0.243m。通过验证，相对 1956 年黄海高程基准似大地水准面内符合精度为 ±0.243m，外符合精度为 ±0.429m。

2）塔里木盆地似大地水准面模型

塔里木盆地大地水准面的计算，采用了95177重力点值，以地球重力场模型WDM94和EGM96模型作为参考重力场，网格重力异常的求解分别利用了点空间重力异常直接计算及在高分辨率30″×30″和1′×1′DTM基础上利用布格归算和均衡归算。重力大地水准面和似重力大地水准面是由Stokes和Molodenskii方法确定的，利用二次多项式将重力大地水准面和GPS水准大地水准面的差异通过最小二乘法拟合得到GPS—重力似大地水准面，分辨率为2′30″×2′30″格网，GPS—重力似大地水准面精度优于±0.332m。

该成果解决了在塔里木盆地使用GPS卫星定位技术获得的大地高求取海拔高的问题，对于提高地震勘探精度、油田开发和国民经济建设具有重大意义。

3）柴达木盆地似大地水准面模型

20世纪80年代，青海石油管理局采用几何和物理两种不同的方法，对柴达木盆地36个天文重力水准点，29个多普勒定位点，10个天文重力与多普勒重合点的资料及近百万个重力、地形数据进行了综合处理，获得了柴木盆地20余万km^2面积的米级精度的高程异常图。

为了进一步精化柴达木盆地似大地水准面，青海石油管理局在盆地范围内布设了116个高精度的GPS基准控制点，根据这些基准点的WGS—84系成果，结合盆地内16.7万个重力数据，30″×30″的DEM数据与1.5′×1.5′的格网平均高，选用国际上最新的360阶次地球重力场模型（EGM96），采用先进的似大地水准面确定的理论和方法，应用移去—恢复技术完成了柴达木盆地分辨率为1.5′×1.5′似大地水准面的确定工作，取得了柴达木盆地高精度的似大地水准面成果。根据盆地内10个区块，165个水准点检验，85基准似大地水准面内符合精度为±0.89m；外符合精度为±0.101m。56基准似大地水准面内符合精度为±0.095m，外符合精度为±0.102m。

五、石油物探测量软件

随着地震勘探测量技术的飞速发展，许多优质的测量软件不断投入市场。目前在市场上比较专业的内业处理软件分别有KLSSOffice，GPSeismic等。外业应用程序主要是基于GeoCOM和GeoBasic开发的应用软件。

1. 内业处理软件

1）KLSSOffice软件

KLSSOffice是由中国石油集团东方地球物理勘探有限责任公司开发的具有自主知识产权的石油勘探测量数据处理软件。该软件于2002年7月份立项，2003年6月份推出测试版，先后通过了室内和野外严格测试，并通过专家的评审。现推出的KLSSOffice 1.60中、英文版已广泛应用于国内外地震勘探作业。

该软件集测线设计、原始数据处理、测量成果处理、成果输出、绘图为一体，并汇集了测量中常用的工具模块，功能强大、操作简单。其功能和操作流程如图2－7所示。

该软件能够灵活地进行测线设计，识别多种GPS接收机与全站仪的原始数据格式，对原始数据与成果数据进行严密的质量控制，利用完善的模型对原始数据进行平差计算并可生成规范、统一的报表和图形。

该软件采用电子表格、图形两种方式进行数据管理，可以在多重底图间进行切换，完

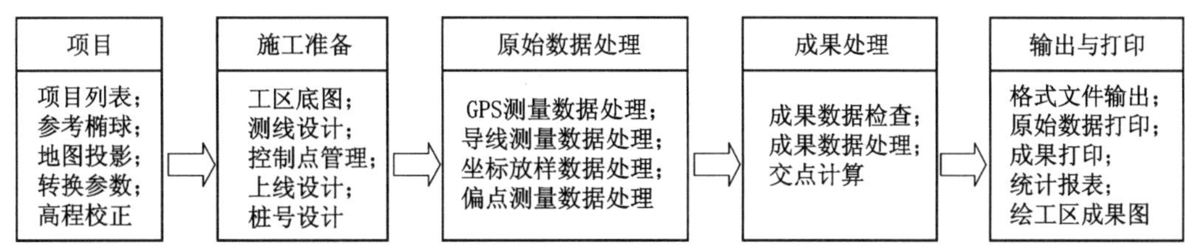

图 2-7　KLSSOffice 框架图

成了 GIS、遥感影像等新技术在石油勘探测量中的应用；满足线查询、线束查询、条件查询；支持全球坐标系统和大地水准面模型；统计报表详细、准确，生成的图件美观、实用。

KLSSOffice 能够根据用户的需要进行复杂的观测系统、编码和测量标准定义，根据所定义的观测系统能够自动进行成果数据提取、生成打印报表、统计报表和有关图件；根据测量标准进行质量控制。

2）GPSeismic 软件

GPSeismic 是由美国 DSS（Dynamic Survey Solutions）公司编写的专门用于地震测量数据处理与质量控制的软件。其功能强大已经在国际上广泛应用，并成为地震勘探测量数据处理与质量控制的标准配置软件。

GPSeismic 软件可完成地震测量中差分数据和常规数据的现场处理工作。支持的 GPS 系统主要包括 Leica、Ashtech、Novatel、Javad 和 Trimble，同时支持手持 GPS、常规测量和导航系统。

该软件共由 12 个模块组成，其中常用模块 8 个，工具模块 4 个。与其他测量软件的不同之处在于各程序模块分别独立运行，完成各自的功能，同时相互之间又有联系。软件的主题框架如图 2-8 所示。

2. 外业应用程序

石油地球物理勘探测量外业应用程序是随着测量仪器自动化和智能化的发展而发展的。目前使用比较普遍的 Leica 全站仪的外业应用软件平台 GeoCOM 和 GeoBasic，是专门为 Leica 全站仪研制的用户二次开发工具。

1）GeoCOM 程序

GeoCOM 是以动态链接库的形式提供给用户的一种 COM 组件，用户可以像使用 Windows 函数那样调用测量或仪器控制函数，从而实现用电脑对 Leica 测量仪器的自动操作。此时的测量仪器就如同打印机、扫描仪一样成为计算机的一个扩展部分。适用于利用 Leica 测量仪器作为地理方位传感器的系统集成和开发，像隧道自动贯通测量系统等。所有仪器的动作都由计算机发出指令操纵，结果返回给计算机处理。其特点是只提供基本函数，客户除了要做很多将函数组装成模块的任务外，还要编写一些自己的数据计算、存储、显示的代码，具有较大的灵活性。

2）GeoBasic 程序

GeoBasic 是一种开发环境工具。最新版的 GBStudio 包含 Compiler、Editor、Debugger、Simulator 4 个组成部分的 GeoBasic 集成开发环境。它主要用来开发机载测量控制程

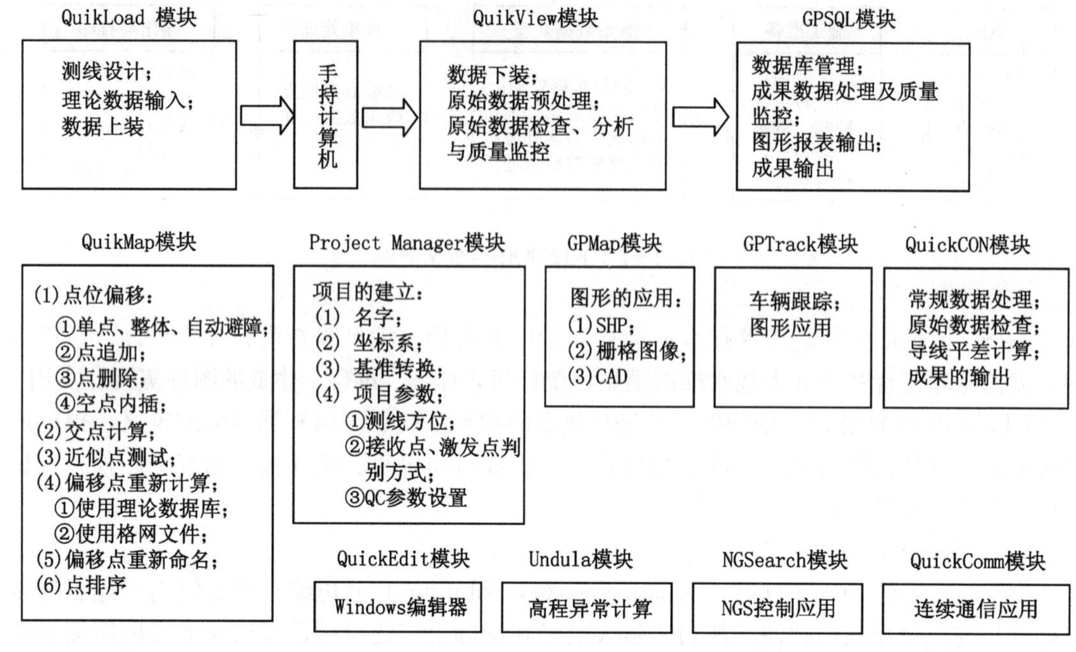

图 2-8　GPSeismic 框架图

序，此时用户通过仪器上的按钮按照仪器显示的菜单操作仪器。与 GeoCOM 不同的是，它做人机互动的应用更得心应手，例如导线测量程序、多测回方向观测程序等。相对而言，GeoBasic 成品化水平较 GeoCOM 高，需要用户做的工作量和考虑的内容相对较少。

近年来，石油物探测量技术人员利用 GeoBasic 成功地开发了用于地震勘探测量的多个程序，如太阳方位测量程序、二维测量程序和三维测量程序等。这些程序规范了野外物探测量的操作，强化了现场的质量控制，在石油物探生产中发挥了积极的作用。

目前，测量仪器的开发平台仅限于一个厂家自己搭建，不具备可移植性和可扩充性。未来，全站仪、GPS 接收机的硬件将逐步走向标准化和模块化，其内置程序将完全可以由用户自己订制，开发语言将跨平台，研究跟踪该技术的发展，将对地震勘探测量仪器的开发产生积极的作用。

第二节　观测系统及其设计方法

在进行地震勘探数据采集前，首先要对采集参数进行细致论证分析，其中观测系统设计是重要环节之一，对勘探质量、施工效率、采集成本都产生直接的影响。随着勘探对象复杂程度的日益增加，观测系统设计技术也在不断进步，在二维观测系统设计方面，采用小道距、长排列、弯线、宽线等技术；三维观测系统近几年除了通常采用的正交或斜交式观测系统外，还探索使用了细分面元、宽方位等技术。同时，在沙漠、山地、黄土塬和城区等复杂地区及大型障碍区，采用规则与不规则观测系统联合实施的观测技术，并充分地利用卫星遥感数据体优选激发和接收条件，为提高复杂地区及障碍区地震资料的品质提供了技术保证，确保了勘探效果。这些技术的综合应用，使复杂区地震剖面的品质得到了大幅度提高，发现了大量的油气田和有利圈闭。近年观测系统设计技术取得的主要成果如下。

一、二维观测系统设计技术

二维观测系统设计主要包括道距、最小炮检距、最大炮检距和覆盖次数等参数。这些参数与勘探目的层的速度、倾角、埋深和记录信号的频率、信噪比等密切相关，同时应考虑速度分析精度、动校正拉伸畸变、分辨地质体尺度、压制多次波等因素。通过详细的论证，提供可综合满足上述要求的观测系统。近年来，针对复杂区的二维地震采集，主要研究完善了以下几方面技术：基于前期资料分析的设计技术、长排列观测技术、弯线采集技术、宽线采集技术和高密度采集技术等。

1. 基于前期资料分析的设计技术

除按常规方法对二维观测系统进行细致论证分析外，还利用实际资料对观测系统进行论证分析，从而保证观测系统设计具有较强的针对性、科学性和适用性。

首先，利用地震剖面中同相的倾角时差，设计道间距，从以往二维剖面读取某一段反射时差及反射距离，根据需要保护的最高频率进行道距计算，如式（2－1）所示：

$$\frac{\Delta t_1}{n\Delta x_1}\leqslant\frac{T_{\min}/4}{\Delta x}=\frac{1}{4\Delta x f_{\max}} \quad 即 \quad \Delta x\leqslant\frac{n\Delta x_1}{4f_{\max}\Delta t_1} \tag{2-1}$$

式中 n——用于计算的地震道数；

Δx_1——所用剖面的 CMP 点距；

Δx——道距；

$T_{\min}$——最小时间周期

$f_{\max}$——保护的最高频率；

Δt_1——所计算地震道同一反射轴的时差。

根据地质任务所要求保护的最高频率，即可计算出适宜的道距。

其次，根据单炮记录及不同炮检距叠加剖面的信噪比确定最大炮检距。图 2－9 是利用单炮记录确定最大炮检距的实例，从图中可以看到炮检距在 7000m 时主要目的层的反射与浅层折射相交，由此即可得到该区的最大炮检距的最大范围。图 2－10 是利用不同炮检距叠加剖面确定最大炮检距，图中选择的炮检距分别为 9620m、7000m 和 6000m，叠加剖面显示，采用 6000m 的炮检距对中间弱反射的成像效果较好，因此，根据不同炮检距的成像效果可以较好地确定最大炮检距的范围。

2. 长排列观测系统设计技术

在信噪比低的地区，由于近排列干扰较为严重，为得到深层弱反射信息，采用较长排列的观测系统，避开近炮检距的干扰，获得大炮检距的高信噪比资料。从图 2－11 可以看出，该地区单炮记录的近道基本看不见反射，信噪比较低，而远道反射信息丰富，同相轴连续，信噪比高。因此，在资料信噪比低的地区应用长排列技术可获得远道较高信噪比的地震数据。

由于采用长排列接收，大炮检距动校正拉伸畸变较为严重，采用常规动校正方法，远道信息不能有效地叠加。为了充分地利用大炮检距反射信息，处理中采用四次项动校正技术，减少大炮检距的拉伸畸变。图 2－12 是常规动校正与四次项动校正效果对比图，可见，

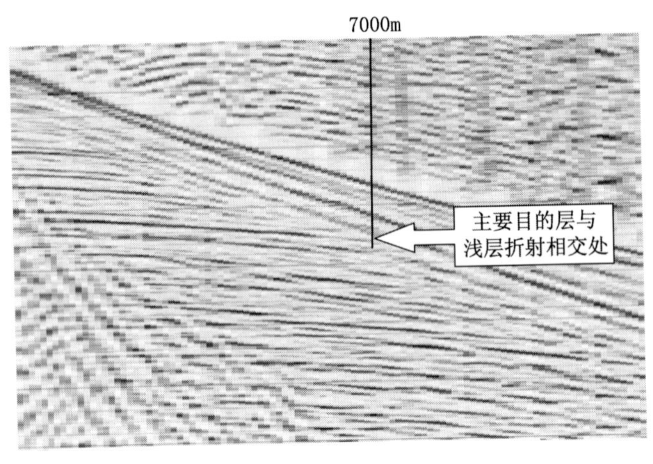

图 2－9　二维单炮记录最大炮检距分析

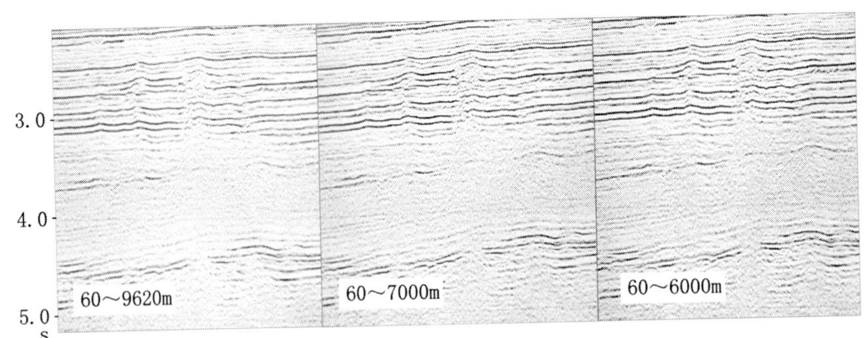

图 2－10　某区不同最大炮检距叠加剖面

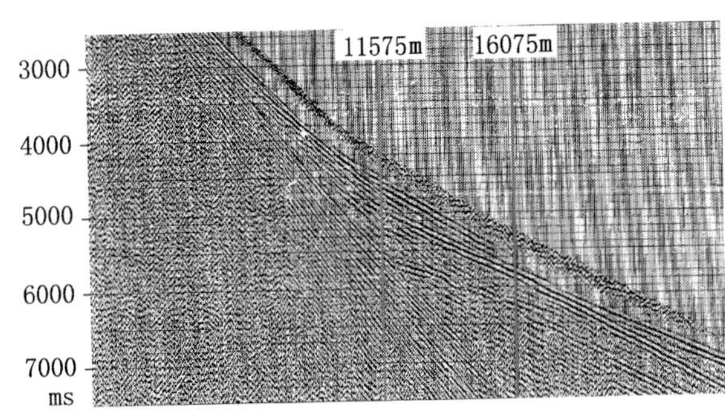

图 2－11　某区长排列接收单炮记录

采用四次项动校正技术后获得了较好的处理效果。

图 2－13 是某地区利用长排列接收技术采集的剖面，通过采用长排列和四次项动校正技术，使地震剖面的信噪比、同相轴连续性得到了进一步改善，地质现象更加清楚。这说明在资料信噪比较低地区长排列是一种切实可行的提高地震剖面质量的有效方法。

3. 弯线观测系统设计技术

在激发和接收条件变化较大的地区，尤其在勘探的初期，一般采用弯线观测系统来改善激发和接收条件，提高地震勘探的采集效果。弯线采集时，地下 CMP 点存在离散，为保证面元内 CMP 点能同相叠加，必须限制

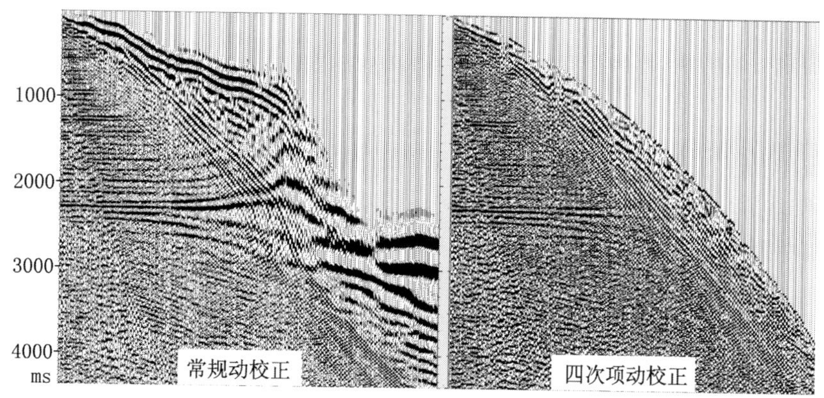

图 2－12　常规动校正与四次项动校正效果对比

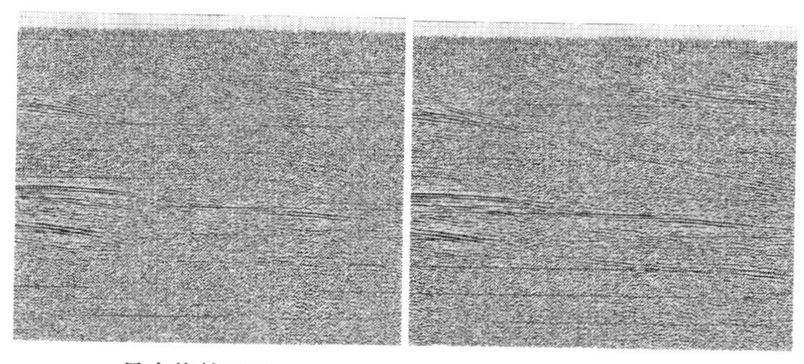

图 2－13　某区不同排列长度的剖面

CMP 点的离散范围，一般从以下几个方面考虑：

第一，从绕射叠加的角度，第一菲涅耳带内的绕射能量是相长的，因此允许的 CMP 点最大离散范围可限定为第一菲涅耳带半径的两倍。通过式（2－2）计算第一菲涅耳带半径：

$$r=\sqrt{\frac{\lambda z}{2}+\frac{\lambda^2}{16}} \tag{2-2}$$

式中　z——目的层埋深；

λ——反射波波长；

r——第一菲涅耳带半径，倾斜界面时第一菲涅尔带半径 R' 要修正为：$R'=r\cos\alpha$；α 为目的层最大倾角。

第二，CMP 点的离散程度与弯线的边长和弯曲测线的拐角大小有关，边长越长，拐角越大，CMP 点的离散程度就越大。经过推导 CMP 点的离散程度与弯线的边长和拐角的关系应该满足下式：

$$\alpha=\arcsin\frac{2L}{d} \tag{2-3}$$

式中　L——离散度，是指弯线实际共中心点位置与理论共中心点位置偏移量；

d——离散边长，是指弯线偏离点到测线的最大垂直距离；

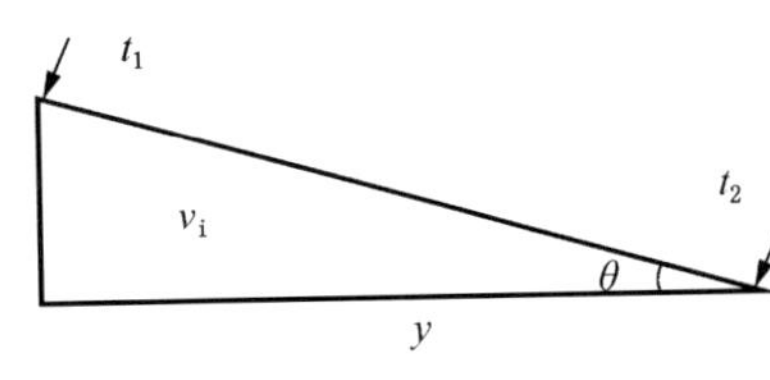

图 2-14 炮点横向偏移量的限制

α——拐角。

第三，根据偏移离散后的 CMP 点能够同相叠加的原则，即同一个 CMP 面元内的地震波传播时差 $\Delta t \leqslant T/4$，这样在设计中必须将炮点横向偏移量限制在一定范围内（图 2-14）：

$$\Delta t = t_2 - t_1 = 2y\mathrm{tg}\theta/v_i \leqslant T/4; \quad y \leqslant v_i T/(8\times \mathrm{tg}\theta) \tag{2-4}$$

式中 y——炮点横向偏移距离；

θ——目标层在横向上的视倾角；

t_1——同一 CMP 面元内最先到达的反射时间；

t_2——最后到达的反射时间；

T——反射波周期；

v_i——目的层的层速度。

在沙漠勘探中，由于沙丘较为松散，对地震波吸收衰减较强，导致沙丘较厚地段比较薄地段的地震资料信噪比低（图 2-15）。为减少巨厚沙丘对地震波的衰减，提高地震资料的信噪比和分辨率，在沙漠区采用了弯线观测技术，让激发点和接收点尽量沿低洼地段布设，以此改善激发和接收效果。从图 2-16 可以看出，弯线采集的地震剖面在资料的信噪比和分辨率方面都有大幅度的提高，弯线地震剖面可清楚地反映了该区地质信息地质特征。

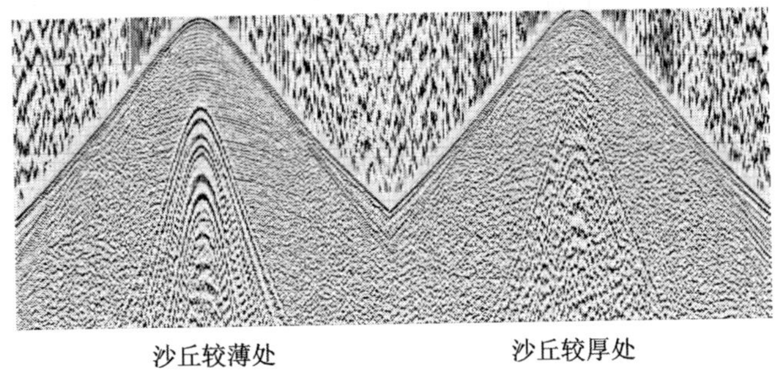

图 2-15 不同沙丘厚度单炮记录

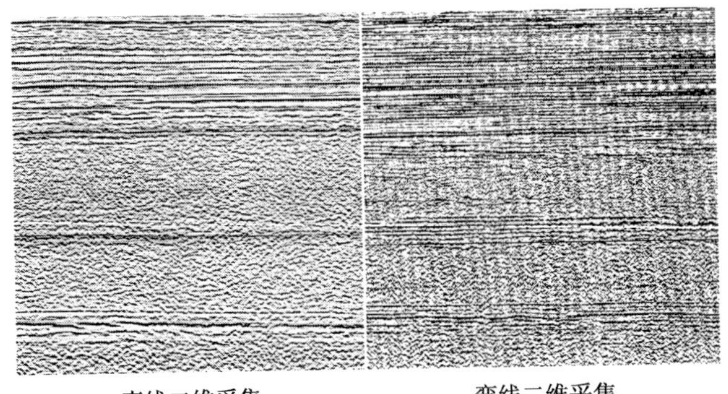

图 2-16 沙漠区弯线与直测线采集效果对比

4. 宽线观测系统设计技术

宽线观测系统是地震资料信噪比较低且散射干扰严重的地区常采用的一种观测方式，其在地震数据处理时有两个方面的好处，一是可以利用横向上的叠加压制侧面散射干扰，突出有效信号的能量；二是利用横向面元组合叠加提高覆盖次数。在宽线采集时，要求横向宽度（即最大线距）大于或等于横向干扰波的波长，同时还必须保证地下垂直于测线方向的CMP面元宽度内的反射波能够同相叠加，要求满足最大线距产生的纵向反射波信号时差小于等于信号周期的1/4，也就是使面元宽度范围内的时差小于目标层反射波周期的1/4，与弯线的炮点横向偏移距离限制论证相一致，见式（2－4）。

在黄土塬地区地形起伏剧烈，来自侧面干扰极为发育，采用常规二维勘探很难压制侧面干扰，导致地震资料的信噪比和分辨率很低。因此，在这类地区采用宽线采集，可有效地压制侧面的干扰（图2－17和2－18），地震资料在信噪比和分辨率上较常规二维地震勘探都有了质的飞跃。

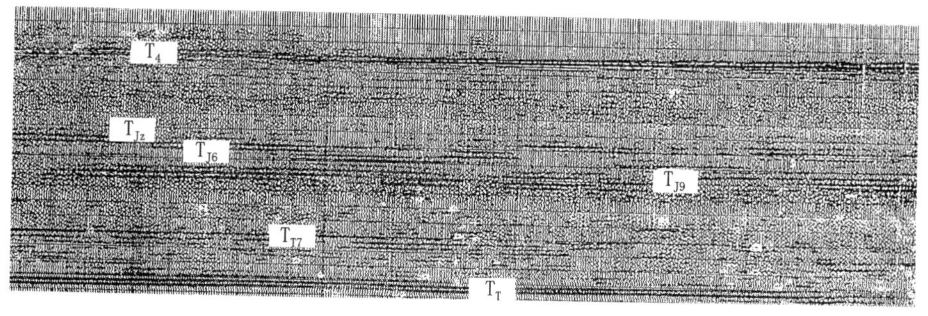

图2－17　黄土塬区常规二维采集剖面

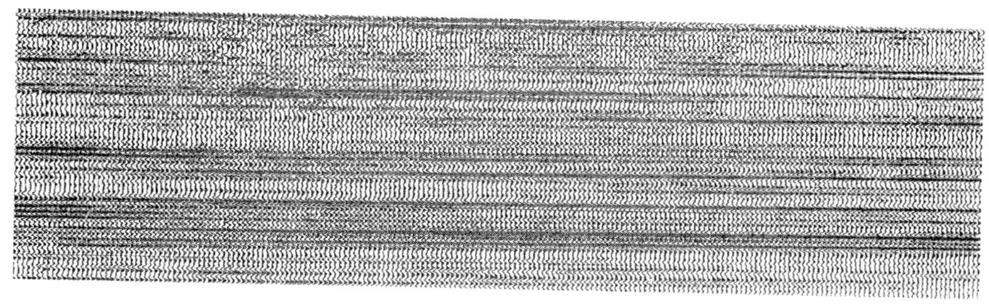

图2－18　黄土塬区宽线采集剖面

5. 二维高密度空间采样地震技术

高密度空间采样技术要求在野外实施点源激发、单点或小面积组合接收、小道距或小面元观测，对地震波场进行充分采样，使噪声和信号“宽进宽出”，避免野外检波器因组合压噪而使反射信息受到伤害，尽量保证噪声的原始性和反射信号的丰富性，把以往野外组合检波的工作移到室内完成。由于在室内处理时，可以更有效地进行噪声分离或灵活组合叠加，从而达到最大限度地压制噪声、保护有效波的目的。国外在20世纪80年代末期采用96道地震仪、道距5m进行采集试验，90年代初期和中期又进行了两次2880道以上、5m道距高密度空间采样采集试验，在90年代中后期国外许多油田公司进行高密度采集试验，到20世纪末期，高密度采集技术取得可喜的地质成果。国内最早高密度空间采样采集在20世纪90年代中期塔里木盆地大沙漠区采用600道、10m道距进行地震采集，室内采用3道、5道、7道等组合方式。2003年以后国内在长庆、吐哈、塔里木等地区进行了大量高密度空间采样采集试验，并取得较好的勘探效果。

在常规的地震资料采集技术设计中，确定道距一般考虑两方面因素，一是要小于有效波视波长的一半；二是当地层倾斜时要求在有效信号最高无混叠频率条件下选取道距。这两个条件都是基于反射信号不产生空间采样假频而提出的，前者对道距选择非常宽松，后者当地层倾角较大时条件略严格一些。对于高密度空间采样采集技术而言，高密度采样的目的对所有噪声和信号进行全面保真地采集，因此在设计采样间距时除考虑信号外，还要考虑噪声的保真采样，即考虑噪声波长的道距设计：

$$\Delta x < \lambda_{\min,N}/2 \tag{2-5}$$

式中 $\lambda_{\min,N}$——噪声的最小波长。

高密度空间采样采集技术的观测道距往往很小，野外采集成本较高，基于此，Baeten等人给出如下计算公式：

$$\begin{aligned} \Delta x &= 1/(2\times K_a) \\ K_a &= f_{\max,N}\times\ (1/v_{\min,N}+1/v_{\min,S})\ /2 \end{aligned} \tag{2-6}$$

式中 $f_{\max,N}$——噪声的最高频率；

$v_{\min,N}$——噪声的最小视速度；

$v_{\min,S}$——信号的最小视速度；

K_a——足够采样波数。

式（2-6）计算结果略放宽了道距的选取条件。

图2-19是西部某区复杂山地高密度空间采样采集的实例。由图中可以看出，纵向5道组合的叠加剖面信噪比有了明显提高，中、深层有三套反射波组，其中道组合后中等深度的两组反射波信噪比改善最大，最下面的一组反射在组合前后也发生较大变化，组合后反射同相轴的能量增强，连续性得到改善，更易于追踪对比解释。此外，组合后浅层陡倾角地层的反射同相轴可清楚地追踪到地表，充分体现了高密度空间采样技术保护高频、保证浅层成像质量的优越性。

近几年二维高密度空间采样地震技术采用常规采集设备，致力于解决低信噪比问题、目标精细勘探问题。在我国西部山地、山地带、沙漠、黄土塬等复杂区开展过多次尝试，均取得了不同程度的效果。因此，高密度空间采样地震勘探技术对于提高复杂区地震数据的信噪比是行之有效的勘探技术。

二、三维观测系统设计技术

地震波在介质中是以三维方式传播的。因此，在地质目标复杂地区，三维地震勘探是精细描述复杂地质体的有效手段，特别是对于已发现油气的地区，为准确落实油气藏构造形态、规模，需要利用三维地震勘探手段。而要保证三维勘探的地质效果，三维观测系统

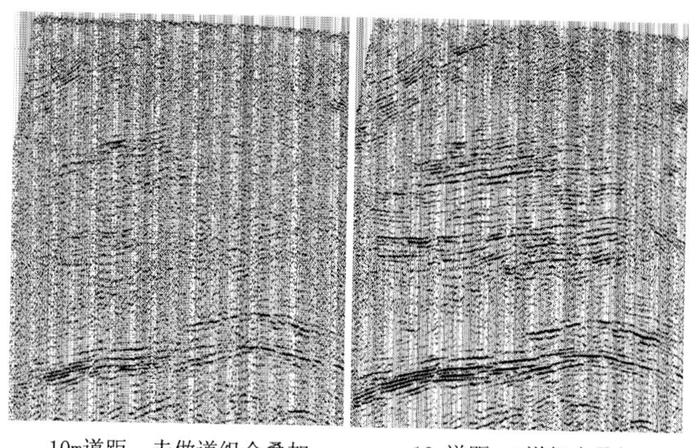

图 2－19 二维高密度采样地震叠加剖面效果对比

设计是一个重要的环节。

在三维观测系统设计时，首先对三维观测系统基本参数，如面元尺寸、接收线距、最大非纵距、最大炮检距等进行论证分析，同时要考虑以下 4 个方面的因素：一是三维勘探目标区要有足够的覆盖次数，并且要均匀稳定，以便获得的三维地震资料有足够信噪比；二是方位角与炮检距分布均匀，确保每个 CMP 面元内远、中、近炮检距都有一定数量分布，保证数据处理时速度分析精度，提高叠加成像效果；三是考虑静校正耦合，以便利用初至进行静校正量计算时能获得优质的静校正量；四是在勘探成本允许的范围内尽量提高资料的分辨率❶。

三维观测系统决定了地震资料能否反映复杂地质体的变化规律与油藏变化特征。因此，为适应复杂区勘探的要求，三维观测系统设计由最初的线束状发展为砖墙式、斜交式，为了满足分辨率与油藏描述的需要，还可选择细分面元与宽方位观测系统。

1. 细分面元观测系统设计技术

为了提高对小地质体、小断层的识别精度，在成本不增加的前提下，发展了细分面元的观测系统技术，进一步提高资料的纵横向分辨率。面元细分就是通过合理地错动炮检线的位置或者炮检线的距离，实现更小采集面元的观测方式。为室内数据处理进一步提高资料的分辨率提供了更好的原始数据。同时，在数据处理时，为提高资料信噪比和分辨率两个方面提供了更多的选择。从图 2－20 可以看出，采用细分面元技术使资料的横向分辨率有了较大幅度提高，对岩性、断层的识别更加清楚可靠，为油藏精细解释提供了高精度的地震资料。

2. 宽方位观测系统设计技术

20 世纪末以来，对宽方位观测系统进行了大量研究，采用宽方位观测有利于各向异性、速度、AVO 响应随方位变化的分析。但宽方位观测需要较高的覆盖次数，特别是针对方位各向异性勘探，每个方位角面元内需要一定的覆盖次数，总覆盖次数高。

❶ 张少华．1999 年．三维地震勘探采集技术．北京石油勘探开发科学研究院地球物理研究所汇编

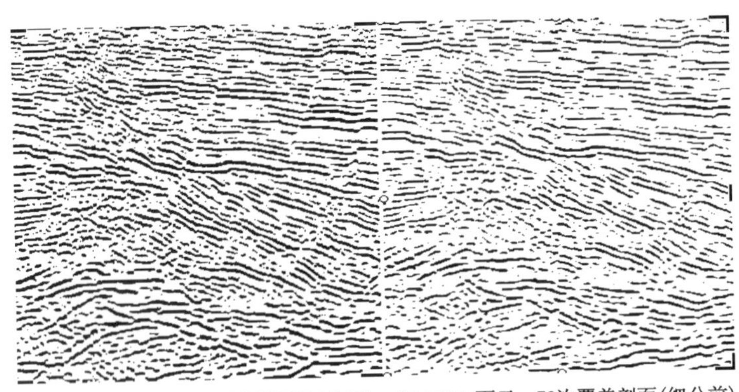

图 2-20　利用细分面元技术精细落实小断层形态

2003 年在准噶尔盆地拐 19 井区块、吐哈盆地胜北地区进行了宽方位采集试验，图 2-21 是拐 19 井区不同方向振幅分析，从图中可以看出，不同方向振幅有一定变化，利用振幅变化特征结合工区内地质特征就可以对工区不同方向的结构变化进行解释。

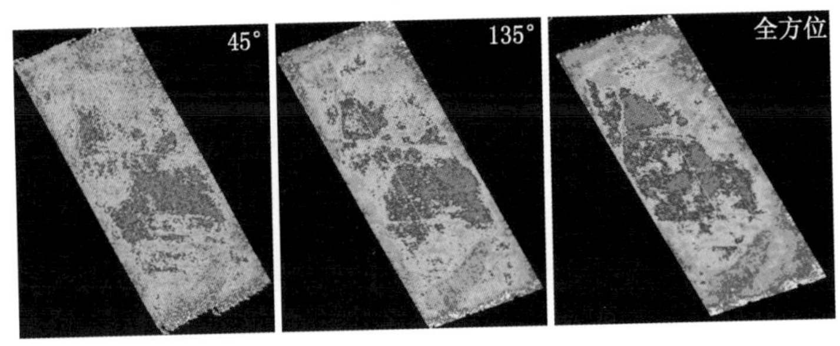

图 2-21　不同方向振幅分析

选择三维观测系统时应针对不同的地质目标，对以岩性或各向异性为勘探目标、目的层较为平缓、速度变化相对较小的地区可采用宽方位的观测系统。而对于地层倾角较陡或纵横向速度变化较大地区，由于现在处理技术还不能完全实现全方位处理，因此采用窄方位的观测系统，可以减少宽方位观测带来的速度误差，保证速度分析的精度。

3. 规则与不规则观测系统联合实施技术

在地表条件较为复杂的地区，布设的激发与接收理论点可能因区内障碍物较多无法正常实施，或虽能实施，但部分地段激发或接收条件差，按照正常观测系统激发接收，难以保证资料品质。这时，需要优化观测系统，尽量避开障碍物或激发、接收条件差的地段，确保地震数据采集质量。采用规则与不规则三维观测系统联合实施的方式，变观的总体原则是：规则观测系统优先实施，变观次之；变观后的覆盖次数大于设计满覆盖次数的 2/3；检波点以横向变观为主，根据地表条件检波线可采用“整炮距”平移方式，最大限度减少空道；炮点以纵向变观为主，采用“就近恢复”的原则；加密部分炮点，利用远道信息，提高目的层的覆盖次数；在必要时，可采用部分炮点横向平移，或灵活布设炮点，但要确保覆盖次数均匀。

规则与不规则观测系统联合实施的步骤是：野外第一次布点时在允许偏移范围内尽量布设物理点，室内根据野外第一次放样的结果进行二次论证，主要考虑变观后的覆盖次数、方位角、炮检距的分布情况，在覆盖次数较低的地区，可以利用卫星遥感数据、地形图、详细的测量草图以及野外踏勘结果，灵活地布设物理点。变观点布设完成后，再进行论证，根据目的层覆盖次数分布情况，可适当减少或增加炮点，使变观区域的覆盖次数达到技术要求，并输出变观炮检点的坐标，绘出详细的测量草图。测量人员对变观点进行实测。图2－22为某山地区进行规则与不规则联合实施的实例，该区分布大量的冲沟、断崖、尖峰等地貌，炮检点布设极为困难。在此地区，如利用常规的炮点恢复方法，由于存在大面积空炮、空道，有效覆盖次数偏低，最低仅10次；采用中部加密炮点（60炮），最低有效覆盖次数可达13次；经过合理地布设检波点，增加了642个有效道，使得最低有效覆盖次数达19次；采用灵活加密炮点（143炮），绝大部分区域最低有效覆盖次数达40次以上。通过采用规则与不规则观测系统，保证覆盖次数达到有关技术要求，并且取得了较好的勘探效果❶。

三、基于卫星遥感数据体的观测系统设计技术

近年来利用卫星遥感数据避开障碍物或激发接收条件较差的地段，合理选择检波点、炮点的设计技术日益成熟，卫星遥感数据的利用使复杂区的观测系统设计工

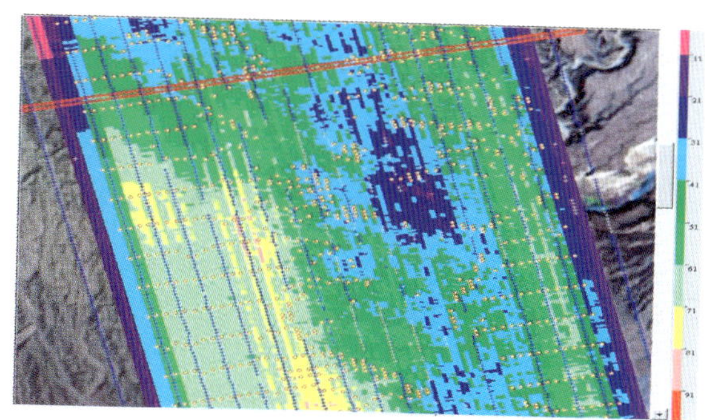

(a) 常规炮点恢复，最低覆盖次数10次

(b) 中部加密炮点，最低有效覆盖次数13次

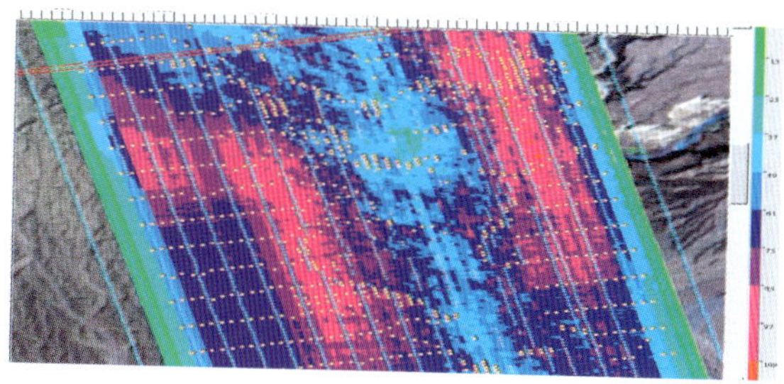

(c) 合理布设检波点，最低有效覆盖次数19次

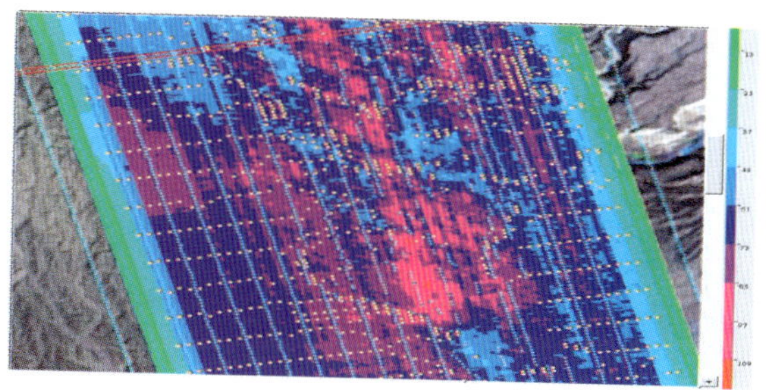

(d) 灵活加密炮点，绝大部分有效覆盖次数达40次以上

图2－22　不规则观测系统设计方法

❶　王乃建，冯泽元．2002年．西部复杂区山地山前带地震勘探采集技术．2001年东方地球物理勘探有限责任公司科研报告

作更具目的性、针对性，大大缩短了设计周期，减少了野外布设炮检点的重复次数，为野外采集的顺利实施赢得了时间，提高了施工效率，取得了良好的经济效益。

卫星遥感数据的应用给野外施工带来诸多方便，通过卫星遥感数据进行工区总体踏勘，施工之初进行营地选址，踏勘选路；通过卫星遥感数据了解工区地形分布特征，以便针对特殊地段进行详细踏勘；在野外表层调查点选择时，也可以通过卫星遥感数据进行控制；在特殊地段针对地形进行特殊变观，进行野外施工的预设计，指导测量工作野外实施等（图 2－23）。

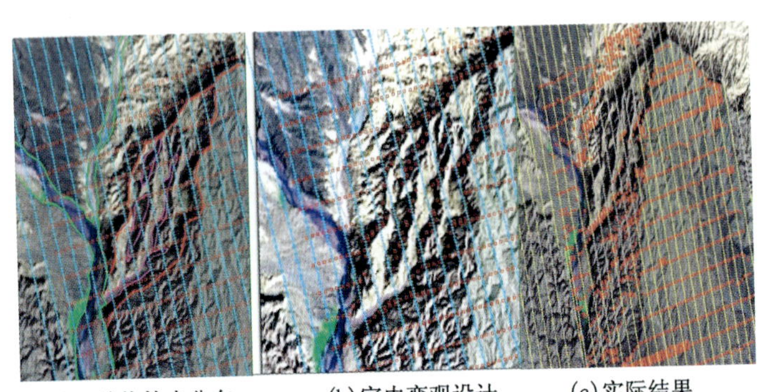

(a)理论炮检点分布　(b)室内变观设计　(c)实际结果

图 2－23　复杂区三维地震勘探变观方法示意图

四、基于模型的观测系统设计技术

在二维及三维观测系统设计时，需要对观测系统属性进行分析，而以往观测系统属性分析（如炮检距、方位角及覆盖次数）都是基于水平层状介质，没有考虑地下构造因素的影响。对于地下地质结构复杂的地区，地层产状起伏很大，这样实际面元内属性与理论层状介质存在较大差异。因此，进行共 CRP 的三维观测系统属性分析十分必要，同时，利用正演模拟来检查设计的观测系统能否接收到地下反射信息，或进行剖面模拟效果分析，确保所采用的观测系统更具针对性。

1. 二维模型正演分析

二维模型正演模拟主要是分析观测系统对二维构造模型不同部位反射信息的接收情况，确定能有效接收不同地段反射信息的观测系统参数，包括道距、排列长度以及接收方式等。

图 2－24 是利用某工区以往的二维剖面、地质报告、井等资料提取地球物理参数，建立的地下地质模型进行二维模型正演模拟分析，通过模型正演得到该区不同地段反射的最大炮检距。正演结果表明，在构造左段、顶部和右侧最大炮检距分别为 7200m、5500m 和 7000m。根据以上论证结果采取灵活的分段接收的观测系统接收反射信息。

2. 三维模型正演分析研究

在复杂山地三维勘探中，共 CRP 的炮检距、方位角及覆盖次数分布与共 CMP 时存在较大差异，因此，利用三维地下构造模型分析三维观测系统的属性以及剖面模拟效果（图 2－25、图 2－26、图 2－27），可确保三维观测系统设计的科学性与合理性。通过对不

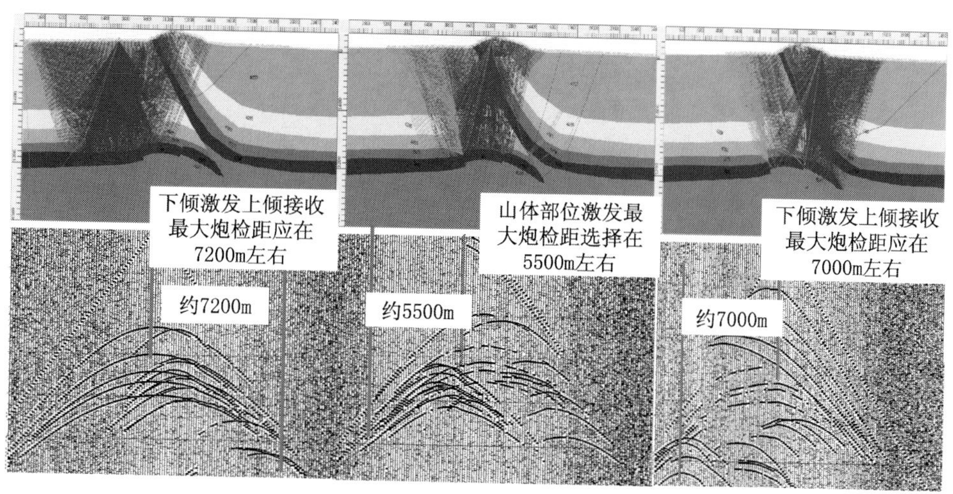

图 2-24　根据正演结果确定不同区域的最大炮检距长度

同观测系统模拟分析，选择出既能完成地质任务，又经济合理的观测系统❶。

图 2-25　CRP 面元属性分析

图 2-26　基于三维模型模拟单炮记录

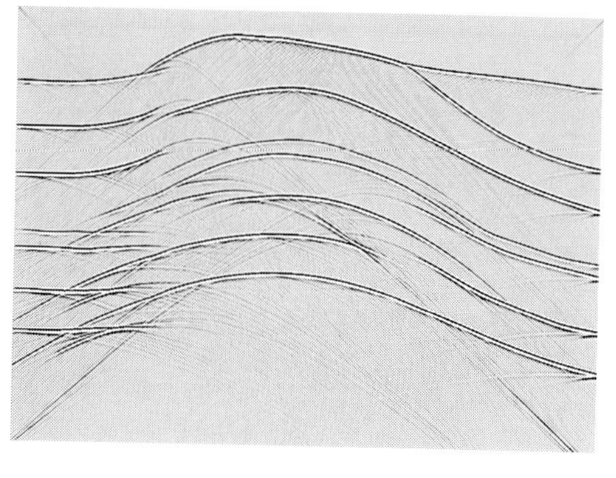

图 2-27　基于三维模型模拟零偏移距剖面

❶ 胡永贵，蔡锡伟，王乃建．2003 年．西部复杂区地震勘探采集技术．2002 年东方地球物理勘探有限责任公司科研报告

第三节　激发与接收技术

在地震数据采集时，除了正确地布置观测系统外，合理地选择激发与接收方式也是十分重要的一个环节。近几年在炸药震源激发方面，实现了大沙漠区潜水面以下激发、优选激发岩性等技术。在可控震源激发方面，进行深入细致的研究，掌握了提高可控震源施工效率的交替扫描与滑动扫描技术，提高勘探分辨率的可控震源多台少次激发技术。在接收方面研究了不同检波器类型的适用范围，发展了震检联合组合压制噪声和海上双检压制鸣震的接收技术。

一、炸药震源激发技术

炸药震源一直是陆地勘探的主要震源之一，通过了多年的勘探实践，形成了较为成熟的激发参数选择技术。

1. 不同类型炸药的激发效果分析

目前许多勘探区域的表层岩性与激发条件多变，不同类型炸药的激发特性也不同。近年开展了大量不同药型的对比试验分析，针对激发介质的多样性，归纳形成一些认识：一般在含水沙泥介质或沼泽区，选用高密度（爆速）炸药激发效果较好，为了防水也可采用乳化炸药；沙漠区在潜水面之上激发时一般用中密度（爆速）炸药，在潜水面之下激发时一般用高密度（爆速）炸药；岩石中激发宜选用高密度（爆速）炸药；激发介质多样的工区宜选用高密硝铵炸药❶。

2. 大沙漠区潜水面以下激发技术

塔里木沙漠具有一个较稳定的潜水面（高速顶），只要在潜水面以下激发，就能够有效地避开激发过程中松散沙丘对激发能量的吸收和衰减作用，改善激发效果。近几年钻机的技术进步与工艺的改进，使潜水面下激发成为现实。

潜水面以下激发的另一因素是充分考虑到了虚反射对激发效果的影响。一般从虚反射特性入手研究激发深度，虚反射是指激发子波上传到界面（或地表面）后，经过界面反射下传与激发波形成相互干扰，从而影响激发下传信号波形与频率变化的现象，叠加信号响应公式：

$$G=\sqrt{\frac{1+R^2+2R\times\cos\left(\frac{4\pi fd\cos\theta}{v}\right)}{2(1+|R|)}} \tag{2-7}$$

式中　R——虚反射界面的反射系数；

f——激发子波的频率；

θ——地震波传播的方向与垂直向下的夹角；

v——介质速度；

d——虚反射界面下的激发深度。

❶ 胡永贵，王乃建等.2002年.西部复杂区地震勘探采集技术

不同深度激发，计算经过虚反射叠加影响的信号响应，从而获得最佳的激发井深，最佳的保护频率，最佳的激发能量方向。

在 TZ11 井区，激发因素由 11 口×4m×1kg 改变为 1 口×潜水面下 5m×12kg。其他采集参数基本一致，三维地震资料品质较以往显著提高，剖面中构造形态更加清晰；反射层信噪比明显提高（图 2－28）。

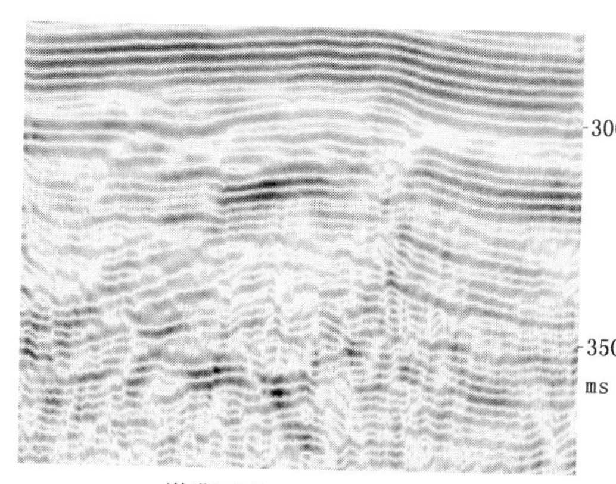

激发因素：11口×4m×1kg

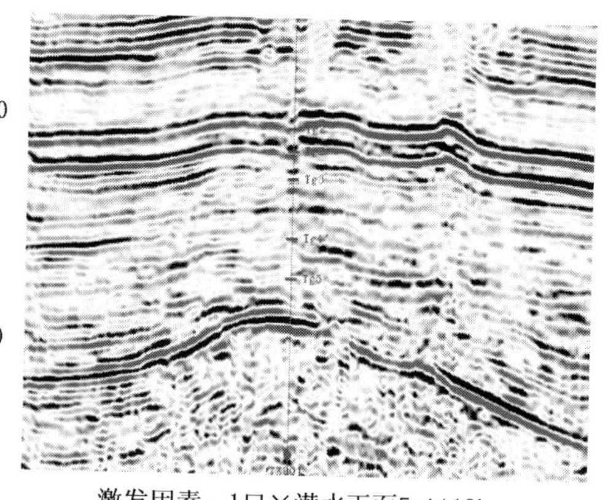
激发因素：1口×潜水下面5m×12kg

图 2－28 潜水面之上激发与潜水面下激发的对比剖面

潜水面以下激发深度与要保护的频率密切相关，保护的频率越高，要求激发深度就越小。但考虑到爆炸半径，炸药药柱顶面到潜水面的距离不宜过小，否则不利于获取强的激发能量，而且会炸穿潜水面，从而降低信噪比。潜水面以下激发深度选取为期望高频信号波长的四分之一，一般选择潜水面以下 3～7m 激发效果较好。

3. 适应山地、山前带地表岩性变化的激发技术

在 20 世纪 90 年代初，山地、山前带地震勘探基本上采用浅井组合或坑炮激发；90 年代中期采用单井或浅井组合相结合的方法；90 年代后期山地钻机性能提高钻井能力达到 30m，从而使剖面品质得到了大幅度提高。

通常山地、山前带没有一个稳定的潜水面，因此，在确定激发井深与激发岩性时，一定要事先对近地表地层结构或出露岩石速度变化进行认真的调查与分析，选择合适的激发井深与岩性。近年在激发点位的选择时，遵循“避高就低、避干就湿、避碎就整、避陡就缓、避砾就岩”的原则，但是根据地区的不同，激发井深的选择通常由表层结构、岩石成分、激发围岩的硬度来确定。存在潜水面地区，选择潜水面以下激发；选择速度较高的岩层激发；激发介质的速度应选择合适，不宜过低也不宜过高，尤其在高速层下有低速层时不宜在上面的高速层内激发；选择较为致密岩层激发。药量必须适中，药量过小，激发能量弱；药量过大，对围岩破坏大，使噪声的能量大大增强，反而降低资料的信噪比❶❷。

❶ 胡永贵，王乃建等．2002 年．西部复杂区地震勘探采集技术

❷ 钱荣钧．1993 年．对地震资料野外采集工作中一些问题的讨论．地震勘探采集技术论文集

二、可控震源激发技术

可控震源是地震数据采集中一种广泛应用的勘探工具，随着安全、环保要求日益提高，可控震源激发将成为主要的地震波激发方式。可控震源的工作原理将在本章第五节详细介绍。可控震源组合激发、震动叠加，即几台震源以一定的组合形式，在1个震点上振动多次，野外记录是多次振动叠加的结果，经相关后得到监视记录。可控震源在表层结构复杂的山前带、砾石区、戈壁区以及无法使用井炮的城市、工业区具有独特的优越性。

1. 可控震源组合扫描技术

组合扫描是在一次有效激发中，采用不同的子扫描因子，这种扫描方式增加了扫描的灵活性及有效性，使人们能够定量的选取适宜的扫描信号。利用组合扫描方法，根据资料频率衰减的情况，合理的设计子扫描因子，使得组合因子的叠加响应具有高频补偿功能，提高资料的分辨率。图2-29是组合扫描提高分辨率的1个实例，组合扫描地震记录的分辨率明显高于常规线性扫描。

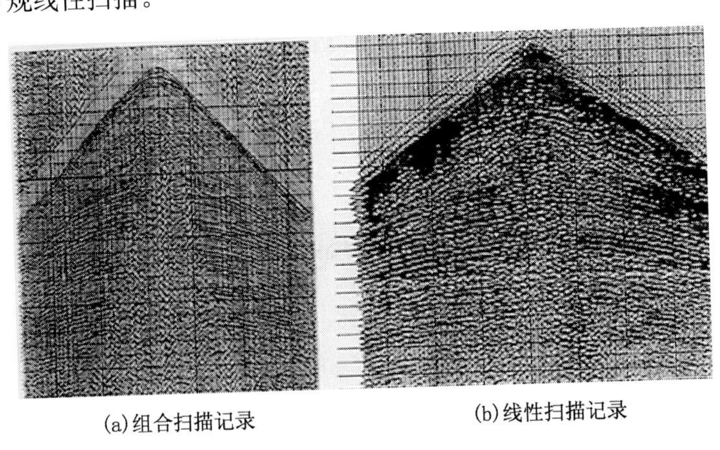

(a)组合扫描记录　　(b)线性扫描记录

图2-29　组合扫描提高分辨率

同样组合扫描在压制噪声、抑制谐波畸变方面也有独到之处。对于谐波干扰的消除，通常采用变相位扫描。谐波畸变的出现的时间与扫描频宽、扫描长度、扫描方式有关。所以可以通过改变扫描频宽扫描长度与扫描方式来改变谐波出现的时间，使之不影响目的层的反射信息。图2-30显示了两种扫描的结果，图2-30（b）为扫描频率10～60Hz、扫描长度10s采集的记录，可以看出，在600ms附近的一组主频约25Hz的信号，在2600ms附近产生了二次谐波。通过理论计算设计合理的组合因子，经过组合扫描，二次谐波得到了消除，图2-30（a）中2600ms附近没有谐波干扰。

2. 可控震源多台少次激发技术

常规可控震源激发时，每一个震点的振动次数较多，通过多振次叠加，压制随机噪声，提高信噪比。近年形成了多台数、少振次、高覆盖的可控震源激发技术，其优越性体现在：多台震源组合激发保证足够的下传能量，同时在一定程度上也实现组合激发压制干扰的目的；在室内数据处理时，对单次振动的记录进行静校正、地表一致性处理，然后叠加；由于减少了振动次数，增加了覆盖次数，激发点距变小，更能体现对称采样的原则，有利于提高初至折射静校正的计算精度、保证多域去噪的效果。

3. 多组可控震源高效采集技术

20世纪90年代以来，为了提高生产效率和降低勘探成本，发展了多组可控震源高效采集技术，主要有两种方式：交替扫描采集方法（Flip－Flop Sweep）与滑动扫描采集方法（Slip－Sweep）。交替扫描采集方法是使用两组或多组震源交替作业，即一组震源在另一组震源振动时移动搬点，待第一组扫描记录结束，第二组即开始振动，从而最大限度地缩短因震源搬点造成的生产间隙，保持连续采集，提高采集效率。滑动扫描采集方法突破了第二次扫描必须等待第一次扫描记录结束才能开始的限制，最大限度地压缩了相邻两次扫描的间隔时间，即相邻两次振动间隔时间原则上大于地震记录长度即可，称这个时间间隔为滑动时间，图2－31是四组震源滑动扫描的时间序列示意图。

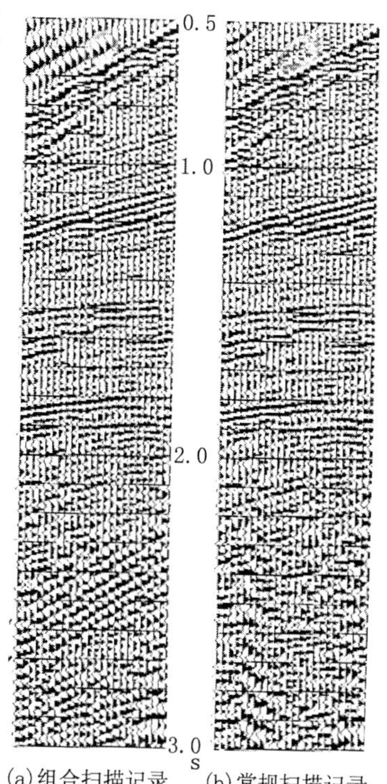

(a)组合扫描记录　(b)常规扫描记录

图2－30　组合扫描压制谐波干扰

东方地球物理勘探有限责任公司已先后在利比亚、阿拉伯联合酋长国、沙特阿拉伯、墨西哥、阿曼等多个国家采用多组可控震源作业。在墨西哥某三维项目中，采用两组可控震源交替扫描作业，较常规单组可控震源效率提高50％以上。在阿曼某三维地震采集项目，采用三组可控震源滑动扫描作业，生产效率较单组可控震源提高112％。

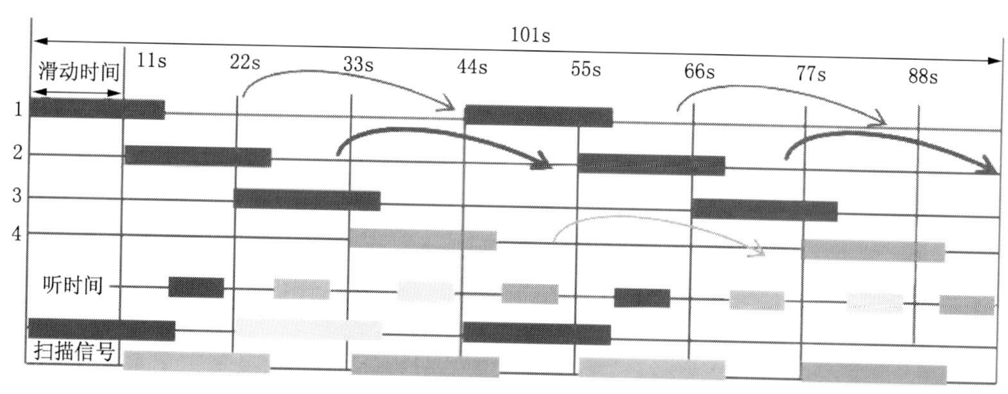

图2－31　四组震源滑动扫描的时间序列示意图

1）多组可控震源高效采集的实现方法

在多组震源施工作业前，必须按照多组可控震源作业要求对系统进行配置与连接，确保电台通信与数据传输、可控震源DGPS系统、各套（组）震源及采集仪器工作正常。交替扫描一般不需要额外的硬件设备，主要以软件设置为主；而对于滑动扫描，要保证多个DPG（编码器）对可控震源的控制，需采用相应的接口设备实现。在每组可控震源的各台震源上安装低功率的高频电台形成的1个震源组内的局域网，从而保证组内震源之间的相互数据传输与通信。由仪器指定其中的1台为主震源（lead vibrator），其他震源将自身状态如平板状态、坐标位置等传送给主震源，主震源检测组内各台震源的状态和位置是否正常，当组内所有的震源都准备好后，由主震源计算组内各震源的COG（组合中心），并将此COG坐标和READY信号发给仪器；当超过滑动时间后，仪器自动检测是否有震源组准备好，如有则启动震源工作，否则等待。从而使每组可控震源之间的采集间隔可以是任意的，并且每组可控震源的作业顺序是可变的。该技术可确保各组可控震源有序、连续地工作，从而提高生产效率。为了保持较高的生产效率，实际生产中滑动扫描需要连续接收来自多个放炮模板的扫描记录，因此需要足够接收道数建立超级排列。超级排列的规模根据仪器内存容量确定，一方面要确保有足够的炮点实现多组震源连续不间断的滑动扫描，另一方面又要留有余地处理排列可能出现的意外故障；施工时选择连续振动的方式，各组震源交替振动，每一次连续扫描的最大次数取决于仪器内存的容量。连续扫描的最大次数=内存容量（Byte）×采样率（ms）/［样点字节数（Byte）×接收道数×记录长度（ms）］。

2）干扰分析

交替扫描作业必须分析两套可控震源不同距离时相互影响的程度，尽量降低震源移动对资料带来的影响。

滑动扫描作业必须进行谐波畸变对比试验，掌握工区内谐波畸变影响程度；进行不同滑动时间对比试验，选取适宜的滑动时间，降低谐波干扰对原始资料造成的不利影响。

三、复杂山地、山前带多种震源联合激发技术

在复杂山地、山前带，目前已基本形成戈壁砾石区采用大吨位可控震源，山体区采用井炮的激发方式（图2-32）。其作业方式可根据地表与表层结构的情况分段交替使用；也可以是不同钻井机具或不同炸药类型的联合激发使用。

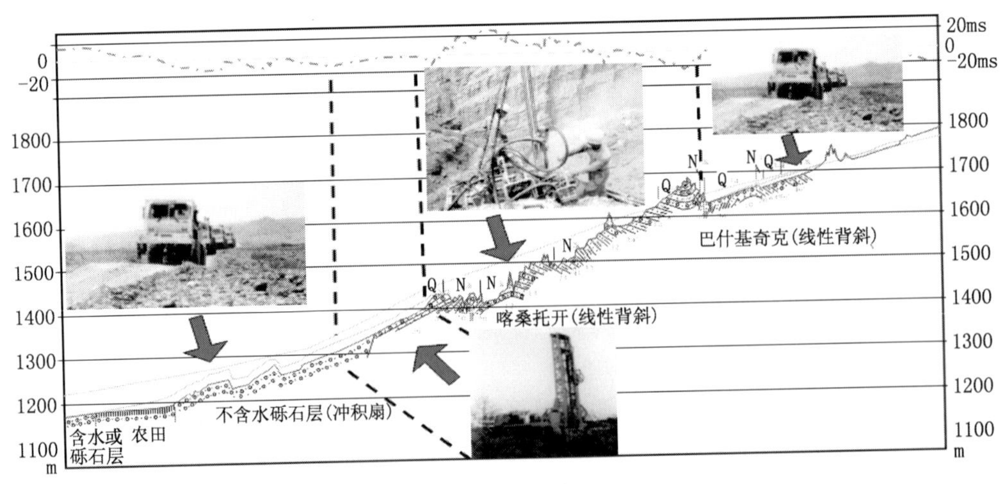

图2-32　多种震源联合激发示意图

在复杂山地、山前带激发方式至关重要，因此应尽可能进行详细的激发分区，然后针对性地选择激发方式。具体选择方式如下：在低降速带比较薄的农田或含水砾石区，井炮能实现高速层以下激发的地段，用砾石钻机钻井，采用井炮激发方式；在低降速带比较厚的山前戈壁砾石区，采用可控震源激发方式；在河道地区，由于砾石较大，并且有水，震源耦合条件差，用车载钻机钻井，采用浅井组合的激发方式；在山地用山地钻机钻井，采用井炮激发。但在成岩性较差、坡度较小的砂泥岩山体区，可以使用车载砾石钻机钻深井在高速层激发。

图 2－33 是某地区井炮与可控震源激发效果对比，该点的低降速层厚度为 63.9m，由于低降速层较厚，无法实现在高速层中激发，选择在 18m 井深的降速层中激发，分频滤波显示记录，井炮激发记录的面波与多次折射波干扰严重，信噪比较低；可控震源激发分频记录的面波和多次折射波干扰较弱，反射同相轴能连续追踪。

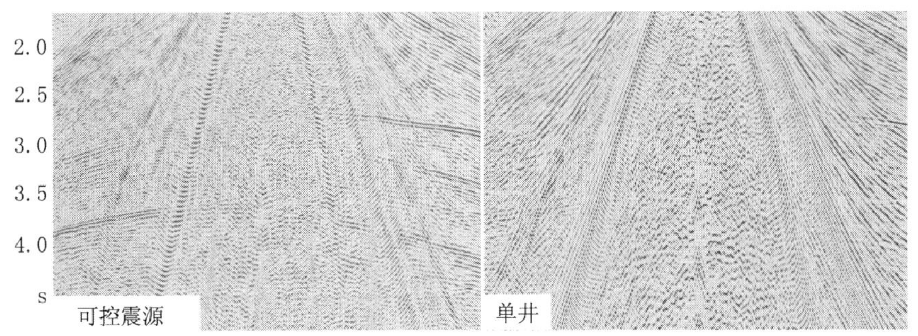

图 2－33　井炮与可控震源激发对比记录

两张记录是经过相同带通滤波后的结果（14—20—80—90Hz）

采用多种震源联合激发时，一般要进行激发参数试验，在确定井炮激发参数后，根据井炮资料的频带范围，确定可控震源的扫描频率。在可控震源与井炮施工的衔接处，一般要求井炮与震源重复 1～2 炮，以便在数据处理时求取子波整形算子。由于炸药震源和可控震源激发的地震数据在频率、相位和能量上存在着一定的差异。因此，处理中要对这两种数据进行子波整形，使得整形后的地震数据在频率、相位上趋于一致（图 2－34），以保证两种震源激发的地震数据在相接处的叠加效果。

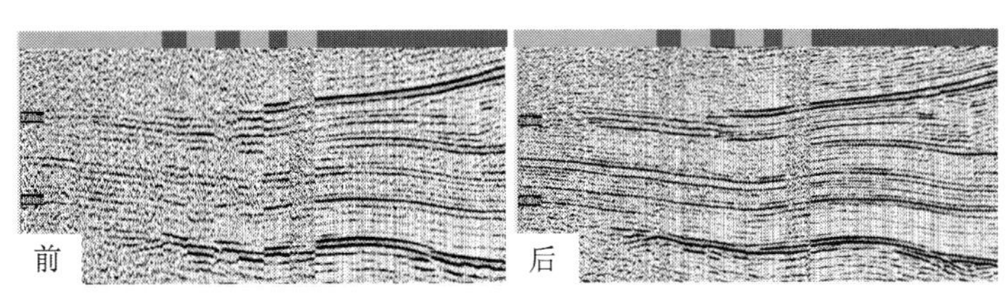

图 2－34　井炮与可控震源交接处子波整形前后对比

■ 为可控震源激发段　■ 为井炮激发段

四、接收技术

高分辨率勘探对地震数据采集提出了宽频带、高信噪比、高保真的要求，为了在接收环节进一步提高资料信噪比，利用盒式干扰波调查方法确定干扰波的传播方向与衰减特性；在复杂山地通过横向大基距的野外检波器组合压制干扰，提高地震资料的信噪比；改善检波器的耦合条件，提高地震资料的保真度。

1. 盒式波干扰波调查分析方法

盒式干扰波调查是通过小面积内高密度接收方式，真实无假频地记录噪声发育情况，并系统地分析噪声特征，包括噪声的速度、频率、波长，以及噪声发育方向与能量分布等。利用不同的面积组合进行噪声衰减效果分析，确定野外组合参数。

盒式干扰波调查的采集参数主要包括组内距大小与组合个数。组内距的选择主要由最小衰减波长 L_{min} 来确定，组合个数的选择要满足接收网的边长不小于工区最大干扰波的波长 L_{max}。其主要计算公式如下：

$$L_{max}=\frac{v_{n\,max}}{f_{min}};\ L_{min}=\frac{v_{n\,min}}{f_{max}};\ d<\frac{1}{2}L_{min} \tag{2-8}$$

式中 $v_{n\,max}$——干扰波最大视速度；

$v_{n\,min}$——干扰波最小视速度；

f_{max}——有效波最低频率；

f_{min}——有效波最高频率；

d——组内距。

在野外把 $n\times n$ 道检波器按正方形接收方阵摆放，每道用1串检波器堆放，炮点组布设在接收方阵的一侧，成一直线。通过对“盒式”干扰波接收方阵中心点炮集记录进行雷达图分析，可以得到环境噪声、面波与散射干扰的分布情况（图2－35、图2－36），利用干扰波的速度与分布特征，设计检波器组合图形，在室内数据处理中进行针对性去噪。

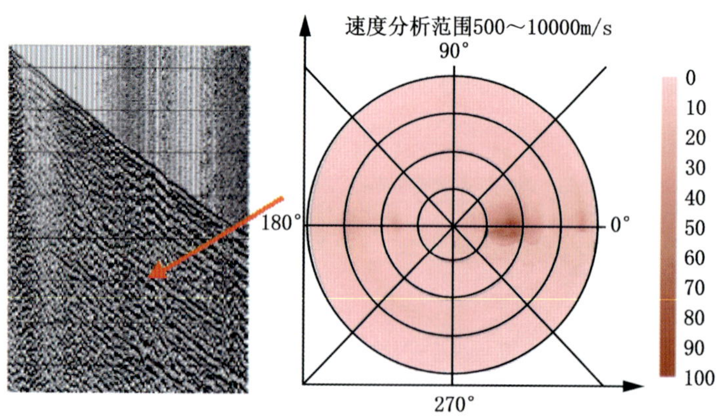

图2－35　多次折射雷达分析图

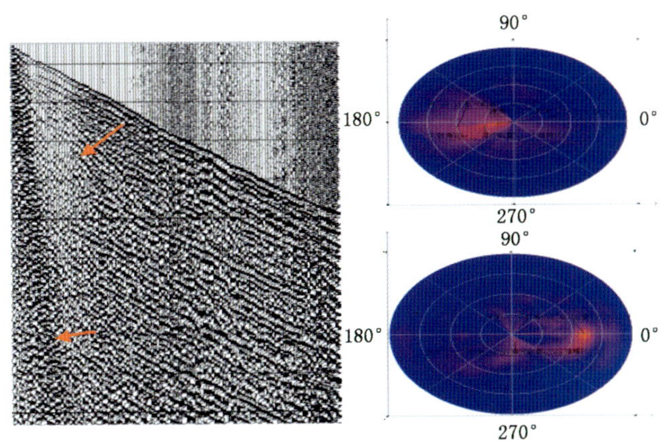

图 2－36　面波雷达分析图

2. 检波器类型与耦合效果分析

在地震勘探采集过程中，检波器是探测地震波信息的关键设备，因此检波器的埋置状况直接关系到资料品质，对检波器埋置条件进行分析十分必要。

在地震勘探中，要求检波器与埋置处的介质形成阻尼较好（阻尼系数大）的振动系统。当检波器与大地耦合较好时，振动系统的谐振频率较高，阻尼系数大，接收到的波形较窄，频带较宽，延续时间较短，有利于提高分辨率；反之，检波器与大地耦合程度差，则谐振频率就低，阻尼小，波形延续相位多，分辨率低。

研究结果表明，检波器耦合主要与检波器的重量、检波器尾锥材料、长度及检波器埋置外的介质有关。检波器越轻耦合频率越高，现代检波器已经很轻，这方面余地不大。带尾板的检波器比带尾锥的检波器并无优势。耦合频率与地表介质关系很大，小颗粒比例越大，谐振频率越高。检波器插在粉状地表或湿地耦合都不好，原因在于插不紧，使用沼泽检波器一定要插到硬泥中。同一介质耦合谐振频率与含水量有关，在一定范围内，含水量越大，谐振频率越高，但在含水量过大时，如沼泽地，谐振频率又大大降低。

在野外不注意检波器的埋置条件，不讲究埋置质量，会造成强的高频干扰，特别是高频微震干扰比较发育的地区。因此在野外埋置检波器时，切忌埋在树根与杂草较多的地方，检波器的小线不能搭在植被上，检波器埋置时要做到“平、稳、正、直、紧”，保证检波器与地表耦合良好。

3. 不同检波器类型的应用效果

检波器类型及自然频率的选择，应该根据各频率吸收衰减规律、激发子波研究计算出各反射层的主频（各目的层可以达到的主频可以根据激发子波主频及频宽、表层吸收衰减及大地吸收衰减的分析初步确定）及资料的品质情况。要避免过分地压制低频成分而影响资料的信噪比，同时过分压制低频也不利于岩性解释。在高信噪比地区可以适当提高检波器的自然频率，以便提高资料的分辨率；在低信噪比地区，检波器的自然频率不应该大于主要目的层的主频。针对中浅层的地震勘探，检波器自然频率可选择在 35～60Hz 之间；而针对深层，检波器自然频率可选择在 10～28Hz 之间；对于目的层埋藏较深（8000m 以上）、信噪比较低的地区可考虑采用更低频率的检波器，如 10Hz 检波器；对于深、浅层兼顾，可选择自然频率在28～35Hz检波器。

4. 震检联合压噪技术

在地震勘探中，由于随机干扰与激发引起的源生干扰对有效波影响较大，在野外除了采用检波器组合外，还可采用震源组合，达到震、检联合压制干扰的效果。检波器组合参数包含检波器的组合个数、组内距、组合基距及组合形式等，炮点组合参数包含组合井数、井距、井组合基距及组合形式等，炮、检组合具有方向效应、统计效应及平均效应。

5. 海上双检压制鸣震的接收技术

自20世纪90年代起，海底电缆地震采集技术在海上油田开发区得到广泛的应用，但由于海底电缆沉放到海底进行接收，因此存在海底鸣震，为了在采集过程中压制这种干扰，采用在1个点上同时用水检（压电检波器）与陆检（垂直速度检波器）接收数据，利用两种检波器对“混响”波（下行波）的响应相反的特性，对采集到的地震数据分别处理后相加，使有效波得到加强，“混响”波互相抵消，达到消除“水柱混响”的目的。

1）双检接收压制鸣震的原理

对于一次反射，海底与海面之间的二次甚至多次反射被称为“水柱混响”或“鸣震”或“水层震荡”（Water Layer Reverberations）。这种干扰在原始记录与叠加剖面上的特征是在一次有效反射的下方出现多套同相轴，它们的振幅和相位特征与一次有效反射波相同或类似，严重时会破坏地震剖面上的波组特征，在某些断裂发育地区无法准确判断断层的位置与倾向。

压电型与速度型检波器对于下行波场的响应表现为时间相同、极性相反，而对上行波场的响应为时间相同、极性相同，因此可以通过将两种数据相加的方式实现波场分离，达到去除水柱混响的目的；但两种检波器接收的信号在频率、振幅及信噪比方面存在一定的差异，一般需要频率与振幅匹配处理后，才能进行叠加。

2）应用效果分析

通过对水检、陆检资料的炮集进行预处理，并进行叠加（见图2－37、图2－38），水检资料与陆检资料对应位置都存在强能量的“鸣震”干扰，在相加记录上则大大削弱。在相加剖面中断层更加突出。通过对比相临无线遥测仪器采集的资料，采用海底电缆双检接收，资料品质明显提高，特别是在浅层叠加剖面消除了鸣震，波组特征更加清楚。

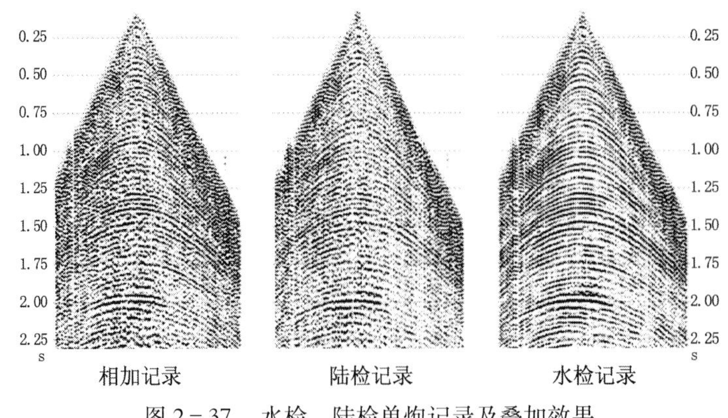

图2－37　水检、陆检单炮记录及叠加效果

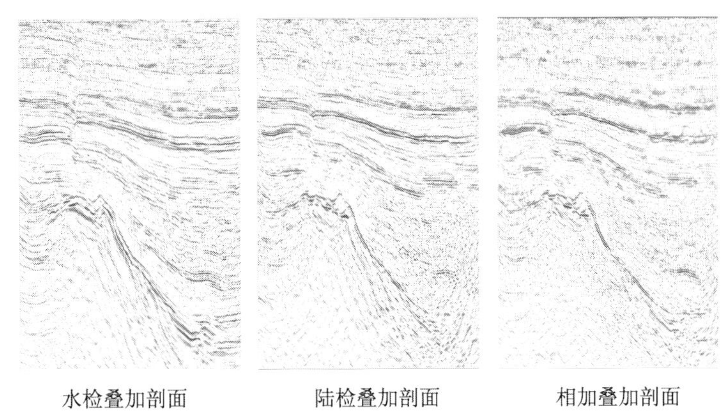

图 2－38　水检、陆检及叠加后的剖面对比

第四节　近地表结构调查与野外静校正技术

静校正是地震资料正确成像的关键，它同时影响着地震资料的叠加效果与构造成像的准确性，以及地震剖面的分辨率。近地表结构调查是静校正工作的基础，为表层模型建立与静校正量计算提供基础资料，同时还为确定合理的激发因素提供依据。我国地表类型繁多，表层结构复杂堪称世界之最，通过对复杂区静校正近几年的持续研究，目前近地表结构调查与野外静校正技术取得了较大进步。本节主要介绍近地表结构调查与野外静校正中常用的方法及技术发展情况。

一、近地表结构调查方法

近地表调查是利用一特定的观测设备及相应的观测方式获得近地表地球物理信息，并利用这些信息来研究表层结构的过程，又称为表层结构调查。近地表结构调查分地震、非地震两大类型。地震表层调查方法是最常用的方法，包括微地震测井法、浅层折射法等；非地震类近地表调查方法主要有探地雷达法、高密度电阻率法、地质露头调查法等。

1. 微地震测井

微地震测井是在近地表地层中钻孔，采用井中激发、地面接收（或地面激发、井中接收）的采集方式，利用直达波与透射波研究近地表地球物理参数的方法。微地震测井方法是复杂地表区主要的表层调查方法，它适用于地形起伏剧烈或表层介质存在速度反转或具有连续介质特征的地区。

1）资料采集

早期微地震测井资料的采集采用井中激发、地面接收的调查方式，被称为地面微测井。它将激发点布设在井中不同深度，用炸药震源（井深较浅时只用雷管）激发，井中激发点距随着深度的增加而逐渐增大。地面微测井方法的优点：（1）用井中炸药震源激发，可以保证较深激发点的地震波能量；（2）可同时接收多方位和多个偏移距地震波信息。地面微测井仍是目前常用的方法；但其成本高、不利于环保。

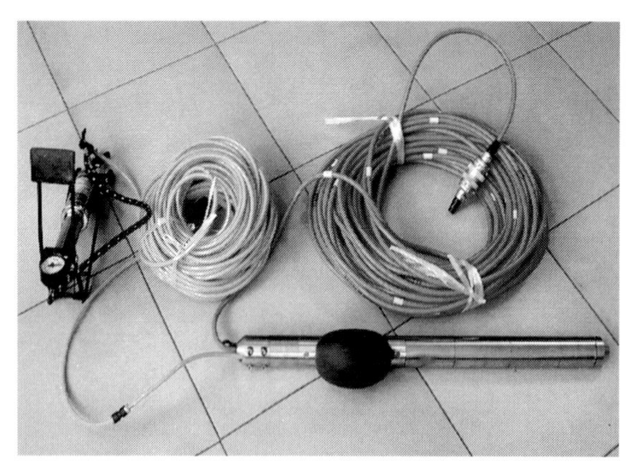

图 2-39　微地震测井井中接收装置

20世纪末，井中接收、地面激发的微地震测井方式逐步推广应用。井中微测井需要专门的井中接收检波器，图 2-39 为东方地球物理勘探有限责任公司研制的井中接收三分量检波器（已申请国家发明专利）。地面一般采用重锤激发，其优点为：（1）采用多分量检波器，可进行表层多波数据采集；（2）重锤激发利于环保；（3）可利用地震勘探生产井进行微测井资料采集，避免专门打井；井中检波器也可反复利用，采集成本低；（4）利用生产井采集，可实现大密度布设，提高了平面上的控制精度。其缺点是地震勘探生产井一般较浅，其微地震测井调查深度受到限制。

在低降速带较薄的山地区，地震勘探生产井一般能实现高速层中激发，采用井中微测井方式能满足观测深度要求。在低降速带较厚的地区，为得到高速层信息时，需专门钻井，这时可采用地面微测井或井中微测井采集方式。当采用井中微测井方式时，需通过增大重锤或增加叠加次数解决激发能量问题。在低降速带巨厚地区，采用地面微测井采集方式。塔里木盆地塔西南黄土塬地区，低降速带厚度达500m以上，2001年采用地面微测井方法，首次揭示了巨厚黄土塬区的表层结构，有效地解决了静校正问题。

2）资料解释

地面微测井与井中微测井的资料解释方法相同。

（1）标准道的选取：当地面采用不同偏移距接收时，在保证初至清晰、起跳干脆情况下，尽量选择近井口道作为标准道，可以减少 t_0 时间转换误差。如果钻井或封井（注水）过程中对周围介质原性质改变较大，或近井口道初至质量不佳时，可选择稍大偏移距的道作为标准道。

（2）垂直 t_0 时间转换：微测井采集的初至时间是有偏移距的地震波旅行时，解释前需将不同深度的初至时间转换为零偏移距时间。其转换公式为：

$$t_0 = t \times \frac{z_1 - z_2 + \Delta E}{\sqrt{(z_1 - z_2 + \Delta E)^2 + x^2}} \tag{2-9}$$

式中　t_0——单程垂直传播时间，ms；

t——初至时间，ms；

z_1——井中激发点或接收点的深度，m；

z_2——地面接收点或激发点的深度，m；

x——偏移距，m；

ΔE——井口与地面接收点（或激发点）之间的高差，m。

式（2-9）考虑了地面激发或接收点与井口之间存在高差的情况，同时也考虑了为压制干扰将地面检波器或激发点埋至一定深度的情况（图 2-40），这是近年来针对复杂区情况完善的转换公式。

（3）时深解释：将转换后的零偏移距时间与对应的深度绘在时间—深度坐标系内，同一速度层内不同深度的点分布为一直线，此直线为该层的时深曲线，不同速度层的时深曲线斜率不同。根据此规律，划分出各层的位置；采用最小二乘法拟合出各层时深曲线斜率，其斜率的倒数为介质的层速度，相邻时深曲线的交点位置为介质的分界面，见图 2-41。

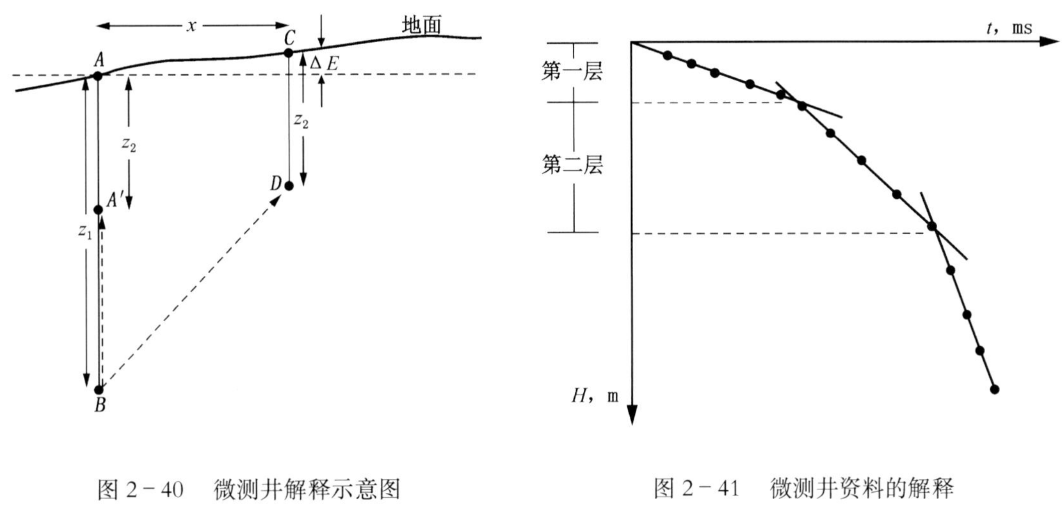

图 2-40　微测井解释示意图　　图 2-41　微测井资料的解释

近年来，在微测井资料解释方面，除上述常规解释方法外，还发展了根据初至波能量或频率特征差异的辅助资料解释技术❶。图 2-42 为不同深度激发的初至波的能量变化情况，可见，5～6m 之间的能量明显变化说明其间存在 1 个明显速度分界面。

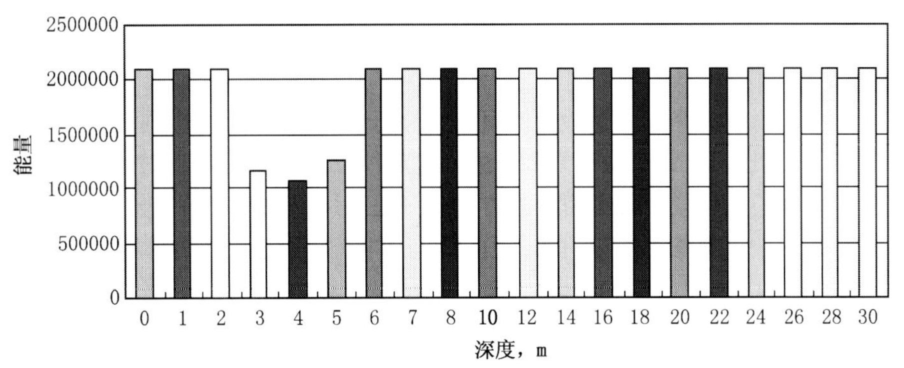

图 2-42　对微测井记录初至波的能量分析结果

2. *浅层折射法*

浅层折射法是利用直达波与折射波初至测定风化层（低降速带）速度、厚度及高速层速度的方法。由于调查深度浅、排列长度短，又被称为小折射。该方法适合于地形平坦、

❶ 吕景峰．2003 年．运用能量变化辅助微测井解释．东方地球物理勘探有限责任公司西部探区交流会材料

速度从浅到深递增的层状介质分布区。浅层折射法具有简单易行、成本低等优点，但解释结果可能存在多解性。

1）资料采集方法

在地形平坦的地区，多采用单边放炮观测系统；现在小折射方法虽仍适用于地形平坦情况，但考虑地下界面倾角的影响，通常采用相遇观测系统。相遇观测系统按不等道距设计，即排列两边靠近炮点的部分道距较小，排列中部道距较大。道距根据低降速带厚度设计，其设计原则为：保证直达波与各层折射波有足够的控制道数，一般要求每层不少于4道控制。表层调查仪器通常为24道，当风化层较厚时，为了追踪较深的高速层并保证每层有足够的控制道数，可采用追逐放炮方式。追逐方式有移动炮点追逐法和移动排列追逐法两种，最常用的是移动炮点追逐法。近年来，表层调查仪器发展到48道甚至更多，此时，在低降速带较厚地区不必采用追逐放炮方式。小折射的偏移距根据低速层厚度设计，厚度小偏移距也小，反之偏移距可稍大；通常情况下偏移距不宜太大，一般为0.5～2m。激发震源有浅坑炸药和地面锤击两种，在保证初至波清晰、起跳干脆的基础上，激发药量或锤击力量应尽量小。

在低降速带巨厚地段，如果受仪器接收道数的限制无法追踪出所需高速层时，可采用下面两种方法：

（1）长排列折射法：长排列折射法一般利用地震采集仪器，按等道距高密度采集，道距2～10m，排列长度500～2000m。无疑长排列折射法施工比较复杂，成本也较高。

（2）小折射与地震记录初至联合解释方法：该方法的重点工作在室内，对于采集而言，需要注意设计的小折射观测系统与地震采集观测系统相匹配。首先小折射的排列长度必须大于地震采集的最小炮检距，并保证两种方法的同一激发点有一定数量的同地面接收道。小折射最好采用与地震采集相同的中间放炮观测系统，以便更好地与地震记录初至相接，并且相接后能形成1个连续的观测系统。

2）资料解释方法

传统的小折射资料解释方法是截距时间法，由于复杂区小折射排列范围内可能存在一定的地形起伏，又引入了ABC法与GRM法。这几种方法主要是延迟时的计算方法有所不同，速度的求取都是采用拟合时距曲线的方法，只是采用的数据有所差异。

（1）截距时间法：是根据折射波时距曲线与时间轴的交点时间求取截距时间（交叉时），然后在求取各层速度的同时计算低降速带厚度。该方法的关键是对折射初至进行分层，分层的合理性直接影响速度和截距时间的准确性。分层方法有自动分层与人工分层两种：①自动分层是根据给出的分层速度误差，从最小炮检距的道开始扫描，直到某两道之间的视速度与前两道的视速度差大于分层速度误差时，确定该点为两层折射波时距曲线的拐点。②人工分层法是根据初至时间变化，人工确定两层折射波时距曲线的拐点。按上述两种方法确定拐点，对两拐点之间的原始初至时间和炮检距按最小二乘法进行拟合，得到时距曲线，时距曲线斜率的倒数就是折射层的视速度；根据左、右支的视速度即可计算出折射层的速度。

（2）ABC法和GRM法：

①ABC法利用相遇观测的数据计算风化层的延迟时，是在共地面点上对数据进行分析

（图 2－43）。根据延迟时的定义，B 点的延迟时为：(Mike Cox 著，李培明，柯本喜译，2004)：

$$t_{\mathrm{dB}}=\frac{t_{AB}+t_{CB}-t_{AC}}{2} \tag{2-10}$$

式中，t_{AB}，t_{CB}，t_{AC}分别为两点之间的折射波旅行时，根据式（2－10）可求得 B 点的延迟时，它只包含时间项，不受速度的影响，与截距时间法相比，提高了延迟时的计算精度。假设在小折射排列范围内认为速度横向不变且折射界面无高频起伏，那么延迟时的变化主要反映了地形起伏情况。用 ABC 法计算出左、右支高速层折射波时距曲线重复段内各道的延迟时，用原始初至时间减去对应道的延迟时得到校正后的初至时间，对校正后的初至时间进行最小二乘拟合，求取折射层速度。因此，用 ABC 法对初至时间所做的校正消除了地形起伏的影响，提高了折射层速度的精度。

②GRM 方法是对 ABC 法的扩充，主要适用于要计算的点处无接收点的情况。我们知道，小折射排列中点一般没有接收点，利用 GRM 方法可以求取小折射排列中点的延迟时。如图 2－44所示，A、C 为小折射左右支的炮点，X、Y 为小折射排列中点 B 前后的两个接收点，这时采用式（2－11）可计算出 B 点的延迟时（Mike Cox 著，李培明，柯本喜译，2004)：

$$t_{\mathrm{dB}}=\frac{1}{2}\left(t_{AX}+t_{CY}-t_{AC}-\frac{XY}{v_2}\right) \tag{2-11}$$

式中　t_{AX}，t_{CY}，t_{AC}——分别为两点之间的折射波旅行时；

XY——X、Y 的间距。

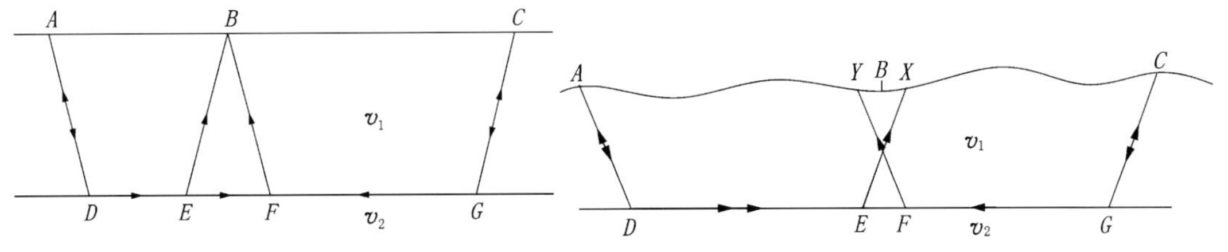

图 2－43　ABC 方法原理示意图　　图 2－44　GRM 方法示意图

用 GRM 方法计算排列中点的延迟时，考虑了排列范围内的地形起伏情况，比截距时间法的精度高。

通过上述介绍，截距时间法、ABC 法和 GRM 法，均已求出了各层左、右支的视速度，其直达波的层速度按照两支的算术平均值计算；各层折射波的层速度按式（2－12）计算(R. E. 谢里夫，L. P. 吉尔达特编，初英，李承楚，王宏伟，吕旭东译，1999)：

$$v_i=\frac{2}{\dfrac{1}{v_{\mathrm{u},i}}+\dfrac{1}{v_{\mathrm{d},i}}} \tag{2-12}$$

式中　v_i——第 i 层的速度，m/s；

$v_{\mathrm{u},i}$——第 i 层上倾方向的视速度，m/s；

$v_{\mathrm{d},i}$——第 i 层下倾方向的视速度，m/s。

有了各层速度与延迟时，最后按照式（2－13）求出各层厚度（R. E. 谢里夫，L. P. 吉尔达特编，初英，李承楚，王宏伟，吕旭东译，1999)：

$$Z_n = \left(\frac{T_{0n}}{2} - \sum_{i=1}^{n-1}\frac{Z_i\cos\alpha_i}{v_i}\right) \times \frac{v_n}{\cos\varphi} \tag{2-13}$$

式中 Z_n——第 n 层的厚度，m；

Z_i——第 i 层的厚度，m；

T_{0n}——第 n 层折射的交叉时，s；

α_i——入射角，arcsin（v_i/v_n）；

φ——临界角，arcsin（v_{n-1}/v_n）。

3. 时深关系曲线法❶

反映时间与深度或相关参数之间关系的曲线叫时深关系曲线，简称时深曲线。在特定地区还有具体名称，如在沙漠区叫沙丘曲线。时深曲线通常有三种表达形式：垂直时间与深度的关系、深度与速度的关系、垂直时间与延迟时之间的关系，其中最常用的是垂直时间与深度的关系。

1）时深曲线的表示方法

时深关系实质是一种函数关系，它可以通过公式法、表格法和图示法表示。早期应用的是公式法，通常多用二次函数或幂函数拟合。后来发现有些地区二次函数并不能最佳地拟合时深关系，为此引入了表格法和多项式拟合公式法。表格法可对任意深度段的数据进行修改，有利于时深关系的准确描述，提高了静校正量的计算精度。

2）时深曲线的生成方法

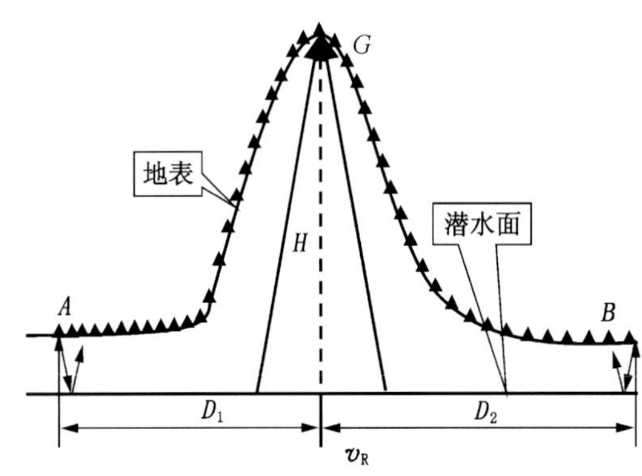

图 2-45　沙丘调查方法示意图

（1）传统的沙丘曲线生成方法是沙丘调查法。用小排列横跨 1～2 个沙丘（图 2-45），排列两端布设在地形低洼处，在排列两端点 A、B 处各放 1 炮。用 ABC 方法式（2-10）求出沙丘上任一接收点 G 的延迟时。

在沙丘两端点 A、B 处各放 1 个小折射或采用其他方法求取高速层顶界面高程，对 A、B 两点之间的高速层顶界面高程作线性内插，求出 A、B 两点之间各接收点的风化层厚度 H。根据式（2-14）计算出高速层速度；按照厚度与折射层速度，利用式（2-15）将延迟时转换为垂直 t_0 时间：

$$v_R = \frac{D_2 - D_1}{t_{BG} - t_{AG}} \tag{2-14}$$

式中 v_R——高速层速度，m/s；

D_1——A 点到 G 点的距离，m；

D_2——B 点到 G 点的距离，m；

t_{AG}、t_{BG}——AG、BG 之间的初至时间，s。

---

❶ 李培明，冯泽元 . 2004 年 . 静校正问题 . 地震勘探方法理论与实践——地震方法高级培训班教材

$$t_0=\sqrt{t_{dG}^2+\frac{H^2}{v_R^2}} \tag{2-15}$$

式中　t_0——G 点的垂直 t_0 时间，s；

　　H——风化层厚度，m。

根据风化层厚度与垂直 t_0 时间，并根据适合的函数表示方法得到沙丘曲线。

（2）其他地区时深曲线生成方法。随着对黄土塬和第四系砾石覆盖等地区表层结构特点认识的提高，发现这些地区的表层具有连续介质特征，因此时深曲线法适用于这类地区。由于这类地区一般没有稳定的高速层顶界面，其时深关系曲线主要靠微测井资料得到，具体实现方法如下：

收集工区内所有微测井资料，将不同深度对应的零偏移距时间画在一个直角坐标系（纵坐标为深度，横坐标为时间）中，用多项式拟合的方法，得到其时深曲线。图 2－46 为某盆地利用 100 多口微测井资料得到的时深曲线。

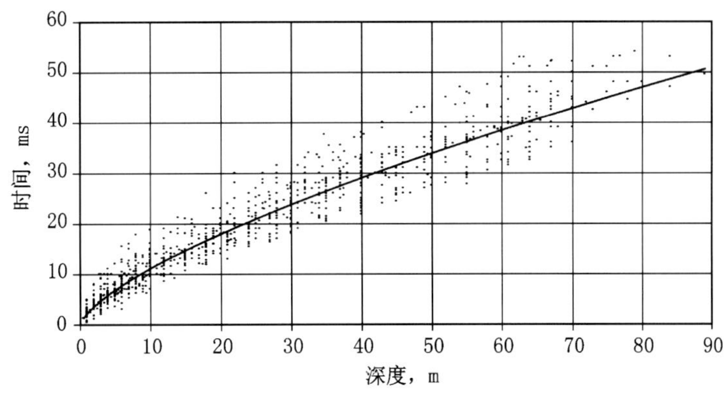

图 2－46　用微测井资料拟合的时深关系曲线

3）时深曲线的作用

在静校正工作中，时深曲线的作用主要有 3 个方面：（1）在已知风化层厚度的情况下，可以用时深曲线直接计算低降速带校正量；（2）在初至折射静校正中，可用于实现延迟时到垂直时间的转换；（3）用时深曲线生成模型约束初至反演或层析反演的初始模型。

4. 浅层反射法

浅层反射法的工作原理与一般意义上的地震勘探相似，都是基于反射波理论，只是勘探深度较浅。

近年的试验表明，该方法直接用于解决静校正问题还有一定困难，因为它本身就存在静校正问题需要解决。但利用浅层反射的叠加剖面可以帮助我们建立正确的表层模型。由于叠加速度与实际介质速度的差异，在建模过程中一般需要微测井资料进行控制。图 2－47（b）为黄土塬地区得到的浅层反射叠加剖面，可见黄土层底界面反射得到良好成像；图 2－47（a）是根据浅层反射叠加剖面解释得到的近地表结构模型（杨葆军，徐兆龙，2002 年）。

从解剖表层结构的角度出发，浅层反射法有如下优点：（1）相对折射法而言，不受速度反转因素的影响，没有屏蔽效应；（2）连续观测能得到精细的低降速带厚度与高速层顶

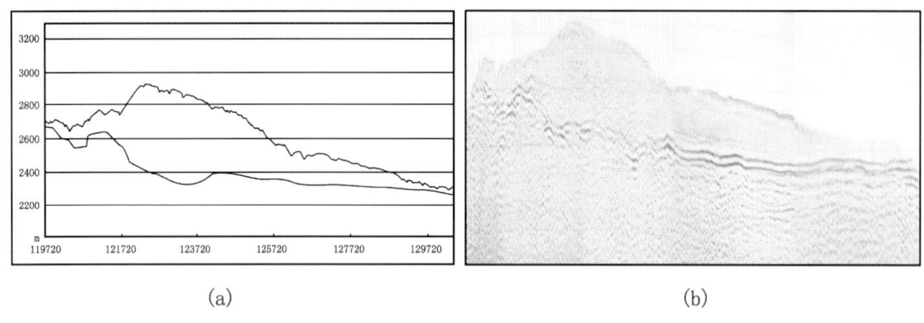

(a) (b)

图 2-47 浅层地震反射最终叠加剖面（b）和表层模型（a）

界面起伏情况。但浅层反射法也存在一些不足：（1）对于本身存在静校正问题的浅层反射资料，很难用于直接解决静校正问题；（2）由于表层介质往往厚度较小，浅层反射法一般只能得到总的低降速带厚度，对于详细分层，表现为纵向分辨能力不够。

5. 其他地球物理方法

1）面波法[❶]

利用瑞雷面波的频散特性研究表层结构的方法。在水平层状介质中，不同频率的瑞雷波有不同的波长，其相速度 v_R 的变化反映了不同深度内介质的平均性质的改变。从观测的瑞雷波资料中，提取出瑞雷面波的频散曲线，由此确定出表层介质的厚度、速度参数。由于面波得到的是横波速度，它在解决横波或转换波静校正问题方面有一定优势。

面波勘探法在工程勘查中得到较好的应用，应用于静校正量计算在理论上是可行的，但缺少大规模成功应用的实例。试验证明，面波法得到的模型参数与小折射的结果还存在着比较大的差别（图 2-48）。原因主要在于层厚度、层速度计算时的算法问题，其中存在着与岩土力学参数密切相关的经验值。

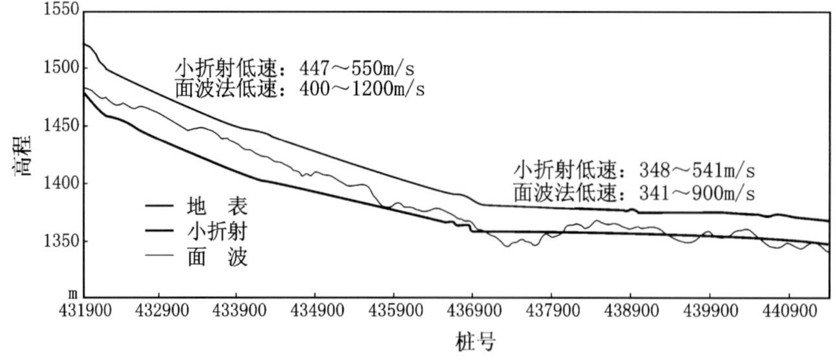

图 2-48 面波法试验建立的表层模型与小折射的结果对比

❶ 李振华．1999 年．山地静校正方法探讨．石油地球物理勘探局技术研讨会报告

2）陆地声纳法❶

陆地声纳法是采用零或极小偏移距进行自激自收方法得到反射波 t_0时间，通过不同炮检距的非偏移距采集资料计算出介质速度，根据速度与时间资料求取低降速带厚度。其采集方法有共中心点法、共炮点法和共检波点法 3 种。在复杂地区，零偏移距的垂直时间采集可用小点距高密度方式，而非零偏移距的速度调查点可根据表层变化程度采用适当的控制点密度。

陆地声纳法的数据采集、处理与解释技术已基本成熟，其优点是施工方法简单、仪器轻便、工作效率高。正是由于这些优点它可实现高密度采集，从而大大减小了数据内插带来的误差。缺点是受波阻抗变化、观测时窗影响，加之激发能量、子波频带的限制使剖面中反射波的识别较困难，影响了其勘探深度与精度。

3）探地雷达法❷

利用电磁波的传播特性，进行地下电性反射界面的探测。电磁波的传播理论与地震波的传播理论类似，其采集与速度求取方法与陆地声纳法相同，只是探地雷达法求取的是电磁波速度。

该方法在大量的工程勘探中广泛应用。其优点是施工方便、效率高，由于采用高频电磁波、高采样率采集，其分辨率远高于其他地球物理探测方法。表 2－1 是探地雷达与微测井调查结果的对比，两者的深度误差很小（小于 1m）。缺点是只能获取深度参数，需要地震波速度标定，另外存在电性界面与波阻抗界面的对应问题。这些因素影响到了此方法调查表层地震地质模型参数的精度。

表 2—1　微测井与探地雷达层位对比

层序号	探地雷达深度，m	微测井深度，m	两者深度差，m	微测井层速度，m/s
1	2.9	2.6	0.3	896
2	4.8	5.7	－0.9	1104
3	11.7	11.3	0.4	1666
4	15.8			2960
5	26.8			

4）高密度电阻率、电导率成像和垂直电磁剖面法

高密度电阻率、电导率成像和垂直电磁剖面法都是对电场或磁场的观测，通过对随频率变化的视电阻率与相位的研究，解剖表层结构的方法。高密度电阻率、电导率成像和垂直电磁剖面法都是工程或地质勘探中常用的方法，在进行近地表结构调查和解决静校正问题方面也进行过一些尝试。图 2－49 和图 2－50 为高密度电阻率法和电导率成像

❶ 李振华．1999 年．山地静校正方法探讨．石油地球物理勘探局技术研讨会报告

❷ 冯泽元．1998 年．塔里木盆地山地静校正科研项目总结．石油地球物理勘探局科研项目验收报告

法得到的电阻率剖面，通过对电阻率剖面的解释，结合地质资料的分析，得到了表层结构剖面(图 2－51)。该方法得到的表层模型对解决一些地区的静校正问题发挥了重要的作用。

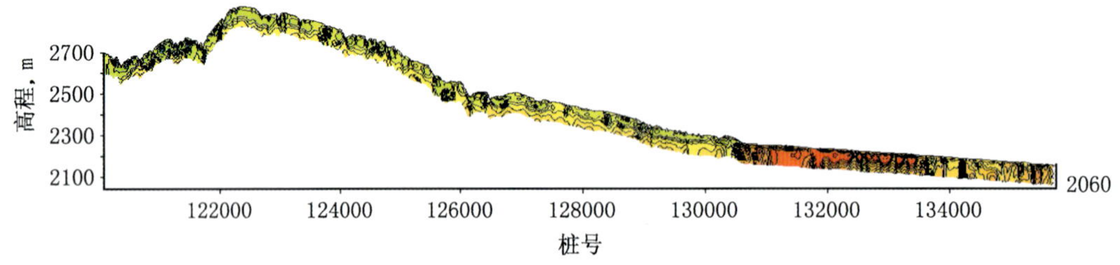

图 2－49　高密度电阻率法剖面

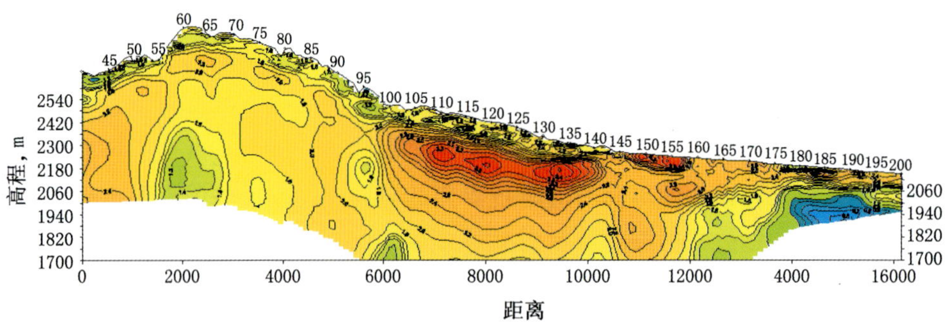

图 2－50　电导率成像法（EH4）剖面

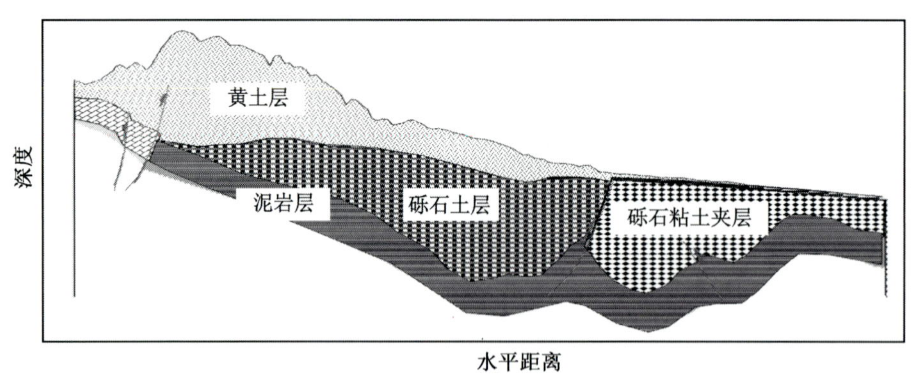

图 2－51　主要岩性层结构图

二、野外静校正方法

为补偿地形起伏、风化层厚度与速度变化对地震资料的影响，把地震资料校正到一个指定的基准面上所做的时移叫基准面静校正。基准面静校正量一般通过对野外测得的表层地球物理参数进行计算获得，因此又被称为野外静校正。

随着地震勘探工作的不断深入，目前大部分探区都是山地、丘陵、黄土塬、沙漠等复杂地表区，近地表结构非常复杂，静校正问题成为制约这些地区地震勘探工作的主要技术瓶颈之一。为了更好地解决复杂区的静校正问题，在系统分析、总结了以往静校正方法的基础上，提出或完善了一系列适合复杂地表区的静校正方法，较好地解决了所遇到的静校正难题，使地震资料品质得到不断提高。近年来的静校正技术发展分为 4 个阶段。首先，由基于表层调查数据的模型内插法发展到模型约束的初至反演法，较好地解决了复杂地区的静校正量问题，特别是短波长静校正精度显著提高。第二阶段是中间参考面静校正技术的提出与应用，较好地解决了因高速层顶界面起伏及其速度横向变化带来的静校正问题，在常规静校正的基础上进一步改善了静校正效果。第三阶段是层析反演静校正技术的应用，较好地解决低降速带巨厚区的中、长波长静校正问题。第四阶段是多种静校正方法的联合应用，针对不同地表类型，充分发挥各种静校正的优点，整体提高了地震资料的品质。

1. 基于表层调查资料的模型内插法❶

基于表层调查资料的模型内插法是早期常用的一种野外静校正方法。它是根据近代沉积的连续性与继承性、相邻界面之间存在一定的相似性的原理，利用表层调查控制点数据内插表层模型、计算静校正量的方法，因此，它适用于近地表为层状介质的地区。表示相邻界面之间关系的系数叫层间关系系数，它是该方法应用中的关键参数。对于表层结构复杂的地区，利用层间关系系数很难描绘控制点间的界面变化，因此，解决高频静校正问题的效果往往不好，但对解决中、长波长静校正问题有一定作用。目前，该方法的主要用途有：(1) 计算结构简单区的静校正量；(2) 生成初至约束反演的初始模型；(3) 计算中、长波长静校正量，与其他方法结合求取最终静校正量。

2. 初至折射静校正方法

1) 互换计算方法❷

互换计算方法利用相遇观测的初至折射波信息求取延迟时，根据观测方式的不同又可分为互换法（ABC 法）、广义互换法（GRM）和扩展广义互换法（EGRM），其中前两种方法已在浅层折射法中作过介绍，这里仅介绍 EGRM 法。

扩展广义互换法（EGRM）：适用于弯线或三维观测方式的延迟时计算方法。如图 2－52 所示，A、B、X、Y 4 个点不在一条直线上，且需计算延迟时的 G 点不是接收点。G 点延迟时的计算公式为：

$$t_{dG}=\frac{1}{2}\left[t_{AY}+t_{BX}-t_{AB}-\frac{(AY+BX-AB)}{v_2}\times 1000\right] \tag{2-16}$$

式中　t_{dG}——G 点的延迟时，ms；

t_{AY}——AY 之间的初至折射波旅行时间，ms；

t_{BX}——BX 之间的初至折射波旅行时间，ms；

❶ 冯泽元．1992 年．年表层静校正技术手册．石油地球物理勘探局第二地质调查处

❷ 钱荣钧．2002 年．复杂地表区地震勘探中的静校正问题．东方地球物理勘探有限责任公司

t_{AB}——AB 之间的初至折射波旅行时间，ms。

AY、BX、AB——分别为 AY、BX、AB 之间的距离，m；

v_2——折射层速度，m/s。

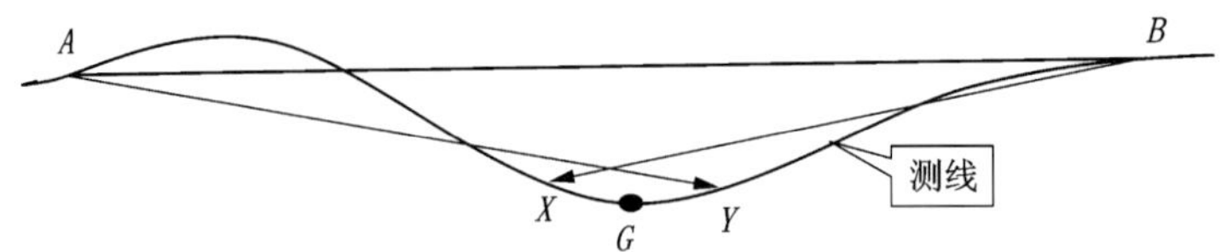

图 2-52　EGRM 方法原理示意图

2）合成延迟时方法[❶]

根据相邻炮点对同一接收点来自同一层折射波初至时差相等的关系，合成出一条各炮点公用的初至折射波时距曲线与相对于该时距曲线的各炮点的时间延迟曲线，通过对两条曲线的分离求得炮点与检波点延迟时。图 2-53 为合成的延迟时曲线，在合成的检波点时距曲线与炮点时距曲线之间拟合一条直线或圆滑曲线 L，分离出炮点延迟时 d_{iR} 与检波点延迟时 d_{iS}，分离线 L 的斜率横向变化就反映了折射层速度的横向变化情况。

该方法适用于二维观测系统。在三维勘探中，也可对每条接收线及与之对应的最小非纵距的炮线来合成延迟时曲线，然后通过平面内插或结合其他方法求得各炮点、检波点的延迟时。

3）时间项延迟时消去法[❶]

时间项延迟时消去法是钱荣钧近年来提出的方法，它适用于二维与二维观测系统。现以三维勘探为例，简单介绍其原理。对于平面上任意两个炮点和两个接收点（图 2-54），根据基本折射方程，可得到：

$$t_1 - t_2 = t_{iR_1} - t_{iR_2} + \frac{(x_1 - x_2)}{v} \tag{2-17}$$

$$t_3 - t_4 = t_{iR_1} - t_{iR_2} + \frac{(x_3 - x_4)}{v} \tag{2-18}$$

整理后得：

$$v = \frac{(x_1 - x_2) - (x_3 - x_4)}{(t_1 - t_2) - (t_3 - t_4)} \tag{2-19}$$

式中　x_1，x_2，x_3，x_4——分别表示两点间的距离（如图 2-54 所示）；

t_{iR_1}，t_{iR_2}——分别表示 R_1，R_2 点的延迟时；

t_1，t_2——表示 S_1 到 R_1 与 R_2 的折射波旅行时；

t_3，t_4——表示 S_2 到 R_1 与 R_2 的折射波旅行时；

v——表示折射层速度。

❶ 钱荣钧．2002 年．复杂地表区地震勘探中的静校正问题．东方地球物理勘探有限责任公司

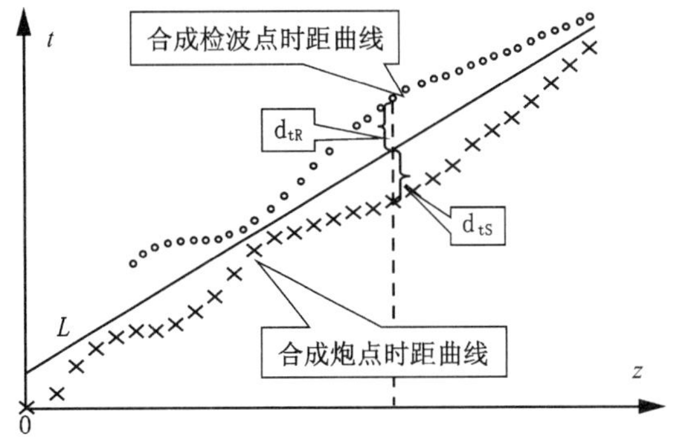

图 2－53　合成延迟时曲线的分离

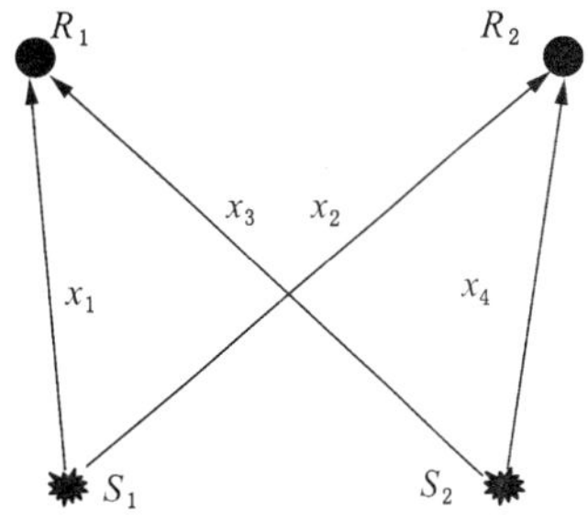

图 2－54　时间项法计算三维速度

用式（2－19）可计算折射层速度，并且它与相关点的延迟时无关，也不受地表起伏的影响；另外，该方法由基本折射方程导出，再用到基本折射方程来求取延迟时会更加合理。

对于某一炮，根据折射层速度可以求出炮点、检波点延迟时的总和 $t_{iSn}+t_{iRn}$，这样就可以得到若干个与炮、检点延迟时有关的方程，求解这个方程组便可得到炮、检点延迟时。

4）速度计算方法

（1）简单速度分析方法[1]：根据共炮点道集的初至时间与炮检距的关系，利用最小二乘方法拟合时距曲线，其时距曲线斜率的倒数即是折射波的速度。该方法适用于地形平坦或界面倾角很小的地区，当不满足条件时，其速度精度较低，但它对观测系统没有任何要求。

（2）CMP 速度分析方法[1]：把按共炮点道集拾取的初至时间抽成 CMP 道集，在 CMP 道集中用最小二乘法拟合初至折射波时距曲线，其时距曲线斜率的倒数就是 CMP 位置的折射层速度。相对于简单速度分析方法，由于其参与计算的数据较多，其速度精度相对较高。

（3）互换速度分析方法[1]：图 2－55 是 1 个相遇观测的简单观测系统，其中只列举了 5 个接收道（$D_1 \sim D_5$），A 与 B 为两个炮点。根据基本折射方程，可得到：

$$T_{AD_1}=T_A+T_{D_1}+\frac{x_{AD_1}}{v_R} \tag{2-20}$$

$$T_{BD_1}=T_B+T_{D_1}+\frac{x_{BD_1}}{v_R} \tag{2-21}$$

式中　T_A，T_B，T_D——分别表示 A、B、D_1 点处的延迟时；

x_{AD_1}——A、D_1 之间的距离；

x_{BD_1}——B、D_1 之间的距离；

T_{AD}、T_{BD}——分别为两点间的折射波旅行时；

v_R——表示折射层速度。

由式（2－20），式（2－21）得：

$$T_{AD_1}-T_{BD_1}=T_A-T_B+\frac{x_{AD_1}-x_{BD_1}}{v_R} \tag{2-22}$$

---

[1] 冯德法．2002 年．I/O 公司绿山软件静校正培训材料．I/O 公司驻中国代表处

令：　　$\Delta x = x_{AD_1} - x_{BD_1}$　　$\Delta T = T_{AD_1} - T_{BD_1}$

同理，可得到5组 ΔT、ΔX。

将5组 $\Delta x - \Delta t$ 关系标在直角坐标系中（图2－56），采用最小二乘拟合方法，求得折射层速度。该方法适用于中间或双边放炮观测系统，其求取的速度精度高于简单速度分析方法与CMP速度分析方法。同样，它可以扩展到三维情况。

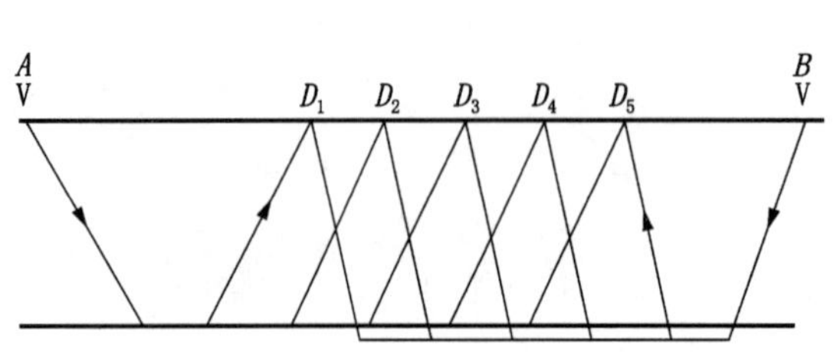

图2－55　互换速度分析方法原理

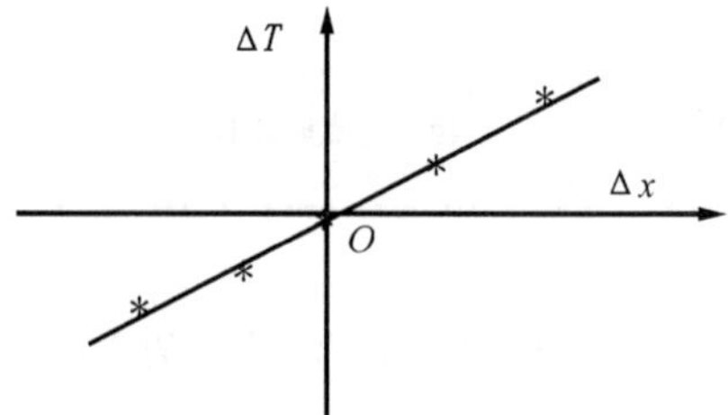

图2－56　互换速度分析方法

3. 模型约束初至折射静校正方法

初至折射静校正计算方法能求得高速层速度、炮点与检波点延迟时，但计算静校正量需要将延迟时转换为垂直时间，另外，做基准面校正也需要知道高速层顶界面高程，这就要求必须反演出近地表深度模型。其模型反演公式为：

$$h_{\mathrm{w}} = \frac{t_{\mathrm{d}} \times v_{\mathrm{w}}}{\cos\left(\arcsin \dfrac{v_{\mathrm{w}}}{v_{\mathrm{g}}}\right)} \tag{2-23}$$

式中　t_{d}——地震记录追踪的初至折射层延迟时，s；

v_{w}——地震记录追踪的初至折射层以上介质的平均速度，m/s；

v_{g}——地震记录追踪的初至折射层速度，m/s；

h_{w}——地震记录追踪的初至折射层以上介质的总厚度，m。

上式中有两个未知数（低降速带厚度 h_{w} 与速度 v_{w}）。由于 h_w 和 v_w 不能直接从地震记录初至中获取，以往把低降速带速度看成常数或直接用表层调查得到的近地表速度计算低降速带厚度。显然，实际上低降速带速度不可能是常数，而直接用表层调查的速度又与地震记录初至追踪的折射层速度不一致。这将影响了模型反演精度，并造成较大的静校正误差。因此，必须求取一个与地震记录初至追踪层位匹配的低降速带速度（或厚度），才能反演出准确的低降速带厚度（或速度）。模型约束初至折射静校正方法就是利用合理的低降速带速度或厚度参数进行约束，来反演近地表模型，确保反演解的唯一性和结果的客观性，进而提高静校正精度。具体应用中有两个关键点：（1）确定约束参数：针对具体工区，在低降速带厚度或速度中确定容易被表层调查资料控制的参数作为约束参数，来反演另一个参数。（2）求取约束参数：用表层调查得到的近地表层的速度、延迟时与地震记录初至追踪的折射层的速度、延迟时结合起来，计算出与地震记录初至折射层深度一致的低降速带速度（或厚度），作为模型反演的约束参数。

模型约束初至反演静校正方法是近年来提出并得到完善，而且在复杂地区最常用和有效的静校正方法。

4. 层析反演静校正方法

利用层析反演建立表层模型，并计算静校正量的方法被称为层析静校正方法。层析技术在静校正方面的应用研究始于 20 世纪 90 年代初，其具体实现步骤和基本原理见图 2－57（冯泽元，李培明 . 2005 年）。

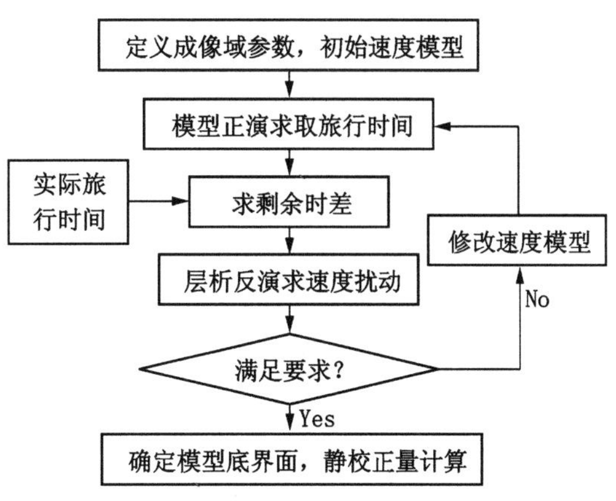

图 2－57　层析法静校正基本原理

自从层析反演静校正方法推出以来，一直被地球物理界视为具有先进思路与良好发展前景的技术，在理论模型试算中均取得很好的效果，但实际资料成功应用的实例不多。2002 年，东方地球物理勘探有限责任公司在层析反演静校正技术应用研究方面取得重大进展❶，首次应用该技术解决了复杂区大面积三维（530km²）地震数据的静校正问题。图 2－58 和图 2－59 为表层模型和层析反演静校正方法对比的剖面。

层析反演静校正方法的主要优点是反演的模型能反映速度纵、横向变化规律，较常规方法有更高的精度，但方法仍需要进一步完善。目前应用情况表明，层析法成功应用的实例多表现在解决长波长静校正问题方面，在解决短波长静校正问题方面还有一定差距。

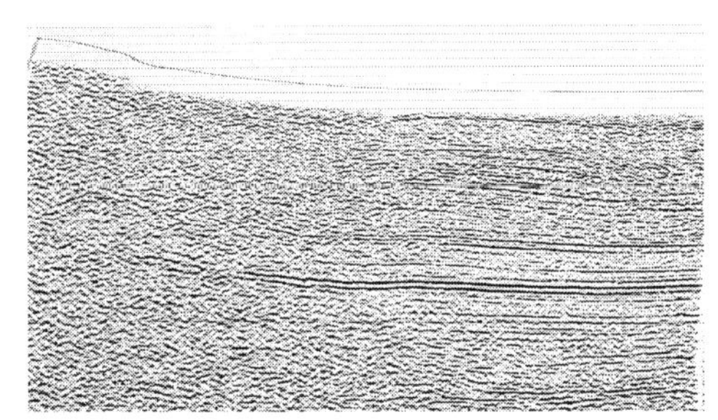

图 2－58　表层模型静校正方法的剖面

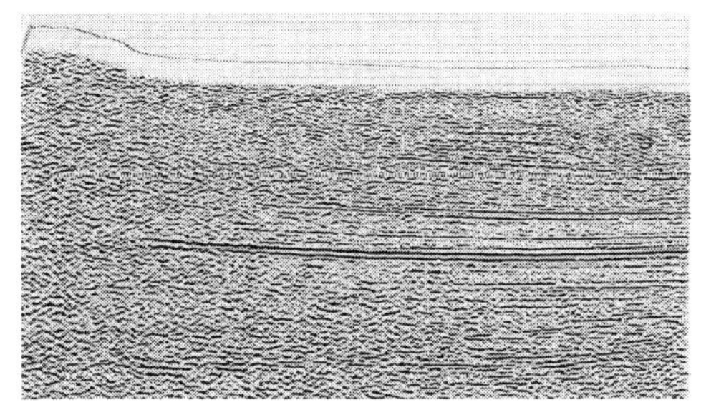

图 2－59　层析反演静校正方法的剖面

5. 中间参考面静校正技术

在静校正量计算时，常规方法在风化层校正后直接从高速层顶界面充填到统一基准面。在复杂区做完风化层校正后，相当于将炮点和检波点从地表校正到高速层顶界面，所以，高速层顶界面可以看成是一个新的地表，当它存在剧烈起伏或（和）速度的横向变化时，静校正问题并没有得到很好解决。为此，提出了中间参考面静校正技术，主要用于消除高速层顶界面起伏或高速层速度横向变化的影响。

中间参考面静校正技术是在低降速带校正后，再将炮点与检波点从高速层顶界面以实

❶　侯喜长，冯泽元，李培明 . 2003 年 . 层析反演静校正技术的应用研究 . 中国石油学会南方地区第 13 次物探技术研讨会论文

际高速层速度剥离到一个圆滑面上，进一步提高静校正效果；把这个圆滑面称为中间参考面。实际应用中，中间参考面的选取与高速层剥离速度（高速层顶界面到中间参考面之间的校正速度）的计算是影响静校正效果的两个关键因素（冯泽元，唐东磊等．2002 年）。

经研究与试验，确定的中间参考面选取原则为：（1）中间参考面在高速层之中并尽量接近高速层顶界面。（2）中间参考面为圆滑曲面，其横向没有中、短波长起伏。

高速层剥离速度应采用实际的高速层速度，针对不同工区应根据掌握的资料情况与表层结构特点选择适合的方法求取，如表层调查法、地震记录初至折射方法、层析反演方法等。在资料缺乏或实现困难时，也可通过速度扫描的方法，用不同速度计算静校正量，通过叠加剖面确定不同位置采用的高速层剥离速度。

图 2－60 为中间参考面静校正技术的应用实例，图中（a）和（b）的风化层校正量完全相同，只是一个采用了中间参考面方法，另一个没有采用中间参考面方法，可见，采用中间参考面静校正技术后，剖面的叠加效果得到明显的改善，构造形态也更加真实可靠❶。

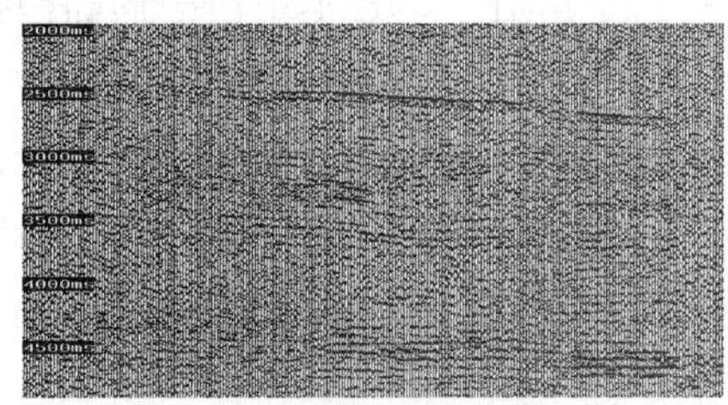

(a)没有应用中间参考面

(b)应用中间参考面后

图 2－60　中间参考面静校正方法的应用效果

6. *多域多次迭代静校正方法*❷

多域多次迭代静校正方法是以初至折射波在共炮点域、共接收点域、共炮检距域及共中心点域校正光滑为目的，通过在 4 个域内采用逐步逼近、多次迭代计算各检波点与各炮点的相对静校正量，然后，以微测井或小折射表层速度场为前提条件，利用基本的初至折射波原理建立近地表模型、计算基础静校正量，控制长波长静校正问题。最后将求得的相对静校正量与基础静校正量相加，作为最终静校正量。它以折射界面相对稳定、其横向变化比较平缓为假设条件。

多域多次迭代静校正方法适合解决复杂地表条件下的静校正问题，由于其具有多域性，自动消除了因激发点、接收点偏移而造成的射线路径走时误差，在黄土塬区的地震勘探中发挥着重要作用。图 2－61 为多域多次迭代静校正方法的共炮点道集记录，静校正后的道集记录初至非常光滑。图 2－62 是该方法与折射静校正方法的剖面效果对比，叠加剖面对比结果表明，无论从叠加效果还是构造形态的真实性方面，都明显优于单纯利用折射波的静校正方法。

❶　李培明，冯泽元等．2001—2003 年．复杂地区静校正技术．中国石油天然气集团公司科研项目报告

❷　付守献．2003 年．“复杂区静校正技术”科研项目总结报告．东方地球物理勘探有限责任公司

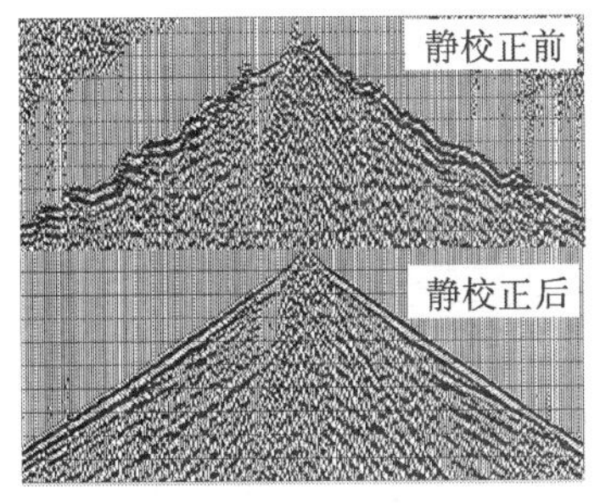

图 2－61　共炮点道集对比

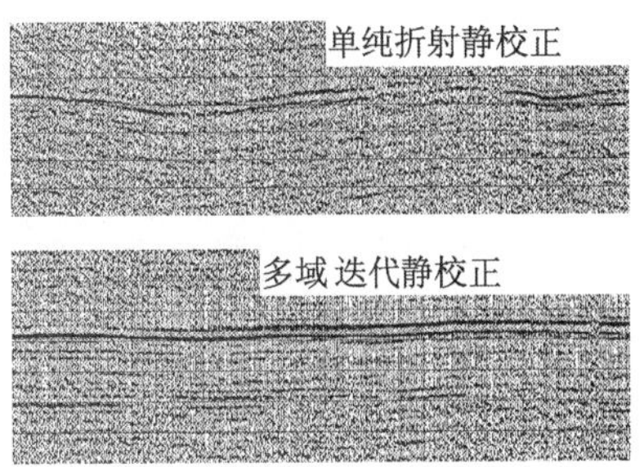

图 2－62　单纯折射与多域迭代静校正方法的剖面对比

7. 多种静校正方法联合应用[1]

在山地、戈壁、黄土塬等多种地表类型并存的复杂地区，单一静校正方法往往不能很好地解决静校正问题，需要多种方法的结合才能取得令人满意的效果。方法的联合应用分两种方式：（1）横向联合应用。由于表层结构空间上的差异，用同一种方法很难建立合理的表层模型，如在某一段适合采用层间关系系数法，而另一段适合采用模型约束初至折射法，还有一段适合用层析反演方法等。这时，就需要用不同方法建立不同区域的表层模型，最终计算静校正量。横向联合应用主要是针对近地表的低降速带模型。（2）纵向联合应用：在纵向上采用不同方法建立表层模型或求取某项参数，最终计算静校正量。如模型约束初至折射法与中间参考面静校正技术的联合应用，而中间参考面校正中的高速层剥离速度的求取在不同区域可能需要不同的方法，这属于求取某项参数范畴的综合应用。对于有些地区，甚至需要在两个方向的综合应用，才能较好地解决静校正问题。

对于一个特定工区，要深入了解其表层结构特点及引起静校正问题的主要原因，并结合各种静校正方法的适用条件，甚至通过一定的试验来确定综合采用的方法。

图 2－63 是我国西部某复杂区多种静校正方法联合应用的实例。上图为单一静校正方法的初步叠加剖面（未作剩余静校正）；下图为模型约束初至反演、层析反演与中间参考面静校正技术联合应用后的初步叠加剖面（处理常数与上图相同），同时对统一基准面校正速度也进行了优化。对比可见，联合应用后剖面整体效果得到明显改善，特别是在过渡带与第四系覆盖的砾石山区，效果改善更加明显。

8. 基准面选取与应用技术

基准面选取与应用影响着地震资料速度分析精度、剖面叠加效果、构造的准确性和偏移处理结果，因此，基准面选取是地震勘探工作中一个重要因素。

早期采用水平基准面，并把它作为速度分析与叠加的参考面。随着工区复杂程度的加大，在地形区域起伏较大的地区，由于基准面与地表之间的高程太大，水平基准面会带来较大的基准面静校正误差。图 2－64 为基准面静校正误差分析曲线，可见，随着炮检距、

[1] 冯泽元，李培明，侯喜长 . 2003 年 . 复杂区静校正技术及应用效果 . 中国石油学会南方地区第 13 次物探技术研讨会论文

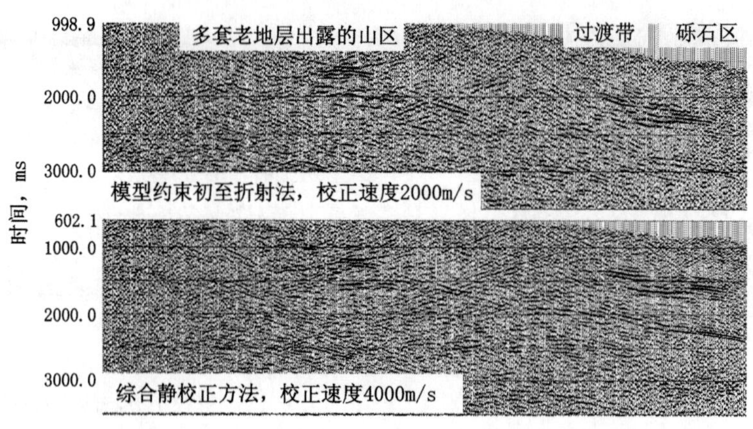

图 2-63　静校正方法联合应用前后的初叠剖面

地表与基准面之间高差的增大，基准面静校正误差不断增大（钱荣钧，1993 年）。

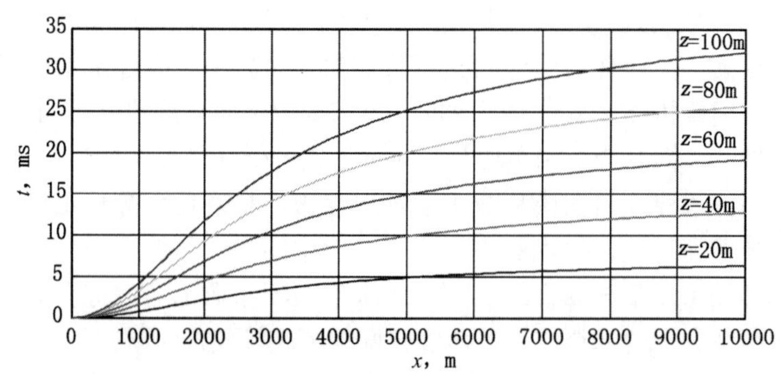

图 2-64　基准面静校正量误差曲线

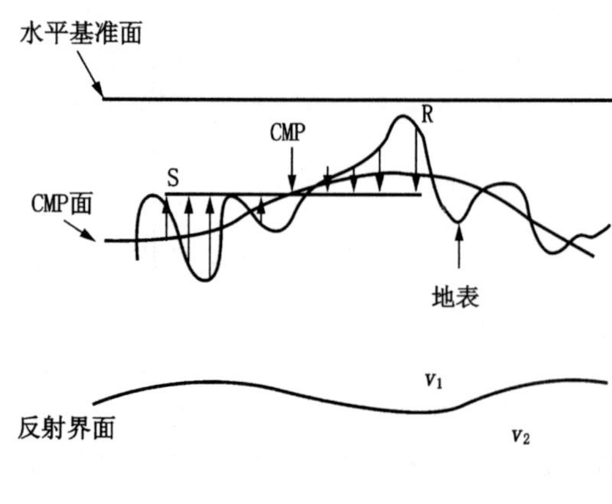

图 2-65　静校正的应用

为了缩小基准面与地表之间的高差，进而达到减小静校正量误差的目的，20 世纪 80 年代中期提出了浮动基准面概念，综合考虑动、静校正方面的影响，确定了浮动基准面的选取原则：浮动基准面在地表到高速层顶界面之间，其起伏波长应大于最大炮检距的 3 倍；另外，在最大炮检距范围内排列两端连线与浮动基准面之间的高差所引起的时差小于反射波周期的 1/4。此时的浮动基准面既是地震剖面的起始零线，又是速度分析与叠加的参考面。

20 世纪 90 年代中期，我国西部复杂山地的地震勘探工作大规模展开，地形起伏很大，致使无法满足浮动基准面的选取原则。如果对地表平滑太大，地表与浮动基准面之间高差过大，无法保证静校正量最小，失去了应用浮动基准面的意义；若平滑太小，则很难满足对浮动基准面起伏波长的要求。为了解决此问题，在数据处理中引入了CMP参考面的概念。CMP参考面把野外静校正量分离为高、低频分量，处理中首先应用高频分量。对于1个CMP点而言，CMP参考面是个平面（图2-65），将与该CMP点有关的所有炮点、检波点校正到这个平面上，然后进行速度分析与叠加，叠后再应用低频分量，将CMP道集校正到水平基准面上。目前，在地形起伏剧烈的山地区均采用采用水平基准面，但此时的水平基准面只是作为水平叠加剖面显示的起始零线。水平基准面的选取方法为：遵循"少剥多填"的原则，一般选工区内的最高海拔高程。实际上，在引入CMP参考面概念后，不论地形起伏大小都可以采用水平基准面❶。

第五节　地震采集装备

一、地震勘探仪器技术进展

地震勘探仪器是地震勘探装备中最精密和关键的设备。地震波的激发、接收与记录都是在地震勘探仪器控制下完成的，地震勘探仪器的技术水平、性能指标与应用效果还直接关系到地震采集数据的质量，地震勘探采集的新技术、新方法又是通过地震勘探仪器实现的，所以，地震勘探仪器的技术进步也就成为石油地球物理勘探技术进步的重要组成部分。

1. 地震勘探仪器发展概况

地震勘探仪器是集传感技术、电子技术、计算机技术、数据传输技术、通信技术、工艺材料、微电子机械加工技术等为一体的综合系统。随着地震勘探技术的不断发展地震勘探仪器也在不断更新换代，从20世纪30年代诞生第一代模拟光点记录地震仪器开始，大致可分为六代。

第一代是模拟光点记录地震仪器，其中以51型仪器为代表。此种仪器以光点感光照相记录作为地震生产资料，记录是直接可视的模拟波形，其特点在于记录为一次性的模拟波形，不能回放与重复利用，记录的地震信号的动态范围小。

第二代为模拟磁带记录地震仪器，其中以DZ663型仪器为代表。此种仪器以永久性记录到磁带的模拟信号为地震生产资料，记录是磁性的，可回放并多次利用，但关键电路没有实质性改善，所以记录地震信号的动态范围也较小。

第三代是数字磁带记录地震仪器，如DFS—Ⅴ，SN338，MDS—10等。这类仪器是将地震信号进行数字化后再记录到磁带上，其特点是仪器将地震信号进行前置放大采样、瞬时浮点放大，最后经过模/数转换器转换为数字信号记录到磁带。由于记录的是数字信号，所以抗干扰能力强，且可重复利用，同时电路技术有实质性突破，所以记录地震信号的动态范围也有较大提高。

第四代是遥测数字地震仪器，如SN368、SYSTEM ONE等。这类仪器与第三代仪器

❶ 李培明，冯泽元等．2001—2003年．复杂地区静校正技术．中国石油天然气集团公司科研项目报告

有同样的工作原理，所不同的是它们在计算机管理下完成地震数据采集，即通过控制布设在排列上的采集站采集地震数据。其特点是系统除主机外还包括地面站单元，电缆传输的是数字信号（本道除外）。这类仪器简化了主机的硬件构成并甩掉了笨重的模拟大线，其采集道能力与抗干扰能力都有显著提高。

第五代是20世纪90年代才推出的采用Δ—Σ技术的24位A/D型遥测数字地震仪器，如SN388、SYSTEM TWO、BOX、ARIES、IMAGE、408UL等。这代仪器较第四代不同的是它没有瞬时浮点放大器，经前置放大器放大后的地震数据直接进入A/D转换，突出的特点是瞬时动态范围大且实时采集能力强。

第六代是21世纪初开始面向勘探市场的全数字地震仪器，其代表是I/O产的系统—IV（VC或VR）和SERCEL产的408UL—DSU。这类仪器与前一代仪器的不同点在于：系统中包含了以MEMS技术为核心的加速度数字传感器（检波器），突破了模拟检波器长期以来制约系统瞬时动态范围进一步提高的瓶颈作用，真正实现了完全数字化，抗电磁干扰能力强，为今后实现宽频带万道多波采集创造了条件。

2. 主流地震勘探仪器简介

遥测数字地震仪器众多，目前国内外勘探市场比较流行的仪器主要有：SN388、408UL、408DSU、SYTEM TWO、IMAGE、SYSTEM FOUR、ARIES、BOX等。下面将针对目前普遍应用的仪器从技术特性、物理结构、适用环境等方面作简单的介绍。

SN388仪器是法国SERCEL公司继SN368之后推出的采用Δ—Σ技术的集中供电有线遥测仪器。这种仪器采用24位ADC和工作站操作界面，仍是目前全球用量最大的有线陆地系统之一。它的主机由采集处理箱（APM或PAM）、SUN工作站、盒式磁带机（STC）与绘图仪等组成，地面设备主要有采集站（单站1道或6道）、电源站、交叉站、数据传输电缆等。本系统的主要优势是：稳定性强、故障率低、数据传输率高、噪声低、失真小、道一致性好等。多年的应用效果表明其可靠性好、实时采集能力较强，很适合沙漠、平原、丘陵、过渡带和丛林等工区。

408UL是法国SERCEL公司继SN388之后近年推出的产品，这种仪器继承了SN388的主要技术特性，所不同的是它采用了网络遥测技术并以采集链形式使采集站与电缆成为一体。网络遥测技术的应用使得排列的布设更为方便，又因其首次采用了采集链作为地面设备的基本单元，所以就进一步减轻了排列的总体重量，同时也为此后一体化检波器、电缆与采集站提供了基础。本系统仍然是有线遥测数字地震仪器，有海上和陆上等多种类型，适用范围更广。

ARAM24是加拿大GEO－X公司生产的陆用有线遥测地震仪器。它也采用了24位A/D转换器，并首次将网络技术与重采样技术应用到地震数据采集系统。该系统的采集站为单站8道，且采集站实行分布供电。网络节点遥测技术的应用使得野外施工十分方便，不再与传统仪器那样不同测线之间不能采集站互联，可视需要任意布设排列（需在主机正确定义站点物理位置），这就为排列穿过河流、公路等障碍提供了便利。近些年GEO－X公司又推出了新一代的ARAM ARIES产品，这一产品继承、发展了ARAM24仪器的特点，相比之下优势主要表现在系统更为轻便、实时采集能力更强、质量控制更完善、传输率和单站道数可以随道间距作相应调整等。

SYSTEM TWO（第二代系统）是美国 I/O 公司于 20 世纪 90 年代初通过改进原有 SYSTEM ONE（第一代系统）之后推出的继承型产品。本系统的采集站有多种类型，如有线型、无线型和海上型，在我国以 MRX 型采集站为多。本仪器系统的主体也是采集站，单站 6 道。与其他仪器相比，该系统还有许多独特的技术，主要是拥有高频提升、随机陷波、大线快车与自动超前测试等功能。实际应用效果表明本类仪器适合在沙漠、平原、过渡带等工区作业，也是我国勘探市场最较广泛应用的地震仪器之一。

与第二代系统兼容的后续产品是 IMAGE。这种仪器的采集站与第二代系统完全兼容，二者的区别只在主机和软件，后者主机的集成度更高（没有 LIM 箱体），采集软件更加完善齐备，例如第二代系统 1 个 LIM 箱体在 1ms 采样时只有 504 的道容量，但 IMAGE 用 1 个综合箱体就有 3000 道的采集能力。在 IMAGE 系统基础上，I/O 公司最近又推出了电线与采集站一体的模拟（AC）系统—Ⅳ，该仪器的特性指标和关键技术和 IMAGE 相当，所不同的是系统的集成度更高、体积更小且是单站 3 道结构，主要优势是进一步提高了系统的采集能力（10000 道/1ms），并真正实现模拟与数字的完全兼容以及网络遥测通信技术。

TELSEIS STAR 是美国 FAIRFIELD 公司生产的无线遥测数字地震仪器，该仪器为单站 4 道，站中除采集电路外还有收发信机与 12V 可充电电池。该仪器主要是针对水上作业设计的（也可在陆上使用），采集站具有体积小重心低等特点。由于是无线遥测系统，所以就不再有交叉站和笨重的大线等地面设备。采集站由主机通过无线电波直接控制、管理，站内的数据由电台发回到主机。与其他无线仪器一样，本仪器也拥有频率合成、站内叠加、软件相关、多频道回收等技术。继 TELSEIS STAR 之后 FAIRFIELD 公司又推出了 BOX 仪器，该仪器的主要技术特性与 TELSEIS STAR 相当，所不同的是 BOX 系统有更高的技术指标且采用了全新的调制技术（16QAM），因而数据传输率更高且抗干扰能力更强，另外其采集站可水陆两用（单站 4 或 8 道可选），因而较先前无线仪器有更广泛的环境适应性。

目前最先进的地震仪器是以 SYSTEM FOUR（VC 或 VR）、408UL—DSU，以及 2005 年 SEKCEL 公司推出的 428 和 I/O 公司推出的萤火虫系统为代表的全数字式第六代采集系统。这一代仪器采用了高精度的 MEMS 传感技术，使得检波器的动态范围达到 99dB 以上。它摒弃了模拟检波器的工作机理，在整个系统中不再有机械传感部件和任何模拟电路，有很高的信号保真度，且不受电磁干扰的影响，因此这一代仪器是今后进行多波多维多道勘探的首选。

3. 地震勘探仪器关键技术

20 世纪 90 年代以来，特别是最近 5 年，地震勘探仪器的技术得到了空前的发展，一般每隔 2 年至 3 年就有全新独特的技术问世，每隔 8 年至 10 年就诞生一代全新的仪器。地震勘探仪器的技术进步主要体现在技术指标越来越高、工作速度越来越快、采集能力越来越强、可靠性与稳定性越来越好、自动化与智能化程度越来越高、单道设备成本越来越低等。近年来的技术进步与创新主要体现在模/数技术（Δ—Σ技术）、数字传感技术、网络遥测技术、数字存储技术、高速超大规模硬件技术、硬件功能软件实现技术、超强道容量采集技术等方面。

Δ—Σ技术就是过采样技术：它通过提高采样密度改善样点的精度，20 世纪 90 年代初引入地震勘探仪器。Δ—Σ技术的应用，使地震勘探仪器的A/D转换器从传统的15位发展到24位，也就使仪器的瞬时动态范围从不足80dB升至110dB以上。24位A/D转换器具有足够的分辨率，因此就不再需要模拟的瞬时放大器，进而全面提高仪器系统的技术指标，特别是系统的谐波失真度可控制在0.001%之内。正是由于Δ—Σ技术的应用，才使地震勘探仪器能够更有效地保护并记录大信号背景下的高频弱小信号。

数字传感技术：它的应用便产生了数字传感器（检波器），以数字传感器为核心的仪器就是全数字化的第六代地震勘探仪器（如VC或VR系统—Ⅳ、408UL—DSU）。数字传感器的技术特性主要包括：

（1）传感器直接输出1个24位样点的数字信号；

（2）振幅频率特性曲线在500Hz内是平坦的直线；

（3）信号失真度低于0.003%，即瞬时动态在90dB之上；

（4）无模拟电路和模拟信号，不受电磁干扰。

数字传感器是高度集成的独立单元，在野外一般不作组合，还具有故障率低、总重量与总体积小、排列布放方便、不漏电、排查故障和建立排列便利等优点。从而减轻了野外的劳动强度并提高了生产效率。数字传感器的应用为多波三维勘探、精细目标勘探，以及解决疑难地质问题和进一步提高勘探质量与效果等创造了硬件条件。

网络遥测技术：它是计算机的网络通信技术在地震勘探仪器中的应用。仪器系统将整个地面排列（主要由固定物理地址的站单元构成）当作1个完整的局域通信网，每个站都是网络的节点，实际通信时计算机（服务器）便自由地在网络中对任何1个节点（单元）进行信息交换。这项技术的应用为野外排列（一般是三维排列）提供了传输路径自由选择与通信资源自动分配，其优势在于可随意设计排列连接关系（适合跨越障碍），并能在个别路径中断时重新选择其他路径来实现信息传输。即在野外施工时（一般是三维作业时）能按需要自由地选择排列连接方式，进而为跨越道路、建筑、河流等实现绕路传输提供可能。目前，408UL与系统—Ⅳ等多种仪器具备了完善的网络遥测功能。

硬件功能软件实现技术：当今的地震勘探仪器之所以能够越来越轻巧紧凑，功能却越来越完备，技术指标也越来越高，主要得益于硬件功能软件实现技术。此项技术使得地震勘探仪器的部件特别是模拟部件越来越少，运算速度与精度却越来越高，同时自动检测与自动校验功能、质量分析控制功能等也越来越强。另外，地震仪器所用标准件与通用件越来越多，且硬件比重减少而软件比重增加。在地震数据采集时，数据的精度更高，地震道一致性更好，现场质量控制分析能力更强。

超大规模集成技术：地震勘探仪器的硬件技术的突破性发展，使得仪器的结构越来越紧凑，稳定性与耐用性更强，适应性与通用性更好，性能指标更优异。正是由于新工艺（如SMT技术）、新材料（如优质光导纤维）的应用，地震勘探仪器的体积与功耗成倍下降，数据传输速率成几何级数提高（从几兆位/s上升到100兆位/s）。也正是由于超大规模集成电路的应用，使得地震勘探仪器的工作速度和能力成倍提高，而单个地震道设备的成本却成倍下降。

数字存储技术：20年以前地震数据存储用的磁带还是0.5″宽9个轨道的开盘带，最高记录密度也只有6250bpi。不久很快就发展了盒式磁带（3480，3490，3580，3590，3592）。

磁带的存储容量也从几百兆字节发展到十万兆字节以上，其存取速度提高了近百倍。在存储介质上，随着工艺与材料的发展，目前推出了在地震勘探中实用的光盘或硬盘存储介质，如系统—Ⅳ与408UL就可选择磁带或硬盘两种存储介质。此外，当今的地震勘探仪器所用数据存储技术除了速度与容量达到国际先进水平外，存储数据的可靠性与安全性也达到最佳。与过去相比，所面临的数据丢失风险要小得多，这是因为新存储技术有更好的环境适应性和防错纠错能力等。地震勘探仪器数字存储技术的发展对地震数据采集工作的主要贡献就在于提高了施工速度和数据安全性，并降低了生产成本等。

实时万道采集技术：它包括数据传输技术、硬件技术、软件技术、存储技术、编码技术等。地震勘探正朝着多波、多维、多道采集方向发展，而且油公司也逐步要求地球物理公司进行万道甚至数万道接收的地震数据采集。目前国际最先进的仪器（如系统—Ⅳ和408UL）已具备了这项能力。一般每隔3年至5年仪器的道接收能力就增加1倍，20年前2ms采样的道接收能力还在300道之内，今天，仪器的道接收能力少则几千道，多的达几万道。道接收能力主要取决于地震数据的传输速度、处理速度与记录速度等。万道采集记录技术的问世使地震勘探仪器实现了超大规模地震数据采集能力，更重要的是为获得更丰富地下地质信息、降低勘探成本、提高施工效率等提供了可能。

除以上所述的几项关键技术外，近年来在地震勘探仪器系统中得到成功应用的新技术还有蜂窝通信技术、16QAM技术、高精度同步控制技术、数据压缩技术、高压直流供电技术、GPS授时技术等。所有这些技术的进步、发展和应用，都是地震勘探仪器综合技术水平和能力整体提高的组成部分。

4. 地震勘探仪器应用和研发技术

虽然目前的地震勘探仪器几乎都是从国外引进的，且地震勘探仪器的关键技术也基本都由国外生产厂家所掌握，但是经过多年的消化、吸收和应用实践以及技术创新，我国的地震勘探仪器工作者也在许多方面取得了丰硕的技术成果。例如，多主机联用实现超强地震道采集能力，优化激发源同步系统通信媒介实现特殊地表作业，成功研制具有自主知识产权的GPS授时地震仪器等，就是东方地球物理勘探有限责任公司近年来在地震勘探仪器方面所取得的技术成果。下面将从5个方面归纳总结近10年（重点是近5年）来，地震勘探仪器工作者在地震勘探仪器应用与研发方面所取得的技术进步与成果。

多主机联用增强地震道采集能力：随着石油物探数据采集技术与处理技术的进步，野外进行地震数据采集的地震道数也在不断增加，而且是经常超出地震勘探仪器的固有接收能力。为了适应油气勘探技术的需求，充分利用现有地震勘探仪器资源，通过技术攻关我们已经全面掌握了双主机或多主机联机技术，并有“SN388”六主机联用、“IMAGE”双主机联用以及“SN388”与“408UL”联用的成功经验。应用本项技术可以在地震勘探仪器固有接收能力不足的情况下，实现1ms采样5000道甚至10000道的实时地震数据采集。

优化激发源同步系统通信媒介方便特殊地表作业：通常激发源同步系统采用无线电通信方式，但此方式在丛林或遇到高大山体时就可能因吸收或屏蔽作用而失效。近年，野外工程技术人员通过优化激发源同步系统的通信媒介，根据施工环境的需要实现“无线”、“无线中继”、“有线”或它们的任意组合方式的通信。在保证同步精度的条件下实现了激发源同步系统“无障碍”通信。这项技术保证了在丛林或山地等复杂工区施工时，可以畅通无阻地进行仪器与激发源间的通信，同时实现激发与接收的严格同步。

成功研制了“遥爆系统”：2003年底东方地球物理勘探有限责任公司成功研制出了具有自主知识产权的“遥爆系统”。这种系统的同步精度与安全保护能力都达到了同期国际最先进的技术水平。

成功开发了“地震勘探仪器量值溯源系统”：长期以来地震勘探仪器的技术检验都是由仪器自身来完成，这就给准确评价、比较仪器的技术指标带来困难，因此建立统一、标准、公正的通用量值溯源系统就显得十分必要。2004年东方地球物理勘探有限责任公司成功开发了“地震勘探仪器量值溯源系统”，并通过了CNPC的最终评审鉴定。本项技术成果填补了国内的空白，同时也为今后更好地控制地震勘探仪器的特性质量以及准确评价地震勘探仪器的特性指标提供了手段。

成功研制了“GPS授时地震仪器”：在中国石油天然气集团公司的支持下东方地球物理勘探有限责任公司已经成功研制出具有自主知识产权的“GPS授时地震仪器”。

5. 地震检波器

检波器的技术水平与性能指标直接关系到地震数据采集的质量与效果，尽管几十年以来人们总在努力提高模拟检波器的性能质量，但受模拟检波器机—电原理的制约一直没有实质性的突破。直到1999年MEMS技术的问世才使检波器技术得到质的飞跃。

传统的检波器都是模拟的，按适用环境分为：陆地检波器、沼泽检波器、压电检波器（海上检波器）等；按传感物理量可分为：速度型检波器和加速度型检波器；按传感的地震波类型可分为：单分量检波器和三分量检波器。对于模拟检波器而言，由于原理结构的局限都很难达到与地震勘探仪器相当的动态范围，最好的模拟检波器也在70dB以下。

目前勘探中应用最多的还是陆地速度型检波器，其固有（自然）频率分为：4Hz、8Hz、10Hz、14Hz、20Hz、28Hz、35Hz、40Hz、60Hz等。速度型检波器的特点是：当振动频率低于传感器的固有频率时，传感器的灵敏度因频率的减小而明显下降（幅频特性以12dB/Oct衰减）。当振动频率高于传感器的固有频率且在弹性响应范围之内时，传感器的灵敏度接近为常数，在这一频率段传感器的输出电压与振动速度成正比。当振动频率超出弹性响应范围时由于线圈阻抗增加，灵敏度将随着频率的增加而下降。速度型检波器的主要技术指标有：自然频率、阻尼系数、灵敏度、失真度、假频、直流电阻、漏电、极性等，其中最为关键的指标是失真度，多年以来失真度指标没有突破万分之一，这也是传统模拟检波器的技术瓶颈。

虽然地震检波器的技术发展缓慢，但近些年国内与国际的生产厂商还是推出了不少样式新颖且技术指标优秀的检波器，其中最具代表性的就是超级检波器。超级检波器实际上是常规检波器的改进型，原理结构并没有实质性变化。目前厂商所采用的技术措施或方法主要有：通过改进磁路（包括加长磁靴、改变线圈缠绕方式、增强磁体的磁性以及采用高品质合金材料等）降低失真度；通过改进弹簧片（包括改善刚性和调整固定方式等）提高“假频点”与降低失真度；通过改进生产工艺缩小指标偏差范围；通过提高设计标准减少设计偏差。与常规检波器相比，超级检波器具有更高的技术指标、更好的一致性和更大的动态范围（见表2-2）。

表 2—2　常规检波器与超级检波器的指标允许误差

参　数	常规检波器允许误差	超级检波器允许误差
频　率	<5%	<2.5%
阻　尼	<10%	<2.5%
灵敏度	<10	<2.5%
电　阻	<5%	<2.5%
失真度	<0.2%	<0.1%
假　频	>180Hz	>250Hz

从表 2－2 可见，超级检波器各项指标均有提高，因此超级检波器也称为高精度检波器。实际上，随着新工艺、新材料的不断问世，超级检波器一直在不断完善，目前失真度已能接近万分之一。

MEMS 技术的发展使地震检波器技术得到质的飞跃，以 MEMS 技术为核心的加速度数字传感器是第六代全数字地震勘探仪器的基础。与模拟检波器相比，数字传感器（检波器）将传感地震信号的瞬时动态范围从不足 70dB 提高到 90dB 以上。

二、可控震源❶

1. 可控震源系统介绍

与炸药震源相比可控震源有其独特的优点：激发信号已知、信号的频率与能量可控、无污染、机动性强、对地表破坏性小，更有利于开发地震和多波勘探。从 1956 年第一支可控震源队成立以来，可控震源经历了半个多世纪的发展完善，现已成为地震勘探的主要激发设备之一。常用的震源有：Mertz 系列的 M27/623、M26HD/623B、M26HD/SF—60；G. Failing 系列的 Y1400、Y2700；SERCEL/AMG 系列的 P28、M28、SM26HD/623B；I/O 系列的 AHV IV/LRS362；BGP 系列的 KZ—23、KZ—28 等。

根据振动输出力分为不同的量级：4 万磅级以下（中小吨位震源）；4～5 万磅级（中等吨位震源）；5～6 万磅级（大吨位震源）；6 万磅级以上（超大吨位或重型震源）。目前实际应用中，以中、大吨位的震源较常见，超大吨位的震源正在开发研制过程中，目前新开发的重型可控震源的输出力量约为 9 万磅。大吨位可控震源在激发中所表现的技术优势更加明显。

可控震源系统主要由向地下输入能量的震源与电控系统两部分组成。可控震源硬件主要由以下几部分组成：具有在复杂区较强通过能力的大功率运载底盘、液压伺服控制系统、振动器、辅助通信系统。可控震源控制系统包括安装在数据采集系统上的编码扫描信号发生器与安装在震源上的控制器（俗称电子箱体），辅助系统包括通信电台、各种传感器及 GPS 接收机。可控震源控制系统的主要作用与特点：（1）产生地震勘探所需要的连续振动信号；（2）精确地控制震源振动信号的相位与振幅；（3）产生精确的同步启动信号；（4）

❶　陶知非，傅德莲．新型国产可控震源的研究．东方地球物理勘探有限责任公司 2003 年物探地质技术成果交流会论文汇编

提供数据采集系统用于相关的标准信号；（5）实施震源振动性能的质量监视。目前国际上可控震源控制系统主要由两个厂家提供：法国SERCEL公司提供的VE416和VE432系统，美国PELTON公司提供的ADV I、ADVII和ADV III（或VIB PRO）系统。新一代可控震源电控系统可以实现伪随机码扫描、多组震源交替或滑动扫描、编码扫描、分段扫描等。具备完备的实时质量控制技术，集成了用于传感器自动测试的检测功能，通过检测信号的相干性，保证震源的激发质量，避免了激发极性错误的风险。电控箱体生成的QC数据体可以实时分析相位、畸变、基值输出力等质控参数。

2. 国外可控震源的发展现状

早期的可控震源是一套由机械装置控制的连续振动系统，并且其振动控制系统采用开环控制方式，因此系统控制精度较低。1959年研制出了液压伺服控制的可控震源，并且开始对输出信号进行相位控制。1963年，以控制振动平板输出信号相位为目的的、真正意义上的现代可控震源的雏形开始形成并投入野外作业。现代可控震源是从20世纪70年代开始出现的，特点是采用单独设计的、野外通过能力较强的专用承载底盘，振动输出采用液压伺服控制，激发频率、激发能量可控；具备较高的激发信号同步控制精度，可采用多台同步垂直叠加方式进行作业。可控震源出力量级也从早期的2万磅发展到6万磅。

目前可控震源研究的最大热点是可控震源应用技术与多波可控震源的工业性应用。法国SERCEL公司兼并了美国MERTZ公司地球物理部分后，推向市场的主导震源是以原MERTZ公司研制的6万磅级M26HD/623B震源改进的SM26HD/623B震源。进入21世纪后，SERCEL公司又推出了NOMAD 65新型震源，与原SM26HD/623B震源采用三泵系统相比，新的NOMAD 65震源采用了单泵系统用于驱动与振动，降低了成本。为了提高在沙漠地区的通过能力和特殊地表的应用要求，SERCEL还推出了采用可更换的三角形橡胶履带底盘的6万磅级623 T型，同期，I/O公司也推出了类似的可更换的三角形橡胶履带轮的底盘。2003年，SERCEL公司推出了具有输出力达9万磅级的NOMAD 90超级震源。

美国I/O公司目前的主打产品是AHV IV/LRS362震源，其中AHV IV底盘可以通过简单的配载，使其承载能力达到5.1～6.4万磅的范围。AHV IV底盘的整体重心非常低，液压系统简捷，在振动器设计上依然坚持了独特的PLS（Pre-Load Structure预应力）结构与液压集成块体结构。I/O公司的另外一个主要产品是X—VIB履带式6万磅级震源（图2-66），这也是目前唯一比较成熟的、采用三角形橡胶履带轮的震源，主要应用于极地与大沙漠地区。I/O公司准备向市场上推出的新震源还有多波震源Side Winder，与20世纪美国MERTZ公司出品的采用分离式振动器的纵横波震源不同，Side Winder多波震源采用1个可激发多波（三分量）的振动器，三分量多波震源Side Winder是目前国际市场上少数厂家能够提供的产品。

与美国I/O公司形成鲜明对照的是美国的IVI公司，在国际大震源市场上消失一段时间后，2002年率先推出了多波震源TRI—AX/Birdwagen（图2-67）。此前其生产的Mini-Vib也是一种小能量多波可控震源，主要用于浅层勘探。TRI—AX/Birdwagen多波震源采用6万磅级的运载底盘，其两个水平方向的激发能级可以达到3万磅，P波激发能级为6万磅级，并采用分时激发。

图 2-66 I/O 公司的 X—VIB 震源

图 2-67 IVI 公司的 TRI—AX 三分量震源

总之，目前国际市场上主流可控震源的激发能级还是以 5 万磅和 6 万磅为主，这样级别可控震源的供应商主要有：法国的 SERCEL 公司，美国的 I/O 公司、IVI 公司和东方地球物理勘探有限责任公司。

3. 国产可控震源与自主研发水平

国产可控震源的研制开发始于 1978 年，先后试制了 KZ—7、“上海”震源。在“六五”到“九五”期间，东方地球物理勘探有限责任公司在原石油工业部的支持下先后研制出 KZ—13、KZ—20、KZ—28、KZ—23/2000 等系列可控震源，其中 KZ—20G 和 KZ—28 型震源在国外地震作业中使用，KZ—23A/B 型震源也首次出口国外，并在俄罗斯、印度、哈萨克斯坦和北极地区成功应用。截止到 2004 年底，国产可控震源一共生产了约 150 台，其中中等量级与重量级可控震源占 80%。KZ—28 型可控震源从 1996 年试制开始，经历了不断的技术改进与提高，KZ—28 震源生产了 65 台。采用新的动力系统和大沙漠轮胎。以提高驱动力并采用铰接结构的 KZ—28AS 型震源正在野外进行试验（图 2-68），新型国产震源已经开始投入研究。

KZ—28 可控震源不但吸取了国际可控震源的先进技术和理论，同时还针对国内西部特殊的使用情况和未来石油物探技术发展的需求，体现了新的设计理念：（1）低畸变的可控震源振动器。试验表明：6 万磅级的 KZ—28 震源激发信号的畸变与 4 万磅级的震源相当。（2）为提高可控震源工作的可靠性，采用了系统可靠性冗余设计结构。（3）更注重系统的维护性。KZ—28 的设计是简单的系统结构 + 冗余设计，不但降低了系统失效的风险，同时也提高了系统的可靠性。（4）强化液压系统抗污染设计。KZ—28 可控震源在密闭液压油箱加注口单独设置了手动加注泵和带有强磁滤芯的过滤系统，避免了以往依靠人工加注导致系统的污染，同时也减轻了加注液压油的劳动强度。（5）注重对操作环境和舒适性的改善。乘员座椅首次采用了可按人体重量进行调节的航空座椅，同时在驾驶室内还设置了供操作员临时休息的卧铺。另外为了方便检修、维护，KZ—28 可控震源还设计了平台结构，确保了操作人员在车外工作的安全。

最新的 KZ—28 系列震源 KZ—28G（图 2-69），在整体系统结构上更趋于简化，特别是可控震源的可靠性、操作性、维护性等，有许多新的理念蕴涵在新系统设计中。在新系统设计中，除保留了发动机零负载启动技术、等张力提升结构、多系统冗余度技术、强制性抗污染液压油道设计、内藏式低压在线储能器、圆角式振动器平板结构、伺服阀水平安装等独特技术外，还重新设计了新的振动器油道与部分液压系统，使系统具有更好的工艺性与合理性；新的液压系统还特别考虑了具有冗余结构的吸油管汇，提高了系统的动态响应；简化了液压胶管使用规格与接头型式，接头型式减少了近40%，增加了液压胶管与接头的通用性与互换性，方便了备件准备与供应；采用了新的动力系统并提供了多种选配方案；采用了新结构的驾驶室，视线更好、操作更舒适。

为了进一步提高国产震源在复杂地区的通过能力，从2002年开始研制以提高驱动力并采用铰接结构的震源。2004年10月，新的KZ—28AS型铰接震源样机组装完成，目前正在进行野外试验。

图2-68　试验中的KZ—28AS型可控震源

图2-69　KZ—28G型可控震源

三、地震钻井设备

1. 地震钻机的发展历程

地震勘探的钻井设备是指钻井孔径在25mm到140mm之间，钻井深度不大于300m的钻井设备。大孔径钻机属于工程钻机范畴，大深度钻机则属于油气勘探开发领域的设备。典型的地震钻井设备可以按照下述不同的分类方法划分：

(1) 按钻机功能则可分为：山地钻机、砾石钻机、沼泽钻机、沙漠钻机等；

(2) 按钻机排屑方式分为正循环钻机和反循环钻机；

(3) 按钻具类型，可分为水钻、空气钻、潜孔（震击）锤和螺旋钻；

(4) 按扭矩传递方式可分为机械钻机、液压钻机、气驱钻机；

(5) 按钻杆驱动方式可分为转盘式钻机和顶驱钻机；

(6) 按钻机运载方式分为车载钻机、轻便钻机等。

在平原松软地带，钻机基本上都采用了卡车为运载工具，其传动方式上经历了由机械向液压传动的过渡，钻机驱动形式也经历了由转盘式向顶驱的过渡，钻井方法由单一泥浆钻井发展为泥浆钻井、空气钻井和螺旋钻井3种钻井方式的组合。在沙漠、丘陵和浅沼泽地带，世界上各大钻机公司均把重点放到了运载工具的更新换代上，这一阶段采用了专用的越野性极好的大功率运载底盘，但这一时期钻机本身及钻井方式并未有大的突破。20世纪 80 年代初期，油气勘探领域开始向山前带、山地及浅海过渡带转移，钻机制造商开始了山地轻便钻机、砾石钻机和浅海钻机的研制。其中砾石钻机主要是专用钻具的研制，浅海钻机主要体现在运载工具的变化，山地钻机主要是钻机结构形式的变化。随着勘探难度的加大，对钻机的要求也越来越高，钻井工艺有了较大的突破，在原空气钻井、4m 和 8m 吹沙筒、泥浆钻井和螺旋钻井的基础上，又出现了空气震击钻井、喷射钻井、泡沫钻井等新工艺。同时，为了适应特殊地表区地震作业的需要，东方地球物理勘探有限责任公司组织技术力量完成了 50m 沙漠螺旋钻机的开发。

目前，国际上生产地震钻井设备的公司有 CGG、GEFCO、CME、GP、FOREMOST 和 ARDCO 等，它们在车装钻机制造上保持着传统优势。在轻便钻机领域，山地钻机的代表产品主要有加拿大的 FORMOST 公司的 V2000 钻机，美国 ARDCO 公司的 HMP125 钻机、法国 CGG 集团 SERCEL 公司的 TD150S 钻机和 BGP 的山地钻 2000。其中生产 CT155、CT255 山地钻机的加拿大坎特拉公司被加拿大 FORMOST 公司兼并。国产钻机的研发由于贴近生产需要而更满足我国特定的地质条件，如山地钻 WTRZ—2000 系列产品的性能已经超过了国外同类产品。目前，地震钻机向多功能方向发展，更多地追求设备的可靠性与作业效率，其中满足山地作业的钻机更趋于轻便化和直升机吊装化方向发展，而适应沙漠地区的反循环钻具和深井钻具的发展也十分值得注意。

2. 典型的地震钻机

1）车载钻机

机械式钻机具有经济性好、成本低、传递效率高、对环境温度要求不高等特点，但是钻机的整体布局空间较大，单位功率重量大。而液压钻机采用液压驱动，具有布置简单，单位功率较轻等特点，但是液压钻机（图 2－70，2－71）对环境温度较敏感，钻机成本也相对较高，如果液压系统设计或组装质量不高，则会产生液压油泄漏，有环保隐患。空气驱动钻机具有鲜明的特点且环保，但是作业中的粉尘与噪声问题较大，普遍用于山地和沙漠地区。螺旋钻机（图 2－72）在缺水地区作业非常适合，但是螺旋钻机需要的扭矩大，因此往往采用车载式，并且要求作业地区的地质条件能够满足螺旋钻具提土的要求，否则应考虑多种钻具联合作业的方法。在实际工作中，一些钻机往往具有多种能力，以满足不同地区地质条件下的作业需求，如：气、水两用钻机（图 2－73），既可以采用水钻方式，由于配置了独立的气源，需要时，也可以采用潜孔锤或吹沙筒方式作业。

图 2－70　50m 沼泽钻机

图 2－71　车载 150m 液压气水两用钻机

图 2-72　70m 沙漠螺旋钻机

图 2-73　车载 300m 气、水两用钻机

2）轻便山地钻机

20 世纪 90 年代初以前，国内山地钻机的技术水平明显落后于国外。1993 年随着国内山地勘探市场的需要，原石油地球物理勘探局于 1995 年研制成功 WTRZ—305 钻机，缩短了与国外山地钻机的差距，基本上达到了国外同类山地钻机的技术水平。在 20 世纪末，针对钻井效率、钻机重量、钻井成本三方面的要求，成功地研制出 WTRZ—2000 型山地钻机（图 2-74），该机性能大大优于 305 钻机，达到了预期效果，使国产山地钻机开始领先于国外同类钻机，见表 2-3。

WTRZ—2000 型山地钻机是针对不同的山地形成形成系列化产品。钻机整机结构、液压系统、注剂系统、钻具等 9 项成果获得了国家专利。超过 500 台的 WTRZ—2000 钻机投入到新疆、青海、四川等国内各主要山地勘探市场以及苏丹、伊朗、也门、巴基斯坦等国际市场，正在为国内外的广大客户服务。

表 2—3　国内外山地钻机的主要技术参数

型号 / 对比项目	CT—200	HMP—125	TD—150S	WTRZ—305	WTRZ—2000A
公司	FORMOST	ARDCO	CGG	BGP	BGP
结构形式	框架组合	框架组合	框架组合	框架组合	框架组合
钻井深度，m	30	30	30	30	30
井孔直径，mm	82/89	82/89	82/65	82/89	70/75
钻杆规格，mm	60×1500	60×1500	50×1500	60×1500	60×1500
旋转方式	动力头	动力头	动力头	动力头	动力头
输出扭矩，N·m	850	800	800	840	780
输出转速，r/min	140	160	95	144	130
加压提升力，kN	20	13	10	15	13
升降速度，m/s	0.8	0.9	0.63	0.86	0.71
钻井方式	震击/泥浆	震击/泥浆	震击/泥浆	震击/泥浆/螺旋	震击/泥浆/泡沫
发动机	Onan	Ruggerini	Ruggerini	Onan	Honda
总机重量，kg	800	980	830	950	650
推出时间	1993 年	1996 年	1989 年	1995 年	2000 年

图 2－74　WTRZ—2000 型山地钻机

3）黄土塬钻机

黄土塬钻机（图 2－75）针对国内复杂的黄土塬地形地貌，为解决黄土塬地区的石油物探钻井难题，采用机械传动液压驱动的螺旋钻井方法解决黄土塬地区各种胶泥、黄土以及沙土地层的石油物探钻井，在实际生产中得到了验证。新型山地钻机 HY—40ZJ（黄土塬—Ⅱ钻机）的能力已远远优于国外同类钻机。该钻机继承了山地钻机轻便化的特点，吸收了 WTRZ—2000 钻机的成功经验，使钻机综合性能得到显著提高并拥有自主知识产权。其钻机钻井深度：80m（泥浆钻井）、40m（空气震击）、50m（螺旋钻井），整机净重，仅 350kg。

图 2－75　黄土塬钻机

3. 与国外地震钻机的技术差距

客观地看，在车装钻机制造方面与国外同类钻机存在一定差距，主要在于运载工具。世界上著名的钻机制造公司往往具备研制高性能底盘的优势，使钻机与底盘融为一体，如 ARDCO 的车辆部与钻机部；有些钻机公司又与一些著名的车辆公司有着十分密切的联系，如 GEFCO 与 FORD，而国产的运载工具就无法达到这种钻机与底盘和谐统一的地步。单就钻机自身而言，国外钻机更注重于钻机的人性化设计，可靠性及自动化程度高，由于国内勘探地区地表的复杂多样，使国产装备在复杂地形条件下（如沙漠、砾石地带）的钻井性能往往优于国外钻机。

四、滩海、浅海和深海地区的地震采集装备

滩海、浅海和深海区域特殊的地表条件，决定了地震数据采集需采用与其他地区不同的作业装备。滩海、浅海和深海地区的地震采集作业装备按其用途分为与定位、激发、接收相对应的综合导航系统、气枪震源系统、数据接收系统和其他辅助运载设备等。

1. 气枪震源

气枪震源是目前用于海上地震数据采集作业的最重要的激发设备，即以高压气体在水中瞬间释放产生地震波的一种震源方式。由于其具有无环境破坏、效率高和成本低等特点，被广泛地用于海上地震数据采集。

1960 年我国刚成立海上地震方法实验队时，使用炸药震源，基本上是以药包投入水中放炮的形式施工，到 1972 年从国外引进数字地震采集船的同时引进了高压蒸汽枪震源，从而开始了气枪震源在海上勘探中的应用，到 1979 年才引进高压气枪震源，当时气枪压力基本上为 5000psi❶。之后随着技术的进步，气枪震源逐步发展为以多枪阵列组成，保证了有足够的激发能量。到了 20 世纪末期，由于对海洋环保要求的提高，对气枪压力进行了限制，基本在 3000 psi 以下，一般情况下为 2000 psi，为了确保气枪震源有足够的激发能量，在单枪容量和气枪组合阵列上进行了研究，包括相干枪的研制，激发能量传播的方向性研究等。

目前地震采集所使用的气枪震源系统一般由空压机系统、气枪控制系统和气枪阵列组成，该系统往往自成一体。空压机系统是提供高压空气的压缩系统，它能提供一定压力（一般为 2000psi）的高压空气，根据气枪阵列的不同，对空压机系统在单位时间内提供的高压空气的容量要求也不同，对于深海拖缆施工，一般气枪阵列的总容量大于 $4000in^3$❷，因此要求空压机在大约 10s 能提供此容量的高压气体，才能满足正常施工；气枪控制系统控制保证气枪同步和准时激发，并记录下各支气枪的激发参数（如压力、同步误差、是否自激、近场子波等），现使用较多的枪控系统有 GCS90、TGN、LONG-SHOOT、GUN2000 等；气枪阵列是由大小容量不同的气枪按一定规则组成的，其组合规则由气枪阵列激发子波的峰值、峰峰值、气泡比等参数决定，常用的气枪有 BOLT 枪、G 枪、SLIVE 枪等，施工时采用一定的方式拖曳在船后，整个气枪往往是由几个子阵列组成，每个子阵列按预定的方式悬挂在浮体下一定的深度，几个子阵列以一定的距离分开组成 1 个气枪阵列。

近年来随着地震勘探精度的提高，要求气枪阵列激发子波的能量越来越强，子波频谱越来越宽，激发地震波传播方向性均匀，施工方便，易于维修等，系统的同步性强，故障率低。

---

❶ $1psi = 6.895 \times 10^3 Pa$

❷ $1in^3 = 1.639 \times 10^{-5} m^3$

2. 地震资料采集系统

滩浅海及深海地区地震数据采集起于20世纪60年代，虽然其地表条件与陆上有很大不同，受当时技术条件的限制，使用的地震数据采集录系统（地震仪器）与陆上地震数据采集所使用的地震仪器相同，随着装备技术的进步，进行滩浅海及深海地区地震资料采集的地震仪器也逐步从陆上的地震仪器分离出来，形成了在各自区域专业化的地震资料记录系统。根据作业区域的不同可分为滩海、浅海与深海地震数据采集系统。

1）滩海地区地震数据采集系统

随着勘探技术和装备技术的发展，对滩海地区地震仪器的要求日益提高，Opseis 和 Telseis 等由于模数转换的精度与接收道数少及施工效率低等缺陷逐步被淘汰，目前滩海地区的地震仪器基本以 BOX 和 408ULS 为主，这两种 24 位地震仪器基本上都能同时完成上千道的资料采集。BOX 仪器接收方式以无线遥测为主，能满足超过千道的地震采集项目施工，其工作水深可以由陆上延伸到水深 30m 的区域，但该仪器检波点的定位精度较低，而且该记录系统基本上没有多分量的接收功能。408ULS 系统比较适合于滩海施工作业要求，可以完成从陆地到滩海地区资料的无缝连接，其工作最大水深 50m，收放缆比海底电缆方便，可以完成多分量地震数据采集，而且其接收点的定位精度较高，但在渔业活动较频繁的地区施工不便。

2）海底电缆地震数据采集系统

海底电缆地震数据采集（Ocean Bottom Cable）是将电缆及检波器集成在一起沉放到海底进行地震数据接收的一种作业方式。它的出现主要是因为海上障碍物（钻井平台等）的存在限制了拖缆地震作业的范围，而海底电缆可以放置到距离障碍物很近的位置，尤其在油田开发阶段，对于平台附近地下资料的获取非常重要。作业水深范围向极浅水转移以及装备技术的发展都为海底电缆的快速发展奠定了一定的基础。

国内海底电缆地震采集系统最早于 1996 年引进，首批海底电缆配备了单分量接收的检波器，并且其工作的水深范围小于 100m。1998 年以后国际上海底电缆逐渐发展为两分量和四分量，其工作的水深也在逐步加大，现在最先进的海底电缆工作水深可达 2000m 以上。目前国内所用海底电缆地震数据采集系统是 SYNTRON960，电缆直径达 50mm，每 300m 重达 500kg，电缆每 25m 1 个抽头，每段有 12 个抽头，同时该电缆设计了两分量记录，在 50m 道距采集时，可采集两分量地震数据。适用的最大水深为 200m。

3）深海拖缆地震资料采集系统

深海通常指水深大于 100m 的区域，但实际上所说的深海拖缆地震采集装备的适用范围从水深 10m 至数千米，其主要原因是深海地震数据采集所使用的电缆在施工时一般都沉放在水下 10m 左右，因此，为了确保电缆的不受损坏，其工作水深一般要求大于 10m 水深。由于深海具有水深、风大、浪高、远离陆地等特点，因此用于深海地震采集的装备也不同浅海地震采集装备，更不同于陆地地震采集装备，一般以一艘装备精良的地震勘探船为载体，配备了先进的地震数据采集装备。1 个深海拖缆船队的装备主要包括：

地震拖缆船是海上实施拖缆施工的关键装备，也是地震数据采集装备的载体，从事地震拖缆的船不同于常规的商用船，特别是拖有多缆（8 缆以上）的地震船都是专门为地震作业设计制造的，对其外型、拖力、甲板布设和续航能力等都有特殊的要求，即在外形上要求有足够宽的后甲板保证多条电缆能横向排开，根据电缆的数量和长度计算出需要保证正常施工的足够拖力，甲板分上下两层，具有足够的空间摆放电缆和炮缆，同时船舶需要有足够的续航能力，一般要求大于45天以上。PGS的RAMFORM级的船为此类船的代表，如图2-76所示。

图2-76 地震拖缆船

深海拖缆记录系统的主机与陆上地震采集系统没有区别，只是记录系统的外设（如电缆、检波器、数字包等）不同。由于拖缆施工是在动态的海洋环境中进行，电缆等浮在水下一定的深度，因此在其构成上具有特殊性，其记录外设一般包括电缆、检波器、数字包、保持电缆平衡的水鸟及定位用的声学鸟等。

3. 滩浅及深海地震勘探的运输装备

从事滩海地区地震数据采集的运载装备除具有吃水浅的作业船外，还必须具有适合于滩海各种地表的特殊装备。

1）极浅海运输船舶

在极浅海地区作业的地震作业船舶一般称作艇或轻便船（图2-77），如橡皮艇、快艇、轻便艇和空气船等。橡皮艇从20世纪90年代就开始应用到极浅海的地震作业中，以充气的橡皮气囊和外挂机组成，由于其特殊的外形设计具有抗风浪能力强的特点，可装载6人以上，是无线遥测仪器的主要运载工具，目前体积上有所增大，载重能力也随之增加。快艇一般为木制或玻璃钢制加外挂机构成，具有速度快的特点，但抗风浪能力低，载重量小。轻便艇是随着采集设备的变化而产生的，随着有线遥测仪器应用于浅海勘探，从事滩涂地区地震作业的服务公司都在研制适用的放缆装备，因此出现了一些轻便艇，一般是以铝或不锈钢壳加1个或两个大动力挂机构成，比橡皮艇运载能力大，由于其可改造为双体艇(Catamaran)，可用于极浅海钻井。空气船是由一铝制的船体上加支架并安装大风扇叶的发动机组成，发动机带动风扇叶高速旋转推动空气使船体前进，空气船特别适合于摩擦力小的泥滩地施工，具有速度快的特点，最高时速可达60km/h以上。

2）滩涂地区的运载车辆

为了适宜滩涂特殊的地表环境，滩涂地区的运载车辆种类繁多，如赫格隆、大轮车、履带式沼泽车、四轮摩托车、ARGO车等（图2-78），这些车辆具有各自的实用区域与特点。四轮摩托车（QUAD BIKE）、赫格隆等适用于沙滩，但对于特别稀的泥滩无能为力。快艇具有速度快，维修方便的特点，适用于风浪较小的浅水区。

图 2-77 极浅海的运输船舶

图 2-78 滩涂地区的运载车辆

参考文献

曹志刚，钱亚生．1992．现代通信原理．北京：清华大学出版社

唱鹤鸣，吕郊．1980．地震勘探仪器．北京：地质出版社

陈俊勇，李建成，宁津生等．2001．中国新一代高精度高分辨率大地水准面的研究与实施．武汉大学学报

冯泽元，李培明，唐海忠，焦文龙．2005．利用层析反演技术解决山地复杂区静校正问题．石油物探，44（3）：284～287

冯泽元，唐东磊等．2002．中间参考面静校正技术及其在复杂山地的应用效果．石油地球物理勘探，33（专刊）：79～85

胡承元．1998．沙漠区高分辨率地震数据采集技术研究．石油物探，37（4）

胡明城．2003．现代大地测量学的理论及其应用．北京：测绘出版社

李德仁，关泽群．2002．空间信息系统的集成与实现．武汉：武汉大学出版社

李玲毓，张向前．2000．国内外山地钻的发展．物探装备，10（3）：13～16

李培明，李振华，祖云飞，侯喜长．2003．模型约束的三维初至折射静校正．石油地球物理勘探，38（2）：199～202

立早．2002. 关于发展我国物探装备技术的思考．物探装备，12（2）：11～14

刘经南，陈俊勇等．1991. 广域差分 GPS 原理和方法．北京：测绘出版社

刘益成，罗维炳．1997. 信号处理与抽样转换器．北京：电子工业出版社

罗福龙，易碧金．2001. 地震仪器的现状与发展．物探装备，11（1）：1～8

陶知非．2000. 世纪之交论可控震源的发展与变化．物探装备，10（1）：1～6

王文良．2002. 世界地震勘探仪器装备技术发展综述．物探装备，12（1）：1～10

魏二虎，黄劲松．2004. GPS 测量操作与数据处理．武汉：武汉大学出版社

夏祥瑞．2003. 从 2003 物探装备技术研讨会看物探装备的发展趋势．物探装备，13（3）：145～148

杨葆军，徐兆龙．2002. 塔西南静校正方法攻关．石油地球物理勘探，33（专刊）：63～66

叶卸良．2002. 新一代数字地震检波器及与之配套的中央记录系统．物探装备，12（2）：92～94

赵殿栋，郑泽继，吕公河，谭绍泉，张庆淮，徐锦玺．2001. 高分辨率地震勘探采集技术．石油地球物理勘探，36（3）

周忠谟，易杰军，周琪．1997. GPS 卫星测量原理与应用．北京：测绘出版社

Mike Cox 著，1999. 李培明，柯本喜等译．2004. 反射地震勘探静校正技术．北京：石油工业出版社

R. E. 谢里夫，L. P. 吉尔达特著，初英，等译．1999. 勘探地震学（第二版）．北京：石油工业出版社

第三章　地震数据处理方法

第一节　静校正技术

几何地震学以地表为水平面、近地表介质均匀为前提，但实际情况并非完全如此。相当多的地区，地表起伏，低降速带速度、厚度变化大，导致同一 CMP 道集内来自不同炮点与接收点的反射旅行时畸变，使反射同相轴双曲线特征严重扭曲。近年来，黄土塬、大沙漠、山地等复杂地表区地震数据处理中静校正问题变得更加突出。复杂地表产生的静校正问题除了影响叠加成像效果外，还可能歪曲反射层产状，影响地震剖面的信噪比与构造成像精度。图 3－1 是一条横穿大沙丘的二维地震剖面，图 3－1（a）由于静校正问题的严重影响，不仅使剖面的信噪比降低、反射波组特征不清，而且使本来平缓的反射层变得起起伏伏、产生假构造现象。图 3－1（b）是静校正处理后的同一剖面，真实地反映了地下地质结构。

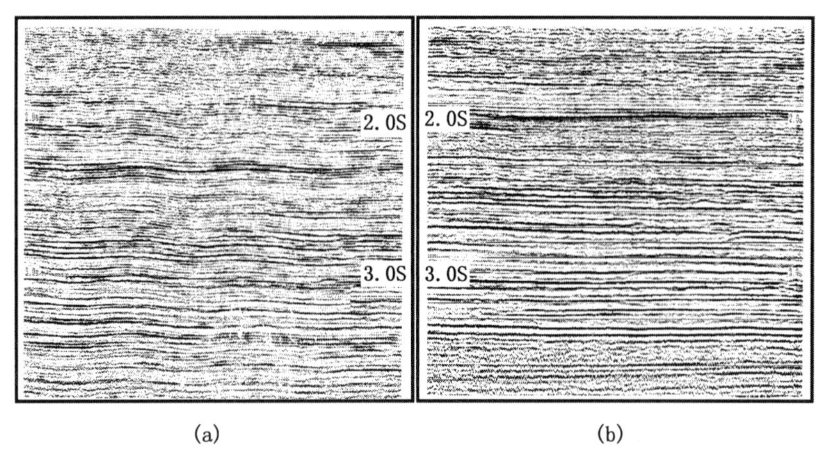

(a)　　(b)

图 3－1　应用静校正前（a）、后（b）的叠加剖面

在充分利用已有的静校正处理技术的同时，持续开发了适合我国复杂地区的静校正处理技术，并在复杂地表区的地震数据处理中取得了良好效果。

一、折射波静校正技术

1. *扩展广义互换法*（EGRM）

扩展广义互换法（EGRM）是在广义互换法（GRM）基础上发展的一种静校正方法。该方法应用比较广泛，在多个地震数据处理系统中均有采用该方法的处理模块。在地表条件不太复杂的情况下，扩展广义互换法（EGRM）可取得良好效果。

1）基本原理

EGRM方法是在Palmer（1980，1981，1986）提出的GRM方法的基础上发展的，使之适用于各种不规则观测系统采集的数据，例如弯线排列接收、炮点偏离排列位置等。其基本方法是：根据初至折射波的拾取时间，确定测线上每一个观测点的时间深度值 T_G，然后用扫描法或者人工给定法，选择风化层速度 v_0 的值，用五点差值法估算出折射界面速度 v_1 的值。这样，就可以把每一个观测点的时间深度换算成折射界面的深度，从而建立地表折射界面模型。

（1）时间深度定义。

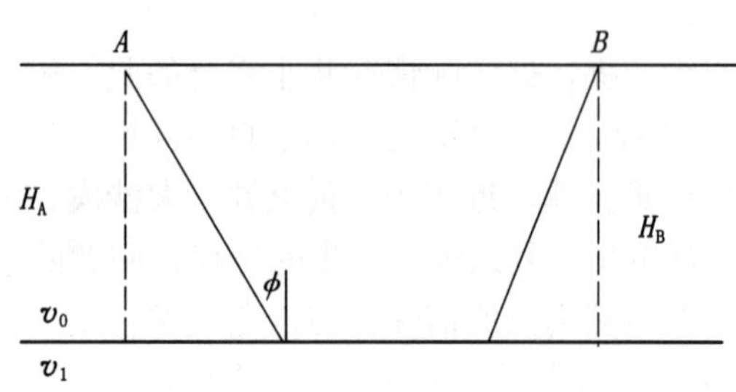

图3－2　单层近地表模型

先讨论最简单的情况。假设地下有一水平界面，如图3－2所示，A点激发B点接收，A点到B点的折射时间 t_{AB} 可以表示成：

$$t_{AB}=\frac{H_A\cos\phi}{v_0}+\frac{H_B\cos\phi}{v_0}+\frac{\overline{AB}}{v_1} \tag{3-1}$$

式中　$\overline{AB}$——A、B两点之间的水平距离；

H_A、H_B——分别表示A点与B点正下方地层的厚度；

ϕ、v_0、v_1——分别为临界角、地层速度和界面下方的速度。

当折射界面水平，即 $H_A=H_B$ 时，截距时间 I_{AB}（也称交叉时间）为：

$$I_{AB}=\frac{2H_A\cos\phi}{v_0} \tag{3-2}$$

我们把A点的时间深度定义为：

$$t_A=\frac{H_A\cos\phi}{v_0} \tag{3-3}$$

由此可见，一个点的时间深度值等于截距时间值的一半。

（2）互换法确定时间深度。

在图3－3中，我们利用A点激发G点接收和B点激发G点接收所得到的初至折射旅行时间 t_{AG} 和 t_{BG} 来确定G点的时间深度 t_G：

$$t_G=(t_{AG}+t_{BG}-t_{AB})/2 \tag{3-4}$$

仿照式（3－1），写出 t_{AG}、t_{BG}、t_{AB} 的表达式，代入上式，可得：

$$t_G=\frac{H_G\cos\phi}{v_0} \tag{3-5}$$

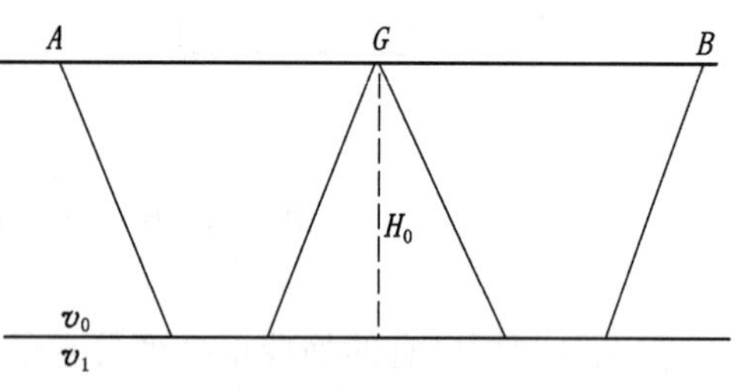

图3－3　时间深度值的确定

由此可见，按照式（3－4），利用观测值 t_{AG}、t_{BG}、t_{AB}，就可以确定G点的时间深度值 t_G。这种方法被称为RM法（即互换法）。在多次覆盖观测中不难得到 t_{AG}、t_{BG}、t_{AB} 观测值。

如果G不在接收点上，如图3－4所示。仿照上面所述，我们可写出 t_G 的一般形式的表达式：

$$t_G=(t_{AY}+t_{BX}-t_{AB})/2-\frac{\overline{XY}}{2v_1} \tag{3-6}$$

这个等式当中第一项与式（3－4）相同，第二项称为补偿项，是由于 X、Y 两点与 G 点不重合所产生的。式（3－6）比式（3－4）要广泛些，故被称为 GRM（即广义互换法）。

更一般的情况是测线弯曲，道间隔不等，或炮点偏离测线，这时式（3－6）就变成更一般的形式：

$$t_G=(t_{AY}+t_{BX}-t_{AB})/2-(\overline{AY}+\overline{BY}-\overline{AB})/(2v_1) \tag{3-7}$$

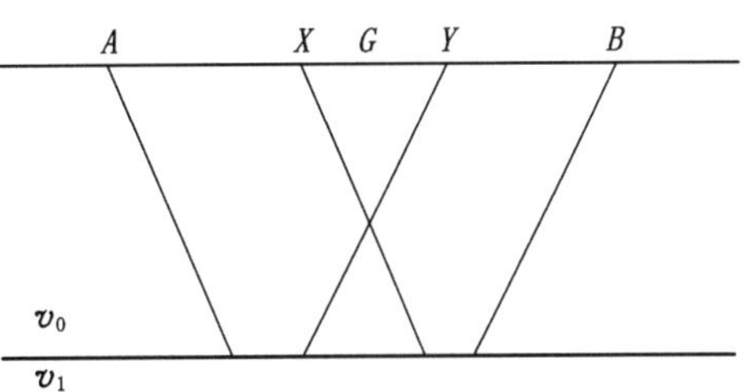

图 3－4 广义互换法确定时间深度

上式中第一项称为互换项，第二项称为偏移距剩余项，它代表了更普通的情况，故被称为扩展广义互换法（EGRM 方法）。

（3）折射界面深度计算。

根据式（3－5），折射界面深度 H_G 为：

$$H_G=\frac{t_Gv_0}{\cos\theta}=\frac{t_Gv_0v_1}{\sqrt{v_1^2-v_0^2}} \tag{3-8}$$

由此可知，要确定 H_G，必须知道 t_G、v_0、v_1 三个参数。如果能准确地拾取记录的初至时间，根据式（3－7）就可以确定 t_G。速度 v_0 比较难确定，通常用扫描的方法，比较叠加剖面效果来确定。速度 v_1 可以通过初至波的斜率来估算，当折射界面水平时，一般可满足精度的要求，也可以用五点差值法估算 v_1 值。

图 3－5 展示了用五点差值法估算 v_1 值的流程，A、B 为两个激发点，G_1、G_2、G_3、G_4、G_5、为五个接收点，由式（3－1）可知：

$$t_{AG_1}=\frac{2h\cos\theta}{v_0}+\frac{\overline{AG_1}}{v_1} \tag{3-9}$$

$$t_{BG_1}=\frac{2h\cos\theta}{v_0}+\frac{\overline{BG_1}}{v_1} \tag{3-10}$$

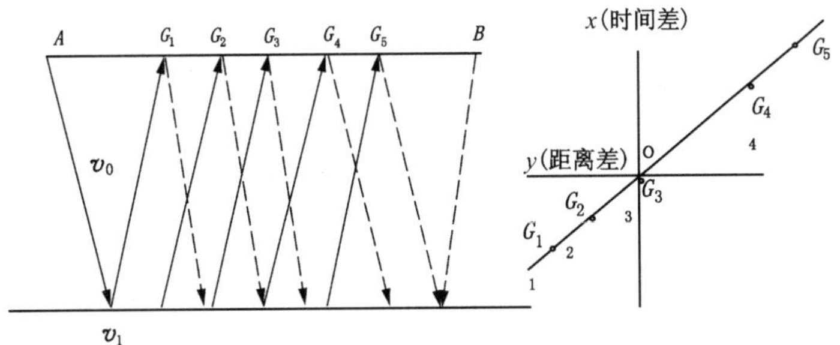

图 3－5 五点差值法估算

上述两式相减可得：

$$t_{AG_1}-t_{BG_1}=\frac{\overline{AG_1}-\overline{BG_1}}{v_1} \tag{3-11}$$

因此，如果以时间差与距离差组成直角坐标，把在五个接收点的上述数值投影到坐标内，通过五个点拟合成一条直线，这条直线的斜率就是所求的速度 v_1 值。

每一点的折射界面深度一旦确定，就得到了折射界面模型，从而就可以计算出各点的静校正量。

v_0可以事先给出或者通过扫描确定，在横向上可以通过控制点控制其变化。但v_1值是通过五点差值法自动确定的，因此可能在横向上出现跳跃性变化，所以在计算校正量时，要特别注意基准面位置的选定。当折射界面与全区基准面深度差异较大时，最好在折射界面下方选择一个辅助基准面，先用空变的v_1值从风化层底面（即折射界面）校正到辅助基准面上，然后再用全区的统一替换速度从辅助基准面校正到全区统一的基准面上，从而可以避免出现大的静校正误差。

2）应用条件

适用于表层存在稳定的折射界面，并且界面速度横向变化不大的工区。

3）应用效果

图3-6是一条沙漠地区二维地震测线的近地表模型，地表沙丘连绵起伏，相对高差达70m左右，沙层厚度横向变化较大，但高速层顶界面高程比较稳定，速度横向变化不大，因此，高程静校正很难解决该区的静校正问题。图3-7（a）为未采用EGRM静校正前的剖面，构造形态的变化与地表起伏成镜像对应关系，反射波成像效果不佳。图3-7（b）是同一测线应用EGRM静校正技术处理后的叠加剖面，反射波成像质量明显提高。

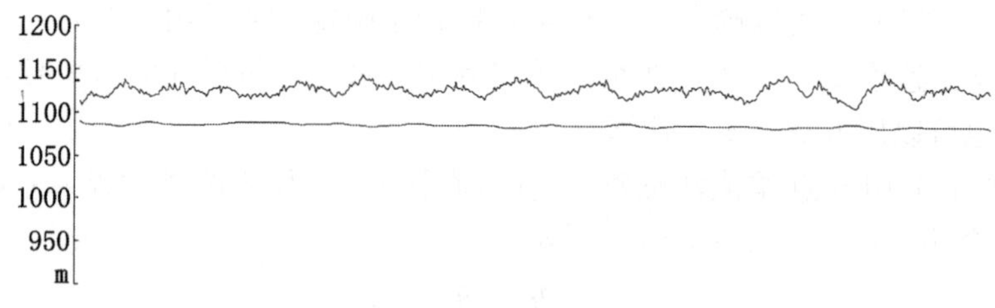

图3-6　近地表模型图

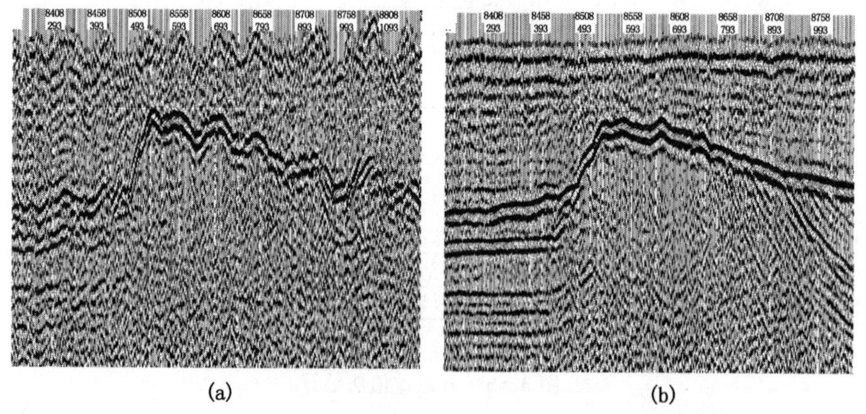

图3-7　应用EGRM静校正前（a）、后（b）叠加剖面对比

2. 三维折射波静校正技术

三维折射波静校正技术是利用高斯赛德尔迭代求取延迟时的方法，在野外地表调查的基础上，利用初至折射波信息，进行折射波静校正。该技术能较好地解决三维工区的静校正问题。

1）基本原理

图 3-8 是三维折射静校正的理论模型，v_0、v_1分别为风化层及折射层的速度，T_{AB}代表A、B两点的折射波旅行时，经过换算，式（3-12）可以分解为A点的延迟时T_A和B点的延迟时T_B以及与折射层速度有关的线性动校正项AB/v_1，对于n层模型，式（3-12）可以用式（3-13）表示。计算延迟时的方法是利用高斯赛德尔迭代法经过多次迭代，在最小平方意义下独立求取炮点、检波点的延迟时以及相关的折射层速度。

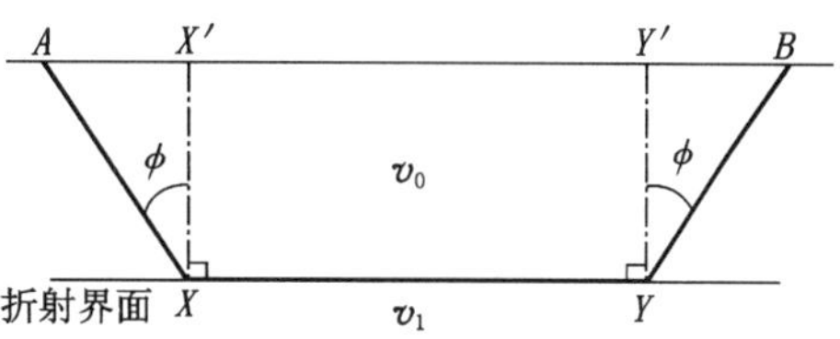

图 3-8 三维折射静校正理论模型

$$
\begin{aligned}
T_{AB} &= AX/v_0 + XY/v_1 + YB/v_0 \\
&= T_A + \overline{AB}/v_1 + T_B
\end{aligned}
\tag{3-12}
$$

$$T_{AB} = T_A + \overline{AB}/v_{n+1} + T_B \tag{3-13}$$

$$T_{AB} = \frac{Z_A\cos\phi}{v_0} + \frac{\overline{AB}}{v_1} + \frac{Z_B\cos\phi}{v_0} \tag{3-14}$$

在计算静校正量过程中，由于风化层速度 v_0未知，可通过微测井、小折射、初至等信息确定 v_0值。

2）应用条件

要求工区有相对稳定的折射层，并且风化层的速度横向变化不大。

3）应用效果

鄂尔多斯盆地某三维地震数据，工区地表相对平缓，但近地表结构较为复杂，致使地震剖面产生畸变，如图 3-9（a）所示。工区有一个稳定的折射面（高速层顶界面），利用三维折射波静校正技术，解决了长波长静校正问题，取得了满意的效果如图 3-9（b）所示。

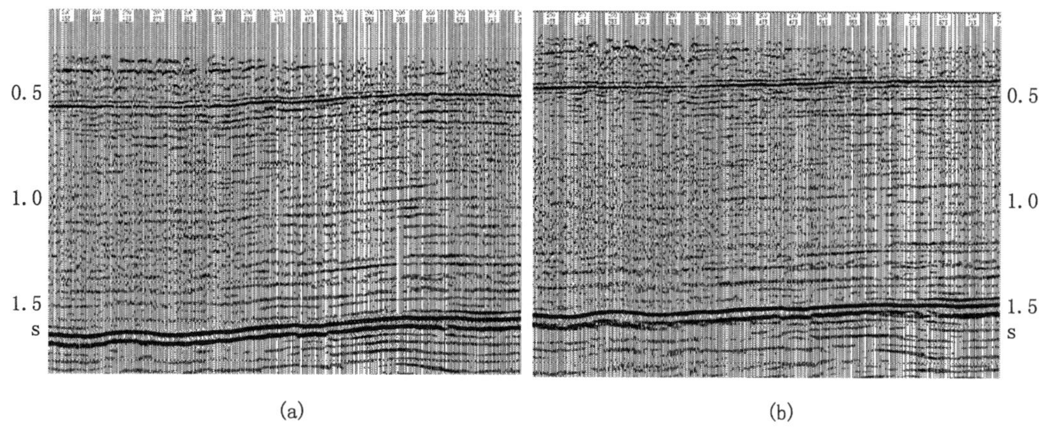

图 3-9 三维折射波静校正应用前（a）、后（b）的叠加剖面

二、初至波近地表结构反演静校正

初至波近地表结构反演静校正即层析反演静校正技术是根据费马原理，利用地震回折波射线的走时与路径，反演近地表介质速度的一种高精度反演方法。层析法可适应介质横向速度变化剧烈甚至倒转的情况。

1. 基本原理

层析运算包括计算每个炮—检对旅行时间的正演过程与根据初至剩余时间交互更新速度模型的反演过程。一般来讲，根据不同的初始模型与不同噪声水平的初至时间，经过多次迭代，误差能够得到收敛。层析静校正算法主要分为以下步骤：

(1) 初至拾取；

(2) 成像域网格化；

(3) 射线追踪与分割；

(4) 剩余时间（误差）计算；

(5) 更新速度、减小误差，得到更为合理的速度模型。

1) 成像域网格化与速度模型描述

所谓成像域网格化是将二维或三维近地表模型在空间内划分成一系列网格（Voxel）的过程。网格尺度根据工区表层地质情况的复杂程度确定，既要考虑尽可能分辨出最小速度异常体，同时又要考虑网格能获得足够的射线，增强数据的统计规律。模型网格在空间中不一定是正方体，在 Inline、Crossline 与深度方向可以不同，当地震观测系统的接收线距与道距之比较大时，长方形网格比较好，因为射线穿透的深度与排列长度相比较小。模型网格定义完成之后，要为每一个网格的中心赋予速度值。网格中心之间的速度值可以通过不均匀内插获得，为后续射线追踪所用。

初始速度模型可以根据已知的区域地质与地球物理信息（如小折射或微测井及地表露头资料）建立，或利用梯度变化的速度模型。较为准确的初始速度模型能够缩短迭代过程，使误差尽快收敛，有效地约束反演结果。

2) 射线追踪及反演计算

回折波层析反演采用 Thurber 于 1987 年提出的最大速度梯度射线追踪三维算法（图 3-10），这种算法的优点是计算效率比较高，可以避免内插，并且不要求有岩性边界或水平连续层面，从而增强了算法的适应性。

该算法根据费马原理（Fermat's Principle），以“速度梯度大，旅行时间少”为原则进行炮点到检波点的射线追踪；它并不严格遵循斯奈尔定律，这也是与现有的延迟时方法（如：EGRM，GAUSS_SEIDEL 等算法）本质的区别。

根据以上算法得到炮点与检波点之间一条射线路径之后，要对射线进行分割，此过程包括计算射线路径长度及该射线通过的网格在 Inline、Crossline 及深度方向上相应的坐标。在层析时，该信息为每个网格的速度更新提供加权系数。残差是指观测到的初至时间（拾取的初至）与计算旅行时间的差异。计算的旅行时间是根据射线路径通过的每个网格的旅行时间求和得出的，可以表示为如下方程：

$$t_m = \sum_{i=1}^{I}\sum_{j=1}^{J}\sum_{k=1}^{K}[S_{ijk}]_q D_{ijk} \qquad (3-15)$$

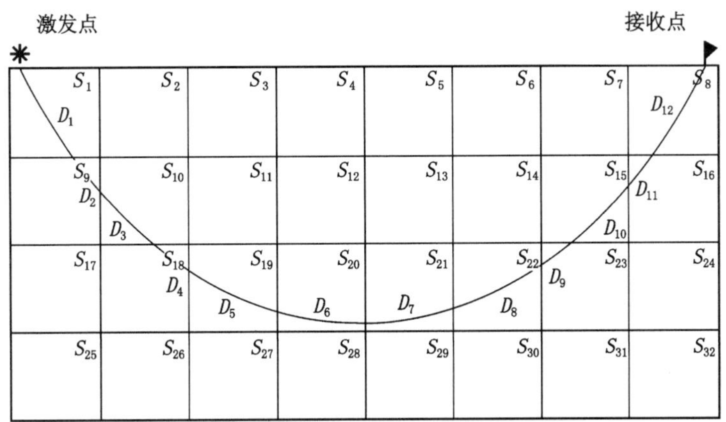

图 3－10　层析法射线追踪示意图

式中　t_m——地震波走时；

i——Inline 方向对应的网格号；

j——Crossline 方向对应的网格号；

k——深度方向对应的网格号；

S_{ijk}——第 i、j、k 网格中的慢度；

D_{ijk}——第 i、j、k 网格射线路径长度。

层析过程的最后一步是反演，给定一个初始慢度模型 S，按照上述算法计算得到地震波初至的理论走时 t_m，根据射线追踪的算法可以得到射线路径矩阵 A，再将观测走时 t 和初至理论走时 t_m 相减，得到残差矩阵 ΔT，从而组成反演方程组：

$$\Delta T = A\Delta S \tag{3-16}$$

上式中 ΔS 为给定初始慢度模型 S 的修正量。

通常上式是一个病态的大型稀疏线性代数方程组，可用多种方法求解。一般认为选用联立迭代重构法 SIRT（Simultaneous Iterative Reconstruction Technique）可取得较好的效果，其解法如下：

对于第 $k+1$ 次迭代，慢度值 S_j^k 可以表示为下面的迭代形式：

$$\begin{cases} S_j^{k+1} = S_j^k + \Delta S_j^k \\ \Delta S_j^k = \dfrac{1}{n}\sum\limits_{i=1}^{n}\dfrac{a_{ij}(t-t_m)_i}{\| a_{ij} \|_2^2} \end{cases} \tag{3-17}$$

式中　S_j^k，S_j^{k+1}——分别为第 j 个网格第 k 次与第 $k+1$ 次迭代后的慢度值；

ΔS_j^k——第 j 个网格在其 k 次迭代后求得的慢度修正量；

n——通过第 j 个网格的射线条数；

a_{ij}——第 i 条射线穿越第 j 个网格的射线长度；

$(t-t_m)_i$——第 i 条射线的观测走时与理论走时的残差；

$\| a_{ij} \|_2^2$——第 i 条射线在各个网格中的射线长度所组成向量的 2 范数。

通过上式即可应用迭代方法求出所有网格的慢度值，最后将最终慢度模型转为速度模型，计算各点的静校正量。

2. 应用效果

酒东三维工区大部分地表平坦，但近地表结构复杂，特别是在一些区域存在较厚的低降速带（图3－11），采用高程校正方法［图3－12（a）］第三系地层存在幅度为180ms的下陷，表层模型校正（追踪到1700m/s左右的速度界面）存在120ms左右的下陷，经层析静校正［图3－12（b）］后较好地解决了该区的长波长静校正问题。

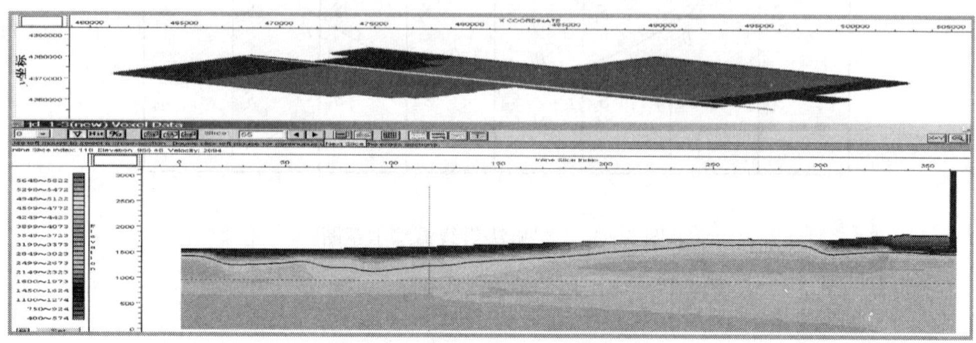

图3－11　酒东三维地表模型图

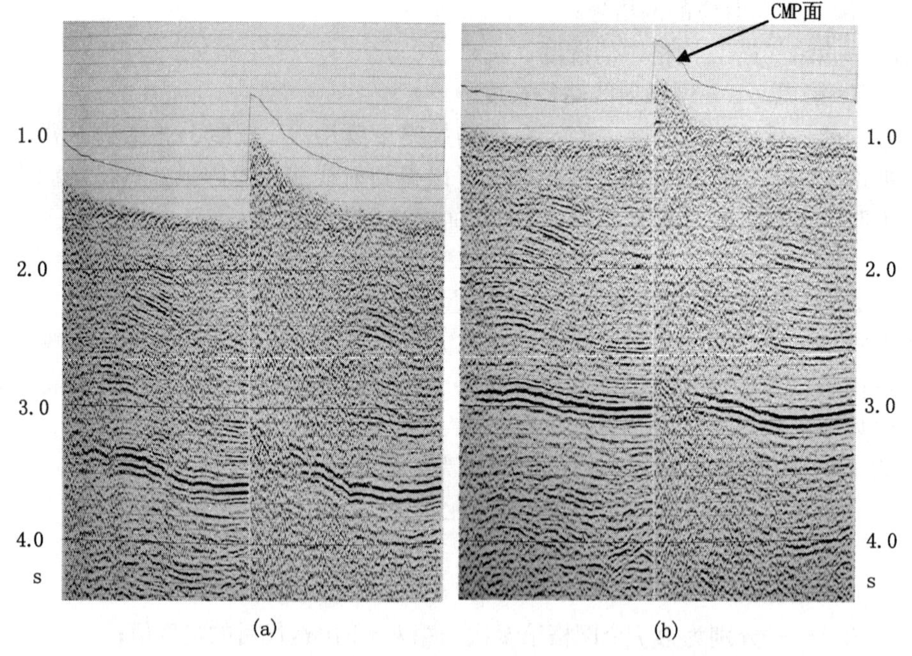

图3－12　应用高程校正叠加剖面（a）、应用层析反演静校正叠加剖面（b）

三、波动方程延拓静校正

波动方程延拓静校正是一种高精度的模型静校正方法。该方法把静校正问题分解为地表速度模型的求取与校正。校正方法可以分为时移校正法与波场延拓校正法。时移校正方法是利用求取的静校正量对地震道进行整道时移，它是建立在地震波垂直出入地表的假设基础上的，常规静校正方法都是先求出静校正量，再进行时移校正。时移校正法在地表不太复杂的地区很有效。对于浅层、大炮检距以及地表速度横向变化剧烈时，地震反射波并非垂直传播到观测面，所以用简单的时移法做基准面静校正无论在波的运动学特征方面还是在动力学方面都不够精确。波动方程延拓静校正建立在波的传播理论基础上，在进行波场延拓静校正时，考虑到反射波同相轴不仅沿垂直方向移动，同时，也按水平方向移动。波场延拓静校正主要有 Kirchhoff 积分法延拓静校正与全波动方程延拓静校正。与时移法相比，Kirchhoff 积分法在精度上有较大提高，但是该方法是在光滑介质、远场近似条件下成立的，该方法不能很好地反映波的动力学特征，当地表速度横向变化剧烈时，误差较大。全波动方程延拓静校正是建立在全波动方程数值求解的基础上，具有适应复杂地表速度变化的特点，可以充分考虑波场通过表层时所发生的透射、散射、反射，使得延拓的波场具有较高的精度。

1. *原理*

静校正的基本思想可用示意图 3－13 来说明。一般来说，已知在地表 AB 段的地震记录，处理时要引入两个基准面，一个是在复杂地表下的基准面，该基准面一般要选在速度横向变化的低速带下面；另一个是随地表起伏变化的基准面，即浮动基准面。该基准面一般是通过对地表高程数据的光滑而得到。静校正过程是这样来实现的：首先将地表的地震记录用真实的地表速度延拓到基准面上，再将基准面上的地震记录用替换速度延拓到浮动基准面上，在图 3－13 中就是先将 AB 上接收的地震记录用真实速度延拓到 CD 基准面上，再将 CD 基准面上的地震记录用替换速度延拓到浮动基准面。

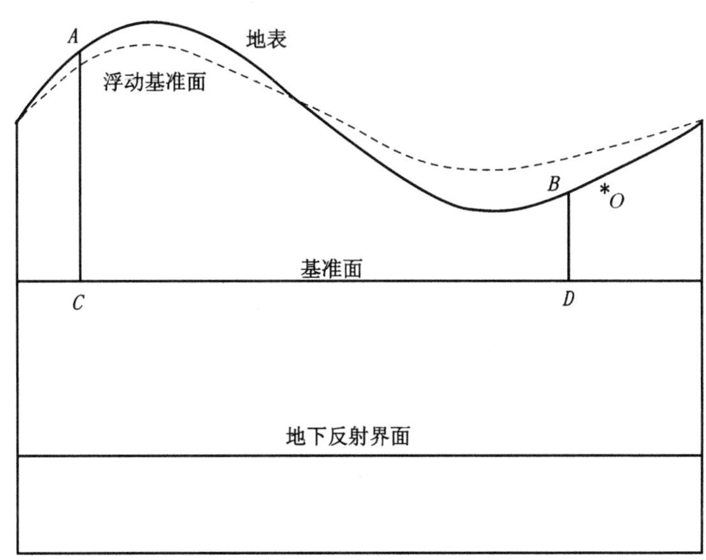

图 3－13　波场延拓静校正示意图

地震波在二维介质中的传播可用如下的波动方程描述：

$$\frac{\partial^2 u}{\partial x^2}+\frac{\partial^2 u}{\partial z^2}-\frac{1}{v^2(x,z)}\frac{\partial^2 u}{\partial t^2}=g(t)\delta(x-x_S)\delta(z-z_S) \tag{3-18}$$

其中，u（x，z，t）是位移波场，x，z 分别为水平与垂直方向的坐标；v（x，z）为介质中（x，z）点的速度；g（t）是震源函数；（x_S，z_S）为震源点的坐标。图 3－13 为野外激发接收的示意图，在 O 点激发，在地表 AB 段接收，由于地表起伏、表层速度变化等原因，在地表接收的地震记录受地表条件影响较大，为去掉地表条件的影响，就必须进行静校正，即由在地表接收的地震记录求得在基准面 CD 段接收的地震记录。对共接收点道集作同样的处理可将炮点移到基准面上，下面用波动方程反问题描述这一静校正过程。

假设在 O 点激发，在 CD、AC、BD 段都进行了观测，得到地震记录分别为 u_{CD}、u_{AC}、u_{BD}，有了这些地震记录后，可以在区域 $ABDC$ 内考虑波的传播问题，主控方程还是式（3－18），将u_{CD}、u_{AC}、u_{BD}分别作为 CD、AC、BD 的边界条件，即：

$$u(x,z,t)\big|_{(x,z)\in CD}=u_{CD} \tag{3-19}$$

$$u(x,z,t)\big|_{(x,z)\in AC}=u_{AC} \tag{3-20}$$

$$u(x,z,t)\big|_{(x,z)\in BD}=u_{BD} \tag{3-21}$$

考虑到地震勘探的实际情况，取地表为自由边界条件，即：

$$u(x,z)\big|_{z=d(x)}=0 \tag{3-22}$$

这里 $z=d$（x）表示起伏地表函数，初始条件取为：

$$u(x,z,0)=\frac{\partial u(x,z,0)}{\partial t}=0 \tag{3-23}$$

通过微分方程及其定解条件式（3－18）至式（3－23）的数值求解可求得在地表 AB 段的地震记录 u_{AB}，同时也定义了一个由 u_{CD} 到 u_{AB} 的正演问题，若已知 CD 段的地震记录，可求得地表 AB 段的地震记录。静校正问题是要由 AB 段 u_{AB} 求解 u_{CD}，这正是上述微分方程正问题的反问题。在求解反问题时，未知的是波动方程的边值，在微分方程反问题领域中，将该类问题称作边值反问题。

综上所述，如果在表层研究波的传播问题，可以将静校正问题归结为波动方程边值反问题，复杂地表的静校正问题可以通过波动方程边值反演来实现。

2. *数值模拟*

层速度模型如图 3－14 所示，这是一个地表非常复杂的模型，表层速度横向变化剧烈，而地下地质结构却很简单，其中，有两个反射界面，一个是水平反射界面，一个是中间下凹的反射界面。利用常规时移静校正方法，用精确的地表速度，首先对原始道集进行静校正，然后再进行动校正、叠加，得到的叠加剖面见图 3－15，可以看出，剖面反射层连续性差，噪声背景强，这说明在复杂地表情况下，即使表层速度完全已知，利用常规的静校正方法也难以得到较好的结果。利用波动方程延拓静校正方法对原始道集进行静校正，将炮点与检波点都延拓到深度为 204m 的基准面上，然后再进行动校正、叠加，得到的叠加剖面，见图 3－16。从剖面中可以非常清楚地看到反射层信噪比高，这说明反演延拓静校正方法更适应于复杂地表的情况。

四、初至波剩余静校正

1. *初至波剩余静校正*

在利用初至波求取静校正量的技术中，有一类称为相对折射波静校正，这类方法无需

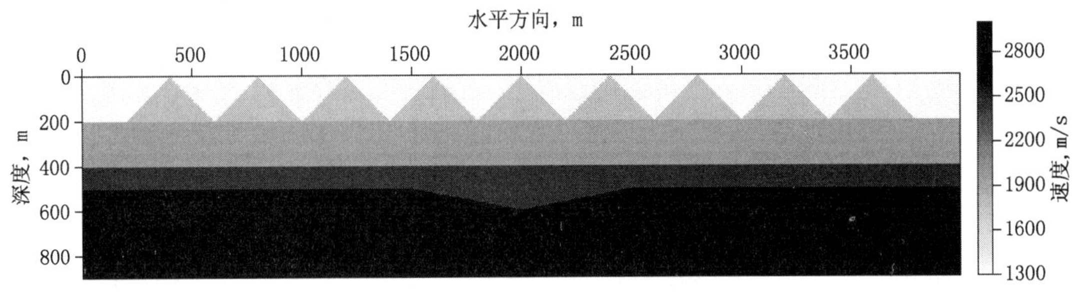

图 3-14 复杂地表地区的速度模型

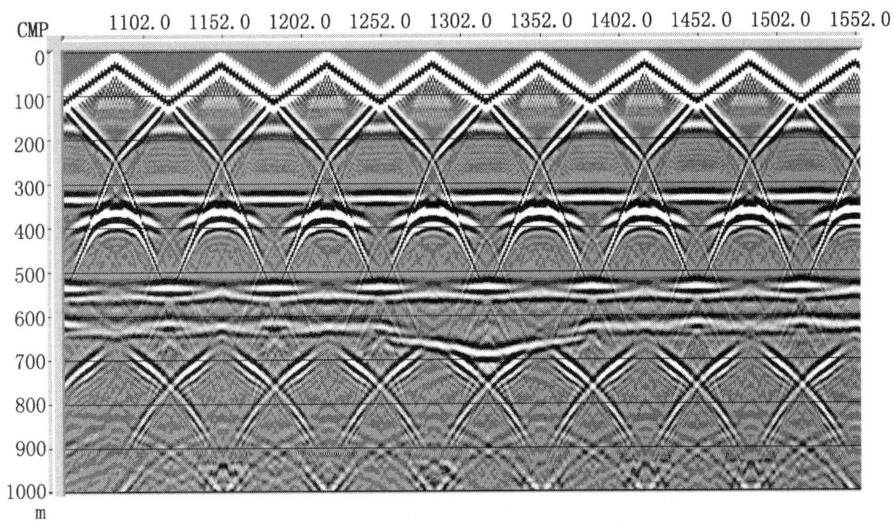

图 3-15 用精确的表层速度，利用常规时移静校正方法进行静校正所得的叠加剖面

反演近地表模型，而直接从初至旅行时求得静校正量，如模型曲线法、全差分法等。这些方法不要求拾取真正的初至旅行时，不要求追踪同一个折射层，也不要求预先知道上覆层的速度与厚度，因而更适合于复杂的地表地区，但是，它们不能确定静校正量的低频分量。

初至波剩余静校正按照如下思路进行：首先对地震记录应用野外静校正量，然后利用相对折射波静校正技术求取大的高频静校正量，最后应用高频静校正量。

目前提供了 4 种相对折射波静校正算法，求取高频静校正量。

1）CMP 域统计分解法（C—M—G）

假设折射面水平，那么，线性校正后的初至时间在共炮集、共检波点道集与共 CMP 道集内应该是校平的。在最小二乘意义下求取折射波的速度，用该速度作线性校正，这样每个地震道都可以得到一个时差。对于某炮点先求出该炮中各道初至时差的均值 T_1，再求出与该炮中的任意一道有相同 CMP 号的其他各道初至时差的均值 T_2，在每一迭代步骤中的静校正量就取为 T_1-T_2；同理，可以求得其他检波点的静校正量。炮点静校正量也用类似方法求取。

2）全差分静校正算法（DIFF）

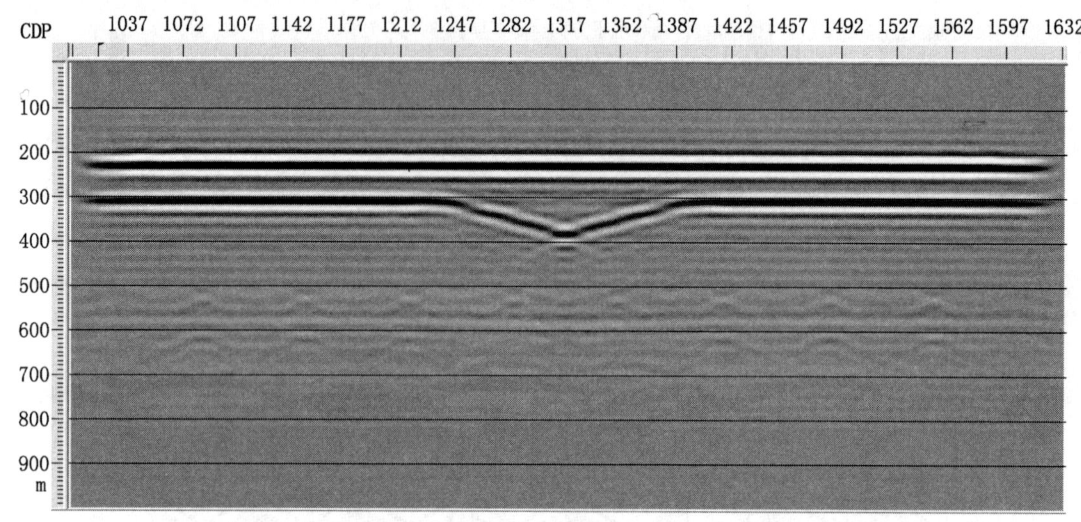

图 3-16 利用反演延拓方法进行静校正所得的叠加剖面（基准面已经延拓到 204m）

假设折射面近似水平或者单斜，在对初至旅行时做了线性校正以后，共炮点或共检波点道集中，相邻两道的初至旅行时的差为相邻两个检波点或炮点的静校正量的差（或称一阶差分），依次可求得全测线检波点或炮点静校正量及一阶差分值，再积分一次就可以得到各检波点/炮点的静校正量。

3）共炮检距域统计分解法（C—O—G）

假设折射界面（即高速层顶界）水平或横向缓慢变化，那么，初至旅行时在共炮检距域应一致或缓慢变化。对 S_1 炮中的某一道 R_1 来讲，其初至旅行时假如为 T_1，在同 S_1 相邻的几炮中，假如与 R_1 有着相同炮检距的其他各道初至旅行时的均值为 T_2，由此，可以得到（S_1，R_1）道的静校正量是 T_1-T_2，同理，可以得到所有地震道的静校正量；同样假设在炮集内，检波点的静校正是随机的；在共检波点道集内，炮点的静校正量是随机的；这样，就可以得到各个炮点与检波点的静校正量。

4）模型曲线法静校正（MDCV）

假如近地表在横向上速度缓变且厚度均匀，则初至旅行时应符合某种函数关系。我们给出了 6 种不同函数来拟合初至旅行时曲线，它们分别是多段线性函数及一至五阶的 e 指数函数。用相邻若干炮的初至旅行时，在最小二乘法意义下，分别用 6 种模型曲线进行拟合，根据静校正量越小越好的原则，找出同实际的初至时间偏差最小的那一种，然后，计算每个地震道的初至同模型曲线的时间差，可以在共炮点域求检波点的静校正量，在共检波点域求炮点的静校正量。

其中，三维资料提供了共炮检距域统计分解法与模型曲线法静校正技术。

2. 三维折射波剩余静校正

折射波剩余静校正利用折射波能量强、容易识别的特点，在反射波信噪比低的情况下，有其明显的优越性。本方法根据折射波拾取时间，利用最小平方原理，通过高斯—赛德尔迭代方法分解出剩余的炮点校正量与检波点校正量。软件实现了整块三维拾取，可以消除三维折射波数据因分块计算校正量所带来的块间边界误差。

1）方法原理

在应用了野外静校正量后的炮集数据中拾取折射波初至时间，通过最小平方原理估计延迟时与慢度，采用三维地表一致性假设分解出剩余的炮点校正量和检波点校正量。由于静校正量中的线性分量对反射波叠加无贡献，所以对所求的静校正量做去线性分量处理。

折射波旅行时是炮点延迟时、检波点延迟时与线性项的和：

$$T_{ij}=\frac{H_i}{v_0}\cos\alpha+\frac{H_j}{v_0}\cos\alpha+\frac{X_{ij}}{v_1} \tag{3-24}$$

式中　T_{ij}——第 i 炮第 j 个检波点上的折射波旅行时；

H_i——第 i 炮的风化层厚度；

H_j——第 j 个检波点的风化层厚度；

v_0——风化层速度；

v_1——折射层速度；

X_{ij}——第 i 炮与第 j 个检波点间的炮检距；

α——临界角。

式（3－24）中，第一项称为炮点延迟时，第二项称为检波点延迟时。当发生折射时，v_1远远大于 v_0，$\cos\alpha$ 的值近似为 1，这时候我们把炮点延迟时近似作为炮点静校正量（ST_i），把检波点延迟时近似作为检波点静校正量（RT_j）。

设第 i 炮第 j 个检波点的拾取时间为 T_{ij}，炮点坐标为（X_i，Y_i），检波点坐标为（X_j，Y_j），炮检距为 X_{ij}。因拾取时做野外静校正而未做线性校正，即未对公式（3－24）中第三项进行校正，在该式中假设线性校正速度只与炮点有关，其对应的慢度为 P，第 i 炮对应的慢度记为 P_i，P_i应满足式（3－25）。求取每一炮的 P_i后应对所有炮的慢度 P_i做平滑处理，平滑后慢度为 P_i，其满足的公式为（3－26）：

$$Q=\sum_{j=1}^{J_i}(T_{ij}-ST_i-RT_j-P_iX_{ij})^2\rightarrow\min \tag{3-25}$$

$$Q'=\sum_{i}^{I}\sum_{j}^{J_i}(T_{ij}-ST_i-RT_j-P'_iX_{ij})^2\rightarrow\min \tag{3-26}$$

其中：拾取时间 T_{ij}，炮检距 X_{ij} 为已知量，P'_i是平滑后的第 i 炮的慢度，炮点校正量 ST_i和检波点校正量 RT_j 为要求的未知量。J_i 为第 i 炮的总有效检波点数，I 为总有效炮数，Q 和 Q' 为新引入变量。

为了由拾取时间 T_{ij} 分解出炮点校正量 ST_i 和检波点校正量 RT_j，根据最小平方原理对式（3－26）分别对炮点校正量 ST_i和检波点校正量 RT_j求偏导得（3－27）式：

$$\begin{aligned}\frac{\partial Q'}{\partial ST_i}&=0\Rightarrow J_iST_i=\sum_{j=1}^{J_i}(T_{ij}-RT_j-P'_iX_{ij})\\ \frac{\partial Q'}{\partial RT_j}&=0\Rightarrow I_jRT_j=\sum_{i=1}^{I_j}(T_{ij}-ST_i-P'_iX_{ij})\end{aligned} \tag{3-27}$$

$$(i=1,2,\cdots,I;\ j=1,2,\cdots,J)$$

式中　J_i——第 i 炮拾取的有效检波点数；

I_j——第 j 个检波点拾取的有效炮数；

J——总有效检波点数；

I——总有效炮数。

公式（3-27）是一个有（$I+J$）个方程组成的线性方程组。可采用高斯—赛德尔迭代求解，先求出炮点校正量 $ST_i^{(1)}$，此时设检波点校正量 $RT_j^{(0)}=0$，然后用 $ST_i^{(1)}$ 求 $RT_j^{(1)}$ 完成一次迭代。

在具体实现时考虑了以下因素：

（1）在给定门槛值的情况下，迭代过程中对拾取的异常突变点做相应的剔除处理，使之不再参加迭代计算；

（2）对偏离统计值很大、精度不高的拾取时间做相应的加权处理；

（3）对检波点校正量进行统计可信度的处理，检波点校正量的统计次数远远小于检波点最大统计次数时，检波点校正量也随之做相应加权处理；

（4）最终输出的炮点、检波点校正量做去直流分量和线性分量的处理；

（5）对于没有拾取的废炮点、废检波点，以及在拾取过程中自动剔除掉的检波点，其输出校正量按照它们的平面位置，根据相邻有效炮点、有效检波点的校正量插值求得。

2）应用效果分析

图 3-17 是某地区应用三维折射波剩余静校正前的叠加剖面，图 3-18 为应用三维折射波剩余静校正后的叠加剖面。可见应用三维折射波剩余静校正后使反射波同相轴的连续性得到了明显的改善，较好地解决了短波长静校正问题，信噪比显著提高。

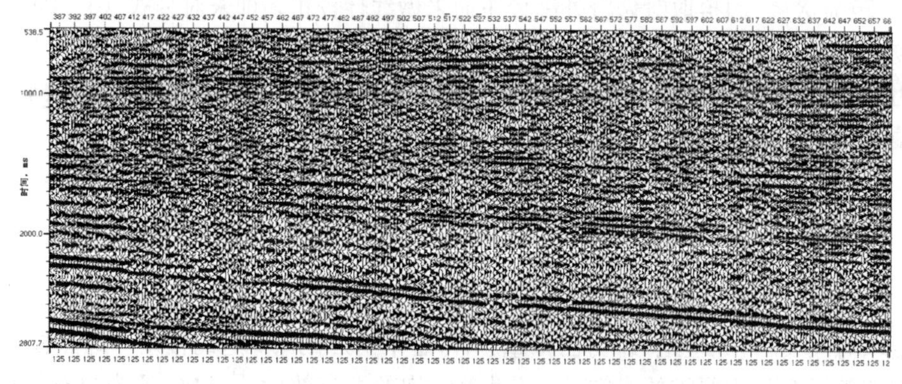

图 3-17　应用三维折射波剩余静校正前的叠加剖面

3）应用条件

在应用野外静校正量的基础上，三维折射波剩余静校正适用于地表高差较大、高速层速度渐变、高速顶界面相对平缓的地震数据，与反射波剩余静校正结合使用，能够较好地解决短波长静校正问题。

五、反射波法剩余静校正

1. 反射波模型迭代剩余静校正

反射波模型迭代剩余静校正方法是当前地震数据处理使用的一个常规程序。实践证明，

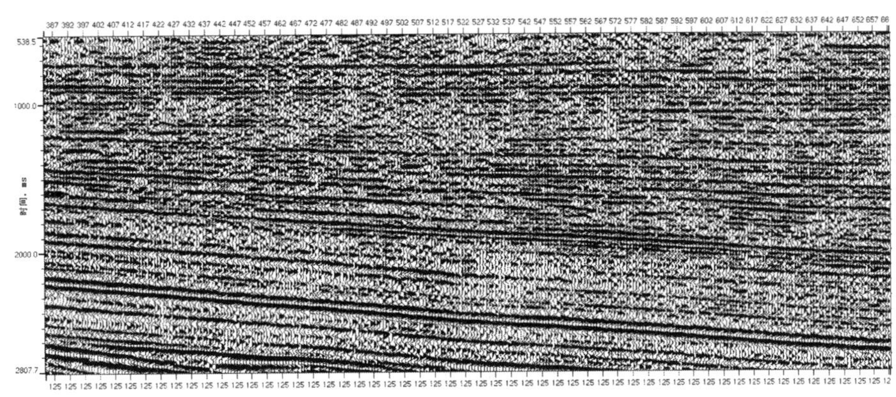

图 3-18 应用三维折射波剩余静校正后的叠加剖面

这种方法适应性强，处理效果好并且稳定。

1）基本原理

反射波模型迭代剩余静校正（MISER）方法是由 Wiggins，Larner 和 Wisecup（1976）等人提出来的。它假设炮点与检波点的剩余时差只与地表结构有关，而与波的传播路径无关。在这一假设之下，经过一般静校正和动校正以后的地震道剩余时差 t_{ijh}，可以表示成 5 个分量之和，如图（3-19）所示：

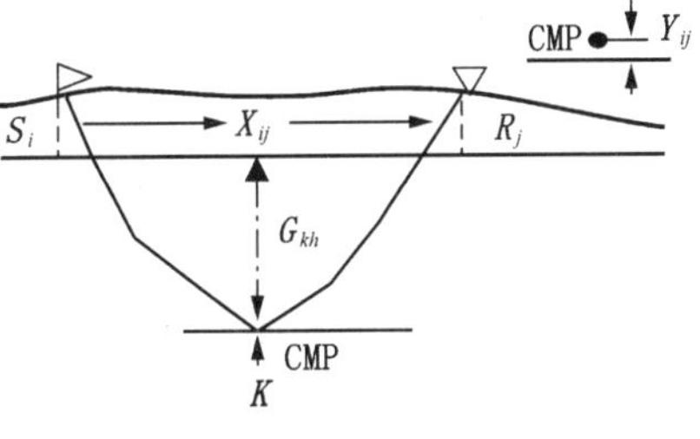

图 3-19 剩余时差分解示意图

$$t_{ijh}=S_i+R_j+G_{kh}+M_{kh}X_{ij}^2+D_{kh}Y_{ij} \tag{3-28}$$

式中 i——炮点号；

j——检波点号；

h——反射层号；

k——CMP 号；

S_i 和 R_j——分别表示第 i 号炮点及第 j 号检波点的剩余静校正量，它只与其地面的位置有关；

G_{kh}——构造项，它表示沿反射层 h，第 k 个 CMP 点相对于第一个 CMP 点，由于地层的起伏而产生的双程垂直旅行时差；

M_{kh}——剩余动校正量算子，$M_{kh}X_{ij}^2$ 表示相应的剩余动校正量项；

D_{kh}——横向倾角算子，Y_{ij} 表示 CMP 点横向偏离测线的距离，$D_{kh}Y_{ij}$ 表示由于第 k 个 CMP 点位置横向偏离测线所产生的时差。

2）实现步骤

反射波模型迭代剩余静校正方法分三步进行。第一步拾取地震道的剩余时差 t_{ijh}；第二步对剩余时差 t_{ijh} 进行分解，求出炮点剩余静校正量 S_i 与检波点剩余静校正量 R_j 两个分量，第三步把它们应用于地震数据道。

（1）剩余时差拾取。

一个地震道的剩余时差，通常是它与一个模型道进行互相关获得。剩余时差拾取的质量，很大程度上取决于模型道建立的准确程度。通过反复使用校正量与参照相关的品质因子 Q_{mkh}，对模型道进行迭代修改提高模型道的质量。实现步骤如下：

① 在定义的时窗范围内，对 CMP 道集中的各道振幅值归一到同一个均方振幅水平。

② 对第 k 个 CMP 道集（k 是用户指定参数，即从第 k 个 CMP 道集开始计算模型道），在指定的时窗内进行叠加，得到这个道集的初步模型道 M_{pkh}：

$$M_{pkh}(t)=\frac{1}{N}\sum_{m=1}^{N}A_{mkh}(t) \tag{3-29}$$

式中 m——第 k 个 CMP 道集中的道号；

N——第 k 个 CMP 道集中的道数，即覆盖次数；

A——振幅；

p——初始模型道。

③ 初始模型道 M_{pkh}（t）与各原始道 A_{mkh}（t）进行互相关，得到各道的初始剩余时差 t_{mkh}，在规定的时窗长度 L 内，计算相关的品质因子值 Q_{mkh}：

$$Q_{mkh}=\frac{\sum_{L}M_{pkh}(t)\cdot A_{mkh}(t)}{\left[\sum_{L}M_{pkh}^{2}(t)\cdot\sum_{L}A_{mkh}^{2}(t)\right]^{\frac{1}{2}}} \tag{3-30}$$

④ 根据各道的初始剩余时差值 t_{mkh} 和相关品质因子值 Q_{mkh}，修改初始模型道 M_{pkh}，建立新的模型道 M_{kh}：

$$M_{kh}(t)=\frac{\sum_{m=1}^{N}W_{mkh}A(t-t_{mkh})}{\sum_{m=1}^{N}W_{mkh}} \tag{3-31}$$

式中 W_{mkh}——为叠加生成模型道时，用于各道上的加权系数，该系数根据时移后的各道与模型道的相关程序确定其值。

⑤ 重复第三步，新的模型道 $M_{kh}(t)$ 再与各道相关，形成新的剩余时差值 t'_{mkh} 和相关品质因子值 Q'_{mkh}，按照式（3-32）确定新的权值 W'_{mkh}。

$$W'_{mkh}=Q'_{mkh}\text{或}W'_{mkh}=\frac{Q'_{mkh}}{1-(Q'_{mkh})^{2}} \tag{3-32}$$

⑥ 对各道的剩余时差值 t'_{mkh} 给出一个共同的调整时移量 Δt，Δt 的确定使其满足：

$$\sum_{m=1}^{N}W'_{mkh}\cdot(t'_{mkh}+\Delta t)=0 \tag{3-33}$$

并且修改各道的剩余时差值为 t''_{mkh}。

⑦ 将 t''_{mkh}，Q''_{mkh} 以及 W''_{mkh} 值代入（3-31）式，求得这个 CMP 道集的最终模型道 $M_{fkh}(t)$。

⑧ 最终模型道 $M_{fkh}(t)$ 与该 CMP 道集中各道相关，得到该 CMP 道集中各道的剩余时差值 t_{mkh} 和相关品质因子 Q_{mkh}。

以上步骤在同一个 CMP 道集进行，然后过渡到相邻的下个 CMP 道集，依此类推可以求得全测线上所有 CMP 道集中各道的剩余时差 t_{mkh} 和相关品质因子 Q_{mkh}。

（2）剩余时差分解。

已经得到全测线所有道的剩余时差 t_{mkh} 和相关品质因子 Q_{mkh}。现在参照 Q_{mkh} 值对 t_{mkh} 值进行分解，分别得到式（3－28）所示的5个分量。

根据误差平方最小的准则来建立方程组，用高斯—赛德尔迭代法对这些方程组求解。

设每次迭代计算值为 t'_{ijh}，令 E 为拾取值 t_{ijh} 和计算值 t'_{ijh} 之差的平方加权和：

$$E = \sum_{ijh} W_{ijh}(t_{ijh} - t'_{ijh})^2 \qquad (3-34)$$

式中　W_{ijh}——权系数。

为了使解能满足 E 最小的条件，计算偏导数，并令其等于零，可得：

$$\frac{\partial E}{\partial S} = \frac{\partial E}{\partial R} = \frac{\partial E}{\partial G} = \frac{\partial E}{\partial M} = \frac{\partial E}{\partial D} = 0 \qquad (3-35)$$

利用高斯—赛德尔算法多次迭代后可求解上述5个分量，最终使用时一般都只采用炮点剩余静校正量 S_i 与检波点剩余静校正量 R_j。把这两个值应用到相应的地震道中，就实现了剩余静校正。对于其他3个分量，在每次迭代输出以及最终输出时，均应作一些合理的限定和平滑。

（3）剩余静校正值的应用。

把炮点剩余静校正量 S_i 与检波点剩余静校正量 R_j 应用到相应的地震道或记在道头中。

3）应用效果

反射波模型迭代剩余静校正是数据处理中常用的有效技术之一。图3－20是西部复杂山地的1条叠加剖面。图3－20（a）是未经反射波剩余静校正处理前的叠加剖面，图3－20（b）是应用剩余静校正后的叠加剖面，可见，经反射波剩余静校正处理后，其成像效果得到明显改善。

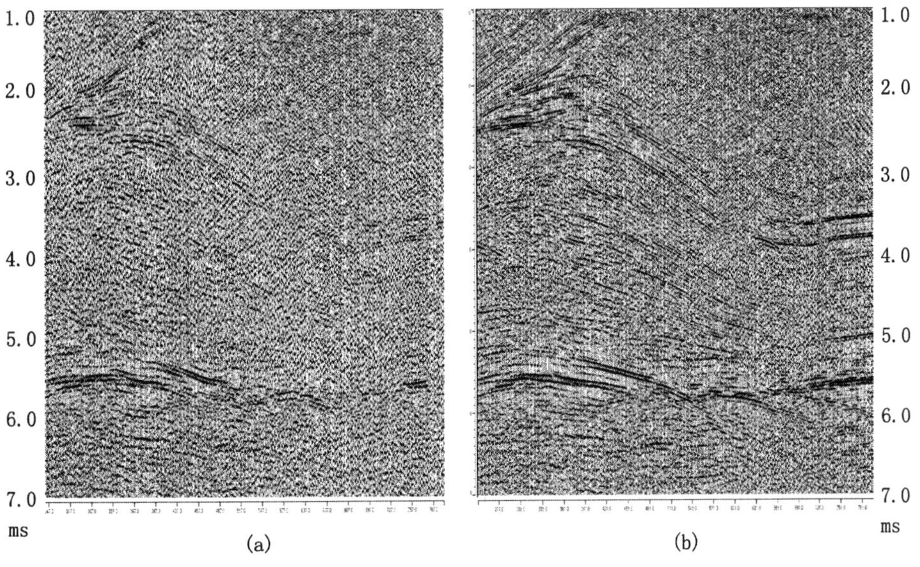

图3－20　应用剩余静校正前（a）、后（b）的叠加剖面对比

需要指出的是，在一些地区，地震数据信噪比较低，当剩余静校正严重影响速度分析与模型道的质量时，通常要进行两次或两次以上的剩余静校正，多次运算不是简单的重复，而是在前一次剩余静校正的基础之上，重新进行速度分析，根据新的速度值再进行新一轮剩余静校正。地震数据中的剩余静校正量，影响速度分析的质量与拾取的准确性；而速度值不准确又影响剩余校正量求取的精度。因此，实际处理过程中，速度分析与剩余静校正需要进行迭代处理。

2. 模拟退火算法计算静校正量

模拟退火法计算静校正量是反射波自动剩余静校正的另一方法，它是应用目标函数最小化方法，而反射波模型迭代剩余静校正是应用旅行时拾取法。

1）基本原理

目标函数最小化方法——直接反射波静校正法是使叠加能量达到最大，按地表一致性原则计算炮点静校正量和检波点静校正量，其输入是动校正后的道集数据。

定义一个地表一致性炮点和检波点目标函数 E，且：

$$E[\{S_i\},\{R_j\}]=-\frac{1}{M}\sum_i\sum_j\sum_t\frac{1}{\sqrt{N}}\cdot d_{ij}(t+S_i+R_j)\cdot y_{ij}^k(t) \tag{3-36}$$

式中　S_i——炮点站号为 i 的炮点静校正量；

R_j——检波点站号为 j 的检波点静校正量；

d_{ij}——炮点站号为 i，检波点站号为 j 的地震道；

N——归一化常量，表示为：

$$N=\left\{\sum_t[d_{ij}(t+S_i+R_j)]^2\right\}\cdot\left\{\sum_t[y_{ij}^k(t)]^2\right\} \tag{3-37}$$

$y_{ij}^k(t)$——排除了地震道 d_{ij} 的相邻 3 个 CMP　$k-1$，k，$k+1$ 的叠加道的加权相加：

$$y_{ij}^k(t)=\sum_{n=k-1}^{k+1}w^n\cdot y_0^n(t)-d_{ij}(t) \tag{3-38}$$

式中　w^n——权系数。

目标函数最小化方法是建立在下面的基本事实上：

炮点静校正与检波点静校正的最佳值是使叠加能量（振幅的平方和）达到最大值，也就是计算等式（3-36）目标函数的最小化解。

目前应用的有 3 种方法：分子动力学模拟退火方法；多重一维最小化方法；蒙特卡罗模拟退火方法。

（1）分子动力学模拟退火方法。

分子动力学模拟退火静校正方法模拟自然界的结晶过程。如果一种材料加热到溶点，然后让它慢慢冷却结晶，当原子的总能量达到完全最小化后，材料变成了固体，在此过程中，每个原子重新定位，直到相邻原子之间的作用力变成零为止。

可以把静校正问题看作是大量粒子之间相互作用的一维系统，每个炮点或者检波点当作是粒子的质量，系统的势能就是目标函数，静校正时移看作是粒子的坐标，这样静校正问题就转化成寻找虚拟固体状态粒子系统的平衡结构问题。

分子动力学模拟退火的拉格朗日（Lagrange）算式是：

$$L=\sum_{i}\frac{1}{2}m\ddot{s}_i^2+\sum_{j}\frac{1}{2}m\ddot{r}_j^2-E[(s_i),(r_j)] \tag{3-39}$$

可以求出：

$$m\ddot{r}_j=-\frac{\partial E}{\partial r_j},m\ddot{s}_i=-\frac{\partial E}{\partial s_i} \tag{3-40}$$

式中　m——为任意值，类似于粒子的质量。

解这种运动等式可应用简单的 Verlet 算法，时间步长为 0.05ms。在一次迭代里，“访问”每个“粒子”，并且计算每个“粒子”的作用力，当相互作用力不是零时，“粒子”根据运动等式沿着作用力的方向移动，也就是说，把所有炮点与检波点静校正时移都求解一次，就完成了一次迭代。

一旦新的静校正时移在每次迭代后由运动等式导出，桩号上的各道与叠加道通过时移采样而被修改，时移通过拉格朗日五点内插公式完成，同时目标函数、归一化等式、时间导数也被修改，这种步骤在所有桩号上都要实现一次，就完成了一次迭代，当达到用户指定的最大迭代次数，或者目标函数值小于用户指定的收敛极限值时计算停止，炮点与检波点静校正量就被输出。

（2）多重一维最小化方法。

目标函数在多维空间里是一个曲面，在正常情况下，用共轭梯度方法最小化目标函数是非常困难的，然而假设地震数据的炮点与检波点静校正量为目标函数，在此情况下，应用一维最小化方法就能够实现目标函数的最小化处理。

随机地选取一个炮点站号，如果这个站号的炮点静校正量以外的其他静校正量都是固定的，目标函数就仅有一个变量。这个炮点静校正量可通过一维黄金分割法（Flannery，et al.，1986）实现目标函数最小化。当某个站号的静校正时移被确定后，这个站号上的所有道和它们的叠加道被时移，即这些道被修改，然后下一个站号的炮点静校正时移通过上面所说的一维最小化方法求得，当所有站号上的炮点与检波点静校正时移被计算出来后，就完成了一次迭代。当目标函数收敛在指定的范围内，或者迭代次数达到指定的最大次数后，运算停止，炮点与检波点静校正量就被输出。

（3）蒙特卡罗模拟退火方法。

蒙特卡罗模拟退火方法是用物理系统的能量变化过程模拟目标函数的优化（最小化）问题，建立在统计力学的基础上，统计力学的基本研究结果就是给一个处于热平衡的系统在某一已知的状态时的概率。对于热平衡系统，吉布斯分布函数描述了系统的期望变化，该变化既可增加能量，也可减少能量。

蒙特卡罗模拟退火方法是应用 Metropolis 算法实现目标函数最小化，目标函数定义成叠加能量的负值。人们都知道，相同线性关系的静校正得到同样的叠加能量，为了避免这种随机性，在等式（3－36）中给出修改后的叠加能量的负值被定义为目标函数。

任意地选取一个炮点站号，首先选取一个任意的静校正时移，如果这个静校正时移使得目标函数值减小，这个时移量就被作为这个炮点站号新的静校正值。而如果使得目标函数值增大，Boltzman 因子，$p(\Delta E)=\exp(-\Delta E/KT)$，就被计算出来，这里 ΔE 是目标函数的改变量，K 是 Boltzman 常量，T 是系统的温度。我们可以借助一个在 0 与 1 之间均匀分布的随机数 a，实现按概率接受新的静校正量。若 $a\leqslant p(\Delta E)$，a 就被作为新的静校正时移，否则，静校正时移保持不变。

这种处理过程对所有炮点与检波点都完成了一次迭代，然后根据退火进度测量一次系统的温度，系统温度的降低是非常慢的，当目标函数的变化量可忽略不计时，才完成迭代计算，炮点与检波点静校正量被输出。

2）应用效果

图3－21是一条青海某地区的二维地震剖面。图3－21（a）是应用模拟退火静校正前的叠加剖面，图3－21（b）是应用模拟退火静校正后的叠加剖面，可见，反射同相轴连续性增强，信噪比提高，资料品质得到提高。

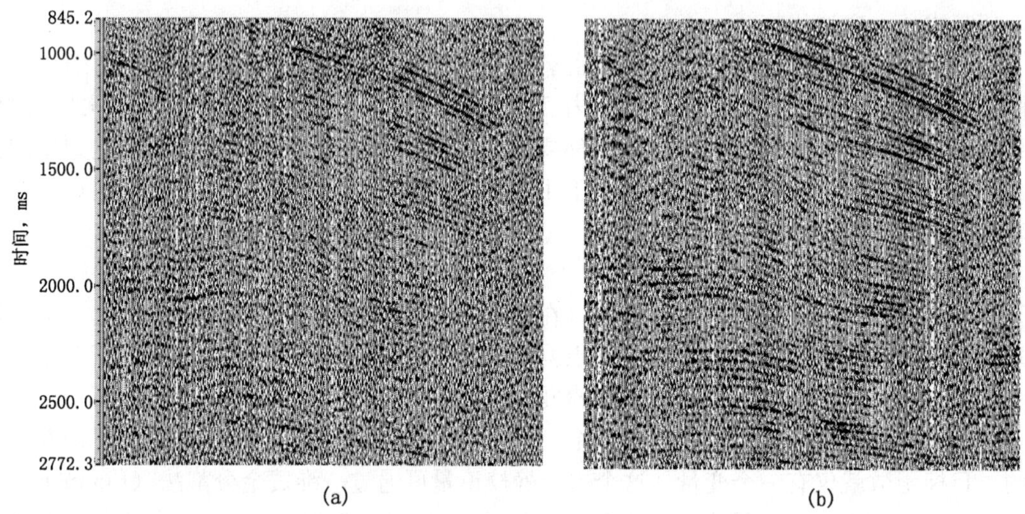

图3－21 应用模拟退火剩余静校正前（a）、后（b）叠加剖面对比

3）应用小结

在目标函数的3种最小化方法中，分子动力学模拟退火方法运算效率最高，而蒙特卡罗模拟退火法最费时间。对于资料信噪比相对较高的数据，3种方法的效果基本一致，对于有些低信噪比资料，要通过试验确定具体方法。

模拟退火静校正需要多次迭代完成目标函数的收敛。只要目标函数能够收敛，就可能取得理想效果。

3. *用相关法求取剩余静校正值*

与模型迭代剩余静校正法不同，相关法利用多次覆盖观测系统的特点根据相关函数直接求解剩余静校正值。相关法有多种估算方法，此处只介绍其中一种。

1）基本假设

（1）高频（即短波长）静校正量是由地表局部范围内低速度层变化引起的，并且这种变化是随机的，在一定范围内均值接近于零。

（2）消除剩余静校正影响后，在时间剖面上反射层可以连续追踪，且近于直线。

（3）计算剩余静校正的数据道应做初步静校正和动校正，并要求不存在长波长静校正问题。

2）实现步骤

（1）在一个排列范围内各 CMP 道集叠加产生模型道。

（2）用各叠前道与所在 CMP 叠加道（模型道）互相关，得到共炮点（或共接收点）道集内各道与其模型道的互相关时差（振幅极大值处）。

（3）对共炮点道集应用各道所在位置接收点校正量（对共接收点道集则应用各道所属炮点的静校正量）。

（4）对应用静校正量后的炮点（或接收点）的互相关函数（或时差）求平均值，则得到该炮点（或接收点）的静校正量。

（5）向前移动一个炮点（或一个接收点）重复上述各步，直到测线末尾。

（6）由共炮点域（或共接收点域）转到共接收点域（或共炮点域）重复上述步骤。

（7）要在炮点和接收点两域内进行迭代计算。这是因为我们通常所假设的静态影响严格意义上讲不是随机分布的，并且炮点和接收点校正量都不是独立的，再加上排列长度和覆盖次数的因素影响，要得到较好的计算结果，应采用共炮点域和共接收点域静校正计算和相互迭代。

第二节　去噪技术

提高地震数据的信噪比是地震数据处理的重要步骤，是高分辨率与高保真度处理的基础。许多地球物理科研人员在提高地震数据信噪比处理技术方面进行了长期深入的研究，取得了丰硕的科研成果。本节将介绍近年发展的压制噪声的新方法。

一、噪声的分类

根据噪声的出现规律分为规则噪声与非规则（随机）噪声两大类。

1. 随机噪声

没有固定频率与固定传播方向的干扰波在地震记录中形成杂乱无章的背景。随机噪声的来源大致可分为三类：第一类是地面微震，如风吹草动与一些人为因素引起的无规则振动；第二类是仪器产生的噪声；第三类是激发所产生的不规则噪声。包括由于介质的不均匀性造成的弹性波散射以及来自任意方向、相位变化无规律的干扰波等。这类与激发条件以及地震地质条件有关的随机噪声在水塘、沙漠、砾石和黄土覆盖等地区比较严重。

随机噪声在地震记录中表现为杂乱无章的振动。它的频谱很宽，无一定视速度，因此，很难利用与有效波在频谱或传播方向上的差异对其进行压制。

2. 规则噪声

有一定主频、一定视速度的噪声。如：面波、交流电干扰、声波、浅层折射和次生干扰波等。

1）面波

其特点是频率低，一般在 30Hz 以下，速度低，一般为 100～1000m/s，以 200～500m/s 最为常见。面波的时距曲线是直线，因此在小排列（100～150m）的波形记录中面波同相轴是直的。面波随着传播距离的增大，振动延续时间变长，形成“扫帚状”，即发生频散。

面波的能量与激发岩性、激发深度以及表层地震地质条件有关。在淤泥、厚黄土及沙漠地区，有效波受到吸收能量减弱，面波能量相对较强；在疏松的低速岩层中激发或所用炸药量过大时激发频率降低，使面波能量相对增强；炮井浅时面波较强。

2）交流电

当地震测线在高压电线下经过时，检波器受50Hz高压输电的静电感应所产生的干扰，其分布范围仅局限在高压线附近，通常影响地震数据的若干道，其出现位置满足地表一致性规律，其强度有时可能超过有效波许多倍。

3）声波

在坑中、浅水池中、河中和干井中激发，会产生强烈的声波。声波是在空气中传播的弹性波，速度为340m/s左右，频率较高，呈窄带出现。在山区工作时，有时还会遇到多次声波的干扰。

4）浅层折射波波

当表层存在高速层，或第四系下面的老地层埋藏浅时，可能观测到同相轴为直线的浅层折射波。

5）次生干扰波

地震波（包括反射波、面波或各种折射波）到达地面后，使地面上不均匀体或地面障碍物受激发，对地面做“敲击”动作而产生的干扰。这类干扰与有效波在频率域中不能分离，在视速度或视波长域中次生高速干扰与有效波部分重合，它们可以出现在地震记录中的任意位置。

既然产生噪声的原因及噪声种类如此复杂和多样化，那么压制噪声的方法也应具有针对性，在压制噪声的过程中尽量保证有效反射信号少受或不受损害。

二、压制随机噪声

1. 利用多项式拟合提高地震数据的信噪比

从利用信号横向相干性可以提高地震数据信噪比的原则出发，俞寿朋教授（1988年）提出了一种在叠加剖面上对信号做多项式拟合来加强信号的方法。假设一个信号各道波形相同，那么信号的参数就可用其相位时间、振幅和公共波形表示。该方法首先在信号时窗内用多道互相关确定信号的时间多项式，该多项式决定了各道的信号相位时间；然后用最小二乘法确定此窗口的信号振幅多项式，同时确定信号的期望波形，并对每个窗重复以上计算，就可获得信号剖面的参数集，即每个窗口有两个多项式的系数与一个期望波形；最后用获得的参数集合成信号剖面。

1）信号多项式拟合的可能性

偏移前的地震反射信号横向上是连续的，即使地下有一个很短的反射面，与它有关的信号也有很大的分布范围。甚至地下只有一些杂乱的反射点，到达地面的反射信号仍然有一定规律（李庆忠，1986）。即反射信号的相位时间横向变化是光滑的，信号的振幅也如此。另一方面，信号的波形横向变化一般不大。

这样一个信号的相位时间，可以用地面坐标的多项式表示，其振幅也可用类似的方式表示。对于M道记录来说，不管信号的时间与振幅如何不规则变化，都可以用$M-1$次多项式表示。但实际数据中由于静态时移及噪声等原因，每一道的观测数据总是存在误差。较高次的多项式必然在很大程度上包含了这种误差。在实际剖面中常见的一些地质现象，其对应的地震信号往往可以用较低次的多项式表示。例如，平面反射面的相位时间可用一次式表示；背斜、向斜反射面用二次多项式表示也不致引起明显误差；断层附近反射向绕射过渡等现象，用三次至四次多项式表示一般也可得到满意的拟合。用较低次数的多项式拟合，可以较多地反映地质特征，较少地反映观测误差。

在叠加剖面中取 1 个适当大小的窗口，在这个窗口内一般不需用很高次的多项式拟合信号，通常使用三次多项式。

对于信号波形，采用同一个窗口内不变的假设。该假设对于主要信号而言不会引起明显误差。只有远离反射主体的绕射波，波形可能存在较大变化，但这部分信号往往很弱，在剖面上不占主要地位。

2）信号相位时间拟合

在叠加剖面中划分许多窗口，假设每个窗口中信号的相位时间符合 1 个给定次数的多项式。假设窗口在空间方向是 $2N+1$ 道，在时间方向是 $2L+1$ 个样点，则相邻窗口的重心在时间方向间隔为 L 个样点，在空间方向间隔为 N 道。这里说“重心”，是因为窗口形状是依赖于信号而变化的，但在窗口形状变化时，使窗口的重心位置保持不变。

在给定重心位置的窗口中，窗口的中点时间用下面多项式表示：

$$T(x)=t_0+t_1x+t_2x^2+t_3x^3+\cdots \tag{3-41}$$

式中 x——相对道序号，在窗口范围内为 $x=-N$ 至 $x=N$；

t_0，t_1，…——系数。

窗口的时间范围各道不同，为 $T(x)-L$ 至 $T(x)+L$。

改变式（3-41）中的系数就改变了窗口形状。每次对窗口内数据 $S(x,t)$ 计算归一化多道互相关：

$$\Phi(t_0,t_1,t_2,\cdots)=\frac{\sum_{l=-L}^{L}\left\{\left[\sum_{x=-N}^{N}S(x,T(x)+l)\right]^2-\sum_{x=-N}^{N}S^2(x,T(x)+l)\right\}}{2N\sum_{l=-L}^{L}\sum_{x=-N}^{N}S(x,T(x)+l)} \tag{3-42}$$

将各次得到的互相关值比较，找出最大值。此时对应的系数 t_0，t_1，t_2，…就确定了信号窗口的形状，也就是信号的期望相位时间多项式。

由式（3-41）可见，这种系数扫描办法不仅计算量非常大，并且只要变动 1 个系数，窗口的重心就随之变化，互相关的比较也就失去了实际意义。

为此我们把式（3-41）改写成：

$$T(x)=u_0P_0(x)+u_1P_1(x)+u_2P_2(x)+u_3P_3(x)+\cdots \tag{3-43}$$

式中 u_0，u_1，u_2…——系数；

$P_0(x)$，$P_1(x)$…——互相正交的多项式，它们符合条件：

$$\sum_{x=-N}^{N}P_k(x)P_l(x)\begin{cases}=0, & \text{当 } k\neq l\\>0, & \text{当 } k=l\end{cases} \tag{3-44}$$

令

$$P_0(x)=1$$

和

$$P_k(x)=x^k+\sum_{m=0}^{k-1}C_m^{(k)}P_m(x) \tag{3-45}$$

就可建立正交多项式系，此处列出 $k=0$ 至 3 的正交多项式如下：

$$\begin{cases}P_0(x)=1\\P_1(x)=x\\P_2(x)=x^2-\dfrac{1}{3}N(N+1)\\P_3(x)=x^3-\dfrac{1}{5}(3N^2+3N-1)x\end{cases} \tag{3-46}$$

当道数已定，正交多项式是固定的，于是用式（3-43）代替式（3-41）时，（0，u_0）就是窗口重心。固定 u_0，对 u_1，u_2，…扫描。依次先扫描 u_1，此时 u_2，u_3，…=0。比较多道互相关值确定 u_1，再扫描 u_2等。这样计算量将大为减少，并且窗口重心不变。

窗口形状变化的过程就是搜索信号的过程。由扫描确定的窗口形状就是期望信号的窗口，窗口由系数 u_0，u_1，…和 N，L 确定。

3）信号振幅拟合与信号期望波形

确定了信号窗口后，首先计算窗口内各道的均方根振幅，然后用最小二乘法确定振幅多项式：

$$A(x)=a_0+a_1x+a_2x^2+a_3x^3+\cdots \tag{3-47}$$

的系数 a_0，a_1，…。当多项式次数较高时，为了避免方程系病态，也可将式（3-47）改写成：

$$A(x)=b_0P_0(x)+b_1P_1(x)+b_2P_2(x)+b_3P_3(x)+\cdots \tag{3-48}$$

而用最小二乘法确定系数 b_0，b_1，…。

与此同时，把窗口拉平，各道数据相加，并对相加结果缩放，使其均方根振幅归一，就得到窗口内信号的期望波形。期望波形的信噪比大约为原始数据信噪比的 $(2N+1)^{1/2}$ 倍。由于信号时间是根据多项式拟合的，窗口的道数允许比直线拟合的方法多，因而有较强的提高信噪比能力。

振幅拟合时消除了不规则变化，保持了各道振幅的规则变化，所以对空间分辨率不会有明显的损害。

4）期望信号剖面

至此，已得到了每个窗口的时间多项式系数、振幅多项式系数、信号期望波形，就可以容易地合成期望信号剖面，即任何 1 道按照其在窗口中的位置计算信号时间、信号振幅，将振幅乘上期望波形放到计算出的时间位置上。相邻窗口的重叠部分采用不同窗口数据斜坡加权平均的办法。如此就合成了期望信号剖面。

虽然对每个窗口只拾取了 1 个优势信号，但可以看到，期望信号剖面中每个样点平均涉及 4 个窗口（由于窗口形状不同，实际涉及的窗口数有多有少）。对每个窗口拾取不同的优势信号，就减少了丢失交叉信号的可能性。对不同窗口重复部分加权平均也减少了剖面形态突变的可能性。

每个窗口都检测了信号。实际上有的窗口可能没有信号，这种窗口的归一化多道互相关值应该很小。因此在合成期望信号剖面时可通过设置互相关值门槛或用互相关值对振幅加权。

期望信号剖面缺乏背景噪声，某些解释人员会感到不习惯，根据需要可以把期望信号剖面与原始剖面以一定比例混波，这样虽然使信噪比稍有降低，但解释人员更乐于接受。

2. $f-x$ 域中随机噪声衰减

$f-x$ 域中随机噪声衰减方法利用线性预测理论与随机噪声不能预测的原理，对叠后剖面中的线性同相轴（包括有效信号与线性噪声）进行预测，分离信号与噪声，压制剖面的随机噪声，增强有效信号。实现时，在 $f-x$ 域中通过复数维纳滤波求取滤波因子，对原始数据进行褶积。

1）方法原理

设子波为 $\omega(t)$，其傅里叶变换为 $\omega(f)$；设叠后剖面中的道间距为 Δx，某一线性的同相轴的斜率为 k，则对于相邻第 n 道的记录可写为，$\omega_n(t)=\omega(t-kn\Delta x)$，其傅里叶变换为 $\omega(f)=\mathrm{e}^{-ikn\Delta x2\pi f}$。如果把第 1 道的频谱记为 $\omega_1(f)$，那么对于某一给定频率 f，其他各道的频谱是：

第 2 道　　$W_2(f)=W_1(f)\mathrm{e}^{-ik\Delta x2\pi f}$

第 3 道　　$W_3(f)=W_1(f)\mathrm{e}^{-ik2\Delta x2\pi f}$

⋮　　⋮

第 $n+1$ 道　　$W_{n+1}(f)=W_1(f)\mathrm{e}^{-ikn\Delta x2\pi f}$

写成复系数的 z 变换形式，有：

$$\begin{aligned}H(z)&=\sum_{n=1}W_1(f)\mathrm{e}^{-ik(n-1)\Delta x2\pi f}z^{n-1}\\&=W_1(f)\sum_{n=1}\mathrm{e}^{-ik(n-1)\Delta x2\pi f}z^{n-1}\\&=\frac{W_1(f)}{1-\mathrm{e}^{-ik\Delta x2\pi f}z}\end{aligned}\tag{3-49}$$

显然，这是 1 个二阶的 AR 模型，其可预测性是不难理解的。即有：

$$W_{n+1}(f)=W_n(f)\mathrm{e}^{-ik\Delta x2\pi f}\tag{3-50}$$

向前预测一步。但是，这种向前预测一步的滤波器，不能同时预测具有不同斜率的多个同相轴，解决此问题的 1 个近似方法是加长滤波算子的长度。不妨仿照上面来写出它的 Z 变换形式。

设剖面上具有 M 组不同视速度的同相轴，且对应不同的视速度，其子波形状也不相同，对应于某一频率 f 的空间方向上各道的频谱，其复系数的 Z 变换形式为：

$$\begin{aligned}H(z)&=\sum_{j=1}^{M}\sum_{n=1}W_j(f)\mathrm{e}^{-ik_j(n-1)\Delta x2\pi f}z^{n-1}\\&=\sum_{j=1}^{M}W_j(f)\sum_{n=1}\mathrm{e}^{-ik_j(n-1)\Delta x2\pi f}z^{n-1}\\&=\sum_{j=1}^{M}\frac{W_j(f)}{1-\mathrm{e}^{-ik_j\Delta x2\pi f}z}\end{aligned}\tag{3-51}$$

不难看出，这是一个由 M 个二阶 AR 模型并联的 ARMA 模型，一般不能用有限阶的 AR 模型进行预测。理论上，当因子取无限长时可以对 ARMA 模型进行逼近。这一点，与上面所说的加长滤波因子长度的近似作法是一致的。

用复数维纳滤波可以求解预测算子 op（f，x）。设原始记录为 S（f，x），那么对于某一频率 f_0，预测误差能量 E（f_0）为：

$$
\begin{aligned}
E(f_0)=\sum_{x}\Big[\sum_{l=1}S(f_0,x-l)\cdot op(f_0,l)-S(f_0,x)\Big] \\
\cdot\Big[\sum_{l=1}S(f_0,x-l)\cdot op(f_0,l)-S(f_0,x)\Big]
\end{aligned}
\tag{3-52}
$$

根据误差能量最小，可以求出预测误差因子 op（f_0，l），$l=0$，1，2，…，N。通常，因子长度取5～11个点。用上述因子与每一频率道进行褶积，就得到所要求的输出。

2）倾角滤波与自适应增强

前面已经提到，对于多个斜率的一组同相轴，用多点滤波器效果也不一定好，因为因子长度不可能取无限长。实际上，因子长度的加大，又会产生其他方面的问题。我们引入1个倾角滤波器，即二维滤波因子，把具有多组斜率同相轴的剖面进行分解，使每一个输出同相轴的斜率尽可能单一，在每一个输出中进行 $f-x$ 域线性预测，然后将所有预测结果相加，就得到了最终的输出。

倾角滤波因子，可以从 f—k 域换算到 f—x 域，然后与 f—x 域预测算子合并，进行一次褶积。这样，就不会额外地增加计算量。采用 f—k 域的扇形滤波器，每次重叠半个扇形窗，滤波器的二维谱的幅值为1，滤波器的范围用相邻道的时差（即视速度）DIP_1 与 DIP_2 表示。即有：

$$
k_1=\frac{DIP_1}{\Delta x}\omega \text{ 和 } k_2=\frac{DIP_2}{\Delta x}\omega \tag{3-53}
$$

由（f，k）域变换到（f，x）域，有：

$$
\begin{aligned}
F(\omega,m\Delta x)=\int_{k_1}^{k_2}\mathrm{e}^{ikm\Delta x\omega}\,\mathrm{d}k=\frac{\sin\left(m\omega\dfrac{DIP_1-DIP_2}{2}\right)}{M} \\
\cdot\left[\cos\left(m\omega\frac{DIP_2+DIP_1}{2}\right)+\sin\left(m\omega\frac{DIP_2-DIP_1}{2}\right)\right]
\end{aligned}
\tag{3-54}
$$

其中，m 从 $-N$ 到 N。

倾角滤波与 f—x 域线性预测，可较好地适应剖面上存在多组斜率同相轴数据的处理。根据有效信号可以预测，随机噪声不可预测的原理，那么对于每一个频率成分，预测误差实际反映了该频率成分的信噪比高低，预测误差大，信噪比低；预测误差小，信噪比高。因此，可以用预测误差值（取模），对预测值进行自适应加权处理，使信噪比高的频率成分相对加强，信噪比低的频率成分相对减弱，来进一步压制原始的随机噪声以及预测过程中引入的随机噪声，提高剖面的信噪比。

3）实现步骤

（1）各道进行傅里叶变换，由 F（t，x）域转换成 F（f，x）域。

（2）矩阵转置，由频率空间排列矩阵转变为空间频率排列矩阵。也就是说，1个频率对应1个道，道内每一个样点对应空间的每一个位置。

（3）根据需要，决定是否进行频率带通滤波。

（4）对每一个道进行倾角滤波与线性预测滤波。在定义的扇形范围内，根据定义的每次倾角滤波的增量，把所有的倾角滤波与线性预测结果相加，最后进行信噪比加权输出。

（5）矩阵转置与逆傅里叶变换。

1 条测线有时需要分段进行处理，那么重叠部分按线性内插混波处理。分段长度要考虑滤波因子长度的选择，一般不允许分段长度小于或等于 4 倍因子长度。

3. 异常振幅噪声的分频压制

原始地震数据中常常存在着各种各样的干扰，猝发脉冲与异常振幅噪声都给叠前多道处理带来极其不良的影响（如地表一致性振幅补偿、统计子波反褶积等）；而叠前多道滤波与多道相干性处理又都存在着某些固有的缺陷。本方法采用“多道识别，单道处理”的思路对叠前噪声进行压制，对不同地区的地震数据都获得了较好的效果。

本方法采用了加权中值技术识别异常振幅噪声，设一组地震道（炮集、CMP 集，或检波点集）为 $X(i,j)$，可求出其包络 $A(i,j)$，沿道方向求 $A(i,j)$ 的加权中值，设计检测噪声准则：

$$l(i,j)=\begin{cases}\dfrac{A(i,j)}{M(i,m)\cdot\alpha} & A(i,j)>thr(i,j)\cdot M(i,m)\\ 1 & A(i,j)\leqslant thr(i,j)\cdot M(i,m)\end{cases} \tag{3-55}$$

式中 thr——门槛值；

$M(i,m)$——中值；

α——衰减比例，$0<\alpha\leqslant 1$。

该式表示对 $A(i,j)$ 大于一定程度的值作衰减处理。

在识别出异常振幅噪声后，对记录道加权得到去噪结果：

$$\hat{X}(i,j)=X(i,j)/l(i,j) \tag{3-56}$$

由于异常振幅噪声在不同的频段范围内表现特征不同，因此本方法在实现过程中采用了分频处理的手段。图 3-22 是压制面波与异常振幅噪声前、后的结果比较，可以看出其保真性。

三、压制规则噪声

1. 时间域单频干扰波的压制

在地震记录上存在强单频干扰波（如：交流电）时，常规的压制方法就是在频率域内进行压制。频率域处理虽然简单、方便，但是也存在一些问题。在浅层，当有效波的能量和干扰波的能量非常接近，或者有效波的能量比干扰波的能量强时，干扰波不易识别；如果有效波的能量比干扰波的能量弱，干扰波易于识别。在深层，干扰波容易从有效波中识别出来。干扰波的压制仅仅在振幅上进行压制量不易掌握，压制不够或者压制过量，都会在记录上存在残余的单频干扰波。同时频率域的压制不对相位进行处理，这样强单频干扰波即使在振幅上进行了有效的压制，但是相位问题难以处理。在频率域压制单频干扰波时，为了减少对有效波频率分量的伤害，压制的频带选择得很窄，这样对应时间域的算子很长，增加了计算时间，同时可能产生边界效应；压制时如果算子长度不够，记录中会存在残留单频干扰波。同时由于强单频干扰波的频率不是严格的 50Hz，以及计算时窗的选取，使快速傅里叶变换存在一些难以克服的问题。从而造成在频率域内不能有效地压制强单频干扰波。而且频率域处理

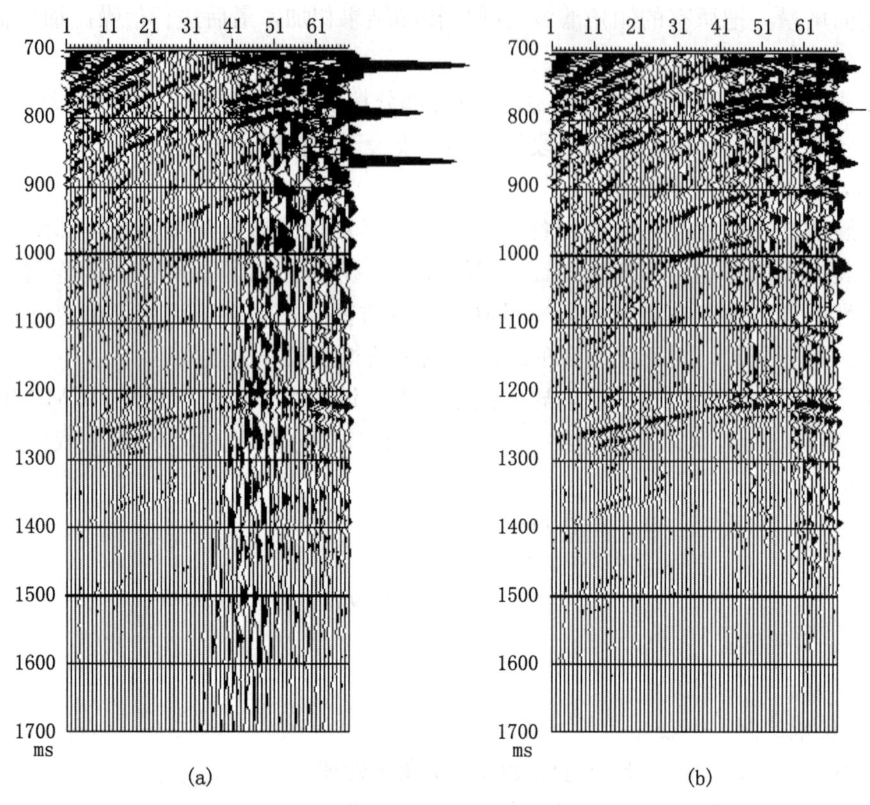

图 3－22　压制异常振幅噪声与面波前（a）、后（b）的结果比较图

方法的最大缺点是：将 50Hz 单频干扰波与信号同时压制某一倍数。从这个意义上讲，单频干扰波压制了，信号同时也受到压制了，因此在 50Hz 附近信噪比没有改善。

在时间域内利用余弦波逼近强单频干扰波并从记录中减去的方法消除强单频干扰波。该方法克服了频率域压制强单频干扰波的缺点，仅仅对强单频干扰波进行有效压制，并不损害有效波。

为了消除地震记录中的强单频干扰波影响，假设强单频干扰波的频率、振幅与时延在整个地震记录道内稳定不变，且为常数，则可以使用余弦函数来表示强单频干扰波。其表达式是：

$$y_i = A\cos 2\pi f(i+\tau)\Delta t \tag{3-57}$$

式中　A、f、τ——分别是强单频干扰波的振幅、频率与时延；

Δt——地震记录的时间采样间隔。

一般而言，在时间剖面中，深层时间段高频有效波的能量比浅层高频有效波的能量弱得多。因此可以利用深层时间段来估算强单频干扰波的振幅、频率与时延，将其作为整道地震记录中的强单频干扰波。从原始地震道中减去估算的强单频干扰波，得到去除强单频干扰波的地震记录。使用频率扫描与快速时延扫描，估算强单频干扰波的频率与时延，然后采用最小二乘法估算强单频干扰波的振幅。为此建立目标函数：

$$Q=\sum_{i=1}^{N}[S_i-y_i]^2=\sum_{i=1}^{N}[S_i-A\cos 2\pi f(i+\tau)\Delta t]^2\rightarrow \min \tag{3-58}$$

式中　S_i——原始地震记录。对 f、τ 和 A，使用快速算法进行扫描确定。

对于 1 个单频干扰波，当频率 f 具有 Δf 的误差时，引起的振幅误差 Δy：

$$|\Delta y|=|\cos(2\pi ft+\phi)-\cos[2\pi(f+\Delta f)t+\phi]|\leqslant 2\pi|\Delta f|T \tag{3-59}$$

式中　T——地震记录长度。当 T 给定，相对误差 $|\Delta y|$ 越小，频率扫描步长 Δf 要求越小。当相对误差 $|\Delta y|$ 给定时，T 越大，要求 Δf 越小。

对于每一个强单频干扰波，通过上述过程可以确定出 A、f、τ。在多个强单频干扰波存在时，分别对振幅进行标定，由于还存在其他强单频干扰波频率成分的影响，因此采用逐个估算频率、时延，整体进行振幅标定的策略。

设各个强单频干扰波的频率、振幅与时延分别是 f_k、A_k、τ_k，$k=1$，2，…，M，M 是强单频干扰波的个数。则有强单频干扰波的表达式：

$$y_i=\sum_{k=1}^{M}A_k\cos 2\pi f_k(i+\tau_k)\Delta t \tag{3-60}$$

式中　f_k、τ_k，$k=1$，2，…，M 为已知。由此可以估算出各个强单频干扰波的振幅。从原始地震记录中减去各个强单频干扰波，得到去除了强单频干扰波的地震记录。图 3－23 为实际地震数据的处理结果。

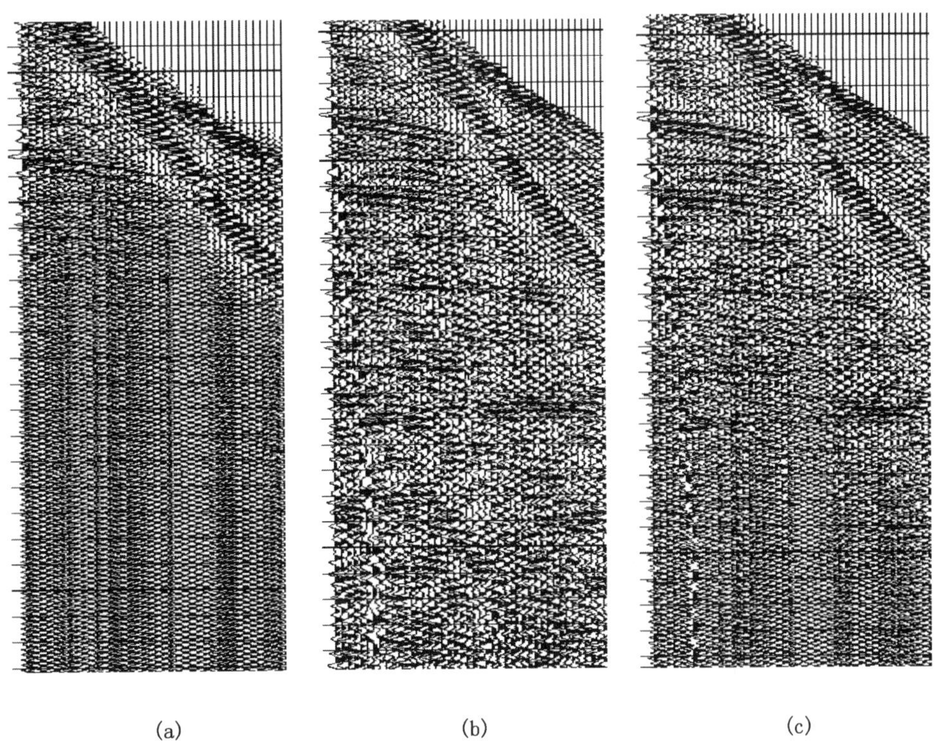

图 3－23　实际地震数据处理结果对比图

(a) 为原始地震数据，其中交流电干扰严重；(b) 为本方法处理的结果；(c) 为常规陷波方法的结果，仍然有残留的交流电干扰存在

2. 自适应面波压制

通过对面波进行综合分析，可以发现，通常面波与有效波在视速度、能量、频率分布范围等方面均存在较大的差异。根据有效波与面波在空间与频率域的分布特征及能量衰减特性等方面的差异，利用统计分析的方法来识别与压制面波。

1）地震信号模型的建立

对每个地震道做时频分析，通过时频分析，可以知道每个地震道有效反射波与噪声的频带范围、出现的时间以及能量的相对强弱。最后再分析每个地震道的空间相干性，剔除空间相干性差的地震道，为求取地震信号模型做准备。

设 A_t（f）为时频分析方法确定的地震信号振幅谱，则其滑动平均包络 P_t（f）可表示为：

$$P_t(f)=\frac{1}{k}\sum_{i=f-\frac{k}{2}}^{f+\frac{k}{2}}A_t(i) \tag{3-61}$$

式中 k——滑动平均包络的频带宽度，求其包络的目的是为了得到地震子波的振幅谱。

令：

$$P_{\max}=\max\{P_t(f)\}f\in[f_{\min},f_{\max}] \tag{3-62}$$

式中 $[f_{\min}，f_{\max}]$——给定的频带范围。则 P_t（f）相对于峰值频率归一化的结果为：

$$P_t(f)=P_t(f)/P_{\max} \tag{3-63}$$

地震波在传播过程中，高频成分的衰减相对较快，这样在统计地震信号振幅谱包络时应考虑子波的时变性。这就需要由上至下连续计算地震信号振幅谱的包络。

由于噪声的存在会破坏信号模型的建立，因此取经过空间相干性约束过的全部地震信号振幅谱包络 P_{ts}（f）会比 P_t（f）更加稳健，P_{ts}（f）的表达式为：

$$P_{ts}(f)=\frac{1}{N}\sum_{i=1}^{N}P_{t_j}(f) \tag{3-64}$$

式中 N——分析空间相干性时参与计算的道数。

根据式（3-61）至式（3-64）就可算出叠前单炮中的地震信号振幅谱包络 P_{ts}（f）。P_{ts}（f）是与时间有关的，且可作为下一炮的参考值。此时，P_{ts}（f）可以作为检测噪声的标准信号。

2）压制面波

利用地震信号的模型识别出面波后，就要对面波进行压制，方法如下：

设 F_t（f）、Y_t（f）分别为地震道上在时间 t 的频谱和归一化的振幅谱包络，Y_t（f）与上述 P_t（f）的计算时窗大小可以不同。此时，可定义面波的压制因子为：

$$H_t(f)=\begin{cases}1 & \text{当 } Y_t(f)<P_t(f)\text{ 时}\\ P_t(f)/Y_t(f) & \text{当 } Y_t(f)>P_t(f)\text{ 时}\end{cases} \tag{3-65}$$

设 F'_t（f）为面波压制后的频谱，则有：

$$F'_t(f)=F_t(f)H_t(f) \tag{3-66}$$

这样，通过式（3-65）至式（3-66）的处理就可实现对面波的压制。

该方法只压制面波，对有效信号的低频成分与其他信息基本无影响。经实际生产应用，适应性较强，效果比较稳定。

3. 叠前线性噪声压制

在一些复杂地表区，采集的地震资料往往充满各种线性干扰，产生这类干扰的原因是多样的，有的是多次折射，有的属于次生干扰，还有些是面波，但它们均有一个共同的特征，在炮集记录上表现为各种倾角的线性同相轴。

叠加可以压制线性干扰，但其要求很高的覆盖次数，而这往往难以达到，因此线性干扰对叠加剖面的影响明显。西部地区采集的地震资料，线性干扰普遍存在且比较严重。

目前，对付线性干扰的常规方法是 f—k 滤波，该方法在一般情况下可取得较好的效果，但在线性干扰能量比较强、分布范围较广的地区，去除效果就不理想，原因在于线性干扰与有效信号在 f—k 变换域内没有明显的分界，同时，f—k 的滤波效应是全局性的，对其出现的假频现象也不好处理。

本方法的基本思想是将规则干扰自动地识别出来并减去，而且被减掉的部分主要集中在干扰波覆盖的区域，其他部分则不受影响，压制产生的效应是局部的。本方法采用了多道识别、单道逐点压制的策略，其优点在于：

（1）可以适应线性噪声同相轴的变化，克服了 f—k 法和 τ—p 法压制线性噪声的弱点。

（2）避免了在记录中产生蚯蚓化现象。

本方法基于以下两个基本假设：

（1）干扰波具有线性同相轴。

（2）干扰波与有效波的视速度有一定差别。

在炮集记录上逐点计算线性干扰波的同相轴，进行线性噪声压制。对炮集记录上任一点（i_0，j_0），求取扫描叠加能量：

$$E_{j_0}(k)=\sum_{j=j_0-\frac{M}{2}}^{j=j_0+\frac{M}{2}}\sum_{i=i_0-\frac{L}{2}}^{i_0+\frac{L}{2}}A(i,j,k)\qquad k\in[k_1,k_2]\tag{3-67}$$

式中 A（i，j，k）——振幅值；

k——扫描倾角；

（k_1，k_2）——扫描倾角范围；

i——对应时间值；

j——搜索空间范围内对应的道号。

此时可得到对应于不同倾角的一系列扫描能量值 E（k）。取：

$$E_{\max}=\max\{E(k)\}\qquad k\in[k_1,k_2]$$

$E_{\max}$对应的 k 值 $k_{\max}$ 即为位置（i_0，j_0）附近同相轴的倾角。

假设所给定的线性干扰的同相轴的倾角范围是［a_1，a_2］，令

$$P=\begin{cases}1 & k_{\max}\in[a_1,a_2]\\0 & k_{\max}\notin[a_1,a_2]\end{cases}\tag{3-68}$$

上式表示，当 $P=1$ 时，（i_0，j_0）点检测到的同相轴为线性干扰的同相轴，必须作去噪处理；当 $P=0$ 时，（i_0，j_0）点检测到则是有效波同相轴的倾角。

确定 $k_{\max}$ 为（i_0，j_0）点线性干扰同相轴倾角后，可以选用中值法和均值法去噪。

1）中值法

沿 k_{max} 方向取中值，有

$$V_m = MED\left\{A\left(i_0, j-\frac{k}{2}, \cdots, j+\frac{k}{2}\right)\right\} \tag{3-69}$$

令

$$A'(i_0, j_0) = \begin{cases} A(i_0, j_0) & P=0 \\ A(i_0, j_0) - V_m & P=1 \end{cases}$$

A'（i_0，j_0）即为中值法去线性噪声后结果。

2）均值法

沿 k_{max} 方向取均值，有

$$V_s = \frac{1}{k}\sum_{j=j_0-\frac{k}{2}}^{j_0+\frac{k}{2}} A(i_0, j) \tag{3-70}$$

令

$$A'(i_0, j_0) = \begin{cases} A(i_0, j_0) - V_s & P=1 \\ A(i_0, j_0) & P=0 \end{cases}$$

A′（i_0，j_0）即为均值法去线性噪声后结果。

该方法能有效识别炮集记录中各种强能量的线性干扰，改善叠加剖面质量，在塔里木部分地区的数据处理中取得了较好的效果（图 3-24）。

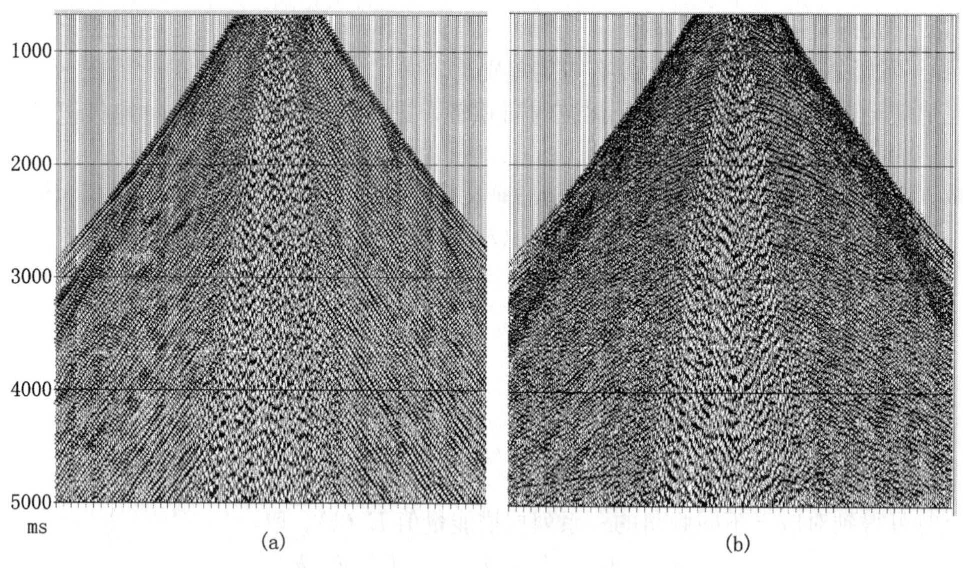

图 3-24　压制线性噪声前（a）、后（b）的结果比较

四、多次反射波衰减技术

多次波可以分为长程多次波与短程多次波。长程多次波的传播路程比与之同深度的一次反射波的传播路径长，在地震记录上为独立同相轴，长程多次波能量强度与地表、海底或低速带的反射波有关。另一种为短程多次波，又称层间多次波，在层间的顶底界面多次

连续反射，常常与深度界面产生的一次反射波混合，通常它不是1个独立同相轴，而只是改变了波形。

先介绍现在常用的几种去除多次波的方法，然后重点介绍聚束滤波消除多次波的方法。

1. 叠前去除多次波方法

1）预测反褶积

预测反褶积通常用于海洋地震数据衰减多次波，由于水层顶、底界面都有强烈的波阻抗差，产生于水层顶、底面的多次波非常发育。假设水层表面的反射系数为 -1，底部的反射系数为 R，水层顶底部的地震波旅行时间为 Δn，如果一次反射波的旅行时间为 T，则在水层里1个增加来回多次波的旅行时间为 $T+\Delta n$、振幅衰减为 $-R$。在水层的多次反射相当于在一次反射波后面增加了振幅分别是 $-2R$，$3R^2$，$-4R^3$，$5R^4$，……等一系列信号，其到达时间间隔为 Δn，这样水层的响应可以用序列 Ft 表示，为了消除水层混响设计一个滤波器 It，使得 $Ft*It=1$，这个滤波器称为序列 Ft 的反滤波器，又称为Backus滤波器。这样，对记录到的地震数据用这个反滤波器进行反褶积就可以消除水层的影响。

2）f—k 方法

f—k 方法通过二维傅里叶变换将地震数据从时间—空间（x，t）域变换到频率—波数（f，k）域以便区分一次波与多次波。对于固定视速度的地震波，在 f—k 域为一直线；例如，时间—空间域垂直地震波，对应 k 轴，视速度为0；时间—空间域水平地震波，对应 f 轴，视速度为∞。由于多次波视速度低于同时到达的一次反射波，在（f，k）域就能区分并衰减多次波。f—k 方法的算法简单，计算量较小，一直是地震数据处理的常用方法。但是，对于频率—波数域中信号与噪声分辨不是非常清晰的情形，f—k 方法的处理效果不能令人满意。如层间多次波、近偏移距处的多次波，由于一次波与多次波的时间差非常小，视速度难以区别，f—k 方法消除多次波的效果就不理想。

3）拉冬（Radon）变换消除多次波

简单的拉冬变换是对一个二维函数沿一条直线进行积分，该积分值是这条直线的方向 θ 和与其到原点的距离 l 的函数，即从二维平面（x，y）到柱平面（l，θ）的变换。Thorson和Claerbout（1985）引入了模型空间 u（τ，p）与数据空间 d（x，t）的概念，其中 τ 为零偏移距旅行时间、p 为速度的倒数（慢度）、x 为炮检距、t 为旅行时间，从而模型空间成为数据空间的拉冬变换域。通过拉冬变换，记录的地震数据构成的数据空间中的同相轴在模型空间中被变换为一些离散的突起点。重构的地震数据是由拉冬反变换所构成。在拉冬变换域通过一次波与多次波慢度和零偏移距旅行时的差异，区分并消除多次波。但是，有限的采样率及有限的炮检距范围导致拉冬反变换所构成的数据与记录数据有效信号的失真。为此，Hampson引入了抛物型近似算法，将通常的双曲型时距曲线，用没有物理意义的抛物型参数曲线代替。然后，再做傅里叶变换，将问题转化为在频率域估计模型，增加了重构的稳定性，减少了计算量。Foster和Mosher发展了广义拉冬变换理论，进一步将双曲型时距曲线用一般的函数曲线代替，与Hampson算法一样在频率域实现了对模型的估计，他们的算法在实际资料的处理中取得了好的效果。

2. 聚束滤波方法

1）聚束滤波方法原理

聚束滤波方法在信号处理领域已有很长的发展史。Shumway 和 Dean 正式给出了最小方差、无偏（MVU）聚束滤波方法的统计学基础。Cox 等人系统地综述了聚束滤波方法。White 应用 MVU 聚束滤波方法从勘探资料中提取出一次反射信号。胡天跃等人详细讨论了聚束滤波方法原理及其在地震勘探数据处理中的应用。

聚束滤波是一种多道滤波方法，它能够在输出噪声能量为最小的前提下，提取无畸变的信号。自适应聚束滤波方法在提取信号的过程中，估计出信号与噪声的特性。

为了将一次波与相关噪声分开，聚束滤波中的数据模型可以按照信号 $\boldsymbol{s}$，相关噪声 $\boldsymbol{v}$ 和随机噪声 $\boldsymbol{u}$ 表述为：

$$\boldsymbol{x}=\boldsymbol{B}\boldsymbol{s}+\boldsymbol{C}\boldsymbol{v}+\boldsymbol{u} \tag{3-71}$$

式中 $\boldsymbol{B}=b_{kl}\exp(-2\pi i f\tau_{kl}^{(s)}-i\theta_{kl}^{(s)})$；

$\boldsymbol{C}=c_{km}\exp(-2\pi i f\tau_{km}^{(v)}-i\theta_{km}^{(v)})$；

b_{kl}，$\theta_{kl}^{(s)}$ 和 $\tau_{kl}^{(s)}$——分别是第 l 个有效信号在第 k 道上的振幅、相位和时间延迟；

c_{km}，$\theta_{km}^{(v)}$ 和 $\tau_{km}^{(v)}$——分别是第 m 个相关噪声在第 k 道上的振幅、相位和时间延迟。

聚束滤波方法的基本设计准则是最小方差、无偏，即满足以下两个条件：

（1）无信号（一次波）畸变；

（2）输出噪声能量为最小。

对于消除相关噪声的聚束滤波方法的约束条件是：

（1）相关噪声（多次波）的零或最小响应；

（2）控制随机噪声的增益。

这个多约束问题的解或滤波器是：

$$\boldsymbol{H}=\boldsymbol{G}(\boldsymbol{A}^H\boldsymbol{Q}^{-1}\boldsymbol{A})^{-1}\boldsymbol{A}^H\boldsymbol{Q}^{-1} \tag{3-72}$$

其中 $\boldsymbol{G}=(\boldsymbol{I},\ \boldsymbol{0})$，$\boldsymbol{A}=(\boldsymbol{B},\ \boldsymbol{C})$，$\boldsymbol{Q}=E[\mathrm{uu}]^H$ 及 E 表示估计值；$\boldsymbol{I}$ 是一个单位矩阵，$\boldsymbol{0}$ 是一个零矩阵。如果随机噪声是正态分布的，并且在每道能量相同，即 $\boldsymbol{Q}=\sigma^2\boldsymbol{I}$，那么信号可由下式估计出：

$$\hat{\boldsymbol{s}}=\boldsymbol{G}(\boldsymbol{A}^H\boldsymbol{A})^{-1}\boldsymbol{A}^H\boldsymbol{x} \tag{3-73}$$

2）自适应聚束滤波

自适应聚束滤波方法通过多次循环处理的方式分别估计信号的振幅、相位和时间延迟。采用等振幅、零相位偏移的模型获得初始的估计。然后，在频率—波数域根据估计模型进行滤波，反傅里叶变换后得到去规则噪声的地震记录。根据参数曲线拟合的方法循环获取滤波后的信号。原始信号为动校后的共中心点（CMP）道集及叠加速度场、有效信号和多次波的时间延迟随炮检距变化的初值。

初始模型的时间延迟是从假设所有道都是等振幅及零相位移动估计出来的，对估计出的信号进行傅里叶反变换就可以给出每个信号的波形。地震记录与初始估计模型之差就是第一个循环的残余值。这个残余值中包含了初始模型的拟合差，该拟合差含有修正模型所需的信息。

为了估计每一个信号在每一道的振幅与时间延迟，用拟合差修正振幅信息，用估计出的这个信号波形与地震记录道互相关修正时间延迟。用修正后的新模型再进行滤波处理，让循环的残余值趋于最小。在修正信号参数的时候，首先处理最强的信号。在修正了残余值之后，再处理次强的信号。这样由强到弱的处理顺序，可以减小强信号对弱信号的干扰。

每个信号的互相关在其包络线的峰值处会在每一道上得到相对振幅、时间延迟与相位移动。对噪声引起的振幅偏移根据 White 的公式进行校正。

Taner 和 Koehler 给出了多层模型一次反射波的旅行时间——炮检距关系公式：

$$t_{kj}^2 = t_{0,j}^2 + \frac{x_k^2}{v_{\mathrm{RMS},j}^2} + c_3 x_k^4 \tag{3-74}$$

其中旅行时间 t_{kj} （$= t_{0,j} + \tau_{kj}$）可以从估计时间延迟 τ_{kj} 获得；x_k是第 k 道的炮检距，非双曲型参数 c_3为：

$$c_3 = \frac{1}{4(t_{0,j}^0)^2(v_{\mathrm{RMS},j}^0)^4}\left[1 - \frac{2\sum_{l=1}^{n} d_l^0 (v_{\mathrm{INT},l}^0)^3}{t_{0,j}^0 (v_{\mathrm{RMS},j}^0)^4}\right] \tag{3-75}$$

这里，上标 0 表示初值，下标 j 指第 j 个信号；d_l 和 $v_{\mathrm{INT},l}$分别是第 l 层的厚度与层内速度。初始的零偏移距双程旅行时间 $t_{0,j}^0$ 和均方根速度 $v_{\mathrm{RMS},j}^0$ 是由速度谱估计的。将 $t_{0,j}^0$ 和 $v_{\mathrm{RMS},j}^0$代入 Dix 公式以计算出层参数 d_l^0 和 $v_{\mathrm{RMS},j}^0$。

式（3－74）中的非双曲型项 $c_3 x_k^4$实际上是对双曲回归的 1 个修正项。经过非双曲校正后，运用对 t^2—x^2 的双曲回归就可以给出 $t_{0,j}$ 和 $v_{\mathrm{RMS},j}$。这样，从这两个参数就可以计算出新的旅行时间；同时时间延迟 τ_{kj} 也修正了。

根据 Walden 公式，第 j 个信号的振幅为：

$$a_{kj}(x_k) = A_j + B_j \frac{x_k^2}{t_{0,j}^2 v_{\mathrm{RMS},j}^2 + x_k^2} \tag{3-76}$$

式中 A_j——垂直入射或零偏移距的振幅；

B_j——1 个与分界面两侧介质的泊松比、密度相关的参数；

$t_{0,j}^2$ 和 $v_{\mathrm{RMS},j}^2$——通过回归计算得到的已知参数。

对式（3－76）运用强制性的回归方法就可以估计出参数 A_j 和 B_j。再将估计得到的参数 A_j 和 B_j 代入到公式（3－76）中就可以修正振幅值。

采用多项式来对相位回归，即：

$$\theta_{kj} = c_{0,j} + c_{1,j} x_k + c_{2,j} x_k^2$$

式中 $c_{0,j}$、$c_{1,j}$ 和 $c_{2,j}$——与第 j 个信号相关的参数。

类似地，修正的相位 θ_{kj} 可以通过重新计算得到。

3）三维聚束滤波方法

对于三维地震数据而言，由于产生多次波的界面不一定是水平面，甚至于也不再垂直于地表面，对于利用时间差来区分一次波与多次波的聚束滤波方法，就需要考虑由此而来的相同炮检距道中方位角不同的一次波与多次波特性。首先将方位角进行分区，在 1 个给定的分区内，可以近似认为一次波与多次波具有相同的性质，这样，可以在误差允许的范围内简化问题，得到一个简洁、有效的消除多次波方法。

（1）时距曲面

在 1 个相对较小的方位角分区内，三维问题可以简化为仅考虑随炮检距变化的旅行时间曲线，即三维双曲时距曲面在一定的方位角内化为二维的时距曲线。然而，在该方位角里的 1 个面元中，不同的地震道可能对应非常接近甚至于相同的炮检距，如果将这样的数据直接用于聚束滤波方法，就可能因不同地震道具有相同的时距曲线而导致严重的奇异性。

为此，需要对面元数据进行必要的预处理，对面元的相邻道进行叠加就是消除相同或相近偏移距道的一种简便、有效的方法。

在三维情况下，侧面产生的多次波等相关噪声在不同方位角有不同特性，而且，时距关系也从简单的二维双曲时距曲线变成了较复杂的三维双曲时距曲面。为了在三维地震数据中更好地描述一次波与多次波的时间特性，采用四个参数（零偏移距双程旅行时间、速度、倾角与方位角）来确定一次波与多次波三维动校正双曲时距曲面。前两个参数与二维时距曲线相同是基本参数，后两个是对三维时距关系的修正。方位角可以通过观测系统得到。对于具有倾角地层的复杂构造，为了使得实际地质情况与模型最优拟合，通过对几个给定倾角的尝试，采用最优动校正时距曲线与实际时距曲线最佳拟合来确定地层倾角。

（2）按方位角分区

在三维地震数据处理中，CDP 点被 CDP 面元所代替。由于没有共偏移距与方位角的概念，就把具有同一个地下反射点范围的地震道看作为一个 CDP 面元，一个面元内的数据被看作一个整体处理。由于三维地震勘探中每一个 CDP 面元的覆盖次数是纵、横向覆盖次数的乘积，在覆盖次数高的地方，如果同时用一个模型四个参数来拟合一个 CDP 面元中来自各个方位角的道数，面临着巨大计算量而且计算结果不稳定。在实际处理过程中，需要对方位角进行分区，这样，在一个相对较小的方位角区内，三维双曲时距曲面简化为二维的双曲线的时距曲线。通过按方位角处理减少同一个面元中处理的道数。同一个面元中的道数经方位角分区以后，同一个区的所有道都投影到一条参考线上，从而把三维时距曲面简化为二维时距曲线。

按方位角分区以后，每一个区内覆盖次数会大幅度降低，在某些区域内道数太少影响了消除多次波的效果。为了弥补覆盖次数的不足，我们引入动态平衡面元，当某区域内道数少于某个值时，通过借用相邻面元的道数获得足够的信息达到有效消除多次波的目的。

4）聚束滤波方法应用示例

图 3-25 为中国南海某测线，每炮 120 道、道间距 25m、采样率 4ms、道长 5s。海水

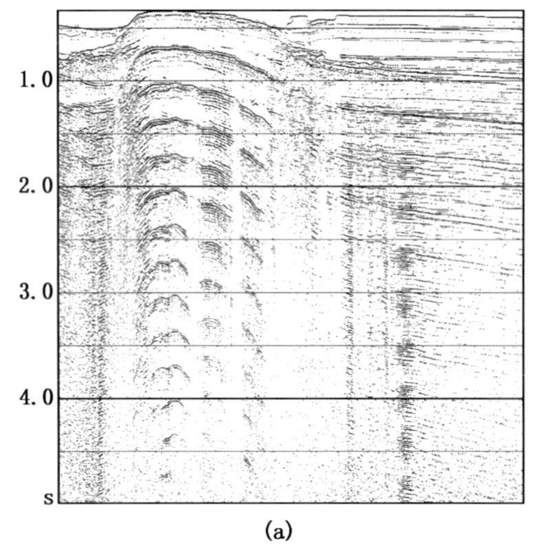

(a)

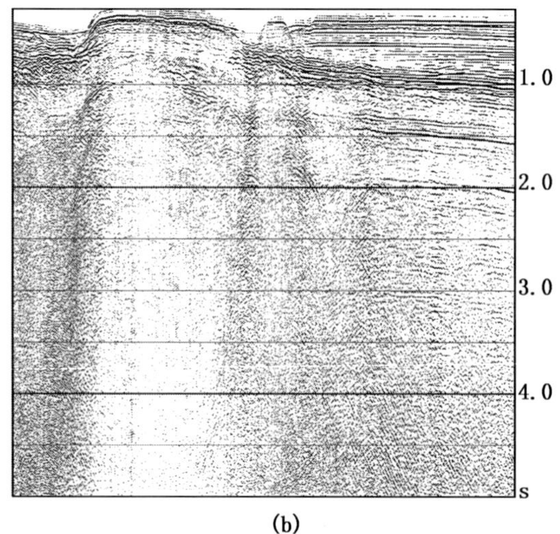

(b)

图 3-25　聚束滤波方法消除海洋地震多次波

深度在250m至380m的范围内。珊瑚礁产生了非常强烈的多次反射波。在最小共偏移距剖面上可以识别出达到13次的多次反射波，这样强烈的多次波不仅导致了叠加剖面上的虚假层位，而且还掩盖了真正的有效反射层。自适应聚束滤波方法在叠前有效地消除了这些多次反射波。

第三节　时频域大地吸收衰减补偿与反褶积技术

一、时频域大地吸收衰减补偿技术

地球介质在0～10km内基本满足非完全弹性介质条件，当地震波在该非完全弹性介质中传播时，地震波随传播距离的增加将引起振幅与频率的球面发散与吸收衰减，如图3-26所示。从实际的地震采集单炮数据（图3-27）和统计频谱分析（图3-28）也可明显看出地震波随传播距离（时间）的增加振幅衰减与频率吸收的作用，以及由于近地表引起的空间激发振幅与频率变化。

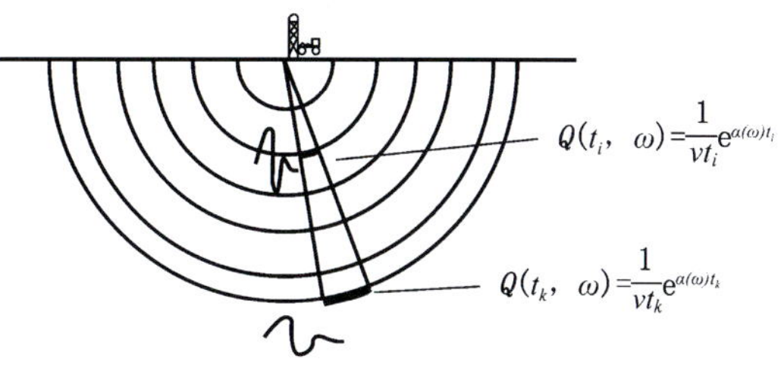

图3-26　实际地震波传播大地吸收衰减规律

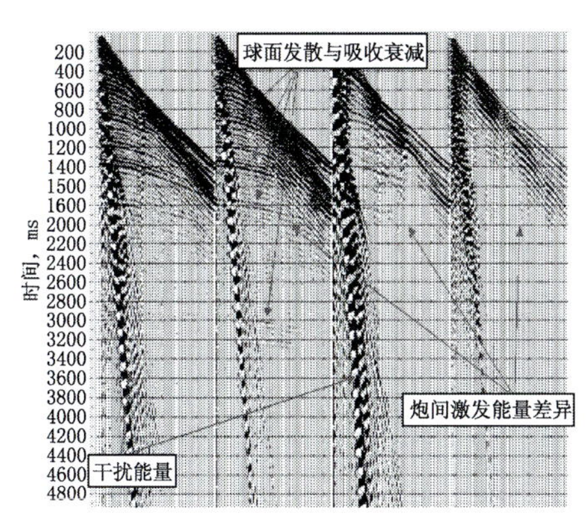

图3-27　四个原始炮集数据

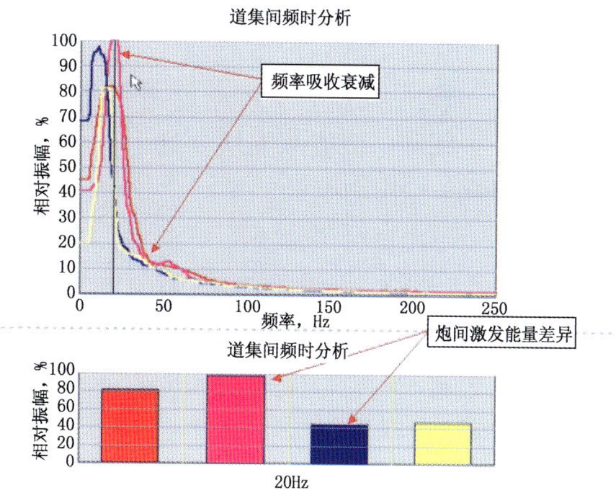

图3-28　四个原始炮集统计频率（上）和能量（下）分析

补偿的主要方法有以下几种。

1. 常规球面发散与吸收补偿

常规球面发散与吸收补偿计算公式：

$$A(t)=\frac{1}{v(t)\cdot t}e^{\alpha v(t)t} \tag{3-77}$$

式中　t——传播时间，取值范围从记录起始时间到记录结束时间；

v (t) ——区域速度，由用户提供或通过速度分析获得；

α——吸收系数，根据实际资料通过试验得到。

式（3－77）中，$\frac{1}{v(t)\cdot t}$是球面发散项，$e^{\alpha v(t)t}$是吸收衰减项，它们只是时间的函数，而与频率无关。因此，“常规球面发散与吸收衰减补偿”方法仅补偿随时间（传播距离）变化的振幅衰减，而不能补偿随频率变化的吸收衰减。

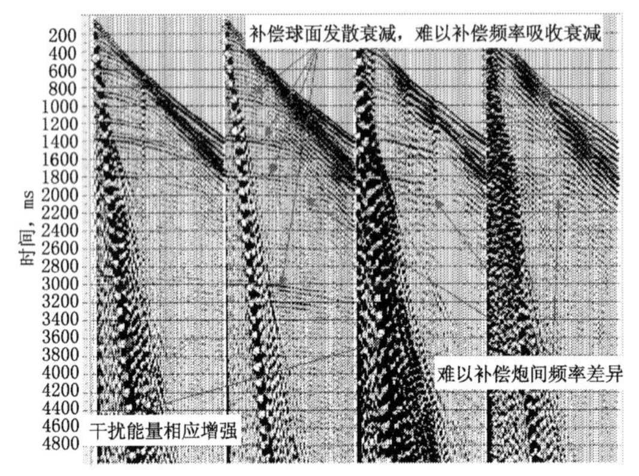

图3－29　常规球面发散与吸收补偿后炮集数据

图3－29给出了经过常规球面发散与吸收衰减补偿的炮集结果，从图3－27与图3－29可见该方法难以补偿时频域的吸收衰减，同时也难以消除炮间的激发频率能量差异。此外，在时间域补偿振幅的同时增强了低频干扰的能量。

2. 常规反Q滤波

根据Futterman模型（1962年），振幅衰减满足：

$$A(t,f)=A(0,f)e^{-\frac{\pi ft}{Q}} \qquad (3-78)$$

Hale（1982年）在此基础上提出反Q滤波方法：

$$H(t,f)=e^{\frac{\pi t}{Q}|f|+i\varphi(f)} \qquad (3-79)$$

式中　t——传播时间，取值范围从记录起始时间到记录结束时间；

Q——地层品质因子，通过Q扫描或由经验公式根据速度推算得到；

f——频率，取值范围从0到Nyquist频率；

$\varphi(f)$——相位因子。

式（3－79）表明“常规反Q滤波”方法可以在时频域补偿大地引起的振幅与频率衰减作用，但必须已知地层品质因子Q。然而实际上，地层品质因子Q是未知的，需要通过Q扫描试验求取近似值，同时也难以求取空变的Q信息。因此实际工作中，通常难以提供式（3－79）中空变的地层品质因子Q（t，x）。此外，由于通过扫描试验所获得的“Q（t，x）”不完全符合大地实际的衰减与吸收过程，从而也难以获得高分辨率的成像结果。图3－30给出了经过常规球面发散与吸收补偿后，再经Q补偿的炮集数据。可见，在常规球面发散与吸收补偿后，该方法可以补偿随时间的频率振幅吸收衰减影响，但无法消除炮间频率能量差异。除此之外，它也会相对增强炮间的干扰能量。

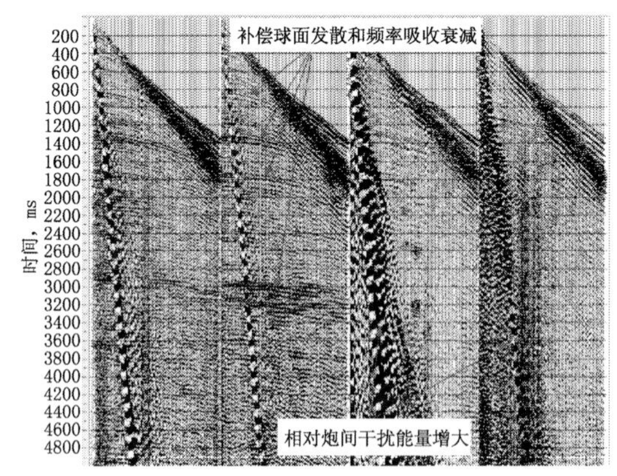

图3－30　常规球面发散与吸收补偿＋反Q滤波后炮集数据

3. 常规谱白化

常规谱白化计算公式：

$$y(t) = \sum_{n=1}^{N} AGC\{F_n[x(t)]\} \tag{3-80}$$

式中 $x(t)$ ——输入地震数据；

$y(t)$ ——输出的计算结果；

t——传播时间；

$F_n[\ ]$——第 n 个滤波因子；

$AGC\{\ \}$——自动增益；

N——滤波器个数。

该方法是在假设反射系数白噪的条件下，通过对分频数据进行自动增益（AGC）进而补偿振幅随时间与频率的吸收衰减。因此，对于实际数据而言，该方法不能保持反射系数的振幅关系，尽管一些软件在谱白化处理后采用振幅包络进行振幅保持，但仍存在振幅保真问题，特别是高频提升较大时，问题将明显增大。

图 3-31 给出了经常规球面发散与吸收补偿后，再经谱白化补偿的炮集数据。可见该方法可以补偿时间与频率的振幅吸收衰减影响，但无法保持子波与振幅能量的信息，因此该方法不能用于岩性地震勘探中。除此之外，它也会相对增强炮间的干扰能量。

4. 单道或多道反褶积

在地震数据处理中，对于激发子波的吸收衰减是通过时窗统计子波反褶积补偿的。因此，这类方法是基于时窗统计内平均条件下的时频补偿，难以较好逐点补偿振幅衰减与频率吸收：

$$\varepsilon = \sum_{t=1}^{L} [x(t) * d(t) - b(t)]^2 \tag{3-81}$$

式中 $x(t)$ ——输入地震数据；

t——传播时间；

$d(t)$ ——反褶积因子；

ε——能量误差；

$b(t)$ ——期望输出子波，由用户定义；

L——时窗长度，通过试验确定。

图 3-32 给出了经常规球面发散与吸收补偿 + 炮点统计反褶积的炮集数据。可见在球面发散补偿后，反褶积也难以完全补偿时频吸收衰减的作用。除此之外，它也会相对引起炮集内各道干扰能量的变化。

为了克服以上方法的不足，凌云等人研究开发了时频域吸收衰减补偿方法进行相对保持振幅的大地吸收衰减补偿。实现了满足地震波传播规律的时频域逐点补偿大地吸收衰减的新方法。

时频域球面发散与吸收衰减补偿方法计算步骤如下：

(1)采用小波变换将数据：

$$x_j(t) \rightarrow X_j(t, f) \tag{3-82}$$

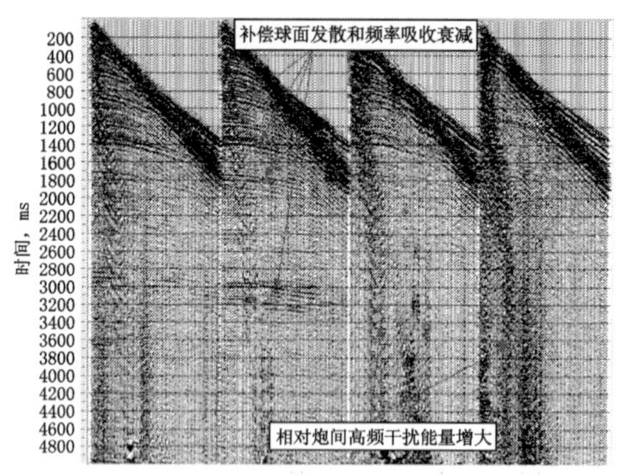

图 3－31 常规球面发散与吸收补偿+谱白化后炮集数据

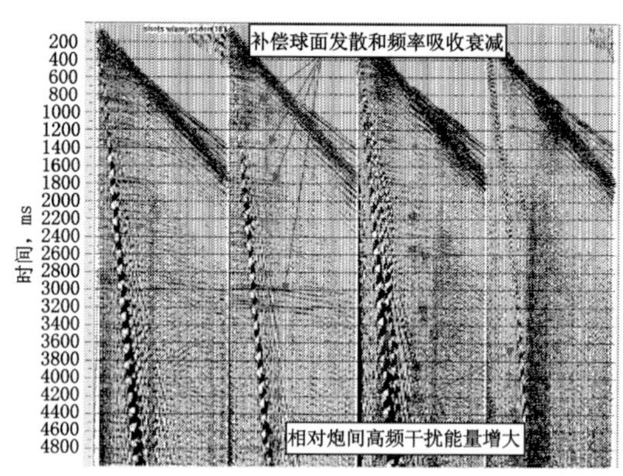

图 3－32 常规球面发散与吸收补偿+炮点统计及褶积后炮集数据

分解至时频域。

（2）采用最小二乘公式对每个时频域信号道拟合求取球面发散与吸收因子：

$$\varepsilon = \sum_{t \in \Omega} \{\ln A[X_j(t,f)] - \alpha_j(t,f)\}^2 \tag{3-83}$$

式中 $A[\cdot]$——时窗均方根振幅值。

$$\alpha_j(t,f) = \alpha_0^j(f) + \alpha_1^j(f)t + \cdots + \alpha_n^j(f)t^n \tag{3-84}$$

$$Q_j(t,f) = \mathrm{e}^{\alpha_j(t,f)}$$

（3）补偿与数据重建：

$$X_j(t,f) \cdot Q_j(t,f) \rightarrow x'_j(t) \tag{3-85}$$

该方法实现了时频域逐点补偿大地吸收衰减的影响，并且是相对保持振幅。图 3－27 是输入原始炮集数据的纯波显示，图 3－33 是经过时频域吸收衰减补偿后相应的炮集数据。图 3－27 中炮间存在明显的振幅与频率差异，同时也存在随时间（传播距离）增加的吸收衰减作用。对比补偿前后的炮集数据可以看出炮间差异明显消除了。此外，随时间变化的吸收衰减也得到较好的补偿。这表明时频域球面发散与吸收补偿较好地补偿了随时间与频率变化的吸收衰减，同时消除了空间激发差异。从图 3－29 与图 3－33 的比较可见，显然“时频域大地吸收衰减补偿”方法比原有方法更符合大地吸收衰减实际，从而获得了更高分辨率的炮集数据。除此之外，新方法由于采用时频域补偿，从而可以较好地回避面波干扰能量的影响，并且可以较好地消除近地表引起的激发炮间能量差异。

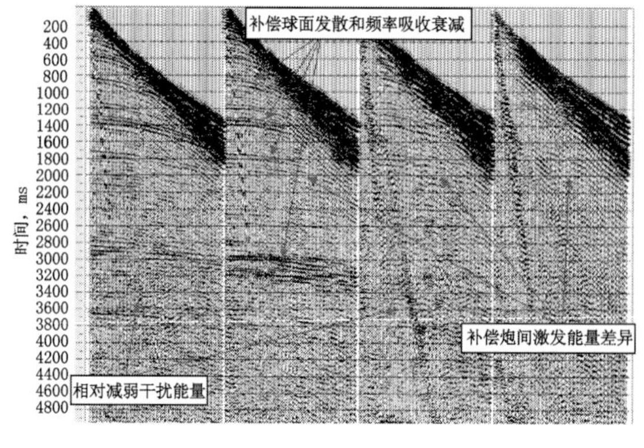

图 3－33 时频域吸收衰减补偿后炮集数据

图 3－34 是实际地震数据的纯波叠加

结果，球面发散与大地吸收衰减的影响十分明显，即浅层反射频率高，振幅强；而深层反射振幅弱，频率低。图 3－35 为经过常规球面发散与吸收衰减补偿的叠加结果，可见振幅的衰减得到了较好补偿，但由于式（3－77）中不含频率补偿项，因此无法补偿频率的吸收衰减。经时频域吸收衰减补偿处理后的叠加剖面如图 3－36 所示。处理结果明显地补偿了大地球面发散与吸收衰减的影响，并提高了地震数据的成像分辨率。该方法较好地实现了时频域逐点补偿球面发散与大地吸收衰减的影响以及近地表引起的激发差异，并且相对保持振幅。但该方法不能补偿激发子波的变化。因此在应用该方法后，再采用地表一致性反褶积将可以达到时频域振幅与子波的补偿效果。

二、各种反褶积技术

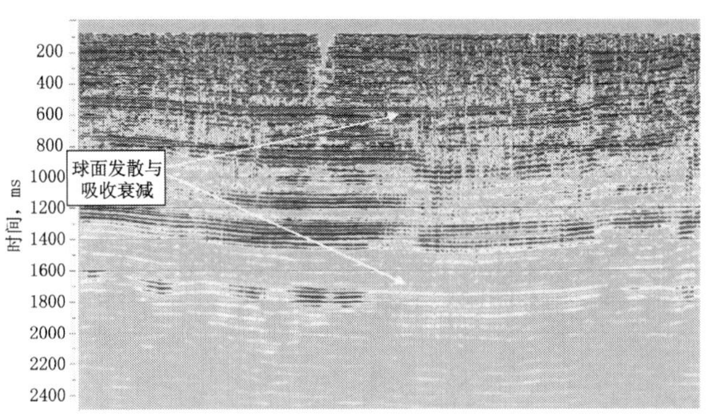

图 3－34　纯波叠加结果

反褶积的基本原理基于地震波的传播过程是 1 个线性系统，符合褶积模型。即地震数据是由 1 个子波与反射系数序列褶积，再加上一些随机噪声而构成的。从地震勘探的角度，地层是由具有不同物理性质的岩石层组成的。岩石层的地震属性由密度及地震波传播速度确定。密度与速度的乘积称为地震波阻抗。地震波在相邻岩石层界面处因阻抗差产生反射，被沿地表的测线布设的检波器接收。这样，记录到的地震波可表示为 1 个褶积模型，即地层脉冲响应与地震子波的褶积。反褶积是通过压缩基本地震子波以提高地震记录的时间分辨率的过程。反褶积能产生更高的时间分辨率剖面。因为，地层反射系数序列本身具有足够的分辨率，只要去掉子波的影响，就能达到提高数据分辨率的目的，理想的反褶积是在地震记录中只保留地层反射系数。

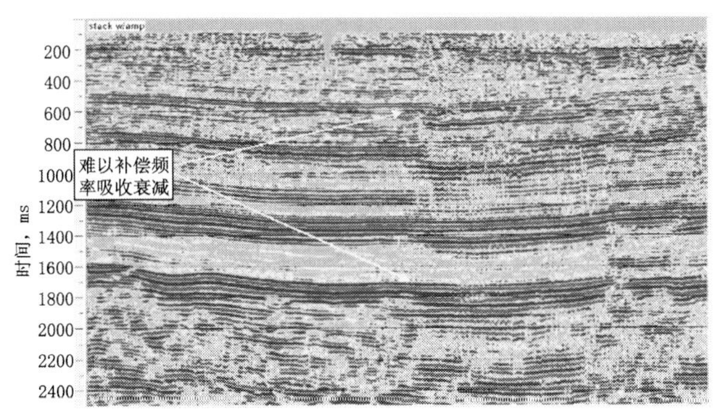

图 3－35　常规吸收衰减补偿叠加结果

反褶积方法是随着人们对地震数据分辨率的追求而发展、丰富起来的。目前的反褶积方法可以分为两类：第一类是以预测反褶积为代表的方法，具有两个基本的假设条件，即地震子波是最小相位的，反射系数序列是随机的不相关序列；第二类是不对地震子波的相位做任何假设的反褶积方法，如最优混合相位反褶积、同态反褶积、最小熵反褶积等。下面分别简要介绍一下这些反褶积方法。

1. 脉冲反褶积与预测反褶积

脉冲反褶积的期望输出是零延迟尖脉冲。其目的是将输出地震道的频谱展平。由于要

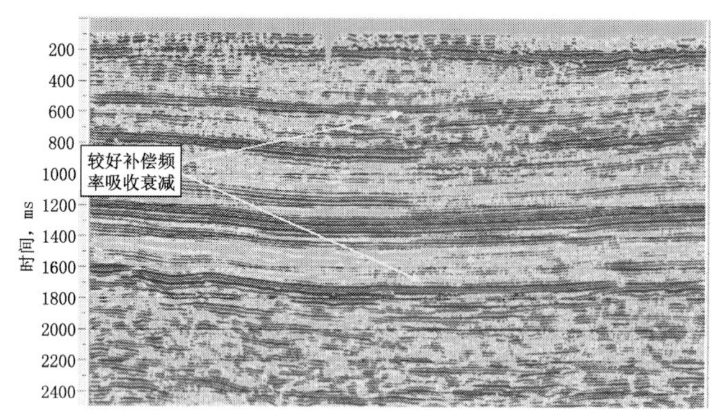

图 3－36　时频域吸收衰减补偿叠加结果

将地震子波压缩为零延迟尖脉冲，所以，反褶积算子要求是严格的最小相位子波的逆。要注意的是，脉冲反褶积算子是输入子波最小相位情况下对应的逆，实际地震子波往往不是最小相位的，因而脉冲反褶积的输出结果常常不是所期望的。

预测反褶积，是为了消除长、短周期的多次波及混响对一次波的影响。其做法是，根据一次波预测多次波及混响，然后从地震数据中消除掉。如果认为多次波及混响是可以预测的，反射系数是不可预测的，不难得出，预测误差就是期望的反射系数序列输出。

给定输入序列 $x(t)$，需要预测它在某一将来 $(t+\alpha)$ 的值。这里 α 是预测步长。由于期望输出是时间提前的输入序列，可以用下面的方程求解预测滤波器：

$$\begin{bmatrix} r_0 & r_1 & r_2 & \cdots & r_{n-1} \\ r_1 & r_0 & r_1 & \cdots & r_{n-2} \\ r_2 & r_1 & r_0 & \cdots & r_{n-3} \\ r_{n-1} & r_{n-2} & r_{n-3} & \cdots & r_0 \end{bmatrix} \begin{bmatrix} a_0 \\ a_1 \\ a_2 \\ a_{n-1} \end{bmatrix} = \begin{bmatrix} r_\alpha \\ r_{\alpha+1} \\ r_{\alpha+2} \\ \vdots \\ r_{\alpha+n-1} \end{bmatrix} \tag{3-86}$$

式中　α——预测步长；

r_i——输入子波第 i 个样点自相关的值；

a_i——预测反褶积滤波器序列，$i=0, 1, \cdots, n-1$。

在地震数据处理中，常常用到预测反褶积。其目的在于压缩地震子波，从而提高时间分辨率。在做预测反褶积时，算子长度、预测步长及预白噪百分比直接影响反褶积效果。由于地震子波具有时变特性，算子长度选取的影响较大。短算子产生小振幅尖脉冲。预测步长对反褶积的效果也有较大的影响。在无噪声条件下，预测反褶积输出的分辨率可调节预测步长控制。小的预测步长意味着较高的分辨率，而较大的预测步长意味着较低的分辨率。当预测步长为 1 时，就变成脉冲反褶积。随着预测步长的增加，输出频谱的宽度越来越窄，大的预测步长压制高频噪声能力增大。虽然改变预白噪的功效与改变预测步长相似，即随着预白噪百分比的增加，谱的宽度减小。但它的影响不易控制。因此，改变预白噪可避免在解 Zoeplitz 矩阵时出现数值不稳定。

脉冲反褶积与预测反褶积仍是当前地震数据反褶积处理的主流技术，在实际应用中多与地表一致性、多道集、两步法（炮集与检波点道集）、分频多尺度道集相结合，构成多种应用效果较好的反褶积技术。

2. 同态反褶积与最小熵反褶积

同态反褶积是由 Oppenheim 最先提出的，它即不需要假设地震子波是最小相位的，也不需要假设反射系数的白噪性质。它主要是通过对地震记录频谱取对数，将褶积运算（时间域）变成相加运算（复赛谱），把地震子波与反射系数分离开，因而这种方法又叫做对数分解法或复赛谱法。同态反褶积的原理如下：

地震记录 x_i（t）是由地震子波 b_i（t）与反射系数 r_i（t）褶积形成，即：

$$x_i(t) = b_i(t) * r_i(t) \qquad (i = 1,2,\cdots,N) \tag{3-87}$$

将式（3－87）进行傅里叶变换：

$$X_i(\omega) = B_i(\omega) \cdot R_i(\omega) \qquad (i = 1,2,\cdots,N) \tag{3-88}$$

对式（3－88）两边取对数，有：

$$\ln X_i(\omega) = \ln B_i(\omega) + \ln R_i(\omega) \tag{3-89}$$

式中 $\ln X_i$（ω），$\ln B_i$（ω），$\ln R_i$（ω）——分别为地震记录 x_i（t），地震子波 b_i（t）和反射系数 r_i（t）的对数谱。

将式（3－89）进行多道平均，则有：

$$\frac{1}{N}\sum_{i=1}^{N}\ln X_i(\omega) = \frac{1}{N}\sum_{i=1}^{N}\ln B_i(\omega) + \frac{1}{N}\sum_{i=1}^{N}\ln R_i(\omega) \tag{3-90}$$

虽然不能对地震子波 b_i（t）给出精确的描述，但可以认为它是 1 个比较光滑的、有一稳定视周期的、衰减较快的短时间序列。因此可以认为地震子波 b_i（t）相对稳定、近似不变，故认为 $\ln B$（ω）也是近似不变的，所以有：

$$\frac{1}{N}\sum_{i=1}^{N}\ln B_i(\omega) = \ln B(\omega)$$

相对子波而言，反射系数序列则是 1 个比较长的很不光滑的脉冲串，因此可以认为反射系数 r_i（t）是随机的，所以认为 $\ln R_i$（ω）也是随机的，故当 N 足够大时有：

$$\frac{1}{N}\sum_{i=1}^{N}\ln R_i(\omega) \to 0$$

代入式（3－90）可得：

$$\frac{1}{N}\sum_{i=1}^{N}\ln X_i(\omega) \approx \frac{1}{N}\ln B_i(\omega) = \ln B(\omega) \tag{3-91}$$

对式（3－90）进行指数变换和逆傅里叶变换，就可估计出期望的地震子波 b（t）。

即：$$\ln B(\omega) \xrightarrow{\exp} e^{\ln B(\omega)} = B(\omega) \xrightarrow{IFT} b(t)$$

根据子波，就可以求出滤波因子，进而对地震记录进行褶积。虽然同态反褶积方法不需要假设地震子波是最小相位的，但是同态反褶积要求子波以低频为主，反射系数以高频为主，从而在复赛谱上能够将二者分离，得到地震子波，事实上，二者是部分重合的，因此不能够将二者完全分离，因而有时难以获得理想的结果。

最小熵反褶积是由 Wiggins 提出的，它的反褶积模型基于期望输出的信号是由几个尖脉冲组成，各尖脉冲间的时间间隔不同，但震源子波的波形却始终保持不变。最小熵反褶积的目的就是试图找出 1 个反褶积因子 h（t），当与输入地震记录 x（t）褶积后，使输出结果 $y(t) = h(t) * x(t)$ 具有“简单的”外形。所谓“简单的”外形是指每个地震记录的期望输出都是由少数几个大的尖脉冲所组成，但其符号及位置是未知的，且它们之间被一些近于零值的项所分开。这种处理可使地震信号最有序，也就是使信号的熵达到最小。最小熵反褶积滤波算子的求取需要解 1 个高次非线性方程组。因此存在多极值问题，而且最小熵反褶积要求反射系数稀疏，这在实际地震记录中不能完全满足，丢失了弱信号。

随着人们对地震资料分辨率不断提高的要求，近年出现了神经网络子波反褶积、分形反褶积等新技术。

神经网络子波反褶积的特点是利用神经网络技术求取反子波，即根据子波自动给出期望输出，然后利用此期望输出训练网络得到反子波。

分形反褶积是把标度地质学的概念引到地震信号处理之中，在标度与分形领域里结合自组织理论，用数学表达式论证了地质学与地震学的统一，使地震信号反褶积赋予实际的地质约束。虽然这两种方法都不用对地震子波及反射系数做任何假设，但由于神经网络这种非线性方法的计算能力较弱，分形在数据统计性方面的缺陷，使其尚未成为成熟的反褶积技术。

3. 混合相位反褶积

在许多情形下子波是未知的，人们只能使用其自相关函数的一个估计。假定反射系数序列是白化的，并且与噪声不相关，则可从地震道中获取脉冲的自相关函数估计。接着，通过这个自相关函数，计算出 1 个最小相位的反滤波器。如果子波是最小相位的，则这个滤波器是最佳的。通过计算反滤波器的自相关函数及求解相应的方程组，也可获得最小相位子波的一个估计。

实际地震子波多为混合相位的，混合相位反褶积的设计思想是首先求取与实际地震子波最匹配的混合相位子波，然后再求得混合相位子波的反子波滤波器，用这个滤波器与实际地震道褶积，就实现了混合相位反褶积。

第一个要解决的问题是求得未知的混合相位子波，一个实用的方法（Porsani 和 Ursin，1998）是将 1 个混合延迟子波分解为最小延迟与最大延迟两个分量，考虑 1 个实际的、因果的混合延迟脉冲 $p_t=\{p_0,\cdots,p_N\}$的 z 变换：

$$P(z)=\sum_{j=0}^{N}p_jz^j \tag{3-92}$$

假定 P（z）在单位圆上没有零点，在单位圆内有 β 个零点，而在单位圆外有 $N-\beta$ 个零点。于是 P（z）可被分解为 1 个最小相位分量 A（z）和 1 个最大相位分量 $z^{-\beta}B$（z^{-1}），如下所示：

$$P(z)=\hat{p}_0A(z)z^{-\beta}B(z^{-1}) \tag{3-93}$$

式中，$\hat{p}_0$ 是由下式定义的 $\hat{p}_t$ 最小相位延迟脉冲的第一个样点：

$$A(z)=1+a_1z+\cdots+a_{N-\beta}z^{N-\beta} \tag{3-94}$$

$$B(z^{-1})=1+b_1z^{-1}+\cdots+b_{\beta}z^{-\beta} \tag{3-95}$$

与 p_t具有相同振幅谱（即自相关函数）的最小延迟脉冲是 $\hat{p}_t=\{\hat{p}_0,\hat{p}_1,\cdots,\hat{p}_N\}$，它由下式给出：

$$\hat{p}_t=\hat{p}_0a_t*b_t \tag{3-96}$$

其 z 变换为 ：

$$\hat{P}(z)=\hat{p}_0A(z)B(z) \tag{3-97}$$

从式（3－93）可得

$$P(z)=\hat{P}(z)\frac{z^{-\beta}B(z^{-1})}{B(z)} \tag{3-98}$$

即，混合延迟脉冲是最小延迟脉冲与 1 个全通滤波器的褶积。

最小延迟脉冲 $\hat{p}_t$ 的反向滤波器 $\hat{h}_1$ 的 z 变换是稳定的且因果的：

$$\hat{H}(z)=\frac{1}{\hat{P}(z)}=\frac{1}{\hat{p}_0}\frac{1}{A(z)}\frac{1}{B(z)} \tag{3-99}$$

$$H(z)=\hat{H}(z)\frac{B(z)}{z^{-\beta}B(z^{-1})} \tag{3-100}$$

即，这个混合相位反滤波器等于 1 个最小相位反滤波器与 1 个全通滤波器的褶积。

因为脉冲反褶积可以确定实际子波的最小相位反滤波器，同时也能求得与实际子波对应的最小相位子波。现在问题转化为求取式（3－100）中的全通滤波器。

事实上，全通滤波器仅与最大相位分量有关，只需将最小相位子波的单位圆外的零点依次变换到单位圆内，当这个变换关于单位圆对称时，它们的振幅谱保持不变，其变化的只是相位，每一个单位圆对称的零点变换都对应一个不同相位的混合相位子波。因为实际子波是有限长度的，所以零点变换有限次可以穷尽。与实际子波匹配最好的混合相位子波一定是其中某一个，目标是把它找出来。

这里有两情况必须考虑到：其一，当子波的零点恰好落在单位圆上，既不在单位圆内又不在单位圆外时。其二，与实际子波匹配最好的准则定义，显然常用的最小方差法不适用，因为所有的混合相位子波其振幅谱相同。对于第一种情况解决的办法是给子波的自相关函数加一点扰动，使零点偏离单位圆。第二种情况的解决办法是用高阶范数定义匹配准则，Porsani 和 Ursin 用的是 5 阶范数，为了让反褶积的结果能量向强反射系数集中，我们选择了最小熵作为准则，其效果也很好。

实际上要穷尽所有的混合相位子波的做法要花费大量的计算时间，Yule－Walker 双循环解 Zoeplitz 矩阵方法可快速实现。该方法实际应用中要考虑到子波的时空变化，多道集与分时窗处理是十分必要的。此外，混合相位反滤波器对原始资料的信噪比要求较高，求取低信噪比资料反滤波算子的算法不稳定。尽管如此，混合相位反褶积仍是反褶积处理中效果显著的一种方法。

下面介绍混合相位反褶积实例。

（1）理论地震道模型见图 3－37。

应用谱模拟的方法，根据地震道的振幅谱，模拟出子波的振幅谱，图 3－38 是模拟的子波与实际混合相位子波的振幅谱。

从图 3－39 可以看出，混合相位反褶积法恢复出来的子波与原始子波基本相同，而最小相位法恢复出来的子波则误差较大。

从反褶积后的输出地震道（图 3－40）可以看出，利用混合相位反褶积后的结果优于最小相位反褶积后的结果。

（2）实际叠前炮集地震数据处理效果。

图 3－43（a）是某地区的 1 张单炮记录，该记录是 2ms 采样，40 道接收，1501 个采样点，首先通过地震道的振幅谱拟合出子波的振幅谱，图 3－41 是拟合的子波振幅谱与原始地震道的振幅谱。

利用最小相位反褶积法与混合相位反褶积法得到的反褶积算子，恢复的子波如图 3－42 所示，图 3－42（a）为用最小相位反褶积法得到的最小相位子波，图 3－42（b）为用混合相位反褶积法得到的混合相位子波，用最小相位反褶积、混合相位反褶积算子对整个地震

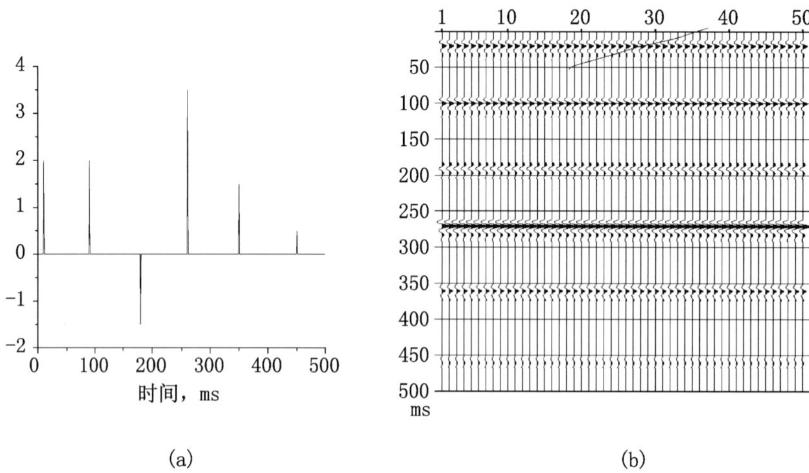

(a)　　　　(b)

图3－37　反射系数序列与理论地震道模型

(a) 反射系数序列，有6个地层的反射系数；(b) 反射系数序列与图3－39中原始混合相位子波的褶积地震道模型，横轴为地震道，道距10m

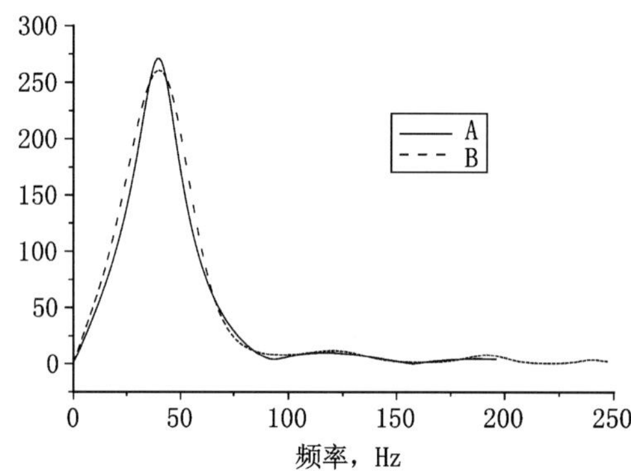

图3－38　实际混合相位子波的振幅谱（A）与模拟子波振幅谱（B）

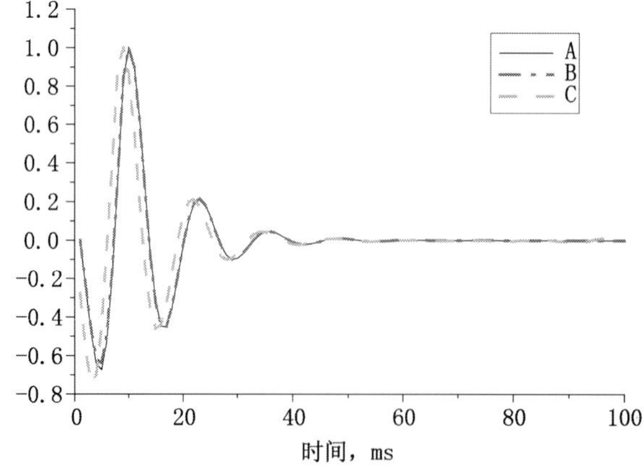

图3－39　原始混合相位子波（A）、求取的混合相位子波（B）及求取的最小相位子波（C）

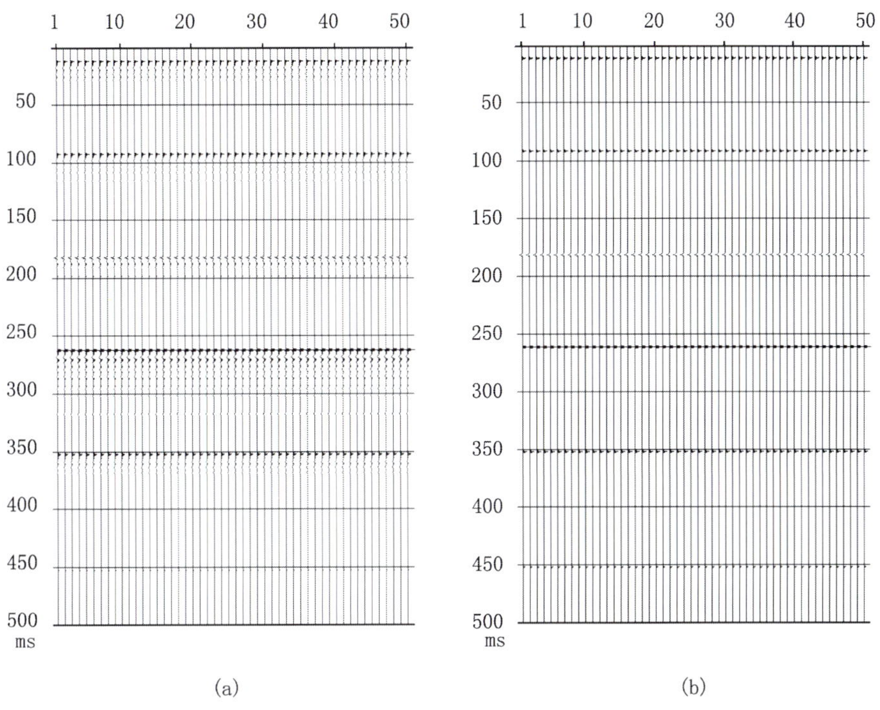

图 3－40　对图 3－37（b）中地震道做最小相位反褶积和混合相位反褶积的结果对比

（a）最小相位反褶积结果；（b）混合相位反褶积结果；横轴为地震道，道距 10m

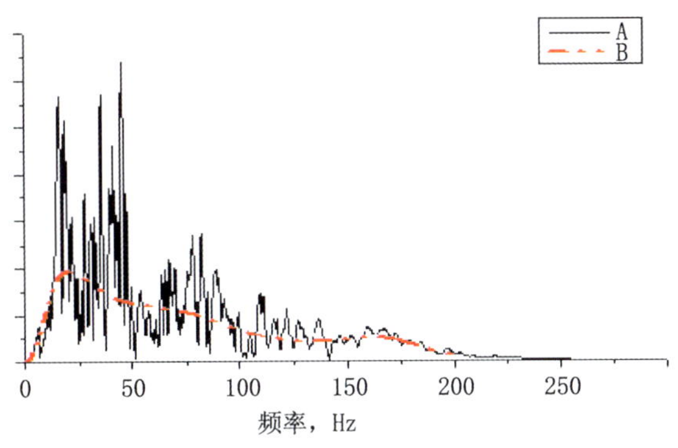

图 3－41　地震道的振幅谱（A）与拟合的子波振幅谱（B）

道进行褶积，得到如图 3－43 所示的（b）和（c），可以看出，利用混合相位反褶积法得到的地震道高频成分明显增多，同相轴变细，连续性提高，能够将复合波分离，分辨率较原始地震道和利用最小相位反褶积后的地震道都有改进。

（3）叠后地震剖面应用效果。

图 3－46（a）某地区的叠后资料，该剖面共 200 道，道间距 25m，时间长度 2000ms。

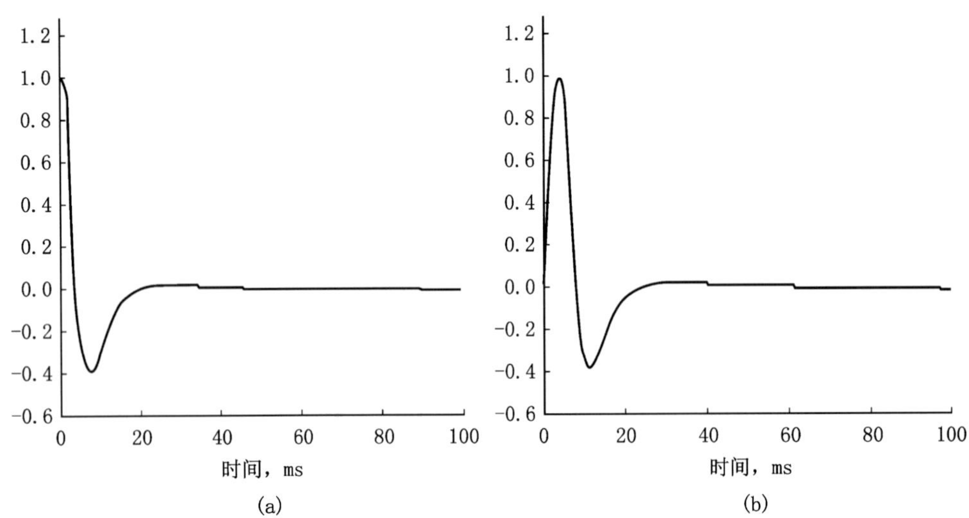

图 3－42 最小相位反褶积得到的子波与混合相位反褶积法得到的子波

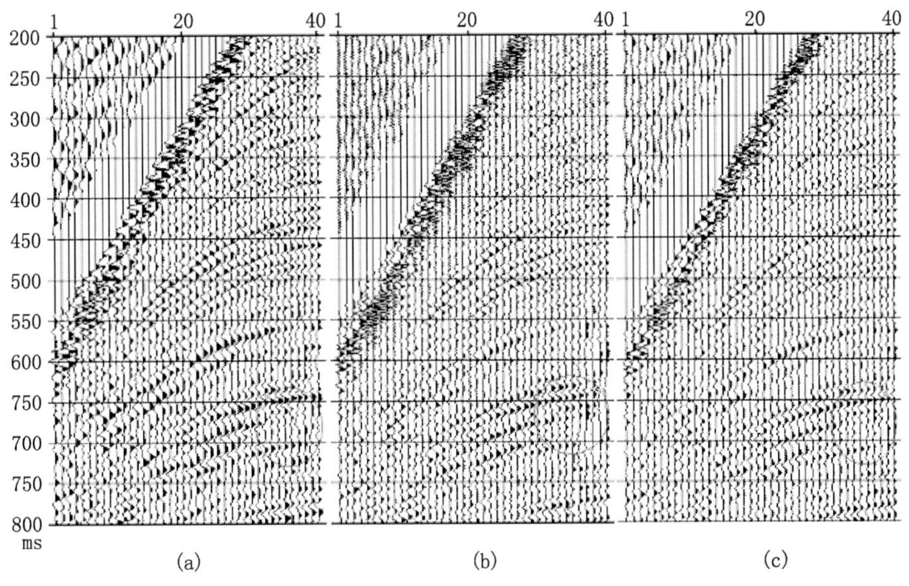

图 3－43 某叠前资料的最小相位反褶积、混合相位反褶积结果

横轴为地震道，道距 25m

经过反褶积处理后，对频谱有所拓宽，主频明显向高频方向移动（图 3－44）。

比较原始资料以及通过最小相位与混合相位反褶积处理（图 3－45 为混合相位反褶积法和最小相位反褶积法得到的子波）后的资料如图 3－46（b）、（c）所示，可见处理后在 1100～1200ms 处，存在 1 个透镜状的构造，而在原剖面难以分辨。另外在 1300～1400ms 附近，经过最小相位与混合相位反褶积处理过后的资料分辨率明显提高，且混合相位反褶积处理的剖面更清晰。

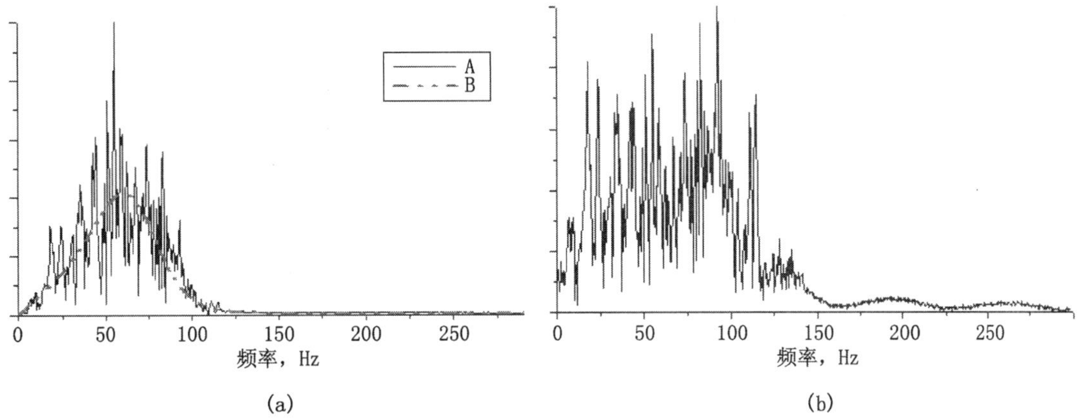

图 3-44　地震道的振幅谱（A）与拟合的地震子波振幅谱（B）

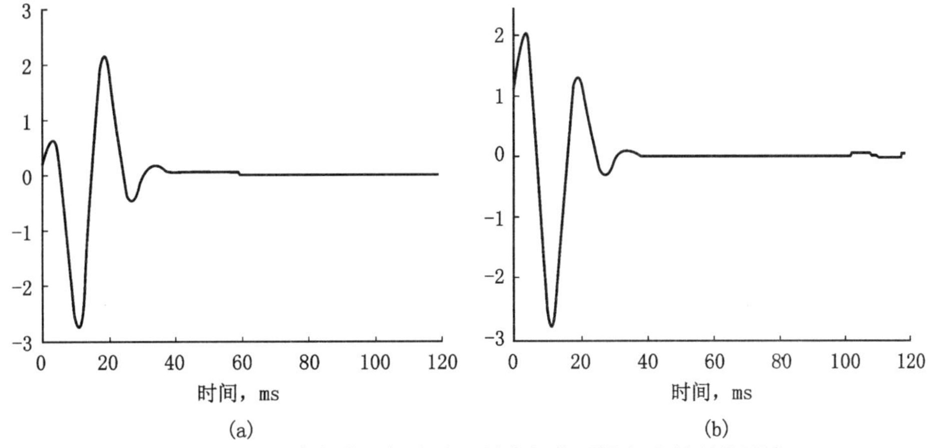

图 3-45　混合相位反褶积法、最小相位反褶积法得到的子波

（a）混合相位反褶积法得到的子波；（b）最小相位反褶积得到的子波

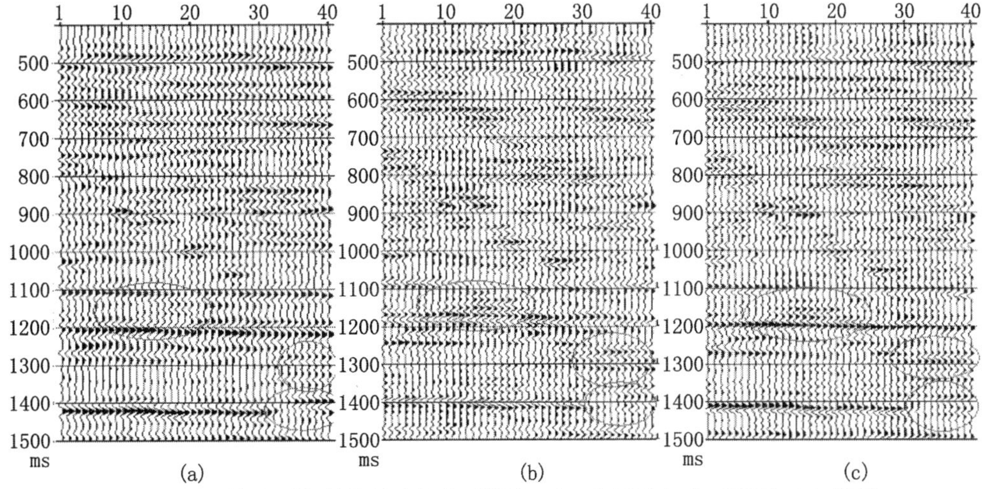

图 3-46　某叠后资料的最小相位反褶积（b）与混合相位反褶积（c）结果

横轴为地震道，道距 25m

通过理论模型及实际资料的处理验证，混合相位反褶积是一种应用效果显著的反褶积处理方法。

第四节　速度分析与叠加技术

一、高阶速度分析

地震仪器技术的不断进步，极大地提高了仪器的道接收能力，针对深部地质目标的勘探需求，地震接收排列长度逐渐增加，原来基于常规排列长度的动校正速度分析方法已难以满足长排列的要求，为此研究应用更高精度的速度分析方法势在必行。高阶速度分析（四次项速度分析）正好满足了这一需求，在长排列的地震数据处理中发挥了重要的作用。

在常规地震勘探数据处理中，速度分析是指双曲线动校正速度分析。对于大多数地质目标及常规炮检距地震数据，双曲线动校正能够满足共中心点叠加的假设条件。随着 AVO 分析技术的发展，人们希望得到超长炮检距的振幅信息。此时，双曲线动校正不能够得到准确的叠加成像结果；为此，需要对双曲线动校正进行修正，以满足超长炮检距数据动校正的需求。其实现方法是在双曲线动校正公式（3－101）中增加一个四次项，补偿射线弯曲与各向异性问题，如式（3－102）所示：

$$T_x^2 = T_0^2 + \left(\frac{x}{v}\right)^2 \tag{3-101}$$

$$T_x^2 = T_0^2 + \left(\frac{x}{v}\right)^2 - \left(\frac{x}{W}\right)^4 \tag{3-102}$$

式中　x——炮检距的绝对值；

T_0——零炮检距反射波的双程旅行时；

T_x——炮检距 x 处的反射双程旅行时；

v——从双曲线动校正得到的动校正速度；

W——四次项系数。

高阶速度分析可由式（3－102）来完成，其实现过程可分为三个步骤：第一步进行双曲线动校正，如式（3－101）所示；第二步在双曲线动校正后的数据中进行反四次项线性校正，如式（3－103）所示，其线性校正速度为 v；第三步进行四次项线性校正，如式（3－104）所示，其中，u 为四次项线性校正伪速度。

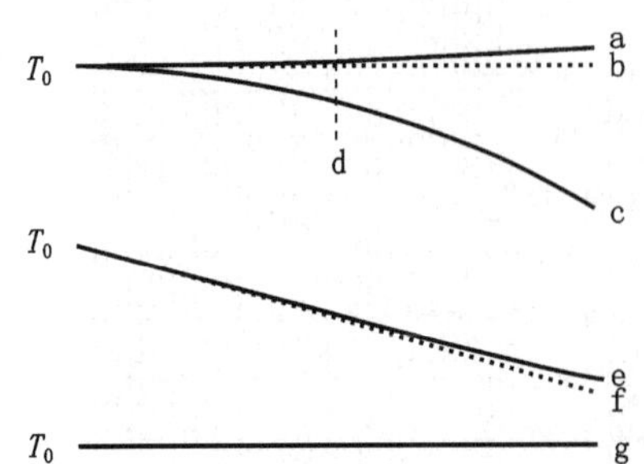

图 3－47　四次项动校正过程

$$T_x^2 = T_0^2 - \left(\frac{x}{2v}\right)^4 \tag{3-103}$$

$$T_x^2 = T_0^2 + \left(\frac{x}{2u}\right)^4 \tag{3-104}$$

实现过程如图 3－47、图 3－48、图 3－49、图 3－50、图 3－51 所示。图 3－47 中直线 b 为经过高阶动校正的理想结果，曲线 c 为原始输入数据，即：共中心点道集数据，曲线 a 为经过双曲线动校正后的结果，直线

d 的右边为双曲线动校正后的切除区，直线 f 为一参考直线，曲线 e 为应用反四次项线性校正后的结果，曲线 g 为应用四次项线性校正后的结果。

如图 3-48 所示，在 CMP 道集中选取一定的数据进行双曲线速度分析，炮检距范围应在小于等于正常炮检距的范围，通过交互速度分析处理得到叠加速度。

在图 3-49 中，输入是选定的 CMP 道集，剩余振幅分析或补偿是一可选过程，然后应用反四次项线性校正（在每一个零炮检距时间上，必须选择一反四次项线性校正速度来消除大炮检距的校正过量问题，推荐应用双曲线动校正交互速度分析得到的速度实现这一功能），在交互速度拾取之前进行四次项线性校正速度分析或者其他等效的处理过程来获取四次项速度。在图 3-50中，对选定的 CMP 道集的全部炮检距进行双曲线动校正，然后进行反四次项线性校正，这里前两步处理都用双曲线动校正速度。

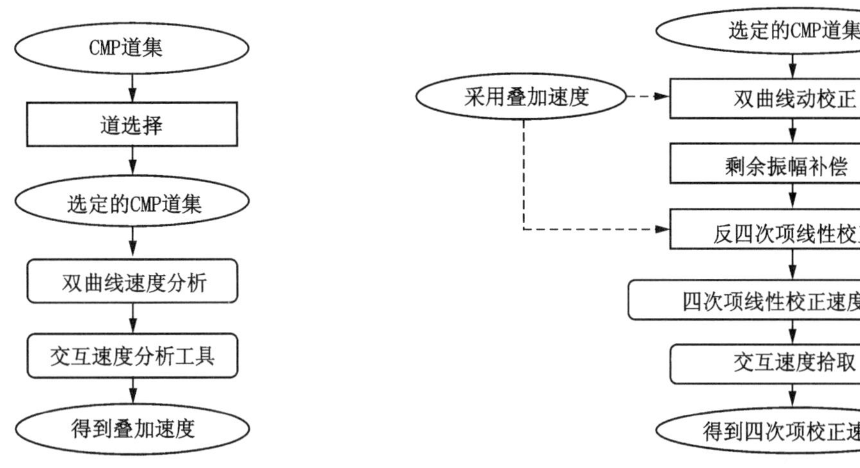

图 3-48 步骤一，常规的双曲线速度分析

图 3-49 步骤二，四次项校正

在此基础上用四次项校正速度进行四次项线性校正，接下来再次应用双曲线动校正速度进行反动校正，在交互速度拾取之前进行四次项校正速度分析或者等效的处理过程得到精确的叠加速度。

图 3-51 中，首先采用精确的双曲线动校正速度进行双曲线动校正，然后采用

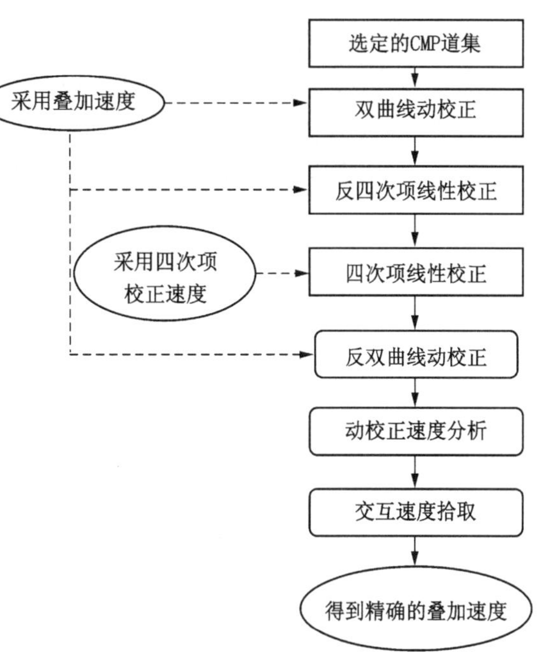

图 3-50 步骤三，得到精确的叠加速度

双曲线动校正速度进行反四次项线性校正，接着用四次项校正速度进行四次项线性校正，得到的输出就是完全四次项校正的数据。图 3－52 为实际地震数据应用四次项校正的应用效果。

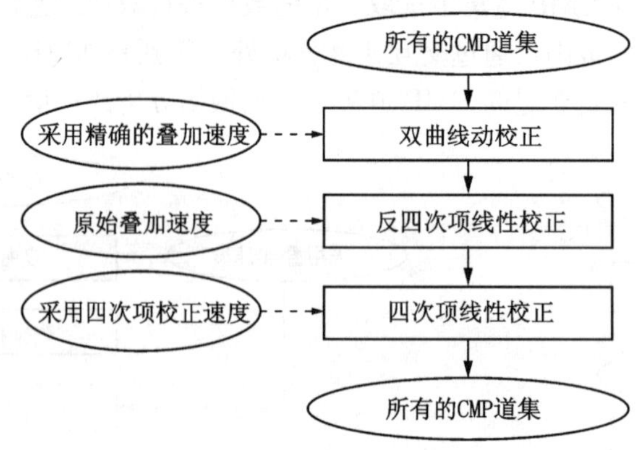

图 3－51　步骤四，四次项校正的应用

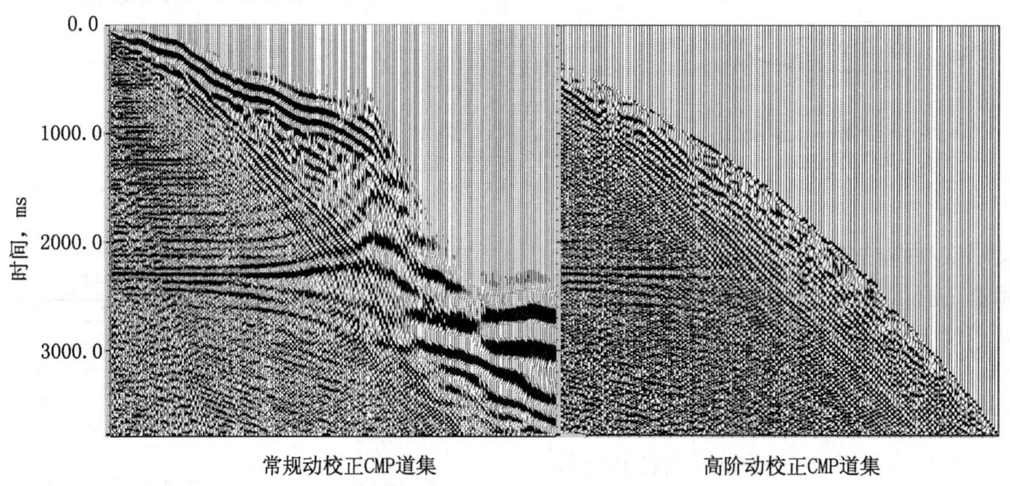

图 3－52　常规动校正与高阶动校正 CMP 道集对比

二、视各向异性速度分析

地震勘探中的各向异性问题是指在地层中传播的地震波速度变化与其传播的方向有关。对于水平层状介质（VTI），地震波在垂直于水平层状介质方向传播的速度最慢，伴随着入射角的增大速度逐渐增大，在平行于水平层状介质方向其传播速度达到最快。所以，对于近于水平层状介质的地质构造，沿水平方向传播的速度总是要大于沿垂直方向传播的速度。在地下的每一个反射层界面上，地震射线是弯曲的，当入射角 θ 比较大时，特别是入射角大于 35°以上时，$\sin\theta_i$的高次项不可以忽略，应用常规的双曲线动校正就会使 CMP 道集中远炮检距地震数据动校正过量。这种对于远炮检距校正过量的现象可归结于射线弯曲与各向异性问题。

为了描述地震波传播过程中的各向异性问题，特别是对于水平层状介质（VTI），Thomsen 在 1986 年重新定义了 5 个弹性常数，即：垂直方向的纵波速度 ∂_0、横波速度 β_0 以及描述各向异性程度的 3 个参数 ε、δ 和 γ。其中：

$$\partial_0 = \sqrt{\frac{c_{33}}{\rho}} \tag{3-105}$$

$$\beta_0 = \sqrt{\frac{c_{44}}{\rho}} \tag{3-106}$$

$$\varepsilon = \frac{c_{11} - c_{33}}{2c_{33}} \tag{3-107}$$

$$\delta = \frac{(c_{13} + c_{44})^2 - (c_{33} - c_{44})^2}{2c_{33}(c_{33} - c_{44})} \tag{3-108}$$

$$\gamma = \frac{c_{66} - c_{44}}{2c_{44}} \tag{3-109}$$

式中　c_{ij}——各向异向介质弹性参数。

对于大多数沉积岩，参数 ε、δ 和 γ 是具有相同数量级的参数，通常小于 0.2，表现为弱各向异性。在地震勘探中各种各向异性的研究与应用都是以弱各向异性为假设前提的。特别是当 $\varepsilon = \delta$ 时，就成为椭圆各向异性问题。该椭圆与从点源开始传播的地震波波前形状一样，纵波传播的相速度为 α（θ），如图 3-53 所示，纵波在水平方向的传播速度为 α_h：

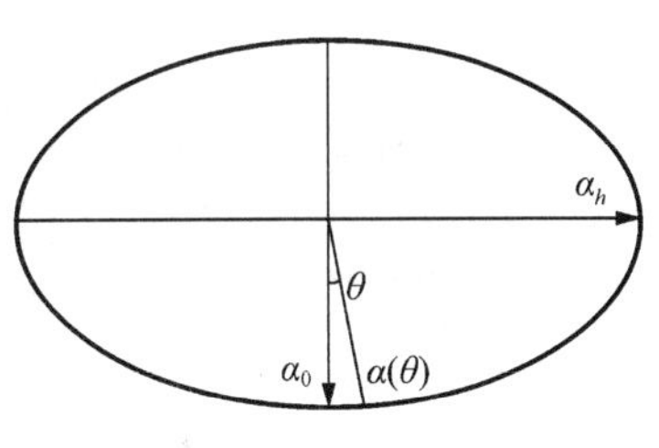

图 3-53　椭圆各向异性示意图

$$\alpha(\theta) = \alpha_0(1 + \delta\sin^2\theta\cos^2\theta + \varepsilon\sin^4\theta) \tag{3-110}$$

$$\alpha_h = \alpha_0(1 + \varepsilon) \tag{3-111}$$

可以推导出：
$$\varepsilon = \frac{\alpha_h - \alpha_0}{\alpha_0}$$

对于各向同性介质的旅行时方程为：

$$t^2 = t_0^2 + \frac{x^2}{v_{nmo}^2} \tag{3-112}$$

Tsvankin 和 Thomsen 在 1994 年给出水平层状介质的纵波旅行时方程：

$$t^2 = t_0^2 + A_2x^2 + \frac{A_4x^4}{1 + Ax^2} \tag{3-113}$$

式中　t——炮点到检波点的旅行时间；

t_0——零偏移距双程旅行时；

x——炮检距。

$$A_2 = \frac{1}{\alpha_0^2(1 + 2\delta)} \tag{3-114}$$

$$A_4 = -\frac{2(\varepsilon - \delta)[1 + 2\delta(1 - \beta_0^2/\alpha_0^2)^{-1}]}{t_0^2\alpha_0^4(1 + 2\delta)^4} \tag{3-115}$$

$$A = \frac{A_4}{\alpha_h^{-2} - A_2} \tag{3-116}$$

同时，又给出 1 个新的有效各向异性参数 η，这里 $\eta=\dfrac{\varepsilon-\delta}{1+2\delta}$，当 $\varepsilon=\delta$（椭圆各向异性）时，式（3－113）成为：

$$t^2=t_0^2+A_2x^2=t_0^2+\frac{1}{\alpha_0^2(1+2\delta)}x^2 \tag{3-117}$$

称为视各向异性旅行时方程。

由图 3－54 可见，各向同性介质模型的 CMP 道集经过 NMO 校正后在 2300～3900ms 间的远道明显有动校正过量的现象；图 3－55 所示的各向同性介质模型经过视各向异性校正后的 CMP 道集中在 2300～3900ms 间的远道比图 3－54 有明显改善；图 3－56 所示各向异性介质模型经过 NMO 校正后的 CMP 道集在 2300～3900ms 间的远道动校正过量现象相比各向同性介质模型图 3－54 更加严重；在图 3－57 各向异性介质模型经过视各向异性校正后的 CMP 道集中可见 2300～3900ms 间的远道比图 3－56 有明显改善；图 3－58 各向异性介质模型经过时变视各向异性校正后的 CMP 道集中 2300～3900ms 间的远道与视各向异性校正结果（图 3－57）相比，动校正精度高。

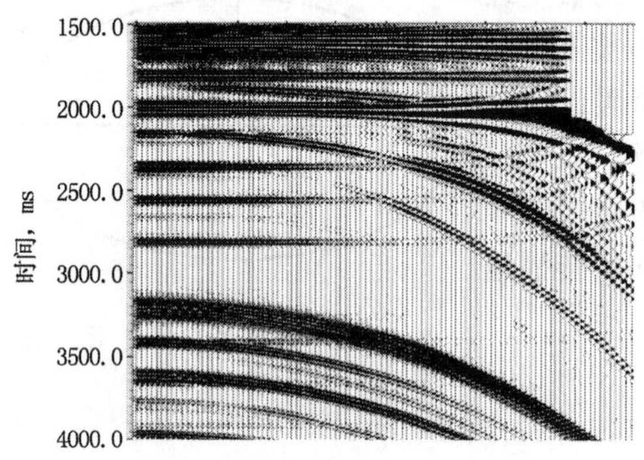

图 3－54　各向同性模型经过 NMO 校正后的 CMP 道集

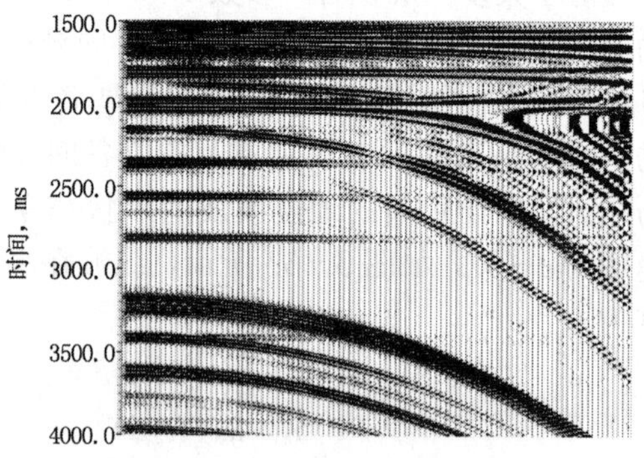

图 3－55　各向同性介质模型经过视各向异性校正的 CMP 道集

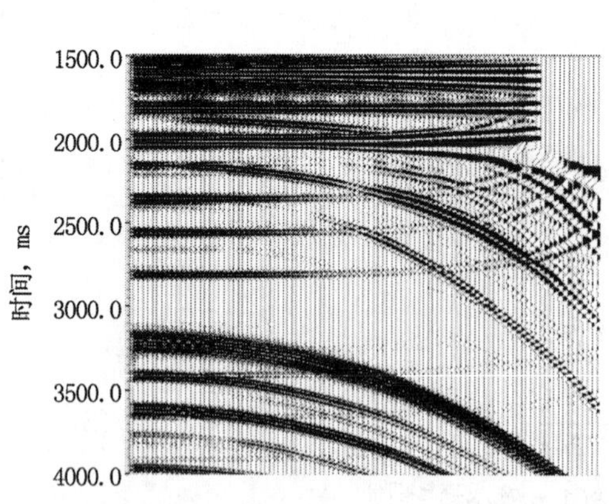

图 3－56　各向异性介质模型经过 NMO 校正后的 CMP 道集

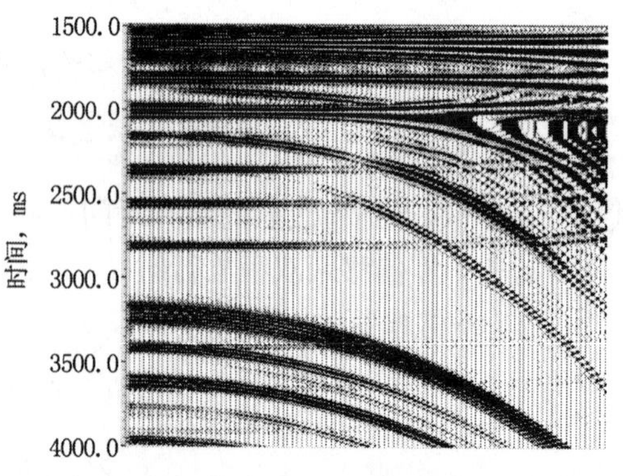

图 3－57　各向异性介质模型经过视各向异性校正后的 CMP 道集

图 3－59（a）经过 NMO 的 CMP 道集中的远炮检距道校正过量严重，经过四次项校正的 CMP 道集校正过量有所改善，见图 3－59（b）。经过弯曲射线校正的 CMP 道集校正过量有进一步改善，见图 3－59（c）。经过时变视各向异性校正的 CMP 动校正效果最好，远炮检距道基本校平，见图 3－59（d）。

图 3－60 为经过时变视各向异性校正的 CMP 道集，比 NMO 的 CMP 道集的远炮检距道校正效果好，经过时变视各向异性校正后的叠加剖面比 NMO 的叠加剖面效果明显改善。

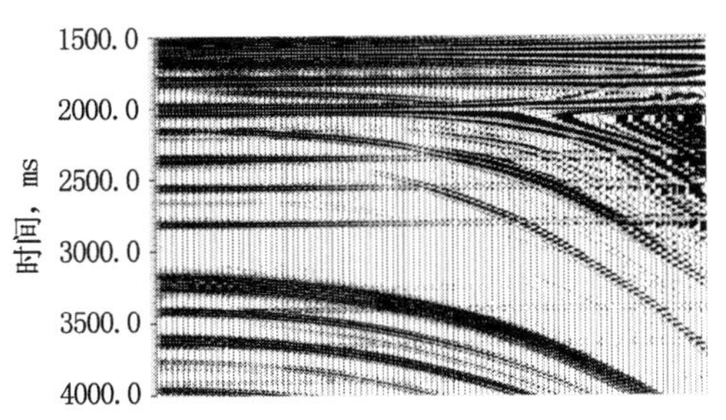

图 3－58　各向异性介质模型经过时变各向异性校正后的 CMP 道集

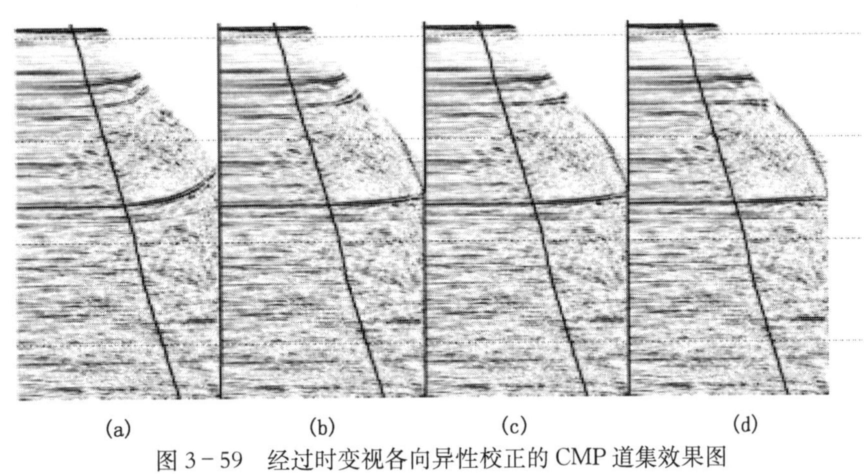

图 3－59　经过时变视各向异性校正的 CMP 道集效果图

三、DMO 叠加技术

1. DMO 定义

通常假定共中心点道集数据经常规时差校正（NMO）并叠加后等效于在相应共中心点位置自激自收所得到的信号。但当反射界面倾斜时，共中心点道集中包含的并不是同一反射点的反射，如图 3－61 所示，动校正叠加后会出现反射点的模糊现象，得到的结果也不是真正零炮检距数据。DMO（倾角时差校正）可校正这种反射点的位移，解决由于反射倾角的存在使其中心点道集的各地震道不对应同一反射点的问题，DMO 与 NMO 结合可把非零炮检距的数据映射成为零炮检距的数据。

DMO 的作用并不只是校正倾斜界面引起的动校正时差，事实上对于单倾角反射采用速度$\frac{v}{\cos\theta}$进行动校正能够使倾斜界面反射的 CMP 道集内各道同相叠加。DMO 更重要的是解决当同时有两个或多个不同倾角反射时，由于动校正只能使用 1 个速度，而不能使两个或多个反射都得到正确的校正的问题。

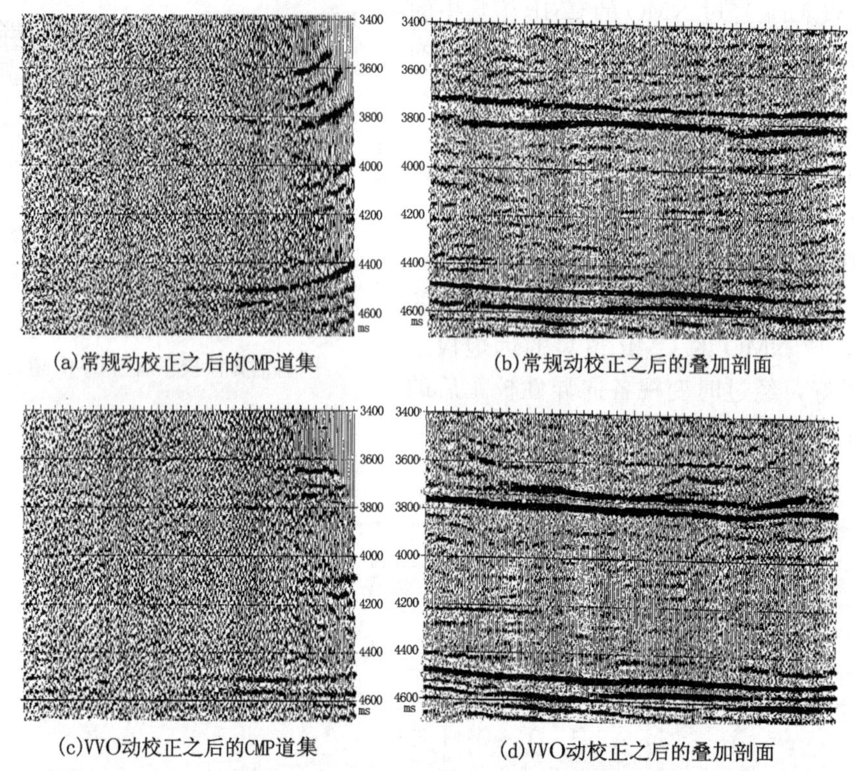

(a)常规动校正之后的CMP道集　(b)常规动校正之后的叠加剖面

(c)VVO动校正之后的CMP道集　(d)VVO动校正之后的叠加剖面

图 3-60　实际资料的常规动校正与视各向异性动校正的 CMP 道集和剖面对比

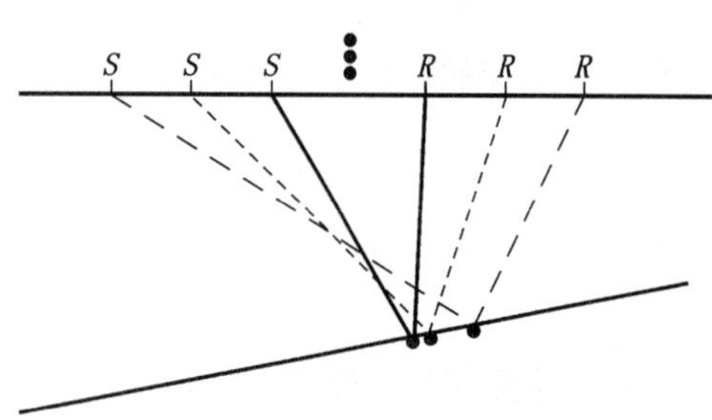

图 3-61　反射界面倾斜时共中心点不在反射点的正上方

2. *DMO 发展回顾*

DMO 的出现最早可追溯到 1978 年（Judson，etc）。当时此处理过程被称为 DEVILISH—Dipping Event Velocity Inequality Licked。DEVILISH 是通过在共炮检距数据中使用有限差分偏移算子实现倾角校正。

1980 年 Yilmaz 等提出 PSPM（叠前部分偏移）算法，当其与常规处理流程结合时可近似得到叠前偏移结果，PSPM 是利用有限差分偏移算子实现的。1981 年 Deregowski 等提出 DMO（倾角校正），其算法基于炮检距延拓的概念，在实现过程中模拟常规叠后偏移算法。1983 年 Hale 在其博士论文中提出在 $f—k$ 域实现 DMO 算法，傅里叶变换 DMO 是从常速介质的旅行时方程推导出来的，其与 DEVILISH 及 PSPM 相比最明显的优点是对所有的炮检距和倾角计算结果都是精确的。

随后 DMO 算法得到迅速发展，许多人士从假设条件到算法实现对 DMO 进行了多方面的工作，逐渐使其成为地震数据处理中的常规模块。Christopher L. Liner（1999）在其文章中对 DMO 的发展演化历史按时间顺序用表格形式进行了阐述，使人们对 DMO 的发展有了清楚的了解。

3. DMO 原理

在单斜界面、常速地下介质模型条件下旅行时方程为：

$$t=\left[t_0^2+\frac{4h^2\cos^2\theta}{v^2}\right]^{\frac{1}{2}} \tag{3-118}$$

式中　h——半炮检距；

t_0——零炮检距时间；

θ——地层倾角；

v——地下介质的速度。

上式可分解为：

$$t=\left[t_0^2+\frac{4h^2}{v^2}-\frac{4h^2\cos^2\theta}{v^2}\right]^{\frac{1}{2}} \tag{3-119}$$

其中时差项的第一部分代表正常时差，第二部分对应倾角时差，由此可见对一共炮检距数据可通过两步运算（第一步：NMO，第二步：DMO）将其转换成零炮检距数据。对应的 DMO 部分为：

$$t_n=\left[t_0^2-\frac{4h^2\sin^2\theta}{v^2}\right]^{\frac{1}{2}} \tag{3-120}$$

即，DMO：　$$p_0(t_0,x,h)=p_n(\sqrt{t_0^2-4h^2\sin^2\theta/v^2},x,h) \tag{3-121}$$

式中　x——炮检中点；

t_n——NMO 校正时间。

傅里叶变换 DMO 可在此基础上推导出来。利用二维傅里叶变换及变量代换，最终可推导出傅里叶变换 DMO 的实现公式：

$$p_0(\omega_0,k,h)=\int \mathrm{d}t_n\int \mathrm{d}x\mathrm{e}^{-ik_x x}t_n/\sqrt{t_n^2+h^2k^2/\omega_0^2}\,p_n(t_n,x,h)\mathrm{e}^{i\omega_0\sqrt{t_n^2+h^2k^2/\omega_0^2}} \tag{3-122}$$

显然对 x 的变换可通过傅里叶变换实现，对 t 的变换则需通过积分求得。实际上这也是 Hale 的 DMO 算法需要较多机时的原因。

4. DMO 应用

由于 DMO 运算量较大，所以希望有一个定量的判别准则确定何时需要进行 DMO 处理。Hale 给出一经验公式，当以下不等式成立时，需要进行 DMO：

$$\left|\frac{\mathrm{d}t_0}{\mathrm{d}x}\right|^2\frac{h^2 f}{t_n}>1 \tag{3-123}$$

式中　f——地震记录主频。

这表明：DMO 的重要性与炮检距及反射面斜率的平方成正比，所以零炮检距或水平反射不需 DMO；DMO 的作用与频率成正比，与 NMO 时间成反比，所以反射时间较大时，DMO 可能没有意义。

频率波数域的 DMO 可采用扫描法近似实现的算法，减少计算量。根据剖面中的最大倾角 $\theta_{\max}$及最小均方根速度 $v_{\min}$确定$\frac{\sin\theta}{v}$的扫描取值范围，采用式（3-124）做倾角动校正：

$$t_n(i,j)=\left(t_0^2-\frac{4h^2i^2\sin^2\theta_{\max}}{N^2v_{\min}}\right)^{½} \tag{3-124}$$

式中 i——由 1 变化到 N；

$\theta_{\max}$——剖面中最大倾角；

$v_{\min}$——最小的均方根速度；

j——控制时间分段计算的变量，一般每隔 50ms 计算 1 个校正量，其他采样点校正量用内插方法求取。

DMO 算法除上面讨论的频率—波数域方法外，还有时间—空间域与时间—慢度域的方法，有对数变换炮集 DMO、Jakubowic 的倾角分解法、Fowler 的常速叠加方法以及 Gardner 的（k，t）域方法，所有这些方法都建立在常速介质模型的基础之上。

在常速介质条件下，NMO + DMO + 叠加 + 叠后时间偏移完全等效于叠前时间偏移，Hale 从波动理论出发证明了这一点。

DMO 的脉冲响应在二维情况下为一椭圆。椭圆方程为：

$$\frac{t_0^2}{t_n^2}+\frac{x^2}{h^2}=1 \tag{3-125}$$

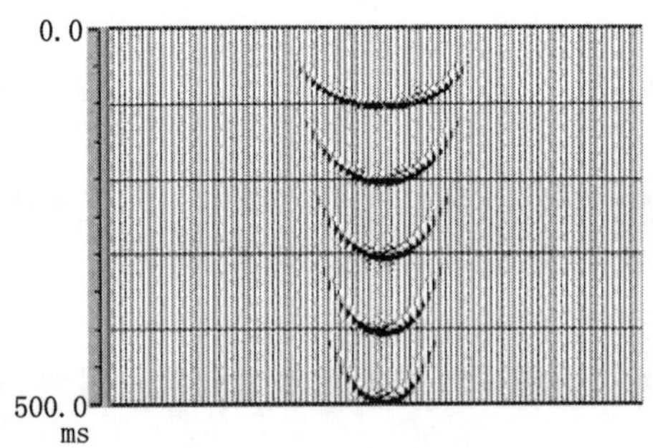

图 3－62　DMO 脉冲响应

输入脉冲在时间 100ms、200ms、300ms、400ms 和 490ms 处，速度 $v=1600\text{m/s}$，炮检距为 800m 时的脉冲响应如图 3－62 所示。把二维的基本概念推广到三维处理，三维 DMO 只需沿二维的 DMO 椭圆映射每个地震数据样点，然后对应纵测线方向对椭圆做旋转。

图 3－63 是某地区 1 条测线的 NMO 叠加剖面，图 3－64 是相应的 DMO 叠加剖面，经过 DMO 后剖面下部的陡倾角成像有所改善。

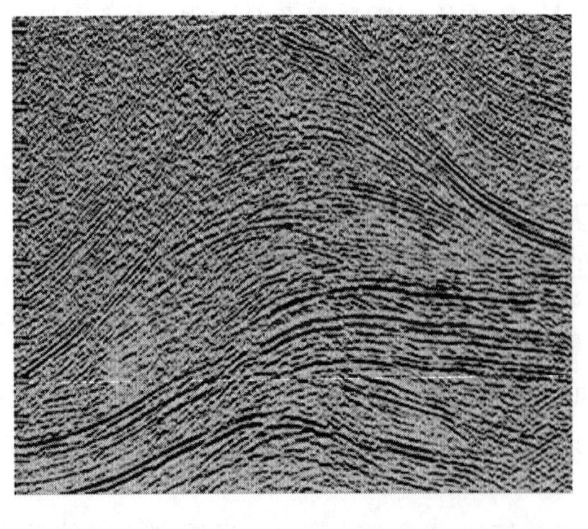

图 3－63　NMO 叠加剖面

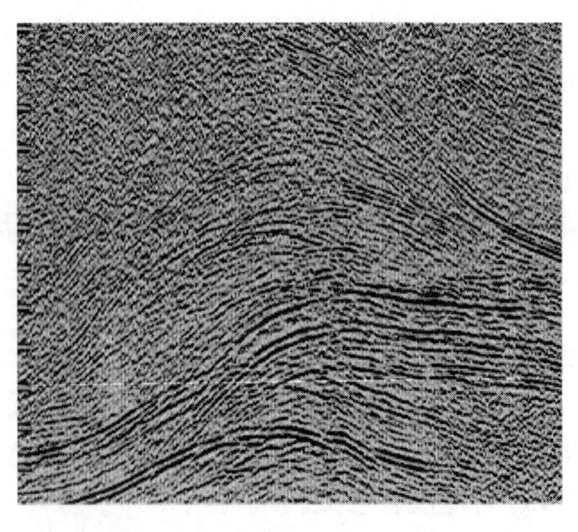

图 3－64　DMO 叠加剖面

5. DMO的复杂性

DMO与速度有关，实际上早期的研究者也注意到这一点。但是常速假设得到的DMO结果数据品质的提高也较NMO有明显的作用，由于有计算量的考虑，以前人们并未过多深究速度问题。

当速度随深度变化明显时，DMO的脉冲响应椭圆开始扭曲成马鞍形的三维算子（图3-65），此时DMO运算就需要更多机时。而如果横向速度变化较大，那么DMO的运算量会大到与叠前深度偏移相当，所以一般不考虑这种条件下的DMO。

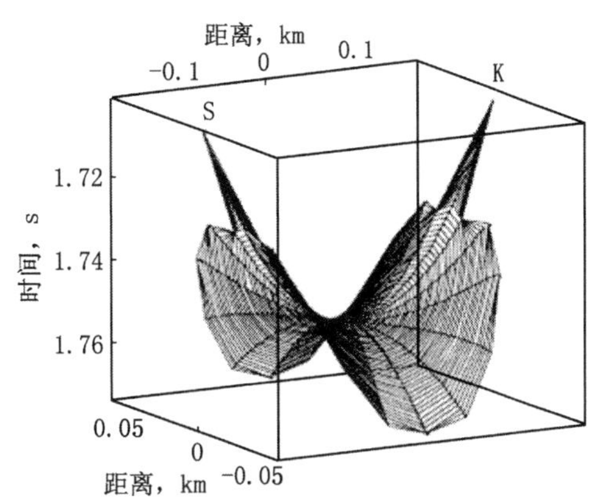

图3-65　速度随深度变化明显时的DMO算子（引自Liner）

至于各向异性对DMO的影响比缓慢的速度变化影响大。各向异性DMO由1个新参数η控制，η值的范围在±0.2之间。

常规DMO处理通常假设规则的观测系统，即要求均匀的空间采样。空间采样的不均匀（炮检距、覆盖次数、方位角等）会导致DMO处理结果变差。

为解决这个问题，EQ—DMO首先对倾角分量建立每个输出时间位置、倾角以及与其有关的输入道数的表记录。然后与叠加时用有效样点数归一化类似，对每个倾角分量按各自的输入贡献道数进行加权处理。

对于覆盖次数不均匀的数据，EQ—DMO在一定程度上避免了空间假频及斜干扰的产生；而对于数据部分丢失的老数据，EQ—DMO也可在一定程度上弥补数据缺失而造成的不足。

图3-66是一实际数据的常规DMO叠加结果，图3-67是相应的EQ—DMO叠加结果，因覆盖次数不均匀而在剖面上出现的条带状现象，在EQ—DMO的结果中得到消除，反射成像明显改善。

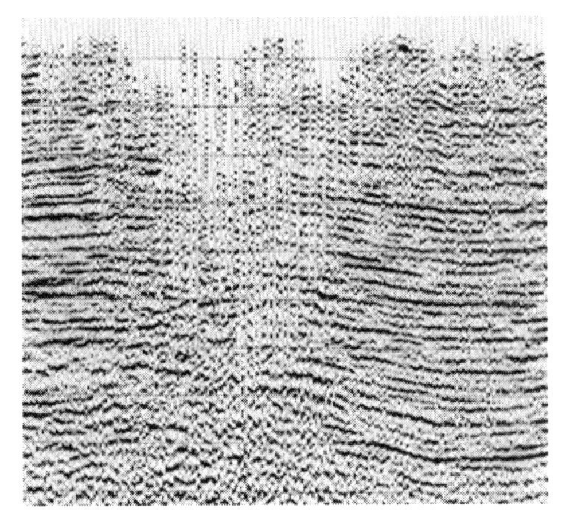

图3-66　DMO叠加剖面

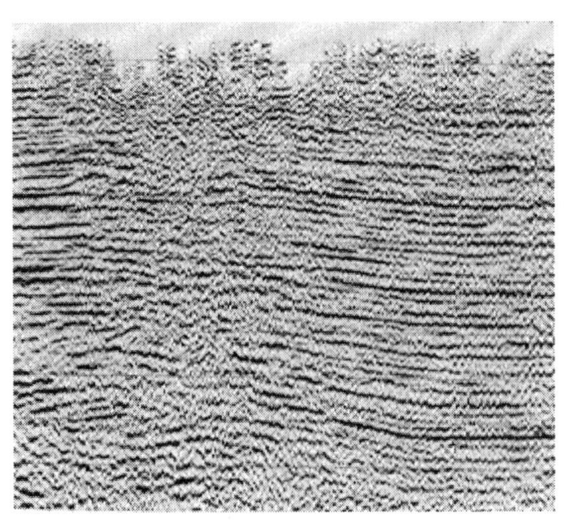

图3-67　EQ—DMO叠加剖面

6. 结论

DMO是一个运算量较大的处理过程，它与叠前偏移有着密切的联系，当地下构造不过于复杂时，使用常规的包含NMO与DMO的处理流程能得到可接受的结果。而当构造复杂和（或）速度横向变化大时，需要采用叠前偏移以得到有地质意义的成像结果。

DMO现已成为地震数据处理中的一项关键技术并仍在发展完善。

四、共反射面叠加技术

1. 二维共反射面叠加

1）概述

在复杂构造的数据处理中，时间域成像与叠后偏移的效果不理想。于是一些新的时间域成像技术与叠前偏移方法应运而生，共反射面（CRS）叠加便是其中的一种。CRS叠加是一种不依赖于速度信息，可以直接由多次覆盖反射数据得到零炮检距（ZO）剖面的叠加成像技术。对确定CRS叠加面的3个参数（ZO射线的出射角α，以及与ZO射线有关的两个波前曲率半径R_N和R_{NIP}）进行优化、可使CRS走时面最佳地拟合反射同相轴。CRS叠加不仅能够改进模拟ZO剖面，提高深层的信噪比（S/N），而且给出了可用于反演速度场的三参数剖面。

CRS叠加的思想最早来源于Hubral教授。他首先给出了与ZO射线有关的法向入射点波波前曲率半径R_{NIP}的概念（Hubral，1983），以后相继提出了基于包括ZO射线在地面的出射角α和R_{NIP}在内的两参数优化的共反射元（CRE）叠加法（Cruz et al，2000）和基于包括α与ZO射线有关的两个波前曲率半径R_{NIP}与法向波波前曲率半径R_N在内的三参数优化的CRS叠加法（Muller er al，1998；Hubral et al，1999；Garabito，2001；Jäger et al，2001；Bergler，2002；zhang et al，2002）。CRS叠加是一仅依赖于近地表速度而与宏观速度模型无关的地震成像方法。它的理论基础是几何地震学，考虑了反射层的局部特征及第一菲涅耳带内的全部反射。理论分析表明这一方法在提高信噪比与成像精度方面优于其他叠加技术。CRS叠加解决深层复杂构造与岩性反射成像的能力使其成为提高深层地震数据质量的一种有效手段。优质的三参数剖面可用于深层速度反演。

2）方法原理

图3－68（a）是MZO原理图，它是基于ZO等时线叠加原理，只在反射点处准确，离开反射点误差明显增大，同相性显著变差，图3－68（b）和图3－68（c）分别给出了MZO叠加成像、Kirchhoff叠后深度偏移成像的结果。图3－69（a）是Kirchhoff PreSDM原理图，它是基于绕射曲线叠加原理，在零炮检距处最准确，在近炮检距处较准确，在远炮检距处误差变大，Kirchhoff PreSDM结果见图3－69（b）所示；CRS叠加原理如图3－70（a）所示。与MZO及Kirchhoff PreSDM相比，CRS叠加考虑了反射层的局部特征与第一菲涅耳带内的全部反射，反射波同相性好，有效利用了多次覆盖反射数据，信噪比明显提高，CRS叠加剖面及其Kirchhoff叠后深度偏移剖面分别如图3－70（b）和图3－70（c）所示（Hubral et al，1999）。

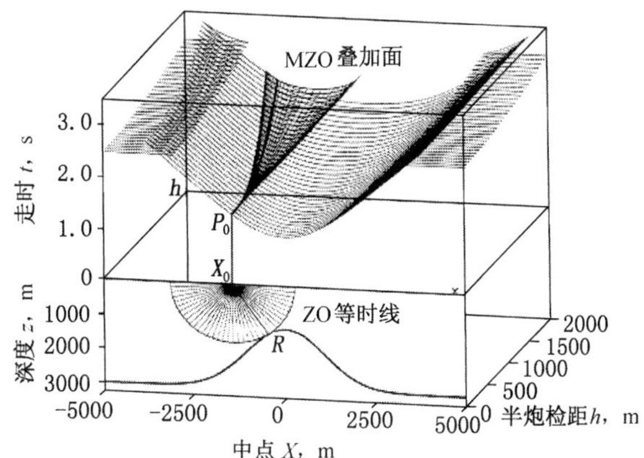

图 3-68（a） 基于零炮检距等时线叠加的 MZO 原理图

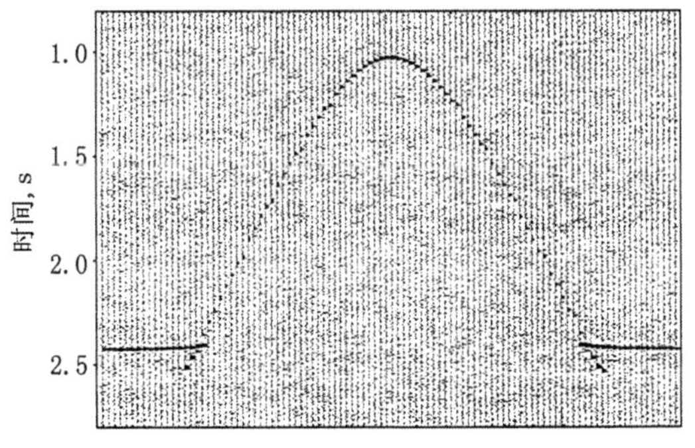

图 3-68（b） 丘状模型的 MZO 叠加剖面

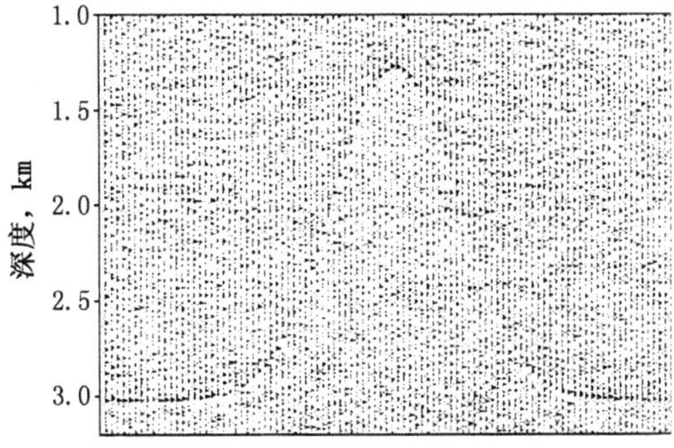

图 3-68（c） 丘状模型的 Kirchhoff 叠后深度偏移剖面

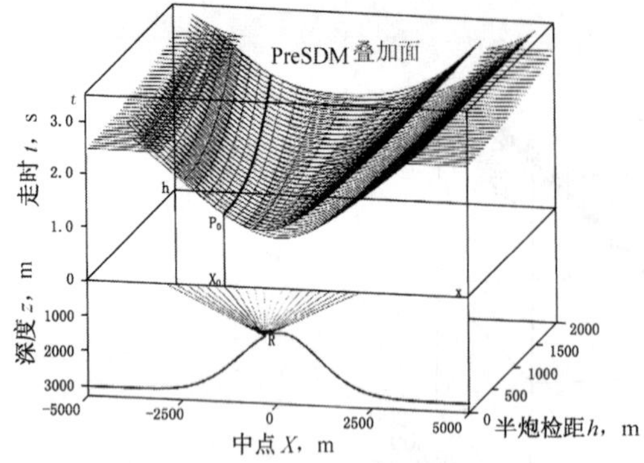

图 3-69（a）基于绕射曲线叠加的 Kirchhoff PreSDM 原理图

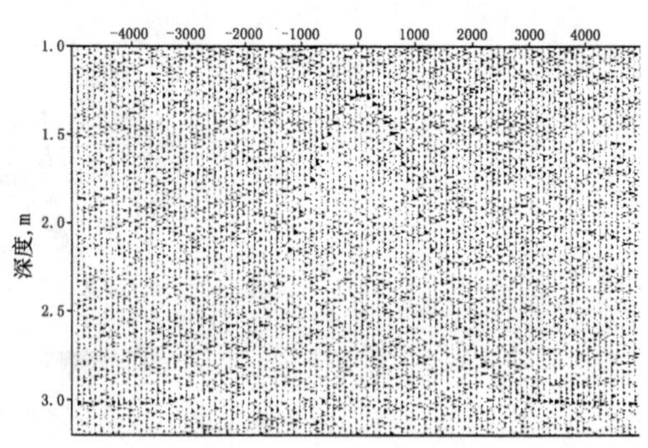

图 3-69（b） Kirchhoff PreSDM 剖面

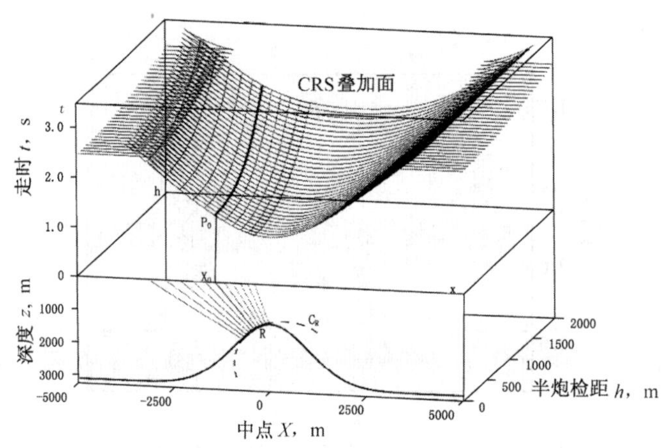

图 3-70（a） CRS 叠加原理图

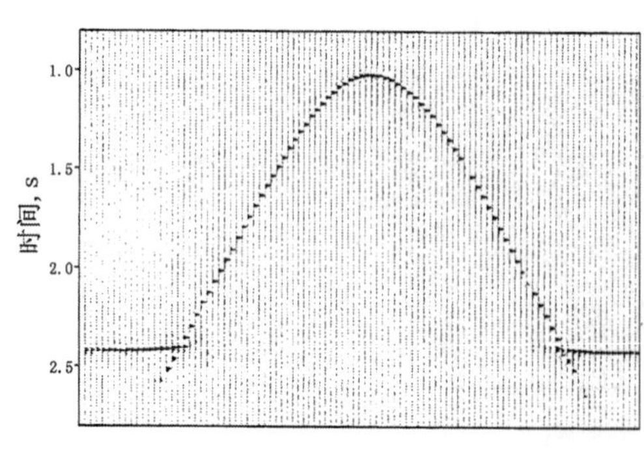

图 3-70（b） 丘状模型的 CRS 叠加剖面

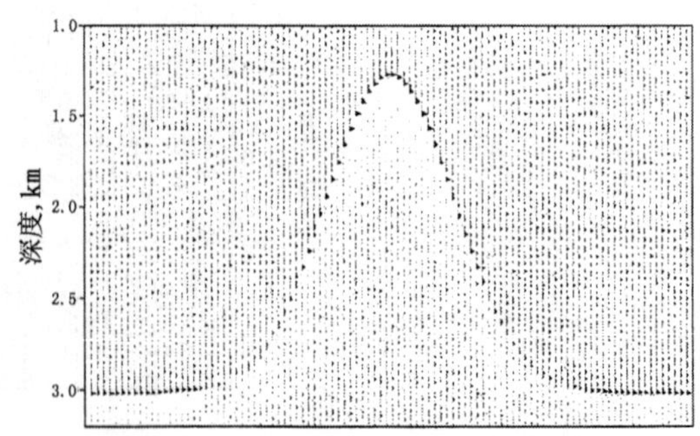

图 3-70（c） Kirchhoff 叠后深度偏移剖面

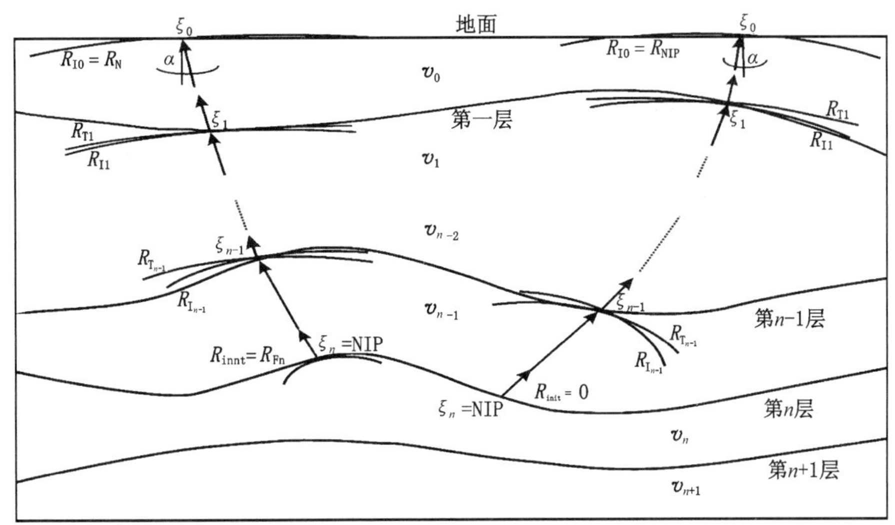

图 3－71　法向入射点波与法向波形成图

利用射线理论及二阶泰勒展开式，可得出以 α，R_{NIP} 和 R_N 三参数表示的双曲近似与抛物近似的时距方程。在以中心点 x_m 与半炮检距 h 建立的坐标系中，CRS 面的双曲走时近似公式为：

$$t^2(x_m,h)=\left(t_0+\frac{2\sin\alpha}{v_0}(x_m-x_0)\right)^2+\frac{2t_0\cos^2\alpha}{v_0}\left(\frac{(x_m-x_0)^2}{R_N}+\frac{h^2}{R_{NIP}}\right) \qquad (3-126)$$

其中，v_0 是近地表速度；地震三参数 α，R_{NIP} 和 R_N 的含义如图（3－71）所示。α 是 ZO 射线在地表的出射角；R_{NIP} 是法向入射点波波前曲率半径，法向入射点波波前对应于反射界面上点源产生的波前；R_N 为法向波波前曲率半径，法向波波前对应于爆炸反射面产生的波前。由于地震反射的时距关系更符合双曲规律，因此使用了 CRS 面的双曲走时近似公式。

基于方程（3－126），对 ZO 剖面上的每一点 P_0（x_0，t_0），都须确定最佳三参数 α，R_{NIP} 和 R_N。由这些最佳参数，式（3－126）给出的走时面能最好地拟合反射同相轴。求取这些参数的一种方法就是测试所有的三参数，从中选取具有最大相干值的三参数，当然，测试无穷个三参数是不实际的，它必须局限到一有限三维网格，然而，这仍需昂贵的计算成本。因此，必须寻找一种更有效的方法求取最佳三参数，即以最短计算时间求取相干值的最大绝对值，该相干值是 3 个独立变量 α，R_{NIP} 和 R_N 的函数。

其中，α，R_{NIP}，R_N，R_I，R_T 和 R_F 分别表示 ZO 射线在地面的出射角、法向入射点波波前、法向波波前、入射波波前、透射波波前和反射层的曲率半径，v 表示层速度。

易于证实在关于 x_0 的 CMP 道集与 ZO 剖面中，方程（3－126）可以简化。在 CMP 道集中（$x_m=x_0$），方程可简化为：

$$t^2(h)=t_0^2+\frac{2t_0\cos^2\alpha}{v_0}\frac{h^2}{R_{NIP}} \qquad (3-127)$$

在 ZO 剖面中（$h=0$）可以得到：

$$t^2(x_m)=\left(t_0+\frac{2\sin\alpha}{v_0}(x_m-x_0)\right)^2+\frac{2t_0\cos^2\alpha}{v_0}\frac{(x_m-x_0)^2}{R_N} \qquad (3-128)$$

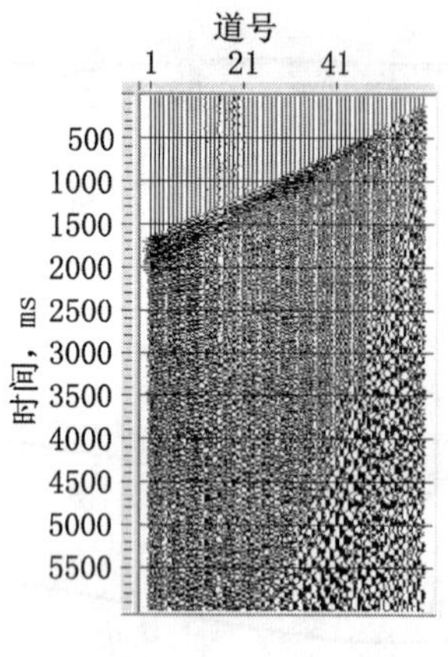

图3-72(a)　原始单炮记录

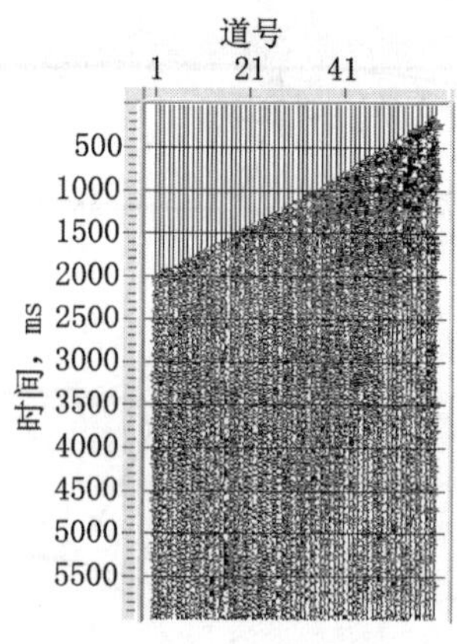

图3-72(b)　去噪后的单炮记录

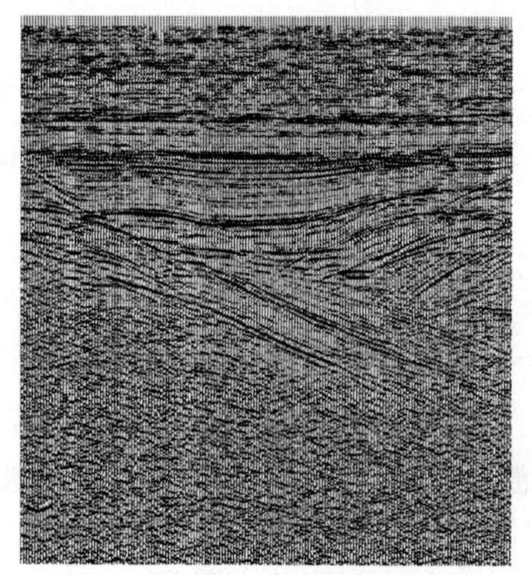
图3-72（c）　DMO叠加剖面

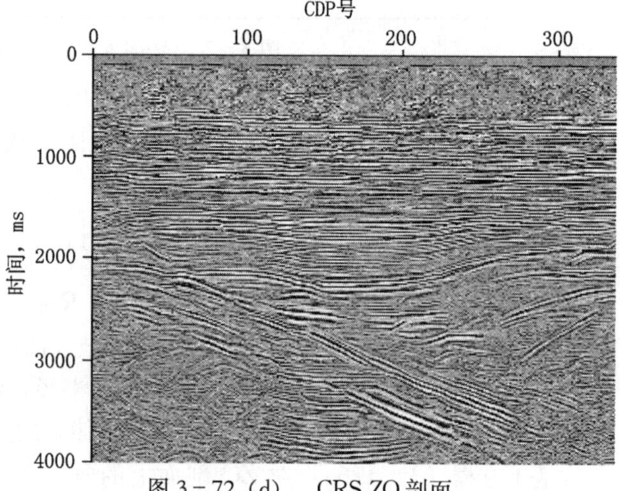

图3-72（d）　CRS ZO剖面

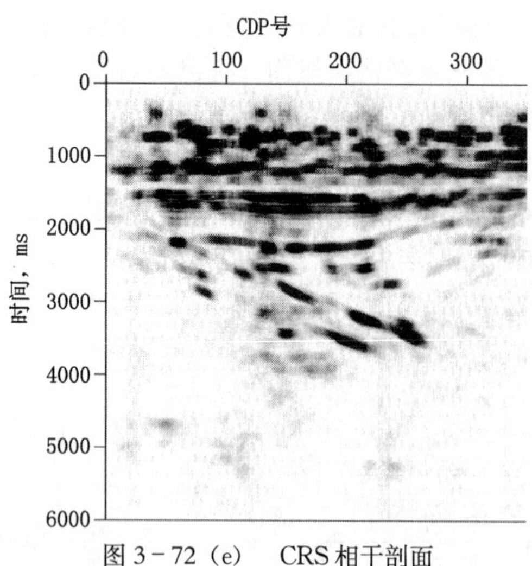

图3-72（e）　CRS相干剖面

这样就可以把CRS叠加分成几步进行，即第一步、第二步分别在CMP道集与ZO剖面上应用式（3-127）和式（3-128），得到ZO剖面、相干剖面和3个参数剖面。由此可迅速找出1个合理的三参数剖面作为第三步［利用式（3-126）］最优化算法的起始剖面。

3）实际数据处理效果

某探区1条测线满覆盖次数的中心点范围为：CDP1$\leqslant x_m \leqslant$CDP350，CDP间隔Δx_m=25m；半炮检距h从-75m到-1550m，增量Δh=50m。图3-72（a）是实际炮记录，道间距为50m。图3-72（b）为切除初至并压制面波后的炮记录。图3-72（c）是DMO叠加剖面。图 3－72（d）和图 3－72（e）分别是 CRS 叠加得到的 ZO 剖面和相干剖面。CRS 叠加效果优于 DMO 叠加，尤其是深层的 S/N 得到了显著提高，深层反射清晰可见；同相轴的连续性也得到了增强。

4）通过倾角扫描优化 CRS 叠加

在 CRS 叠加中，对某一成像点有贡献的反射波可能来自不同倾角的反射层，所以这些来自不同角度的反射波都应该参与叠加。具体实施时，先对每一个倾角叠加成像，然后做对应的倾角滤波，仅保留该倾角的反射层，最后累加所有的倾角叠加结果。这样就有效地保护了绕射信息，提高叠后偏移成像的质量。

2. 复杂地表情况下的二维 CRS 叠加与基准面重建

1）方法原理

在复杂地表情况下，经推导 CRS 叠加公式变为：

$$
\begin{aligned}
t^2 = &\left(t_0 - \frac{2}{v_S}(m_x \sin\beta_S + m_z \cos\beta_S)\right)^2 + \frac{2t_0 K_N}{v_S}(m_x \cos\beta_S - m_z \sin\beta_S)^2 \\
&+ \frac{2t_0 K_{NIP}}{v_S}(h_x \cos\beta_S - h_z \sin\beta_S)^2
\end{aligned}
\quad (3-129)
$$

式中　v_S——近地表速度；

m_x和m_z——分别是 $\boldsymbol{m}$ 向量的 x 轴、z 轴分量；

h_x和h_z——分别是 $\boldsymbol{h}$ 向量的 x 轴、z 轴分量；

β_S、K_{NIP}和K_N分别同前面的 α、$1/R_{NIP}$和 $1/R_N$。

利用该公式计算的反射走时曲面与实际的反射走时曲面吻合得很好（在 P_0附近）。这样就可以计算任意 1 条波射线的走时 t（m，h）。有了公式（3－129）后，就可对复杂地表情况下的地震数据做 CRS 叠加。基准面重建后的 CRS 叠加剖面是 CRS 叠加的“副产品”。图 3－73 说明了如何把在复杂地表接收到的数据重建到一假想的平面上。图 3－73（a）是模型及其二维中点及半炮检距向量的定义示意图；图 3－73（b）是基准面重建示意图。由图 3－73（b）可知，对由 CRS 叠加得到的任一 ZO 线，它在实际复杂地表情况下的出射位置为 $S=G$，走时为 t_0，在位于点 S 处的局部坐标系统中，在假想平面上的出射位置 $S'=G'$ 的坐标为：

$$
x = (z_S - z_0)\tan\beta_S,\quad z = z_0 - z_S \quad (3-130)
$$

其中，z_0是假想的基准面位置，用纵坐标表示。沿新的 ZO 线 S′RS′的走时 t'易于通过下式给出：

$$
t' = t_0 + 2\,\frac{z_S - z_0}{v_S \cos\beta_S} \quad (3-131)
$$

利用以上公式，实现了基准面的重建。

其中，中心射线的震源点与接收点基准面重建后，在 $S=G$ 处的叠加值位于 $S=G$ 处，其出射角由 β_S表示。被校正到点 S'处，该点位于水平基准线 AB 上。利用上面的公式将 $S=G$ 处的叠加振幅移到 S'处。在复杂地表 ZO—CRS 叠加剖面上重复这种处理就可得到基准线 AB 上的模拟 ZO—CRS 叠加剖面。基于复杂地表的 CRS 叠加是在水平地表 CRS 叠加

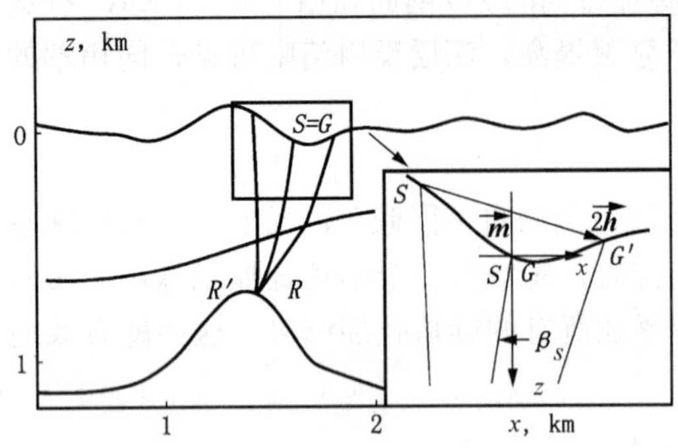

图 3－73（a） 模型及其 2D 中点及半炮检距向量的定义

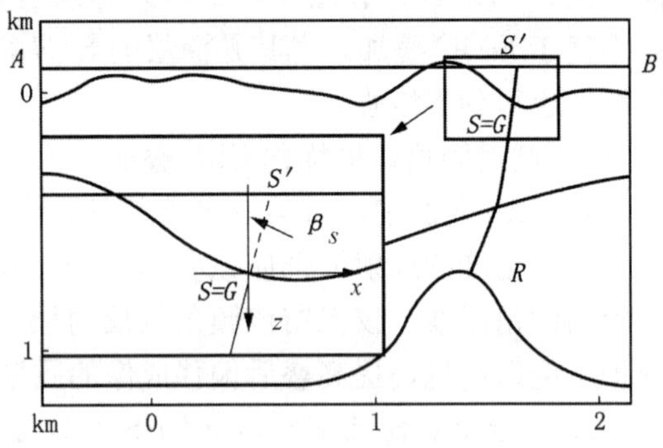

图 3－73（b） 基准面重建示意图

的基础上发展起来的。

2）实际数据处理效果

某二维地震测线记录长度为 7s，采样间隔 2ms，最高覆盖次数 150 余次，地表高程变化大（从 1538m 到 1917m）。

图 3－74（a）是该测线段的 1 个炮记录。该资料信噪比很低，静校正问题严重。

图3－74（b)至 3－74（e）分别为简单静校正后的叠加剖面、常规处理的叠加剖面、复杂地表的 CRS 叠加剖面和基准面重建后的 CRS 叠加剖面。

在对叠后数据做基准面重建时，选定高程 2000m 的水平线为基准线。因此，可以看到后两图中的同相轴在垂向位置上存在偏差。

对比该测线剖面的中、深层，由于地表地形极为复杂，常规处理难以取得好的效果。而基于复杂地表的 CRS 叠加直接对未做静校正的数据进行处理，显著提高了叠加剖面的信噪比。

3. 三维 CRS 叠加及其运动学波场参数

1）基本原理

可推导出三维 CRS 叠加公式。双曲走时近似公式为：

$$t_{hyp}^2(m,h)=\left[t_0(m_0,0)+\underline{\boldsymbol{\Phi}}\begin{pmatrix}2/v_0\sin\alpha\\0\end{pmatrix}\cdot m\right]^2+\frac{2t_0(m_0,0)}{v_0}\left(m\cdot\underline{\boldsymbol{\Phi}}^T\underline{\boldsymbol{\Theta}}^T\boldsymbol{K}_N\underline{\boldsymbol{\Phi}\boldsymbol{\Theta}}m+h\cdot\underline{\boldsymbol{\Phi}}^T\underline{\boldsymbol{\Theta}}^T\underline{\boldsymbol{K}}_{NIP}\underline{\boldsymbol{\Phi}\boldsymbol{\Theta}}h\right) \tag{3－132}$$

式中，$\underline{\boldsymbol{\Phi}}=\begin{pmatrix}\cos\lambda & -\sin\lambda\\ \sin\lambda & \cos\lambda\end{pmatrix}$，$\underline{\boldsymbol{\Theta}}=\begin{pmatrix}\cos\alpha & 0\\ 0 & 1\end{pmatrix}$。其中的 λ 和 α 的物理意义如下：波射线方向 y_3 与波前法线方向 h_3 并不一定一致，因此要将相应的坐标系（y_1，y_2，y_3）转换为坐标系（h_1，h_2，h_3）需旋转两次：第一次旋转 λ 使 y_3 与 h_3 重合；第二次旋转 α 再使另两个轴重合。实际上，波前的切平面就是地表，因此坐标系（h_1, h_2，h_3）是给定的。这样波射线方向就可用 λ、α 两个参数确定。公式中，$\boldsymbol{K}_N$ 和 $\boldsymbol{K}_{NIP}$ 为 N 波和 NIP 波的波前曲率对称矩阵

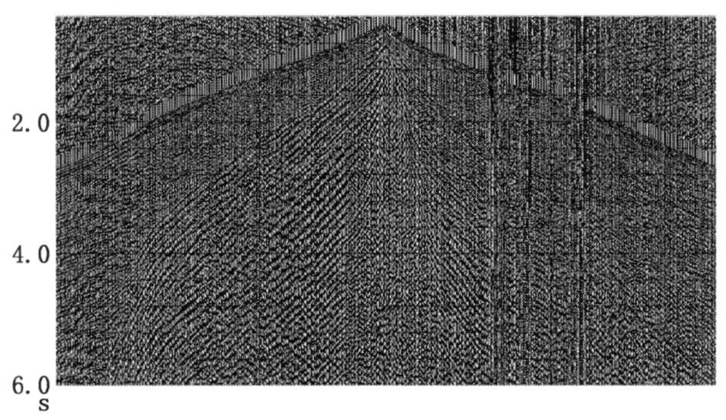

图 3－74（a）　单炮记录

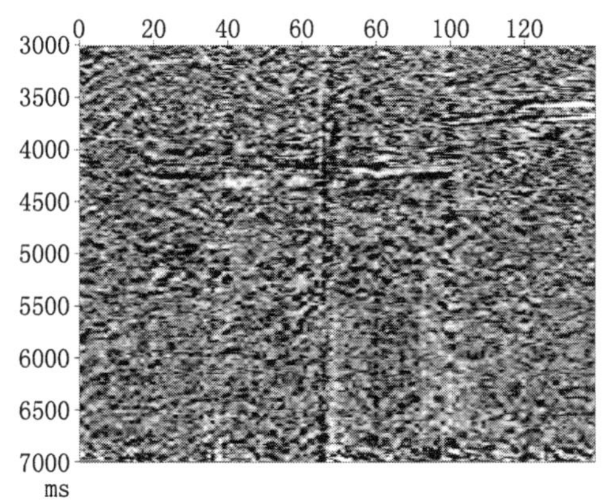

图 3－74（b）　经简单静校正后的叠加剖面

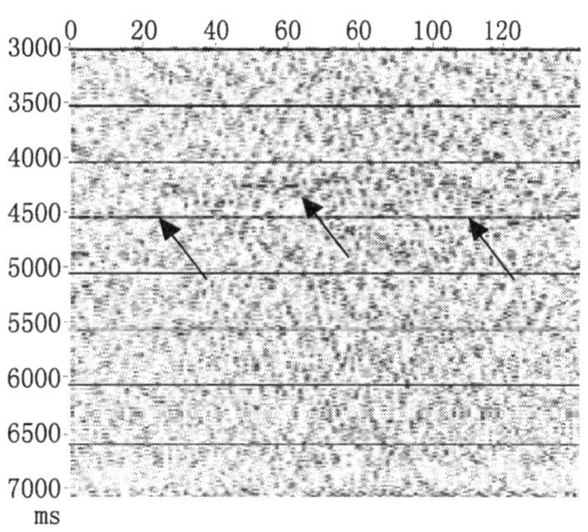

图 3－74（c）　常规处理的叠加剖面

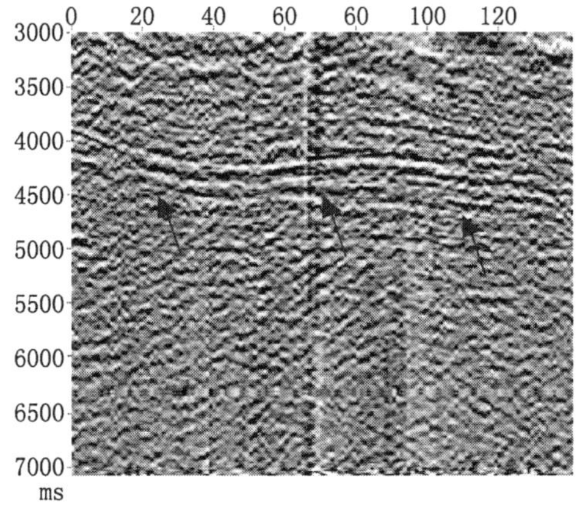

图 3－74（d）　基于复杂地表的 CRS 叠加剖面

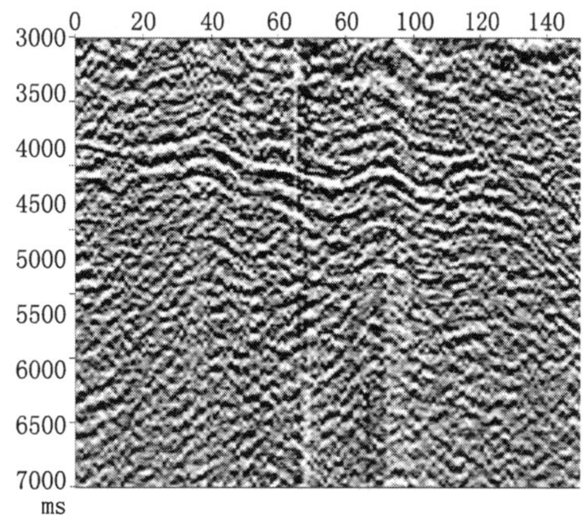

图 3－74（e）　基准面重建后的 CRS 叠加剖面

(2×2),共 6 个独立元素。λ 与 α 为波在地面的出射角，共两个独立元素。这样，共有 8 个独立参数。另外，在三维 CRS 叠加中，所用的叠加道来自多条测线的多个反射段，所以得

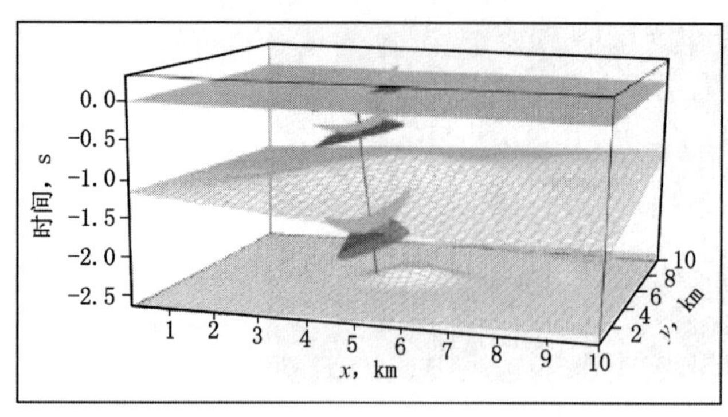

图 3－75　三维情况下 R_N 与 R_{NIP} 波波前产生示意图

出的各成果剖面的信噪比相对三维 NMO—DMO—叠加会更高。关于三维 CRS 叠加情况下的法向波波前与法向入射点波波前的示意图如图 3－75 所示。

CRS 叠加得出的 8 个参数有许多用途：

（1）可用于层状横向不均匀速度模型的广义 Dix 型反演；

（2）用于识别反射同相轴，进行波场分离（将散射波与反射波分开）；

（3）获取高分辨率的叠加速度场，对提高储层 AVO 分析的分辨率很有帮助；

（4）估算几何扩散因子用于真振幅成像；

（5）构建真振幅增益函数用于 ZO 反射系数的估计；

（6）得出菲涅耳带投影矩阵，它可作为最佳偏移孔径用于 CRS 叠加剖面的叠后深度偏移，还可用于 Kirchhoff 叠前偏移，从而大大减少计算工作量；

（7）CRS 参数在储层研究中有较好的应用前景，这方面的技术还有待于开发；

（8）若能利用 8 参数得出速度模型，也就接近了“CRS 叠加成像”。

实现步骤是：做 CRS 叠加，提取 CRS 波场参数，建立速度模型，CRS 叠加剖面的叠后偏移成像。

2）实际数据处理效果

在多次覆盖数据体中，至少要有 3 个不同方位角的数据，以便确定出法向波曲率矩阵与法向点波曲率矩阵，在实际数据采集中是可满足的。

三维 CRS 叠加除得到高质量的叠加剖面外，还得出一系列参数剖面。图 3－76 是陆上三维数据 CRS 叠加的实例。

由图 3－76（a）和图 3－76（b）可知，由于 CRS 采用了“超道集”叠加，因此剖面信噪比大大提高。特别是有些同相轴，只有在 CRS 叠加剖面上才能看到。CRS 叠加除了得到叠加剖面外，还可得到许多属性剖面，如方位角剖面、法向波曲率半径剖面、相干剖面、叠加速度剖面、由 CRS 属性可推出的几何传播因子剖面与菲涅耳带投影剖面。这些属性剖面与常规叠加得到的叠加速度剖面相比，有着更多的用途。与常规 DMO 相比，三维 CRS 叠加是能够提高成像质量的一种技术。而且，该技术也应用于强横向变速、复杂构造、低信噪比、低覆盖次数的数据中。

在出现相交倾角、多次波及复杂地形等情况的实际数据中，仍可见到 CRS 叠加的效果。当然这需要 CRS 同其他处理技术结合使用。

一般地，对窄方位角数据做常规叠加速度分析是在相互独立的测线上进行的。其最大的缺陷在于只有当地层倾角是在沿测线方向上而不是垂直于测线方向上时，速度分析才有可能得到较好的结果。

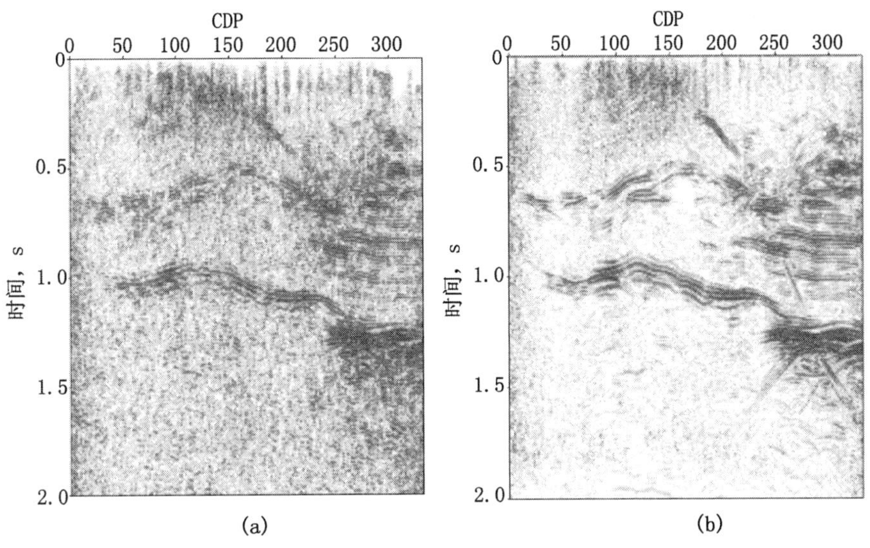

图 3－76 DMO 叠加与三维 CRS 叠加得出的 ZO 剖面对比图

三维 ZO—CRS 经过改进可用到这种数据中。经过与倾角有关的速度分析后，可提取出有用的信息反映地层倾角方位。

CRS 参数还有一个可能的用途就是检测多次波。其理论依据在于多次波的曲率特性与几个反射层曲率特性有关。

4. 结论

（1）CRS 叠加适用于复杂地表采集的地震数据；

（2）基于 3 个参数优化的二维 CRS 叠加与基于 8 个参数优化的三维 CRS 叠加灵活性强，有多种优化选择方案；

（3）CRS 叠加剖面相对 NMO—DMO—叠加剖面具有较高的信噪比与保真度。

（4）CRS 叠加得到的 3 个参数（二维）与 8 个参数（三维）可用于速度反演、储层研究，实现“CRS 叠加成像”、ZO 反射系数估计和储层 AVO 分析。

第五节　叠前偏移成像技术

20 世纪 90 年代之后，为了减少勘探开发风险，油公司纷纷加大了叠前偏移处理技术的应用力度。从 2000 年到 2003 年，国际各大油公司广泛应用了叠前偏移处理技术，叠前时间偏移与叠前深度偏移技术已全面取代了叠后时间偏移技术而成为提高地震成像精度、提高勘探开发效益的重要手段并取得明显效果。伴随着油公司对叠前偏移技术巨大需求和计算机 PC 集群技术的发展，国际各大地球物理公司都在快速扩展计算机能力，使得叠前偏移技术得以大规模应用并成为常规处理手段。

一、叠前时间偏移成像技术

向下外推波场的目的是要使波场在反射界面上成像。对于叠后地震剖面，由于使用爆炸面的观点，向下外推与成像原则的物理意义及数学表达式之间的关系是明确的。

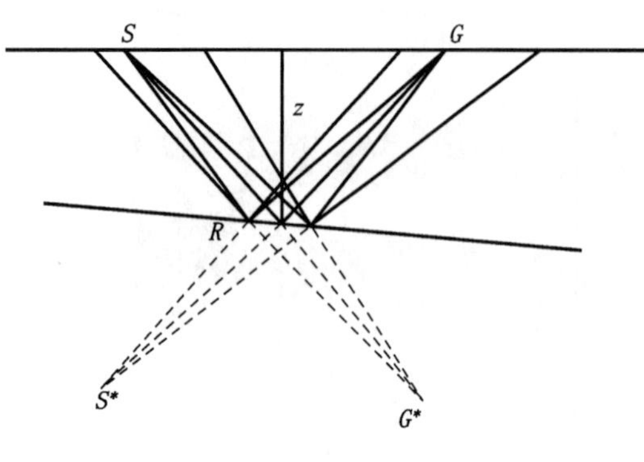

图 3-77 非零炮检距反射波射线

对于叠前地震记录，如果使其偏移成像，用何种数学式表达需要加以研究。在叠后时间偏移中，建立爆炸面的概念，即爆炸点就在反射面上。当向下外推波场到达该界面上时（$t=0$）的波场值即为成像所需要的值。在非零炮检距情况下，就无法使用爆炸反射面的观点了。这时，$t=0$ 时的波场不在反射面上，而是在虚爆炸点或虚接收点（不用 $V/2$ 代替速度 V 时）上。因此，叠前时间偏移的成像概念应当另外定义。假设介质是均匀的，其地震射线如图 3-77 所示。我们想求出的地震成像点是射线 SRG 的 R 点。一般地，按照共炮点道集沿 S^*G 射线向下延拓到深度 z 即可把 G 点上的波场返回到 R 点。但是深度 z 上 R 点的波场是一个时间函数，即组成了 1 个地震道 $s(t)$。那么，$s(t)$ 的哪个时间上的振幅值是该 R 点的成像振幅呢？这是无法判定的。

如果将所有共炮点道集向下外推到深度 z 之后，根据互换原则再将它们抽取成共接收点道集，又沿着 G^*S 射线向下外推一个深度 z，取深度 z 上 $t=0$ 时间的波场值，即是反射波成像的振幅值。因此，可以用以下两个上行波方程交替地向下外推波场。

共炮点道集频率—波数域的向下外推公式：

$$\tilde{u}_s(k_s,k_g,z,\omega)=\tilde{u}(k_s,k_g,0,\omega)\mathrm{e}^{ik_{z_1}z} \tag{3-133}$$

式中

$$k_{z_1}=\frac{\omega}{v}\left[1-\left(\frac{vk_g}{\omega}\right)^2\right]^{\frac{1}{2}}$$

把 $\tilde{u}_s$ 再以共接收点道集向下外推波场则有：

$$u_g(k_s,k_s,z,\omega)=\tilde{u}_s(k_s,k_s,z,\omega)\mathrm{e}^{ik_{z_2}z} \tag{3-134}$$

式中

$$k_{z_2}=\frac{\omega}{v}\left[1-\left(\frac{vk_s}{\omega}\right)^2\right]^{\frac{1}{2}}$$

因此，两次外推后的波场为：

$$\tilde{u}(k_s,k_g,z,\omega)=\tilde{u}(k_s,k_g,0,\omega)\mathrm{e}^{ik_2z} \tag{3-135}$$

式中垂直波数 k_z 为：

$$k_z = k_{z_1} + k_{z_2} = \frac{\omega}{v}\left\{\left[1-\left(\frac{vk_g}{\omega}\right)^2\right]^{\frac{1}{2}} + \left[1-\left(\frac{vk_s}{\omega}\right)^2\right]^{\frac{1}{2}}\right\} \tag{3-136}$$

令：

$$\begin{bmatrix} G \\ S \end{bmatrix} = \frac{v}{\omega}\begin{bmatrix} k_g \\ k_s \end{bmatrix} \tag{3-137}$$

则式（3－136）可表示为：

$$k_z = \frac{\omega}{v}\left[(1-G^2)+(1-S^2)^{\frac{1}{2}}\right] = \frac{\omega}{v}DSR(G,S) \tag{3-138}$$

把式（3－38）代入式（3－35），得：

$$\tilde{u}(k_g,k_s,z,\omega) = \tilde{u}(k_g,k_s,0,\omega)\exp\left[i\frac{\omega}{v}DSR(G,S)z\right]$$

此即双平方根方程：

$\frac{\partial}{\partial z}\tilde{u}(k_g,k_s,z,\omega) = i\frac{\omega}{v}DSR(G,S)\tilde{u}(k_g,k_s,z,\omega)$的解。

式中，$DSR(G,S)=(1-G^2)^{\frac{1}{2}}+(1-S^2)^{\frac{1}{2}}$称为双平方根算子。

Kirchhoff 叠前时间偏移采用双平方根算子，用 Kirchhoff 积分公式来求解波动方程。

二、叠前深度偏移成像技术

随着计算机技术的不断发展和地震勘探难度的不断加大，复杂构造成像问题越来越紧迫。复杂地质构造的特点是存在剧烈横向变速、大倾角，目的层埋藏深。迄今为止，叠前深度偏移是复杂地质构造成像最精确、最有效的方法。这是因为，叠后时间偏移使用叠加速度，然后用迪克斯（Dix）公式把叠加速度转换为层速度，仅在水平层的情况下得到的层速度才是精确的，对于复杂构造，Dix 公式不正确，从而导致成像误差较大。在纵横向剧烈变速情况下，DMO 技术失效。叠后深度偏移存在以下问题：

（1）在复杂构造条件下，水平叠加的双曲线假设不成立，几乎不可能得到好的叠加剖面。此时，叠后深度偏移也无效。（2）在叠后无法确定偏移速度场。因此对于复杂构造，成像是必须首先解决的问题。其次，如何确定偏移速度是复杂构造成像的又一关键问题。

1. 偏移速度分析技术

建立速度分布模型包括两方面的内容，一方面是分析、确定速度数值的方法；另一方面是描述、建立速度分布的方法，二者结合形成速度模型。

1）速度分析的准则

速度分析的根据是共成像点道集中同相轴的平直程度，当使用偏移速度过高时，按炮检距作深度偏移会出现同相轴下移而且随炮检距的增大而加剧的现象；当使用偏移速度过低时，按炮检距作深度偏移会出现同相轴上移且随炮检距的增大而加剧的现象；当上覆地层复杂而且速度变化较大时，同相轴会呈现出复杂的弯曲形态；只有使用正确的速度时，各个炮检距的同相轴才会成像到相应的深度上。这时如果对每个共成像点道集进行按炮检距的叠加，就会得到最大振幅能量。所以，最大能量与最大相似度是同一准则的不同表现形式。

2）建立速度模型的逻辑关系

偏移成像要求正确的速度模型，而建立速度模型的根据是成像的结果，因此，速度分析是一个自上而下逐层迭代的过程。其基础是根据这样一个事实，即当前地层的偏移成像只要求该层速度与其上覆地层的速度分布，假定已知上覆地层速度的分布，当前地层的速度则可以通过试验得到。

3）建立速度模型的过程

地震数据处理涉及到叠加速度、DMO速度、均方根速度和层速度。叠加速度与反射波视倾角有关，DMO速度与反射波视倾角无关，二者的空间分布与反射波一致，应用这个速度可以得到叠加剖面。如果应用这个速度进行偏移成像，则还应作空间位置和数值的校正，因为用于偏移的均方根速度或层速度是沿地层分布的。由于求取叠加速度或DMO速度比较容易，所以可以作为均方根速度的近似，通过应用叠前时间偏移速度分析技术对其进行位置和数值修正，得到沿层分布的均方根速度模型。根据均方根速度模型与叠前时间偏移剖面，可以得到初始层速度分布，然后按照叠前深度偏移求取速度的准则，通过自上而下逐层修改的方式逼近正确的层速度模型。

建立速度模型的方法有多种，现介绍主要的方法如下：

层析速度反演方法——通过比较模型理论时间与成像同相轴实际时间的差异，应用广义非线性反演方法，修改偏移深度。这种方法要求数据有一定的信噪比，以利于拾取成像同相轴的时间。

深度聚焦方法——根据聚焦波前深度与偏移成像深度的差求解真实深度，聚焦分析理论建立在水平界面与常速介质的假定之上，而这些假设都与要做叠前深度偏移的情况相违背。Faudebort 等（1993）提出了一种聚焦分析法，它不要求对反射界面和速度模型做先验的假定。方法是：对给定的外推深度，进行多炮检距外推，由此，提取新的零炮检距资料，再对零炮检距资料做全深度偏移。深度偏移后的道就构成聚焦数据，该方法保证了把聚焦能量映射到有关的成像点，不存在深度点模糊，保证了成像清晰度，且能与剖面直接对比。

Chauris（2000）给出了一种从局部相干同相轴估计速度的实用方法，该方法在经过深度偏移的共成像点道集与共炮检距道集中分别拾取剩余时差及地层视倾角，通过1个加权函数的梯度修正速度模型，此过程可以迭代进行直到求取正确的速度模型，该方法的一个突出特点是无须沿层定义速度模型。

Biondo（1999）提出了利用波动方程剩余偏移产生的波场扰动反演速度的方法。

其他方法如Amoco公司用剥层法在常倾角—空间域进行速度分析；GeoDepth软件采用正反演方式求取速度；GeoModel（BGP）采用层速度扫描技术逐层建立速度模型；Jiao在深度—射线参数域通过剩余偏移自上而下分析层速度；Jacques（CGG）通过共反射点速度扫描建立关系矩阵进行层析速度反演等。

2. 克希霍夫叠前深度偏移

克希霍夫（Kirchhoff）偏移是最容易从运动学角度描述的方法。在地表给定1个激发点和1个接收点，在只有一次波的未偏移剖面上，时间 t 时刻的样点可能包含了来自地下任何反射点的能量，而它们从激发点到反射点再到接收点的整个旅行时间为 t。在常速介质情况下，这些点的轨迹是三维椭球体（或二维椭圆）的下半部分，激发点与接收点分别位于两个焦点上。当激发点与接收点重合时，椭球体成为球体（椭圆成为圆）。反射点只可能位于这些轨迹之上。由于只知道未偏移道中的 1 个脉冲，偏移将这个脉冲分布到所有可能反射点的轨迹上。给定 1 个样点，将该点分布到它所对应的轨迹上。对所有样点重复这个过程，并将所有轨迹的贡献累加到输出结果中，这样就完成了偏移。

下面的方程是常速偏移的精确描述，许多偏移算法都以此为基础：

$$P(x,y,z,t=0)=\int W(x-x',y-y',z)\times P'(x',y',z=0,t=r/v)\mathrm{d}x'\mathrm{d}y'$$

式中 W——加权函数；

v——速度之半；

r——地表位置（x'，y'，0）与成像点位置（x，y，z）之间的距离；

P'——表示对地表记录波场的时间导数，输出偏移成像点为 P。

还可以将每个成像点作为地震能量的绕射点考虑，Kirchhoff 偏移沿绕射曲线进行振幅的加权叠加并将叠加结果置于散射点位置。在偏移孔径范围内累加所有道就完成了对该点的计算。Kirchhoff 偏移存在的问题在于：首先，几乎所有的 Kirchhoff 偏移算法基于只有 ωt 很大时才成立的近似假设，其中 ω 是角频率，t 是旅行时。这个有效范围意味着在激发点与接收点位置数个波长范围内的绕射不能准确成像。其次，当速度不是常数时引起的问题，由于高频近似，绕射点与激发点或接收点之间的传播距离必须很长，不能将接收点观察到的波场只向地下延伸很短的距离，而只能延伸很长的距离，因此存在许多可能的传播路径，Kirchhoff 偏移还不能考虑所有的传播路径，相反所有的 Kirchhoff 偏移假定能量只沿少量路径传播（通常是 1 条）。

当然，只有 1 条或少量传播路径的限制同时也成为 Kirchhoff 偏移最大的优点之一，使得它在横向变速时比其他方法运行快得多。能精确处理横向变速的最通用方法是波场延拓，该方法递归地从前 1 个深度计算当前深度的波场。而 Kirchhoff 偏移是非递归的，因为它从接收地表直接计算所有深度的波场。尽管波场延拓方法考虑了所有可能的传播路径，但它们受到倾角的限制，而且计算时间也比 Kirchhoff 偏移长得多。因此 Kirchhoff 偏移最大的优势在于灵活性和相对高效率的横向变速能力方面。

Kirchhoff 偏移方法的精度变化范围相当广，这与采用不同的旅行时求解方法有关，从简单的 Eikonal 方程求解（如：Vidale，1988）到振幅与相位保持的动态射线追踪。Audebert 等（1997）应用 Marmousi 模型对这些方法进行了比较。

除了理论缺陷之外，Kirchhoff 偏移还有两个实际的不足，第一是精度不够，第二是假频问题。Abma 等（1999）解释为：当地震子波通过未偏移数据的 1 个平直部分时，绕射界面的陡倾部分容易采样不足。为解决该问题，Gray 和 Lumley 等（1994）提出减少绕射界面陡倾部分的频率成分，这个方法很好但增加了复杂度。对于精度不够的问题出现了一些改进方法，高斯束偏移将激发点与接收点波场局部分解成“束”并利用极为精确的射线追踪方法将这些束传回地下。一些束在给定地表位置开始发射，不同的束对应不同的初始传播方向，束与束之间彼此独立，由单一的射线通道引导传播。射线通道可以重叠，所以能量可以由多于1个的路径进行传播。Bevc提出了多路径问题的不同解法，首先应用标准的Kirchhoff偏移传播到接收面以下若干波长大小的深度，在那个有限的深度范围内假定多路径还没有成为严重问题，因此Kirchhoff偏移是精确的，在那个深度用Kirchhoff偏移方法计算向下延拓的波场，并将该波场用于下一个有限的深度范围。在几轮偏移与下延的混合计算后完成处理过程，在二维情况下很实用。

3. *波动方程叠前深度偏移*

在此将基于波动方程波场延拓的偏移技术统称为波动方程偏移技术。

1）有限差分法偏移

有限差分偏移分为显式有限差分偏移与隐式有限差分偏移两类。显式有限差分偏移基于重复应用局部褶积运算：

$$p(x,y,z+\Delta z,\omega)=\int w(x-x',y-y',\Delta z)p(x',y',z,\omega)\mathrm{d}x'\mathrm{d}y'$$

其中p（ω）是波场P（t）的时间傅里叶变换，上述方程是由激发点或者接收点产生的波场1个单频分量的向下延拓表达式。速度包含在加权函数w中，是波场在深度域外推的格林函数。

有限差分偏移方法是递归的，$z+\Delta z$处的波场由前1个深度z处的波场计算得到，这种方法自然地考虑了多路径的问题。

显式有限差分叠前深度偏移分为两步：首先，激发点与接收点波场向下延拓到地下所有深度（激发点与接收点的外推算子略有不同，激发点沿波传播方向外推，接收点沿波传播的反向外推），在每一个深度，利用反射界面处激发点波场等于接收点波场的原理，对向下延拓的波场进行混合并成像。通过仔细考虑几何扩散及激发接收照明等成像条件，可改善计算的振幅值。

如何实现“真振幅偏移”取决于观测系统与实际考虑两个方面。从原理上，褶积需要无限空间条件，实际应用中的截断很容易导致数值不稳定，不适当的应用会使成像在一定范围内是精确的，但往下的误差以指数形式增长。当然有许多方法可解决这个问题，但稳定性的代价是限制了方法在陡倾角时的成像能力。实际中常用常速格林函数来近似加权函数w，虽然对待速度时存在数学不一致性，显式有限差分偏移通常运行很好，波场有效地“和解”了引入的局部不规则性。

但是对于速度横向剧变的情况，即使最稳定的有限差分偏移也会变得不稳定并失败，因此在生成速度场时必须要小心（Etgen，1994）。

第一代基于波动方程的数字偏移方法是隐式有限差分偏移，可在时间域或频率域进行。数学上讲，“显式”和“隐式”指微分方程的不同数值解法，但在偏移文献中，还指求解的波动方程的类型。隐式方法求解自身稳定的单程波方程，单程波方程是全通的，没有衰减区。对波向下传播或近似向下传播的情况，单程波方程与精确波动方程表现相似，但遇到陡倾角时则不同。

在适度倾角范围内，隐式与显式有限差分方法是精确的，它们在陡倾角方面的精度通过额外的工作也可以得到提高，它们都是波场延拓方法，缺乏Kirchhoff偏移的灵活性，但支持多路径。

偏移方法的代价取决于许多因素，包括地震数据的频率成分与成像的最大倾角等。频率域方法的代价与采用的频率个数成正比，因为波场的每个频率分量是单独成像的。不太明显的 Kirchhoff 偏移的代价也与频率有关，粗略计算的话，Kirchhoff 偏移的代价与最大频率成线性正比，因为最大频率用来确定成像的深度分辨率，从而确定允许的最大深度步长。这个因素对频率域偏移也是正确的，所以频率域偏移的代价在两个方面依赖频率成分，取决于最大频率的二次方而非线性关系。

更显著的区分还在偏移孔径方面。沿绕射曲线累加输入道或发散输入样点到输出孔径是 Kirchhoff 偏移的主要运算内容。如果需要大孔径，1 个输入道就在更多的输出道上摆动。差分法偏移则相反，继续在整个波场向下延拓，如果需要较大的孔径，该孔径必须是整个计算的一部分。比如，在共炮点偏移中，源点波场在横向位置激发，但波场的向下延拓将能量分散到许多横向的位置。在这些位置的道必须包含在波场的下延中，即使没有能量的存在。这简单的事实导致了差分法偏移巨大的额外计算，使得该方法进行海上数据的三维叠前深度偏移时在经济上无法与 Kirchhoff 偏移竞争。

而对三维叠后偏移情况是相当不同的，不再需要增加额外道来填补偏移孔径，有限差分法偏移至少在适度的倾角时比 Kirchhoff 偏移要便宜。

2）逆时偏移

逆时偏移利用有限差分求解波动方程，但不在深度域外推，而在时间域求解全（双）程声波或弹性波方程，允许波场在任何方向传播。逆时偏移是有限差分模型正演的逆运算。Baysal et al.（1983）和 McMechan（1983）介绍了逆时偏移方法。

逆时偏移也存在有限差分模型存在的稳定性与数值发散问题，解决这些问题很简单，但非常昂贵。

叠前逆时偏移必须填补记录道以满足偏移孔径的缺陷。从忠实波动方程的角度来说，逆时偏移是最精确的方法，其他方法则显得不足。

3）频率—波数域偏移及其横向变速能力扩展

Kirchhoff 与逆时偏移在时间—空间域进行，显式有限差分与部分隐式有限差分在频率—空间域进行。Stolt（1978）和 Gazdag（1978）介绍了两种对垂向变速严格正确的叠后偏移方法，以计算快速弥补了灵活性不足的缺陷并得到广泛应用。两种方法首先通过傅里叶变换将输入道从时间—空间域（t，x，y）变换成简谐平面波分量（ω，k_x，k_y），这种变换很有用，因为在傅里叶域，常速波动方程成为 1 个关于时间频率 ω 与简谐平面波波数分量 k_x，k_y，k_z的简单代数恒等式。

Stolt 偏移利用此关系在每一步将（ω，k_x，k_y）处的振幅与相位移动到对应的（k_z，k_x，k_y）并向下延拓，在内插到规则网格点后再作傅里叶反变换回（z，x，y），生成期望的空间域图像。

Gazdag 的相移法稍微复杂一些，对每个（ω，k_x，k_y）分量从 1 个深度到另 1 个深度进行单独向下延拓，下延方程具有相位旋转的形式：

$$\widetilde{p}(k_x, k_y, z+\Delta z, \omega) = \widetilde{p}(k_x, k_y, z, \omega)\exp\left\{ i\Delta z\sqrt{\frac{\omega^2}{v^2} - (k_x^2 - k_y^2)} \right\}$$

其中，$\widetilde{p}$ 是波场 p 的时间—空间傅里叶变换，v 是深度 z 与 $z+\Delta z$ 之间的速度。

因为它的递归设计，相移法遵从斯奈尔定律，当波前通过速度界面时自然地改变倾角。这使得它能够对墨西哥湾沉积盆地中的高陡侵入体精确成像。在横向速度不变时，相移法的成像倾角可大于90°（Claerbout，1985）。当能够看到图像比了解其精确位置更重要时，（ω，k_x，k_y）方法成为许多叠后和叠前时间偏移的基础。

但是这些方法在深度偏移方面受到限制，因为它们不适应横向变速。对相移法的两个扩展使其能用于叠后深度偏移，然而由于在波数域与空间域来回使用傅里叶变换，耗费了大量的时间。

Gazdag 和 Sguazzero（1984）发展了相移加内插的（PSPI）偏移方法。该方法思路与相移法相同，但在深度 z 与 $z+\Delta z$ 之间延拓时要多次应用不同的速度，建立波场时利用（x，y）处的速度指导常速外推。用的速度越多，PSPI 的精度越高，但成本也越大。这是一个典型的很昂贵、很精确的深度偏移方法。但当横向变速很厉害时，PSPI 变得极不稳定（Etgen，1994）。

与 PSPI 三维深度偏移相比，裂步法偏移（Gazdag & Sguazzero，1984；Stoffa 等，1990）比较有效，但精度不高。与相移法相同的是裂步法偏移利用横向不变的速度外推傅里叶变换的波场，不同的是它通过傅里叶反变换应用剩余相移来扰动波场以适应横向变速，扰动量的大小取决于（x，y）处实际速度与参考速度之差。裂步法偏移在每个深度需要至多两次空间傅里叶变换，比 PSPI 有了明显的效率改进，在典型的深度偏移应用中，该方法在计算速度与精度方面取得了一个很好的折中，而且对陡倾角的成像能力也不错。裂步法偏移是屏方法（De Hoop 等，1999）的一个特例。

三、综合成像技术应用

1. 叠前偏移处理技术发展现状

在国际上，叠前偏移技术已经成为提高复杂构造成像精度、降低勘探开发风险的主导技术，是近10年石油地球物理技术进步的显著标志之一。叠前偏移处理技术包括叠前时间偏移与叠前深度偏移。在构造复杂、速度横向变化不大的情况下，利用叠前时间偏移技术可以较好地提高地震成像精度。在构造复杂、速度横向变化剧烈的情况下，则可利用叠前深度偏移技术较好地解决成像问题。

在20世纪，叠后时间偏移处理技术作为常规偏移成像手段，在地震数据处理过程中发挥了重要作用。叠前偏移是在20世纪70年代提出的，到80年代，理论上已渐趋成熟。由于受限于计算机运算能力而没有得到广泛应用。到90年代初，出现并行计算机和并行偏移算法，叠前深度偏移处理技术成功地应用于墨西哥湾盐下油气勘探。

而21世纪初，随着计算机技术突飞猛进的发展，尤其是高性价比的 PC 机群的出现，使叠前偏移处理技术的广泛应用成为现实。随着油田勘探与开发工作的不断深入，国内地质难题对当前石油地球物理勘探技术提出很大挑战，无论是复杂构造成像问题，还是断裂成像问题，都对地震资料偏移成像处理技术提出了更高的要求。常规叠后时间偏移成像处理技术已不能满足当前复杂构造成像的需要，而叠前偏移处理技术成为改善构造复杂、速度横向变化大地区资料成像效果的一种有效处理手段。

2. 叠前偏移的关键处理步骤

影响叠前时间偏移处理技术应用的因素主要有硬件、软件、速度模型精度、原始数据质量与处理分析人员的经验等软、硬件是前提，高质量的叠前数据是基础，建立比较准确的均方根速度模型是关键，而处理人员与地质解释人员的紧密结合是保障。

叠前偏移处理流程如图3-78所示。

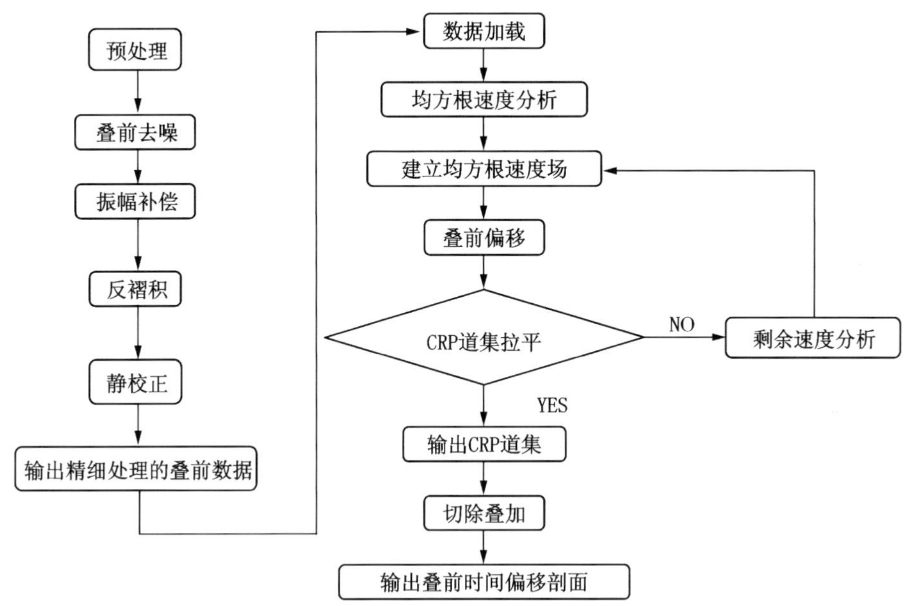

图3-78　叠前偏移处理流程

3. 叠前时间偏移处理技术应用实例

我们针对不同的勘探需求应用连片叠前时间偏移技术并取得了初步效果。

图3-79是东部某地区三维叠后时间偏移与叠前时间偏移处理成果对比结果，可以看出，叠前时间偏移剖面中基底潜山清晰，潜山顶面反射可靠，潜山构造形态得到准确落实。

从图3-81叠前时间偏移相干切片与图3-80叠后时间偏移相干切片对比中可以看出，叠前时间偏移剖面东、西斜坡的大断层更加清楚，小断层刻画清晰，落实了该区潜山地层的断层位置、产状、走向以及伸展方向、展布。

图3-82是另一地区的三维资料连片处理效果对比。从中看出叠前时间偏移剖面比叠后时间偏移剖面断层成像清楚，地质结构合理。

4. 叠前深度偏移处理技术应用实例

近几年，针对不同的复杂勘探目标，应用叠前深度偏移技术完成了大量的攻关研究和国内外生产项目，取得了较好效果。以下是3个方面的典型实例。

（1）山前复杂构造带勘探实例。

在我国西部前陆盆地的复杂高陡构造勘探中，叠前深度偏移技术得到了广泛的应用和发展。

该工区地表为山地，老地层露头，如图3-83所示，地下为典型的山前盐下高陡构造。2000年应用二维地震资料确定的QL1井在盐下的下第三系薄层砂岩中获高产工业油流，其

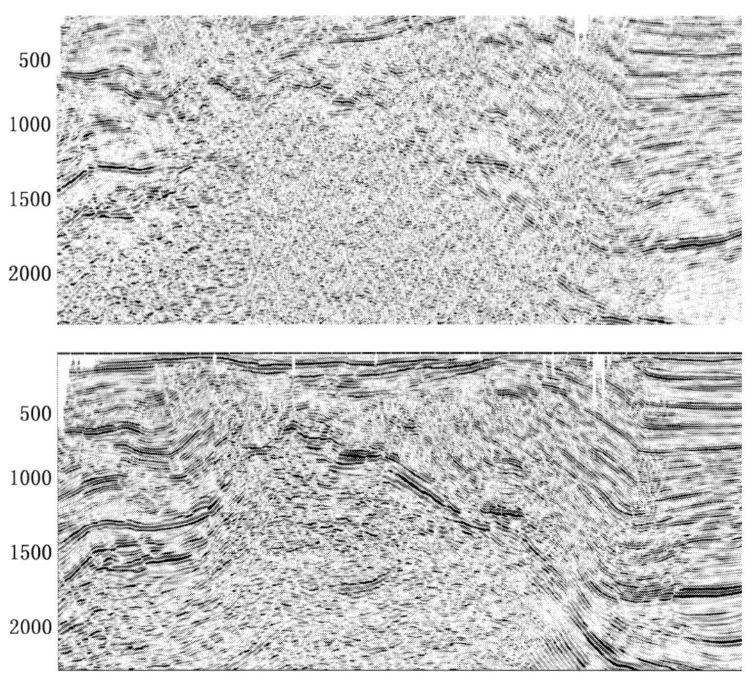

图3-79　东部某地区三维叠后时间偏移与叠前时间偏移处理成果对比

下的白垩系大套砂岩完井测试油水同出。为了进一步落实QL1井区构造，2001年开展三维地震勘探，应用叠后时间偏移资料成图如图3-84所示。可以看出，QL1井位于构造南翼的圈闭边界附近（时间域剖面右端），所以上覆薄层为油层、下覆大套白垩系砂岩为油水边界。按照这种解释模式，则该构造面积大、圈闭幅度高。于是在QL1井北部1.3km处，即构造高部位（比QL1井预测高170m左右）钻探QL6井。然而实钻表明，QL6井却比QL1井低64m。这为该区的勘探蒙上了阴影。通过叠前深度偏移处理结果的解释，我们看到，构造形态被上覆巨厚高速盐丘所畸变，把下倾的反射层畸变为抬升，如图3-84下图所示。叠前深度偏移处理结果从根本上改变了对该区地质结构的认识，恢复了地下基本构造形态图(3-85)。表现在3个方面：

①叠前深度偏移资料断点、断裂成像清晰，很好地改变了深层成像。

②区域构造认识发生了根本变化，叠前深度偏移资料解释成果表明，该区受北西向古断裂控制，区域构造整体表现为北西向倾没斜坡上发育的多个鼻状构造，改变了原构造带东西展布的认识。

③对局部圈闭及油藏认识更趋合理。井1区没有自身圈闭，但油层产量稳定、地震信息平面变化明显，可能为受岩性或断层控制的大面积层状油藏。

基于以上认识，应用叠前深度偏移资料解释成果确定了两口新的井位501井、101井，目前两口井正在完钻试油。从深度和地质规律的认识上看，钻井结果基本证实了叠前深度偏移的成果。

西部油田另一盆地某地区，情况与上述地区基本类似，地表也为高大山体，地下为逆

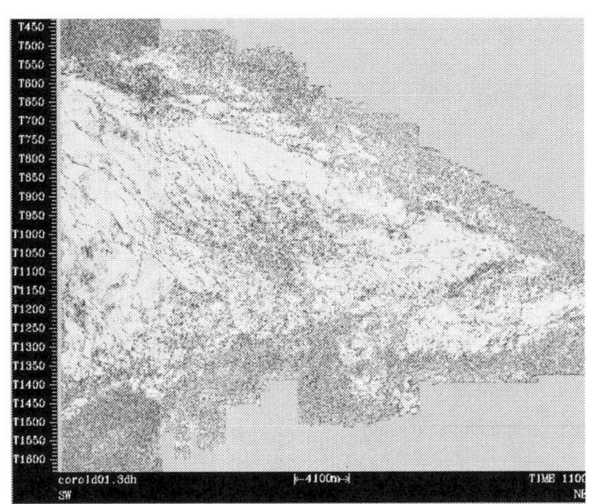

1100ms时间切片

1100ms时间切片

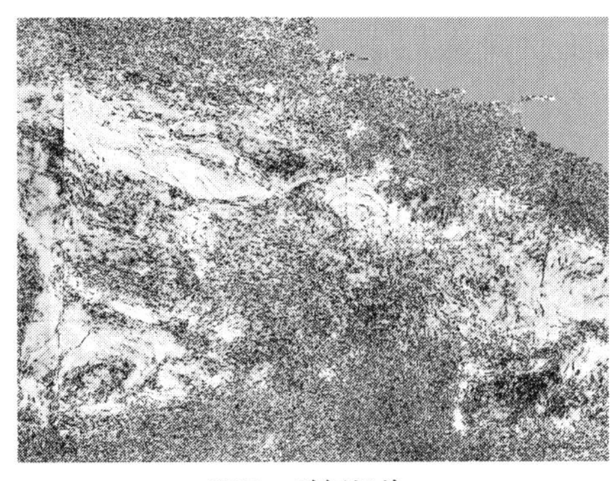

2200ms时间切片

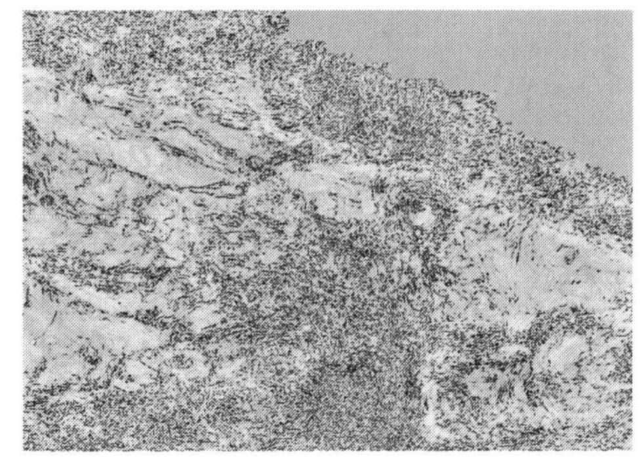

2200ms时间切片

图 3－80　叠后时间偏移相干数据切片

图 3－81　叠前时间偏移相干数据切片

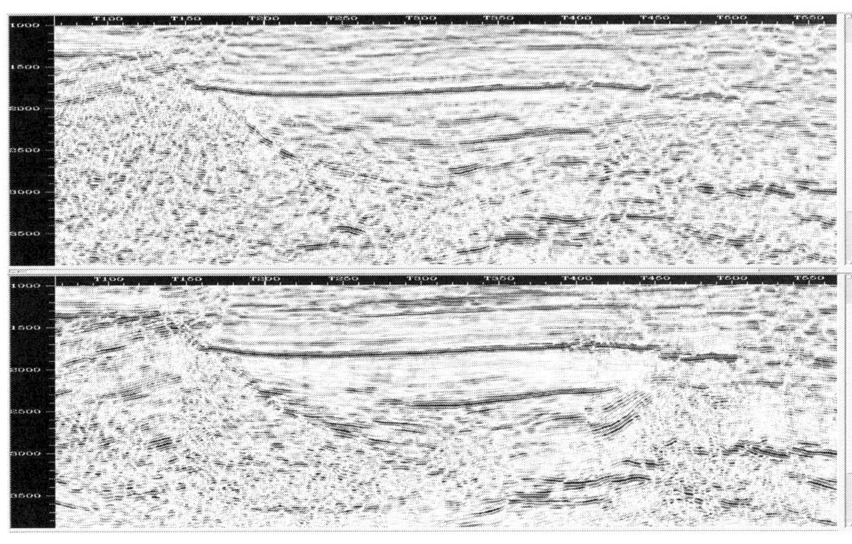

图 3－82　叠后时间偏移剖面（上）和叠前时间偏移剖面（下）对比

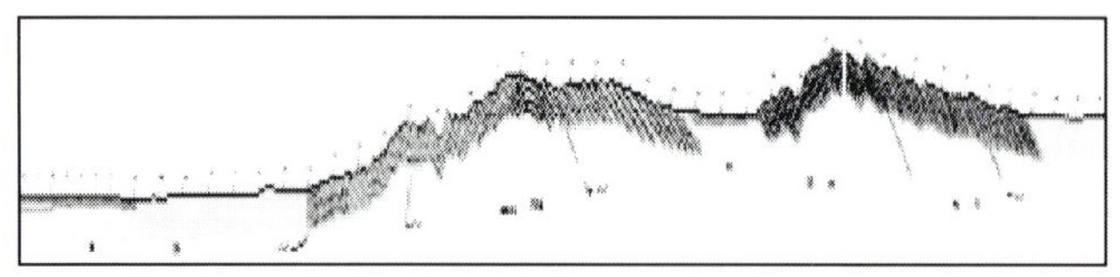

图 3-83　西部某地区地表结构示意图
（南北向露头剖面）

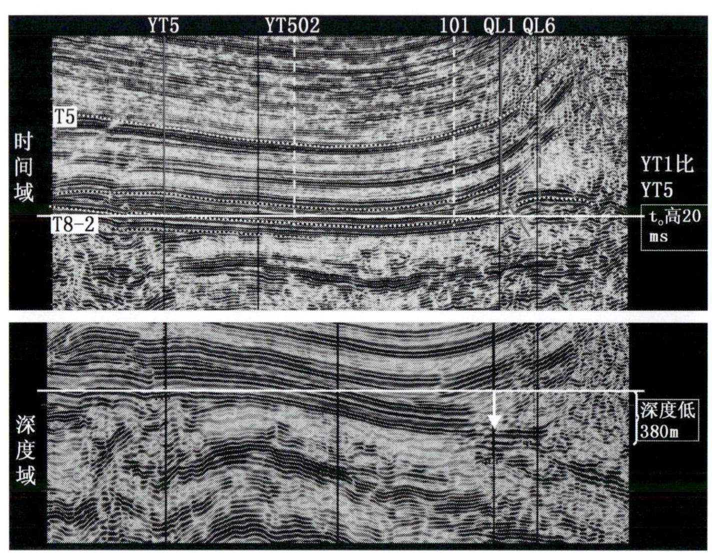

图 3-84　西部某地区叠后时间偏移剖面（上）
与叠前深度偏移剖面（下）对比图

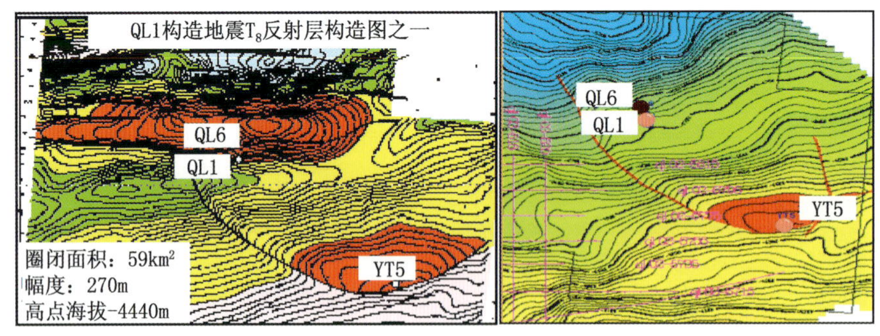

图 3-85　西部某地区叠后时间偏移（左）
与叠前深度偏移构造（右）对比图

掩推覆构造。目标为逆断层下盘的逆掩部分，如图 3-86 所示。叠前深度偏移的成果改变了对油藏的认识，并被后期的一系列开发井钻探所证实。

（2）盐下构造勘探实例。

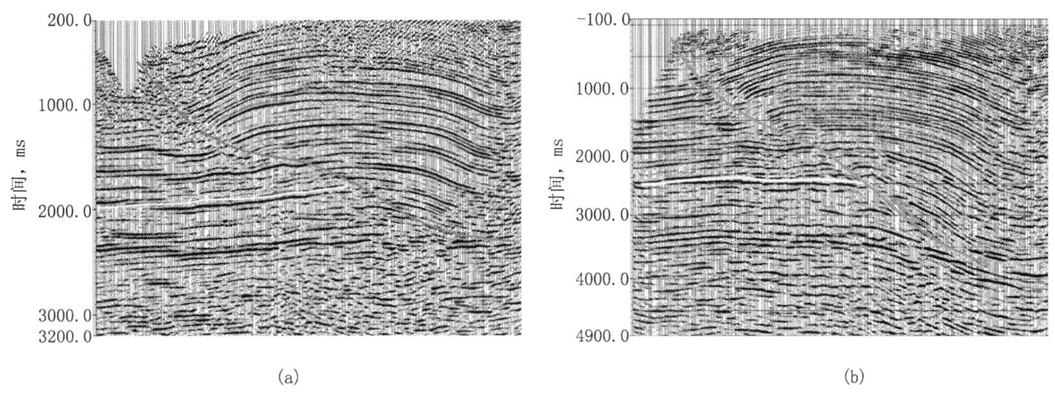

图 3－86　西部某地区叠后时间偏移剖面（a）
与叠前深度偏移剖面（b）对比图

叠前深度偏移技术应用效果最好和最早的是解决墨西哥湾盐下构造勘探问题。应用该技术我们在解决国外某油田的勘探问题中也取得了显著效果。该区地势平坦，地表结构相对简单，主要问题是由于巨厚不均质分布的盐岩影响了盐下构造的地震成像品质和歪曲了构造的形态。叠前深度偏移之后，盐下构造的地震成像连续性改善、地层接触关系更加明确，如图 3－87 所示，消除了假断层，盐下构造形态得以真实恢复，区域构造认识更趋合理，如图 3－88 所示，有效地指导了新的钻探工作。

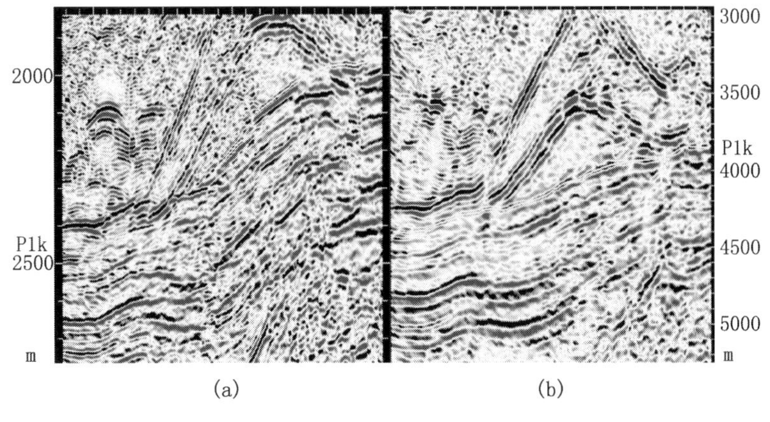

图 3－87　叠后时间偏移剖面（a）与
叠前深度偏移剖面（b）对比图

（3）火成岩伴生圈闭勘探实例

火成岩的高速异常和空间不均匀或不连续分布，常常制约了火成岩伴生圈闭的油气勘探。例如在西部某地区的勘探中，由于二叠系火成岩的不均质发育和分布，使本来难以落实的低幅度构造变得更加复杂。TZ10 井油藏是一个应用二维地震于 1996 年在大沙漠腹部区发现的小油藏，三维地震勘探后发现，在二叠系发育的“蘑菇状”火成岩可能影响圈闭

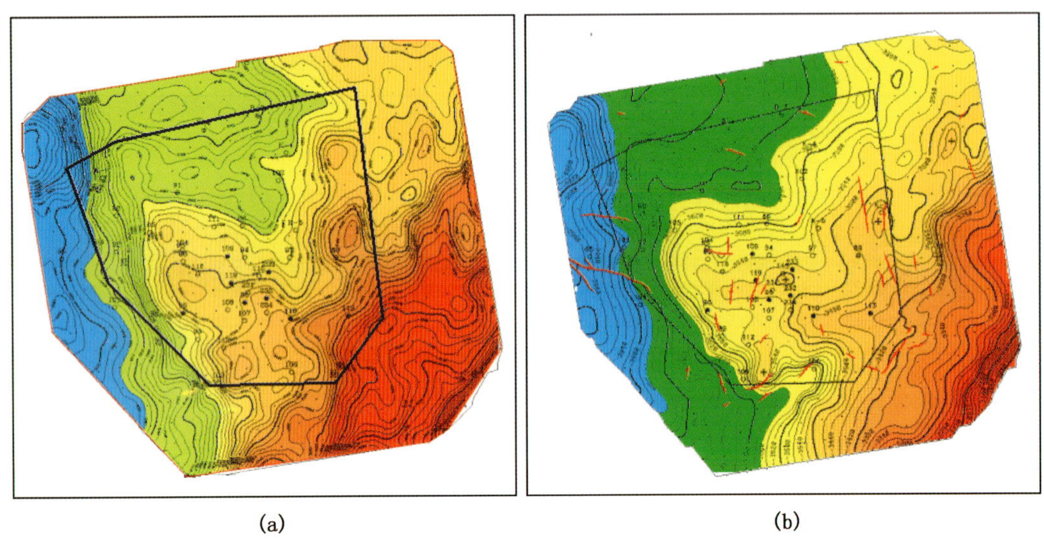

图 3-88　叠后时间偏移（a）与
叠前深度偏移构造图（b）对比

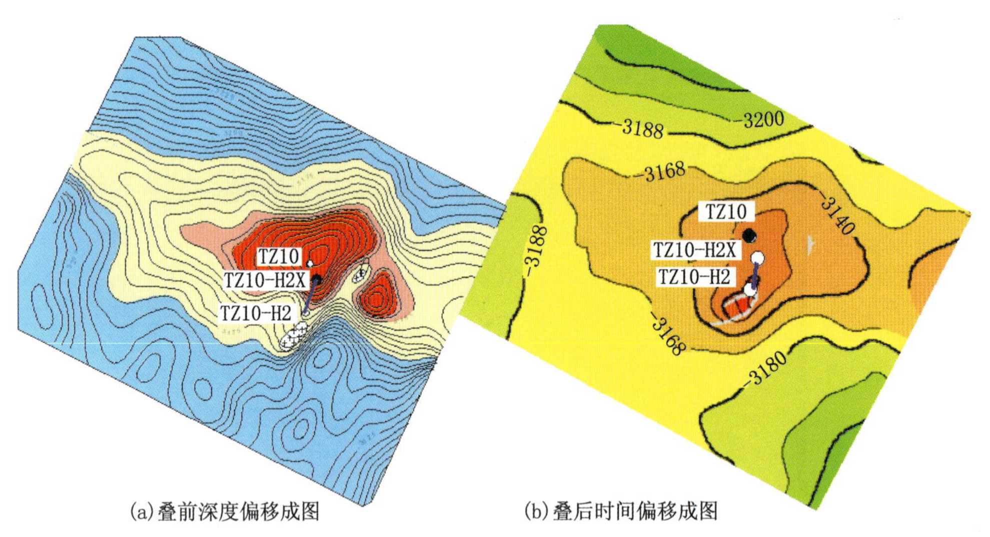

图 3-89　TZ10 井区油藏叠后时间偏移（a）
与叠前深度偏移（b）构造对比图

的精度，为此应用叠前深度偏移技术做了进一步研究。通过叠前深度偏移处理后，不仅火成岩的轮廓、边界以及活动通道得到清晰成像，而且油藏的构造形态得以落实。叠前、叠后偏移资料所成构造图的变化已被开发井的钻探所证实，如图 3-89 所示。TZ10—H2 为一口开发井的导眼井，导眼井失利后北侧钻到井底 TZ10—H2X 点，这口井的实钻数据完全证实了叠前深度偏移处理的结果。

第六节　海底电缆地震数据处理技术

一、二次定位技术

在浅海与过渡带地震勘探中，海底拖缆检波器是通过机械放缆方式放置在海底的。由于受到海流、潮汐等因素的影响，检波器很难放置到设计位置。导航提供的测量成果是检波器离开放缆船的位置，检波器的实际位置与导航资料存在一定的偏差，如果再按照原先设计的位置去处理地震数据，就会造成很大的误差。因此需要对海底的电缆的实际位置再进行定位，也称二次定位。二次定位技术目前常用的有初至波与声波定位两种方法。声波定位方法需要专门的声学检波器接收由声波发生器发出的声学信号，然后进行定位，精度在±1m。初至波定位是利用地震记录初至时间进行定位，不需要专门的硬件设备，其计算精度依赖初至拾取精度，一般约小于±5m，其应用更为灵活方便。

1. 初至波二次定位基本原理

浅海勘探震源船中装有GPS与实时导航系统，可以准确记录震源的位置。通过测定海水的速度（一般为1500m/s左右），拾取炮点初至到达时间，并将海水速度与到达时二者相乘以测定震源点到检波器间的距离。以震源位置为圆心，以测定距离为半径画圆。用两个震源点画出两个圆如图3－90所示，两个圆相交得到两个交点A、B，检波点应该位于这两个交点其中之一。选取与这两个交点不在同一条直线上的另一个震源点，同样以震源位置为圆心，以测定距离为半径画圆，得到3个圆的交点B，如图3－91所示，此交点即为检波点的实际坐标位置。

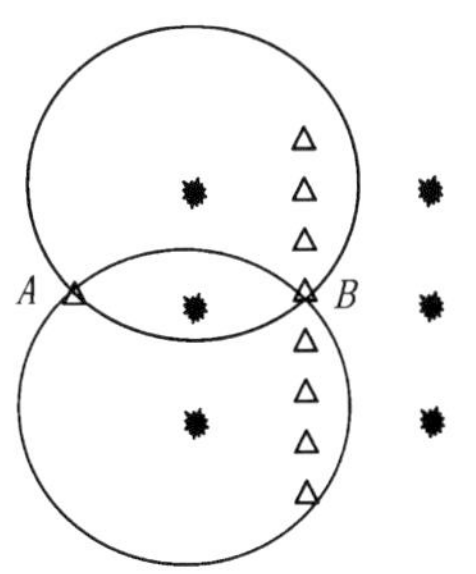

图3－90　理论计算的检波点可能位置

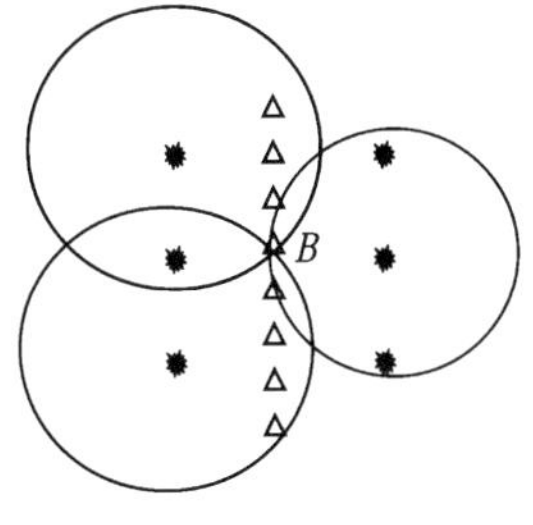

图3－91　理论计算的检波点确定位置

理论上3个震源点可以确定1个检波点位置，实际处理中则通过多个点的统计计算确定检波点的实际坐标。

2. 初至波二次定位实现步骤

1）初至波拾取

海上地震记录的信噪比一般较高，初至起跳清晰，可采用自动拾取方法，如神经网络自动初至拾取、炮点检波点初至拾取等，减少人工工作量，提高拾取的效率。

2）计算炮点检波点距离

炮点、检波点间的距离由拾取的初至时间与地震波在海水中的传播速度确定。

地震波在海水中的速度一般为1500m/s，但不同的地区会因为含盐度、海水温度以及水深的差异而略有不同，处理中可用近道直达波速度作为初始速度直接测定。

由于初至拾取的时间既可能是直达波，也可能是折射波。因此，初至拾取时间不直接等于地震波在海水中的直线传播时间，需要对拾取时间进行校正。以两层折射模型（图3-92）为基础校正计算如下：

当拾取时间 F_B（in）小于直达波时间 T_d时，F_B（out）等于 F_B（in）；而当拾取时间 F_B（in）大于直达波时间 T_d时，此时的拾取时间将被修改为下式：

$$F_B(\text{out})=\sqrt{\frac{(S_3)^2+(S_4+S_5)^2}{{v_{EL1}}^2}} \tag{3-139}$$

式中 $T_d=\dfrac{(S_2-S_1)}{v_{EL1}\cdot\cos\theta}$；

$\theta=\sin^{-1}\dfrac{v_{EL1}}{v_{EL2}}$

S_1——炮点深度；

S_2——炮点位置的水深；

S_3——炮点到水底的距离；

$S_4=S_2\cdot\tan\theta$；

$S_5=\left[\dfrac{F_B\text{（in）}-S_3}{\cos\theta\cdot v_{EL1}}\right]v_{EL_1^2}$

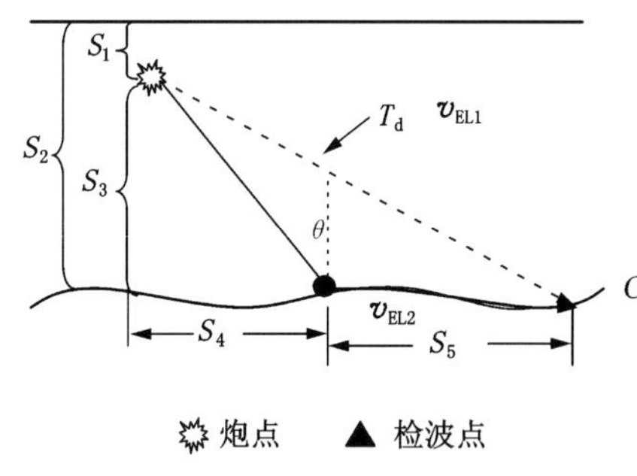

图3-92 折射拾取时间示意图

炮点与检波点间的距离等于校正后的时间乘以地震波在海水中的传播速度。

3）多点统计确定检波点位置

在实际计算过程中，首先通过某种判别准则，将不满足条件的拾取异常值进行剔除，然后校正初至时间，求取炮点、检波点距离。理论上3个震源点可以对1个检波点进行定位，但实际计算中由于多方面因素的影响，需要采用卡尔曼滤波算法进行多点统计，以避免异常值的影响，提高计算精度。

图3-93展示了二次定位前后的检波点位置，圆点为炮点位置，深色M为一次导航检波点位置，浅色M为二次定位后的检波点实际坐标。通过二次定位，对一次导航检波点位置的偏离进行了较好的校正。

二、双检数据求和技术

在20世纪90年代，海洋石油勘探发展了一种海底电缆双检接收方法：在海底电缆的检波点位置上同时放置压力检波器与速度检波器接收地震信号。

我国OBC双检数据处理经历了3个阶段：第一阶段：20世纪90年代末，只对压力检

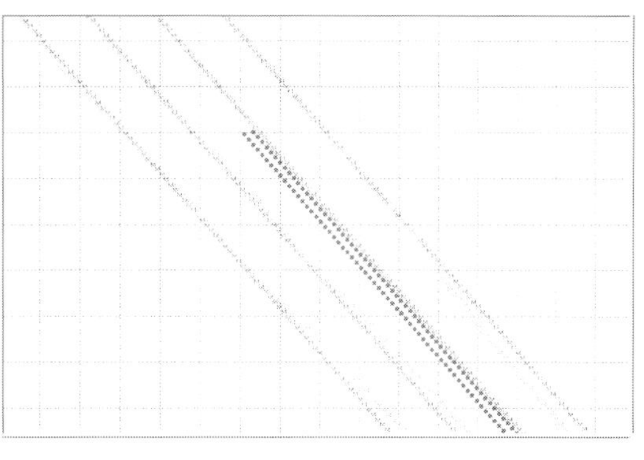

图 3－93　二次定位前后的检波点位置

波器的记录进行处理，而不处理速度检波器采集的数据，海水鸣震、虚反射没有很好的压制，断点不清楚，浅层分辨率低，波组特征不明显。第二阶段：2000 年至 2002 年，用整形的方法合并双检资料，虚反射、海水鸣震有一定压制，但不彻底，波组特征有所改善，但分辨率较低。第三阶段：使用专有的双检 OBC 处理技术，使压力检波器数据与速度检波器数据合理合并，有效压制海水的鸣震、虚反射等干扰，使处理结果分辨率提高，断点、断层清楚，有效利用了双检 OBC 接收数据。该项技术利用压力检波器与速度检波器的极性、振幅、频率等特性的差异，把压力检波器数据与速度检波器数据进行最佳比例求和，达到压制虚反射和海水鸣震的目的。

1. 双检数据求和技术的基本原理

海底电缆双检 OBC 处理首先估算影响压力检波器数据的虚反射响应，由于压力检波器与速度检波器之间接收的虚反射极性相反，这样当把两种检波器接收的数据求和就得到 1 个压制虚反射影响的高信噪比地震道。当然，这种求和并非简单的直接把两者合并，而是在求和之前合理匹配地震道的振幅，把每一双检数据道中对速度检波器数据的振幅相对压力检波器数据的振幅进行匹配，然后求和以获得虚反射得到较好压制的地震道。Dragoset 和 Barr 提出利用数据的自相关、互相关估计双检数据比例因子，然后选取最佳方法求和，输出就是预期压制了虚反射与海水鸣震的数据。

2. 双检 OBC 处理步骤

第一步，在用共检波点求和之前，要先选择信噪比高的共检波点道集，然后在特定的时窗内进行因子分析。求出：

$$Y_j = \sum_{i=1}^{N}(S_j * A_{Sgi} + A_{Shi})/N \tag{3-140}$$

这里 A_{Sgi}，A_{Shi}，分别是速度检波器、压力检波器共检波点道的自相关，S_j 为比例因子，Y_j 是压力检波器自相关加上比例因子与速度检波器自相关积的平均和函数，然后对平均和函数 Y_j 求取它的最大方差模 D。

当最大方差模有极大值时，对应的比例因子使平均和函数旁瓣最小，就是所要求的比例因子极佳值。

第二步，把求出的因子进行整个炮域的值内插。

第三步，选取最佳方法进行双检求和：

$$\text{最大方差模 } D = \frac{\sum_{j=0}^{M-1} Y_j^4}{\sum_{j=0}^{M-1} Y_j^2 \cdot \sum_{j=0}^{M-1} Y_j^2} \tag{3-141}$$

这里有 3 种基本组合方法：

（1）简单比例组合：

$$SUM = \frac{H + (S \cdot G)}{2} \tag{3-142}$$

（2）相异性比例组合：

$$SUM = \frac{[H + (S \cdot G \cdot E)]}{(1 + E)} \tag{3-143}$$

（3）简单巴克斯组合：

$$SUM = \frac{[H \cdot W_h + (TC \cdot G \cdot W_g) \cdot (1 + R \cdot Z) \cdot (1 + R \cdot Z)]}{W_h \cdot A_h + W_g \cdot A_g} \tag{3-144}$$

这里 $A_h = [\mathrm{ABS}\ (1 + R_s \cdot Z)]^2$；$A_g = [\mathrm{ABS}\ (1 - R_s \cdot Z)]^2$，$SUM$ 为输出，H 为压力检波器接收的振幅，G 为速度检波器的振幅，S 为比例因子，$E = (R_{hg} \cdot R_{gh})^2$，$R_{hg}$ 为水、陆检单炮数据的均方根振幅比，R_{gh} 为第一步求出的共检波点道集的陆、水检数据的均方根振幅比，W_h 为压力检波器的权，W_g 为速度检波器的权，$R = (S-1)/(S+1)$，Z 为延迟因子等于 $e^{i\omega t}$，t 为道头中的水延迟因子值，ω 为规则频率。在求和中还有一个匹配滤波控件用以消除双检数据之间的相位差。

3. 应用实例

图 3-94 和图 3-95 中，压力检波器、速度检波器的检波点道集和自相关显示有严重的海水鸣震与水底多次波，在求和道中得到了较好压制。

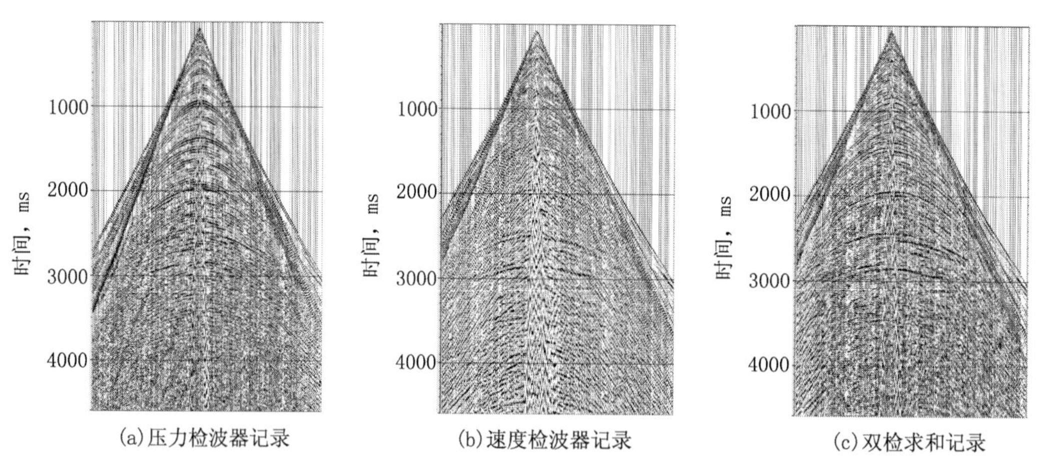

(a)压力检波器记录　(b)速度检波器记录　(c)双检求和记录

图 3-94　压力检波器、速度检波器及双检求和后的共检波点道集对比

图 3-96 和图 3-97 显示在压力检波器数据中的海水鸣震与速度检波器数据中的噪声在求和道中都得到了较好压制。

通过对不同地区的二维、三维 OBC 数据的处理，取得了明显的效果。海底电缆双检接收资料（dual-sensor Ocean-Bottom Cable）的处理技术有以下优点：

（1）可较好压制虚反射与海水鸣震；

（2）在做因子分析时不需要严格消除噪声；

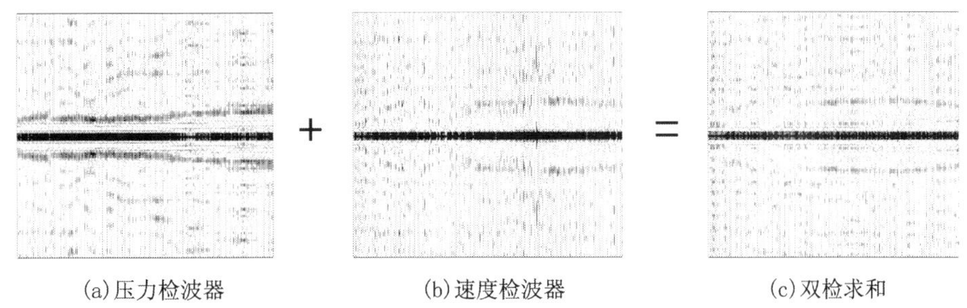

图 3-95 压力检波器、速度检波器及双检求和后的检波点道集自相关对比

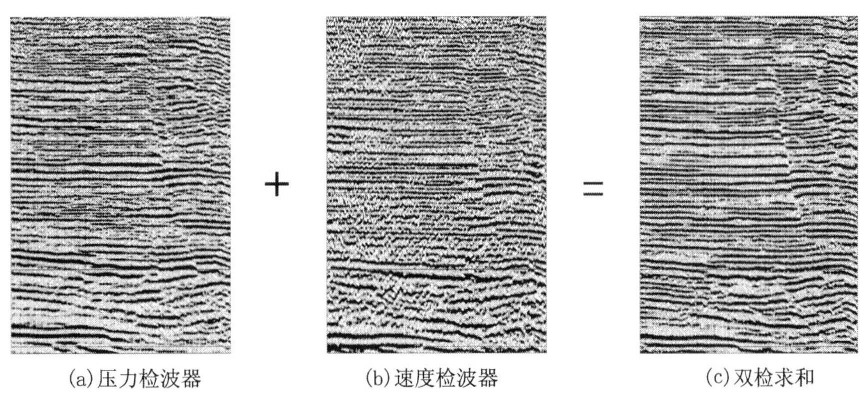

图 3-96 压力检波器、速度检波器与双检求和后的叠加对比

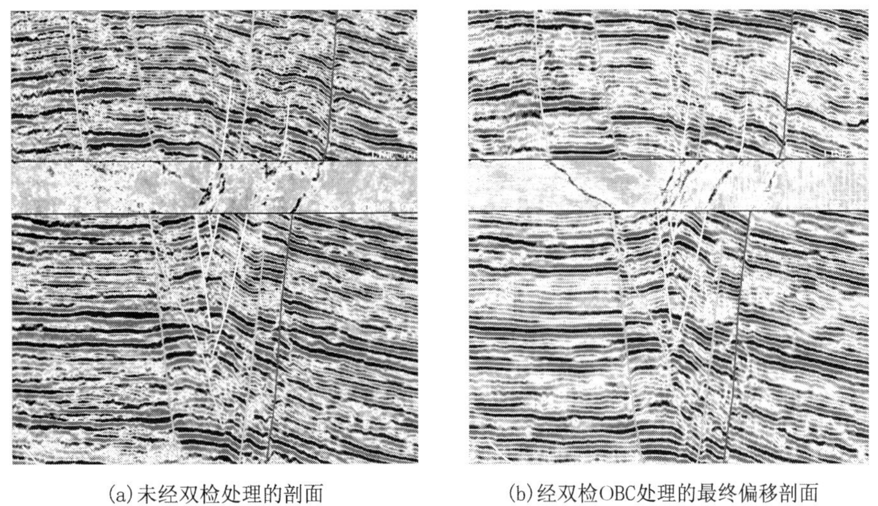

图 3-97 未经过双检 OBC 处理的偏移剖面与经双检 OBC 处理的偏移剖面对比

(3) 适应地形的变化、检波器耦合程度的差异以及仪器响应的不同;

(4) 当存在高强度噪声时算法也很稳定。

第七节　地震数据处理配套技术及应用效果

一、高分辨率处理技术应用

1. 概述

我国各探区均迫切需要提高地震纵、横向分辨能力，以发现、描述较小尺度的油气藏，提高储层含油气性的预测能力，从而达到提高勘探、开发经济效益的目的，高分辨率处理处理配套技术就是适应这一需求发展成熟的。

高分辨率数据处理是一个长期的课题，近年通过大量技术人员的不断研究，从地震数据的理论分析、地震数据与测井、钻井资料的综合应用，到提高分辨率处理方法的合理运用，针对不同地区的特点，提出了相应的处理流程，形成高分辨率数据处理的配套技术，在生产实践中发挥了重要的作用。高分辨率处理过程中需要处理人员根据原始资料的特征，进行多方位的分析，采用针对性的处理思路，选择适当的处理方法，制定合理的处理流程，最大限度地提高资料的信噪比、分辨率以及成像精度。

2. 高分辨处理配套技术

高分辨处理配套技术从目标区的地质任务出发，根据实际地震数据的特征，结合测井钻井资料：制作理论模型，通过模型分析，认识地震数据中的各种现象；分析原始数据，制定处理流程，对数据实施相对保幅与提高分辨率的处理。

（1）理论模型分析技术：分辨率理论分析、测井与钻井信息分析、合成记录分析、正演模型分析。针对目标区的地质情况，结合钻井资料，对分辨率进行理论分析，采用模型正演技术，分析子波类型、频带宽度、薄互层厚度、层数等对地震记录的影响，为地震资料的分析、确定处理参数提供依据，同时指导地质解释研究储层的空间展布规律。

（2）地震数据分析技术：采集参数分析、地表与近地表特征分析、静校正分析、信噪比分析、时频分析、能量分析、自相关特征分析。

（3）高分辨率处理技术：保真去噪技术、地表一致性处理技术、精细速度分析与剩余静校正迭代技术、频带拓宽技术、叠前时间偏移技术。为满足储层预测和油藏描述的要求，在高分辨率处理中，采用相对振幅保持处理技术；做好地表一致性处理，消除近地表变化对反射波能量、波形、频率的影响；精细速度分析与剩余静校正迭代使反射同相轴达到同相叠加；采用各种反褶积技术拓宽有效信号频宽；叠前时间偏移技术使绕射波、断面波归位更加准确，提高了识别小断块的能力。

3. 高分辨率处理配套技术应用效果

高分辨率处理技术在国内外多个地区的资料处理和油田的勘探开发中取得了较好的应用效果。

1）吉林油田乾西北地区的应用效果

高分辨率处理配套技术应用于吉林油田乾西北地区的三维地震数据处理，使目标区内的断裂特征反映更加清晰，使用以往资料在三维目标区内仅解释断层 29 条（图 3－99 中的绿色细条），而使用高分辨率数据，解释断层 128 条（图 3－99 中的红色线条），断层展布更具规律性（图 3－98、图 3－99）。

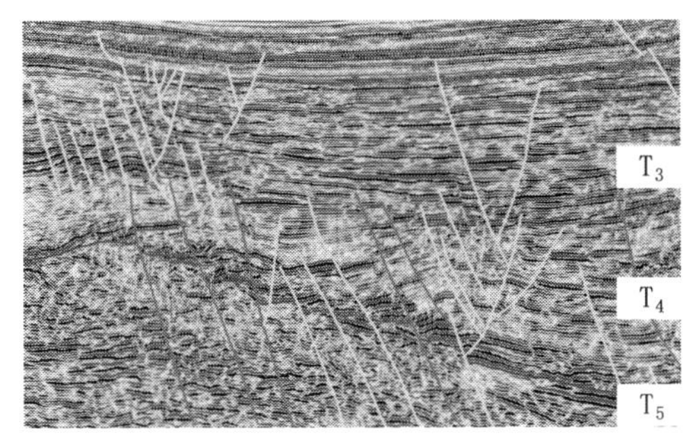

图 3－98　高分辨率数据断层解释

图 3－99　新、老资料断层解释对比

根据研究成果所定的一批探井、开发井经钻探取得了非常好的效果，其中乾 163 井经钻探八砂组获日产油 14.2m^3，三砂组获日产油 3m^3；乾 165 井七砂组获日产油 22.4m^3。部署的多口开发井也均获成功。

2）塔里木盆地轮南油田的应用效果

塔里木盆地轮南地区的下古生界碳酸盐岩具有分布面积广的特点，且油源充足，具备良好的石油地质基础，勘探开发成果表明，轮古潜山油气资源丰富。多年来围绕轮古奥陶系碳酸盐岩潜山开展了大量的地震技术研究，形成了一系列针对性高分辨率地震勘探技术，使地震资料的品质明显提高。叠前时间偏移技术的使用，更加清楚、准确地刻画了潜山顶面形态及储层横向变化规律，如图 3－100 所示，取得了显著的成效，推动了轮南碳酸盐岩潜山的勘探不断走向成功。

3）塔中大沙漠地区的应用效果

鉴于勘探形势的需要，2000 年后，塔中地区一方面展开了全层系勘探（O、S、C），另一方面积极加强高分辨率勘探，针对塔中沙漠地区进行了多块二、三维地震资料的采集、处理技术的联合勘探攻关，取得了一系列新的研究成果，使塔中地区的资料无论是在信噪比还是在分辨率方面都上了一个较大的台阶。

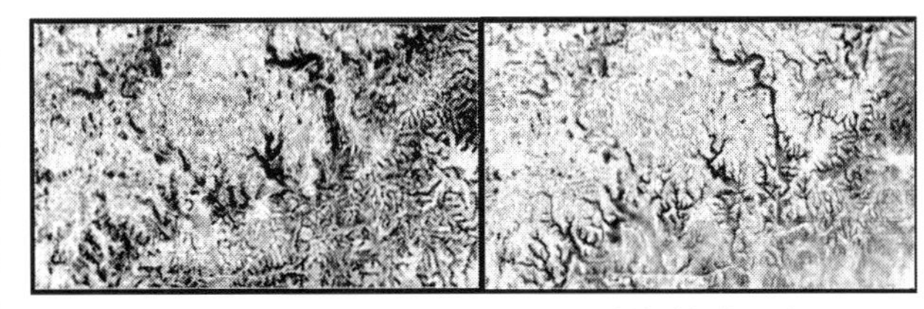

叠后时间偏移成果　　叠前时间偏移成果

图 3－100　奥陶系潜山顶面以下 0～200ms 均方根振幅能量平面图

利用塔中三维提高分辨率处理资料（图 3－101），进行断裂刻画、构造精细落实及储层预测，其精度有了显著的提高。对Ⅰ号断裂带奥陶系油藏有重大认识；上奥陶、石炭、志留系几套地层间的接触关系更加清楚，指导了下步塔中地区的勘探。根据 2002 年 TZ16 井三维区块新资料上钻的 TZ169、TZ62、TZ58 等 3 口探井均达到预期效果，进一步证实了对Ⅰ号断裂带的新认识（图 3－102）。

TZ58 井的钻探证实了塔中地区应用新三维地震勘探资料进行碳酸盐岩储层预测的可行性，并初见效果。证实了塔中 16 号构造北部斜坡区存在良好的碳酸盐岩岩溶储层及含油气

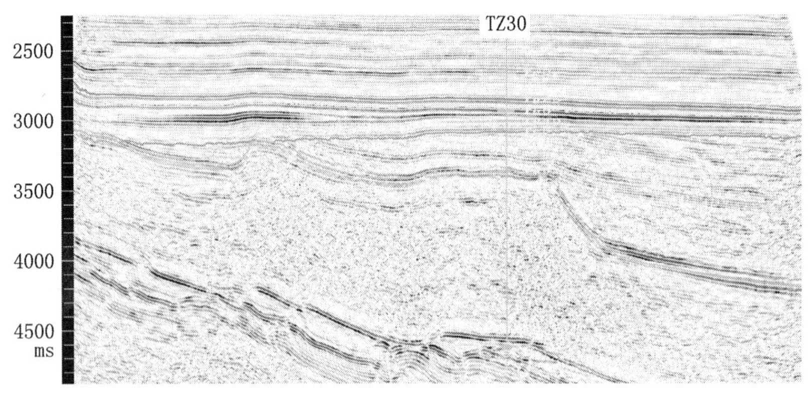

图 3-101　塔中 30—31—16 井区三维提高分辨率处理资料

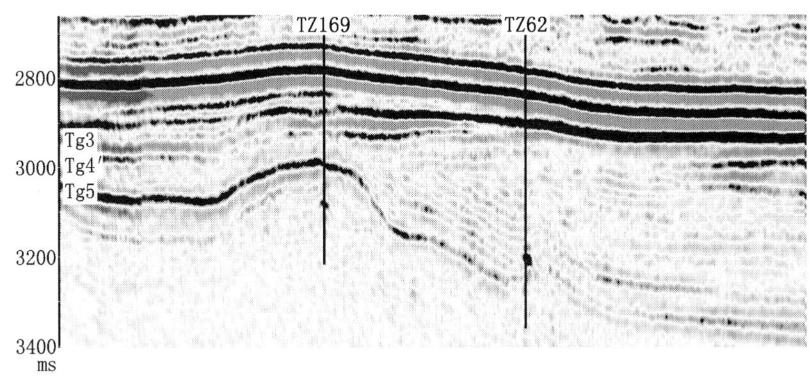

图 3-102　TZ62 井为塔中奥陶系第一口稳产井

性。

高分辨率技术存在着很大的区域性差异，不同地区的地质条件和地质目标不同，所采用的高分辨率处理方法和技术也不尽相同。在对原始资料充分认识的基础上，根据不同的地质目标探索提高分辨率处理方法和流程是高分辨率处理技术研究的一个重要方面。随着石油物探技术的不断进步，高分辨率处理技术的内涵也将随之得到丰富和扩展。高分辨率勘探是一个需要长期攻关的课题。从理论到实践还有很多难题需要研究人员长期持久地做多方面的攻关工作。

二、复杂山地处理技术应用

1. 概述

随着地震勘探工作的深入，复杂地区和复杂油气藏的勘探，已成为石油地球物理勘探工作者的主要目标。近些年西部各油田在复杂区进行了大量的石油地球物理勘探工作。通过野外地震资料采集、处理、解释和地质综合研究的技术攻关，地震勘探技术在很多方面有了较大的进步和提高。复杂地区地震资料处理针对表层结构复杂带来的静校正问题、激发接收条件差引起的低信噪比问题、地下构造复杂带来的准确成像问题等开展了技术攻关，在改善复杂地区地震资料品质方面取得了一定的效果。

2. 复杂山地区地震资料处理配套技术

复杂山地区地震资料处理是一项系统工程，静校正问题、低信噪比问题、成像问题都是资料处理的重要研究课题。经过近几年的科研攻关，初步形成了一套解决上述问题的配套技术，它主要包括：

（1）配套的静校正技术：解决复杂地区的静校正问题要走野外与室内相结合的思路，由大静校正量到小静校正量逐步解决。

野外通过精细的表层调查建立1个基本正确的表层模型，对低、降速带变化的影响进行校正；在此基础上通过室内大炮初至拾取，利用初至波剩余静校正解决一些大的剩余静校正量问题；通过模拟退火剩余静校正技术进一步解决一些大的剩余静校正问题；最后通过反射波剩余静校正和速度分析的多次迭代解决一些较小静校正量问题，进一步改善成像精度。

（2）多域迭代去噪技术：近地表条件的变化和采集过程中各种复杂因素的影响，使得我们获得的地震记录中存在多种类型的干扰波，这些干扰波的存在降低了地震记录的信噪比，影响着数据处理的整个过程，限制了地震剖面质量的进一步提高。

针对不同噪声类型，对去噪技术，特别是叠前去噪技术进行了深入细致的研究，逐步形成了复杂地区地震资料处理的面波压制、炮域线性干扰波压制、检波点域线性干扰波压制、f—k 域线性干扰波压制、随机噪声衰减等多域分步迭代系列去噪技术。

（3）地表一致性处理：复杂山地区同一研究目标区内多呈现不同的地表条件。不同的激发、接收条件导致原始数据在子波波形、频率、能量等方面存在差异。地表一致性处理即是为了消除这些由于地表条件变化引起的差异，使反射信号的特征变化是地下地质条件变化的真实反映。地表一致性处理技术包括地表一致性反褶积、地表一致性异常振幅压制、地表一致性振幅补偿、地表一致性剩余静校正等处理技术。

（4）复杂构造成像：在地层陡峭、基岩出露、风化严重的山体区，地震波场十分复杂。时间域资料处理中通过精细速度分析技术（高阶动校正、视各向异性动校正等），并优选地震排列的炮检距范围，使有效信息同相叠加，改善剖面的成像品质。近年来发展起来的共反射面叠加技术，避开了速度问题，增加了用于叠加的反射信息。为改善资料的信噪比，特别是深层资料的信噪比，提供了一种新手段。

在复杂构造区，通常有关时间域水平层状均匀介质的假设条件不能被满足。因此，时间域的处理技术的应用受到限制。解决问题的出路在深度域。众所周知，深度域偏移对速度模型的精度要求较高。而在低信噪比地区，很难依赖地震数据本身得到准确的速度场，通过近年的攻关研究，初步摸索了一套利用地质露头资料、井资料、理论模型和地震数据联合建立叠前深度偏移速度模型的方法，并在实际生产实践中取得一定的效果。

3. 复杂山地区地震资料处理配套技术应用效果

1）塔里木盆地库车山前带克拉2地区应用效果

通过对克拉2地区二维老资料的重新处理，较准确地落实了克拉2构造形态，如图3－103所示。提供的克拉203井，经钻探与构造图吻合很好。2000年5月上交国家探明储量2506亿 m^3，发现了克拉2特大型整装气田。

2000年底为详查克拉2号气藏构造形态及断裂情况，塔里木油田分公司在该区部署满

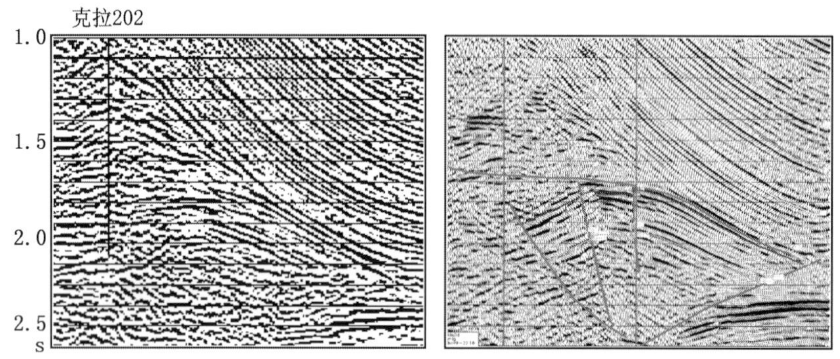

图 3-103　塔里木盆地克拉 2 二维老资料重新处理成果对比剖面

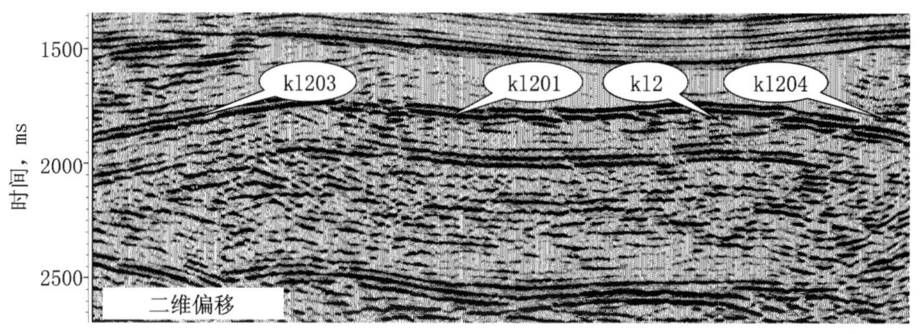

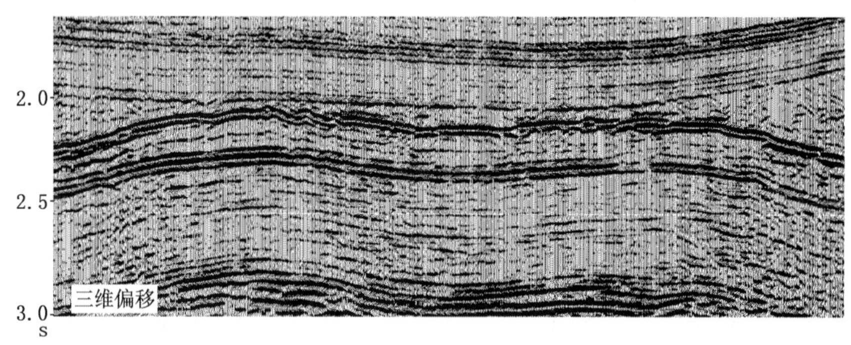

图 3-104　塔里木盆地克拉 2 二维、三维数据处理成果对比剖面

覆盖面积 201.8km^{2}的三维地震勘探。通过该三维资料的精细采集设计、处理技术攻关和解释，使得三维资料进一步精细刻画了克拉 2 气田构造和断层特征（图 3-104）。详细描述了储层特征，圈定了含油气面积，在二维老资料重新处理解释基础上，气柱高度增加 45m，含气面积增加了 1.7km^2，2001 年新增探明天然气储量 340 亿 m^3，为西气东输工程的实施奠定了坚实基础。

2）塔里木盆地库车山前带却勒地区叠前深度偏移技术应用效果

叠前深度偏移是基于模型的构造反演技术，需要实践、认识、再实践、再认识不断逼

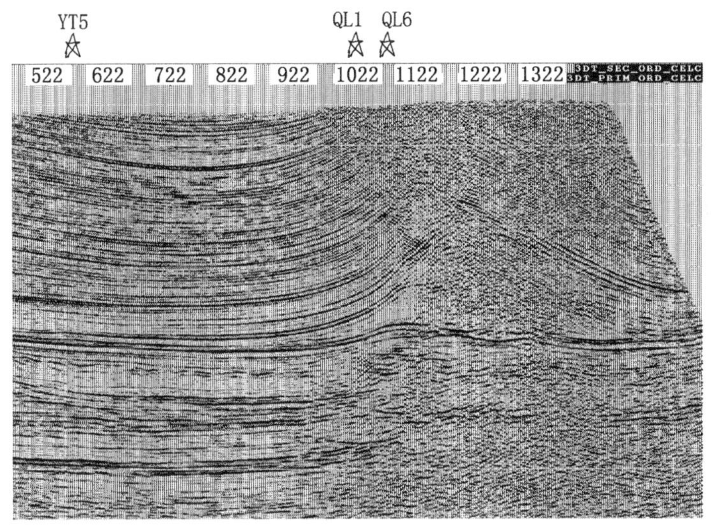

图 3－105 叠后时间偏移剖面

近真实，特别是在低信噪比地区的叠前偏移工作是一个世界级的难题。通过 2002 年至 2004 年的技术攻关，逐步探索了一套针对低信噪比资料的叠前深度偏移技术，并在却勒地区的三维资料处理中取得了一定的应用效果，但仍然有许多的问题需要作进一步的探索。却勒地区的三维叠前深度偏移资料较好的解释了 QL1 井、QL6 井，以及 YT5 井的相对关系，并被新钻井所证实。

在叠后时间偏移成果图 3－105 上 QL6 井高于 QL1 井。而在深度域偏移成果(图 3－106)上 QL6 井最低，与钻井结果吻合。

对于复杂山地资料处理，通过多年的技术攻关，在解决一些技术难题方面，取得了一

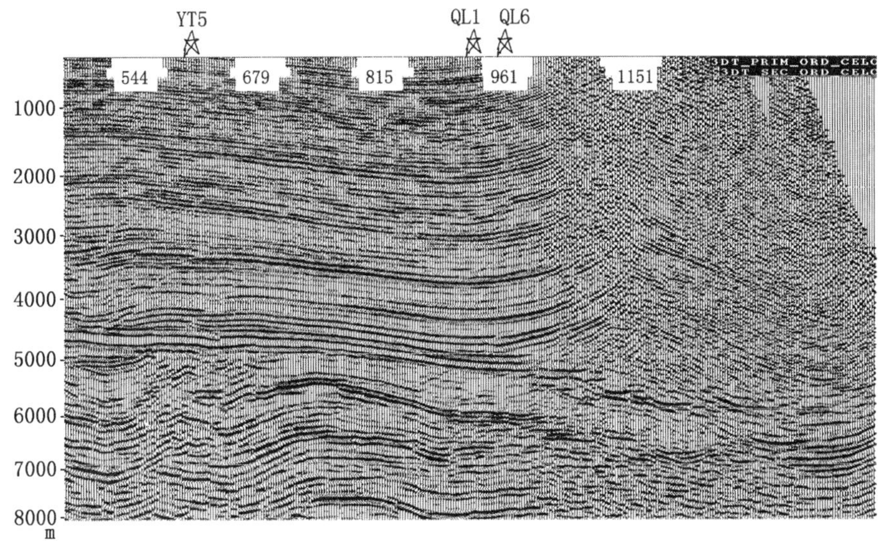

图 3－106 叠前深度偏移 YT5—QL1—QL6 连井剖面

定的处理效果。但是，应当看到，随着勘探力度进一步加大，勘探目标越来越复杂，在我们面前还有许多的技术难题等待去攻克，需要坚持不懈地进行资料处理方法的攻关研究。

三、全三维连片处理技术应用

1. 概述

油田不同区块三维资料采集可能在不同勘探阶段、针对不同地质目标及地质要求而设计，从而使用不同的激发、接收参数；同时针对不同的地质目标，早期的处理成果所使用的处理流程、参数以及处理软件也不相同。当将它们在叠后进行拼接使用时，不同区块资料由于振幅、频率、相位不一致，以及区块之间的连接处存在的偏移边界效应，使得反射同相轴很难统一追踪、对比和进行全区统一的速度研究。但多年来采集的原始资料是油田非常宝贵的财富，随着油田勘探程度的深入，充分挖掘三维老资料的潜力，用全三维连片处理技术对老资料在叠前采用一致的处理流程和参数，进行连片处理，可以更好地满足油田勘探开发的需求。

通过多年的攻关研究，全三维连片处理技术已逐步成熟，已在我国东、西部的多个油田的勘探开发中发挥了重要作用。目前，叠前时间偏移技术也被引入到连片资料处理中，进一步丰富了全三维连片资料处理的技术内容。

2. 全三维连片处理技术

全三维连片处理技术由全三维处理技术和连片处理技术两部分组成，它是基于全三维资料处理基础之上针对连片处理的特有技术。连片资料处理技术主要包括：

(1) 静校正统一计算技术：全区统一基准面，建立全区统一近地表模型（低、降速带厚度、速度、地表高程、替换速度），特别注意区块拼接处数据的一致性。计算全区激发点、接收点静校正量，校正低、降速带的影响。

(2) 振幅均衡处理技术：首先将不同区块地震反射数据的能量级别校正到同一水平。采用地表一致性振幅补偿技术消除地震波在空间上由于激发和接收条件等因素变化引起的炮点、检波点能量差异；利用剩余振幅补偿技术进一步消除各区块间的能量差异。

(3) 子波处理技术：由于震源、仪器、检波器等激发、接收采集因素不同不仅造成子波振幅的差异，还造成子波频率、相位的差异。在单一区块内应用地表一致性反褶积技术，对地震子波波形进行校正，消除区块内地表条件变化引起的波形差异；运用子波整形处理技术消除区块间相位差。

(4) 面元均化技术：由于分块设计的三维资料往往具有不同的采集方向、不同大小的面元，以及不同的覆盖次数。统一处理面元、处理方向等参数后，通常出现面元覆盖次数严重不均匀，还有一些面元由于处理网格和方向的变化出现大量空道，并且面元内炮检距分布不均匀。面元均化处理从相邻面元中借来本面元缺少的炮检距道，填补空道信息，并使覆盖次数变得均匀。

3. 全三维连片处理技术应用效果

三维地震数据多区块连片处理技术的研究成功，使各块之间振幅、频率、相位达成一致，自然衔接，并且由于处理技术的进步，资料的整体品质也有了明显的改善，充分挖掘了多块遗留三维老资料的潜力，找到了一批构造，给油田带来了巨大的经济效益。

1）大港油田三维连片资料处理应用效果

大港板桥三维区块是一个十块三维连片处理的例子，地震数据采集从1986年到1997年横跨11个年头，由8个不同的地震队用8种不同的仪器施工，震源类型有炸药震源、可控震源和气枪三种。这连片三维是1998年处理的，是中国石油的第一块三维地震数据多区块连片处理项目。最终三维连片处理结果使剖面的拼接部位无任何拼接痕迹，构造形态完整，特别是深层构造成像的改善更加明显，不仅达到了连片处理的目的，而且也获得了老资料重新处理的效果（图3－107和图3－108）。解释结果落实了38平方千米的深层构造，板深7井经过钻探，取得了日产143.36t油和275809m³的气，油层厚度达470.2m。其他4口井在周围的构造上进行钻探，日产都在100t以上。被誉为CNPC 1999年取得的4大成就之首位。

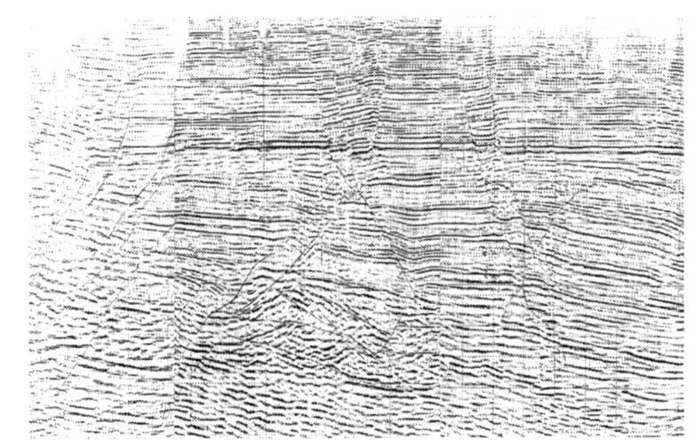

图3－107　大港油田分块处理的老资料偏移后拼接剖面

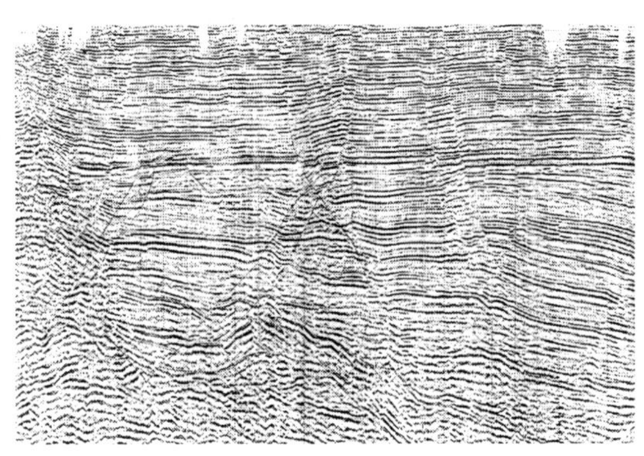

图3－108　大港油田老资料连片重新处理偏移剖面（过板深7井）

2）新疆油田三维连片资料处理应用效果

中枴三维区块位于新疆准噶尔盆地，三维连片处理有四块不同的三维组成，是我国西部油田的第一块三维地震数据多区块连片处理项目，2000年完成。经过三维地震数据多区块连片处理后，实现了多个区块的频率、相位匹配；消除了分块处理造成的边界效应，断

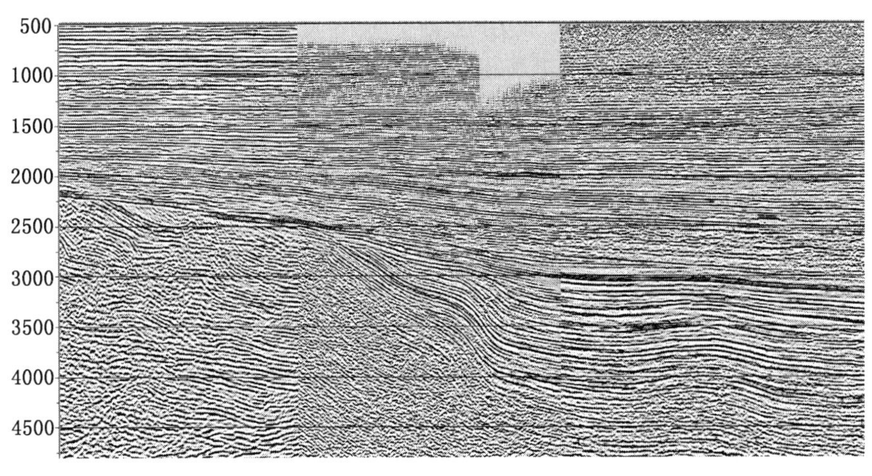

图3－109　新疆油田分块处理的老资料偏移后拼接剖面

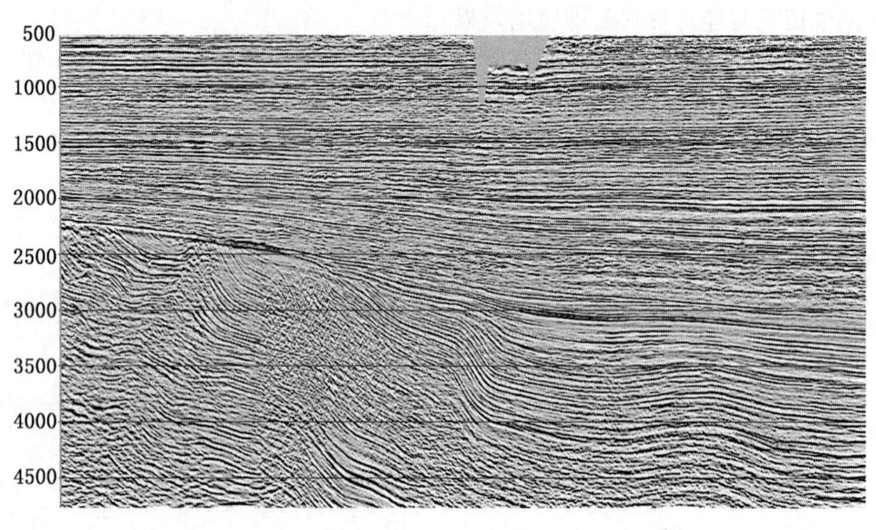

图 3-110 新疆油田老资料连片处理的偏移剖面

裂系统刻画的更加精细（图 3-109 和图 3-110）。根据连片处理结果，钻探了两口井，日产量分别是 42t 和 85t；地质储量增加了 3000×10^4 t。

参考文献

董敏煜．2000．地震勘探．山东东营：石油大学出版社

耿建华等．1996．Kirchhoff 积分波场延拓基准面静校正方法研究．同济大学学报，24（6）：665～669

胡光锐，朱军．1996．基于神经网络的地震剖面反褶积新方法．上海交通大学学报，30（3）

胡天跃，王润秋等．2000．地震资料处理中的聚束滤波方法．地球物理学报，105～115

黄绪德．1992．反褶积与地震道反演 石油工业出版社

李鲲鹏，李衍达，张学工等．2001．基于谱模拟技术的混合相位地震子波估计方法．石油物探，40（2）：21～28

Mike Cox 著，李培明，柯本喜等译．2004．反射地震勘探静校正技术．北京：石油工业出版社

李振春，姚云霞，马在田，王华忠．2003．共反射面道集偏移速度建模．地震学报，25（4）：406～414

李振春，姚云霞，马在田，王华忠．2003．基于参数多级优化的共反射面叠加方法及应用．石油地球物理勘探，38（2）：156～161

梁光河，1998．地震子波提取方法研究．石油物探，37（1）：31～39

陆基孟．1982．地震勘探原理．北京：石油工业出版社

陆文凯，牟永光．1996．神经网络子波反褶积．石油地球物理勘探，31，增刊 2

牟永光．1992．地震勘探资料数字处理方法．北京：石油工业出版社

聂勋碧，钱宗良．1990．地震勘探原理和野外工作方法．北京：地质出版社

王润秋，胡天跃．2003．用聚束滤波方法消除地震资料中规则噪音．勘探地球物理进展，26（26）：268～272

渥·伊尔马滋著，黄绪德译．1994．地震数据处理．北京：石油工业出版社

熊翥．1993．地震数据处理应用技术．北京：石油工业出版社

熊翥．2004．我国物探技术的进步与展望．石油地球物理勘探，39（1）：121～125

徐基祥等. 2004. 关于深度偏移的几个概念. 石油地球物理勘探，39（3）：259～264

易宗富，周华兴. 1994. 一种适用于混合相位未知脉冲的反褶积方法. 西南石油学院学报，16（1）：17～22

张永刚主编. 2003. 油气地球物理技术新进展. 北京：石油工业出版社

赵波，俞寿朋，聂勋碧等. 1996. 谱模拟反褶积方法及其应用. 石油地球物理勘探，31（1）：101～115

中油油气勘探软件国家工程研究中心. 2001. 俞寿朋文集. 北京：石油工业出版社

Sheriff R E, Geldart L P. 1995. Exploration Seismology. Cambridge University Press

Thorson J R and Claerbout J F. 1985. Velocity-stack and slant stack stochastic inversion. Geophysics, 50: 2727～2741

Hampson D. 1986. Inverse velocity stacking and multiple elimination. Journal Canadian of Society of Exploration Geophysicists, 22: 44～55

Foster D J, Mosher C C. 1992. Suppression of multiple reflections using the Radon transform. Geophysics, 57: 386～395

Shumway R H, Dean W C. 1968. Best linear unbiased estimation for multivariate stationary processes. Technometrics, 10 (3): 523～534

Cox H, Zeskind R M, Owen M K. 1987. Robust adaptive beam forming. IEEE Trans. Acoust. Speech Signal Processing, ASSP-35 (10): 1365～1376

White R E. 1988. A multichannel method of multiple attenuation based on hyperbolic moveout curves. 50th EAEG Meeting, The Hague, Extended Abstracts, 1～22

Taner M T, Koehler F. 1969. Velocity spectra-digital computer derivation and applications of velocity functions. Geophysics, 34 (10): 859～881

Dix C H. 1955. Seismic velocities from surface measurements. Geophysics, 20 (1): 68～86

Walden A T. 1991. Making AVO sections more robust. Geophysical Prospecting, 39 (8): 915～942

第四章　地震资料解释

第一节　构造解释

一、层位解释

三维地震资料是目前油气勘探中应用的重要资料。

三维地震资料解释的工作流程、剖面对比方法以及钻井、地质、各种物探资料的应用及综合分析，与二维地震资料解释有许多相同之处。但是，由于三维地震勘探在数据采集与处理中采用了与二维地震勘探不同的方法，得到的地震数据体与二维地震资料有许多不同之处，因此三维地震资料解释与二维地震资料解释存在着明显的不同。此外，随着三维地震数据采集、处理技术的不断发展和解释工作站功能的不断增强以及面切片、相干体、三维可视化等解释技术的发展，使三维地震资料解释效率与精度显著提高。

1. 垂直剖面（Inline、Crossline）解释

在解释系统中对三维数据体的垂直（包括 Inline、Crossline 与连井线）剖面进行层位标定追踪、断层及其他地质现象解释等。

2. 时间切片（Time Slice）解释

时间切片是从垂直于三维数据体的时间轴方向切出的剖面，它是某一时刻三维数据体中所有地震信息的显示，反映了不同地质层位的界面反射在某一时刻的平面分布状况，是三维地震数据特有的显示方式。1 个三维数据体可以用一系列垂直剖面显示，也可以用一系列时间切片显示，时间切片与垂直剖面是同一三维数据体不同显示方向上的显示结果。

在时间切片中存在着波峰、波谷同相轴（或称等相位线），时间切片中波峰、波谷的宽度是地层界面反射频率及地层倾角的综合反映。在地层倾角不变时，随着反射频率的提高，切片中波峰、波谷的宽度变窄；当反射波频率不变而地层倾角变小时，切片中波峰、波谷的显示宽度变宽。由于时间切片网格密集、信息丰富、归位准确，所反映的构造形态与断层展布更加准确。

每一张时间切片相当于一张地质图，它反映了地质层位和构造形态，在不同时刻的时间切片上同一层位界面的反射沿着地层倾斜方向移动，因此利用不同时刻的相邻时间切片可以反映某一反射层的产状（倾角、倾向、走向）及其变化情况，从而确定构造形态。

在时间切片中单斜地层反射同相轴呈平行延伸分布，其延伸方向就是地层界面的走向；在时间切片中背斜构造反射同相轴呈环状分布，在不同时刻的时间切片中，随着时间的增大，同相轴所圈定的面积不断扩大；在时间切片中向斜构造反射同相轴也呈环状分布，随着时间的增大，同相轴所圈定的面积不断缩小；在时间切片中鼻状构造反射同相轴属于单斜与背斜的结合型，非构造部位呈单斜型，构造部位呈不完整背斜型；在时间切片中地层超覆、尖灭、不整合的同相轴呈现分叉、合并的特点。

在时间切片中波峰或波谷的中断、错开或走向突然变化都是断层的反映。断层走向、断层分布与交叉切割以及断块的分布情况在时间切片中都有清晰的反映。在解释过程中，利用垂直剖面与时间切片相互验证，可提高层位及小断层的解释精度。

3. 区域自动追踪

三维地震资料解释是在三维数据体中进行的，区域自动追踪是在基于垂直剖面解释的基础上，利用解释系统完成层位数据的自动拾取。目前，解释系统的自动追踪功能有了很大改进，有多种参数控制自动拾取的质量。但是，在自动追踪完成后，还需要花时间检查、修改追踪结果（尤其是在断层附近），此外，区域自动追踪只适用于资料信噪比高的情况。

4. 面切片（Surface Slice）解释

面切片不同于时间切片，时间切片是对地震数据体某一时刻地震信息的反映，而面切片是地震数据体中沿某个时间厚度的地震信息，反映的是一定时间厚度中的地震信息，面切片解释后得到的是某个反射界面的空间形态（某个反射界面的多条等值线的集合）。自浅至深若干个连续的面切片解释结果就构成了整个三维解释数据体的结果，同样，面切片适用于信噪比高的三维地震数据的解释。

5. 三维可视化解释技术

目前三维可视化软件的主要功能包括：透视、颜色、光线、任意视角的改变及动画。三维可视化解释的基本流程如图 4－1 所示。

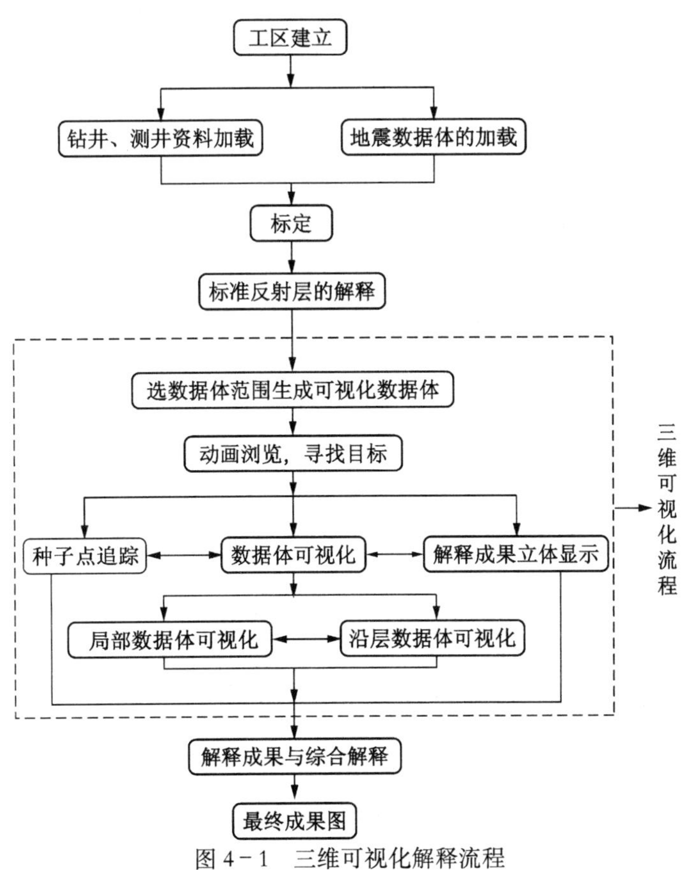

图 4－1　三维可视化解释流程

三维可视化解释时，首先对数据体进行动画浏览，以便快速了解数据体概貌，确定三维可视化解释目标，三维可视化解释包括种子点追踪、数据体可视化、解释结果显示三部分。

二、断层解释

1. 垂直剖面上解释断层

与垂直剖面中的层位解释方法相近，不过是在剖面中由浅至深对地层断裂的“面”进行解释。

2. 多线地震剖面应用

多线地震剖面是将已解释的地震剖面中的某一反射目的层的同相轴，按一定时窗范围取出依次排列组成的剖面。利用多线剖面可以更细致地揭示断层的平面展布规律，能够揭示断层的平面延伸规律及目的层反射能量的平面变化。图 4-2 是依据三维地震数据绘制的某区油层顶面构造图，有 8 条断层，这些断层在多线地震剖面中均有清楚显示，图 4-2 中断距较大、延伸较长的②、③和⑦号断层在多线地震剖面（图 4-3）中显示清楚；此外在①、②、③和④号断层之间还清楚地显示出若干条次一级断层。各个小断块在多线剖面上也比较清楚。

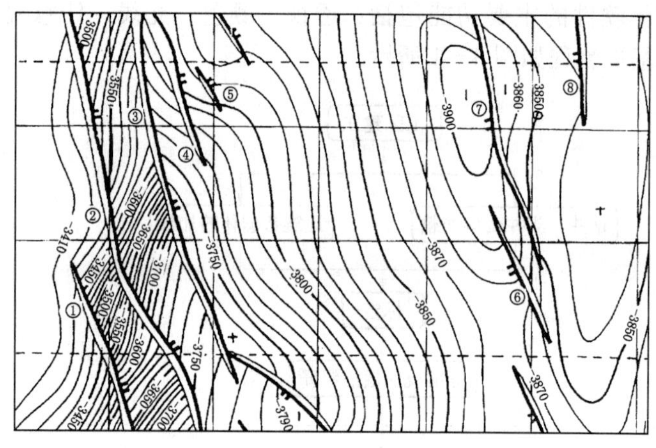

图 4-2 某区油层顶面构造图

3. 相干数据体解释断层

面切片解释技术、层位自动追踪技术是三维地震资料层位解释技术的进步，而相干数据体技术是断层解释技术的发展。

采用传统的方法，在三维数据中得到清晰完整的描述断层常常很困难。在单一剖面中，一般断层识别较容易，但是所有断层都需要进行仔细追踪才能确定其延伸的范围。时间切片虽然适合于检测、追踪断层的平面展布，但由于时间切片切穿不同的地层层位，解释时非常复杂；通过使用沿层切片或多线地震剖面可以避免这些问题，但前提是需要仔细地拾取层位，需要花费很多时间，同时也存在人为解释误差。

相干计算可以解决上述问题。三维地震数据一般由规则的网格数据构成，通过在主测线与联络测线方向计算波形的相似性，就能获得对三维地震波形相干性的估算值。受断层

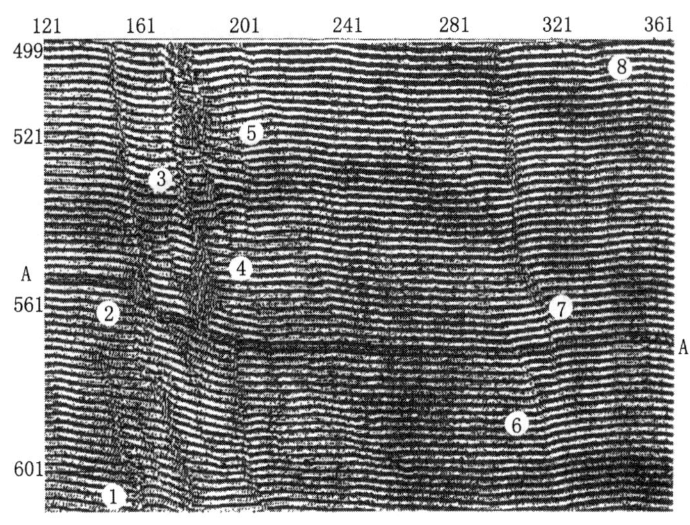

图 4－3　多线剖面

切割的地震道与相邻的地震道相比具有不同的地震波形特征。在局部道之间产生明显的波形不连续性。对地震数据体进行相干性处理后，沿断层就会产生低相干性的带，当然地层或地震异常体的边界也会产生类似的不连续性。

常规的时间切片对于观察垂直于地层走向的断层效果明显。然而，当断层平行于地层走向时，则难于识别。相干性计算压制了侧向的一致性特征，消除了地层的影响，因此三维相干体在所有方向都可有效地揭示断层。

相干数据体不仅在断层解释中发挥着重要的作用，同时还可以揭示某些异常地质体（河道、礁体等）的分布范围（图 4－4）。

4. 应用倾角图、方位图、断棱图及落差图检查断层位置及其合理性

地震资料的分辨能力是有限的，受地震资料分辨能力及噪声的影响，在地震剖面上往往很难识别小断层，图 4－5 为一正演模型，在含随机噪声时，反射同相轴出现轻微的扭曲，但已使断距 4ms 的小断层难以识别。在实际勘探数据中，各种噪声要复杂得多，有效地识别小断层是精细勘探、开发的关键。断层倾角、方位角、断棱的综合检测技术可有效地识别小断层。

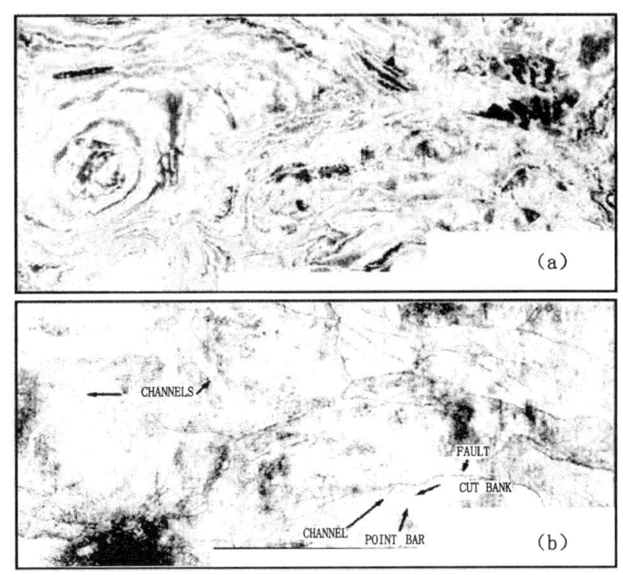

图 4－4　常规时间切片与相干体时间切片对比

（a）常规时间切片；（b）相干体时间切片

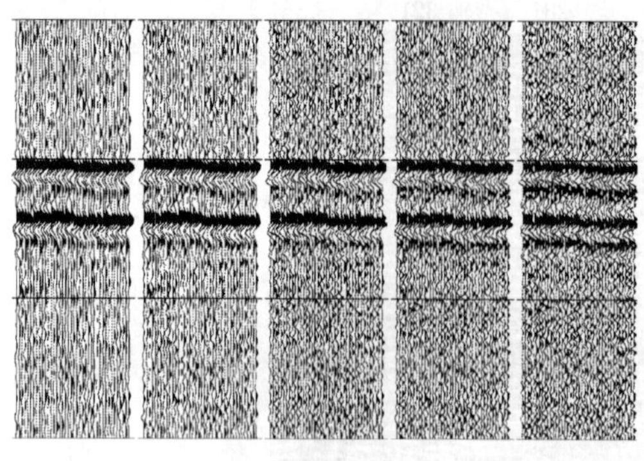
图 4－5　含不同比例噪声的断距 4ms 断层响应（据蔡希玲）

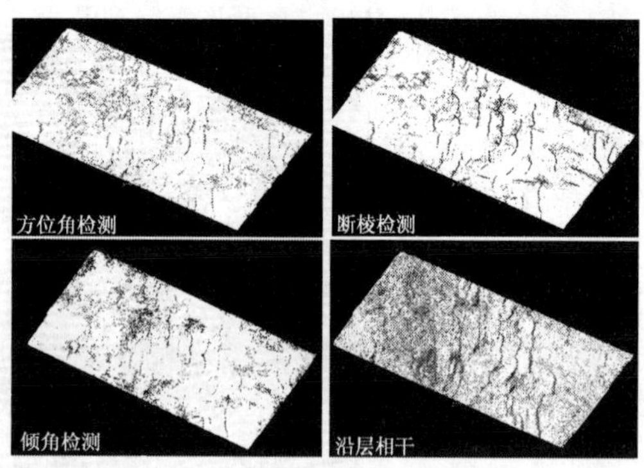

图 4－6　不同检测方法的断层检测效果

在精细层位标定的基础上进行层位自动追踪，并进行倾角、方位角、断棱综合检测分析，可有效地识别小断层（图 4－6）。

三、构造成图技术

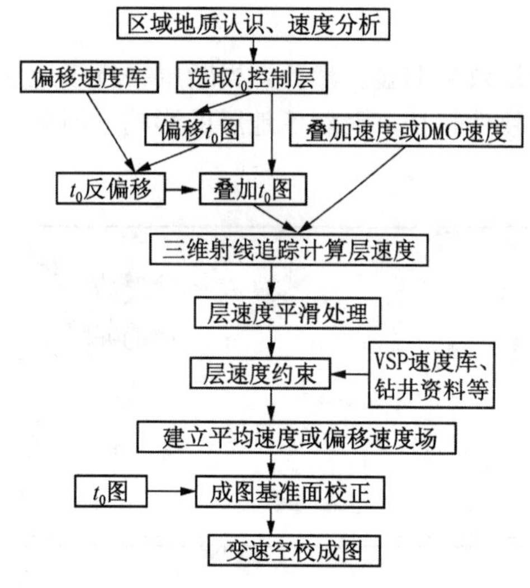

图 4－7　地震构造变速成图基本流程

1. 地震构造成图技术发展概述

构造成图是对地震数据处理得到的时间域剖面进行解释并编制时间构造图、再转换成深度域构造图。在时深转换过程中，地震波传播速度的分析是一个重要的环节。其基本流程如图 4－7 所示，通过地震速度谱解释分析，获得叠加速度，对此进行倾角校正转为均方根速度，再求取层速度以及平均速度用于时深转换形成构造图。

在地层平缓、速度横向变化不大的情况下，根据地震反射双程旅行时间 t_0 值勾绘的时间域构造图（t_0 图）基本可反映地下构造的形态，因此，依据对钻井数据的统计获得的统一时深曲线或地震速度综合曲线对 t_0 图进行时深转换即可得到反映地下构造特征的构造图。

随着油气勘探开发程度的提高，对地震勘探构造成图的精度要求不断提高，复杂区地层速度的横向变化不容忽视。应用地震数据处理中的叠加速度，进行层速度反演，建立地震构造成图速度场，实现将时间域构造图（t_0 图）转化为深度域构造图。

较早的构造成图速度场建立方法是直接利用地震叠加速度分析中得到的 t_0、叠加速度对，通过 Dix 公式转换成层速度，再计算平均速度，最终内插成三维构造成图速度场，实现时深转换形成深度域构造图。这种速度分析、构造成图方法，在地表结构简单、地下地层倾角构造变形不大时，应用效果较好。近年随着我国西部复杂区地震勘探技术的进步，地震构造变速成图方法得到了快速发展。主要表现在应用构造模型约束、地震叠加速度分析、层速度反演方法、井中声波测井与 VSP 资料的应用、时深转换算法（空校成图）等方面，使地震构造成图的精度得到大幅度提高。

2. 地震解释速度分析

地震波在岩层中的传播速度与岩层性质（如弹性常数）、岩石成分、密度、埋藏深度、地质年代、孔隙度及其孔隙压力等因素有关。地震勘探中的速度信息是根据不同炮检距地震波的传播时间的差异，通过地震处理中动校正时的速度分析而估算得到叠加速度，它仅仅是衡量地震叠加成像效果的 1 个参数，只有在均匀水平层状介质条件下等同于均方根速度。其精度受地层埋深、倾角、各向异性、地震勘探采集排列的长度、观测方位、覆盖次数、信噪比、静校正等因素的影响。因此地震解释的速度分析工作重要而复杂。地震处理中速度分析的目的在于把共中心点（CMP）道集的反射同相轴校平，得到最佳叠加成像效果。而地震解释中的速度分析更重视速度的纵、横向变化规律及其与地质意义的关系，一方面用于预测各种地质特征，另一方面通过井中 VSP 等已知速度信息的校正后，用于地震时间构造图的时深转换，得到深度域构造图。

地震叠加速度拾取时，首先根据区域构造特征、钻井资料，分析速度变化规律，然后将水平叠加剖面与速度谱对应，拾取要解释的有效反射层对应的叠加速度值，并对拾取数据做适当优选、规律性分析等预处理。

应用有效的地震速度反演方法计算层速度，计算的层要有一定的时间厚度，最好选择强反射标准层为计算间隔，并注意各种方法的假设与应用条件。如：Dix 公式、斜率法、模型迭代法等。

对计算得到的地震层速度进行平滑、校正使之更符合地层速度的变化规律。由于影响地震数据处理叠加速度的因素很多，而且目前地震数据处理时未考虑地层速度的各向异性因素，特别是偏移距与基准面的影响，应用地震叠加速度求取的地层层速度一般比地层的真实速度偏大，因此，研究地震速度重在研究其横向变化规律和相对关系。垂向地层精度的控制主要靠钻井资料进行校正和标定。

1）叠加速度资料整理分析

地震解释中，为了有效地开展地震速度综合研究与成图工作，在建立速度库时需收集、分析、整理有关原始速度资料：野外测量数据、野外静校正数据、高速层顶面高程、低降速层速度及厚度、原始叠加速度谱（或 DMO 速度）、叠后地震偏移速度场及区内 VSP 测井数据等。同时需要了解采集时使用的观测系统、地震资料处理流程中影响速度精度的因素。分析原始速度资料的品质和特点，并进行适当的预处理。

（1）分析区域构造、地层速度以及钻井速度变化规律，划分区内速度纵向变化规律及在地震时间剖面上对应的主要反射界面，通过地震层位标定后，追踪解释并编制等 t_0 图，在建立地震速度场时，进行构造模型约束。

（2）原始叠加速度数据分析与预处理。在剖面或切片中分析原始叠加速度资料的品质与规律，研究是否符合地层、构造的变化规律，对不符合规律值予以剔除。为了达到分析的目的，采用了速度曲线与时间解释层位对比分析、直方图统计等方法，以更有效地处理、编辑叠加速度、层速度。

2）层速度反演

层速度反演是应用地震叠加速度求取地层层速度或平均速度的过程。常用的方法有：经典的 Dix 公式法、斜率法等。近年主要在应用时间域解释得到的构造模型约束下，通过射线追踪与模型迭代法计算层速度。

Dix 公式法：在水平层状介质条件下，当已知第 n、$n-1$ 层的均方根速度以及这两层的 t_0 时间就可以计算第 n 层的层速度：

$$v_n^2=\frac{t_{0n}\cdot v_{Rn}^2-t_{0n-1}\cdot v_{Rn-1}^2}{t_{0n}-t_{0n-1}}$$

式中 t_{0n}——第一层到第 n 层的 t_0 时间；

v_{Rn}——第一层到第 n 层的均方根速度。

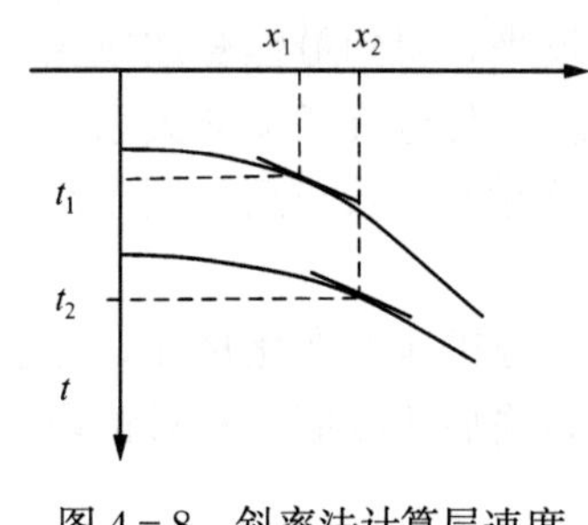

图 4－8 斜率法计算层速度示意图

斜率法：在假设反射界面基本水平的情况下，首先根据反射层的 t_0 与叠加速度 v_s 数值，计算相应的理论时距曲线。在某一层理论时距曲线中等间隔地取若干点（x_2 为已知），并计算各点的时间 t_2 及对应的斜率，在上一层曲线上计算斜率相同的对应点 x_1，t_1 （图 4－8）。然后利用公式计算两个界面之间的层速度，并把各点计算的值进行平均，得到该层最终的层速度：

$$v_2=\sqrt{\frac{x_2-x_1}{t_2-t_1}\cdot\frac{d_x}{d_t}}$$

射线追踪与模型迭代法：

在地震观测排列长度适中的情况下，水平层状介质反射波的叠加速度可以近似均方根速度。但有时观测排列较长，并且地下反射界面存在倾角或其他构造变形。此时，叠加速度不能近似为均方根速度，用 Dix 公式或斜率法计算地层的层速度就存在较大误差，因而引入了地震模型控制层速度计算方法——模型迭代法。其基本思路是首先给出初始时间构造模型与层速度，用射线追踪的方法求出反射波时距曲线，然后模拟做地震速度谱的方法，用理论曲线对它进行拟合求出叠加速度。把拟合出叠加速度与实际地震数据处理速度谱中的叠加速度进行比较，当误差达到限定的范围内时，即认为模型是正确的，否则修改层速度模型，重复上述过程，直到达到要求。从浅到深依次求取各地震反射层的层速度。

由于地震模型控制法计算层速度的过程中引入了构造模型、射线传播路径追踪，因此考虑了地层倾角与构造变形对地震速度的影响。目前该方法已广泛应用于时间偏移构造成图中，在速度变化不太剧烈的区域应用效果较好。

3）表层速度校正

复杂区地表起伏剧烈、低降速带厚、速度变化剧烈。在数据处理时需要进行静校正处理，由于大的静态时移量不同程度地改变了地震反射同相轴远近道的时差关系，尽管在处理中采取了高、低频静校正量的分别应用（即在 CMP 面上叠加成像时只用高频静校正量、叠后在应用低频静校正量校到统一基准面或浮动基准面），降低对叠加成像速度的影响，但这一过程仅仅是把 1 个 CMP 道集分布区域内的低降速带变化等效为 1 个速度层进行应用，在 CMP 道集上分析得到的叠加速度中包含了由于低降速带变化的影响。在排列较长、表层横向静校正量变化大时，这一假设对最终计算的第一层的层速度影响极大，而对以下的层没有影响。应在建立速度场前，应用野外表层调查得到的低速层厚度、速度对第一层层速度和厚度进行低降速层校正，然后应用校正后的层速度建立速度场。也可以先在CMP面上成图，之后用低速层的实际层速度替换静校正用的基准面替换速度，把在CMP面上进行时深转换得到的深度校正到真实地表高程圆滑面起算的深度。

4）速度场建立

将地震速度反演计算获得的层速度或逐层累计得到的平均速度，经内插成为三维空间地震构造成图平均速度或层速度场。可对 t_0 图进行时深转换或偏移空校。应用地震反演方法得到的地层层速度，其精度与反演方法、观测方式、覆盖次数、排列长度、信噪比、静校正等因素有关。其精度低于VSP、声波测井等井中测得的地层速度。因此在应用地震反演得到的地层层速度时，更应该重视其横向变化规律的合理性，在时间构造层位的约束下，对各层速度进行平滑处理，在纵向上尽可能用井中测得的地层速度对地震反演得到的地层层速度进行核对，最终将层速度转换成平均速度用于构造成图。

在地震速度研究与速度场建立过程中，层位控制的优势主要体现在：层位约束使地震速度赋予了地质含义；可以针对层速度进行平滑、插值、校正、合理性分析等处理。

3. 构造成图

应用地震构造成图速度场将时间域地震数据解释得到的地震层位 t_0 时间等值线图转换成深度域构造图的过程，称为时深转换。根据地震解释时应用的资料或构造复杂程度的不同，时深转换方法分为平均速度法与模型法。其中模型法又包括水平叠加 t_0 图模型法时深转换（也称为变速空校）和叠后时间偏移 t_0 图模型法时深转换。

1）平均速度法时深转换

在地下反射层倾角变化不大、叠后时间偏移归位准确的前提下，利用叠后时间偏移地震层位 t_0 图与在地震构造成图速度场中提取的对应层位的平均速度平面图直接计算深度。

2）模型法时深转换

（1）水平叠加 t_0 图模型法时深转换。

该方法需要较准确的层速度与多层水平叠加时间平面图，以便建立初始深度—层速度模型，在叠加 t_0 图控制层的约束下，进行自激自收三维射线追踪（法向射线追踪），自上而下依次确定各层反射点的真实空间位置，把水平叠加反射时间层位偏移归位到界面的真实深度位置。

（2）叠后时间偏移 t_0 图模型法时深转换。

该方法需要较准确的层速度与多层叠后偏移时间 t_0 平面图，以便建立初始深度—层速度模型与叠后偏移时间域的三维构造模型，自上而下垂直于基准面进行射线追踪（成像射线追踪），确定各层绕射点的空间位置，把叠后偏移 t_0 时间平面图转换成深度域构造图。本方法的目的在于消除浅层速度变化与陡倾角地层对下伏构造的影响（图4－9）。

时深转换是地震资料构造解释的关键环节之一，也是地震资料构造成图的最终步骤。尤其在复杂构造与速度变化大的区域，成图方法与地震速度解释精度对成图精度有非常重要的影响。

4. 发展方向

（1）进一步完善与优化地震层速度反演与时深转换方法，提高精度、丰富手段。如考

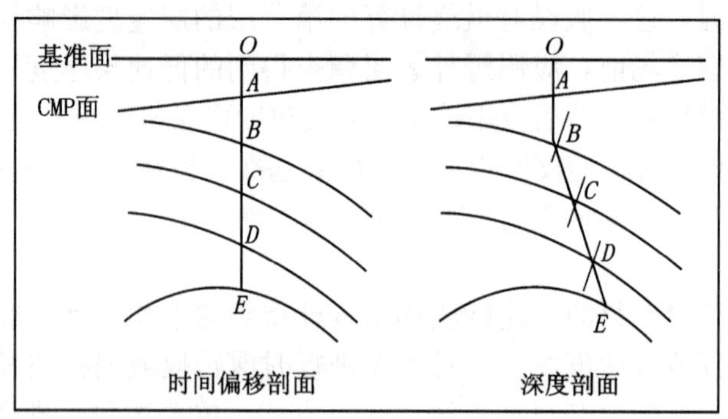

图 4-9　叠后时间偏移 t_0模型法时深转换示意图

虑各向异性对速度的影响及与各向异性速度分析相关的速度反演与成图方法等。

（2）基于复杂地表的叠前深度偏移处理技术研究。

第二节　层序地层分析

一、地震层序地层分析方法

层序地层学是地层学的分支，研究成因上有联系的、以不整合面（或无沉积作用面）或者与其可以对比的整合面为界的年代地层格架，以及沉积层序内部地层、岩相分布模式。它从等时框架内解决了全球地层对比问题，特别是对于钻井、古生物化石稀少的地区，可以通过地震、钻井、古生物、露头等资料的分析，研究在构造运动、海平面升降、沉积物供应与气候等因素控制下，造成相对海平面的升降变化及其与地层层序、层序内部不同级别地层单元的分布规律。建立等时地层格架，用以同全球地层格架进行对比。它为地球物理学家、地质学家提供了在地震资料中进行年代地层解释的技术，实现了在先前未经勘探盆地的地震剖面中进行年代地层解释；在未知地层中进行更准确的岩相解释；识别可能的烃源岩岩段以及可能的储集岩相在地震剖面中的位置；在新盆地或者地震数据极少且区域延伸长度有限的盆地，可应用少量的地震资料进行构造和沉积演化分析。高精度年代地层学提高了产层段的解释精度，可以评价砂岩的连续性；预测储层、烃源岩以及封堵层岩相；识别地层圈闭；延长老油田的生产年限。

1. *发展简史*

层序的基本概念在 18 世纪晚期即已提出，Sloss 等人（1948）将层序定义为“比群、大群或超群更高一级的单元，在一个大陆的大部分地区可以追踪，并且以区域不整合面为界”。Sloss 于 1963 年报道在北美大陆保存有这类不整合面，并在前寒武纪晚期至全新世地层中鉴别出 6 个克拉通层序及其边界不整合面。Sloss 的博士生 PeterVail 将这些概念带入 Exxon 生产研究公司。并与同事一起在 20 世纪 70 年代早期发展了有关层序结构的专业术语，用有年代数据的井资料与露头资料约束沉积模式，将沉积模式与推测的海平面升降曲线相对比，从而产生了可在新盆地识别地层并标定大致地质时代的技术。1977 年 AAPG 论文集 26《地震地层学——在油气勘探中的应用》一书，标志着地震地层学的诞生和层序地层学的奠基。1987 年 PeterVail 等人在总结了各项成果的基础上，出版了《层序地层学原理》(1988)，并与 C. K. Wigus 等人合著了《海平面变化综合分析》(SEPM 专题论文集 42，1988)，与 J. C. Vagoner 等人合著了《碎屑岩层序地层学在测井、岩心和露头区的应用：年代和岩相高精度对比的理论基础》(AAPG 勘探方法系列论文集，1990 年第 9 期)，它标志着层序地层学进入成熟与蓬勃发展阶段。

2. 基本原理

层序地层学强调地层的沉积具有旋回性，并且是有规律可循的（即层序），层序的形成受控于全球海平面的升降、构造沉降、气候及沉积物供给等因素。层序是以不整合面及其相关的整合面为顶底边界的、有成因关系的相互整合的一套连续岩层系列。它由一系列体系域序列组成，为相继两个海平面下降拐点之间时间段形成的沉积。层序的结构单元 (building blocks) 由小到大分为纹层和纹层组、层和层组、准层序和准层序组、体系域、层序。

按层序的规模可以分为 6 个级别：(表 4－1)

表 4－1　不同级别层序规模划分表（据 Vail，1991）

级别	1	2	3	4	5	6
时间区间，Ma	＞50	3～50	0.5～3	0.08～0.5	0.03～0.08	0.01～0.03

1，2 级层序为全球性地壳拉张、板块边界的调整、大洋盆体积的变化，大规模的海进和海退。3 级层序是局部或区域性的应力释放、气候的变化、水体体积变化引起的海平面相对变化所形成的。4，5，6 级层序的起因主要为气候和水体体积的变化、地球轨道偏心率的变化、地轴倾角的变化以及岁差引起的米兰科维奇频率。

3. 地震资料的层序地层学研究

层序地层学认为，控制沉积岩分布与发育的主要因素有 4 种：构造沉降；海平面的全球性变化；沉积物的供应量；气候。其中海平面的全球性变化是主控因素，地层模式与岩相的分布都受海平面相对变化的速度所控制。每一种岩相带都被解释为是处于海平面变化周期的特定阶段沉积的，它们在地震剖面与测井曲线中的响应是有一定规律的，这便构成了利用地震与测井资料进行层序地层解释的基础。受海平面升降控制的层序具有清晰的几何外形（体系域），典型的层序地层学模式，如图 4－10 所示。

在地震剖面、测井数据、岩心和露头地层中都能将它们识别出来。利用地震资料进行层序地层学研究是沉积盆地中应用的主要方法之一。层序地层学分析的两个基本观点是：地层表面平行地质时间线；在地震剖面中识别的地震反射是平行于地层层面的。因此，在地震分辨率的限制下，它反映了具有时间意义的地质时间线。

不同地质背景其层序模式也不相同，图 4－11 展示了 3 种地质背景下所产生的地层层序模式。

利用地震资料进行层序地层学解释应该遵循的原则：

以高质量的地震反射剖面为主，建立盆地内可靠的地震层序解释骨架。

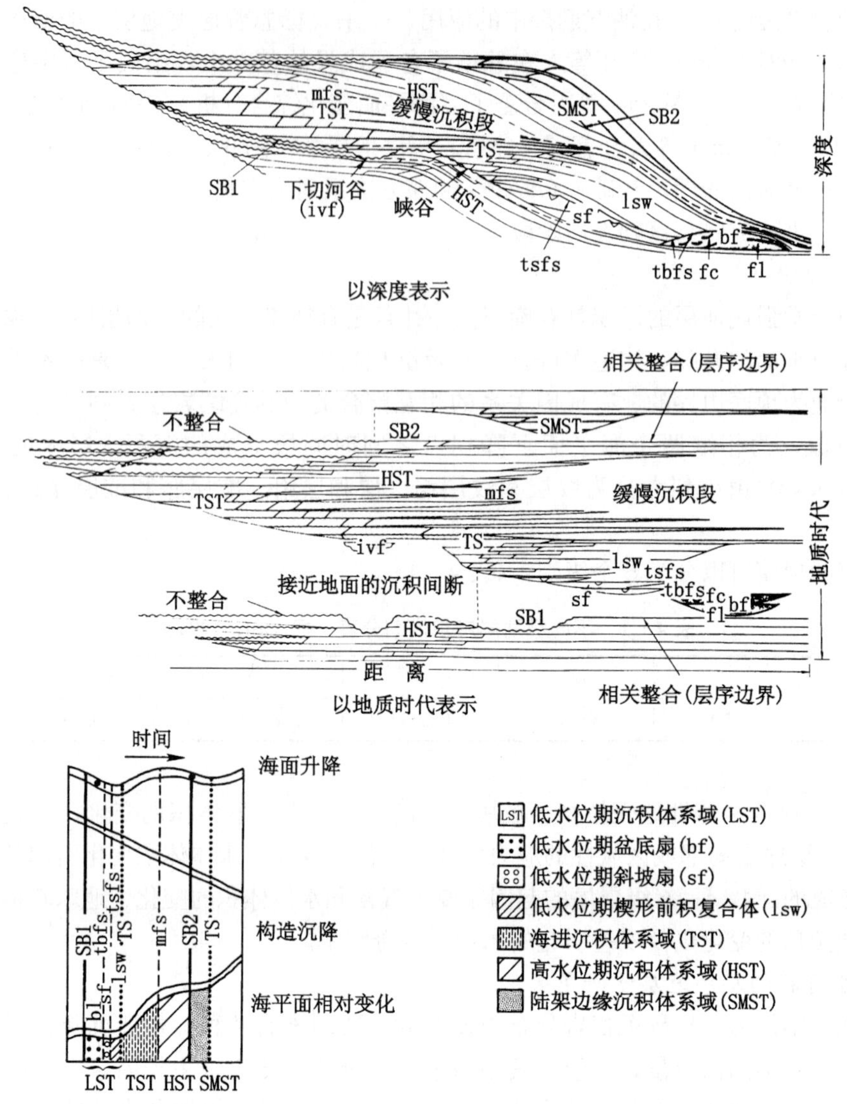

图 4－10　以深度和地质时代表示的层序和沉积体系域的层序地层学图解剖面

SB—层序边界；SB1—类型 1 层序边界；SB2—类型 2 层序边界；mfs—最大洪水面；tbfs—盆底扇顶面；tsfs—斜坡扇顶面；TS—海进（最大前积之上的初次洪水面）；HST—高水位期沉积体系域；TST—海进沉积体系域；LST—低水位沉积体系域；ivf—下切河谷充填；Lsw—低水位期楔型前积复合体；sf—低水位期斜坡扇；bf—低水位期盆底扇；fc—扇内水道；fl—扇朵叶；SMST—陆架边缘沉积体系域

充分利用钻井、合成地震记录、VSP 资料对地震剖面进行精细标定，利用生物地层资料确定层序地层年代。要充分考虑到同期异相与同相异期的问题。

灵活运用层序地层学的概念与方法，根据实际资料建立研究区的地层模式，不能简单地生搬硬套 Vail 模式。

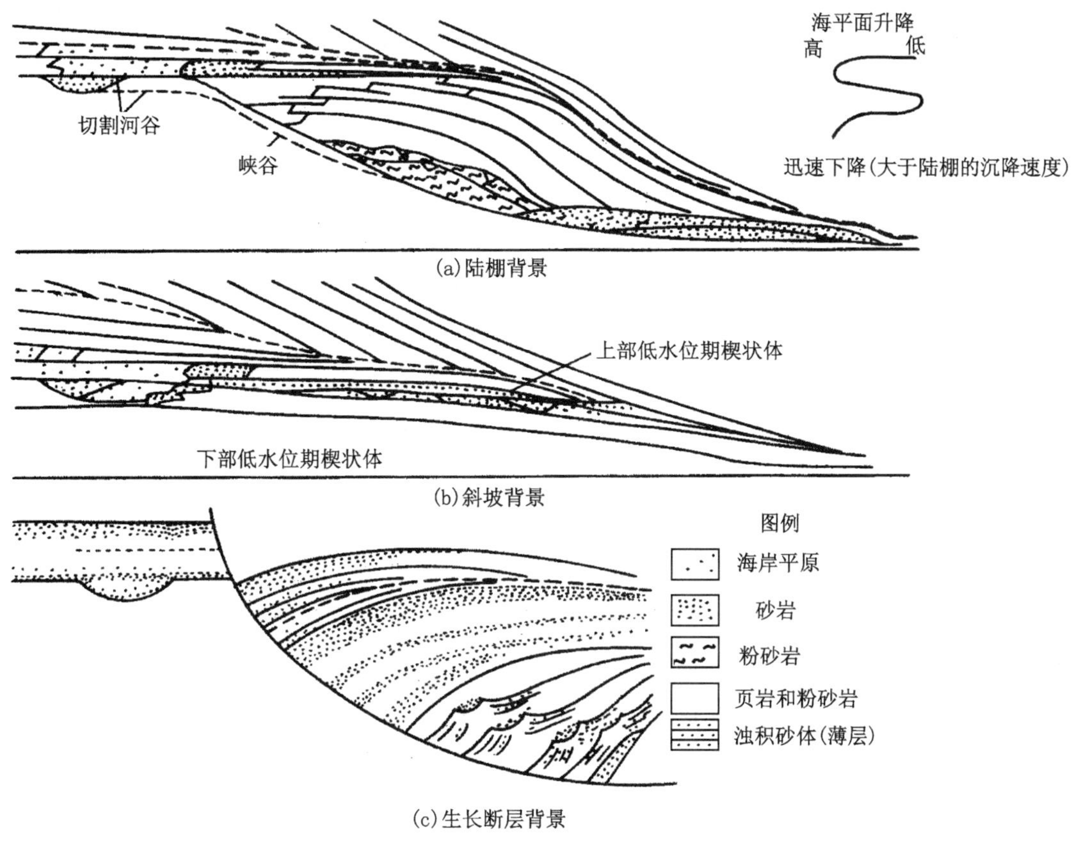

图 4－11　层序地层学图解剖面（显示了低水位期体系域在陆棚、斜坡和生长断层背景下的情况）

4. 地震资料层序地层学研究的主要方法与技术

1）利用地震资料开展层序地层学研究的工作流程

在全盆地建立骨干剖面—层序划分（利用反射同相轴接触关系）—确定层序地层年代（生物地层、岩性、海平面变化曲线）—体系域解释（低位、海进、高位）—区域联网解释—沉积相解释—与钻井资料或露头资料的层序、体系域解释对比—岩性解释和储层预测—地层圈闭识别—资源预测与油气远景评价。

2）地震剖面的层序划分

（1）骨干剖面建立。

选择质量好、能穿越全盆地的地震剖面作为骨干剖面，并建立骨干剖面网。骨干剖面网的范围可依据盆地的规模和勘探程度确定。一般以能控制沉积体系的范围为宜。

在进行了骨干剖面的层序界线划分解释并联网追踪对比后，就可以确定盆地内的层序。

在不整合面不明显或反射同相轴基本平行的地震剖面中，有时可以通过地震反射特征与层序沉积原理识别层序界线。如海进期体系域一般为比较连续、稳定的强反射特征，在两个海进体系域之间一定存在着层序界线。钻井资料对于层序界线解释非常重要。

（2）层序界线划分。

地震资料的层序地层学解释方法就是利用地震反射终止特征去识别层序或体系域界线，“上超和下超”两种模式出现在不连续面之上；“削蚀、顶超和视削蚀”3种模式出现在不连续面之下。地震反射终止特征如图4-12所示。

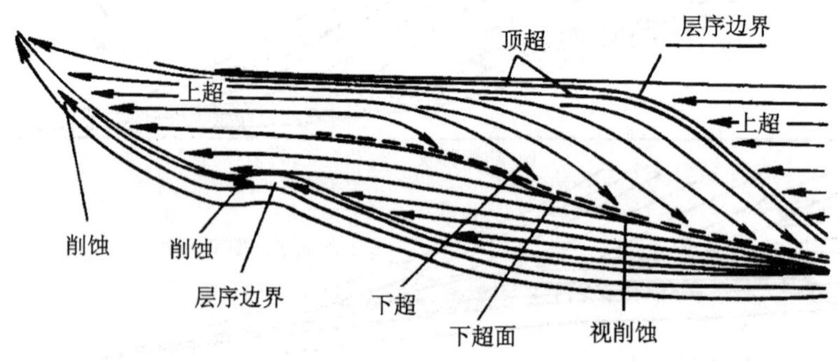

图4-12　层序界线及地层尖灭形式

(3) 层序年代地层的确定。

利用钻井岩性与生物地层资料可粗略地确定层序的地层年代。对于有井区，应利用合成地震记录、VSP、岩性及古生物资料对地震层序进行年代地层标定，并建立露头、钻井层序与地震层序的对比图表。在没有生物地层资料的盆地也可以做海平面变化曲线，同全球海平面变化曲线对比以确定层序的地层年代。

3）地震剖面的体系域解释

体系域的划分主要是根据最大海泛面的位置以及上超点的迁移规律、地震反射结构、振幅、几何外形以及地震反射体在层序中的相应位置而定。

(1) 海进体系域在岩性剖面中属于泥质含量最高的部分，通常伴有自生矿物（如海绿石、磷灰石等）、纹层状页岩等。测井曲线上具有高伽马、低电位及低电阻和低声波的曲线特征。在地震剖面上一般为反射连续、盆地内分布范围广、易于追踪对比的1～2个同相轴。识别海进体系域的另一个重要标志，是在海退持续时间长、地层保存较好的盆地，可看到海进体系域之上的下超反射结构。

(2) 高位体系域一般是海退期的沉积产物，广泛发育三角洲沉积，从盆地边缘向盆地方向，在地震剖面中具有前积反射特征。高位体系域的下伏地层为海进体系域，高位体系域的顶部往往存在不整合面，即层序界面。

(3) 低位体系域一般为海进初期的沉积产物，是新一轮地层旋回的开始，在有构造背景的盆地中常常表现为充填式的沉积，其下伏地层伴有不整合面。在盆地边缘的地震剖面中可见上超反射结构，在盆地内部转为与下伏地层平行的地震反射。低位体系域的顶部为海进体系域。

4）沉积相解释

上述步骤完成后，进行联网追踪对比解释，目的是在平面上进行精细的沉积环境研究。

依据勘探需求，确定以层序或体系域为制图单位，制作等厚图、地震相图及沉积体系图，用于研究地层的展布规律及岩相的分布规律。

5）岩性解释与储层预测

（1）利用地震层速度量板（可能的话可利用提取的地震属性资料）制作砂泥岩量板，求取储层段的砂岩含量与厚度，确定砂岩相对富集区。

（2）结合露头与钻测井层序地层学研究成果，建立研究区层序地层模式并进行计算机模拟，进而确定层序与生储盖层之间的关系，总结成藏特点与油气藏分布规律，指出有利勘探区带，提供油气勘探部署建议。

根据反射结构图，可以预测储层（砂体）在层序中可能出现的位置（图 4－13）。

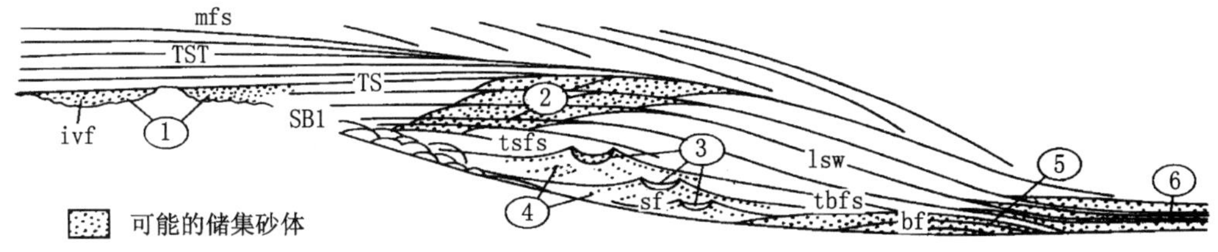

图 4－13　发育很好的陆棚斜坡深水盆地中，在低水位期体系域中砂岩体可能出现的位置
①切割河谷充填砂；②海岸带砂体；③河道/漫滩水道砂；④漫滩砂；⑤盆底扇；⑥低位期前积楔的叠瓦状前缘砂体

5. 层序地层学展望

（1）一些新的研究方法正被引入到层序地层学研究中来。包括物理事件、化学事件、生物事件与复合事件的高分辨率事件地层学的概念与方法，为层序地层分析的年代地层学研究提供了新的手段。

（2）随着计算机技术的高速发展，解释方法与软件的大量涌现则为高分辨率层序地层学的定量解释提供了可能。如“地震属性提取”技术可从地震数据体中提取定量化地震信息；砂层厚度、孔隙度、渗透率、流体含量等。可使用可视化工具在三维空间“浏览”与解释地质特征，该项技术适用于研究岩相的分布规律与储层的连续性，使人们更快捷、更准确地了解储层的空间展布规律及油气远景区的分布，指导钻探，并引导人们更好地解释高分辨率层序（油藏级）。解释工作站已为层序地层学的发展提供了强大的工具。

（3）全球海平面升降曲线将继续作为仔细校对并确定新资料地质年代的依据。

（4）非海相层序地层学将继续发展，使人们能更有效地研究非海相地层，并了解其沉积体系与沉积物的影响因素。

（5）各研究机构之间将更加频繁地联合、协作，取长补短，优势互补。各研究部门内部的地质师、地球物理师、油藏专家、统计学专家、模型专家将密切配合，共享数据及成果，集思广益，提高效率、减低勘探风险。

二、层序地层学解释实例

以塔里木盆地石炭系的层序地层学研究成果作为实例，介绍利用层序地层学的理论与方法解释石炭系地层的层序、体系域划分方法和沉积体系解释的方法和思路。

1. 塔里木盆地石炭系露头资料的层序、体系域分析

蒙达勒克—库鲁剖面位于盆地西北部，石炭系地层出露充分，剖面总厚 2350m。自下而上分为蒙达勒克组、乌什组、库鲁组和索格当他乌组。蒙达勒克组底部为一套细砂岩、

粉砂岩，与下伏前石炭纪页岩呈不整合接触。石炭系的顶部为大套页岩，与上覆二叠系为整合接触。此剖面具有三套明显的岩性旋回特征，每一旋回的底界都以砂砾岩或厚层砂岩开始，这些砂岩直接沉积在海相页岩、石灰岩之上。将砂岩底界作为类型Ⅰ层序界线并以此为基础划分为3个层序（图4－14）。

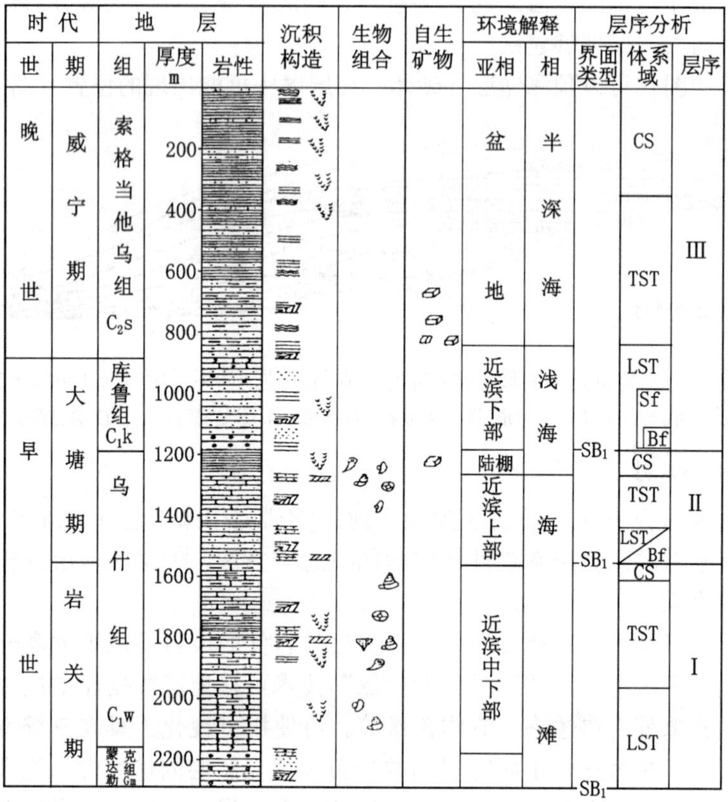

图4－14　蒙达勒克—库鲁剖面层序地层学分析

在此基础上根据岩性、化石等资料进一步确定了多个体系域。

2. 钻井资料的层序、体系域分析

应用钻井曲线、岩性、化石资料进行层序、体系域分析的方法（Vail，1988）对盆地内40多口探井做了较详细的分析。需要指出的是，由于井距偏大，岩性段的划分具有明显的局限性，很难进行大范围的区域对比。因此在做单井资料的层序、体系域分析时，与地震资料解释紧密配合。现以塔中地区为例，简单介绍一下钻井资料的层序、体系域的识别（图4－15）。

钻井资料的层序体系域分析主要是依据自然伽马或自然电位、视电阻曲线及地层倾角测井等，加之必要的岩性、层理结构、化石等资料。

层序界线的识别主要依据是块状砂岩段，具有突变的箱状GR或SP曲线形态。体系域的识别也是根据测井曲线的形态及岩性：GR或SP呈钟形，一般为海进体系域，反映了海平面上升，水体加深，沉积物向上变细的沉积；GR或SP呈漏斗形，则为高水位期体系域，代表海平面相对下降，水体变浅，沉积物向上变粗的沉积。

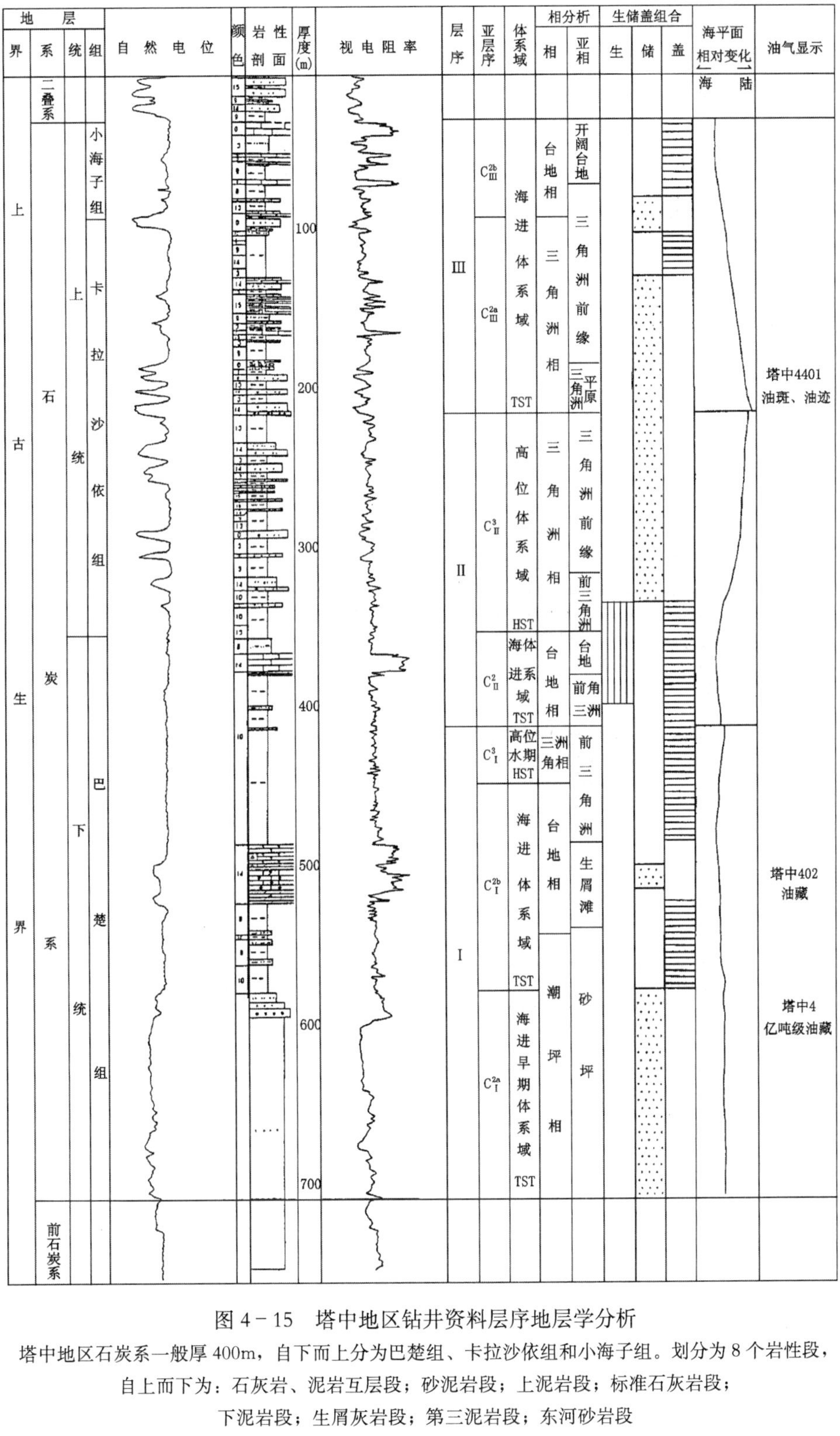

地层				自然电位	颜色	岩性剖面	厚度(m)	视电阻率	层序	亚层序	体系域	相分析		生储盖组合			海平面相对变化	油气显示
界	系	统	组									相	亚相	生	储	盖	海 陆	
上古生界	二叠系																	
	石炭系	上统	小海子组						III	C_{III}^{2b}	海进体系域 TST	台地相	开阔台地					
			卡拉沙依组				100			C_{III}^{2a}		三角洲相	三角洲前缘					
							200						三角洲平原					塔中4401 油斑、油迹
							300		II	C_{II}^{3}	高位体系域 HST	三角洲相	三角洲前缘					
													前三角洲					
		下统	巴楚组				400			C_{II}^{2}	海进体系域 TST	台地相	台地					
													前三角洲					
									I	C_{I}^{3}	高位水期 HST	三角洲相	前三角洲					
							500			C_{I}^{2b}	海进体系域 TST	台地相	生屑滩					塔中402 油藏
							600			C_{I}^{2a}	海进早期体系域 TST	潮坪相	砂坪					塔中4 亿吨级油藏
							700											
	前石炭系																	

图 4-15　塔中地区钻井资料层序地层学分析

塔中地区石炭系一般厚 400m，自下而上分为巴楚组、卡拉沙依组和小海子组。划分为 8 个岩性段，自上而下为：石灰岩、泥岩互层段；砂泥岩段；上泥岩段；标准石灰岩段；下泥岩段；生屑灰岩段；第三泥岩段；东河砂岩段塔中地区石炭系底界线比较明显，GR 和 SP 曲线与下伏层之间为明显的突变关系，是类型Ⅰ层序界线的标志。此外在卡拉沙依组第 2 岩性段的中段，也有一明显的层序界线，GR 和 SP 曲线呈块状，向上呈钟状，向下呈漏斗状。

从岩性组合看，塔中地区石炭系具有 3 个明显的海进期体系域沉积，即第 1、4、6 岩性段的石灰岩、生屑灰岩段。在第 4 与第 6 岩性段之间的泥岩为褐色、紫红色及浅灰色。

综合岩性和测井曲线分析，将石炭系划分为 3 个层序。自下而上分别为 $C_{Ⅰ}$、$C_{Ⅱ}$、$C_{Ⅲ}$。层序界线都属类型Ⅰ层序界线 SB_1。

在层序分析基础上又进一步确定了 7 个亚层序。

钻井资料的 3 个层序反映出海平面三次升降变化。与露头资料有很好的对应关系。

3. 地震资料的层序、体系域分析

根据对各亚层序的地震反射追踪，将地震反射划分为四大类 11 个亚类，作为划分地震相的标准（图 4－16）。

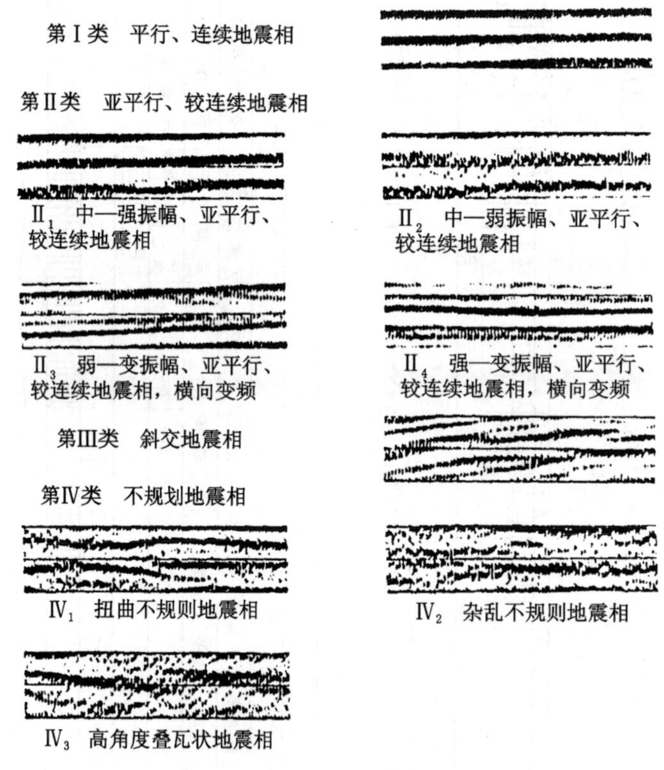

图 4－16 石炭系地震相类型分类图

这些地震相与沉积相基本有一一对应的关系。

第Ⅰ类：平行、连续地震相。反映稳定的沉积相，大多解释为开阔台地相，少数解释为局限台地相。

第Ⅱ类：亚平行、较连续地震相。反映较稳定的沉积相。又可分为 4 个亚相：

中—强振幅、亚平行、较连续地震相，解释为开阔台地相。

中—弱振幅、亚平行、较连续地震相。解释为局限台地相、开阔台地相或临滨—三角洲相。

弱—变振幅、亚平行、较连续地震相，横向变频。解释为沼泽化局限台地相。

强—变振幅、亚平行、较连续地震相，横向变频。解释为开放潟湖相或半闭塞潟湖相。

第Ⅲ类：斜交地震相，在垂直前积方向的地震剖面中可见亚平行、较连续地震相。解释为三角洲前缘相。

第Ⅳ类：不规则地震相。反映不稳定沉积环境。

扭曲不规则地震相。解释为三角洲平原相或喷发岩相。

杂乱不规则地震相。解释为河流相或冲积相。

高角度叠瓦状地震相。解释为河流相或冲积相。

由此，塔里木盆地地震剖面中的石炭系各亚层序中共可划分出 9 种有意义的地震相，可解释为 12 种沉积相。

4. *石炭系层序、体系域特征*

石炭系纵向上可分为 3 个层序、8 个体系域，体系域的发育程度取决于剖面所处的地理位置。根据综合研究，认为石炭纪的沉积模式与 Vail（1987）的模式基本可以对应，基本的模式为由东向西从陆棚到斜坡再到盆地。盆地相中低水位期体系域发育较全，陆棚相中海进期体系域发育完整，近海岸区高位体系域比较发育。由于篇幅有限，在这里只对海进期早期（相当于东河砂岩段）进行简要分析。

海进早期体系域为海进期体系域的最初沉积阶段，它是在海平面开始快速上升，陆棚上可容空间迅速增加，河流带来的沉积物首先卸载于内陆棚，形成海滩砂等沉积。海进早期体系域与无陆棚坡折带低水位期体系域有些类似，沉积物都为粗碎屑岩为主，在陆棚区很难将其区别开。判别两者重要的一条即看是否有盆底扇和斜坡扇沉积。

东河砂岩段属于第Ⅰ层序的下部。继低水位期体系域在西部盆地相沉积后，伴随着海平面上升速度的加快，海水淹过陆棚，海岸线向东陆地方向推进，在陆棚大面积范围内沉积了早期的“东河砂岩”。从古地理环境上，由东而西可以划分出几个沉积体系（图 4－17）。

浅海盆地体系、海滩体系、潮坪体系、三角洲前缘体系。

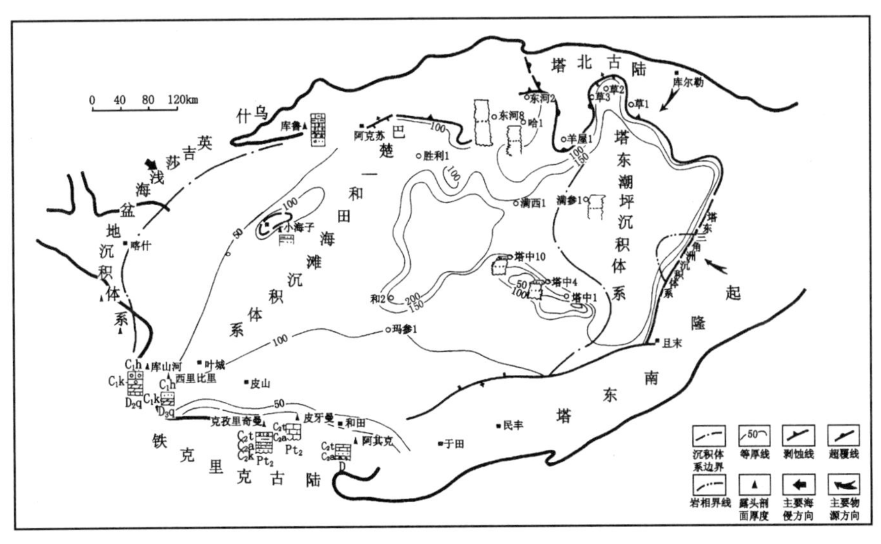

图 4－17　塔里木盆地石炭纪Ⅰ层序海进早期（$C_Ⅰ^{2a}$）沉积体系图

第三节 地震属性分析与储层预测

地震属性是指由叠前或叠后地震数据，经过数学变换而导出的有关地震波的几何形态、运动学特征、动力学特征和统计学特征的特殊测量值。它们是地下岩性、物性、含油气性以及相关物理性质的表征，所以，利用这些属性可以进行储层预测，其对应的方法统称地震属性分析。

地震属性分析就是以地震属性为载体从地震数据中提取隐藏的信息，并将这些信息转换成与岩性、物性或油藏参数相关的、可以为地质解释或油藏工程直接服务的信息，从而达到充分发挥地震资料潜力，提高地震资料在储层预测、表征和监测中能力的一项技术，包括地震属性预测、提取和优化。地震属性预测既可以是含油气性、岩性或岩相预测，也可以是油藏参数预测（估算），前者强调地震属性的聚类与分类功能，主要通过模式识别与神经网络实现，后者强调地震属性的估算功能，主要方法是函数与神经网络逼近。地震属性提取是指从地震数据体中形成地震属性的过程。地震属性优化是提高含油气与储层参数预测精度的基础，是地震属性分析的关键。每一种地震属性从不同角度反映储层的特征，但是它们与储层岩性、物性、孔隙流体性质之间的关系非常复杂，同一种属性在不同工区、不同储层对所预测对象的敏感性（或有效性、代表性）不完全相同，而且由于不同地震属性之间存在相关性，几个最优的单属性组合不一定就是最优化的，也不一定能获得最优的预测效果（只有在各地震属性相互独立时才能获得最优效果）。因此，地震属性优化就是利用人的经验或数学方法，优选出对所预测目标最敏感（或最有效、最有代表性）的、个数最少的地震属性或地震属性组合，以提高地震属性预测的精度。

早期人们只利用地震反射同相轴的时间信息进行目标层的确定与构造成图，随着地震技术的发展，人们越来越多地使用地震属性辅助进行地震解释。20 世纪 60 年代，人们利用楔状模型的振幅响应进行薄层调谐厚度解释。70 年代出现的“亮点”技术，使得地震信息烃类检测能力有了较大的提高。80 年代初，Ostrander 首先将反射系数随入射角变化应用于“亮点”型含气砂岩的识别，他注意到：含气砂岩反射振幅随偏移距增加而增加，含水砂岩反射振幅随偏移距增加而减少。这一现象的发现不但增强了烃类检测的能力，也使人们开始关注叠前地震属性。同时，随着地震地层学的迅速发展和应用，根据不整合面划分地震相单元，分析地震反射特征，确定地震相类型，并进行沉积相转换，成为地震地层学的基本方法。地震地层学中使用的地震参数通常是物理参数、地震反射构型与地震相单元边界反射结构，多数是定性参数。在这一时期使用最多的定量属性是三瞬属性，即瞬时振幅、瞬时相位和瞬时频率。进入 90 年代，随着三维地震数据采集技术的进步，三维地震数据广泛应用于油气勘探。由于三维地震资料数据量大，勘探时效要求高，必须在一个短时间内给出正确的地质解释。这就要求人们充分利用计算机分析技术。另外，具有明确地质含义的三维地震属性，如倾角、方位角的出现，打消了使用者的疑虑，推动了地震属性的广泛应用。此外，相干体（一种特殊的地震属性体）技术在断层解释与地质异常体检测中的成功应用，使三维属性体技术再次引起了人们的普遍关注。总之，随着具有明确地质意义新属性的不断应用，以及地震属性分析新方法的不断提出，地震属性分析由线性逐渐向非线性发展，由定性向半定量、定量发展。通过聚类、神经网络或协方差进行多元属性分析已经广泛应用于储层特征分析与地质建模。三维可视化技术与属性分析技术的结合，使地震解释更加直观、高效。目前，利用地震属性进行储层预测在油气勘探实践中已经取得了良好的效果。

一、常规地震属性分析方法

1. 地震属性及其地质含义

目前，从地震数据中能够提取很多地震特征参数，如振幅类、频率类、相位类、极性、阻抗（或速度）等，每一类又包含多种参数。

1）振幅特征

反射波振幅特征是地震资料岩性解释与储层预测常用的动力学参数。振幅特征是岩性变化、物性变化、流体变化、地层调谐效应及地层层序变化等诸因素的综合。振幅属性包括：均方根振幅、平均绝对振幅、振幅比、波峰波谷振幅差、平均能量变化、波峰振幅极值、波谷振幅最大值、绝对振幅组合、区间顶底部振幅比与振幅斜度等。

2）复地震道

复地震道属性是指在复地震道中拾取的瞬时地震属性，包括3个基本属性：振幅包络、瞬时相位与瞬时频率。由此可以导出许多其他的瞬时地震属性，如瞬时实振幅、瞬时平方振幅、瞬时相位、瞬时相位的余弦、瞬时实振幅与瞬时相位余弦的乘积、振幅加权瞬时频率、能量加权瞬时频率、瞬时频率的斜率、反射强度、以分贝表示的反射强度、反射强度的中值滤波能量、反射强度的变化率、视极性等。

3）功率谱特征

功率谱是由地震记录自相关函数的傅里叶变换求得的。主要参数包括：加权功率谱平均频率、功率谱极大值频率、优势功率谱、优势功率谱集中度、指定带宽能量、衰减灵敏频率宽度、以分贝表示的反射强度、功率谱的斜度等。

4）傅里叶谱特征

傅里叶谱是在1个长为几十到几百毫秒的时窗内测量的频谱，也是一种体积属性。频谱中逐渐发生的瞬时变化，特别是高频成分的损失，是波经过地下介质传播的结果。在某一个时窗内提取的频率成分变化可能与岩性或物性的变化有关。由岩性横向变化引起的频谱变化包括：薄层调谐效应、异常低速层段或厚度变化、波阻抗横向变化引起的振幅改变、不规则表面的地震能量散射。其主要参数包括：振幅谱主频、振幅谱极大值、平均中心频率、频带宽度、频谱一阶矩与频谱二阶矩、优势频带宽度、优势频率、3个最大的极大值频率、频带宽度估计、优势频率估计等。

5）相关特征

自相关函数是地震记录特征的反映，是地震记录重复性的标志，地震记录自相关特征反映了记录的整体特点，是一组有代表性的定量属性。互相关函数是不同地震记录道相似程度的反映，反映的是地震记录（地层）的连续性。主要参数包括：主极值振幅、极小值振幅、主极值面积、旁极值面积、主极值半周期宽度、自相关函数幅值下降速度或梯度、自相关峰值振幅比、KLPC1相关值、KLPC2相关值、KLPC3相关值、KLPC相关值之比、相关长度、平均相关值、集中相关值、最小相关值、最大相关值、相似系数等。

6）主要地震属性可能反映的储层信息

目前研究人员尚无法找到全部地震属性（如均方根振幅）与岩石地质特征（如储层孔隙度）间一一对应的联系。但是，大量油气勘探实践和经验的统计结果表明：油气储层性质与地震属性之间确实存在某种统计相关性（见表4－2）。

表4－2 地震属性可能反映的储层性质

地震属性	可能反映的地质现象或特征
振幅（瞬时＋能量）	古地貌、岩性差异、岩层连续性、总孔隙度
视极性（瞬时＋能量）	岩性、反射极性差异，含气性
频率（瞬时＋能量）	岩层厚度及流体性质
相位（瞬时＋能量）	岩层连续性、地层结构
振幅极小值与极大值数目比及位置	古地貌、岩相结构
层速度	岩性、孔隙度、压力
谱分解的各阶分量	横向、垂向分辨率，孔隙度、流体及几何形态
AVO	岩层中流体性质
声阻抗	孔隙度及泥质含量
曲率、边界增强等现象	断层及裂缝分布特征
倾角、方位角及人工照明等处理成果	构造、断层及由地震资料处理得到的地质特征
均方根、最小振幅、最大振幅、最大振幅绝对值、波峰平均值	烃指示属性
波谷平均值、平均能量、振幅和、振幅绝对值之和	岩性、物性指示属性
优势频率、平均瞬时频率	频率—烃类指示属性
半幅能量、门槛值	频率—岩性、物性指示属性
平均瞬时相位	流体指示属性
零值个数、弧长、带宽	岩相水平、垂向变化特征

从表4－2所列的储层性质与地震属性之间的相关性分析表明：某一种地震属性在不同的地质条件下可能是多种地质属性的反映。同时，一种储层物性可能在多种地震属性中均有反映。

可见，准确地提取各种可能反映储层特征的地震属性，并找到与储层物性对应的多种地震属性的组合则是保证储层预测结果的关键。

2. 地震属性分类与提取

1）地震属性分类

目前还没有公认的地震属性分类方法，也很难建立一个完整的地震属性列表。但是很多学者进行了归纳，Taner等人对地震属性作了归纳整理，并将其划分为几何属性与物理属性两大类。几何属性或反射特征，用于地震地层学、层序地层学及断层与构造解释，物理属性用于岩性及储层特征解释。Brown将地震属性分为四类：即时间属性、振幅属性、频率属性和吸收衰减属性。其中，源于时间的属性提供构造信息；源于振幅的属性提供地层与储层信息；源于频率的属性提供储层信息；吸收衰减属性将可能提供渗透率信息。

Chen 则以运动学与动力学为基础把地震属性分成振幅、频率、相位、能量、波形、衰减、相关、比值等几类。此外他还提出了按地震属性功能的分类方案，即把地震属性分为与亮点和暗点、不整合圈闭和断块隆起、油气方位异常、薄储层、地层不连续性、石灰岩储层和碎屑岩、构造不连续性、岩性尖灭有关的属性。此外，为便于地震属性计算，按属性目标进行分类，可以分为剖面属性、层位属性与数据体属性。剖面属性通常是瞬时属性或某些特殊处理结果，如速度或波抗阻反演结果等。层位属性是沿层面求取的，是一种与层位界面有关的地震属性，它提供了层位界面或两个层位界面之间的变化信息。基于数据体的属性是从三维地震数据体中推导出的属性数据体。

2）地震属性的提取

剖面属性的提取主要通过特殊处理过程实现，如复地震道分析、道积分、地震反演等。

层位属性的提取方式有：瞬时提取、单道时窗提取与多道时窗提取。瞬时层位属性是由复地震道分析等特殊处理手段导出的在层位处拾取的属性。单道时窗层位属性沿着 1 个可变的时窗拾取。在拾取过程中，可变的时窗既可以由两个层位加两个偏移量定义，它形成 6 个不同的界面，共有 9 种变化时窗，此时当时窗在道间滑动时，时窗的位置与长度都可变；也可以由 1 个层位、偏移距和时窗长度定义，此时当时窗在道间滑动时，时窗的位置可变，而时窗长度不变。属性拾取的结果一般赋予时窗的中点，当拾取时窗在道间滑动而改变时，要尽量避免对地震属性使用平均算法，以保证可以在道间做有意义的比较。

多道时窗拾取法与单道时窗拾取法相似，它除了定义提取时窗的上、下界外，还要定义横向上提取的道数与模式，常用的模式有：Inline 方向、Crossline 方向、左对角线方向、右对角线方向、三角形、十字形、全对角线、矩形。并把地震属性提取结果赋予中间道。在每个中间道位置，重复上述拾取过程，可以获得 1 个新的属性平面。作为 1 个特例，时间切片可以被视为 1 个无物理意义的等时层位属性。

数据体属性提取方法，除了用时间切片代替层位外，其他与层位地震属性提取方式相同。

3. 地震属性优化

随着地震属性数量的增加对于储层预测会带来不利的影响。因为：有些地震属性可能与目的层无关；属性的增加会给计算带来困难；大量的属性中肯定会包含着许多彼此相关的因素；就模式识别而言，当样本数固定时，属性过多会造成分类效果的恶化。因此，必须针对具体问题，从全体地震属性集中挑选最具针对性的地震属性集以降低多解性，提高储层预测精度，此即地震属性优化。

地震属性优化的方法主要包括：经验优选法与数学方法。经验优选法就是根据目标区的经验优选出对所求解问题最敏感（或最有效、最有代表性）的、个数最少的地震属性或地震属性组合。数学方法包括：降维映射法（如 K—L 变换）、聚类、交会分析等。

4. 地震属性分析方法

1）地震属性分析的一般流程

地震属性分析的一般流程：首先利用钻井资料对地震剖面进行层位标定；然后进行层位追踪闭合，确定待预测的时窗，并在时窗内进行地震属性提取，计算出所要预测层段储层信息的多个地震属性，组成多维属性向量；接着对所有提取的地震属性进行优化，优选出用于预测的数量最少的属性组合；最后以优化后的地震属性为基础，通过稀疏井点处建立的地震属性与油藏特性之间的关系（或通过样本集的训练得到分类准则）应用密集的地震数据对井间油藏特性进行预测。目前用于地震属性分析的数学工具主要包括：线性与非线性回归、地质统计法、神经网络、模式识别、分形分维、小波、模拟退火、灰色理论、R/S分析等方法。实际上，在地震属性分析中，地震属性优化、统计关系建立与预测是相互关联的。

2）地震相分析方法

地震相是沉积相在地震剖面中的映射，是有一定分布范围的三维地震反射单元，其地震参数如反射结构、几何外形、振幅、频率、连续性及层速度，皆与相邻相单元不同。它代表产生反射的沉积物的一定的岩性组合、层理和沉积特征。因此，可以说地震相是沉积相在地震剖面中的反映。

传统地震相划分方法是通过视觉观测描述。随着地震数据采集、处理技术的不断发展，地震剖面中包含的信息更加丰富，而其中许多信息仅依赖视觉在地震剖面中难以检测，必须借助地震数据处理技术与计算机技术加以提取、分析，并通过一定的数学方法，对这些地震信息的地质特征加以解释。在这种情况下，就产生了定量地震相分析技术。目前，模式识别、人工智能专家系统与人工神经网络已进入地震相定量分析领域。现在最流行的是基于自组织人工神经网络的地震波形分类法。它通过对目的层段地震波波形的聚类分析，计算出目的层段波形分类的聚合体，解释其对应的地质特征，从而进行储层预测。实现过程如下：

对部分地震数据集利用 KOHONEN 神经网络技术从中抽取典型的具有代表性的地震道，它们能够代表整个工区的总体变化特征，各典型地震道按顺序渐变（指波形）排列，然后每 1 个道指定 1 个值或 1 种颜色，形成一组模型道。模型道的个数可以根据实际地震资料的复杂程度确定。

把地震数据集内的每一道与模型地震道进行相关，并把与实际地震道具有最大相关值的典型地震道的数值或颜色赋给该地震道，这样相似的地震道具有相同或相近的值或颜色，形成了地震相分布图。实际上它是实际地震道与典型地震道的相似性图。该方法的第一个特点是无需井资料。第二个特点是快速，而且可以对不同的时窗进行分析，使解释者能够快速地对整个数据进行扫描，很快确定目标区，并可以对目标区进行更细致的研究工作。第三个特点是与地震相分析相比，增强了定量性与客观性，属于“绿色”技术。在地震相分析中，人们利用眼睛识别反射模式并将它们与标准的地震相模式进行比较，通过测井相校正得到地震相，最后进行人工成图，因而其结果缺乏客观性。

3）储层参数估算方法

储层参数包括储层厚度、孔隙度、渗透率、饱和度、砂泥岩含量等，广义上可以认为是经过处理后的测井参数。储层参数估算的目的就是预测这些参数的井间变化，由于这些参数在油气田勘探与开发评价过程中发挥着举足轻重的作用，吸引不少地球物理工作者对此产生了浓厚兴趣，并投入相当的人力、物力进行研究，推动了储层参数预测方法研究的不断深入，提出了许多储层参数预测方法，其主要方法大致可分为四类：仅用测井资料的 Kriging 方法；测井资料与地震属性结合的线性回归方法；测井资料与地震属性结合的地质统计方法；测井资料与地震属性结合的神经网络逼近方法。第一种方法仅适用于井资料较多的时候，但也难以刻画储层参数的变化细节，随着储层描述精度的不断提高与细化，已经越来越少使用此类方法。后 3 种都强调与地震属性的结合，这代表了储层参数估算的发展趋势，并且已从单属性向多属性发展，可以说，基于多属性的储层参数估算方法是未来的发展方向。

4）油气预测方法

用于含油气性预测的方法很多，如模糊模式识别、统计模式识别和神经网络模式识别含油气性预测技术，以及分形油气预测、灰色油气预测与 RS 理论决策分析油气预测方法等。最常见的是统计模式识别方法。

统计模式识别一种根据含油气与不含油气储层的地震波运动学与动力学特征（如波形、振幅、频率、相位等）的差异，从地震数据中提取多种地震属性，采用多元统计的方法，预测含油气储层的位置与分布范围的技术。由于用常规地震解释方法研究储层时，往往遇到不少困难而效果不理想，常见的问题是储层较薄，无法分辨，另一困难是有些储层特征的变化在地震数据中反映很微弱，不易觉察。模式识别技术采用了多种地震属性对储层的变化进行判断，因而有较高的综合分辨能力。其实现过程可分为：

学习过程。首先确定希望预测的油气藏类别，在地震剖面上选择与各种油气藏类别对应的一定数量的地震道，这些已知的地震道一般称为学习道；然后从学习道中提取多种地震属性，设计进行预测的分类器与属性优选，确定属性优选与分类器设计是否合理的标准是预测的学习道类别与已知的所属类别是否相同。实践经验表明，时窗对模式识别的结果影响很大，因此在实际工作中常常也把时窗尺度作为 1 个可变的因素参与分类器的设计。一旦分类器设计完成就同时完成了属性优选与时窗尺度的确定，在以后的预测过程中时窗保持不变，同时仅使用优选后的地震属性。在一般情况下，由于没有任何单一的地震属性能唯一地指示储层的某一特性，因此，目前利用地震属性进行储层预测时提取的属性较多，常用的地震属性有：自相关函数、功率谱与和自回归属性等。

预测过程。对未知类别的地震道，计算学习过程中所优选的地震属性，用最终确定的分类器进行分类，预测出地震道所属的类别。分类器的种类很多，常见的是 Fisher 线性判别准则和 Bayes 线性判别准则。

二、相干体属性

相干体属性是多道地震数据间相似程度的一种度量，它可以在信号较弱或有效信号被噪声干扰的情况下，度量数据之间相似性的，可有效地对地震同相轴进行检测。当同相轴幅值较小或被噪声干扰时，其优势更加明显。相干体分析就是利用多道相似性将三维振幅数据体转化为相关系数数据体，在显示时通过强调不相关异常，突出不连续性。它假设地层是连续的，地震波的变化是渐变的，因此相邻道、线之间的反射信息是相似的。当地层连续性遭到破坏时，如断层、尖灭、侵入、变形等，导致地震波发生变化，表现边缘相似性的突变。因此用相干体技术可以进行断层解释与组合，在地震资料信噪比较高的地区，与其他技术相配合（如反演技术）可以预测裂缝发育带。利用相干体辅助进行解释的优点在于：

精度高，避免了解释结果的随意性。因为相干体分析突出同相轴的不连续性，所以相干体分析可生成断层的无偏差图像，而且相干体技术可分辨任意方位的断层，而在常规时间切片上想精确地拾取平行于走向的断层非常困难。

速度快，效率高。因为它可以直接在三维地震数据体中应用，利用自动追踪功能，完成断层的精细解释。

地质体特征更加明显，易于识别。如隐藏构造在相干体时间切片比常规三维地震数据体切片要清晰得多；能清楚地确定海滩和三角洲，所以能获得更好的海进和海退的概念；能够确定油藏的边界投影图。

辅助井轨设计。相干体与三维可视化的结合能准确确定断层与地层构造的空间位置，有助于准确地进行井位及井轨设计。

总之，相干体分析不但可提高断层的识别率与工作效率，而且使断层解释与地质解释结果更客观、合理。

计算相干体时数据道的分布模式包括有：线性3道、正交3道、正交5道与正交9道。一般参与相干计算的道数越多，平均效应越大，对断层的分辨率越低，这时突出的主要是大断层。相反，相干道数少，平均效应小，就会提高分辨率，特别是突出小断层的分辨率。所以在计算地震相干性时要根据研究的地质目标不同来选择道数。时窗的选择一般由地震剖面反射波视周期 T 决定，通常取 $T/2$ 到 $3T/2$。在计算时窗小于 $T/2$ 时，因为相干时窗小、不到1个完整的波峰或波谷，由此计算出的相干精度低。

在相干体应用中应注意的事项：

对地震资料进行评估，只有信噪比高的资料解释出的断层才可信，否则很难进行相干解释。

不相干数据异常不一定都是断层，也可能是因岩性变化或其他地质现象所导致，所以在解释时结合垂直剖面进行具体分析，不要一概而论。

相干数据体不是对所有的断层都能识别，当垂直落差在1个视周期或它的整数倍时，在相干体中断层没有反映。这是因为垂直断距为地震波视周期或视周期的整数倍时，反射剖面上波峰连波峰，相干系数极大，造成在断层处无反映。

三、油藏描述技术在苏里格气田应用

苏里格气田是位于中国西部鄂尔多斯盆地中部的巨型气田，储层为二叠系下统盒8上段、盒8下段及山1段河道砂岩。研究区范围为苏里格气田中北部苏6井三维区，面积约260km²。工区构造较简单，整体表现为一西南倾斜的斜坡，局部构造和断裂不发育。但储层地质条件十分复杂，具有埋深大（3200～3400m）、储层薄（砂岩单层厚度普遍小于10m）、低孔（小于12%）、低渗（小于0.5mD）和非均质性强的特点。该区地震储层预测有三大难点：一是地震资料分辨率与储层厚度不匹配，在目的层段三维地震资料主频仅为35～40Hz，垂向分辨率按¼波长计算约为28～32m，而目的层段为砂泥岩互层组合，单个砂岩层和气层厚度薄；二是砂岩含气后波阻抗值与泥岩难以区分，含气砂岩与致密砂岩波阻抗差小；三是储层空间变化大，纵向上含气砂岩分布层位不稳定，与围岩接触关系复杂，横向上储层厚度及其含气性变化快。目前该区三维地震资料储层预测，尤其对储层含气性预测尚处于探索阶段，还没有形成一套成熟有效的完整技术。我们以含气砂岩预测为核心，以目的层地球物理特征分析为基础，紧密结合地震与钻井、测井资料，以多种定性、定量综合预测方法作为技术指导思想，通过应用地震反射特征、地震属性、地震反演与相干数据体等分析手段与技术，对三维区含气砂体识别和展布、储层物性与含气性预测方法进行了分析与探讨，取得了一定效果，为下一步深入研究打下了基础。

1. 目的层的地质、地球物理特征

研究区盒8上段、盒8下段及山1段受鄂尔多斯盆地北缘二叠系河流—三角洲沉积体系控制，由砂泥岩互层构成。根据已有18口钻井资料统计（表4－3），各目的层段储层横向变化大，单砂层厚度一般2～17m，单气层厚度一般1～13m。但盒8下段砂岩更为发育，横向分布相对较盒8上段、山1段稳定（图4－18）。

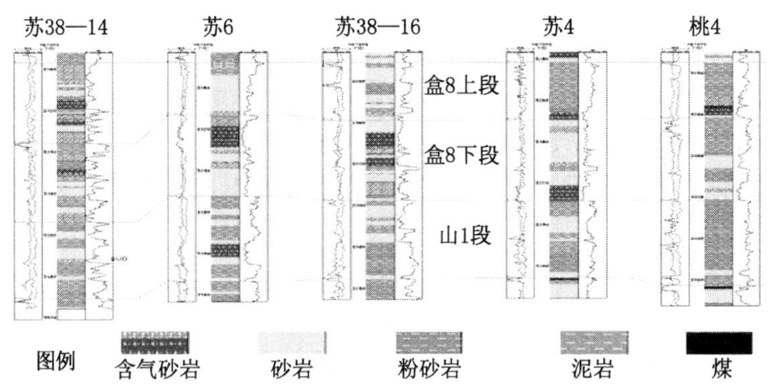

图4－18 研究区东西向地层对比图

表4－3 各目的层段砂岩分布特征

特征 层位	地层厚度，m	砂岩厚度，m	砂岩百分比，%	气层厚度，m
盒8上段	25～40	0～25	0～95	0～20
盒8下段	30～45	8～40	30～95	0～21
山1段	35～45	0～23	0～60	0～15

由于岩性或含气性不同，将目的层分为四类：气层、致密砂岩、粉砂岩、泥岩，基于测井资料的统计分析表明它们具有以下地球物理特征：

（1）含气砂岩在测井组合响应上主要表现为“三低、两高、一大”即低自然伽马、低密度、低补偿中子、中高电阻率、高时差、大自然电位负异常。但在单种电性曲线上其特征往往不具有唯一性。

（2）气层与泥岩波阻抗接近，值域范围重叠较多，但致密砂岩与泥岩、气层存在一定波阻抗差（表4－4）。

表4－4 目的层不同岩性（或含气性）地球物理特征

特征 岩性	声波时差 μs/m	密度 g/cm^3	层速度 m/s	波阻抗 $g/cm^3 \cdot m/s$
含气砂岩	213～249	2.31～2.57	4010～4700	9600～11650
致密砂岩	200～230	2.54～2.68	4350～5000	11300～13000
粉砂岩	205～245	2.37～2.67	4080～4870	9500～12900
泥岩	219～262	2.18～2.68	3800～4560	8500～12500

(3) 从波阻抗分布范围分析，90%以上气层、含气层小于 11650g/cm^3·m/s，而致密砂岩（干层）多大于该值。

(4) 从自然伽马值分析，泥岩大于 100API，气层、致密砂岩小于该值，具二分性；但气层、致密砂岩有较多重叠。

上述含气砂岩与其他岩石类型的地球物理关系构成了地震预测的基础，同时其特征的非唯一性也决定了多种方法综合预测的必要性。

2. 基于地震反射特征和地震属性分析的含气砂体识别

岩石中流体的变化往往会引起地震反射特征的变化。因此，地震反射特征、地震属性分析作为定性手段与地震反演一起被用于含气砂体的综合识别。

为了更好地将钻井地质情况与地震信息对比，以盒 8 下段为基础，对三维区内 18 口井划分成三大类：

A 类井：共 10 口井，包括苏 6 井，苏 4 井，苏 38—16 井，苏 36—13 井，苏 35—17 井，苏 40—16 井，苏 39—17 井，苏 40—14 井，苏 37—15 井，桃 5 井。盒 8 段初产日无阻流量均在 7 万 m^{3}以上，除苏 37—15 井外，均发育单层厚度大于 5m 的气层。

B 类井：共 7 口井，包括苏 39—14 井，苏 38—14 井，苏 35—15 井，苏 35—18 井，苏 36—18 井，苏平 1 井，桃 4 井。盒 8 段初产日无阻流量一般在 1～5 万 m^3 之间，无单层厚度大于 5m 的气层。

C 类井：1 口，即苏 34—17 井，砂岩不发育，无气层。

(1) 地震反射特征分析。

①人工波形分类：以盒 8 下段顶、底反射为基础，考虑其振幅相对强弱、平行度、连续性、顶底异常等特征，可以分成三大类波形（图 4-19）。

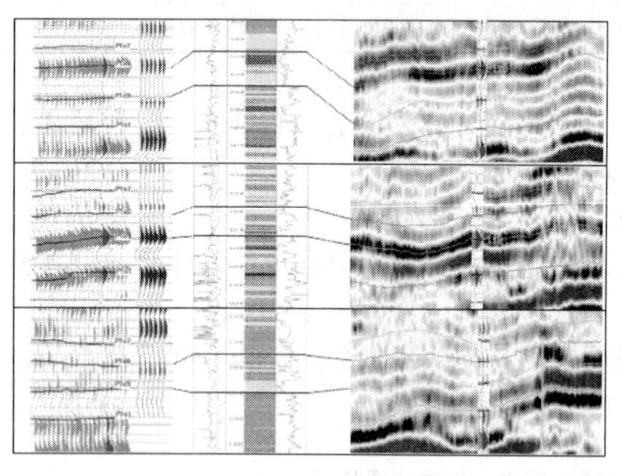

图 4-19　盒 8 下段地震波形人工分类示意图

A 类：顶强底弱时差增大型，反射较平行，连续性中等—较差，东西方向两侧常为平行、连续反射，南北方向可见前积现象。以苏 6 井、苏 38—16 井为代表。

B 类：顶弱底强平行连续型。以苏 35—15 井为代表。

C 类：顶弱底弱型。以苏 34—17 井为代表。

其中，A 类为最有利波形，10 口 A 类井具有该特征；B 类为较有利波形，7 口 B 类井属于该类；C 类为不利波形，只有苏 34—17 井属于该类。

②基于地震道波形的神经网络分类：综合考虑振幅、频率等多种类别属性，利用神经网络技术对各目的层段进行了地震波形自动分类。盒 8 下段可以分为三大类（图 4-20）。

Ⅰ类：中高频较连续弱振幅型。以苏 6 井、苏 4 井为代表。

Ⅱ类：中低频较连续中强振幅型。以苏平 1 井、苏 38—14 井为代表。

Ⅲ类：低频连续强振幅型。以苏 35—15 井为代表。

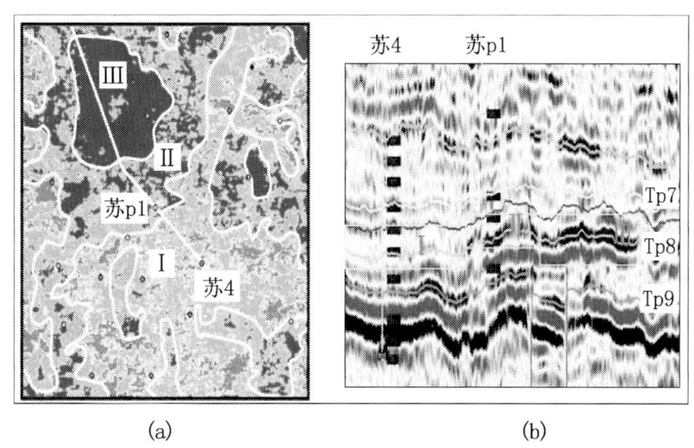

(a) (b)

图 4-20 盒 8 下段神经网络波形特征分类图

(a) 平面展布图；(b) 典型剖面特征

从其地质含义看，上述 A 类井均位于Ⅰ类中，说明Ⅰ类往往指示含气砂岩发育，但苏 34—17井也属于Ⅰ类。说明神经网络分类的方法具有一定的多解性。

(2) 地震属性分析。

首先进行了对储层含气性敏感的地震属性选择。通过对五大类 30 余种地震属性分析表明，振幅类属性对含气最为敏感，频率类属性次之。而后进行了时窗试验，确定属性提取的层位与时窗长度。由于砂泥互层组合中气层厚度不同对组合属性的影响程度有所差异，薄层影响小，因此对不同厚度含气砂岩与敏感属性的关系进行了详细分析比较，以此来作为敏感属性预测含气砂岩厚度的基础。

通过对气层或含气层厚度以不同门槛值统计发现，各目的层段气层总厚度与其对应的振幅或频率属性之间没有明显的相关性［图 4-21（a）］。但对盒 8 下段，振幅类信息能较好反映单层厚度大于 5m 的气层展布，其中底部反射沿层最大峰值振幅效果最好，具有二分性［图 4-21（b）］。在 18 口井中，盒 8 下段单层气层厚度大于 5m 的井 9 口，全部位于弱振幅区；其他单层气层厚度小于 5m 的 9 口井中有 7 口位于中强振幅区，有效识别率为 89%（图 4-22）。有两口位于弱振幅区的井为例外（苏 34—17 井与苏 37—15 井）。

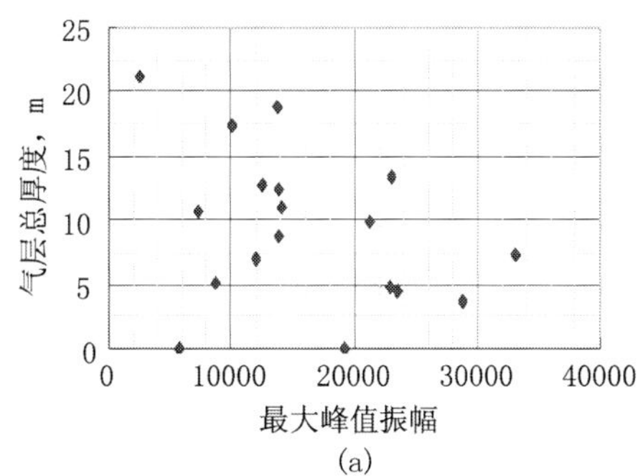

(a)

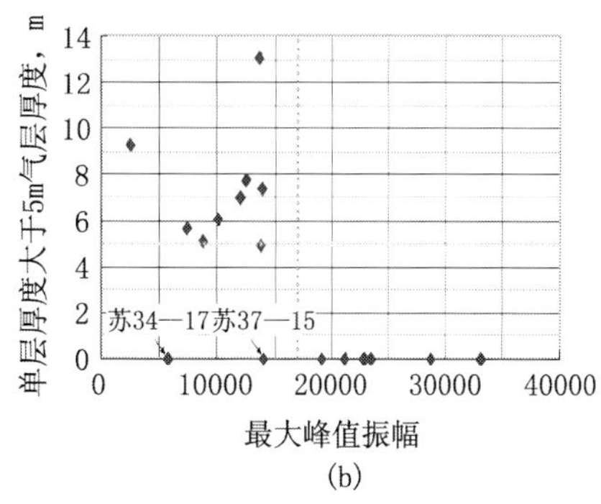

(b)

图 4-21 盒 8 下段气层厚度（a）、单层厚度大于 5m 气层厚度（b）与底部反射最大峰值振幅关系图

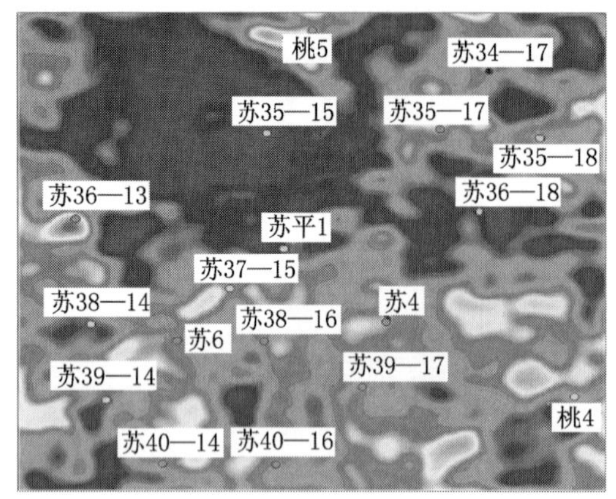

图 4－22　盒 8 下段底部反射沿层最大峰值振幅图

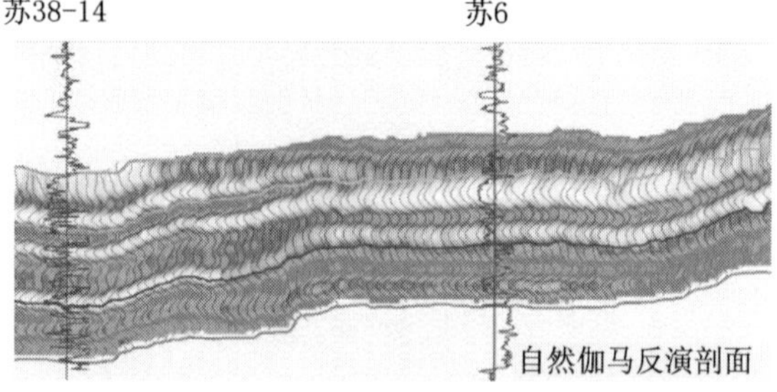

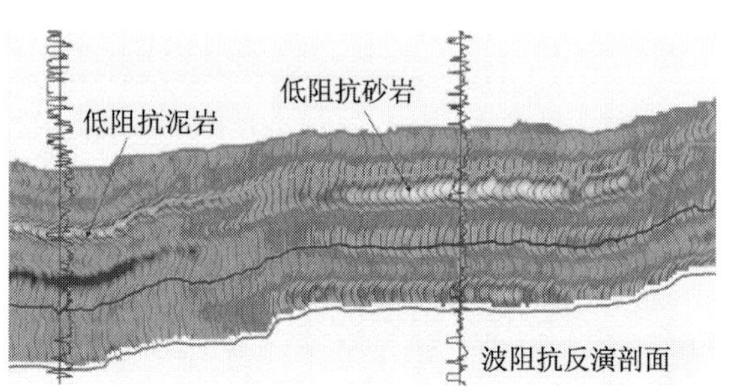

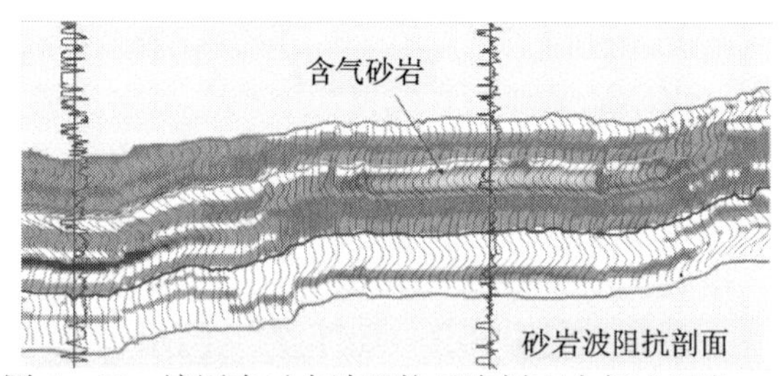

图 4－23　该图表示在波阻抗反演剖面中低速泥岩与含气砂岩无法区分（中），通过自然伽马反演资料（上）与波阻抗求交集后得到砂岩波阻抗资料（下），利用含气砂岩波阻抗降低的特点来识别含气砂岩

苏 37—15 井盒 8 下段虽然没有单层厚度大于 5m 的气层，但它包括两个各厚 3.5m 的气层，单井初产也较高，属 A 类井。然而，尽管振幅强弱与含气砂岩厚度之间对绝大部分井具有这种二分性，但在弱振幅区，振幅值与气层厚度之间并没有明显的相关性。

从上述分析看出，自动波形分类和属性分析均无法剔除苏 34—17 井，但在此分析基础上结合人工波形分类的方法可将其区分。这也是对未钻井区预测的重要步骤。对三维区初步预测结果表明，单层厚度大于 5m 的气层分布面积约 $70km^2$，占三维区面积的 27％。

3. 地震反演

由于砂岩含气后波阻抗降低，使气层与泥岩在波阻抗资料上无法区分，因此，首先利用自然伽马反演来识别砂泥岩，得到岩性数据体，然后与波阻抗求交集得到砂岩波阻抗数据体，在该数据体中小于含气砂岩阻抗门槛值的低阻抗区即为含气砂岩（图 4－23）。

4. 含气砂体预测

（1）砂体展布预测：砂体展布预测一般依靠在反演数据体中对砂体解释来完成。为了减少反演结果的多减性，在反演过程中往往用已知的资料（如钻井资料）来进行约束。在控制井少的地区，多解性问题仍然存在。该区通过地震反射特征与地震属性分析，对厚层含气砂岩识别具有很高的符合率。同时发现含气砂岩发育与沉积相带有密切联系，厚层含气砂岩往往在主河道叠加带发育。因此，在定性预测含气砂岩发育程度基础上再利用地震反演资料开展砂体追踪解释能有效提高预测的可靠性。在实际含气砂体解释时，综合考虑了以下 4 个要素，即在岩性反演数据体中显示为砂岩、波阻抗反演数据体中对应为较低阻抗、平面上处于有利沉积相带、平面上处于含气有利区。

(2) 物性与含气性预测：砂岩孔隙度、含水饱和度与波阻抗有很强的相关性。根据钻井资料统计得出孔隙度与波阻抗、含水饱和度与波阻抗的关系后，在砂、泥岩识别基础上对砂岩物性与含气性进行预测。

孔隙度（φ）与波阻抗（AI）的关系为：

$\varphi = -0.00222 \times AI + 32.3718$，相关系数为 0.94。

含水饱和度与波阻抗的关系为：

$S_w = 0.0114 \times AI - 68.7669$，相关系数为 0.6334。

5. 预测实例

图 4-24 是运用相干数据体、神经网络波形分类、地震敏感属性与地震反演对苏 6 井盒 8 下段 3316～3329m 含气砂体展布的预测结果及比较。可以看出，前三者预测有利含气范围基本一致，利用反演资料预测的砂体范围位于其中。前三者预测范围内可能包含数个砂体（如苏 40—16 井砂体亦包含其中），而反演资料则可以进一步对单个砂体进行刻画。

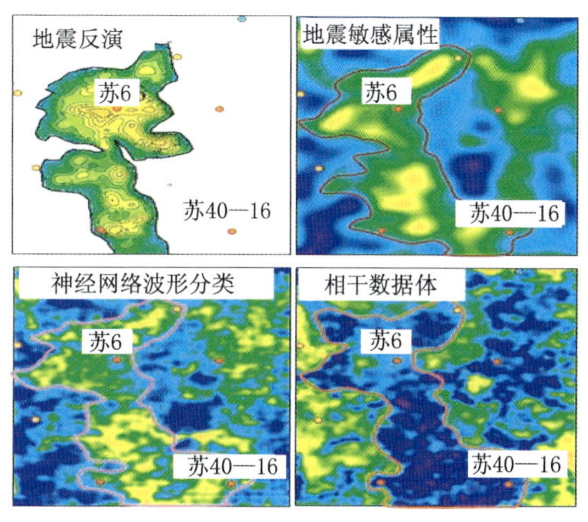

图 4-24　不同方法对苏 6 井盒 8 下段含气砂体分布范围预测结果及对比

6. 结论

紧密结合地震资料与钻井资料，通过地震反射特征与地震敏感属性综合分析，盒 8 下段单层厚度大于 5m 的气层表现为顶强、底弱及时差加大和底部反射中弱振幅特征。在地震反射波形和敏感属性分析基础上结合人工波形分类分析可以有效减少预测多解性。在含气砂体解释过程中，地震反演资料和反射特征、地震属性、相干数据体等多种分析手段结合，提高了解释可靠性。总之，针对该区地质条件，多学科、多方法的定性与半定量、定量预测结合可以在一定程度上提高预测准确性，也是目前唯一可行的有效途径。

参考文献

胡强，刘富贵，冯德永，王立春 . 1995. 利用振幅、频率信息综合反演储层厚度 . 石油地球物理勘探 . 30（增刊 1）

穆龙新等 . 2000. 储层精细研究方法 . 北京：石油工业出版社

李庆忠 . 1993. 走向精确勘探的道路 . 北京：石油工业出版社

刘雯林 . 1996. 油气田开发地震技术 . 北京：石油工业出版社

冯建辉等 . 2000. 中国石油构造样式 . 北京：石油工业出版社

A. R. 布郎著，张孚善译 . 1998. 三维地震资料解释 . 北京：石油工业出版社

唐建人，李勤学等 . 1999. 高分辨率地震勘探理论与实践 . 北京：石油工业出版社

第五章　地球物理软件

第一节　KLSeis 地震采集工程软件系统

一、概述

“KLSeis 地震采集工程软件系统”是用于地震数据采集的专业软件，它是随着计算机技术与石油物探技术的发展而出现的，是应用计算机进行地震勘探数据采集设计的软件工具。可应用于地震勘探数据采集的各个环节：参数论证与预设计；观测系统实时分析；资料品质分析与质量监控；静校正量计算等。

“KLSeis 地震采集工程软件系统”的 1.0 版本于 2000 年 9 月正式推出，2004 年升级到 4.0 版本。“KLSeis 地震采集工程软件系统”是东方地球物理勘探有限责任公司几代专家多年来技术经验积累、沉淀的结果，也是我国石油物探工作者多年的石油物探技术研究成果的结晶，该软件系统填补了国产采集软件空白。KLSeis 地震采集工程软件系统曾获国家科技进步二等奖、中国石油天然气集团公司技术创新一等奖和二等奖各一次。

“KLSeis 地震采集工程软件系统”基于 Windows 平台开发，具有统一的系统结构，统一的运行环境，统一的数据格式和统一的操作风格。软件界面友好，操作方便。“KLSeis 地震采集工程软件系统”具有中文与英文两种版本，在国内外被广泛应用。目前“KLSeis 地震采集工程软件系统”是国内使用最广泛的专业软件，国内各物探公司都使用该软件，国内市场占有率在 90%左右。

“KLSeis 地震采集工程软件系统”的软件环境配置要求为：中文 Windows 98 第二版以上的操作系统（或英文 Windows)；硬件配置 Pentium PC 机，内存不低于 64MB，硬盘空间大于 500MB。

“KLSeis 地震采集工程软件系统”是一个多模块的软件系统，分为“采集设计”、“模型正演分析”、“静校正计算”与“资料质量监控”四个技术系列共 14 个应用模块。这些应用模块可以独立安装运行也可以联合使用。该系统不仅可以应用于纵波勘探，还可以应用于多波勘探。

二、软件功能

根据软件应用功能可以将“KLSeis 地震采集工程软件系统”的模块分为：采集设计、模型正演分析、静校正计算及资料质量监控 4 个技术系列。涵盖地震采集工作的各个方面，可较好地满足生产的应用需要。

1. 采集设计系列

采集设计包括：参数论证、二维观测系统设计、三维观测系统设计、SPS 格式数据处理与测量数据处理。这些模块主要应用于地震数据采集观测系统设计、分析论证与数据整理。

1）采集参数论证

采集参数论证模块用于对采集参数进行科学论证与分析。它基于工区表层结构与主要目的层的地球物理特征，对激发参数、接收参数及炮检点组合参数进行分析论证，为确定地震勘探数据采集参数提供依据。包括：激发井深，分辨率（纵、横向），最小、最大炮检距，道距，偏移孔径，组合基距，炮检点组合图形分析等。

激发井深分析：根据工区表层结构模型，利用虚反射分析地震波的能量传播规律，提供最佳激发井深。

最小、最大炮检距论证：通过动校拉伸、速度精度、反射系数、初至波干扰及多次波等方面综合分析论证的结果，提供排列长度选择范围。

道距与面元尺度论证：道距与面元尺度是地震数据采集的一个重要参数，直接关系到地震数据采集的质量。在论证道距与面元尺度时，主要从保证横向分辨率与最高无混叠频率两个方面考虑。

偏移孔径计算：根据一定角度范围内绕射能量归位所需要的距离，第一菲涅耳带半径及目的层存在倾角时的射线偏移距离，计算确定偏移孔径。

组合参数论证：炮检点组合的目的是压制工区干扰波、保护有效波。软件可根据工区内干扰波参数与主要目的层参数通过计算得到适宜的组合基距，还可以布设不同的炮检点组合图形，计算其响应，通过分析确定最佳的炮检点组合图形。

2）二维、三维观测系统设计

二维、三维观测系统设计模块是地震采集工程软件系统的核心模块。二维观测系统设计是根据二维地震数据采集的特点专门开发的软件，提供了多种炮检点布设方式与多种模拟放炮方式，同时可以计算不同深度目的层的有效覆盖次数并自动绘制二维观测系统图件；三维观测系统设计模块可以设计各种规则及不规则观测系统。软件能灵活地布设激发点、接收点；可以实时、交互、智能地编辑激发点与接收点；可以实时、动态地计算并显示多种面元信息；可以自动统计各种面元信息、边界及工作量；可以输入、输出标准SPS格式文件及各种自由格式文本文件。

主要功能包括背景数据应用、障碍物输入与编辑、偏移镶边处理、模板设计与分析、各种观测系统设计、多种方式炮检点布设、模板满覆盖自动布设炮检点、自动滚进与滚出设计、炮检点交互编辑、正交与斜交网格处理、自动网格编号、各种边界计算与处理、多种面元信息分析与统计、多种工作量统计、图形打印及文件输出等。

背景数据应用：通过将包含地理信息的照片数据或卫星遥感数据作为设计背景（图5－1），根据地理信息及障碍区边界进行炮检点布设，使设计方案更加符合实际地理状况。利用这一技术可以完成城镇区、农田水网区、高陡山地等各种复杂地表情况下的变观设计方案。

各种规则与不规则观测系统设计：模板矩形布设、模板满覆盖自动布设、自由布设、炮检点裁减等。使用方便、灵活，可以布设线束状、砖块状、斜交状、锯齿状、纽扣状等观测系统，用户可以根据实际的地表与地质目标情况采用适宜的方法布设炮检点。

障碍物处理：系统提供障碍物处理功能，可以输入障碍物的文本文件，也可以通过鼠标交互编辑、确定障碍物范围。包括：添加、删除、移动障碍物，修改障碍物形状，设置与修改障碍物的禁止属性。

(a)工区卫图背景显示

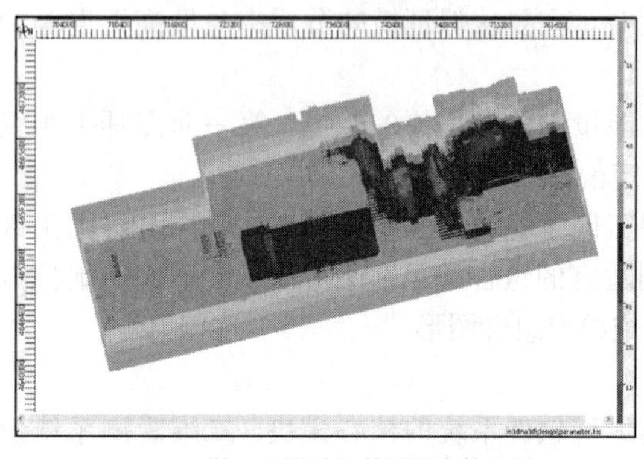

(b)基于卫图设计的覆盖次数分析

图 5-1 利用卫星遥感数据进行炮点设计

面元信息分析：为了对设计方案进行综合评价，系统具备多种面元统计分析功能，其中包括覆盖次数计算与统计分析、炮检距计算与统计分析、方位角计算与统计分析及离散度计算等。

3）测量数据处理

测量数据处理模块适用于各种仪器、各种测量方法和不同区带，具有强大的质量控制功能与丰富的信息统计功能。模块功能包括：测量基础参数设置、坐标集处理、控制点处理、理论点设计、导线测量数据处理、太阳方位数据处理、RTK 测量数据处理、成果数据处理、测量图形输入与输出、测量工具包等。

4）SPS 格式数据处理

SPS 格式数据处理模块是生成、处理与检查 SPS 格式数据的软件。可以将地震队施工的各项基础数据（观测系统、测量结果、静校正数据、地震班报等）整理成标准的 SPS 格式，软件功能包括头卡处理与数据卡处理。可以利用表格与图形方便地生成、编辑与检查数据。

2. 模型正演分析系列

观测系统设计否合理直接影响到地震数据采集的效果，常规分析方法通常是通过分析共中心点（CMP）面元属性（覆盖次数、炮检距、方位角等）来判断观测系统的合理性。CMP 分析技术基于地质目标为水平层状介质的假设前提，当工区目的层的结构较复杂时，计算获得的 CMP 面元覆盖次数与真实覆盖次数差别较大，因此基于 CMP 面元属性分析的观测系统设计已经不能满足复杂地下目标勘探设计的技术要求，必须采用基于共反射点（CRP）面元属性分析的观测系统设计方法，模型正演分析模块通过建立二维或三维地质模型，通过对主要目的层进行正演射线追踪，计算、分析目的层的 CRP 面元覆盖次数，调整、修改观测系统设计方案，得到最佳采集方案。

1）二维模型正演分析

通过建立工区二维地质模型，对主要目的层进行射线追踪，分析拟采用的观测系统能否获得目的层的反射信息，进而优化观测系统。采用二维封闭面建模方式描述二维构造模型，能够实现复杂结构的二维地质建模（如尖灭、逆断层、透镜体等）。在射线追踪方面，发展了传统的试射追踪与迭代相结合的算法，能够准确、快速地实现射线追踪及地震记录模拟（图 5-2）。其核心功能包括：交互建立二维地质模型、采集参数分析、吸收衰减分析、观测系统定义、射线追踪及地震记录模拟等。

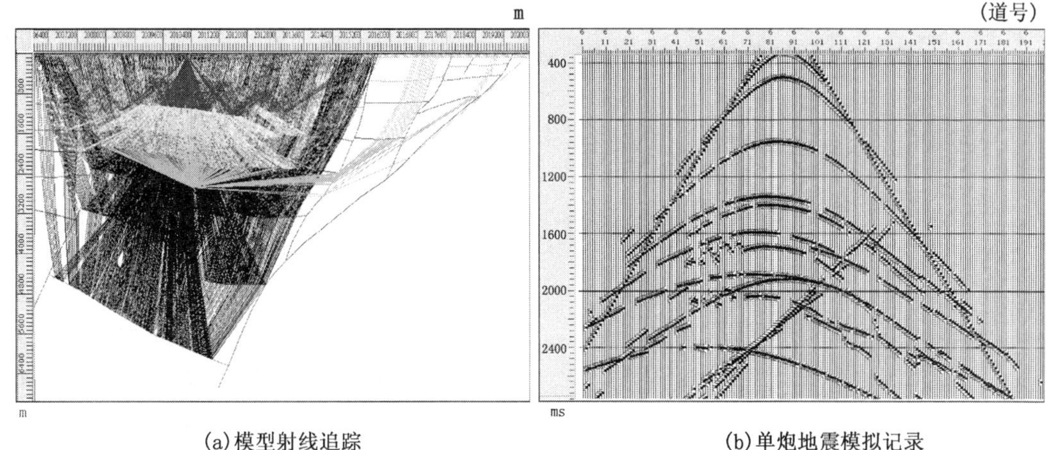

(a)模型射线追踪　　(b)单炮地震模拟记录

图 5－2　二维模型射线追踪及记录模拟

正演追踪：可以用不同的二维观测系统对模型的多个目的层或单个目的层进行多种射线追踪，通过射线追踪分析观测系统的合理性。采用的迭代计算射线路径方法具有速度快、精度高的特点，可满足各种复杂地质模型的射线追踪。系统能够完成反射波、折射波、绕射波、直达波、多次波及 VSP 等射线路径追踪计算与分析。

2）三维模型正演分析

根据工区已有地震资料，通过插值运算建立初始三维地质模型，对初始模型进行交互编辑得到最终的三维构造模型，然后将炮检点布设在模型地表，完成对主要勘探目的层的射线追踪，分析射线的分布规律并对 CRP 面元信息进行统计，进而分析设计方案的优势与不足，据此修改、完善炮点与检波点，得到更合理的设计方案。

交互可视化三维模型编辑功能包括地层面、断层面与控制点编辑。可以删除增加地层面、断层面，也可以修改地层面、断层面及边界形态。交互编辑是在三维视图下通过鼠标交互进行的，用户可以实时看到编辑后的模型形态。

三维射线追踪可以进行两点射线追踪、成像追踪及自激自收追踪。3 种方式均可以针对单层、多层或单层的任意目标区实现射线追踪。

基于三维射线追踪结果的观测系统分析主要包括：CRP 面元覆盖次数分布；CRP 面元炮检距分布；CRP 面元方位角分布；CRP 面元与 CMP 面元覆盖次数比较；CRP 面元与 CMP 面元平均偏移距；从 CRP 面元到 CMP 面元方位角变化图；CRP 面元振幅分布图。

3. 静校正计算系列

静校正计算系列是进行表层调查与静校正量计算的模块，包括：低速带处理、二维与三维静校正量计算。

1）低速带处理

可以处理、解释小折射与微测井资料（图 5－3）。功能包括小折射、微测井观测系统定义，原始数据加载，初至拾取，解释与输出。小折射包括单支、相遇观测、追踪放炮等多种观测方式。微测井包括地面接收、井中接收等方式。

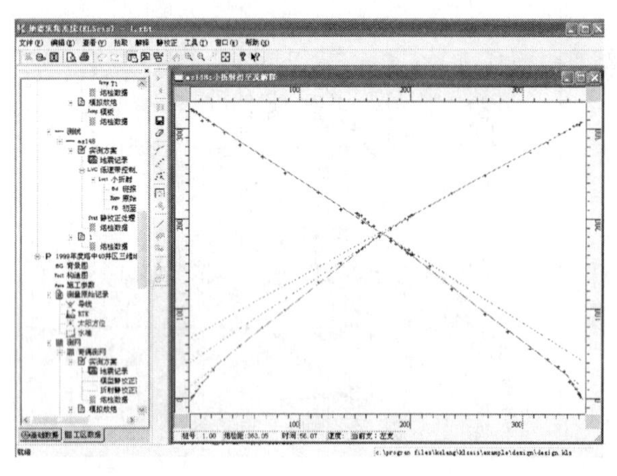

图 5-3 小折射解释交互界面

2）二维静校正量计算

二维静校正量计算模块是求取二维地震采集时炮、检点静校正量的软件，计算方法包括模型静校正与折射静校正。二维模型静校正方法适应表层结构稳定、地表起伏变化小的地区；二维折射静校正方法适应复杂地表结构的地区。

二维静校正量计算模块主要功能包括近地表模型建立、模型法静校正量计算、折射初至拾取、炮检点延迟时分离、折射法静校正量计算、静校正量输出等。

3）三维模型静校正计算

三维模型静校正量计算模块是求取三维地震炮、检点静校正量的软件。利用控制点表层数据通过数学插值建立三维近地表模型，然后计算炮、检点静校正量。其功能包括三维模型的建立与静校正量计算。三维模型静校正量计算方法包括：高程法、沙丘曲线法、模型法等。软件适用于地表情况相对简单的地区。

4）三维折射静校正量计算

三维折射静校正量计算模块是利用地震记录折射初至反演三维近地表模型，然后求取炮、检点静校正量。由于三维地震炮、检点密度高，由此建立的三维模型精度较高。该方法适应于复杂地表区的静校正量计算。在地表复杂工区，利用小折射、微测井所获资料往往难以有效地建立近地表模型。利用三维折射静校正方法可以较好的解决这一问题，并且可以大大降低采集成本。模块主要功能包括地震记录折射初至拾取、拾取质量控制、近地表速度分析、延迟时计算、近地表模型建立、折射波静校正量计算、结果输出（图 5-4）。

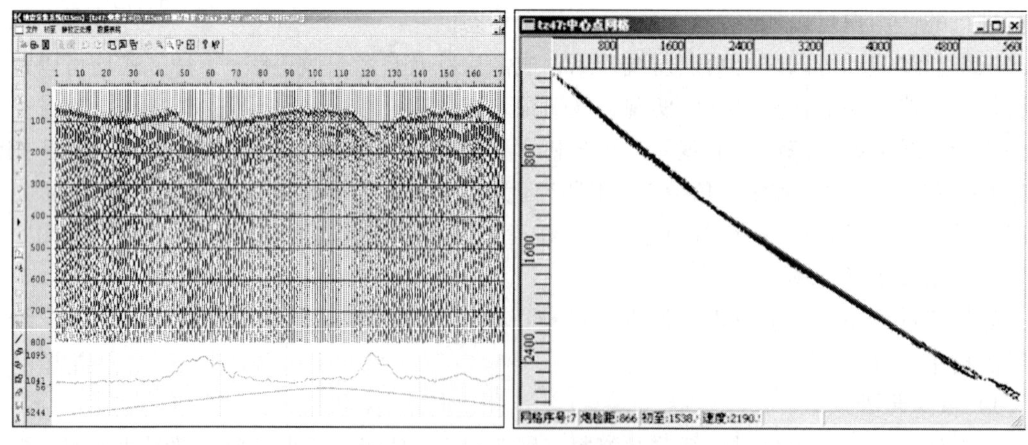

图 5-4 初至自动拾取与速度分层

4. 资料质量监控系列

1）资料质量定量分析

地震记录是地震采集的最终成果，因此对地震记录的品质进行现场分析极其重要。凭借经验来判断记录的品质往往只能是定性的分析，且受评价分析人员的经验与技术水平限制，而通过该软件可以定量地现场分析地震记录质量，分析结果更加准确可靠。模块主要功能：地震道集重排、环境干扰波调查、能量分析、信噪比分析、频谱分析、分频扫描、时频分析、频时分析、*f*—*k* 分析、子波自相关统计分析等。

2）采集记录质量实时监控

通过加载数据，软件可以自动对地震数据进行快速分析并提供分析结果，达到实时监控地震记录质量的目的。可以对激发因素、接收因素、近地表因素与干扰因素进行实时监控（图 5－5）。系统还可以实现地震记录的自动评价，可以设置一系列的分析项目与评价标准，当数据传输到系统时，软件自动进行相应的分析，将分析结果与评价标准进行比较，据此确定记录的等级。系统功能分为快速分析与详细分析，当发现问题时，可以对记录数据进行详细分析，以便找出原因。

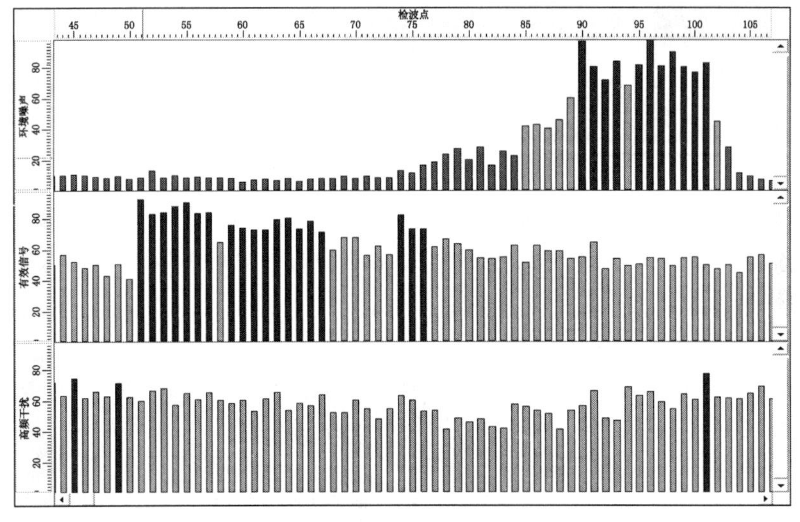

图 5－5　单炮资料监控

三、特色技术

KLSeis 地震采集工程软件系统包括多项特色技术。

1. 观测系统设计分析特色技术

模板设计与分析：系统可设计线束、斜交、纽扣等多种模板，并可对线束模板与斜交模板进行滚动分析。通过分析各种模板在不同的滚动参数情况下的纵、横向覆盖次数、炮检距等参数的分布情况，用户可根据勘探目标的特点选择合适的模板与滚动参数。

多种炮、检点布设方法：提供多种炮、检点布设方法，包括模板矩形布设，模板满覆盖自动布设，自由布设，炮、检点裁减等。可以布设线束状、砖块状、斜交状、锯齿状、纽扣状等多种观测系统，可以根据实际情况采用合适的方法布设炮、检点，使用便利、灵活。

任意满覆盖边界自动布设炮、检点：根据任意边界的满覆盖区，利用线束模板与斜交模板自动布设激发点、接收点位置，自动划分线束，确保以最小的工作量完成勘探任务。

面元信息实时动态计算与显示：进行炮、检点编辑时，软件自动实时计算各种面元信息，用户可以及时了解每一次编辑炮、检点对面元信息的影响。使用户在变观设计时既能避开地面障碍物，又能同时使CMP面元覆盖次数满足技术要求，保证设计方案能够有效地完成地质任务（图5－6）。

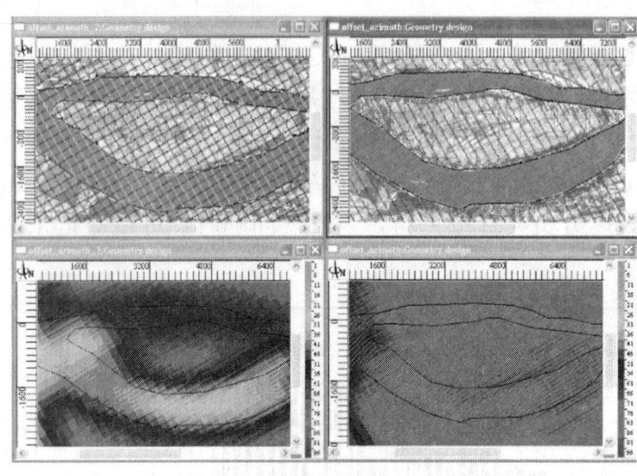

图5－6　面元信息实时动态分析

2. 模型正演特色技术

封闭结构建模技术：系统采用创新的“封闭结构建模技术”来描述二维、三维地质构造模型，同以往的层状建模方法相比，该方法可以描述任意复杂结构的二维、三维地质模型，能够满足实际生产需要（图5－7）。

可视化显示与编辑：应用三维可视化技术，能够快速地进行模型的三维显示，并能够进行地层面、断层面交互编辑。既可以删除增加地层面或断层面，又可以修改其界面和边界形态，获得任意复杂的地质模型。模型编辑是在三维视图下通过鼠标交互进行的，用户可以看到每次编辑后的模型形态，生成准确的三维地质模型。

快速射线追踪技术：开发了试射法与逐段迭代法相结合的射线追踪方法，正演精度高、速度快，满足二维、三维各种复杂地质模型的射线追踪需要。

图5－7　封闭结构的二维地质构造模型

3. 静校正特色技术

二维静校正技术：根据地表变化情况，开发完成了多种二维静校正计算方法，如高程法、沙丘曲线法、模型法、折射法等。满足了山地、沙漠、黄土塬、丘陵等不同地表区的勘探技术需求。

三维模型静校正：针对表层结构相对简单的地区，开发了三维建模与静校正量计算方法，速度快、效率高。

三维折射静校正：根据地震记录折射波初至反演三维近地表模型，求取炮、检点静校正量。

延迟时拟合迭代静校正：是一种改进折射静校正的新方法，根据折射波初至使用延迟时消去法求取折射波速度，计算折射波初至滑行时间，然后对共炮点域、共检波点域、共炮检距域的折射波初至消去滑行时间，剩余部分进行拟合，各个道剩余离散值到拟合曲线的距离作为延迟时的修正量。经多次迭代，得到延迟时最小误差的解，适于复杂地表条件的静校正量计算。

4. 资料质量分析特色技术

地震记录品质定量分析：通过频时与时频分析，对地震记录实现了定量化分析与评价。时频分析是分析不同频率信息随时间的变化规律，频时分析是分析不同时段的频谱特征。利用这两种分析手段可进行大地吸收衰减分析、动态范围分析、施工因素对比分析等（图 5－8）。

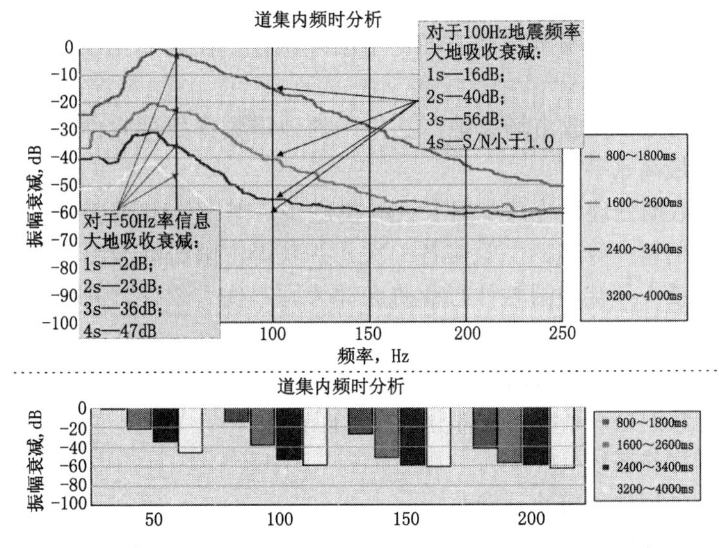

图 5－8　吸收衰减定量分析

方形排列分析：系统可以对方形排列地震数据进行处理与分析。通过雷达图可分析规则干扰波的发育方向与发育特征，依据干扰波的发育方向及速度等特征，可针对性地设计组合方式及组合图形。

野外记录自动评价：用户可以选定分析内容与记录评价标准，当数据传输到系统时，系统自动对所有分析内容进行分析，并将分析结果与评价标准进行对比，确定记录的等级。

第二节　GRISYS 地震数据处理系统

一、概述

GRISYS 地震数据处理系统的研发始于 1989 年，是原中国石油天然气总公司“九五”重点科技攻关项目，目前已经形成 3 个系列产品，即 PC 机版本现场处理系统、工作站版本地震数据处理系统及大型并行机版本地震数据处理系统。

GRISYS 现场处理系统 1.0 版本于 1992 年 5 月通过原中国石油天然气总公司的鉴定，广泛应用于野外现场处理与质量监控，2002 年已经升级到 5.0 版本。

GRISYS 工作站版本地震数据处理系统 1.0 版本于 1993 年 5 月通过原中国石油天然气总公司鉴定，并广泛应用于全国各地震数据处理中心，1999 年升级到 6.0 版本，2002 年升级到 7.0 版本，2004 年 8 月已升级到 8.0 版本。

GRISYS 大型并行机版本地震数据处理系统在东方地球物理勘探有限责任公司研究院、西北地质研究所及大庆、华北等油田单位得到成功的应用。

GRISYS 地震数据处理系统功能模块齐全，数据库管理功能完善，子程序库内容丰富，操作界面友好，具有完备的二维、三维地震数据处理功能，其中全三维处理、高分辨率处理、叠前去噪、交互折射波静校正等技术具有国际领先水平。GRISYS 处理系统的整体应用功能与国外同类软件同步，在复杂地表、低信噪比与高分辨率处理方面独具特色。在交互折射波剩余静校正与叠前噪声压制方面优于国外软件，在西部复杂区的地震资料处理中发挥了重要的作用。

GRISYS 是国内唯一投放市场并被广泛应用的地震数据处理软件产品，代表了国内地震数据处理软件的最高水平。

GRISYS 地震数据处理系统荣获国家级科技进步一等奖、三等奖各一次，中国石油天然气集团公司技术创新一等奖、二等奖各一次，并获得中国石油天然气集团公司计算机软件唯一金牌奖，连续 3 年被中国软件行业协会评为国产优秀软件，并授予终身国产优秀软件产品称号。

1. GRISYS 地震数据处理系统体系结构

GRISYS 地震数据处理系统由三部分组成，即：

（1）地球物理操作系统（GOS）；

（2）地震数据处理功能模块（SM）；

（3）可视化应用环境。

GRISYS 地震数据处理系统体系结构如图 5－9 所示。

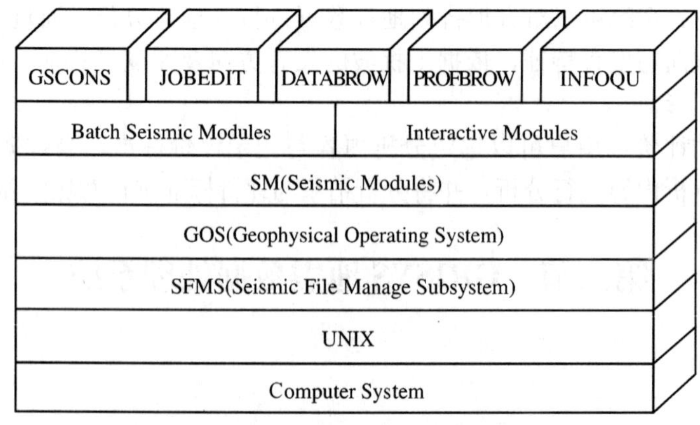

图 5－9　GRISYS 地震数据处理系统体系结构图

2. 系统运行环境

1）GRISYS 现场地震数据处理系统

GRISYS 现场地震数据处理系统基于 Windows 平台。

硬件配置：主机为 PentiumII/300、内存 64MB，硬盘 10GB，磁带机为 SCSI 接口的 M4 或 QSTART、3480、8MM 等，绘图仪为 VPI 接口的 OCE 或 CalComp、OYO、ATLANTEK 等，打印机为 LQ—1600K 等，光驱、鼠标必备。

软件配置为：Windows NT 4.0，Powerstation FORTRAN 4.0，Visual C+ + 5.0 等。

2）GRISYS 工作站及大型机地震数据处理系统

GRISYS 工作站地震数据处理系统基于 UNIX 平台。

硬件配置：主机可为 DEC、SUN、IBM 或其他服务器，内存 512MB，硬盘 100GB，磁带机可为 3480、3490、M4、8MM 等，绘图仪可为 CalComp、OCE、OYO、ATLANTIC、GRAPHITEK 等，打印机、鼠标必备；

软件配置为：操作系统 SUN5.6、5.8，DEC4.0 等，FORTRAN 编译：SUN4.2、5.0，DEC4.0，C+ +编译：或 SUN4.2、5.0，DEC4.0 等。

二、软件功能

1. 地球物理操作系统（GOS）

GRISYS 地球物理操作系统是一个批量型、模块化的大型地震数据处理应用操作系统。主要功能是翻译、分析地震作业；分配并管理模块所需的内存与磁盘资源；连接并装配地震模块；调度并动态管理地震模块的执行；接受并处理地震模块的功能请求；进行地震磁盘文件的管理；进行磁带管理与操作；绘图文件的底层支持及对绘图队列的管理；处理各类执行错误的中断、信息统计并报告资源使用情况等。

在 GRISYS 地球物理操作系统中，主要功能软件包括以下 11 个。

1）地震翻译程序（GOSTRT）

翻译并分析地震作业，形成执行控制程序所需要的表格。

2）执行控制程序（GOSEXE）

分配并管理模块所需内存与磁盘资源，控制、管理地震作业的执行，处理系统中断。

3）地震数据库管理子系统（SDBMS）

按工区、测线管理处理参数，记录地震数据处理历史。

4）地震绘图队列管理子系统（SPQMS）

统一管理地震作业输出的绘图文件。

5）地震磁盘文件管理子系统（SDFMS）

统一管理地震作业运行所需的磁盘文件。

6）地震磁带管理子系统（STMS）

提供磁带操作员界面，对磁带机实行超委托管理。

7）系统执行子程序库（SESL）

向应用程序员提供地球物理操作系统功能服务。

8）绘图子程序库（SPSL）

向应用程序员提供绘图服务，建立绘图文件，进行点阵、向量绘图。

9）地震标准子程序库（SSSL）

按 SEG 标准编写的地球物理算法库，向应用程序员提供地球物理算法服务。

10）系统功能模块库（GMOD）

提供系统控制功能模块，由处理员以语句方式调用。

11）地震记账统计管理程序（SAMP）

负责地震作业记账管理，系统资源使用统计等。

GRISYS 地球物理操作系统的主要功能软件内容如图 5－10 所示。

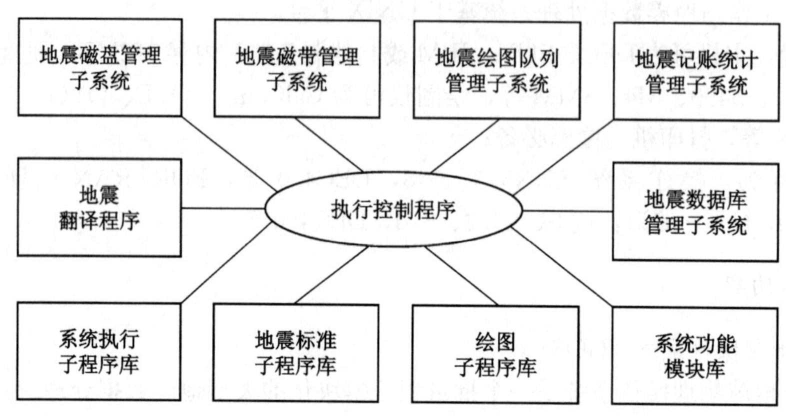

图 5－10　GRISYS 地球物理操作系统主要功能软件示意图

2. 地震功能模块

2002 年推出的 GRISYS 7.0 版本中，共有地震处理功能模块 303 个，其中子系统模块 15 个，地震功能模块 288 个，共分为十八类，其中：

（1）批量处理模块 254 个。

（2）交互处理模块 24 个。

（3）独立软件包 5 个。

（4）并行处理模块 5 个。

GRISYS 地震数据处理系统地震功能模块类型如表 5－1 所示。

表 5－1　GRISYS 系统地震功能模块分类表

序　号	模　块　类	模块数	序　号	模　块　类	模块数
1	预处理	9	10	偏移成像	15
2	输入/输出	15	11	全三维及弯线处理	22
3	谱分析	3	12	特殊处理	11
4	静校正	8	13	建立数据表	20
5	速度分析	11	14	服务性模块	33
6	振幅分析与处理	14	15	VSP 处理	20
7	反褶积与子波处理	29	16	交互处理	24
8	信号加强	29	17	并行处理	5
9	动校正、叠加	15	18	独立软件包	5

3. 可视化用户环境

GRISYS 系统用户环境完全实现了可视化，主要包括系统主界面（系统门户）、交互作业编辑器、数据浏览器、剖面浏览器与信息查询工具。

1）系统主界面（GSCONS）

系统主界面（GSCONS）是 GRISYS 系统门户，一个可视化的交互窗口界面。用户运行 GRISYS，必须首先启动系统主界面（GSCONS）。

系统主界面（GSCONS）的主要功能：创建（或选择）工区、测线，并对工区、测线的数据文件、图形文件、列表文件、作业文件进行管理；同时对 GRISYS 的所有交互模块、作业运行状态、磁带操作等进行管理。

GRISYS 系统主界面如图 5-11 所示。

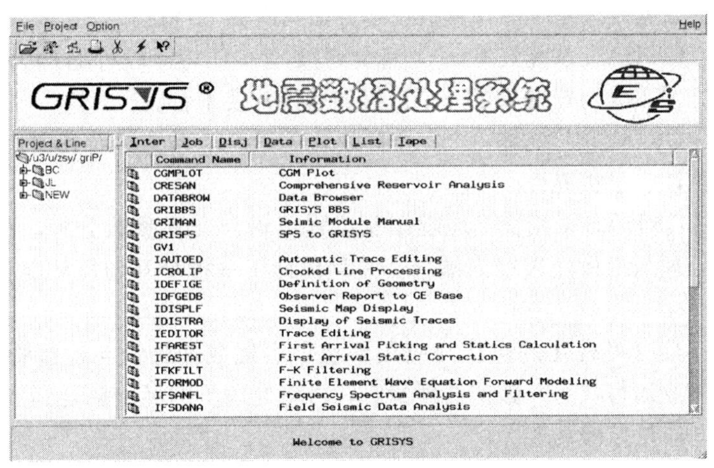

图 5-11 GRISYS 系统主界面图

2）交互作业编辑器（JOBEDIT）

GRISYS 作业编辑器（JOBEDIT）主要功能：编辑与发送地震数据处理作业。为用户提供一个全文本方式的地震作业浏览编辑环境。具有模块选取、作业编辑、作业发送、作业信息管理、反馈信息管理等功能。

GRISYS 作业编辑器与系统主界面一起构成完整的 GRISYS 桌面环境。

3）数据浏览器（DATABROW）

数据浏览器（DATABROW）是对 GRISYS 地震数据处理系统中的地震数据库、地震数据、作业（数据）处理历史等信息进行浏览与管理的交互工具。主要功能包括：地震数据库的检索与删除、查询地震数据信息、查询数据处理历史、查询作业历史、删除数据、删除临时文件、删除测线等。

4）剖面浏览器（PROFBROW）

剖面浏览器（PROFBROW）是为用户提供一个多功能显示工具，主要功能包括：地震剖面显示、GRISYS 数据显示、地震作业监控显示与双屏混合显示等。

5）信息查询工具（INFOQU）

GRISYS信息查询主要是帮助处理人员对当前工区、测线的作业（数据）处理历史及相关信息进行查询，查询内容包括GRISYS处理系统中的所有工区，每个工区中的所有测线、每条测线的所有作业处理流程、作业处理中的数据集、数据集生成历史以及数据集属性等内容。

三、特色技术

GRISYS地震数据处理系统是集计算机、地球物理数据处理、地学等多学科、多领域先进技术为一体的大型地震数据处理系统，无论是在计算机技术方面，还是在地球物理技术方面都具有显著的特色。

1. 计算机软件技术

GRISYS地震数据处理系统在计算机技术方面具有如下特点：

（1）开放性：GRISYS系统具有一个完全开放工作环境，软件结构合理、层次清楚、编程简练、使用方便，为用户提供了一个良好的软件开发平台。

（2）模块化：GRISYS系统是一个完全模块化的系统，系统具有高内聚、低耦合特点，具有良好的可维护性、可扩充性。

（3）交互化：GRISYS采用交互地震作业流程编辑与交互参数分析，可以交互运行地震作业，使交互处理与批量处理恰当耦合。并且设计了一批交互地震功能模块，提高了地震数据处理质量。

（4）可视化：具有可视化的操作与应用环境，实现数据处理与运行管理过程可视化。用户可随时掌握作业运行状态、数据处理状态，可将处理员的经验融合到数据处理过程中，并具有良好的实时质量监控功能。

（5）并行化：为了解决大计算量数据处理问题，系统支持并行处理功能，包括：并发方式、流水方式及主/从方式。

（6）数据流驱动：GRISYS系统采用先进的管道、数据流驱动技术，使用数据库管理工区、测线、处理历史、处理参数，实现数据共享。

（7）专用地震语言：GRISYS系统为用户提供专用地震语言，采用自由格式编码，便于记忆，使用灵活方便。

（8）规模可变性：GRISYS系统具有良好的规模可变性，根据用户不同需要，可组装成现场处理系统、工作站处理系统和大型机处理系统。

（9）软件工程化：首次在国产地震软件开发中自始至终、全面、严格、实施软件工程化思想和方法。软件开发采用一整套软件工程标准，始终按照软件工程标准控制、指导项目开发，从需求分析、概要设计、详细设计、程序编码到文档控制、单元测试、集成测试、确认测试，以及用户培训、售后服务等，都严格按照软件工程化进行管理。

2. 物探方法新技术

GRISYS地震数据处理系统是集东方地球物理勘探有限责任公司近30年软件开发、物探方法研究、地震资料处理之经验，吸收了国际、国内最新技术，并仔细分析中国油气勘探特点和用户需求，博采世界主要地震数据处理系统之长，精选地震数据处理功能模块，使该系统除具有完备的常规二维处理、三维处理、特殊处理和高分辨率处理功能外，还拥有一批独具特色、处理效果显著、能解决中国复杂数据处理问题的新的石油物探方法和先进的地震数据处理技术，这些新方法和新技术，在某些领域达到国际领先水平。

1）去噪技术

集东方地球物理勘探有限责任公司多年地震数据处理技术结晶而形成的系列去噪技术。可对异常噪声、线性噪声、随机噪声进行有效的压制。

特色模块：自适应低频干扰波压制、高能干扰分频压制、倾斜相干噪声压制、二维叠前随机噪声衰减、三维叠前随机噪声衰减、f—x 域优势频带算子外推衰减随机噪声、聚束滤波消除多次波、三维叠前相干噪声压制、波动方程深度域滤波、面波的自动识别与压制、τ—p 域变换压制多次波等。

2）信号增强技术

特色模块：叠前双参数校正、叠后 f—k 域信号非线性增强、宽线矢量最大能量叠加等。

3）反褶积处理技术

特色模块：地表一致性反褶积、逐点反褶积、多道预测反褶积、常数 Q 值扫描分析等。

4）静校正技术

特色模块：三维自动剩余静校正、交互三维剩余静校正、二维折射波静校正、黄土塬初至迭代静校正、CMP 一致性静校正 TRIM 等。

5）速度分析、动校正、叠加技术

特色模块：非双曲线速度分析、速度随炮检距变化分析、炮检距方向变速动校正与双参数（时差、相位）校正加权叠加等。

6）偏移成像技术

特色模块：二维叠后 ω—x 域偏移、带吸收层的三维单程波偏移、叠前时间偏移、基于起伏地表的 PC—Cluster 叠前偏移等。

7）三维连片处理技术

特色模块：三维面元均化、交互定义三维连片坐标等。

8）高分辨率处理技术

特色模块：俞氏子波、谱模拟反褶积、蓝色滤波、多项式拟合等。

9）海上处理技术

主要包括：UKOOA P1/90 预处理，OBC 双检初至拾取，OBC 双检因子计算，OBC 双检叠加，海底检波器二次定位，气枪子波反褶积，海底多次波压制、拖缆形状图，条带覆盖次数图等。

10）交互处理及可视化技术

交互处理模块：参数分析、滤波与频谱分析、f—k 滤波、反褶积、观测系统定义、弯线处理、三维初至波静校正、有限元正演模拟、二维初至层析反演及静校正、质量控制、混波、拾取多项式拟合参数与基于三维可视化的速度建模。

11）质量控制技术

包括：炮记录能量及频谱综合显示、地震数据三维可视化、地震数据彩色绘图、交互二维测线交点闭合检查、图形显示及比较、交互地震采集数据实验分析、线性校正及炮偏调整等。

四、小结

“GRISYS地震数据处理系统”具有完备的二维、三维数据处理功能，在复杂地表、低信噪比与高分辨率方面独具特色。

GRISYS地震数据处理系统累计销售260多台套，用户130多个，市场占有率在35％左右，在国内各油田得到了广泛应用。此外，GRISYS处理系统的研制成功与广泛应用，打破了竞争对手对地震数据处理技术的垄断，结束了国外软件独霸市场的局面，有效地平抑了进口地震数据处理系统价格的作用，取得了巨大的经济效益与社会效益。

第三节　GRIStation解释系统

一、概述

GRIStation交互地震地质综合解释软件系统是中国石油天然气总公司“八五”重点科技攻关项目。是由原石油地球物理勘探局研究院软件中心研制开发的具有独立版权的计算机软件产品。

该系统溶入了原石油地球物理勘探局多年的物探技术方法研究成果，并吸收了相关大专院校、科研院所的优秀科研成果，建立了以地震构造与储层解释为主体的，并可完成油气勘探阶段构造解释、储层预测及综合评价等任务。

GRISation软件系统是围绕地震构造与储层解释必须具有的功能构建，其中以层位、断层解释，储层或油层的展布特征、厚度分析、物性特征参数分析为核心内容，地震反演技术与地震地质测井综合属性分析技术为主要技术方法。

应用三维可视化与计算机通信技术，以对油藏三维整体研究为目标，建立统一的剖面、平面、体综合显示解释系统。

可以在专项处理、解释的基础上，以井为研究起点，连井剖面为基准线，速度分析为基础，合成记录为纽带，深度与时间统一，构造与储层研究并举，开展油藏的整体综合研究。

GRIStation地震地质综合解释系统1995年推出1.0版本，2000年升级到3.0版本。GRIStation地震综合解释系统的推出打破了国外解释软件垄断中国市场的局面。在中国石油天然气集团公司领导与广大用户的支持下，累计安装近200套，为发展自己的解释软件发挥了作用。

二、软件功能

GRIStation地震地质综合解释系统包括：工区管理与数据管理、显示及成图工具、地质解释、地震构造解释、地震储层解释及综合评价（图5－12）。

1. 工区管理与数据管理

工区管理与数据管理包括：工区管理、数据管理两个子系统。

1）工区管理子系统

工区管理是交互综合解释系统的前端部分，实现对各级数据访问的管理与控制。配置数据路径、工区、测网，进行用户的创建、选择、删除，数据备份与数据恢复，工区安全机制与各子系统的启动。

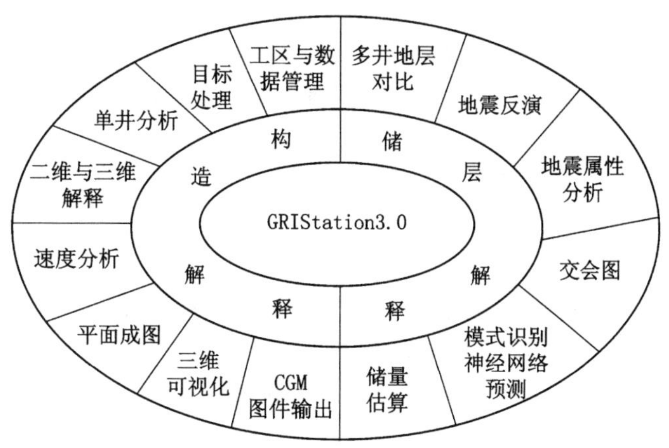

图 5-12　GRIStation 系统功能结构示意图

2）数据管理子系统

数据管理子系统主要包括数据库管理与数据输入、输出。

在 GRIStation 解释系统中，数据是按照工区、测区、用户三级目录结构进行管理，这种目录结构对应于相应的 UNIX 目录。在三级目录中分别建立了由面向对象的 ObjectStore 数据库管理的各相应数据库，包括：工区、状态保留、文件格式、磁带格式、地理信息、井、测量成果、速度、解释结果、地震属性以及油藏数据库。

数据输入、输出软件是加载数据与成果输出的工具。主要包括两部分功能，第一部分是对各种不同类型数据的输入、输出，包括：地震、测井、速度谱等多种格式磁带数据加载，多种地质图件与测井曲线的数字化输入，各种所需卡片文件输入；地震数据 SEG—Y 格式磁盘、磁带，任意线剖面，测井曲线，地震测量成果数据等的输出。第二部分是为数据输入、输出提供的数据管理服务，包括：非常规地震磁带（或地震数据文件）格式检查与远程磁带机共享，数据精度转换，测井与钻井信息共享等。

2. 显示及成图工具

主要包括：工区底图、三维可视化、交会图、平面成图与 CGM 成图 5 个子系统。

1）工区底图子系统

平面图是地质研究的基本图件，平面图形显示是地质解释与成果显示必不可少的工具。

通用的底图具有强大的平面图形管理功能，针对地震地质综合解释的需要，提供了 10 余种图层的平面显示，可灵活方便地交互管理窗口与显示参数。同时提供底图选点（包括井）、选线及选多边形区域等目标选择，底图数据查询及显示、断层组合分析等功能。

工区底图具有实时通信功能，可与解释进程同步，监视解释结果。与交会图数据聚焦，使底图属性数据与交会图、剖面解释数据同步显示。

2）三维可视化子系统

三维综合显示，动态实时地把井、剖面、平面、体的处理解释结果连接起来，并以客户方式动态调用井、曲线、剖面、层面、底图与体对象在三维空间联合显示，直接在体内进行不同属性、不同特征范围、不同对象的空间分布特征研究与井位设计。

3）交会图子系统

交会图技术是数理统计方法的一种形式，是通用的数据关系分析工具。在测井数据分析与地震地质属性分析中具有重要意义。功能包括：地震属性交会图、测井交会图。

测井交会图用于多井标准化、建立测井参数与岩心参数之间的储层参数模型，确定储层四性关系及油水层划分标准、建立测井参数与孔隙度、渗透率等储层参数之间转换关系。

地震属性交会图提供进行地震属性交会相关对比分析与地震地质参数转换量板制作工具。

4）平面成图子系统

平面成图软件是综合解释系统必备的工具之一。可完成平面数据的网格化及等值线的生成、编辑，完成正逆断层构造图成图以及平面图形生成 CGM 文件；并具有颜色填充功能。其中带逆断层的构造成图方法是 GRIStation 解释系统的特色技术之一。

5）CGM 成图子系统

基于 X—Window 及 Motif 的通用成图工具。符合国际标准，支持 ISO8632 、CGM version 1 以及 CGM+标准。

该软件为剖面、切片、底图、交会图及其他 CGM 绘图服务，支持 HP650C、Versatec8936 系列、OYO 与 OCE 4 种绘图仪输出。

除完成一般 CGM 成图外还可组合多个 CGM 文件，生成综合成果图件，进行图元编辑，尤其是可进行汉字输入编辑，在画区中插入中、英文矢量字串，提供多种矢量汉字字体、多种汉字输入法及字体编辑手段。

3. 地质解释

主要包括单井分析子系统与多井地层对比子系统。

1）单井分析子系统

面向地震解释，测井与地质统一考虑；通过对录井、取心、试油、测井等资料的分析建立关键井的岩性、电性、物性与地质分层认识，完成合成地震记录制作与层位标定，建立通用的单井模板及曲线编辑器、建立岩性柱状图应用件，形成单井综合图、合成记录综合图。

通用单井模板是单井资料综合分析的强有力工具，通用性好，时间域、深度域不同类型数据可混合显示，录井、测井、地质分层、取心、试油等资料可自由组合，使岩性柱状图、单井综合图、合成记录综合图易于交互实现。

合成记录制作与层位对比编辑中包含了俞氏子波研究成果，合成记录编辑采用了保证时深互换准确的新方法。

测井资料的使用突出了预处理功能与多井标准化。通过交会图工具求取的储层分析图板可以提供综合分析时使用。

2）多井地层对比子系统

在单井对比解释与多井标准化的基础上，为多井对比、井间地震地质综合对比提供交互解释工具，为全区解释提供骨干剖面与统层对比基础。

地层对比，既可只使用井资料进行传统的多井地层对比，又可增加井之间的地震剖面，使用地震解释成果配合井对比，二者结合将保证连井地质剖面解释的可靠性。

井间的地震剖面既可是地震常规处理剖面，又可是属性剖面，并可在其上进行油层范围解释编辑工作，是油藏综合评价的重要工具之一。

4. 地震构造解释

主要包括地震目标处理、速度分析、二维地震资料解释、三维地震资料解释。

1）地震目标处理子系统

根据储层研究对地震资料质量要求比较高的特点，为解释人员提供了GRISYS处理系统的部分功能模块。当解释人员对所用数据的质量不满意时，可以根据实际情况对数据进行目标处理，以得到满足解释工作需求的高信噪比、高分辨率及高保真度地震数据。处理模块包括：常相位校正、随机噪声衰减、径向预测滤波、动平衡、反射强度增益、滤波、蓝色滤波、实时谱白化、预测反褶积等。

为满足属性分析需要，采用国际上最新技术成果，提供了相干处理技术（采用相关系数与相似系数两种方法）；瞬时信息分析（可提取与地质分析紧密结合的18种瞬时信息处理结果）；道积分（提供相对波阻抗处理）。

解释目标处理，将解释系统与叠后处理有机结合，根据解释用户的需求，提供处理参数输入菜单与模块的联机使用说明，提供了参数检查机制及资料覆盖警告，处理结果自动进入GRIStation解释系统的数据库。用户可以直接在GRIStation解释系统中调用处理结果，实现了解释与处理的一体化。

2）二维地震资料解释子系统

包括了二维地震资料解释主要功能，集地震数据显示，层位标定，层位、断层解释，闭合差校正，速度计算与校正，空间校正及构造成图等功能于一体。

其中3种层位解释闭合差消除方法，偏移剖面的反偏移闭合差求取，水平剖面的曲射线、直射线空校成图，偏移剖面的二次偏移空校及逆断层作图等功能是其技术特色。

3）三维地震资料解释子系统

包括三维地震资料解释主要功能，集地震数据显示，层位标定，层位、断层解释，自动追踪，相干处理及构造成图等功能于一体。

其中折叠与多线等各种剖面交互显示；单值层、多值层解释及逆断层解释；峰值切片解释、相干体处理、自动追踪与三维可视化联合浏览等功能是其技术特色。

4）速度分析子系统

速度是地层的重要物性参数，也是地震地质时深转换的基础。三维速度场的建立将为变速成图提供依据，为时深转换提供桥梁。

速度分析子系统提供两种速度场求取方法：

模型迭代构建地震速度场方法，利用二维或三维叠加速度谱资料，在层位标定与解释的基础上，通过模型迭代法构建地震速度场，求取层速度与平均速度，并经由VSP或井速度校正，以及三维插值处理，求得精确的三维速度场与目的层的变速成图速度。

曲射线 $v_0—\beta$ 法。它利用多种资料，求取井或速度点处的 $v_0—\beta$ 值，通过对井误差校正及插值处理，求得三维速度场及目的层的变速成图速度。

5. 地震储层解释及综合评价

地震储层解释及综合评价主要包括地震反演子系统、地震属性分析子系统与储量估算子系统。

1）地震反演子系统

地震反演技术是利用地震资料研究储层特征的重要手段之一。地震反演软件利用综合声波测井、密度测井与地质层位信息，建立初始模型，采用宽带约束与模拟退火两种反演方法，充分利用测井和地质资料，提高地震反演结果的分辨率、减少多解性，为储层研究提供重要的波阻抗与反演速度参数。

做好反演处理需要保证每一步的处理质量。软件使用单井制作合成记录，提供俞氏子波和其他类型的子波；具有子波频谱分析及井旁地震道提取的子波频谱对比功能，以保证子波提取的正确性。

经对比标定的合成记录可以保证测井约束的准确性。每步迭代结果输出的相关性及误差剖面，可以监控反演质量。

反演可提供波阻抗、合成速度、密度与砂岩百分比含量剖面或数据体。

2）地震属性分析子系统

地震属性分析是储层地震研究中必不可少的技术，其技术含量与属性分析质量是利用地震资料进行油藏描述的保障。

软件集中了近年国内外一些先进的研究成果，可从地震数据中提取出几何的、运动学的、动力学及统计学的近 60 种地震特征属性。

地震属性分析中的关键技术除属性提取技术外，属性交会对比分析方法、属性优化与压缩技术必不可少。本软件提供的地震多属性交会图对比选择、属性优化与压缩技术是先进成果，可减少人为参数选择的盲目性。

优化分类及综合分析提供了多种有样本与无样本的模式识别或神经网络方法，其中 BP 神经网可进行多类判别，SOMA 非监督神经网络法是在 SOM 神经网络技术基础上发展的新技术，可人工交互解释 SOM 网络学习后的 SOM 密度图，从而控制映射到研究空间的类别划分平面图。

属性分析从连井剖面入手，提供剖面选取、剖面分析及显示工具，在剖面分析的基础上可进而完成储层或油层的整体分析，研究地震属性与储层、油层物性特征的相关性，分析储层的分布范围及含油气特征或直接进行烃类的检测。交会图与平面底图显示提供了进行地震地质参数转换及平面属性特征研究的工具。

3）储量估算子系统

以为储量计算提供参数为主要目标，提供基本的容积法作为计算油气储量的方法。

容积法计算油气储量所需参数由用户输入或相应软件处理结果获得。油藏定义后，在平面图中进行油藏面积、厚度、孔隙度数据平面分布的求取，利用积分法计算各油层储量，并分单元求和，最后进行汇总及输出。

油藏综合评价以成果图汇总输出为主，可汇总由以上各软件求取的分析成果图件，包括：关键井综合图、关键井四性关系图、地震地质层位标定图、地震地质属性转换图板、层位标定图、油气藏横剖面图、含油气顶面圈闭形态图及典型地震地质解释剖面、油层（或储层）属性或物性平面分布图、含油气面积图、油层（或储层）总厚度（或有效厚度）平面分布图、油层（或储层）孔隙度平面分布图、井位部署图、油藏综合评价图、储量计算综合图等。

三、特色技术

1. 地震数据处理、解释技术

（1）地震目标处理技术：

为构造储层研究提供高质量处理成果的地震目标处理技术，包括提高信噪比处理技术、高分辨率处理技术与高保真处理技术。

（2）地震构造解释技术：

①子波处理及层位标定技术。

②空校成图技术。

③三维自动追踪技术。

④带逆断层层位解释及构造成图技术。

⑤模型迭代与曲射线 $v_0—\beta$ 法构建地震速度场技术。

（3）地震储层评价技术：

①宽带约束与模拟退火反演技术。

②多种地震属性提取技术。

③地震属性参数优选压缩技术。

④地震地质属性转换技术。

⑤多种模式识别及神经网络综合分析技术。

（4）地质交互解释技术。

2. 主要软件技术

（1）面向对象的程序设计技术。

（2）数据库管理技术。

（3）图形与图像显示处理技术。

（4）三维可视化技术。

（5）应用通信技术。

（6）系统集成技术。

（7）软件工程化技术。

第四节　GeoEast 地震数据处理解释一体化系统

一、概述

GeoEast 地震数据处理解释一体化系统是中国石油天然气集团公司“十五”重大科研项目，是为满足油气勘探复杂程度日益增大的需求和国外软件快速发展提出的挑战而开发的特大型石油勘探开发专用软件系统，该系统由东方地球物理勘探有限责任公司开发完成。

GeoEast 地震数据处理解释一体化系统于 2001 年至 2002 年完成了产品需求调研、用户需求分析、可行性研究；2003 年至 2004 年完成了应用需求定义、系统概要设计、软件需求定义、系统详细设计、软件开发和产品生产测试；于 2004 年底进行了 GeoEastV1.0 产品发布；并于 2005 年 5 月通过中国石油天然气集团公司的验收。

1. 技术目标

GeoEast 系统的技术目标是：研制开发能满足油气勘探和开发需要，实现多种数据信息共享和可视化交互功能，突出叠前偏移成像、叠前地震信息储层特征提取与分析、三维可视化体解释等应用新功能特色，统一数据平台、统一显示平台、统一开发平台、可动态进行系统组装的地震数据处理与解释协同工作的一体化软件系统。

2. GeoEast 系统总体结构

GeoEast 地震数据处理解释一体化系统主要软件成分总体划分为 5 个层次和 1 个系统通信机制，称之为“5+1”模型。5 个层分别为：用户界面层、应用系统层、系统管理层、数据管理层和应用框架层；系统通信机制进行消息通信与数据传递。

3. GeoEast 一体化系统运行模式

GeoEast 系统具有统一的数据平台、统一的开发平台、统一的显示平台和统一的系统控制方式，支持处理与解释一体化的运行模式。同时，GeoEast 系统也可以根据用户需求，方便地集成为地震数据处理系统和地震地质综合解释系统的独立运行模式。

1）处理系统运行模式

GeoEast 地震数据处理系统以网络环境为目标运行环境，并具备批量作业并行（PC—Cluster）功能。为了有效地进行资源管理和作业调度，GeoEast 系统以 Site 为一个运行环境。每个 Site 由多个用户工作站、系统主控、作业调度管理器、数据服务器、计算节点、PC—Cluster 以及数据存储器组成。

在处理系统运行模式下，也支持单机处理（现场处理）模式。

2）解释系统运行模式

对于大、中型解释中心，GeoEast 可以配置成共享数据平台、由多个用户工作站构成的解释系统。同时，也支持单机解释模式。

3）处理解释一体化运行模式

用户通过系统配置，可以把处理与解释系统作为一个整体进行安装，从而构成处理解释一体化的运行系统。

二、软件功能

GeoEast 系统由 12 部分组成，即：主控（系统主控）、4 个子系统（执行控制子系统、作业调度子系统、数据服务子系统、外设管理子系统）、3 个应用系统（一体化应用系统、地震数据处理系统、地震数据解释系统）、3 个软件平台（数据管理平台、交互应用框架平台、三维可视化框架平台）和通信机制构成。

1. 系统主控

系统主控由用户主界面、系统管理员界面和系统操作员界面三部分构成，为 GeoEast 系统提供了系统管理、处理应用和解释应用功能实现的可视化手段。

用户主界面是 GeoEast 用户的主要工作界面，用户通过它来控制和管理应用软件的运行。它以数据树、流程树为中心，具备用户管理、项目管理、数据管理、流程管理等功能，负责启动交互应用，支撑交互应用间的协同操作。

GeoEast 用户主界面具有以下功能：

（1）数据浏览：在数据树上显示各类 GeoEast 数据。

（2）用户管理：控制用户对项目、工区、测线以及其他数据的读写权限。

（3）项目管理：负责项目、工区、测线的创建与删除。

（4）流程管理：利用流程树来进行处理流程和解释流程的管理。

（5）启动交互应用：启动各个交互应用并支撑主控和交互应用以及交互应用之间的通信。

GeoEast V1.0 一体化版本的用户主界面如图（5－13）所示。

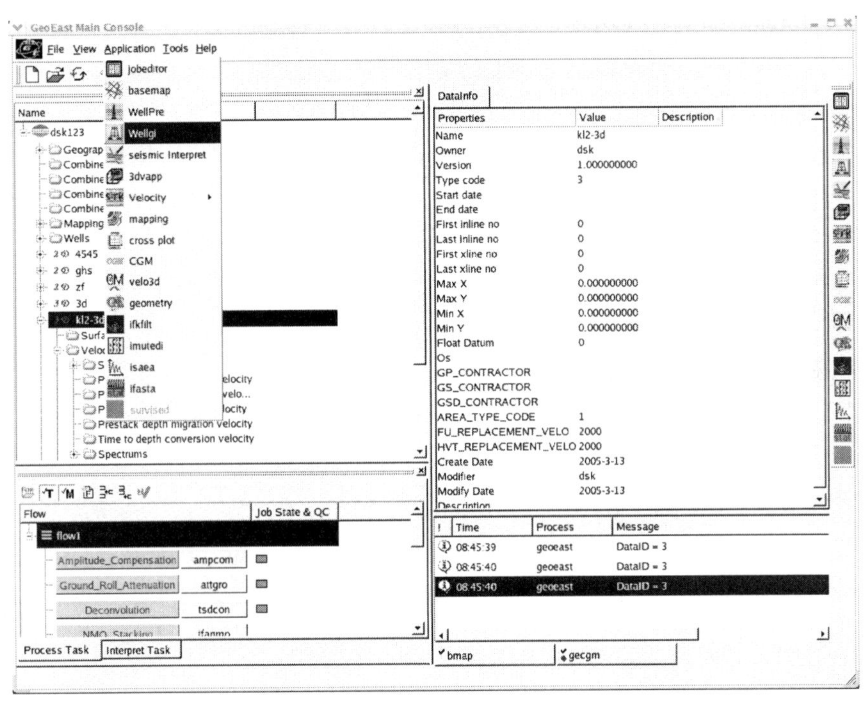

图 5－13　GeoEast V1.0 一体化版本用户主界面

系统管理员界面的主要功能是为系统管理员提供系统安装、配置、管理和维护，确保 GeoEast 能够安装、运行在不同的运行环境中（网络环境，单机环境等），并保证系统的运行效率。

操作员界面主要功能是作业队列管理、资源状态监控、磁带设备分配及管理等。保证大型网络处理中心批量作业的正常运行。

2. 作业调度子系统

作业调度子系统（GJSS）负责调度管理 GeoEast 系统中的批量作业，实现基于 PC—Cluster 地震处理系统的作业发送、排队、调度、执行和作业的管理、监控及合理调度。作业调度子系统自动查询相对比较空闲的计算节点，充分利用网络计算机资源，保证多作业在系统中的运行效率。

作业调度子系统运行在作业调度服务器中，其主要功能：接受客户端发送的作业，将作业放置到作业队列；根据调度策略、作业的资源请求和节点资源状态，将作业分发到最适合于作业运行的节点上运行，并对作业进行管理。在系统的运行过程中，作业调度子系统提供作业队列显示及管理程序（作业监控界面）和节点状态显示程序（节点监控界面），用于监控系统中作业的运行情况和节点运行情况。

作业监控界面能够监控整个系统中地震作业运行情况，按各种属性查询作业的运行情况，并且可以交互控制作业的运行状态，具有操作员控制台的部分功能。

节点监控界面能够显示各个节点的运行状态、查看节点中正在运行的作业、某个用户的作业在哪些节点上运行以及按各种属性显示各个节点的状态等。

作业监控界面如图 5-14 所示。

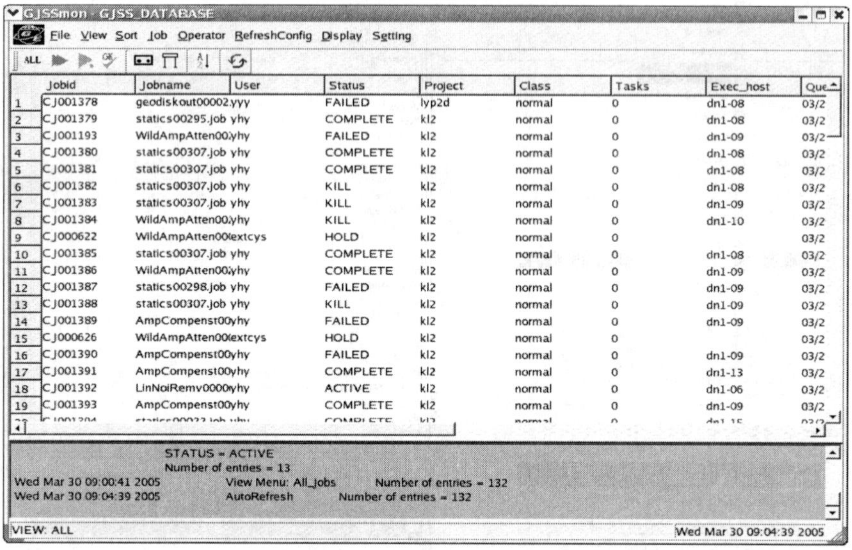

图 5-14　作业监控界面

节点监控界面如图 5-15 所示。

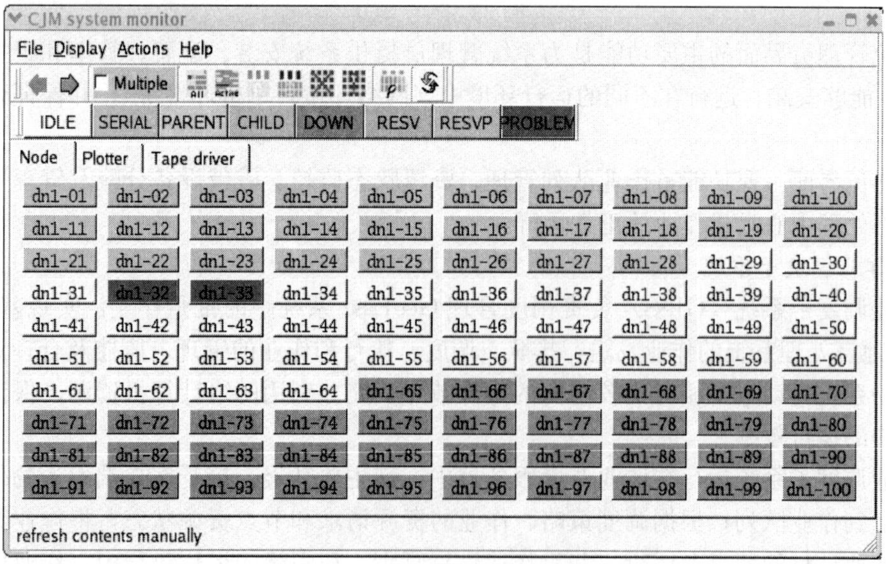

图 5-15　节点监控界面

3. 执行控制子系统

执行控制子系统包括批量执行控制与交互执行控制两部分。

批量执行控制是地震数据批量处理的控制核心，主要功能是对地震作业参数进行译码、调度与控制模块运行以及结束处理作业。对批量地震作业具有串行、并行、调试运行模式。

批量执行控制在计算节点上运行，其控制过程为：输入作业文件，对作业参数进行译码；动态配置模块运行资源；依据作业定义的模块序列，采用数据流驱动方式调度地震模块运行；捕获异常中断，进行异常结束处理；作业运行结束，进行作业结束处理。

交互执行控制负责为主控与交互应用以及交互应用之间的消息或数据传递提供通道，是交互应用间协同工作的基础。

4. 数据服务子系统

数据服务子系统主要是对数据进行统一的管理与访问，实现数据共享。主要提供的数据服务包括：应用数据请求监听服务、应用数据请求调度服务、应用数据请求访问服务。

应用数据请求监听服务是建立一个后台运行的监听进程，对应用数据请求进行监听，获取到应用数据请求信息，为数据调度与数据访问提供应用请求信息。

应用数据请求调度服务是在监听到应用数据访问请求后，对不同的应用数据请求进行调度，启动数据访问进程。

应用数据请求访问服务在启动数据访问进程后，按照应用数据的要求，提供应用数据的访问服务。

5. 外设管理子系统

外设管理子系统是实现对 GeoEast 系统外设的配置与管理，使 GeoEast 系统能够识别、使用、监控和管理计算机外部设备。

外设管理子系统负责管理系统中的外设资源。根据系统的配置信息、设备状态，为应用程序合理分配外设资源，满足应用程序对外设的需要，使其能够正常有序地运行。

6. 交互应用框架平台

交互应用框架平台是为了统一交互软件的开发模式、实现各类应用中的公共器件与操作、提高程序的稳定性与可移植性、提高程序的重用性，减少重复开发、降低开发费用，缩短开发周期。

交互应用框架平台主要包括应用程序框架库、地震器件库及 CGM 底层技术支持库。

应用程序框架库定义所有交互项目共同的特性，尤其是组织特性，达到统一所有程序结构的目的，提高程序的稳定性与可维护性。提供基于文档、视图机制的应用框架，交互控制技术 Redo/Undo，图层机制和 Zoomview 二维图形显示窗口。

地震器件库实现应用所需要的地震数据二维显示与操作的公共部分，统一器件在不同应用中的显示、操作以及编程接口，提供地震剖面的二维显示器件、测井器件、电子表格器件、数据树器件及其他一些常用器件。

CGM 底层技术支持库主要提供 CGM 标准文件的编码与解码，为各个交互应用的 CGM 出图提供支持，使交互应用在程序编写最少的情况下完成 CGM 出图。提供 CGM 编码库、CGM 解码库和绘图框架。

7. 数据管理平台

数据管理平台通过建立统一数据模型与统一数据接口，规范及统一数据访问与管理，进而实现 GeoEast 系统的数据共享。

统一数据模型：数据平台建立了适用于 GeoEast 系统的统一数据模型，提高了数据模型的可定义性、稳定性和可维护性。数据平台引入元模型技术，建立 GeoEast 元模型的数据结构，准确描述了 GeoEast 数据模型的所有信息；建立了与整个系统相配套的数据字典，方便了软件开发人员及应用人员的查阅。

统一数据接口：数据平台采用不同层次接口分离，简化了接口之间的关系，建立公用接口，提供了统一的数据访问方式；建立物理接口，为持久对象层提供访问物理数据的一致性接口。数据接口的统一，极大地提高了程序的可扩展性与可维护性。

统一数据管理：数据平台建立了整个系统的标准数据，统一规范系统数据的取值；提供了缺省数据，规范数据使用时的正确性，增加了系统的可维护性。

设计定义了一套适应 GeoEast 的数据库的逻辑与物理结构和一体化数据存储方案，支持各个层次数据模型。采用 Oracle 数据库管理系统，实现了对各种类型数据的方便管理。并对石油勘探开发的一些特殊数据，设计了专门的管理方案，提高了访问效率和性能。

8. 三维可视化框架平台

三维可视化框架平台为在三维场景下进行地震数据处理、解释和构造建模等软件提供三维可视化开发的软件基础，简化可视化软件的开发过程，提高软件的稳定性。

三维可视化框架是 GeoEast 一体化系统先进性的重要体现，它采用了当前较先进的三维软件开发技术，为油气勘探软件的三维应用开发提供一个基础平台，在三维可视化框架平台中，提供大量地质信息显示接口与交互调节功能，以及一系列的可视化专有器件、算法和交互操作控制技术。

三维可视化框架平台主要由三维可视化交互显示框架与三维可视化框架算法两部分组成。

三维可视化交互显示框架，包括常用的三维交互技术、显示技术和三维场景操作技术，特别是针对油气勘探应用领域的特殊要求，对大数据体的实时显示和交互操作进行了重点研究，保证了用户对大数据体操作的应用需求。

三维可视化框架算法，主要包括常用的三维解析几何运算及针对场数据及曲面的算法，可基本满足地震数据及地质构造的显示，同时针对可视化解释中最有特色和常用的技术进行了专门研究。其中包括子体探测，快速层位自动追踪，快速曲面拟合等。

9. 一体化应用系统功能

GeoEast 一体化应用系统功能，是 GeoEast 系统的处理、解释一体化的具体体现。它是将处理系统和解释系统共有的功能提取出来，组成一个个相对独立的模块，这些模块既包含批量模块，也包括交互模块，既可用于处理过程，也可用于解释过程。这些模块不再按照处理、解释领域进行区分，而是将它们集中在一起，形成一体化应用系统。

一体化应用系统提供的功能包括：数据输入/输出、项目底图、平面成图、CGM 成图和出图、速度分析和速度建场、地震地质建模。

数据输入/输出主要承担外部数据与 GeoEast 系统数据库之间的数据交换功能，用于将不同形式、不同格式的外部数据转换为 GeoEast 系统数据库中的数据，或将 GeoEast 数据库中的数据转换为外部数据。GeoEast 系统数据输入/输出主要包括地震数据输入/输出及

ASCII 码数据输入/输出两大功能。

项目底图主要用于以平面图形方式显示项目、工区范围及其所属的数据，并在其上选择目标数据进行相关操作。此外，以项目底图为桥梁可实现各应用模块间的数据通信与操作通信，实现处理解释一体化的有机结合。

平面成图主要用于将不同来源、不同形式的数据通过网格化方法进行平面建模，获得数据的平面分布范围和分布形态。平面成图是以等值线的形式来描述目标数据的空间形态，其重点是网格化和等值线追踪，此外还包含绘制成果图件所必需的编辑功能，如散点数据预处理、等值线编辑、等值线平滑等。

CGM 成图与出图主要用于将选定的数据或显示信息保存为 CGM 图形文件，进而将 CGM 图形文件输出到绘图仪。

GeoEast V1.0 中的速度分析和速度建场、地震地质建模软件包括六部分：叠加速度分析及建场、叠后时间偏移速度建场、叠后深度偏移速度建场、叠前时间偏移速度分析及建场、叠前深度偏移速度分析及建场、时深转换速度建场。这六大部分构成了速度由粗到细，不断精确的一个完备过程。同时，速度分析及建场的每一部分又按点的速度曲线、线的二维速度场、面的三维速度体构成了速度由一维到二维再到三维的一个完备的建场过程。

10. 地震数据处理系统

GeoEast 地震数据处理解释一体化系统中，地震数据处理是其主要应用功能，因其可独立于解释子系统而运行，故将其定义为地震数据处理系统。

GeoEast V1.0 地震数据处理系统包括：地震数据输入/输出、观测系统定义、反褶积、动校正、水平叠加、信号增强与叠后偏移等完备的常规处理功能，同时也包括海上处理功能与叠前偏移处理功能。

地震数据输入/输出：完成野外采集地震数据的解编，标准 SEGY 格式数据的输入/输出，GeoEast 格式数据的输入/输出，GRISYS 格式数据的输入/输出。

观测系统定义：通过交互观测系统定义，将近地表信息写入数据库，并修改必要的道头信息，以满足处理系统的批量处理和质量控制的要求。还可将非 SPS 文件转换为标准 SPS 文件，简化了各种类型的观测系统定义的复杂性。

常规二维、三维地震数据处理：继承了 GRISYS 地震数据处理系统的全三维处理、高分辨率处理、叠前去噪、交互折射波静校正等具有国际领先水平的石油物探技术。在复杂地表、低信噪比和高分辨率处理方面独具特色。具有完备的二维、三维陆上与海上常规地震数据处理功能。

在 GeoEast V1.0 系统中，针对海底电缆（双感检波器）资料、深海拖缆资料的处理，开发了海上观测系统定义、海底电缆二次定位、海底电缆双检叠加、三维面元均化、多次波去除等功能模块，使 GeoEast V1.0 系统具备了常规的海上资料处理能力。

GeoEast 叠前偏移与成像功能软件包括两个方面，即基于 Kirchhoff 积分法的叠前时间和深度偏移、基于波动方程延拓技术的快速面炮叠前深度偏移。并都具备串行和并行、二维和三维、叠前时间和深度偏移功能。

GeoEast 系统的交互处理模块，包括交互观测系统定义、交互初至波静校正、交互切除与道编辑、交互速度分析、交互 f—k 滤波、交互滤波器设计以及 6 个数据库信息查询工具。它们都可以独立完成对数据库基本信息的读写。

此外，还提供批量 CGM 绘图模块和作业编辑器。批量 CGM 绘图模块实现 CGM 剖面绘图、CGM 成果合成绘图和批量速度谱 CGM 绘图。作业编辑器完成流程与作业的编辑和发送。

11. 地震数据解释系统

地震数据解释系统是在 GeoEast 一体化系统构架下，通过共享数据平台和通信机制的支持，与一体化应用系统相配合，实现常规二维、三维和三维可视化地震资料构造解释系列功能。

系统由与一体化系统共享的系统主控、数据输入和输出、底图应用、速度分析、平面成图和 CGM 出图；以及解释系统的地震地质层位标定、二维和三维常规地震解释、三维地震可视化体解释、交会图分析和解释性处理等部分组成。

地震地质层位标定子系统主要是利用声波、密度等测井资料制作合成记录，以图的多种形式显示地质、测井、地震等数据，把地质、测井与地震资料结合起来。交互分析、编辑合成记录，求取与井旁地震道的相关程度达到最佳。标定出地质、测井与地震之间的属性对应关系。

二维和三维常规地震解释子系统提供了多种显示、解释手段，并且在通常剖面显示解释的基础上增加了如多线剖面、井嵌入、折叠、多属性剖面显示解释功能。包括：单剖面显示解释、多画区（多属性对比）显示解释、嵌入（覆盖）显示解释、手动交互解释、剖面层位自动追踪解释等功能。

三维地震可视化体解释子系统的主要功能是在三维显示环境下完成三维体数据的构造解释任务。主要功能包括数据显示（地震数据立体显示，层位、断层和井的数据显示）和基于数据显示的层位断层解释（体上的层位解释、断层解释、子体解释等）。

交会图是通用的数理统计工具，它可以通过不同的显示方式，显示数据不同属性之间的关系，建立各种转换量板。并可通过多项式拟合等数理手段，编辑、拟合并延长深时关系曲线，为构造成图提供良好的深时关系。主要功能包括：二维交会图和直方图显示、对各种显示方式提供编辑和修改功能、利用最小平方回归法拟合属性间多项式表达式并计算属性模型、利用交会图与井预处理子系统之间的通信，建立各种转换量板。

解释性处理功能是充分发挥 GeoEast 系统的一体化优势，凡在系统中具有的处理功能，解释系统都可以使用，给解释过程中的目标处理提供极大的方便。

12. 通信机制

先进的进程间通信技术是单机或多机状态下各个进程之间数据进行快速、安全交换的保证，在 GeoEast V1.0 系统中，主控与各子系统、各子系统之间、各子系统内部及交互应用之间通过各种方式来进行消息发送、数据交换等操作，通信机制保证了各个部分之间和内部通信的正常进行。

通信机制主要支撑 GeoEast V1.0 中的通信，包括主控（交互执行控制）、交互应用、作业调度子系统、批量执行控制子系统、数据服务子系统、外设管理子系统内部和相互之间的通信。

通信内容包括：数据、系统控制信息、应用控制信息、应用操作信息、作业信息等内容。

通信模式包括：点对点模式、广播模式、客户/服务器模式、出版/订购模式、数据流网络模式。

GeoEast V1.0 系统各个不同部分采用了不同的通信技术。

三、系统特点

GeoEast 系统最大的特点就是实现了一体化，一体化主要包括：项目一体化、软件一体化和应用一体化。

项目一体化主要包括：统一用户管理、统一工区（项目）管理、统一数据管理、统一流程管理、统一系统环境管理，实现数据共享。

软件一体化主要包括：统一系统主控、统一开发平台、统一显示平台、统一数据平台，实现软件共享和系统功能动态集成。

应用一体化主要包括：共享地理信息、地表信息、速度信息、地震信息、地质信息、井信息和处理历史信息，实现处理解释构造形态的迭代，实现处理解释速度模型的迭代，实现构造形态约束下的地震属性提取及分析和应用，实现地震地质统一建模。最终实现三维空间（x、y、z）上的构造、速度、属性在处理和解释中的信息共享。

GeoEast 地震数据处理解释一体化系统，除了一体化特点外，还取得了多项技术创新和技术突破，并形成了以下技术特色。

1. 方便实用的双驱动用户主界面

实现了数据和流程的可视化管理和双驱动机制，即用户可以方便地在主界面上选定数据和作业流程，实现处理和解释功能；实现了处理和解释项目参数缺省值的功能，该功能的实现可以大幅度的提高处理和解释工作效率；对地震数据处理实现了流程、作业、模块、参数的四级管理和分支试验、迭代控制等功能。

2. 网络并行方式的应用系统

网络环境地震作业调度子系统、批量执行控制子系统、集群（PC—Cluster）并行处理机制、磁带管理系统和数据管理服务子系统配套运行，使 GeoEastV1.0 系统成为网络并行系统，能够支撑大、中型处理中心进行大规模地震数据处理。

3. 批量处理资源动态配置

批量模块运行控制保留了 GRISYS 系统数据流驱动的特点，但在模块运行控制中采用了数据块控制技术、模块类型定义库技术、参数定义库技术、动态加载库技术，实现了多通道数据传输功能、模块资源动态配置和作业运行模块动态链接，提高了模块运行调度和运算效率。

4. 统一的数据管理平台

数据管理平台建立统一的数据模型、统一的数据接口、统一管理存储在各种介质中的地震数据、地质数据和参数信息，并提供了方便可靠的数据共享机制；统一的数据存取接口按照专业应用风格设计，方便易用；数据模型体现了地震勘探数据的特性，数据间关系定义准确，结构层次清晰，具有可扩充能力，真正实现了数据处理与解释过程数据的共享。

5. 统一的应用软件开发平台

交互应用框架采用先进的 MVC 和 DOC/View 设计模式，开发了独具特色的交互图层机制和数据树、剖面显示、测井、电子表格、CGM 绘图等组件库，提供组件间通信控制机制，实现了交互应用程序设计和开发框架化；开发了批量模块生成框架，实现了菜单化生成模块架构。统一的开发平台极大地提高了软件开发的效率，提高了程序的稳定性、可移植性和可重用性。

6. 统一的三维可视化开发平台

三维可视化框架吸收了国际上先进的可视化处理技术，自主研发了立体描述各种地质对象的三维可视化显示功能和三维可视化新算法，开发了地震地质建模算法库，满足了处理、解释、建模软件对三维可视化技术的要求，为三维可视化应用开发提供了统一的领域框架，为处理、解释、建模软件提供了三维可视化开发的软件基础，简化了可视化软件的开发过程，提高了软件的稳定性。

7. CGM 成图方便实用

CGM 成图方面增加了汉字编辑、多种图像数据格式转换等功能；大幅度扩充了成果图件类型，可生成散点数据图、网格数据图、等值线图、彩色等值线图、彩色填充等值线图、图案填充等值线图等类型的成果图件；建立了地震地质图例库，提供必要的地质图件制作功能；强化工业制图功能，以“所见即所得”的方式输出符合国际标准的 CGM 图形文件，实现图形输出的标准化，使出图过程更加方便。

8. 建模功能实用有效

地震地质建模具备构造建模和速度建模功能，在断层加载及断层关系定义、层位和断层相交环线生成、地质块提取等方面取得了技术突破。

在速度分析及建场方面，采用层位约束下的速度谱解释，并具有自动聚焦和微调功能；采用三维模型射线计算层速度，大大提高了层速度精度，使得时深转换成的深度误差减小；采用法射线法时深转换解决了空间偏移归位问题，偏移线法时深转换解决了偏移剖面时深转换问题。

9. 功能完备和具有特色的处理系统

地震处理系统在软件上采用数据控制块技术、模块类型定义库技术、动态库技术设计批量执行控制子系统，实现了运行模块动态链接、数据流驱动和模块运行资源的动态配置，支持多通数据传输，支持并行处理。采用 XML 作为地球物理语言，描述模块类型、模块参数，从而使系统能够适应网络运行环境，提高了参数表达的通用性，增强了处理模块的可移植性，具备了容纳技术发展变化的能力。

在处理应用功能方面继续保留 GRISYS 系统特色功能，在高分辨率处理、复杂地表、低信噪比地区资料处理方面具有明显优势，并增加了叠前偏移功能、海上地震数据处理功能。全新的交互观测系统定义方便、快捷。

10. 实现了三维可视化体解释功能

地震解释借鉴其他解释系统的优点，应用计算机软硬件的新技术，提供地震体、属性体、目标体、层、断层、井轨迹、测井曲线等解释对象的三维可视化显示功能；提供统一的体中层位解释、断层解释和异常体解释等体解释系列功能。

在软件上，三维可视化立体解释应用系统是基于可视化框架下的应用实现，解决了基于 OpenInventor 显示技术的复杂场景搭建技术、层位数据格式的网格创建技术、三维空间中的橡皮筋拖动技术、在复杂场景中特定对象的快速选择技术、具有特殊约束条件的层位自动追踪技术、组合对象技术等难题，保证了系统的运行效率和系统的稳定性。

11. 实现了处理与解释过程的迭代

通过共享地理和近地表信息，实现构造形态约束下处理与解释的迭代、地震属性提取及分析和应用，实现处理解释速度模型的迭代，实现地震地质统一建模，提供较完备的地震数据处理和解释手段，有效地保证了处理和解释成果的质量。

第五节 特色软件

一、GeoModel 地震成像系统

1. 概述

GeoModel 地震成像系统是东方地球物理勘探有限责任公司拥有自主知识产权、以山地叠前深度偏移技术为核心，具有基于起伏地表的沿层速度分析、交互速度建模、并行计算、规模可变、平台开放等特色技术的软件系统。目前版本为 2. 1。

GeoModel 地震成像系统在软件设计时考虑了以下因素。

1）平台多样性

地震成像技术是一项集交互性与批量性于一体的工程，用户需要通过交互方式建立速度模型，要求软件必须具备高性能的交互图形操作功能；随着计算机硬件技术的发展，微机集群成为主流，因此软件必须具备高性能并行计算与优化功能。在开发 GeoModel 地震成像系统时，确定的开发原则是：

（1）尽可能少地利用与硬件及操作系统相关的系统调用；

（2）图形底层以现有源代码为基础进行改写；

（3）界面风格以具备开放源代码的自由软件来实现，如 OpenMotif/Lesstif 等。目前 GeoModel 的系统界面已经在 IBM 的 AIX、SUN 的 Solaris、微机平台的 Linux RedHat 以及 Windows 平台实现。

2）数据兼容性

由于不同的操作系统数据存放的格式不同，因此在软件实现时考虑了字节的自动换位功能，使得在不同平台上得到的数据可有效共享。

3）作业交互性

传统的处理作业流程方式不利于实现灵活的交互监控功能，本系统采用了独立模块加管道数据传输方式，所有的模块既可单独运行以便有效监控处理效果，也可串成作业文件批量运行，从而提高了处理参数试验以及查错的效率。

4）模块扩展性

GeoModel 地震成像系统定位于以叠前深度偏移技术为核心的专业软件，无意成为一套功能繁多而庞杂的处理系统，但叠前深度偏移又是一个系统工程，成像效果与前期采用的处理手段直接相关。为解决这个矛盾，在系统设计时充分考虑了模块的可扩展性，后续开发的模块可以直接挂入系统，同时其他性能良好的第三方软件也能被 GeoModel 系统有效

地调用。目前实现了与美国科罗拉多矿院的自由软件 SeisUnix 的无缝衔接，同时还开发了 GeoModel 数据与其他标准数据格式的 filter 功能，极大地增强了本系统的数据处理能力。

5）规模可变性

GeoModel 地震成像系统的所有子系统均设计为独立系统，由通信机制完成信息的传输，所有功能均为外挂式模块，因此可以针对用户的不同需求定制功能。

2. 软件功能

1）山地地震数据成像配套处理技术

包括适应山地地震勘探数据的静校正、基准面约定、动校正叠加、叠后时间偏移和深度偏移（包括零速度层选择）、噪声压制技术与振幅处理技术、观测系统定义与预处理等功能。

2）从地表出发的积分法并行二维和三维叠前时间偏移和深度偏移

根据速度模型的标定高程与成像基准面高程的差异自动调整相对关系，提供了多种处理参考面的选择，如：实际地表面、平滑地表面、浮动基准面及 CMP 参考面等。

3）基于波动方程延拓法的并行二维和三维快速面炮叠前深度偏移

快速面炮叠前深度偏移方法来源于面炮记录叠前深度偏移与相位编码理论，是两种算法的集成，在精度与效率之间寻找折中平衡点，以满足实际生产的需要。此外模块还具备可控照明与起伏地表处理功能。

4）沿层交互速度分析

通过偏移速度扫描的方法实现逐层速度交互建模，具有高效率、高精度的特点，并能够适应复杂地表条件、复杂地质条件及不同信噪比的地震数据。

3. 特色技术

（1）从地表出发的叠前深度偏移。针对山地地表起伏的特点，可以从不同参考面进行偏移（图 5－16）。

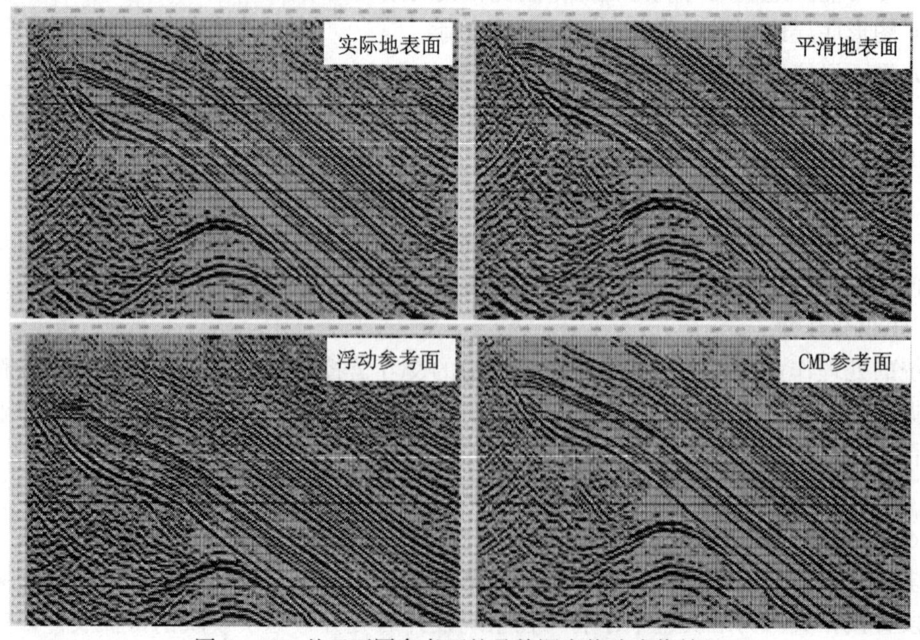

图 5－16　基于不同参考面的叠前深度偏移成像结果

（2）快捷高效的沿层交互速度分析（图 5－17）。

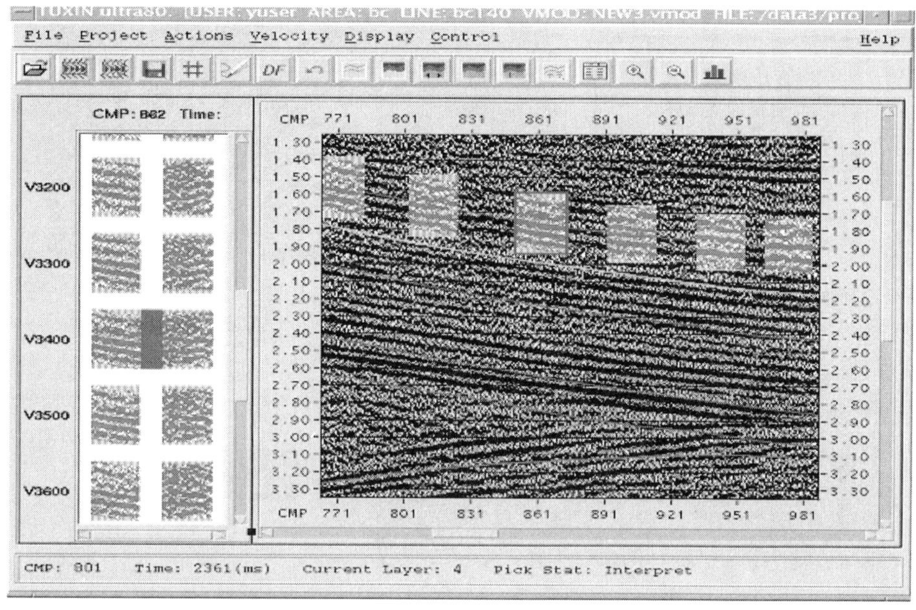

图 5－17　沿层交互速度分析

（3）具备可控照明的波动方程叠前深度偏移（图 5－18）。

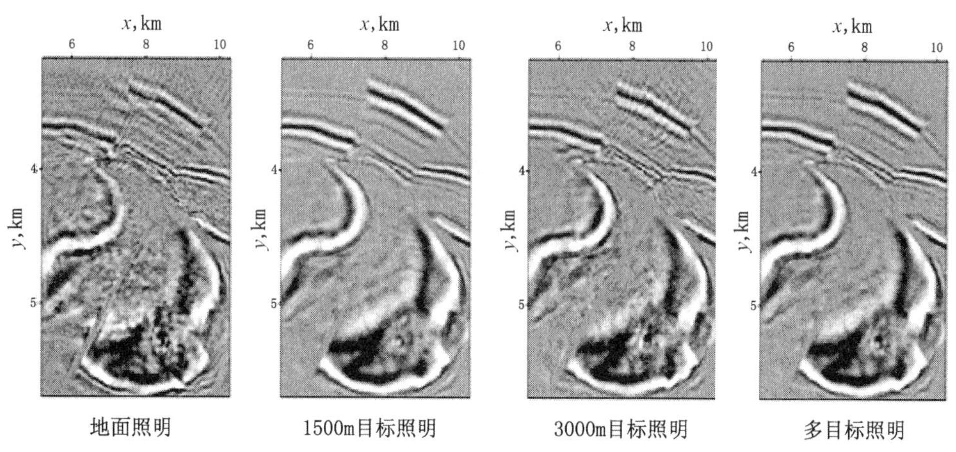

图 5－18　不同目标照明试算结果的叠前深度偏移切片（$z=2.03$km）

应用 GeoModel 地震成像系统处理的克拉 2 气田三维叠前深度偏移的效果与应用 Paradigm 公司 GeoDepth 的效果对比，如图 5－19 所示。

二、时移地震处理与解释系统

时移地震数据处理与解释系统是一套专门针对时移地震技术设计的计算机软件，实现时移地震可行性分析、互均衡处理、时移地震属性分析、时移地震解释的集成，具有统一

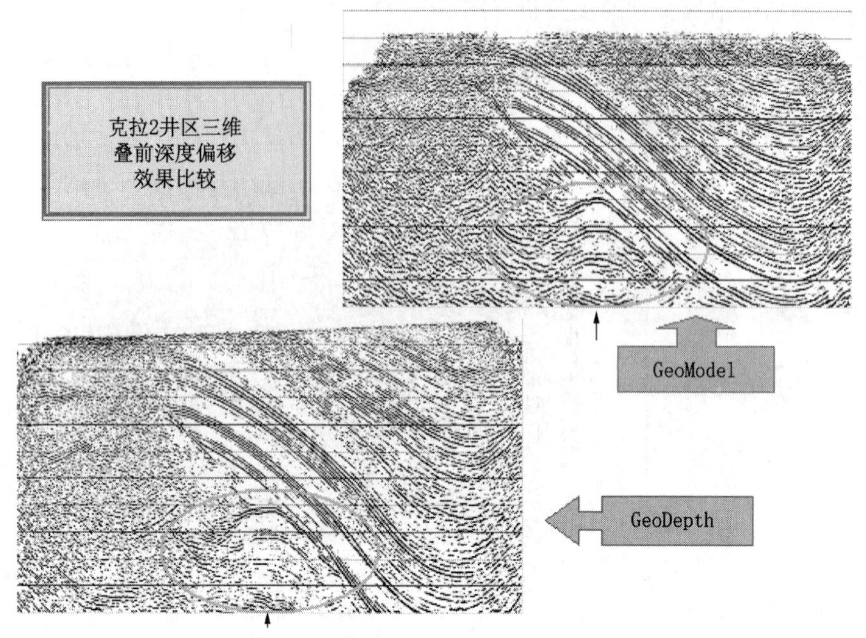

图 5-19 GeoModel 软件与 GeoDepth 软件处理资料对比

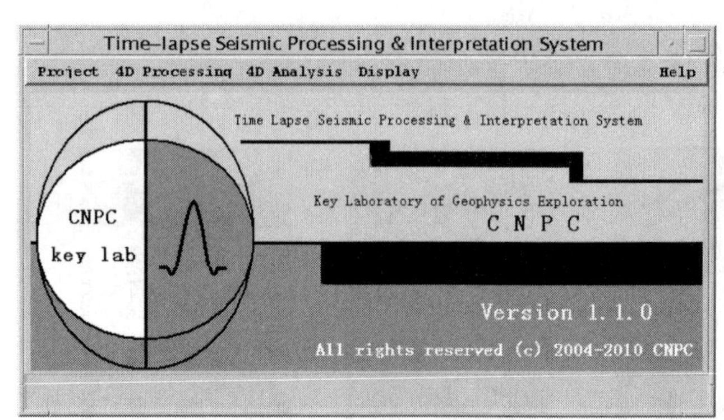

图 5-20 时移地震软件界面

的数据管理、分类模块管理，集成可视化工具、属性分析工具，实现可行性分析、处理、解释一体化的高性能平台（图 5-20，图 5-21，图 5-22）。

1. 软件开发环境

软件基于 Unix—Soloeis 操作系统，采用了 C，C++ 和 Fortran 语言开发，内部使用了 INT 库函数，在自主开发的科学数学库与石油器件库的基础之上，构建时移软件平台。

2. 数据管理

数据管理用于管理用户在使用本系统所产生的所有原始数据、中间临时数据与最终成果数据，系统采用工区、测线、实际数据三级目录管理方式，其中工区分为二维、三维两种形式，主要信息包括工区名字、测量单位、工区类型、工区坐标与测量范围（最大、最小测线号，最大、最小 CDP 号，x、y 坐标范围，工区说明信息）等；对于工区的操作包括：创建工区、删除工区、工区重命名、工区信息查询与修改等；根据参数数据类型进行数据分类。系统管理的数据主要包括地震数据、测井数据及岩心分析数据（包括地质数据）三类，功能包含工区的建立与删除、各类数据的分类存储、各类数据的分类查询、各类数据的输入和输出管理、各类数据的复制和删除等操作，各类数据的存储一般采用非文本方

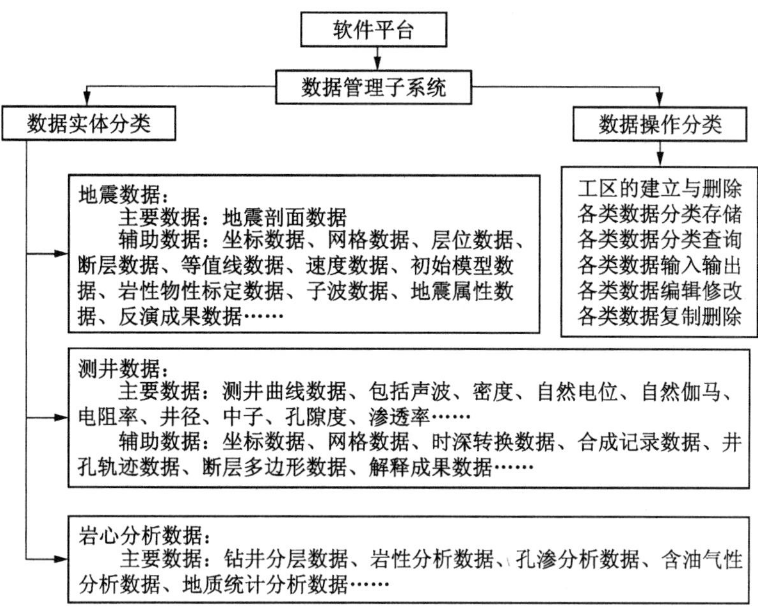

图 5－21 时移地震软件数据管理子系统

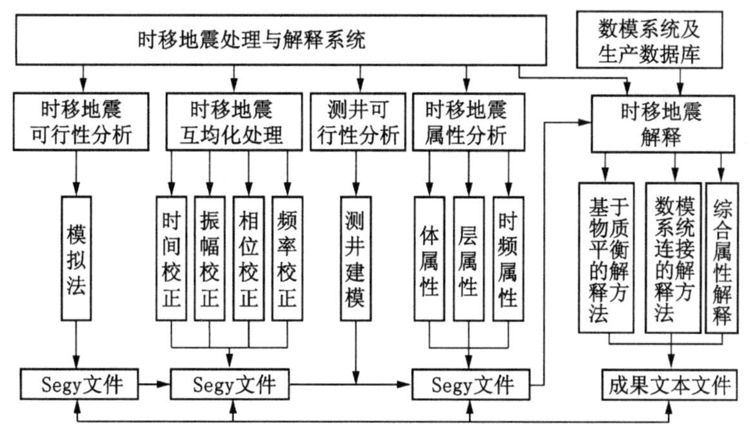

图 5－22 软件功能及数据管理体系结构图

式进行，这样可以有效地防止用户有意、无意地破坏系统数据。

3. 软件功能

在功能上，软件采用了交互性很强的体系结构，可以实现处理与解释人员的需求，使各种不同类型的数据（时移地震所涉及到的数据有地震、测井、开发数据等）得到了有效管理。

1）可行性分析

地震信号是地层中岩石骨架、孔隙中流体（油、气、水）特性的综合反映。时移地震研究的是储层流体变化所引起的地震响应的变化，即储层速度、密度的变化。岩石物理模型是联结地震信号与油藏的桥梁。在油藏开采过程中，流体与岩石特征的变化可以通过岩石物理模型转化为地震响应的变化。

油藏数值模拟作为油藏工程的主要工具之一，是油藏动态分析必不可少的方法，它可以模拟计算从油藏开发开始后任何时间点的油藏参数（含水饱和度 S_w，含油饱和度 S_o，地层压力 p）。使通过油藏模拟模型的模拟结果进行时移地震可行性分析成为可能。其方法是：

（1）将某时刻的油藏特性参数通过岩石物理模型转换成地震信号。

（2）将另一时刻油藏特性参数通过岩石物理模型转换成地震信号。

（3）将两个时间点的地震信号相减生成该时间段的时移地震信号。

（4）根据生成的时移地震信号确定进行时移地震测量的可行性。

2）互均化校正处理

互均化校正的基本思想是使用有效的数学方法设计校正算子，实现基测线与监测测线数据归一化，算子设计的准则是将不同时间的两次或多次地震记录部分以基测线地震记录为依据，将振幅、时间、相位、频率校正到与基测线一致，然后将求出的校正算子作用于监测测线中油藏的位置，使振幅、时间、相位、频率最大程度地取得一致性。

3）属性分析

地震属性是从地震数据中提取的几何学、运动学、动力学或统计学特征的特殊测量值。地震属性技术被应用于地震勘探与开发的许多领域，包括地震数据解释性处理、地震构造填图、地震地层解释、地震岩性模拟、油藏模拟与油藏监测。

时移地震属性分析技术就是对地震属性所反映出来的时移地震特征进行分析。

4）物质平衡与自动历史拟合

时移地震作为解决石油工程问题的主要地球物理手段之一，有必要在时移地震数据处理与分析过程中，将二者结合解决油藏开发过程中的实际问题。油藏工程有一套完整的技术体系。其主要解决的问题包括：

（1）油藏动态分析与监测。

（2）油藏动态储量、可采储量计算。

（3）油井生产系统的分析、优化。

（4）通过二次、三次采油提高采收率。

（5）提供井位的设计。

（6）剩余油气分布监测。

时移地震的主要目的是确定剩余油的分布，并通过调整井位与开发方案，进一步提高采收率。因此时移地震技术与动态方法结合可以：

（1）使油藏工程应用地球物理技术，发现剩余油分布区域，提高开发效益。

（2）时移地震可以拓展油藏工程分析范畴，并消除油藏工程分析的一些不确定性。

（3）通过应用油藏动态信息，可以使得时移地震处理、分析的不确定性降低。

5）测井建模

在油田开发的中后期，测井数据十分丰富，测井建模模块利用不同时间的测井资料，再结合平台解释功能中目的层位拾取的结果，建立油藏开发不同阶段的油藏地质模型，进一步为开发阶段提供有效的地质信息。

4. 软件显示

平台提供了大量的多角度显示功能。

1）工区底图显示

对已加载的工区数据以图形化直观显示。

2）二维、三维剖面的解释

地震资料解释是从反射法勘探资料所获得的地震反射波信息中寻找与地下地质体有关的信息特征，并赋予一定的地质含义，解决在油气勘探中所提出的有关构造、岩性、储层、圈闭以及油气藏特征与分布规律等地质问题，指出油气勘探有利方向，提出具体钻井井位意见。

3）多剖面的对比显示

通过加载不同时间的地震数据、属性数据进行对比分析，实现时移意义的直观监测。

4）井曲线的浏览

实现对已加载到工区的各种测井数据曲线的浏览。

5）平面图显示

地震数据、层位数据等多种数据的综合成图平面显示分析。

6）散点、网格数据立体显示

散点数据、网格数据的平面及其立体显示。

7）交会图生成

交会图技术是测井分析中经常使用的手段，它能利用多种信息找出相互之间的关系。

8）直方图制作

制作直方图，进行信息分析。

9）三维可视化

地震数据、测井数据的三维显示分析。

三、SLRES 地震储层反演及油气检测软件系统

1. 概述

SLRES 地震储层反演及油气检测软件系统是由中国石油勘探开发研究院西北分院物探重点实验室研发的一套拥有自主版权的软件系统，它符合中华人民共和国国家的相关软件规范，可满足石油勘探在储层预测与油藏描述方面的专业需求。

本软件系统由 12 部分组成，其中核心方法 6 项；配套技术 6 项。核心方法包括：基于多相介质理论的油气检测、测井约束的地震动力学参数反演、多信息变尺度非线性储层岩性与物性反演、修饰性处理、地震与测井敏感信息分析提取与凸现、多参数（构造、岩性、物性及含油气性）融合方法；配套技术包括：数据管理、构造解释及储层资料解释、岩性与物性的含油气性解释、测井预处理及解释、地震属性的提取与利用、图形显示。

软件的主要功能流程如图 5－23 所示。

SLRES 地震储层反演及油气检测软件系统的方法与技术统一集成在一个软件平台之下，该软件开发平台具有独立体系结构，包括系统资源分配体系、菜单解释系统、数据结构设计、数据管理系统、资源开发库、软件开发接口、模块管理系统、系统进程管理系统等。

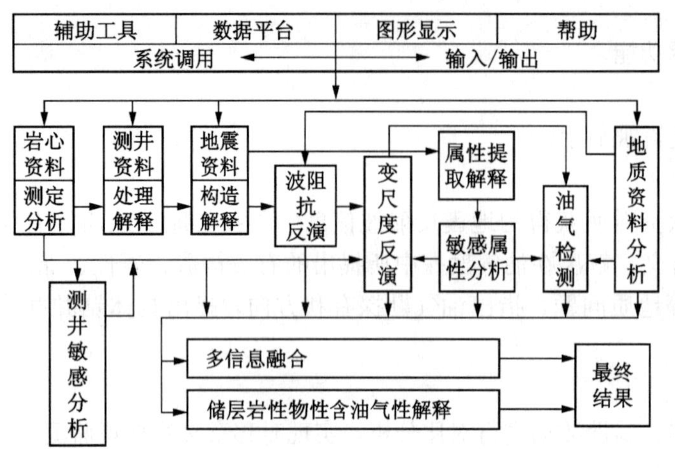

图 5-23　软件主要功能流程图

软件系统结构如图 5-24 所示。

系统运行硬件环境为 SUN 系列、SGI 系列或 IBM 等机型工作站，软件配置为 UNIX 系统、X—Window、Motif 运行环境；内存不低于 64MB。

2. 软件功能

该软件主要功能包括：基于多相介质理论的油气检测、测井约束的动力学参数反演、多信息变尺度非线性储层岩性与物性反演、修饰性处理、测井与地震敏感信息分析提取与凸现、多参数（构造、岩性、物性及含油气性）融合技术和对应于岩性与物性的含油气性解释等核心功能，并配备了相应的辅助功能。

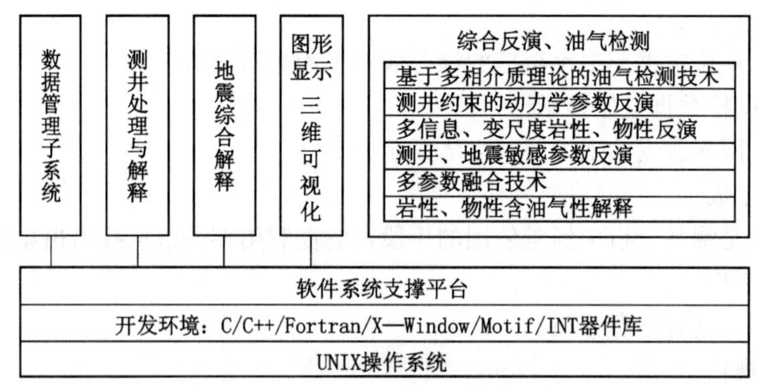

图 5-24　软件系统结构图

1）基于多相介质理论的油气检测

（1）数据预处理。

包括：相对真信息恢复，去反射序列，扫描频段优选（CM 法）。

（2）油气检测方法。

包括二维、三维、DHAF 油气检测法；二维、三维正态概率能量检测法；$t—x$ 域二维、三维能级检测法；$t—x—\phi$ 域二维、三维相位检测法；三高一低 COMPAC 油气检测法；相关技术检测法。

（3）信息融合技术。

包括：地震—测井交互验证法优选信息；标准化后的信息融合技术；油气概率分布的显示方法。

2）测井约束的动力学参数反演（波阻抗反演）

测井约束的动力学参数反演分为二维处理与三维处理。

主要包括以下内容：井约束二维地震反演：将二维地震数据与测井资料相结合，在井、地质模型和地震特征约束下，反演高分辨率的波阻抗剖面，并结合其他资料，为储层空间展布研究提供依据。主要功能有数据转换、子波提取、层位标定、二维多井约束反演、二维波阻抗反演、二维断层处理、二维波阻抗修饰处理等。

井约束三维地震反演：将三维地震数据与测井、地质、钻井、岩心分析等资料相结合，采用全三维最优化反演方法。在井、地质模型和地震特征约束下，反演高精度三维波阻抗数据体及相关的速度、密度等数据体，为储层预测与描述提供依据。主要功能有：数据转换、子波提取、层位标定、三维多井约束反演、三维波阻抗反演、三维断层处理、三维波阻抗修饰处理等。

（1）前期数据处理方法。

包括：井旁波阻抗模型道建立；井旁合成记录制作方法；子波提取方法与技术；多井波阻抗能量匹配；虚拟井选取与设置。

（2）波阻抗反演技术。

包括：二维波阻抗反演；三维波阻抗反演；二维资料三维连片反演；过断层反演方法改进（用 FBR 法）；反演中交叉验证技术；误差轨迹校正；低频分量加载技术；边界模型约束的反演。

（3）提高精度与修饰性处理。

包括：断层线编辑技术；多时窗波阻抗拼接技术；波阻抗成果二维、三维平滑技术。

另外，围绕各项反演处理，具备一些技术支持手段，主要包括数据管理、断层管理、道头管理、反演控制等。

3）多信息变尺度非线性储层岩性与物性反演

以测井资料为基础，在井、地质模型、地震波形特征、波阻抗等信息约束下，用非线性反演方法，实现拟测井剖面（或数据体）反演，如拟自然伽马（GR）、拟自然电位（SP）等，以进一步提高反演分辨率，解决混合岩性分辨问题，为储层精细追踪对比、物性预测（孔隙度、渗透率、饱和度等）提供可靠的依据。主要功能有二维拟测井剖面反演、三维拟测井数据体反演等。主要内容如下。

（1）前期数据处理与方法。

包括：井中测井参数曲线建模；井中岩性参数曲线建模；井中物性参数（孔隙度、渗透率、饱和度）曲线建模；横向岩性、物性、含油气性初始边界模型建立；地震信息及其变换（反演背景）的选择；井筒岩心分析资料对测井资料的标定与刻画；测井分析解释资料对地震信息（含变换）的标定与刻画；岩心分析资料、测井、地震交互标定验证。

（2）测井参数、岩性、物性、含油气性参数反演。

包括：测井参数曲线反演；岩性参数曲线反演；物性（孔隙度、渗透率、饱和度）参数曲线反演；含油气性参数曲线反演。

（3）提高反演品质与修饰性处理。

包括：用 FBR 法处理不够理想的反演结果；交叉验证；适度平滑处理；低频加载。

（4）信息融合技术。

包括：各类反演信息的标准化处理方法；同类信息（岩性、物性、含油气性）的等权、加权或百分比叠合技术。

4）测井与地震敏感信息分析提取与凸现

（1）井筒岩心分析资料的研究。

包括：岩性分析及模型建立（CM 图分析、直方图分析、散点图分析、交会图分析、概率累计曲线分析）；物性分析及模型建立；含油气分析及模型建立。

（2）测井资料分析与建模。

包括：连井线显示；测井岩性解释及井筒岩性分析资料的标定与刻画；测井物性解释及井筒物性分析资料的标定与刻画；测井油气水界面分析与岩心分析资料的刻画；测井相边界控制；井中储层段岩性物性参数与波阻抗等各测井参数的分布；测井曲线与岩心分析对比、选优与重构；建立标准的测井、岩性、物性、含油气性模型曲线。

（3）地震资料的分析与建模。

包括：从地震、VSP 测井资料获得速度资料与时深关系曲线；连井线中地震沿层属性分析及其与井中岩性、物性的相关度分析；绘制属性参数与井筒岩性物性的关系曲线；优选地震属性；建立标准的岩性、物性、含油气的界面初始模型。

5）多参数（构造、岩性、物性及含油气性）融合技术

（1）前期数据处理方法。

包括：交互验证信息优选方法；标准化、归一化处理；网络化方法。

（2）信息融合方法。

包括：剖面信息融合技术；三维数据体融合技术；同类信息等权、加权叠合或不同百分比混波技术；平面融合技术；构造岩性融合技术；构造物性平面融合技术；构造含油气平面融合技术。

（3）其他技术方法。

包括：沿片切片；放大显示等。

6）对应于岩性与物性的含油气性解释

（1）前期数据处理方法。

包括：制作单井、多井成果质量控制；井旁储层厚度标定；球门滤波（凸现岩性、物性参数）；砂岩百分含量与反演参数的量板制作；孔隙度、渗透率参数与反演结果的关系量板制作；含油气性与反演结果的关系量板制作。

（2）岩性、物性解释。

包括：砂层解释；根据门槛范围、样品数与间隔自动拾取单储层厚度；自动形成数据文件；小层合并自动累加、储层段有效厚度计算；砂泥岩百分比含量解释；储层孔隙度、渗透率参数解释；沿层切片解释；含油气性参数解释；沿层切片解释。

（3）成图。

包括：沉积相单储层平面等厚图（加断裂系统）；储层段有效平面厚度图（加断裂系统）；砂泥岩百分含量平面图；孔隙度平面分布图；渗透率平面分布图；油气丰度平面分布图；储层等厚图＋岩性参数图；等厚图＋物性参数图；等厚图＋油气丰度图；构造图＋储层厚度图。

7）配套技术

（1）数据管理。

数据按其形成过程与用途分为三类：即基本数据、成果数据与应用参数数据。数据管理功能实现对这些数据进行增删、修改、保存、调用与输出。

（2）构造及储层解释。

主要包括：地震资料解释与储层预测、油藏描述，以便提取构造信息与油藏信息。

（3）测井资料预处理。

主要包括：测井资料处理和测井资料解释。

（4）地震属性提取与利用。

多数有效属性是以不同方式表示有限的几种基本信息，本软件系统利用属性建立初始模型，以便控制反演与信息融合。包括：时间信息；振幅信息、频率信息、相位信息、敏感信息分析与优选、敏感属性提取与融合。

（5）图形显示。

主要包括：曲线图形显示、剖面图形显示、平面图形显示、三维图形显示、叠合穿插显示、三维可视化显示，其他图形显示（CM 图、直方图、散点图、交会图、概率图、累计曲线图、杆状图、岩性柱状图等；岩性、物性、含油气性量板关系图；二维和三维反演运行进度显示图）以及图形编辑与图形管理功能。

四、地球物理资料综合处理解释一体化系统

地球物理资料综合处理解释系统是基于微机的重、磁、电、地震综合处理、综合反演成像与综合解释一体化系统。它由系统平台与 10 个子系统组成，软件系统命名为 Emgs—V3. 0。

包括：系统平台，以通过三维工区及其中的测点、测线、测网为媒介，对地球物理资料、处理成果、处理模块和可视化工具进行系统管理；单项地球物理资料可视化与人机交互处理、成像和解释；通过可视化和人机交互建模，对重、磁、电、地震资料交替进行正反演，达到相互补充各自不足的目的，定量化地实现地质、地球物理综合反演成像与综合解释。该软件系统有两个显著的特点：其一，系统功能全面，具有可视化与人机交互功能，易学易用；其二，系统提供了丰富的定量综合正反演交互解释功能，为处理解释人员充分发挥其知识、经验、智慧与判断力提供了很好的平台，对提高解释成果的可靠性与准确性有重要意义。

1. 系统平台

Emgs 系统平台分为：系统（工区）管理、数据管理、模块管理、作业管理、可视化工具。

系统（工区）管理：通过三维地形，形象地向用户展示工区信息，如测线、测网、井等。通过交互界面，将测线、测网、井与相应的地球物理资料及处理模块相关联。

数据管理：综合管理工区数据，以目录树的方式展示工区数据及处理成果。

模块管理：管理处理模块功能及提供处理流程操作。

作业管理：管理数据处理成果，并可与可视化工具关联。

可视化工具：显示处理结果，一维曲线、二维图像、三维图像。

2. 电磁资料可视化与人机交互数据处理子系统

该子系统采用可视化与人机交互技术，实现视电阻率与阻抗相位数据编辑、极化模式识别、单点与剖面静校正、去噪等功能。

3. 电磁资料可视化人机交互反演成像子系统

该子系统由两个部分组成：完成剖面一维连续介质反演；带地形的人工可干预模型修正的可视化人机交互二维与准三维连续介质反演。

一维连续介质反演成像分系统：

(1) 以剖面为处理单元，一维连续介质反演成像。

(2) 以剖面为处理单元，拟二维连续介质反演成像。

(3) 生成地面各测点反射函数数据文件。

二维与准三维连续介质反演成像分系统：

通过人工可干预模型修正的可视化人机交互方式，完成TE方式、TM方式或TE与TM方式联合带地形的二维与准三维连续介质反演成像。

4. 电磁场波场变换和偏移成像子系统

该子系统由3个部分组成，分别完成波场变换、人机交互提高波场分辨率、人机交互偏移成像与解释。

波场变换：将电磁场反射信息变换成波动场。

人机交互提高波动场分辨率：通过可视化和人机交互方式对波动场进行编辑、去噪和提高分辨率。

人机交互偏移成像与解释：通过可视化与人机交互方式对波动场进行偏移、修改速度模型及进行构造解释。

5. 电磁资料综合信息建模与人机交互正反演解释子系统

提供一个电磁资料正反演解释平台，利用反演成像、偏移成像及其他地质地球物理成果，通过人机交互综合建模与实时正演模拟，判断解释的正确性和精确性，通过人机交互修正模型与实时正演模拟，直到获得满意的解释结果。同时，该子系统与重力、磁法和地震资料综合信息建模与人机交互正反演解释子系统可灵活地实现信息共享，方便地利用其他资料解释成果。

6. 重力资料可视化常规处理子系统

提供一个重力资料可视化与人机交互处理平台，可使用户实时了解处理效果，修正处理参数。主要功能包括：曲化平、向上延拓、向下延拓、水平导数、水平方向导数、垂直导数、滤波与视密度反演等。

7. 重力资料综合信息建模与人机交互正反演解释子系统

提供一个重力资料正反演解释平台，利用反演成像、偏移成像及其他地质地球物理成果，通过人机交互综合建模与实时正演模拟，判断解释的正确性与精确性，通过人机交互修正模型与实时正演模拟，直到获得满意的解释结果。同时，该子系统与电磁、磁法和地震资料综合信息建模与人机交互正反演解释子系统可灵活地实现信息共享，方便地利用其他资料解释成果。

8. 磁法资料可视化常规处理子系统

提供一个磁法资料可视化与人机交互处理平台，可使用户实时了解处理效果，修正处理参数。主要功能包括：曲化平、化向地磁极、向上延拓、向下延拓、水平导数、水平方向导数、垂直导数、滤波和视磁化强度反演等。

9. 磁法资料综合信息建模和人机交互正反演解释子系统

该子系统提供一个磁法资料正反演解释平台，利用反演成像、偏移成像和其他地质地球物理成果，通过人机交互综合建模和实时正演模拟，判断解释的正确性和精确性，通过人机交互修正模型与实时正演模拟，直到获得满意的解释结果。同时，该子系统与电磁、重力和地震资料综合信息建模与人机交互正反演解释子系统可灵活地实现信息共享，方便地利用其他资料解释成果。

10. 地震资料综合信息建模和人机交互偏移、解释子系统

提供一个叠后地震资料二维人机交互偏移成像与解释平台，利用重、磁、电反演成像、偏移成像与其他地质地球物理成果，通过人机交互修正速度模型与实时偏移成像，判断偏移成像的正确性与精确性，直到获得满意的成像结果。同时，该子系统同时具备交互解释功能，与电磁、重力及磁法资料综合信息建模与人机交互正反演解释子系统可灵活地实现信息共享，一方面方便地利用其他资料解释成果，另一方面为其他资料解释提供更可靠的中浅层构造信息。

11. 地质解释子系统

该子系统由 3 个分系统组成，分别完成剖面地质解释、剖面成果图编制与平面成果图编制。

第六章　模 型 技 术

第一节　数学模型技术

地震勘探采用人工方法在地表激发地震波，地震波在地下介质中向下传播，当遇到地层界面时，产生反射，返回地表，采集到地震资料。地震勘探的目的就是要通过对地震资料的处理，得到地下地层界面的影像及地层的物性参数。从广义上说，这一过程就是一个反问题。要研究反问题首先要研究正问题，正问题就是在室内利用计算机模拟野外地震波的激发、传播、接收过程，得到合成地震记录。这就是所谓的数学模型技术，即已知震源特征和介质的地球物理参数分布求地震波场的空间分布和时间变化。

数学模拟技术，概括起来，有以下几方面的用处：

（1）对地震波的传播特征进行研究，指导地震处理方法研究。

（2）指导观测系统设计。

（3）帮助地震资料的解释。

数值模拟方法有很多，按着不同的原则有多种分类方法。按着所用方程的近似程度不同，可以分为射线理论的模拟方法、声波方程的模拟方法、弹性波方程的模拟方法、各向异性介质的模拟方法、双相介质的模拟方法。每类方法中又分许多具体的方法。如声波方程模拟方法包括有限差分法、有限元法、边界元法、频率域正演法、伪谱法等。

一、射线追踪模型

射线理论是研究地震波的一种古老而充满青春活力的工具，射线理论有多方面的应用，数值模拟只是其应用的一个方面。

利用射线理论合成地震记录，可以分为两大类：一类是只考虑运动学特征的几何射线追踪方法，一类是考虑动力学特征的渐近射线追踪方法。前者只确定波的射线路径、计算波沿射线传播的时间，后者还要确定波的振幅、波形、质点振动方向等其他动力学特征。前者一般用于声学介质，后者还用于弹性介质。前者使用的范围小，后者使用的范围大。

射线法的主要优点是：概念明确、显示直观、运算速度快、适应性强。其缺陷是：应用有一定限制条件，计算结果在一定程度上是近似的，对于复杂构造进行两点三维射线追踪往往比较麻烦。随着地震勘探技术的发展，新的射线追踪技术也不断涌现，以满足大的数据处理（如三维数据）和较高精度要求下对复杂地质体研究的需要。这些技术主要研究焦点是如何精确地划分地质体，如何实现旅行时场的快速准确的计算以及对已有方法的改良。

在地震学中，有两类地震射线追踪问题：一类是一点射线追踪，即已知射线初始点位置和初始出射方向求地震波的传播路径问题；另一类是两点射线追踪，即已知射线初始点和另一观察点（接收点）的位置，不知射线初始出射方向，求两点之间的射线路径问题。

常用到的两种方法是：（1）初值问题的试射法。（2）边值问题的弯曲法。这两种方法的局限是难于处理介质中较强的速度变化，难于求出多值走时中的全局最小走时，计算效率低，阴影区内射线覆盖密度不足。仅考虑最小走时具有很大局限性，最近几年在该方面的研究主要关注多值走时计算方面。

20 世纪 80 年代末以来，射线追踪方法得到了很大的发展，出现了大量不同于传统算法的新型算法。这些算法的主要特点在于不再局限于地震波的路径描述，而是直接从惠更斯原理或费马原理出发，采用等价的波前描述地震波场的特征。近年来随着三维勘探的发展，为了适应三维数据处理和复杂地质体研究，新的射线追踪算法不断涌现。这些改进主要有：在传统的试射法和弯曲法的基础之上产生了很多改进的射线追踪方法，如波前重建法；对最小走时算法的改进，使之可适应多值走时计算，如慢度匹配法。

计算旅行时的方法有两大类：一类是射线追踪法，另一类是有限差分解程函方程法。同射线追踪方法比，有限差分解程函方程法计算旅行时具有计算量小、稳定性好的特点，因而在近年来得到了应用。然而在应用有限差分解程函方程时，常规的方阵扩展方法，当速度变化较大时，违反了因果律，导致计算出错。有限差分法解程函方程，沿初至波的实际波前扩展，避免了常规方阵扩展的违背因果律的问题，且计算量小，结果稳定。

下面介绍波前扩展有限差分旅行时计算方法。

首先写程函方程如下：

$$\left(\frac{\partial T}{\partial x}\right)^2+\left(\frac{\partial T}{\partial z}\right)^2=S^2\ (x,\ z) \tag{6-1}$$

这里 $T\ (x,\ z)$ 是地震能量以慢度分布 $S\ (x,\ z)$ 从点震源通过介质传播的初至旅行时，$(x,\ z)$ 为空间坐标。

旅行时的计算分为两步：

第一步：以图 6-1 为例计算震源临近点的差分旅行时。模型网格化，沿 x 方向、z 方向网格间距都为 h，各点慢度已知，考虑其中的 9 个网格点，对位于 A 点的震源，4 个点 B_1，B_2，B_3 和 B_4 的到达时间可以通过取距离 h 与 A 点和 B_i 点之间的平均慢度的乘积计算得到：

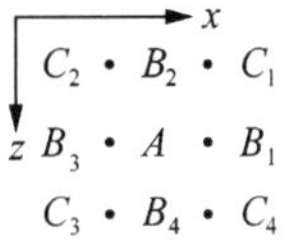

C_2	•	B_2	•	C_1
B_3	•	A	•	B_1
C_3	•	B_4	•	C_4

（横轴 x，纵轴 z）

图 6-1　以震源点 A 为中心的有限差分网格

$$T_{B_i}=h\,\frac{(S_A+S_{B_i})}{2} \tag{6-2}$$

其中，S_A、S_{Bi} 分别为 A 点、B_i 点的慢度。

接着，4 个角点的到达时间 T_{C_i} 可以用下面的公式计算得到：

$$T_{C_i}=T_A+\sqrt{2\ (h\bar{s}_i)^2-\ (T_{B_{i+1}}-T_{B_i})^2} \tag{6-3}$$

当 $i=4$ 时，$T_{B_i+1}=T_{B_i}$，这里 $\bar{s}_i=\frac{1}{4}\ (S_A+S_{C_i}+S_{B_i}+S_{B_{i+1}})$。

当震源点周围的 8 个点的旅行时都计算出来后，把它们存放在一个边界数组里，供下一步使用，这8个点构成一个封闭的边界。

第二步：沿实际波前面扩张。在这一步，首先沿着边界数组找出最小旅行时的（网格）点，该点是波前首先到达边界的点，解的区域应首先从该点向外扩张。该点周围所有没有计算过旅行时的点形成新的解域和新的边界。然后沿新的边界修改数组。再在边界数组中找到最小旅行时的网格点。反复进行上述处理，使解域向外扩张，直到把模型中所有网格点上的旅行时都计算出来为止。

图6－2是沿实际波前向外扩张的示意图。在图6－2（a）中，假定在某一时刻图中空心圆和实心圆形成了解的区域，该时刻的波前由曲线表示，沿边界上实心圆的旅行时都存储在边界数组里，边界上的最小旅行时点用有点的空心圆表示。在图6－2（b）中最小旅行时点周围的点用空心正方形表示。首先计算这些点的旅行时，这样就形成了新的解域和新的边界，然后用新的边界上的旅行时修改边界数组，并在新的边界数组中找出最小旅行时点，如图6－2（c）所示，反复重复上述过程，直到模型中所有网格点上的旅行时都计算出来为止。

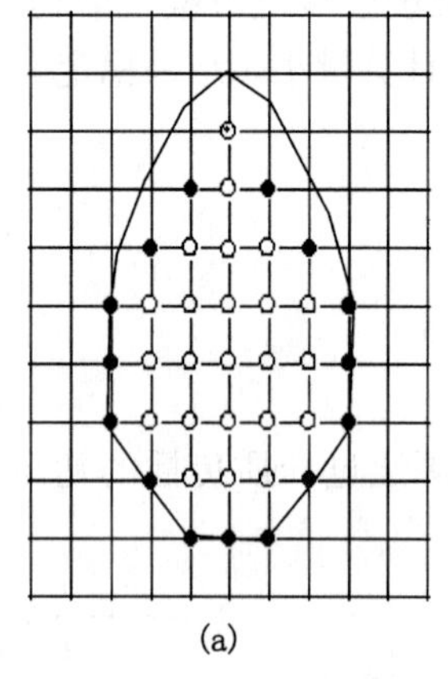
(a)

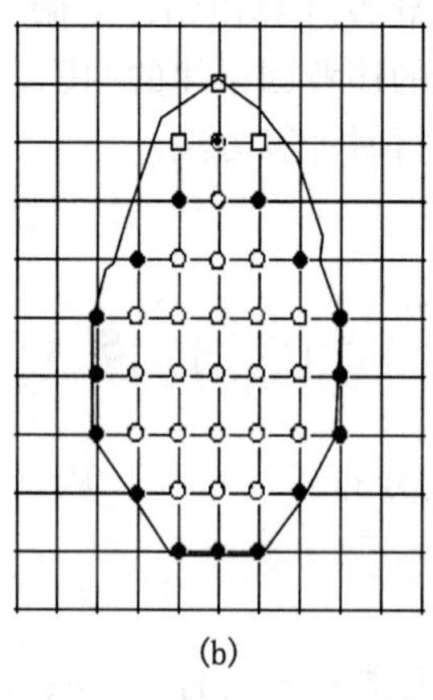
(b)

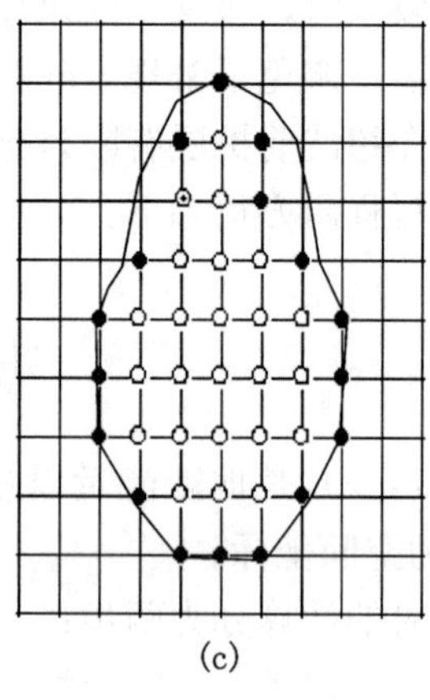
(c)

图6－2　波前扩张示意图

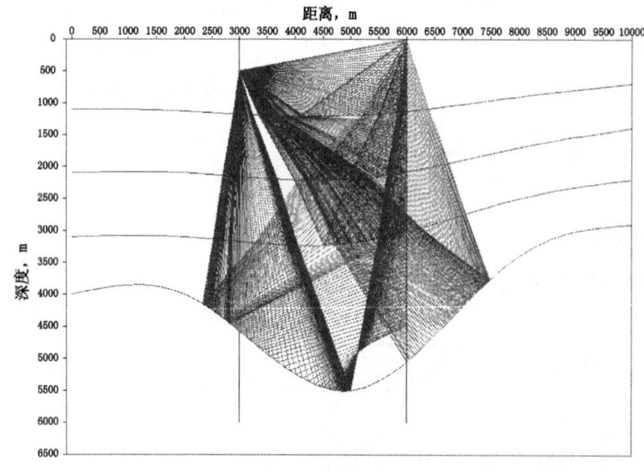

图6－3　射线追踪模型

以上完成了旅行时的计算之后，就进行方法的第二部分处理——确定最小旅行时路径：依据射线理论，射线路径与波前垂直计算路径，找出最短时间的传播路径。

下面给出一个利用射线追踪合成地震记录的例子。这是一个井间模型，模型构造如图6－3所示，图中同时给出了射线追踪的路径。图6－4是相应的井间地震合成地震记录。

二、声波方程模型

在地震勘探中，目前常用的震源主要是激发纵波，为了计算上的简单，常把这种地震纵波当作理想流体中的声波来处理，此时，波的传播满足声波方程。声波方程相对于射线理论来说，要更为精确，可以很好地考虑波的散射、折射、几何扩散等波动现象。但相对于弹性波方程来说，它还是某种程度上的近似，它不能考虑波的转换。

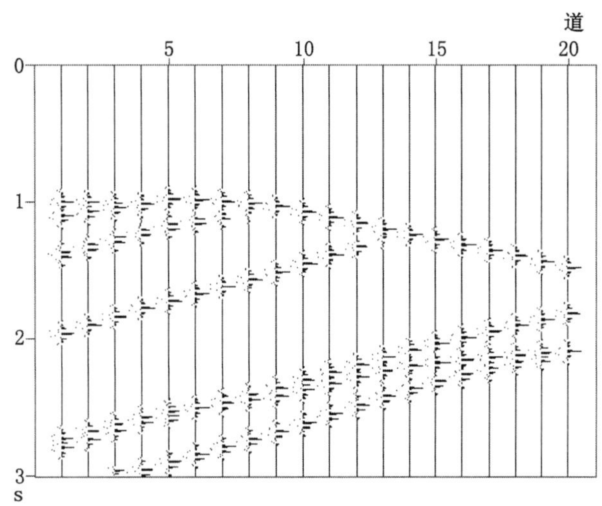

图 6－4　合成的地震记录

地震波在二维介质中的传播可用如下的声波方程来描述：

$$\frac{\partial^2 u}{\partial x^2}+\frac{\partial^2 u}{\partial z^2}-\frac{1}{v^2(x,z)}\times\frac{\partial^2 u}{\partial t^2}=g(t)\delta(x-x_s)\delta(z-z_s) \tag{6-4}$$

式中　u——位移波场；

x，z——分别为水平和垂直方向的坐标；

$v(x, z)$——介质中 (x, z) 点的速度；

$\delta()$——Dirac δ—函数；

$g(t)$——震源函数且满足：$g(t)=0$，$t<0$；

(x_s, z_s)——炮点的坐标。

为了讨论和求解方便，假设在区域 $\Omega=[0, X]\times[0, z]$ 中考虑波的传播问题。为了求解声波方程(6－4)，还要给出定解条件。取边界条件为吸收边界条件：

$$\left(\frac{\partial u}{\partial x}-\frac{1}{v}\frac{\partial u}{\partial t}\right)\bigg|_{x=0}=\left(\frac{\partial u}{\partial x}+\frac{1}{v}\frac{\partial u}{\partial t}\right)\bigg|_{x=X}=0 \tag{6-5}$$

$$\left(\frac{\partial u}{\partial z}-\frac{1}{v}\frac{\partial u}{\partial t}\right)\bigg|_{z=0}=\left(\frac{\partial u}{\partial z}+\frac{1}{v}\frac{\partial u}{\partial t}\right)\bigg|_{z=Z}=0 \tag{6-6}$$

初始条件取为：

$$u(x,z,0)=\frac{\partial u(x,z,0)}{\partial t}=0 \tag{6-7}$$

这样由式（6－4）至式（6－7）就构成了一个声波方程定解问题，即若已知 $v(x, z)$，$g(t)$，(x_s, z_s) 可解得 $u(x, z, t; x_s, z_s)$。

对于二维声波方程，如果将方程进行差分离散，又给出一个震源函数，就可以进行模拟计算了，但是，要想获得理想的合成地震记录，除选用适合的震源函数以外，还必须合理地选择空间和时间的计算步长，以满足有条件稳定差分格式的要求和更好的克服合成记录的频散现象。为此，先给出采样间隔应满足的稳定性条件和频散条件，及选用的震源函数。

震源函数一般选用雷克子波：

$$F=\sigma(x-x_0)\sigma(z-z_0)\left[1-2(\pi ft)^2\right]\exp\left[-(\pi ft)^2\right] \tag{6-8}$$

震源函数如图6－5所示，f为震源的1个参数，约为视频率的0.9倍。

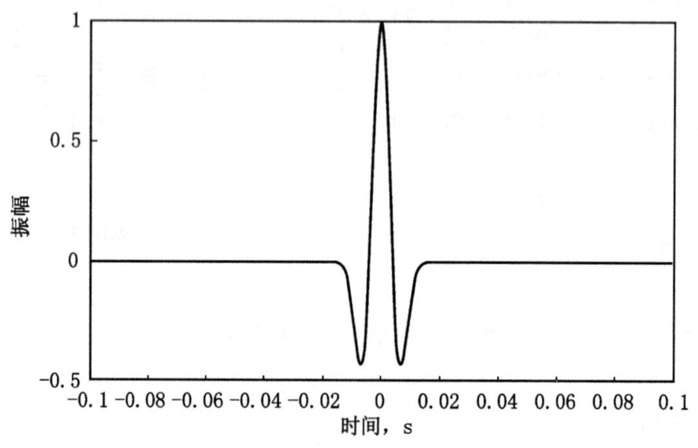

图6－5　雷克子波函数

边界条件的处理方法有很多种：运动边界条件，将计算区域随着计算的时间步长而扩大，使得波场在计算的有效时间内到达不了运动的边界上，这一方法的效果肯定十分理想，但计算所占用的内存较多，而且浪费机时；Smith边界条件方法，综合Dirichlet边界条件和Neumann边界条件，将分别满足这两种边界条件的计算结果相加，由于Dirichlet边界条件和Neumann边界条件的反射系数分别是－1和＋1，即边界反射波的振幅相等而符号相反，于是两者相加将相互抵消。Smith边界条件对消除一次反射波的效果比较理想，但对于多次反射波，这种方法效果很差；透射边界条件，这是一种较为理想的消除边界反射的方法，其基本思路是利用波的传播规律来模拟波穿过人为边界的过程，或者更确切地说，这种方法用到了射线理论的概念，当已知波的传播方向时，利用这一方法处理人为边界问题的效果相当不错，但对于一般情况而言，透射边界条件的应用效果也并不理想，更多地用由旁轴近似导出的吸收边界来处理人为边界的反射问题。

稳定性是实用差分格式必备的条件，差分格式有两类，一类是隐式差分格式，它是无条件稳定；另一类是显示差分格式，有条件稳定，且稳定性条件随着差分精度不同而不同，根据文献知道，声波方程有限差分格式的稳定性条件是：

$$v\Delta t/h\leqslant\sqrt{2}/2$$

式中　v——速度；

Δt——时间步；

h——最大采样间隔，即：

$$h = \max(\Delta x, \Delta z)$$

在差分计算过程中，如果空间和时间采样间隔不当，就会导致波形畸变，派生出多个同相轴，这就是所谓的频散。这主要是由于相速度和群速度不一致造成的，并且这种畸变随着空间采样间隔的增大而增大，空间采样间隔引起的频散高频成分滞后低频成分，而时间采样间隔引起的频散高频成分超前于低频成分，当每个波长内有较多的采样点时，就能很好地克服频散而获得较为满意的结果。

模型一（图 6-6），该模型为一个地表呈正弦函数起伏状的模型，底下为 3 个水平层，且各层的速度分别为：$v_1=1500\text{m/s}$，$v_2=2000\text{m/s}$，$v_3=2500\text{m/s}$，$v_4=3000\text{m/s}$，$v_5=3500\text{m/s}$。

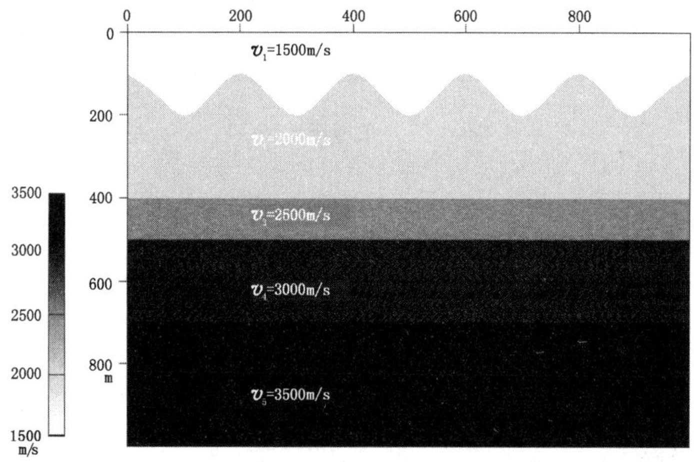

图 6-6　模型一（地表起伏模型）

采样间隔纵向与横向均为 1m，1000 × 1000 个采样点。分别在（500m，8m）和（250m，8m）点处放炮，通过正演数值模拟，可得到图 6-7，图 6-8。从图中可以看出，对于复杂地表模型，声波方程的二阶差分较好的模拟了地面接收的地震记录，图中的同相轴交叉部分，是由于低速带中起伏的反射界面存在，左、右及底边界的吸收效果比较好，只有较弱的边界反射，大部分能量被边界吸收。

三、弹性波方程模型

弹性波方程和声波方程相比，可以更好地模拟地震波在地下介质中的传播，可以模拟转换波。

若 x 表示水平坐标，方向向右为正；z 表示垂直坐标，向下为正；在笛卡儿坐标系中，二维弹性波动方程为：

$$\rho \frac{\partial^2 u}{\partial t^2} = \frac{\partial \tau_{xx}}{\partial x} + \frac{\partial \tau_{xz}}{\partial z} \tag{6-9a}$$

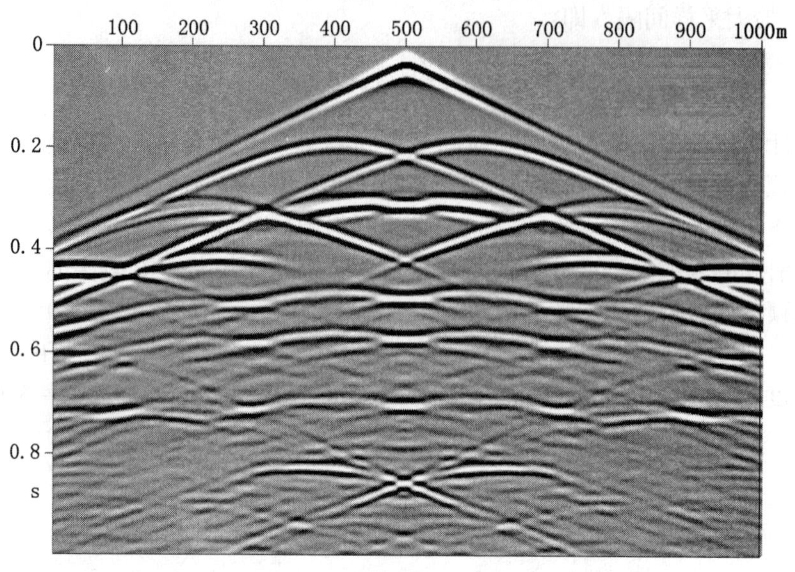

图 6-7　单炮记录（一）

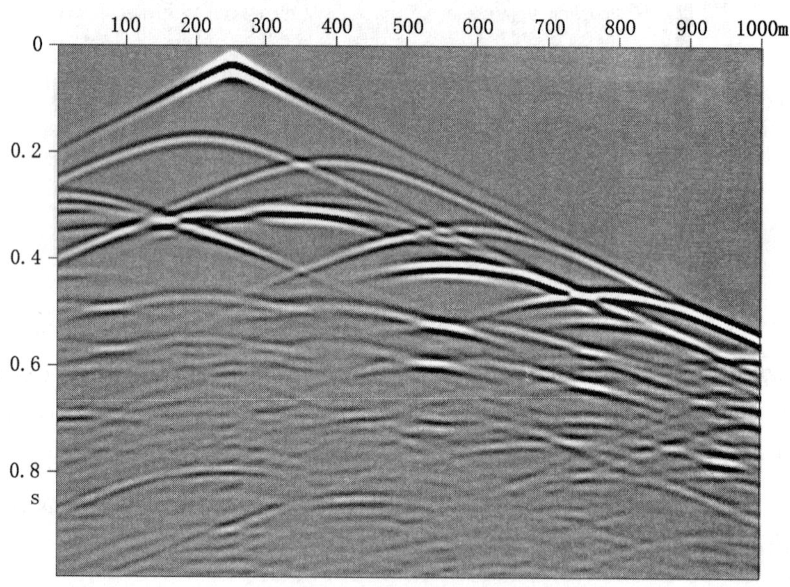

图 6-8　单炮记录（二）

$$\rho\frac{\partial^2 w}{\partial t^2}=\frac{\partial \tau_{zx}}{\partial x}+\frac{\partial \tau_{zz}}{\partial z} \tag{6-9b}$$

式中　τ_{xx}、τ_{zz}——分别为 x、z 方向的正应力；

τ_{xz}、τ_{zx}——剪切应力；

u、w——分别为 x、z 方向的质点位移分量；

ρ——介质密度。

由弹性波动理论可知，应力分量与位移分量有如下的关系：

$$\tau_{xx}=(\lambda+2\mu)\frac{\partial u}{\partial x}+\lambda\frac{\partial w}{\partial z} \tag{6-9c}$$

$$\tau_{zz}=(\lambda+2\mu)\frac{\partial w}{\partial z}+\lambda\frac{\partial u}{\partial x} \tag{6-9d}$$

$$\frac{\partial\tau_{zx}}{\partial t}=\frac{\partial\tau_{xz}}{\partial t}=\mu\left(\frac{\partial w_t}{\partial x}+\frac{\partial u_t}{\partial z}\right) \tag{6-9e}$$

初始条件为：

$$\begin{Bmatrix}u\\w\end{Bmatrix}(x,\ z,\ t)=0\qquad t\leqslant 0 \tag{6-9f}$$

$$\begin{Bmatrix}u\\w\end{Bmatrix}_t(x,\ z,\ t)=0\qquad t\leqslant 0 \tag{6-9g}$$

式中　λ、μ——拉梅系数。

如果对位移取时间导数，令 $u_t=\frac{\partial u}{\partial t}$、$w_t=\frac{\partial w}{\partial t}$，则式（6－9）可写成一阶速度—应力表达式：

$$\rho\frac{\partial u_t}{\partial t}=\frac{\partial\tau_{xx}}{\partial x}+\frac{\partial\tau_{xz}}{\partial z} \tag{6-10a}$$

$$\rho\frac{\partial w_t}{\partial t}=\frac{\partial\tau_{zx}}{\partial x}+\frac{\partial\tau_{zz}}{\partial z} \tag{6-10b}$$

$$\frac{\partial\tau_{xx}}{\partial t}=(\lambda+2\mu)\frac{\partial u_t}{\partial x}+\lambda\frac{\partial w_t}{\partial z} \tag{6-10c}$$

$$\frac{\partial\tau_{zz}}{\partial t}=(\lambda+2\mu)\frac{\partial w_t}{\partial z}+\lambda\frac{\partial u_t}{\partial x} \tag{6-10d}$$

$$\frac{\partial\tau_{zx}}{\partial t}=\frac{\partial\tau_{xz}}{\partial t}=\mu\left(\frac{\partial w_t}{\partial x}+\frac{\partial u_t}{\partial z}\right) \tag{6-10e}$$

初始条件为：

$$\begin{Bmatrix}u_t\\w_t\end{Bmatrix}(x,\ z,\ t)=0\qquad t\leqslant 0 \tag{6-10f}$$

$$\begin{Bmatrix}u_t\\w_t\end{Bmatrix}_t(x,\ z,\ t)=0\qquad t\leqslant 0 \tag{6-10g}$$

式中　u_t、w_t——质点速度的水平和垂直分量；

　　λ、μ——拉梅系数；

ρ——介质密度。

下面介绍一个数值模拟的例子，图6-9为一双层介质模型，速度 $v_{1P}=2500\text{m/s}$，$v_{1S}=1875\text{m/s}$，$v_{2P}=3500\text{m/s}$，$v_{2S}=2625\text{m/s}$，介质密度 $\rho_1=\rho_2=1.0\text{g/cm}^3$，炮点位于井深160m处。左边放一炮，右边100个检波器接收，在模型4条边界均使用吸收边界条件。图6-10，图6-11分别为合成井间地震记录的垂直、水平位移分量，直达P、S波，内界面的反射P—S、S—P、S—S波在图6-10、图6-11中均有清晰的显示，转换波也容易分辨。

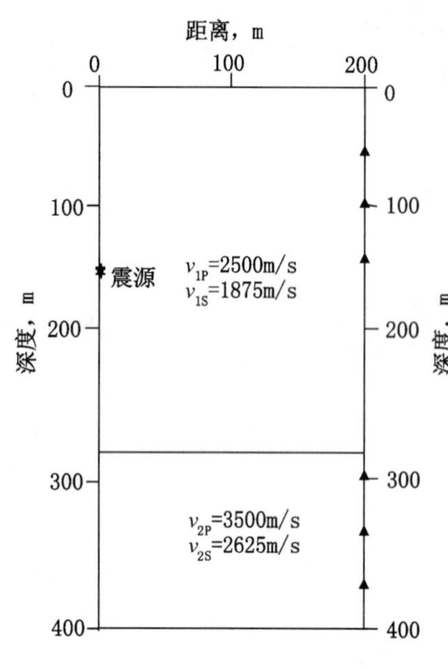

图6-9　双层井间介质模型

四、各向异性方程模型

1. 各向异性介质的分类

地下介质广泛存在各向异性。Crampin（1981，1989）根据各向异性对称的特征，将各向异性分为八类，如表6-1所示。在地震勘探和天然地震中主要研究的对称类型是：正交对称、六边形对称和各向同性。

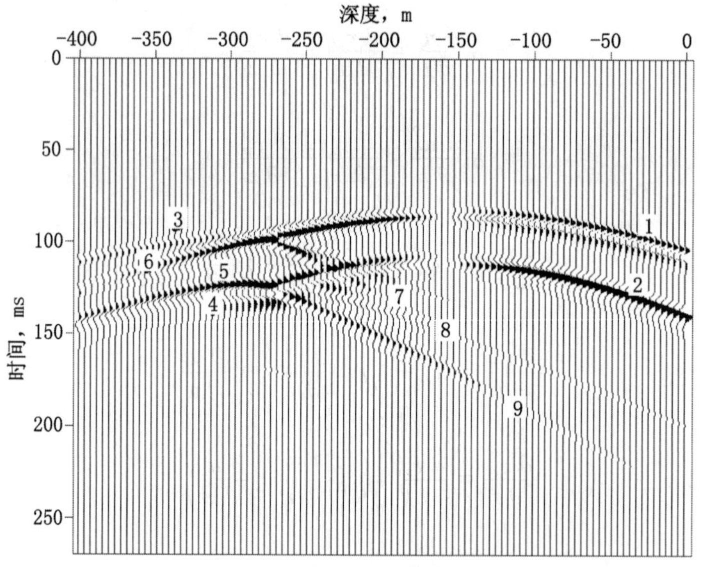

图6-10　合成井间地震记录的垂直位移分量

1，2—分别为直达P波，S波；3，4—分别为透射P—P波，S—S波；5，6—分别为透射S—P波，P—S波；7，8，9—分别为界面反射P—S波，S—P波，S—S波

表6-1　各向异性分类

对称类型	三斜对称	单斜对称	正交对称	三方对称	四方对称	六边形对称	立方对称	各向同性
参数个数	21	13	9	6或7	6或7	5	3	2

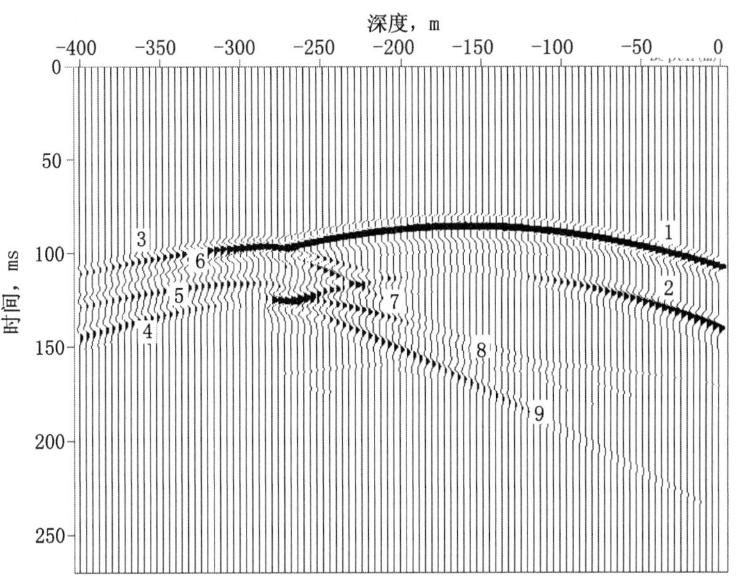

图 6－11　合成井间地震记录的水平位移分量

1，2—分别为直达 P 波，S 波；3，4—分别为透射 P—P 波，S—S 波；5、6—分别为透射 S—P 波，P—S 波；7，8，9—分别为界面反射 P—S 波，S－P 波，S—S 波

根据弹性介质理论，各向异性介质的弹性参数可由弹性参数矩阵 $\boldsymbol{C}$ 来描述，即：

$$\boldsymbol{C}=\begin{bmatrix} C_{11} & C_{12} & C_{13} & C_{14} & C_{15} & C_{16} \\ C_{12} & C_{22} & C_{23} & C_{24} & C_{25} & C_{26} \\ C_{13} & C_{23} & C_{33} & C_{34} & C_{35} & C_{36} \\ C_{14} & C_{24} & C_{34} & C_{44} & C_{45} & C_{46} \\ C_{15} & C_{25} & C_{35} & C_{45} & C_{55} & C_{56} \\ C_{16} & C_{26} & C_{36} & C_{46} & C_{56} & C_{66} \end{bmatrix} \tag{6-11}$$

在石油地球物理勘探中，目前所涉及较多的各向异性介质是六边形对称介质和正交对称介质，考虑到各向同性是各向异性的特殊情况，我们将也对它进行介绍。

1）各向同性介质

在各向同性介质中［图 6－12（a）］，存在 2 个独立的弹性参数 C_{11} 和 C_{44}，即：

$$\boldsymbol{C}=\begin{bmatrix} C_{11} & C_{12} & C_{12} & 0 & 0 & 0 \\ C_{12} & C_{11} & C_{12} & 0 & 0 & 0 \\ C_{12} & C_{12} & C_{11} & 0 & 0 & 0 \\ 0 & 0 & 0 & C_{44} & 0 & 0 \\ 0 & 0 & 0 & 0 & C_{44} & 0 \\ 0 & 0 & 0 & 0 & 0 & C_{44} \end{bmatrix} \tag{6-12}$$

其中，$C_{12}=C_{11}-2C_{44}$，C_{11} 和 C_{44} 与拉梅常数 λ 和 μ 的关系为：$C_{11}=\lambda+2\mu$，$C_{44}=\mu$。

2）六边形对称介质

六边形对称介质中［图6－12（b）］，存在5个独立弹性参数C_{11}、C_{13}、C_{33}、C_{44}和C_{66}，即：

$$
\boldsymbol{C}=\begin{bmatrix} C_{11} & C_{12} & C_{13} & 0 & 0 & 0 \\ C_{12} & C_{11} & C_{13} & 0 & 0 & 0 \\ C_{13} & C_{13} & C_{33} & 0 & 0 & 0 \\ 0 & 0 & 0 & C_{44} & 0 & 0 \\ 0 & 0 & 0 & 0 & C_{44} & 0 \\ 0 & 0 & 0 & 0 & 0 & C_{66} \end{bmatrix} \tag{6-13}
$$

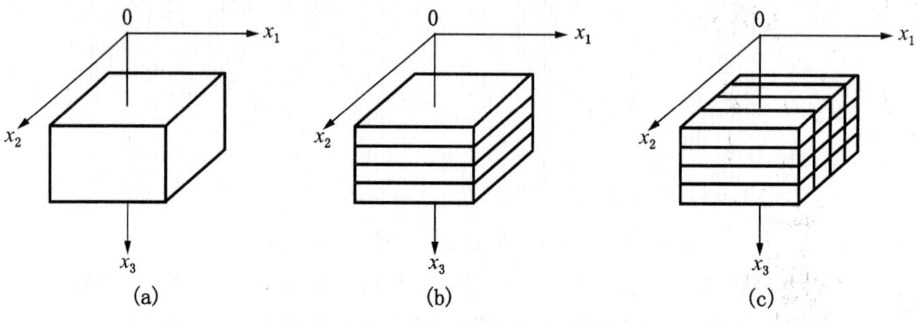

图6－12　常见对称类型介质

（a）各向同性介质；（b）六边形对称介质；（c）正交对称介质

其中，$C_{12}=C_{11}-2C_{66}$。除各向同性介质外，六边形对称介质是目前研究最多的介质，人们常研究的横向各向同性（Transverse Isotropy，TI）介质就属于此类。按照对称轴与地面的关系，可将TI介质分为三类（刘洋等，1998）：第一类是具有垂直对称轴的横向各向同性（Transverse Isotropy with a Vertical axis of symmetry，TIV），周期性薄互层（Periodic Thin Layers，PTL）介质属于此类各向异性；第二类是具有水平对称轴的横向各向同性（Transverse Isotropy with a Horizontal axis of symmetry，TIH），垂直裂隙（Extensive Dilatency Anisotropy，EDA）属于此类；第三类是具有倾斜对称轴的横向各向同性（Transverse Isotropy with a Tilted axis of symmetry，TIT），倾斜裂隙属于此类。因此，我们可将六边形对称介质分为TIH、TIV和TIT介质。

3）正交对称介质

TIV介质和TIH介质的复合可形成正交对称的各向异性介质，如图6－12（c）所示，该介质有9个弹性参数，即：

$$
\boldsymbol{C}=\begin{bmatrix} C_{11} & C_{12} & C_{13} & 0 & 0 & 0 \\ C_{12} & C_{22} & C_{33} & 0 & 0 & 0 \\ C_{13} & C_{23} & C_{33} & 0 & 0 & 0 \\ 0 & 0 & 0 & C_{44} & 0 & 0 \\ 0 & 0 & 0 & 0 & C_{55} & 0 \\ 0 & 0 & 0 & 0 & 0 & C_{66} \end{bmatrix} \tag{6-14}
$$

2. 各向异性介质中的本构方程

在各向异性介质中，应力与应变满足广义胡克定律：

$$\boldsymbol{\sigma}=\boldsymbol{C}\boldsymbol{e}, \tag{6-15}$$

其中，$\boldsymbol{C}$ 为弹性参数矩阵，且 $\boldsymbol{C}=[C_{jk}]_{6\times6}$；$\boldsymbol{\sigma}=(\sigma_{xx}, \sigma_{yy}, \sigma_{zz}, \sigma_{yz}, \sigma_{zx}, \sigma_{xy})^{\mathrm{T}}$ 为应力张量；$\boldsymbol{e}=(e_{xx}, e_{yy}, e_{zz}, e_{yz}, e_{zx}, e_{xy})^{\mathrm{T}}$ 为应变张量。

应变与位移关系为：

$$e_{xx}=\frac{\partial u_x}{\partial x},\ e_{yy}=\frac{\partial u_y}{\partial y},\ e_{zz}=\frac{\partial u_z}{\partial z},\ e_{yz}=\frac{\partial u_y}{\partial z}+\frac{\partial u_z}{\partial y},$$

$$e_{zx}=\frac{\partial u_z}{\partial x}+\frac{\partial u_x}{\partial z},\ e_{xy}=\frac{\partial u_x}{\partial y}+\frac{\partial u_y}{\partial x} \tag{6-16}$$

式中　u_x、u_y 和 u_z——分别表示位移在 x、y 和 z 3 个方向的分量。

应力与位移之间满足牛顿运动定律：

$$\frac{\partial \sigma_{xx}}{\partial x}+\frac{\partial \sigma_{xy}}{\partial y}+\frac{\partial \sigma_{xz}}{\partial z}+f_x=\rho\frac{\partial^2 u_x}{\partial t^2},$$

$$\frac{\partial \sigma_{yx}}{\partial x}+\frac{\partial \sigma_{yy}}{\partial y}+\frac{\partial \sigma_{yz}}{\partial z}+f_y=\rho\frac{\partial^2 u_y}{\partial t^2},$$

$$\frac{\partial \sigma_{zx}}{\partial x}+\frac{\partial \sigma_{zy}}{\partial y}+\frac{\partial \sigma_{zz}}{\partial z}+f_z=\rho\frac{\partial^2 u_z}{\partial t^2} \tag{6-17}$$

式中　ρ——介质的密度；

t——时间；

f_x、f_y 和 f_z——外力在 x、y 和 z 3 个方向的分量。

将式（6-15）和式（6-16）代入式（6-17），即可得各向异性介质中的波动方程。

3. 弱各向异性介质理论

目前，人们对各向异性的研究，主要集中于横向各向同性（TI）介质。Thomsen（1986）通过大量的物理实验数据分析发现，绝大多数岩石呈现弱各向异性。经过统计后，Thomsen 提出用 5 个弹性参数 α_0、β_0、ε、γ 和 δ 来描述横向各向同性介质（定向裂隙属于此类介质），其中 $|\varepsilon|\ll1$，$|\gamma|\ll1$，$|\delta|\ll1$，这 5 个参数与 C_{11}、C_{13}、C_{33}、C_{44} 和 C_{66} 之间的关系为：

$$\alpha_0=\sqrt{C_{33}/\rho},\ \beta_0=\sqrt{C_{44}/\rho},\ \varepsilon=\frac{C_{11}-C_{33}}{2C_{33}},$$

$$\gamma=\frac{C_{66}-C_{44}}{2C_{44}},\ \delta=\frac{(C_{13}+C_{44})^2-(C_{33}-C_{44})^2}{2C_{33}(C_{33}-C_{44})} \tag{6-18}$$

目前，绝大部分各向异性理论和应用研究，都是基于 Thomsen 弱各向异性假设。

4. 各向异性介质中地震波传播特征

由于各向异性的存在，使得介质中地震波的传播变得更加复杂，最突出的特点是速度各向异性，即地震波传播速度同地震波的传播方向有关。在均匀各向异性介质中，点震源

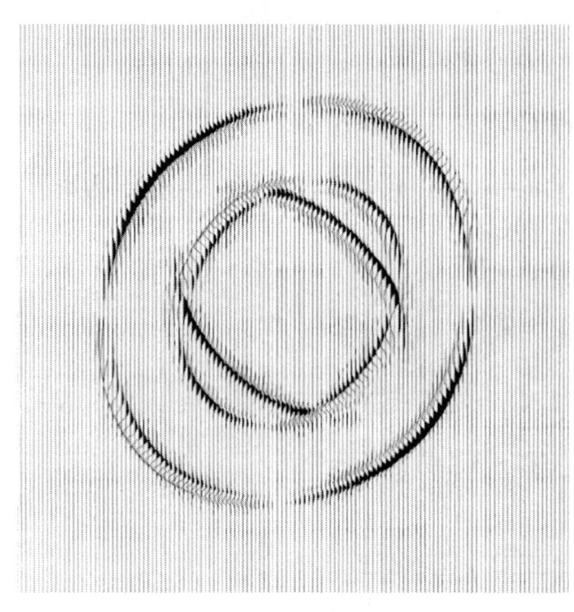

图6-13 各向异性介质中的波场快照
倾斜倾向裂隙（TIT介质），倾角60°，测线与裂隙走向夹角为45°，x方向位移震源激发，显示的为z分量波场快照

所产生的地震波波前面不再是球面，而是椭球面或更加复杂的曲面，地震波的偏振方向与地震波的传播方向也不一定总平行或垂直。如图6-13所示，它是TIT介质的波场传播快照，可以看出，在各向异性介质中存在两类横波和一类纵波，其波前面呈现椭圆形，这正是由于速度各向异性所导致的。图中，纵波传播最快，两类横波传播速度要小于纵波速度，而且这两类纵波速度只是在4个特定的方向速度相同，其他方向则速度不同，所以在这些方向进行观测时，就能观测到横波分裂现象。一般而言，在不同方位的测线上进行观测得到的记录是有差异的，这种差异在一定程度反映了地下介质的各向异性特征。

5. 各向异性介质的波动方程正演模拟

对于各向异性介质中波动方程模拟的研究工作主要包括：有限差分正演（汪和杰等，1994）、交错网格有限差分正演（李文林等，1994；汪和杰等，1998）、反射率正演方法（寻浩等，1997）、伪谱法正演方法（刘洋等，1998）等。

图6-14为某一实测记录的x、y分量，纵波震源激发，道间距40m，最小炮检距

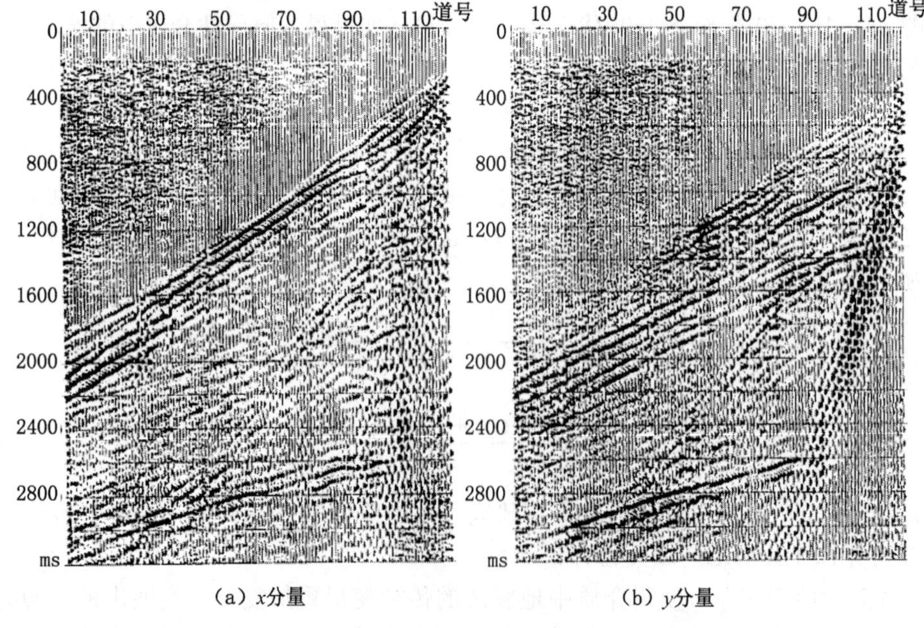

(a) x分量　(b) y分量

图6-14 某一实测三分量记录的两水平分量

400m，120 道接收，其中 y 分量能观测到能量很强的 P—SH 转换波（汪和杰等，1998）。这是以往我们单分量纵波勘探观测不到的信息，引起了解释工作者的极大兴趣，根据以前的各向同性理论很难解释这一现象。从工区地质情况分析，记录上第 100 道 1.4s 和 2.6s 对应的同相轴正好代表两套煤层的反射。众所周知，煤层的裂隙较发育，可能引起很强的泛张各向异性。结合上面的理论模型分析后认为，y 分量上的 P—SH 转换波是由煤层的裂隙引起的。

首先对该记录进行了各向异性层速度反演，得出图 6－15 所示地层参数模型，其中第二层和第五层为含裂隙层。图 6－16 为根据以上模型参数，利用有限差分法模拟的结果。采用的是线震源，道间距 30m，最小炮检距 400m，160 道接收。在模拟记录 y 分量上，同样得到了能量很强的 P—SH 转换波信息，与实测结果吻合较好，从而说明反演参数基本正确，且与理论模拟分析相一致，对实测记录作了较好的解释。

$v_P=2811\text{m/s}$	$v_S=1525\text{m/s}$	$H=845\text{m}$
$v_P=3480\text{m/s}$ $R_P=0.98$	$v_S=1795\text{m/s}$ $R_S=0.94$	$H=484\text{m}$ $\theta=60°$
$v_P=3230\text{m/s}$	$v_S=2220\text{m/s}$	$H=550\text{m}$
$v_P=5117\text{m/s}$	$v_S=2355\text{m/s}$	$H=1055\text{m}$
$v_P=3700\text{m/s}$ $R_P=0.98$	$v_S=2415\text{m/s}$ $R_S=0.95$	$H=260\text{m}$ $\theta=50°$
$v_P=5450\text{m/s}$	$v_S=3095\text{m/s}$	$H=1000\text{m}$

图 6－15　某实测地层参数模型

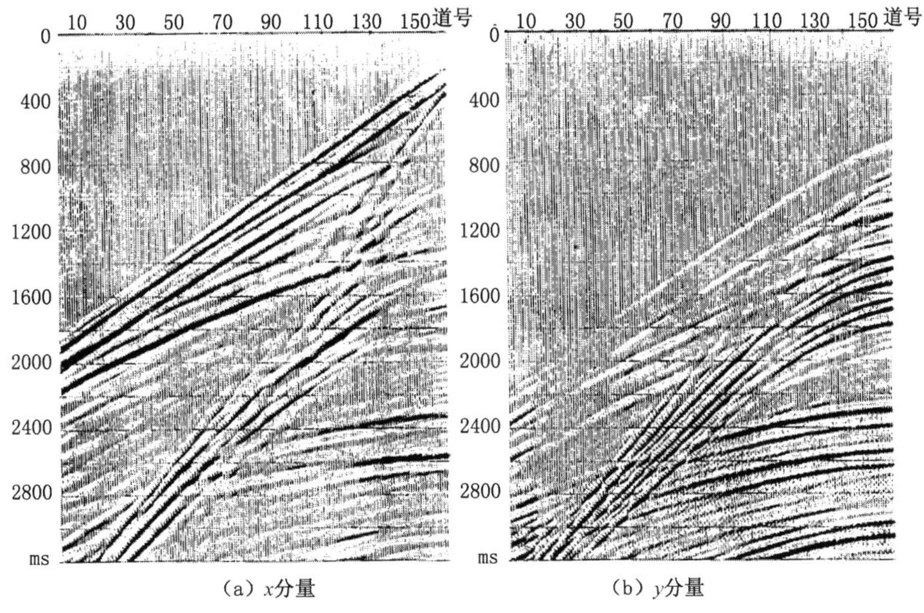

（a）x分量　　（b）y分量

图 6－16　实测模型合成记录的两水平分量

五、双相介质中的方程模型

为了更精确地研究地震波在实际地下介质中的传播特征，人们采用双相各向异性介质模型来描述地震波在饱含流体多孔介质中的传播（Biot，1955，1956）。以 Biot 理论为基础，许多作者进行了有益的研究工作。Zhu 等（1990）研究了孔隙度、渗透率和流体粘滞性随空间变化对固体骨架和储层孔隙流体中地震位移的影响。Dai 等（1995）分析了双相各向同性介质中流体对反射振幅的影响。Liu 等（1994）分析柱坐标系下横向各向同性多孔介质弹性波传播特征。Wei 等（1995）对双相各向异性介质中弹性波进行了研究，并进行了有限差分数值模拟。刘洋等（1999）推导出了双相各向异性介质中的 Christoffel 方程，利用该方程计算分析了频率对双相横向各向同性介质中弹性波的相速度、衰减、双相振幅比和偏振特征的影响。刘洋等（2000）利用伪谱法求解双相各向异性介质中弹性波波动方程，并通过数值模拟观测到了四类波。刘洋等（2003）发展了双相各向异性介质中弹性波传播的有限元模拟方法。

目前，对双相介质分界面上弹性波反射和透射问题的研究，还主要限于对双相各向同性介质的研究。Deresiewicz 和 Rice（1962）等研究了自由表面边界条件下的入射与反射问题；Geertsma 和 Smit（1961），Deresiewicz 和 Rice（1964）研究了双相各向同性介质分界面上垂直入射时的反射和透射问题；Ren 和 Anthony（1994）研究了双相各向同性介质分界面上弹性波任意角入射时的反射和透射问题。刘洋等（2000）研究了双相横向各向同性介质分界面上平面波反射和透射问题。

1. 双相各向异性介质中的波动方程

据 Biot 理论，双相各向异性介质满足以下条件：（1）固体骨架是统计各向异性的；（2）孔隙是连通的，孔隙内充满各向同性的、具有粘滞性和可压缩性的流体；（3）骨架和流体之间存在相对位移，流体相对固体的流动属于 Poiseuille 型流动。双相各向异性介质中弹性波波动方程为：

$$
\begin{cases}
\sum_{k,p,q=1}^{3}\dfrac{\partial^2(c_{ikpq}u_p)}{\partial x_k\,\partial x_q}+\sum_{q=1}^{3}\dfrac{\partial(Q_{iq}\varepsilon)}{\partial x_q}=\dfrac{\partial^2(\rho_{11}u_i+\rho_{12}\bar{u}_i)}{\partial t^2}+\sum_{p=1}^{3}b_{ip}\dfrac{\partial(u_p-\bar{u}_p)}{\partial t}\\
\sum_{p,q=1}^{3}\dfrac{\partial^2(Q_{pq}u_p)}{\partial x_i\,\partial x_q}+\dfrac{\partial(R\varepsilon)}{\partial x_i}=\dfrac{\partial^2(\rho_{12}u_i+\rho_{22}\bar{u}_i)}{\partial t^2}-\sum_{p=1}^{3}b_{ip}\dfrac{\partial(u_p-\bar{u}_p)}{\partial t}
\end{cases}
\tag{6-19}
$$

式中 ε——流相的体应变，$\varepsilon=\sum_{p=1}^{3}(\partial\bar{u}_p/\partial x_p)$；

$i=1，2，3$；

$c，i，k，p，q$——固相弹性参数；

Q_{iq}——固流耦合相弹性参数；

R——流体弹性参数；

b_{ip}——耗散系数；

ρ_{11}、ρ_{12}和ρ_{22}——固相、耦合相和流相的质量密度参数；

u_p——固相位移分量；

$\bar{u}_p$——流相位移分量。

通过符号简化，则在双相各向异性介质中，可由固相弹性参数矩阵 $\boldsymbol{C}$、耦合相弹性参数矩阵 $\boldsymbol{Q}$、流相参数 R 和耗散系数矩阵 $\boldsymbol{B}$ 等弹性参数来描述，其中 $\boldsymbol{C}$ 为 6×6 阶对称矩阵，$\boldsymbol{Q}$ 为 1×6 阶矩阵，R 为 1 个数，$\boldsymbol{B}$ 为 3×3 阶矩阵。$\boldsymbol{C}$、$\boldsymbol{Q}$ 和 $\boldsymbol{B}$ 都是指在观测坐标系下介质的弹性参数。

2. 双相各向异性介质中的有限元方程及数值解法

基于 Biot 双相各向异性介质理论和动态问题的哈密顿原理，可以推导出二维任意双相各向异性介质中弹性波传播的有限元方程为：

$$\boldsymbol{M}_{ss}\frac{\partial^2\boldsymbol{U}}{\partial t^2}+\boldsymbol{M}_{sf}\frac{\partial^2\bar{\boldsymbol{U}}}{\partial t^2}+\boldsymbol{C}_{sf}\left(\frac{\partial\boldsymbol{U}}{\partial t}-\frac{\partial\bar{\boldsymbol{U}}}{\partial t}\right)+\boldsymbol{K}_{ss}\boldsymbol{U}+\boldsymbol{K}_{sf}\bar{\boldsymbol{U}}=\boldsymbol{T}_s$$

$$\boldsymbol{M}_{sf}\frac{\partial^2\boldsymbol{U}}{\partial t^2}+\boldsymbol{M}_{ff}\frac{\partial^2\bar{\boldsymbol{U}}}{\partial t^2}-\boldsymbol{C}_{sf}\left(\frac{\partial\boldsymbol{U}}{\partial t}-\frac{\partial\bar{\boldsymbol{U}}}{\partial t}\right)+\boldsymbol{K}_{sf}{}^{\mathrm{T}}\boldsymbol{U}+\boldsymbol{K}_{ff}\bar{\boldsymbol{U}}=\boldsymbol{T}_f \tag{6-20}$$

式中 $\boldsymbol{M}_{ss}$——固相总质量矩阵；

$\boldsymbol{M}_{sf}$——固流相耦合总质量矩阵；

$\boldsymbol{M}_{ff}$——流相总质量矩阵；

$\boldsymbol{K}_{ss}$——固相总刚度矩阵；

$\boldsymbol{K}_{sf}$——双相耦合总刚度矩阵；

$\boldsymbol{K}_{ff}$——流相总刚度矩阵；

$\boldsymbol{C}_{sf}$——双相总阻尼矩阵；

$\boldsymbol{U}$ 和 $\bar{\boldsymbol{U}}$——分别为固相和流相所有节点位移的列向量；

$\boldsymbol{T}_s$ 和 $\boldsymbol{M}_f$——分别为固相和流相荷载向量。

如果仅考虑单相各向异性介质，则流相参数、耦合参数均变为 0 值，方程可简化为：

$$\boldsymbol{M}_{ss}\frac{\partial^2\boldsymbol{U}}{\partial t^2}+\boldsymbol{K}_{ss}\boldsymbol{U}=\boldsymbol{T}_s \tag{6-21}$$

采用有限差分方法可以求解上述方程。

3. 双相各向异性介质中的波动方程伪谱法数值解法

若令 $\boldsymbol{x}=(x_1, x_2, \cdots, x_m)$，$\boldsymbol{k}=(k_{x1}, k_{x2}, \cdots, k_{xm})$，则用傅里叶变换（FFT）求解空间导数的过程为：

$$g(\boldsymbol{x})\xrightarrow{\text{FFT}}G(\boldsymbol{k})\rightarrow(-ik_{x_1})^{n_1}(-ik_{x_2})^{n_2}\cdots(-ik_{x_m})^{n_m}G(\boldsymbol{k})\xrightarrow{\text{FFT}^{-1}}\frac{\mathrm{d}g^{(n_1+n_2+\cdots n_m)}(\boldsymbol{x})}{\mathrm{d}x_1^{n_1}\mathrm{d}x_2^{n_2}\cdots\mathrm{d}x_m^{n_m}} \tag{6-22}$$

对于时间导数，采用二阶中心差分法求解，对于空间导数，采用快速傅里叶变换方法求解。则双相各向异性介质中弹性波伪谱法数值模拟的递推方程为：

$$\boldsymbol{u}(t+\Delta t)=(\boldsymbol{G}-0.5\Delta t\boldsymbol{H})^{-1}\left[(\Delta t)^2\boldsymbol{d}(t)+2\boldsymbol{G}\boldsymbol{u}(t)-(\boldsymbol{G}+0.5\Delta t\boldsymbol{H})\boldsymbol{u}(t-\Delta t)\right] \tag{6-23}$$

其中

$$\boldsymbol{G}=\begin{bmatrix}\rho_{11}\boldsymbol{I} & \rho_{12}\boldsymbol{I}\\ \rho_{12}\boldsymbol{I} & \rho_{22}\boldsymbol{I}\end{bmatrix}\qquad \boldsymbol{H}=\begin{bmatrix}-\boldsymbol{B} & \boldsymbol{B}\\ \boldsymbol{B} & -\boldsymbol{B}\end{bmatrix}$$

$$\boldsymbol{u}=(u_x, u_y, u_z, \bar{u}_x, \bar{u}_y, \bar{u}_z)^{\mathrm{T}};\ \boldsymbol{d}=(d_x, d_y, d_z, \bar{d}_x, \bar{d}_y, \bar{d}_z)^{\mathrm{T}}$$

$\boldsymbol{I}$ 为 3×3 阶单位矩阵，$d_x(t)$、$d_y(t)$、$d_z(t)$、$\overline{d}_x(t)$、$\overline{d}_y(t)$ 和 $\overline{d}_z(t)$ 分别为双相各向异性介质中弹性波波动方程中与空间导数有关的项（即方程左边项），T 表示转置，Δt 表示时间步长。

4. 双相各向异性介质中的数值模拟

图 6－17 为均匀双相各向异性介质模型中（参数见表 6－2）地震波伪谱法正演模拟结果，介质为定向平行微裂隙，裂隙面倾角为 60°，在与裂隙面成 45°夹角的平面内，四类波的速度面曲线如图 6－17（a）所示，由内到外依次为慢纵波 P_2、慢横波 S_2、快横波 S_1 和快纵波 P_1。图 6－17（b）为数值模拟得到的瞬时波场图（固相 x 分量初始位移激发），可以看出，瞬时波场中的四类波波前面与速度面曲线是一致的。

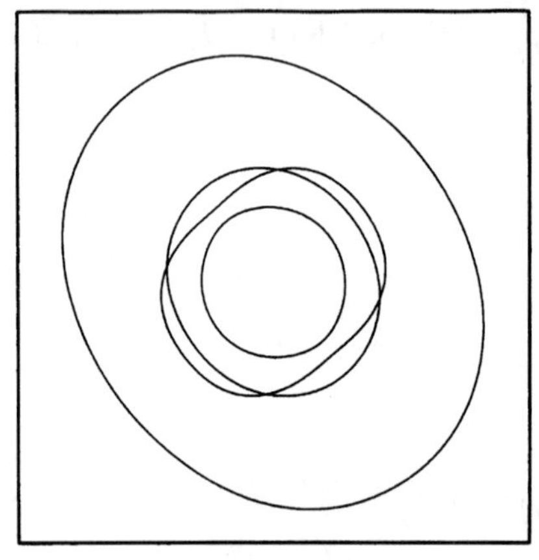

(a) 四类波速度面曲线

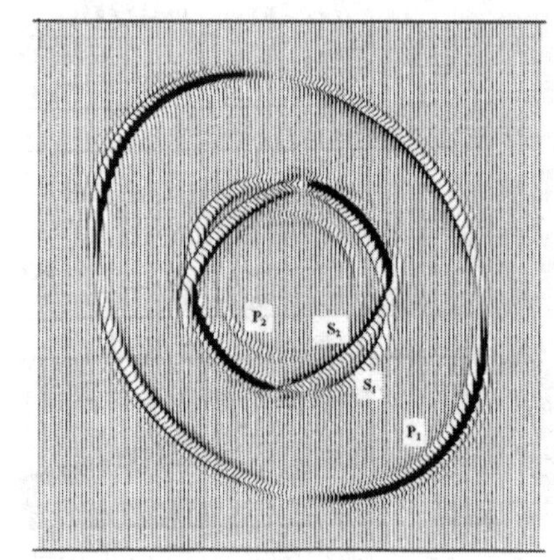

(b) 四类波传播快照

图 6－17　模型一四类波速度面曲线和传播快照对比图

（裂隙面倾角为 60°，观测面与裂隙面成 45°夹角，传播快照为 $t=150$ms 时的固相 x 分量）

表 6－2　模型一弹性参数

参数 / 介质	固相参数						流相参数		耦合参数			耗散参数	
	C_{11}	C_{13}	C_{33}	C_{44}	C_{66}	ρ_{11}	R	ρ_{22}	Q_1	Q_3	ρ_{12}	B_{11}	B_{33}
介质 1	26.4	6.11	15.6	4.38	6.84	2.17	0.331	0.191	1.14	0.953	－0.083	0.500	3.00

c_{ij}，R，Q_i：$10^9\text{kg}\cdot\text{m}^{-1}\cdot\text{s}^{-2}$；$b_{ij}$：$\text{kg}\cdot\text{m}^{-3}\cdot\text{s}^{-1}$；$\rho_{ij}$：$10^3\text{kg}\cdot\text{m}^{-3}$。

为了观测到慢纵波在界面上的反射与透射，以表 6－3 模型二为例。采用 VSP 观测方式，震源与井所组成的观测面与介质 2 裂隙面的夹角为 45°，震源到界面的距离为 400m，井与震源的水平距离为 200m，第 1 个检波器到震源的垂直距离为 0m，检波器间距为 10m。

表 6－3　模型二双相各向异性介质弹性参数

参数 / 介质	固相参数						流相参数		耦合参数			耗散参数	
	C_{11}	C_{13}	C_{33}	C_{44}	C_{66}	ρ_{11}	R	ρ_{22}	Q_1	Q_3	ρ_{12}	B_{11}	B_{33}
介质 1（双相 TIV）	26.4	6.11	15.6	4.38	6.84	2.17	0.331	0.191	1.14	0.953	－0.083	0.500	3.00
介质 2（双相 TIH）	52.2	12.3	30.9	9.83	12.1	2.77	0.791	0.255	0.770	0.700	－0.100	875	7000

c_{ij}，R，Q_i：$10^9\text{kg}\cdot\text{m}^{-1}\cdot\text{s}^{-2}$；$b_{ij}$：$\text{kg}\cdot\text{m}^{-3}\cdot\text{s}^{-1}$；$\rho_{ij}$：$10^3\text{kg}\cdot\text{m}^{-3}$。

图 6－18 为模型二固相 z 方向位移激发的 VSP 两分量记录，可见快纵波、SV 波和慢纵波的反射与透射。这三类波在界面发生反射时，又各自反射或转换成了这三类波；而这三类波在界面处发生透射后，在介质 2 中产生的慢纵波，由于其衰减很大（耗散系数大），

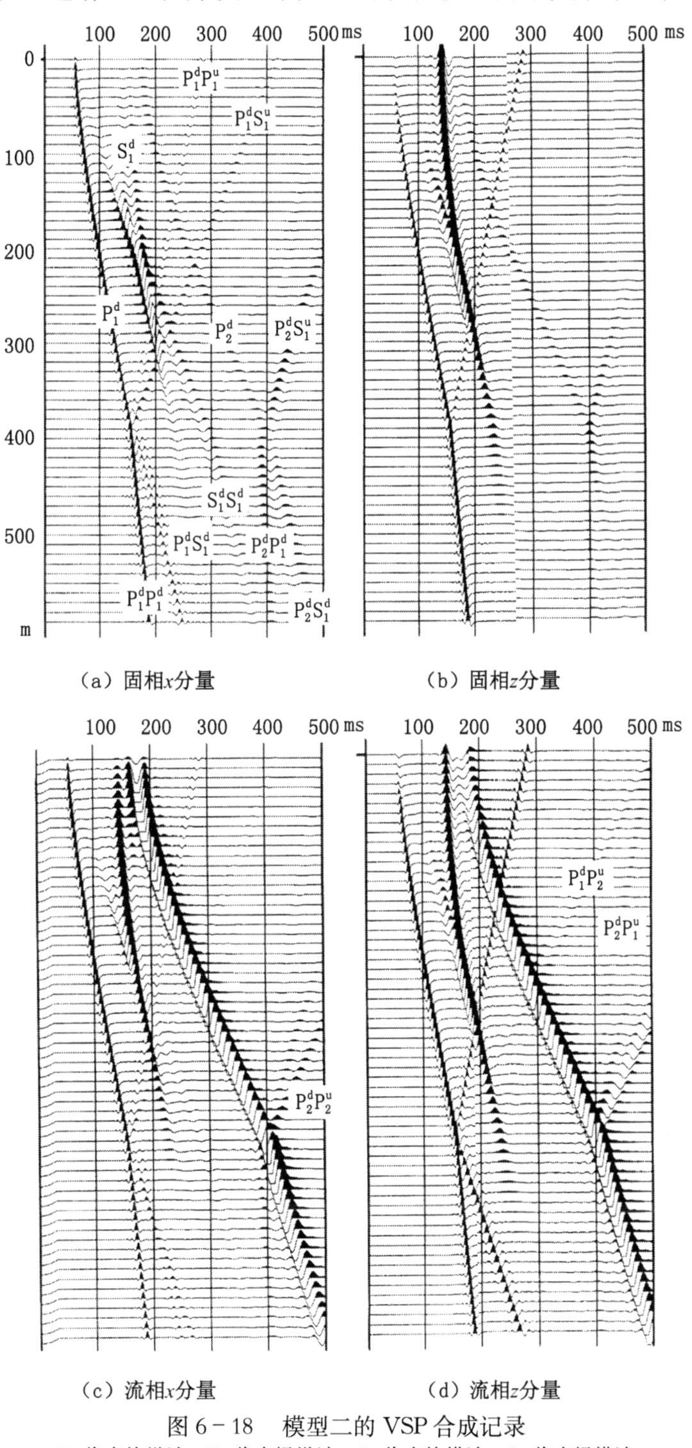

图 6－18 模型二的 VSP 合成记录

P_1 代表快纵波，P_2 代表慢纵波，S_1 代表快横波，S_2 代表慢横波

上标 d 代表下行波，上标 u 代表上行波

所有在 VSP 记录上未能观测到。

第二节 物理模型技术

地震物理模型技术是在实验室内将野外的地质体按照一定比例缩小制作成物理模型，并用超声波或激光超声波等方法对野外地震勘探方法进行模拟的一种方法（图 6－19）。

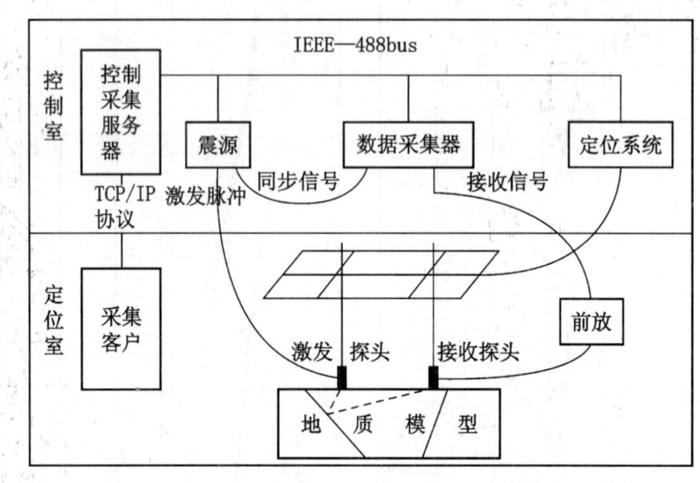

图 6－19 地震物理模型实验方法示意图

与数学模型相比，其最大的优点是地震物理模拟结果的真实性，它不受计算方法、假设条件的限制，因而地震物理模型受到国外工业发达国家各石油公司和大学的普遍重视。

地震物理模型实验在石油天然气勘探、开发中的应用越来越广泛。它除了对地震波理论研究，例如声波介质、弹性介质、各向异性介质和双相介质中弹性波传播理论研究，还对盐丘、盐下构造成像、河道砂预测、裂缝带检测、井间地震研究及油藏动态监测等石油天然气勘探、开发工作中发挥重要的作用。

地震物理模拟技术在 20 世纪 70 年代得到了飞速发展。

1977 年美国休斯敦大学地震声学实验室创建水槽地震物理模型。该实验室受到美国 30 多家石油公司和地球物理公司的支持和资助，至今仍是美国最大的地球物理工业联合体之一。

1985 年美国埃克森石油公司建立了固体地震物理模型观测系统。

1990 年至 1993 年，欧洲共同体勘探研究及发展计划中，特别加强地震物理模型的研究，强调了"以地震物理模型弥补数值计算的不足"。并研制成了激光超声波地震物理模拟方法。

目前，加拿大卡尔加里大学、荷兰德尔福理工大学、英国石油公司、法国石油研究所、挪威大陆架和石油技术研究所及俄罗斯、日本等国都建立了地震物理模型实验室。

国内原新星石油公司石油物探研究所（原地质矿产部）以及同济大学在 1985 年前后设计建立了大型水槽自动地震物理模型观测系统。

石油大学于1986年研究成功了固体地震物理模型方法，并且一开始就从固体地震物理模型方法出发研制了一套大规模、高精度固体地震物理模型设备（图6-20）。

固体地震物理模型与以往的水槽地震物理模型相比，具有无可比拟的优越性。固体地震物理模型最大的优点就是可以同时获得各类纵波、各类横波和各类转换波的多波多分量地震记录，为复杂构造油气藏特别是岩性油气藏和裂缝油气藏的地震物理模拟开辟了道路。

接下来讨论一下地震物理模拟的理论基础——相似性原理。

相似性原理为地震物理模拟无论在运动学理论还是在动力学理论上都为地球物理模拟技术奠定了坚实的理论基础。

(a)密定位系统和模型实验工作室

(b)定位自动控制和数据采集控制室

图6-20 大型三维精密定位自动控制系统和数据采集系统

一、运动学相似原理

地震物理模型在模拟地震波运动学特征时，必须满足几何相似比，即，当波在模型介质中的传播速度 v_m 与地震波在实际介质中的传播速度 v 相同时，即：

$$v_m = v$$

则：

$$\frac{f_m}{f} = \frac{\lambda}{\lambda_m} = \frac{L}{L_m}$$

式中 L——实际介质尺度；

L_m——模型介质尺度；

λ——实际地震波长；

λ_m——模型实验波长；

f——实际地震波频率；

f_m——模型实验超声波频率。

此时，实际介质与模型介质的尺度比等于实际与模型的波长比，或模型与实际的频率比。

当模型介质速度 v_m 与实际介质速度 v 不相同时，

令：

$$\frac{v}{v_m}=\gamma$$

则：

$$\frac{f_m}{f}=\frac{1}{\gamma}\frac{\lambda}{\lambda_m}=\frac{1}{\gamma}\frac{L}{L_m}$$

此时，实际介质与模型介质的尺度比等于模型与实际的频率比乘以实际介质与模型介质的速度比。

二、动力学相似原理

固体地震物理模型在模拟实际地层介质或储层时，除需要满足地震波运动学的几何相拟比外，还需满足地震波动力学的相似性，即要求模型的各弹性常数与实际地层相应的弹性常数相同或相似。

在单相或双相完全弹性介质情况下，要求各弹性系数和密度相同或相似。例如：

单相介质：	双相介质：	
$\lambda=c\lambda_m$	$A=cA_m$	$R=cR_m$
$\mu=c\mu_m$	$N=cN_m$	$b=cb_m$
$\rho=c\rho_m$	$Q=cQ_m$	$\rho=c\rho_m$

此时，模型介质与实际介质中的弹性波方程完全相同，其中 A、N、Q、R、b 为双相介质弹性常数，A_m、N_m、Q_m、R_m、b_m，为双相介质模型弹性常数。

在单相或双相、非完全弹性介质情况下，除要求各弹性系数和密度相同或相似外，还要求介质的吸收系数相同或相似。

设在实际介质中，地震波振幅：

$$A=A_0\mathrm{e}^{\alpha r}$$

如：

$$\alpha=\alpha_0 f$$

则：

$$A=A_0\mathrm{e}^{\alpha_0 fr}$$

式中 A_0——地震波的初始振幅；

α_0——实际介质的吸收系数；

f——地震波的频率；

r——地震波的传播距离。

在模型介质中，波的振幅：

$$A_m=A_{m0}\mathrm{e}^{-\alpha_m r_m}$$

其中：

$$\alpha_m=\alpha_{m0}f_m$$

则：

$$A_m = A_{m0} e^{-\alpha_{m0} f_m r_m}$$

式中 A_{m0}——模型中波的初始振幅；

α_{m0}——模型介质的吸收系数；

f_m——模型中波的频率；

r_m——模型中波传播距离。

为了使波在模型中传播与地震波在实际介质中传播具有相同的振幅衰减，则：

$$\frac{A}{A_0} = \frac{A_m}{A_{m0}}$$

得到：

$$\alpha_0 f r = \alpha_{m0} f_m r_m$$

当波在模型介质中的传播速度 v_m 与地震波在实际介质中的传播速度 v 相同时：

$$v_m = v$$

则：

$$f r = f_m r_m$$

得出：

$$\alpha_{m0} = \alpha_0$$

此时，模型介质的吸收系数应等于实际介质的吸收系数。

而当波在模型介质中的传播速度 v_m 与地震波在实际介质中的传播速度 v 相似时，即：

$$\frac{v}{v_m} = \gamma$$

得：

$$\alpha_0 v = \alpha_{m0} v_m$$

或：

$$\alpha_{m0} = \gamma \alpha_0$$

此时，模型介质的吸收系数应等于实际介质的吸收系数乘以速度比系数。

第三节 复杂介质模型实例

目前，地震正演模拟技术已深入到地震勘探的各个环节，并成为连接各个环节的纽带。借助物理模型模拟技术，可以帮助我们认识复杂地质构造所产生的地震响应特征；通过对地震响应特征分析，为实际地震勘探提供观测系统的优化设计，为地震数据处理提供标准数据体，帮助我们建立正确的地震数据处理流程和检验处理方法的正确性，帮助解释人员认识和验证解释结果。

本节通过以下几个模型实例反映物理模型技术现状及其作用：

（1）复杂构造模型。

（2）复杂地表模型。

（3）储层物理模型。

（4）观测系统设计。

一、复杂构造模型

山地勘探一直是西部油气勘探的重点之一。塔里木盆地北部山地具有典型代表性，地表条件复杂，构造复杂，勘探目的层埋藏深，地震资料信噪比低，准确成像困难，是地震勘探困难地区。

从喀什北部 KS03—637 地震剖面上分析，该地区构造上部和下部被断层切割成两个构造层，下部构造相对平缓，信噪比较高，而上部地层受到强烈的挤压作用，产状较陡，信噪比极低，基本上没有有效的反射信号。在地震勘探中，如何得到上部地层反射信号，主要噪声产生的机制，如何消除上部高陡地层对下部构造的影响，是该地区地震勘探的关键问题。物理模型研究主要是要回答上述 3 个问题。图 6－21 为经简化 KS03—637 地质剖面。研究人员并按照 1∶20000 的空间比例尺制作出实验模型。

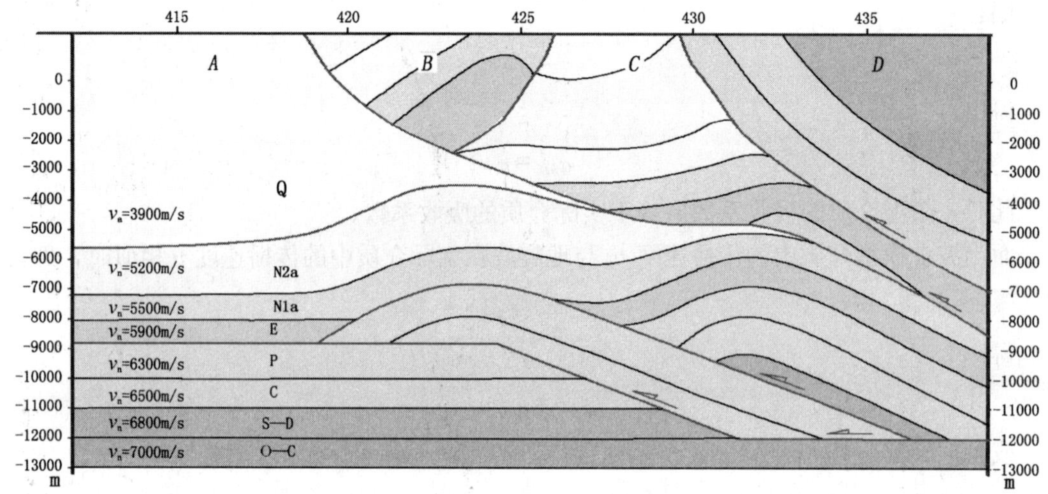

图 6－21　KS03—637 地质剖面

根据 KS03—637 测线的地质解释剖面，设计一物理模型如图 6－21 所示，依据速度选取物理模型制作材料，以模拟实际地层，见表 6－4。模拟野外观测系统，对模型进行采集、处理模拟实验，拟解决上部地层不同的地震地质条件对下部构造的影响。

表 6－4　模拟的实际速度和模型的层　m/s

地　层	实际速度	比例设计速度	模型材料速度	模拟实际速度
Q	3900	1463	1320	3524
N2a	5200	1950	1658	4410
N1a	5500	2063	1907	5072
E	5900	2213	2135	5679
P	6300	2363	2224	5916
C	6500	2438	2378	6325
S—D	6800	2550	2428	6458
O	7000	2625	2581	6865

（1）上部平缓地层（0～15°，图 6－21*A* 区部位）对下部断层相关褶皱的影响。

（2）上部较陡地层（15°～45°，图 6－21*C* 区部位）对下部断层相关褶皱的影响。

（3）上部陡地层（45°～85°，图 6－21*B* 区部位）对下部断层相关褶皱的影响。

（4）老地层出露区（图 6－21*D* 区）对下部地层的影响。

（5）上部断层对下部地层的影响。

1. 观测系统设计

针对高陡构造，所设计的观测系统具有两个特点：采用二维观测系统，单边放炮方式，并由南向北和由北向南两次观测；采集参数如下：240 道，道距 30m，炮距 120m，最小偏移距 600m，覆盖次数 120 次。

为了研究上部地层对下伏目的层的影响，模型分成上下两个部分，如图 6－22，图 6－23 所示。采集分三次进行，首先采集上部，然后采集下部，最后采集全模型（上部、下部模型合在一起）。

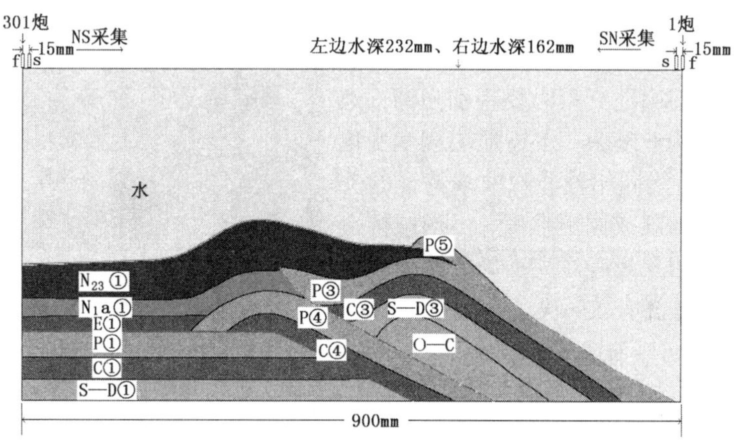

图 6－22　KS03—637 下部模型

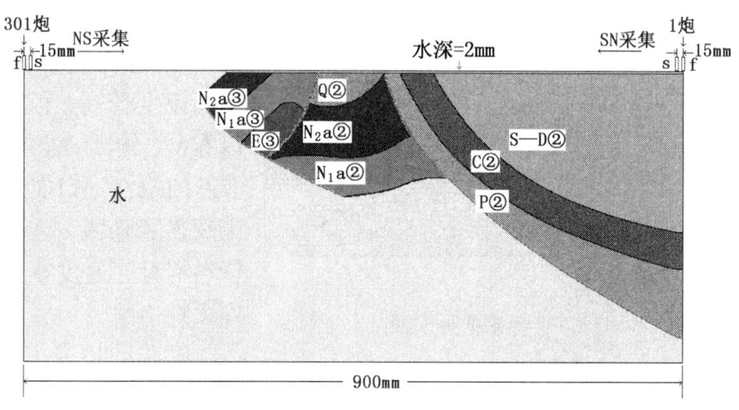

图 6－23　KS03—637 上部模型

2. 地震资料处理

资料处理完全按目前常规处理流程进行。特别在速度分析时，不受已知模型速度的影

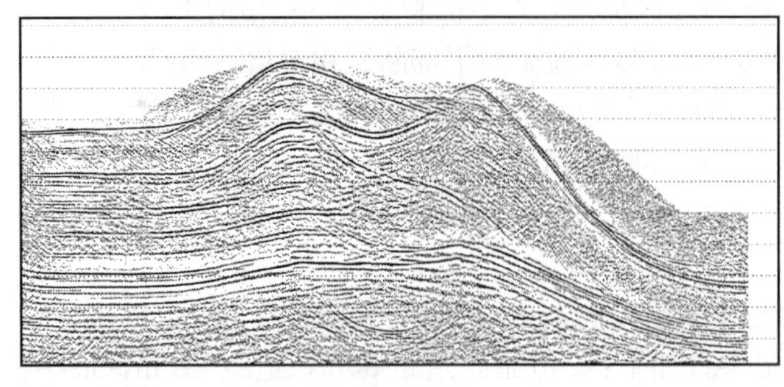

图 6－24　KS03—637 下部模型偏移剖面

响，以便发现问题。图 6－24，图 6－25，图 6－26 是各模型的处理剖面。

3. 实验结果分析

（1）图 6－27 为喀什模型构造复杂部位（CDP840）上部模型、下部模型和全模型的 CMP 道集。从图中可以看到，在 5s 附近，下部模型同相轴基本上呈双曲线性，而全模型在相同的位置，表现出明显的非双曲线特征。在该 CDP 点，模型上部地层倾角较大，速度横向变化剧烈，如图 6－21 所示的 B 区。由此可以推断，该点全模型的非双曲线特征是由于上部地层倾角较大、速度变化剧烈引起的。所以在处理西部山地资料时要特别强调：地表起伏较大，地表构造复杂，上覆地层速度变化剧烈是引起 CMP 道集同相轴非双曲线特征的关键因素，也是引起地震成像不准确、出现假构造的主要原因。这种假象只有建立准确的速度模型进行叠前深度偏移才能有效解决。

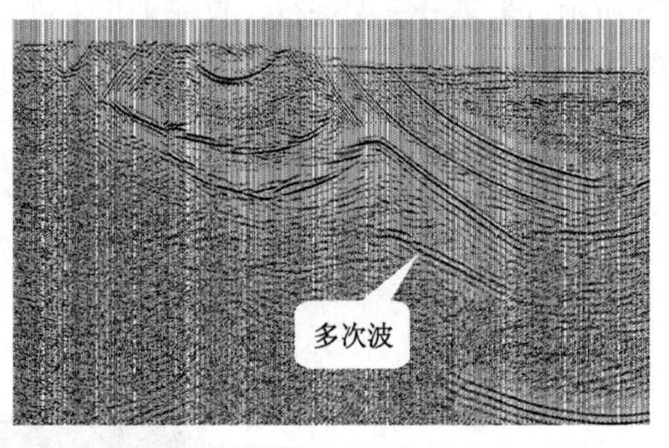

图 6－25　KS03—637 上部模型偏移剖面

（2）非双曲线同相轴造成的假象。

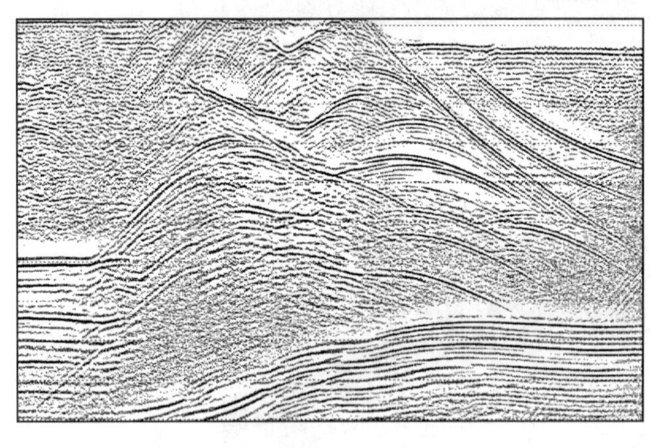

图 6－26　KS03—637 模型叠加剖面

由于地震资料 CMP 道集反射同相轴的非双曲线性，会在成像过程中造成假象。

①速度分析过程中会出现低速陷阱。从图6－21可以看出，CDP840 处属于逆断层上盘，老地层上移，所以速度较高。但从图6－27（c）可以看出，由于在 5s 处反射同相轴的非双曲线性，扫描速度会明显降低，出现速度陷阱。这种速度陷阱会给资料解释、速度模型建立等造成负面影响。

②非同相叠加问题。由于非双曲线性，叠加过程不能完全同相，在叠加剖面上反映为同相轴散乱。图 6－28 为下部模型叠加剖面，在标注位置同相轴稳定，特征明显。在图 6－29 中，模型同样位置，由于上覆地层影响，CDP 道集上反射同相轴非双曲线性增强，不能对道集进行同相叠加，同一界面的反射会叠加出不同的同相轴，所以叠加剖面上出现同相轴散乱现象。这种现象的出现将

(a)上部模型道集　(b)下部模型道集　(c)全部模型道集

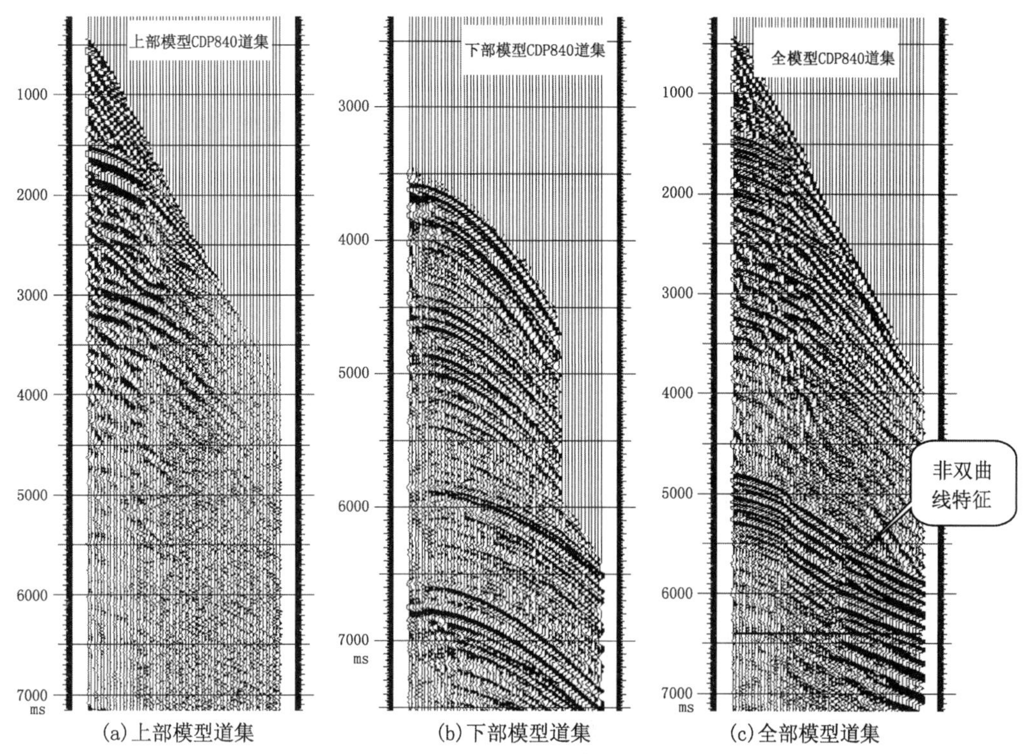

图 6－27　喀什上部、下部和全模型 CDP840 道集

给后续的分析和解释造成陷阱。第一，在构造解释方面，会将一层界面的反射解释成多层界面反射，或解释成断层；第二，在属性分析方面，分析结果不能反映地层的属性。

（3）多次波的出现。

图 6－25 上部模型偏移剖面，在其右上方，由于设计了一老地层覆盖在第三系的地层上，物理模拟剖面中可以清楚地看到多次波的存在，并且能量较强，这种情况在实际地震剖面中也比较常见。

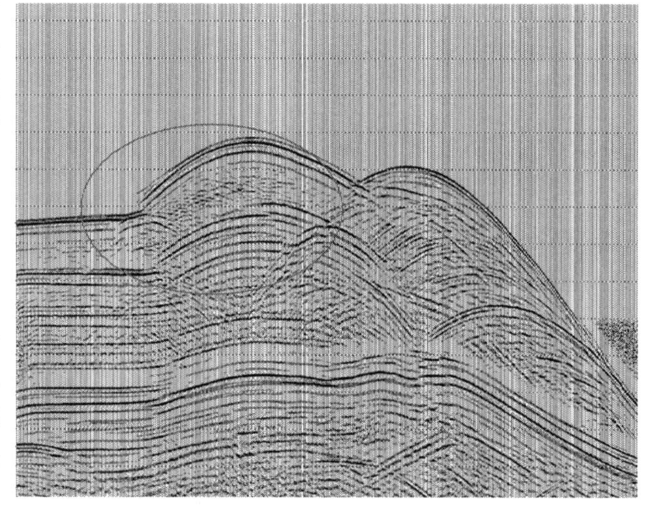

图 6－28　下部模型叠加剖面

（4）从上述模型实验过程和结果分析可以看出，现在的物理模型技术可以完成以下工作：

①可以制作复杂构造模型并按照实际观测系统采集资料。

②可以对地震资料成像机理进行分析研究。

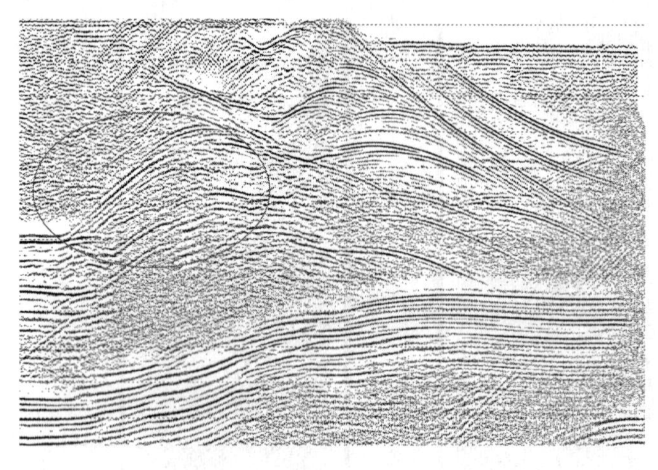

图 6-29 全模型叠加剖面

③可以对噪声形成机制进行研究。

二、复杂地表模型

1. 模型制作与数据采集

山地地震勘探遇到的困难是多方面的。近地表速度横向剧烈变化也是影响山地地震勘探的一个主要问题。它会引起射线路径畸变，从而影响构造的成像。本实验主要分析复杂的近地表地质结构对地下中深反射地震波的影响，其意义在于对山地地震数据采集、处理及解释技术提供改进依据。

图 6-30 为针对地表速度横向变化设计的地质模型，近地表由 30°倾斜地层构成，模型中部设计了 1 个平层，在平层下面有 1 个正断层和 1 个斜断层组成的构造。图 6-31 为模型实物，在这个模型上进行了物理模拟观测。二维地震观测系统：0—200m—3150m，60 道，道距 50m，炮间距 100m，覆盖次数 15 次。

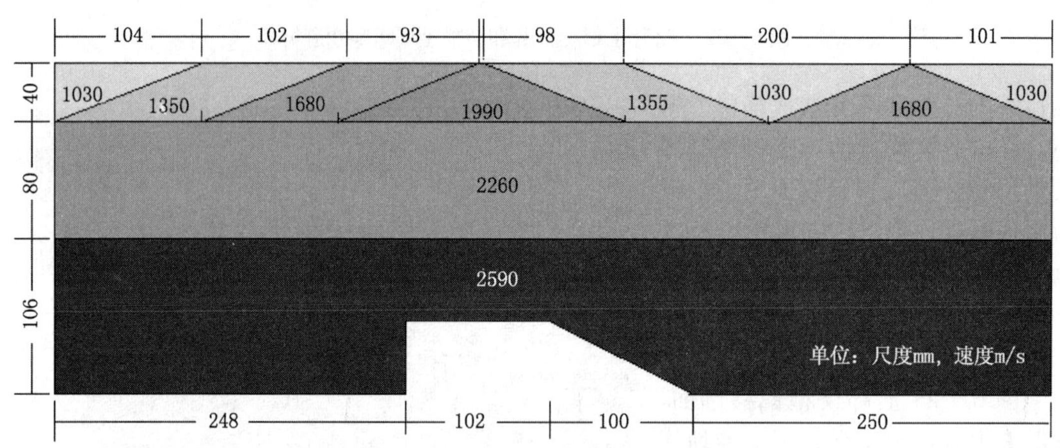

图 6-30 近地表横向变化设计的地质模型

图 6-32 和图 6-33 分别是物理模型数据叠加剖面和偏移剖面。物理模拟结果表明：(1) 由于近地表横向速度剧烈变化，在时间偏移剖面就会出现地质假象，水平界面变成了弯曲界面；(2) 左侧剖面成像较好，而右侧成像质量较差，这一结果可能与观测系统设计有关，应该采用两端放炮的观测方式。

2. 通过对此次物理模型的制作、观测和资料解释，得出的结论

模型材料要选择那些能用来模拟实际地层岩石物性，并适于制作各种形态和结构的地质构造模型。现在的实际工作中一般认为浇注型的固体材料比较好用。这类材料的主要的

图 6－31　地表横向变化模型实物照片

特点是添加固化剂前是流体，加入固化剂后用模子浇铸，很快可以固化成任意所需的形状。有些材料在浇铸前是按比例混合进去另一种材料，就可以改变固化后的波速，用来模拟不同速度的地层。

通过对模型资料的解释，可以看出物理模型技术的优点主要表现在：通过处理物理模型的数据得到的解释剖面结果能更全面地反映复杂地层岩性或构造形态的地震波场的特点。通过模拟地下地质的情况，在分析实际资料时能够从资料的特点分析出具体的地质情况。

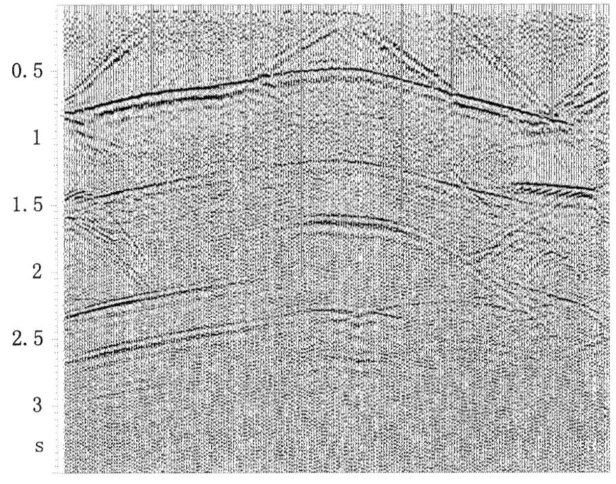

图 6－32　物理模型叠加剖面

三、储层物理模型

中国油田中陆相沉积储层占主要地位，陆相沉积地层的主要特点是薄，厚度一般为几米至十几米。使用目前勘探技术很难识别单一薄层的构造形态。

(1) 实验目的：通过物理模拟实验，研究含不同流体薄互层中波的传播特征，了解含不同流体层与其上下薄层波场响应的叠合机理，以及叠合作用对反射波动力学特征参数的影响作用。单一气层实验结果表明，岩石孔隙中含气与含水或油后岩石顶界反射波能量存在较大差异，这种不同流体引起的波场差异在薄互层背景之下将会受到很大影响。因此，进行薄互层条件下含气层反射特征物理模拟不仅对含气层反射机理研究具有重要意义，而且对实际油气勘探具有一定指导作用。

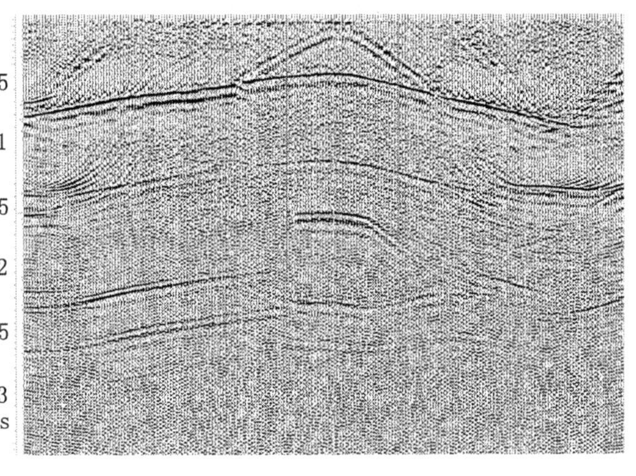

图 6－33　物理模型叠后偏移剖面

(2) 实验方法：选择适当实验材料，有机玻璃代表薄泥岩层，压实细沙为储层，模型制作了七层储层、八层泥岩，上覆盖层由环氧树脂制作，如图 6－34 所示。根据实际需要设计信号采集所需观测系统；依据观测系统，利用数据采集系统观测物理模型的波场特征。实验过程中为模拟含不同流体储层的地震响应，依次对砂层进行了抽空，定量充气、水或油，并记录上述条件下薄互层模型的地震响应。

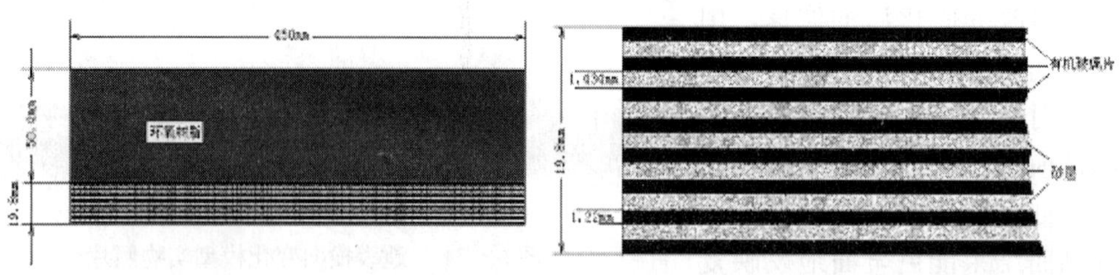

图 6－34　薄互层物理模型示意图

（3）实验结果分析：

通过对采集后地震记录进行常规处理和叠加，获得含不同流体模型的地震反射剖面。图 6－35 上、中、下分别显示了含水、含油、含气模型的处理结果。测试结果说明，含不同流体砂层引起的波场响应具有显著差异，表现在叠加剖面上的特征为：含水砂层的反射振幅与其上覆层相比变化不大，横向上波形形态相似且稳定，反射同相轴连续性好［图 6－35（a）］；含气砂层的反射振幅在纵横方向变化很大，特别是在横向上，波形散乱不规则，未形成可识辨的反射界面［图 6－35（c）］；含油砂层的反射特征介于上述二者之间［图6－35（b）］。

（4）通过实验结果分析，本项实验表明：

①含气砂层的反射振幅在纵横方向变化很大，特别是在横向上，波形散乱不规则，未形成可识别的反射界面。

②含水砂层的反射振幅与其上覆层相比变化不大，横向上波形形态相似且稳定，反射同相轴连续性好，含油砂层的反射特征介于上述二者之间。

③气层引起的波场的散射特征可能是区别含气、油水储层的一个重要地震属性。

④由于绕射波具有一定的空间分布性，单道地震属性会在横向上发生强烈跳动，用单道地震属性分析含气、油或水时，分析结果中将存在很大不确定性因素。而使用局部空间和时间上的统计地震属性分析技术将会增强分析结果的稳定性。例如，含气层的地震频谱横向上变化较大，使用单道与频率相关的地震属性判别记录中含气带时易产生误差，而使用横向上反射层统计特性判断含气性将增强预测结果的可靠性。

⑤含气物理模型中出现的强绕射能量不仅与孔隙中气体分布有关，同时还与薄互层的反射波干涉作用及物理模型内部微裂隙和不均匀体发育有关。因此，对于具有强烈非均质性的陆相储层，绕射波的强弱可能是区别含气、油水的一个重要地震属性。

⑥含不同流体储层物理模型的制作、数据采集是物理模型技术的难点，也是模型技术最新进展。

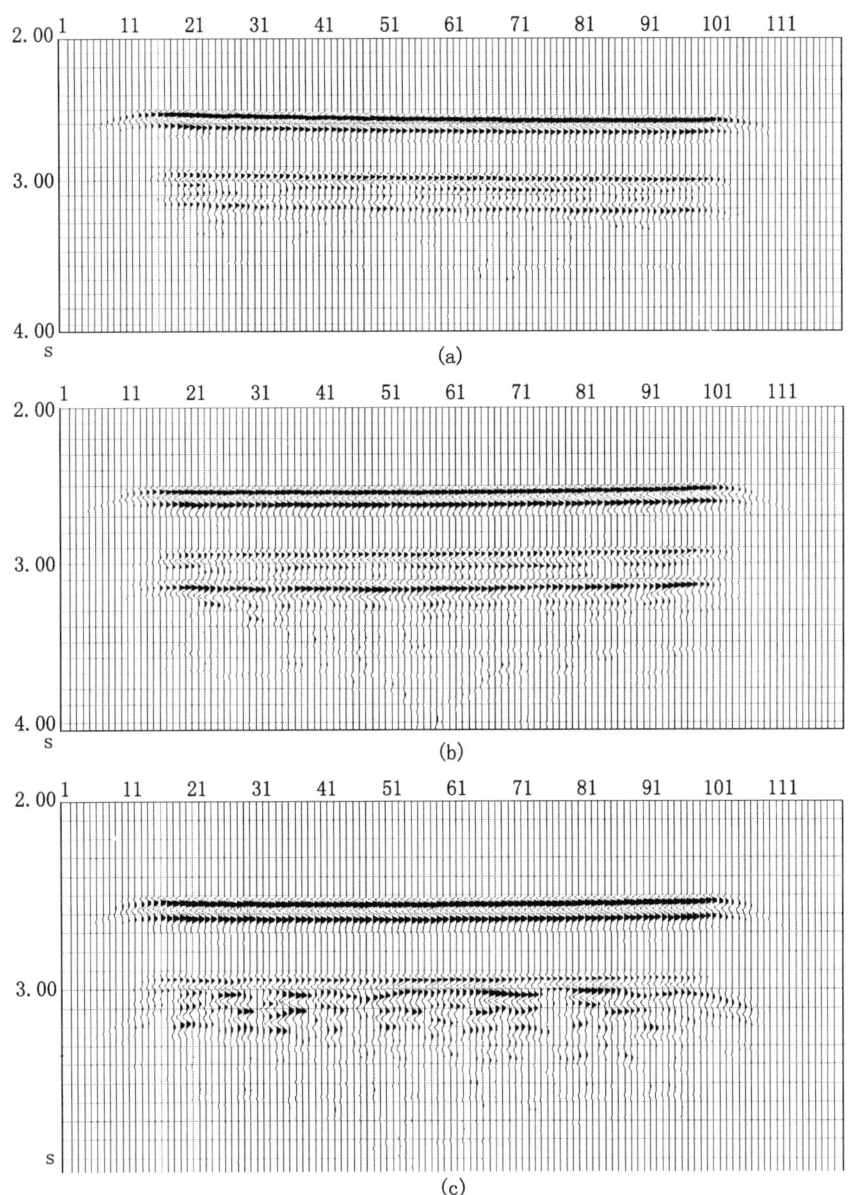

图 6－35 薄互层（七层）含流体砂层地球物理响应

(a) 含水薄互层模型；(b) 含油薄互层模型；(c) 含气薄互层模型

四、观测系统设计

在中国东部某油田一个老油区，为了能够进一步提高采收率，油田决定重新进行高精度三维地震资料采集。采集施工前，设计了两套观测系统。为了确定这两套观测系统的差异和优劣，决定在石油大学地震物理模型实验室进行实验研究。

图 6－36（a） 模型照片

1. 模型及观测系统

模型制作采用模具来控制各层的界面形态，模具是依据实际的等高线图以 5000∶1 缩小。模型材料使用的是树脂复合材料，速度可以在 1700～2700m/s 变化（图 6－36）。模型的设计深度为 900～2500m。数据采集是在水中进行的。

第一次采集采用 6 线 20 炮 600 道，6×10 次覆盖的观测系统，排列形式为 0—120m—2100m 的单边排列，原始数据 50G。

第二次采集采用 12 线 66 炮 1200 道，6×20 次覆盖的观测系统。排列形式为－2100m—120m—0—120m—2100m 的双边排列，原始数据 60G。

两次采集面元都为 10m×10m 的小面元。由于第二次采集采用双边排列，所以两次观测系统有所不同：第二次采集采用中间放炮、双边采集的方式，覆盖次数大大增加，增加 1 倍。第二次采集方位角比第一次采集宽，通常宽、窄方位角的定义：当横、纵比大于 0.5 时，为宽方位角采集，当横、纵比小于 0.5 时，为窄方位角采集。第一次采集横、纵比为 0.61，第二次采集横、纵比为 0.89。两次采集的观测系统分别如图 6－37（a）和（b）所示。两次采集的观测系统覆盖次数图分别如图 6－38（a）和（b）所示。

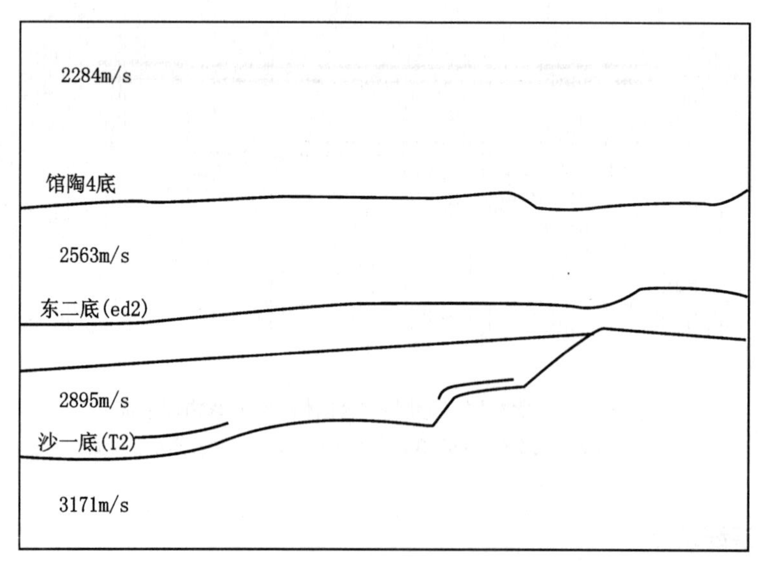

图 6－36（b） 图（a）模型中 L291 线实测模型剖面

2. 物理模型三维处理分析

为了有效地对比两次采集观测系统，第二次处理使用的是相同的处理模块和参数，目

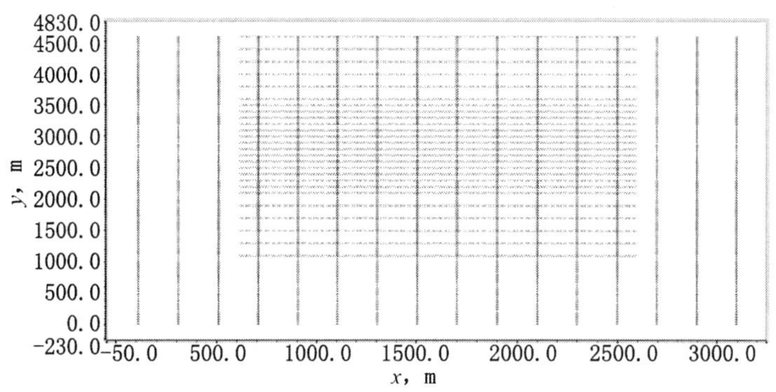

图 6－37（a）　第一次采集物理模型垦西三维观测系统图

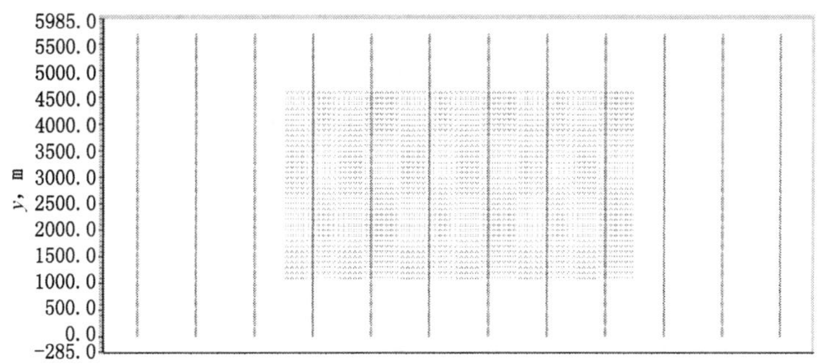

图 6－37（b）　第二次采集物理模型垦西三维观测系统图

的是分析和找出差异。

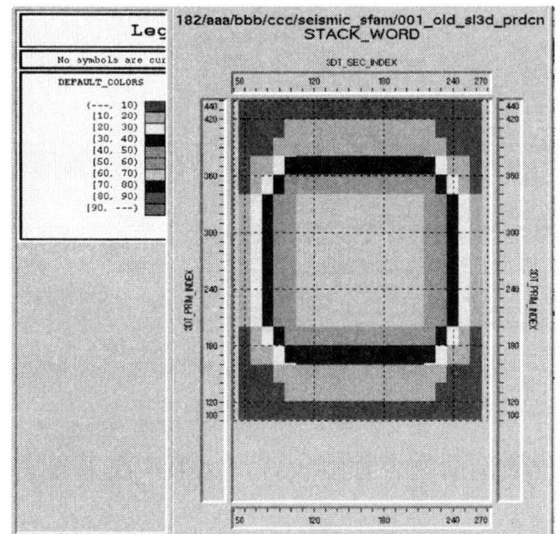

图 6－38（a）　第一次采集物理模型垦西三维覆盖次数图（满覆盖 60 次）

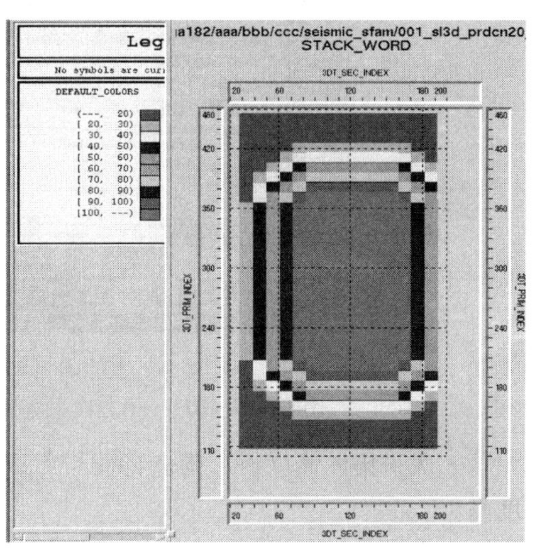

图 6－38（b）　第二次采集物理模型垦西三维覆盖次数图（满覆盖 120 次）

从两次采集处理偏移结果来看（图6-39），有以下几点认识：

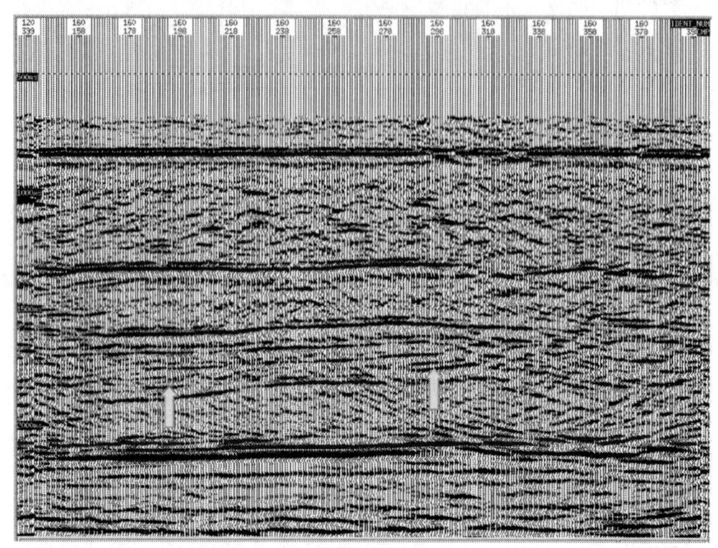

图6-39（a） 第一次采集物理模型垦西三维L291线偏移结果

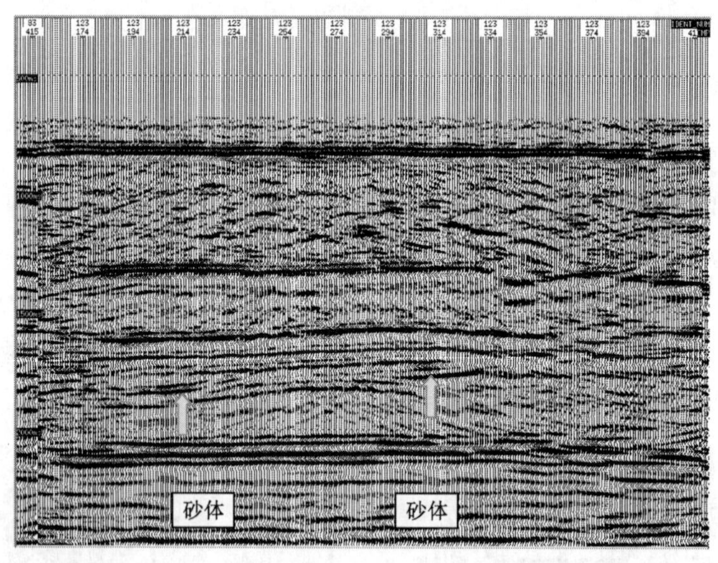

图6-39（b） 第二次采集物理模型垦西三维L291线偏移结果

第二次采集砂体反射、构造特征与L291线地质剖面吻合程度较好，比第一次采集成像精度高。

第二次采集的成果剖面随机噪声比第一次采集少，剖面干净。偏移噪声也好于第一次采集（宽方位角采集的方位角均匀性和炮检距均匀性引起的）。

第二次采集与第一次采集的主频大体相当，但高频成分缺失情况比第一次采集严重。剖面中的细节不如第一次采集。

由于第二次采集采用中间放炮、双边采集的方式，覆盖次数大大增加。将第二次采集正、负偏移距数据分别叠加对比。从两次采集处理偏移结果来看，有以下几点认识：

第二次采集正偏移距数据偏移结果与全偏移距数据相差不大，仅是一些细节差别。

第二次采集负偏移距数据偏移结果与全偏移距数据又有一定差别，全偏移距数据砂体的形态略好于负偏移距数据。

第二次采集正、负偏移距数据与第一次采集覆盖次数相同，同是60次，其偏移结果略好于第一次采集的。这与宽方位角有关。

在垦西探区，构造变化小，宽方位角道集相对于窄方位角道集空间连续性好，容易跨过地下阴影带和复杂波场干扰带，而窄方位角在一个较窄的条带内接收部分能量的波场，所以道集和速度谱都比宽方位角采集差。

从宽方位角道集看，砂体的反射呈现振幅、频率的变化，由于人工砂体的各向异性不明显，所以速度方向性差异不明显。宽方位角采集是可行的。

参考文献

李文林，李承楚．1994. 含裂隙介质中弹性波场正演模拟．石油地球物理勘探，29（6）：713～723

刘洋，李承楚，牟永光．1998. 具有倾斜对称轴的横向各向同性介质中的弹性波．石油地球物理勘探，33（2）：161～169

刘洋，李承楚，牟永光．2000. 双相横向各向同性介质分界面上弹性波反射与透射问题研究．地球物理学报，43（5）：691～698

刘洋，李承楚．1999. 双相各向异性介质中弹性波传播特征研究．地震学报，21（4）：367～373

刘洋，李承楚．2000. 双相各向异性介质中弹性波传播伪谱法数值模拟研究．地震学报，22（2）：132～138

刘洋，魏修成．2003. 双相各向异性介质中弹性波传播有限元方程及数值模拟．地震学报，25（2）：154～162

汪和杰，董敏煜．1994. EDA介质中的弹性波．石油地球物理勘探，29（6）：706～712

汪和杰，董敏煜．1998. 由裂隙引起的三分量资料中的泛张各向异性．石油地球物理勘探，33（2）：185～190

王尚旭，狄帮让，魏建新．2002. 断层物理模型实验及其地震响应特征分析．地球科学，（27）：733～735

王尚旭，狄帮让，魏建新．2002. 鄂博梁山地近地表及其模型实验分析．石油勘探与开发，（29）：100～102

寻浩，董敏煜，牟永光．1997. 各向异性介质中反射率法波场模拟及体波辐射图案．石油地球物理勘探，32（5）：605～614

第七章　储层地球物理

斯伦贝谢公司油藏管理总裁曾说：20世纪初，原油采收率只有2%～3%，目前原油采收率平均已达30%～35%，未来10年采收率目标可望达到50%，这几乎相当于全球可采储量翻了一番。因此，通过储层地球物理勘探手段提高原油的采收率，比通过勘探活动在新区、新领域、新层系发现的油气储量还要高得多。在油气开采中充分引入地震技术的新策略，使地球物理工作者与石油工程技术人员在生产中有效地增加了互相交流与协作，这样就可进行地震属性与油藏描述的综合研究，以充分了解油气藏的连通性及储层质量，从而使优化开发方案具有实际意义。随着地球物理技术的发展，科技人员十分重视岩石物理的基础性研究，从而引导多波地震、井中地震、时移地震技术为油气田开发服务，这些技术进步使得地震技术向开发延伸成为可能，逐渐为开发界所接受。

第一节　岩石物理

岩石物理学主要研究岩石的成因、流变学、声学、电磁性、放射性、结构等物理学行为。它是在研究岩石成岩过程、地幔对流、地震以及地球动力学的过程而发展起来的学科。地球深部物质研究主要依据地球物理学所获得的一系列地球物理参数，研究、分析这些参数需要依靠岩石物理学的相关理论，来解释各种物理参数的地质学含义，以及深部物质的化学与物理状态等，因此岩石物理学在其发展的历程中与地球物理学紧紧地联系在一起。目前岩石物理学已成为当今地球科学研究的一个重要领域，特别是在油气勘探方面，岩石物理学理论得到广泛应用，并取得显著应用效果。

岩石力学的研究对象主要是岩石变形的力学过程及其影响因素，同时还涉及它们所引起的物理、化学响应。岩石变形的力学过程主要受力学系统不同的实体介质、构造特征（弱面效应等）、物理化学环境、驱动背景以及时空尺度（时间效应与空间效应）等方面的影响。对于地壳范围的岩石，其应力—应变关系通常表现为准弹性性质。岩石内部存在着许多随机分布的孔隙与裂缝，在自然状态下，这些孔隙与裂隙中充填了不同性质的流体，流体性质及其含量对含流体岩石的力学性能有着重要影响。当岩石受荷载作用时，岩石内部孔隙及裂缝的体积被压缩，孔隙水压力增大，导致岩石的形变特性发生改变。Warren等研究双重孔隙介质模型时，提出了均质、正交各向异性的双重孔隙介质模型（1963）。根据双重孔隙介质概念模型，裂缝性多孔介质中的孔隙可分成两部分，一部分代表基质孔隙，其孔隙率高而渗透率低，是流体的主要储存空间；第二部分代表裂缝孔隙，其孔隙率低而渗透率高，是流体的主要流动通道。孔隙与裂缝之间由于流体压差而存在流体交换。

岩石的声学特征是岩石物理研究的重要领域，研究方法主要以岩石超声波传播为理论基础，研究内容分为两个方面：一是岩石动态弹性参数（包括模量、速度等）的研究；二是岩石衰减理论研究。岩石动态弹性参数研究涉及岩石性质、各向异性、材料损伤等内容，衰减性质研究反映岩石的内部结构、流体作用及力学特性。目前，岩石衰减理论研究尚不成熟，远不如岩石弹性理论成熟。Gassmann 提出了弹性波在多孔介质中的传播理论，并建立了速度与孔隙度之间定量关系的 Gassmann 方程（Gassmann，1951）；Biot 发展了 Gassmann 的流体饱和多孔隙双相介质理论，提出了总体流动理论与波动力学模型，以及基于固体—流体相互作用宏观描述的 Biot 理论与基于等效介质的 Gassmann 理论，奠定了双相介质波动理论的基础（Biot，1956）。但这些理论与模型均假定多孔介质的统计意义均匀性与各向同性、孔隙的连贯性、波长远远大于颗粒的尺寸、岩石骨架与孔隙流体之间存在相对运动、固体岩石之间没有化学反应等（Berryman 等，1991）。Biot—Gassmann 方程对高频波的强衰减与速度频散不能给出合理解释。因此 Nur 等人提出了喷射机制可引起波的衰减和频散（Nur，1992）。根据孔隙流体喷射机制并结合 Biot 理论，Dvorkin 和 Nur 建立了 BISQ 理论模型（Dvorkin. &Nur，1993）。Best 等人的实验证明了储层砂岩内存在两种衰减机制（Best 等，1995），在高渗透率砂岩中，衰减主要由于 Biot 的总体流动机制发挥作用，在低渗透率的砂岩中，衰减主要由于 Nur 等的局部流体流动机制发挥主要作用。Crampin 的研究表明：各向异性介质中存在横波分裂或横波双折射，形成两类不同的 S 波，即快横波（S1）与慢横波（S2）（Crampin，1994），这是各向异性介质中地震波传播所特有的现象。一般地，快横波（S1）的偏振方向平行于裂缝走向，慢横波（S2）的偏振方向垂直于裂缝走向。各向异性介质中 S 波分裂对于油气藏开发、地震资料的解释等非常重要。因为储藏油气的裂缝、裂隙影响地震走时并引起速度各向异性，即在不同方向上测量到的地震速度存在差别。

目前，岩石物理学的研究正处于快速发展阶段，这在很大程度上得益于油气勘探与开发的需要。在国内外地震勘探与开发技术研究中，岩石物理相关理论已被广泛地应用于勘探、开发的重要环节，特别是油藏工程、地震储层预测及油藏监控，岩石物理理论发挥着极其重要的作用。

一、岩石物理参数的测量及实验设备

1. 弹性波速度测量的实验方法

岩石声学性质（弹性、粘弹性性质）可在实验室、井筒以及现场进行观测。根据测量原理的不同将观测方法分为三类：

（1）超声脉冲法，包括超声波脉冲穿透法与超声波脉冲反射法；

（2）震荡系统观测，包括共振法、谐振法、准静态法；

（3）应力—应变曲线法，应力—应变回线法。

不同的方法所用的测量频率以及波形各不相同，实验所获得的精度也有很大差异，下面简要介绍上述各种方法的主要原理。

1）超声脉冲法

超声波脉冲穿透法测量岩石声波速度的原理：在样品的 1 个端面上通过加载由高压电信号激发探头所产生的瞬态脉冲振动，该振动以一定的速度穿过待测样品并被置于样品另一端的接收探头所接收（见图 7－1）。脉冲振动传播的时间可以精确测量，这个时间包括换能器（探头）对接时间与振动在样品中传播的时间。在样品长度已知的情况下，可以通过下式求出样品声波速度：

$$v_{ij} = \frac{L}{t_M - t_T} \tag{7-1}$$

式中 L——实验样品的长度；

t_M——样品初至波到达时；

t_T——探头对接时间。

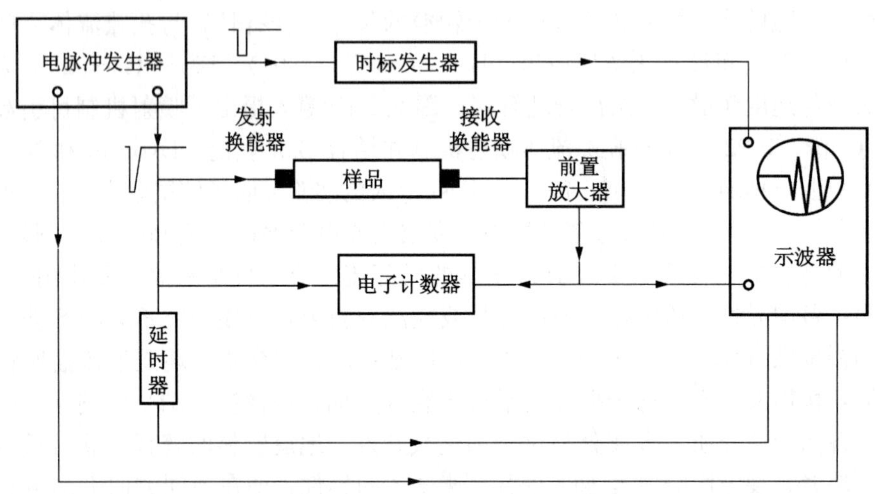

图7-1 超声波测试装置示意图

采用脉冲穿透法更容易严格地控制实验条件，以利于在模拟储层条件下，对特定实验参数（温度、压力、孔隙流体种类等）或者岩石物性参数（孔隙度、渗透率、饱和度、粘土含量及分布形式）变化过程中的弹性波响应进行研究。超声波脉冲穿透法是一般岩石物理实验室中最常用的速度测量方法。利用测得的纵、横波速度及密度可以进一步求取动态弹性模量（如：体积模量、剪切模量、杨氏模量等）。

2）震荡系统观测（驻波法）

使样品产生自由振动或受迫振动，样品产生共振，并测定其相应的频率。用扭转法测量切变常数，弯曲与压缩法测量压缩系数。这种方法对金属、玻璃和陶瓷比较适合。而对岩石的测试误差较大，约有±5%的误差。国内有实验小组用此方法进行岩石样品的速度与衰减测试。

3）应力—应变曲线法，超声干涉法是利用单频声波的多次反射回波的测试时差求速度，人们采用了许多方法以准确测定多次反射脉冲的时间间隔。干涉量度法能较好地测定连续反射脉冲之间的时间间隔，以及反射脉冲与一般脉冲之间的时间间隔。它适用于测试小尺寸（几毫米）和低衰减样品。对于砂岩类衰减较大的样品，由于反射回波次数少、幅度小，从而使测试精度显著降低，所以，在岩石声波速度测试中很少使用。

2. 弹性波衰减测量的实验方法

实验室用于岩石衰减测量的方法分为：行波传播法；利用震荡系统观测法；应力—应

变曲线观察法。

每种方法所适用的温度、压力条件以及频段范围不同（陈顒，黄庭芳，2001）。应力—应变曲线观察法能提供高温、高压条件下，地震波频段（小于100Hz）岩石的衰减信息，可区分衰减的线性部分与非线性部分；震荡系统观测法适用于100Hz至100kHz的频段范围；行波传播法主要针对超声波频段（>100kHz）。

一般岩石物理实验室中采用行波传播法确定岩石中的弹性波衰减，该方法可以细分为脉冲反射法与透射法。这两种方法的基本原理相同，利用经过岩石的脉冲振幅谱的变化确定岩石的衰减，但具体应用时两者仍有一定的差异。

1）脉冲反射法

假设平面波在介质中的衰减是以时间和距离为变量的指数衰减，当黏结于岩石表面的一个压电晶体所发射的脉冲信号在样品的自由表面发生多次反射后，可根据两个相继的反射波振幅谱的变化来确定样品的衰减系数：

$$a = \frac{1}{2L}\ln\left(\frac{A_1}{A_2}\right) \tag{7-2}$$

式中　L——岩石样品长度；

A_1——某个多次反射的振幅谱；

A_2——下一次反射的振幅谱。

脉冲反射法适用于高Q值样品，尤其是单晶体Q值的确定。该方法假设由不同界面形成能量损耗，而换能器、耦合剂与样品之间的分界面所引起的衰减均不考虑。

2）脉冲透射法

以透射分析为基础，是实验室中最为常用的测量样品衰减的方法，该方法利用声波脉冲信号穿透岩石样品，根据样品中脉冲的幅度与参考样品幅度的比值确定样品中的衰减系数，再根据衰减系数与品质因子的关系计算出岩石的品质因子。

3. 实验设备及主要功能

1）岩石弹性参数实验主要方式

在模拟储层条件下测量流体饱和岩石的超声特性。通常可以在如下条件下测量流体饱和岩石的声学、力学参数：

（1）不同轴压下流体饱和岩石声学参数测量（纵、横波速度），力学参数测量（应力、应变）。

（2）不同围限压力下流体饱和岩石声学参数测量（纵、横波速度），力学参数测量（应力、应变）。

（3）不同孔隙压力条件下流体饱和岩石声学参数测量（纵、横波速度），力学参数测量（应力、应变）。

（4）不同温度下流体饱和岩石声学参数测量（纵、横波速度），力学参数测量（应力、应变）。

（5）不同流体驱替过程中（包括气驱、不同性质流体之间的驱替），岩石声学参数（纵、横波速度）和力学参数（应力、应变）的变化。

上述实验条件通常可以实现组合测量，以模拟储层实际条件。直接得到的测量参数是不同条件下样品的纵、横波速度值，根据纵、横波速度值可以进一步求取其他动态弹性参数，如泊松比、弹性模量（体积模量、剪切模量），当然这些结果是在一定频率条件下的动态弹性模量。同样，根据实验得到的力学参数（应力、应变）可用于确定相关的静态弹性参数（泊松比、体积模量、剪切模量）。

2）实验设备及主要性能指标简介

国内能够实现岩石声学参数测量的单位较多，按其实验条件主要可以分为两类：

（1）不能完全模拟储层条件，但测量频率可以改变（从几十至几千千赫兹）。北京大学地球与空间科学学院、中国科技大学地球物理系、石油大学资源与信息学院相关实验室均有此类实验装置。这类装置较为简单，主要包括超声波脉冲发射与接收装置以及不同频率的换能器。

（2）能完全或者部分模拟储层条件，通常测量频率较为固定，该类设备较为复杂，但设计原理较为相似，仅测试参数有一定的差异，主要有以下单位：

①大庆测井公司研发中心岩石物理实验室，从美国引进。

②中石油勘探开发研究院，从美国 CoreLab 公司引进。

③中科院地质与地球物理研究所，自主研发。

④成都理工大学油气成藏国家重点实验室，从美国引进。

二、主要岩石物理实验结论

1. 孔隙度、孔隙形状与粘土含量

岩石弹性波速度及波阻抗通常随孔隙度的增高而减小，但这种变化关系仅仅在统计意义上有效，因为与孔隙度相比，岩石的特性受孔隙形状的影响更大（Zimmerman，1985）。与具有高纵横比球形孔隙的岩石相比，低纵横比扁平孔隙的岩石表现出更低的地震波速度，因为扁平孔隙比球形孔隙的可压缩率高得多。这从另一方面说明速度或波阻抗相对孔隙度关系所表现出的发散性，可以部分地归因于岩石样品中孔隙形状的差别。然而，沉积岩石中的孔隙形状变化多端，且难以量化衡量。实际上对于具体储层中的每一种地震岩相，必须建立针对该地震相的孔隙度与地震属性之间的统计关系，包括其标准偏差。

储集砂岩中通常会含有粘土。粘土对地震属性的影响取决于粘土颗粒在岩石骨架中的位置以及粘土类型（Han 等，1986）。如果粘土作为岩石基质的一部分，由于粘土的模量远小于石英的模量，则砂岩在含有粘土后波的传播速度与波阻抗将随着粘土含量的增加而减小。通常要针对具体储层建立纵、横波速度与孔隙度、粘土含量的实验关系：

$$v_P = v_{P_0} - a_1\phi - a_2C;\qquad v_S = v_{S0} - b_1\phi - b_2C \tag{7-3}$$

式中 ϕ 和 C——分别是以体积百分数表示的孔隙度、粘土含量；

v_P、v_S——纵波、横波速度，km/s；

v_{P0}、v_{S0}——不含粘土的砂岩纵波、横波速度，km/s；

a，b——回归常数是上覆岩层净压力的函数（表 7－1）。

上述公式清楚地显示出 v_P 和 v_S 随着孔隙度与粘土含量的增加而降低。该式没有考虑粘

土颗粒在岩石中的具体位置，它们仅仅是经验性的，并没有特定的物理意义。

表 7-1 关于式（7-3）中的回归常量

净压力，MPa	v_{P0}，km/s	a_1	a_2	v_{S0}，km/s	b_1	b_2
水饱和						
40	5.59	6.93	2.18	3.52	4.91	1.89
30	5.55	6.96	2.18	3.47	4.84	1.87
20	5.49	6.94	2.17	3.39	4.73	1.81
10	5.39	7.08	2.13	3.29	4.73	1.74
5	5.26	7.08	2.02	3.16	4.77	1.64
空气饱和						
40	5.41	6.35	2.87	3.57	4.57	1.83

2. 纵波与横波速度的关系

Castagna 等曾发表了描述水饱和硅质碎屑岩 v_P 与 v_S 的经验关系式。这种相互关系就是所谓的泥岩线（Castagna 等，1985）：

$$v_P = 1.36 + 1.16 v_S \tag{7-4}$$

虽然泥岩线在其他关系式难以适用时可用于横波速度求取，但它存在一些明显的弊端：

（1）它对未固结砂岩用已知的 v_P 估算出的 v_S 值过高，而对纯砂岩用已知的 v_P 估算出的 V_S 值过低。

（2）仅适用于水饱和硅质碎屑岩。

对于流体饱和岩石，利用 Gassmann 方程可给出包括流体饱和岩石纵波与横波平方项的关系式：

$$\frac{v_{P,sat}^2 - v_f^2}{v_{S,sat}^2} = \frac{v_{P,m}^2 - v_f^2}{v_{S,m}^2} \tag{7-5}$$

式中 $v_{P,sat}$ 和 $v_{S,sat}$——分别为流体饱和岩石的纵波速度与横波速度；

$v_{P,m}$ 和 $v_{S,m}$——分别是岩石固体基质（矿物）的纵波速度与横波速度；

v_f——孔隙流体的纵波速度。

该模型假定骨架的 v_P/v_S 等于固体基质的 v_P/v_S。仅对砂岩是近似真实的，一般不能用于除砂岩之外的其他岩石（Mavko 等，1994）。

Greenberg 和 Castagna 提出了一个估算多孔岩石横波速度的迭代模型（Greenberg and Castagna，1992），该模型结合 Gassmann 方程与 Voigt—Reuss—Hill 速度平均以求得横波速度。这个模型要求输入的参数是岩性、饱和度、孔隙度及纵波速度。

Murphy 等观测了石英砂层的骨架剪切模量与体积模量之比接近等于 0.9 的常数值（Murphy 等，1993），由此得到常数为 1.55 的 v_P/v_S 比值。Murphy 等也给出一组骨架体积模量、剪切模量与孔隙度之间的关系式。对于孔隙度小于或等于 0.35 时，骨架体积模量与剪切模量是孔隙度的二阶多项式函数：

$$K_d = 38.18(1 - 3.39\phi + 1.95\phi^2) \tag{7-6}$$

$$G_d = 42.65(1 - 3.48\phi + 2.19\phi^2) \quad (7-7)$$

对于大于 0.35 的孔隙度，关系式成为指数型：

$$K_d = \exp(-62.6\phi + 22.58\phi^2) \quad (7-8)$$

$$G_d = \exp(-62.69\phi + 22.73\phi^2) \quad (7-9)$$

式中 K_d和G_d——分别是骨架岩石（带有空孔隙的岩石）的体积模量和剪切模量（GPa）；

ϕ——孔隙度（容积百分数）。

Murphy 等用一个更大的数据组进行了比较，结果表明：对于粒状颗粒、砂层及砂岩，骨架剪切模量与体积模量之比的平均值为 0.9639。这对应于约 1.54 的骨架 v_P/v_S比（泊松比为 0.135）。

图 7－2 说明了在碎屑粒状岩石骨架的体积模量（K_d）与剪切模量（G_d）之间存在着线性关系。这也与 Castagna 等的结论吻合，他们发现碎屑岩的骨架体积模量与剪切模量相互近似相等，大量的实验结果表明 V_p/V_s 能用作为岩性的指示标记（Tatham，1982 年，Domenico，1984 年）。

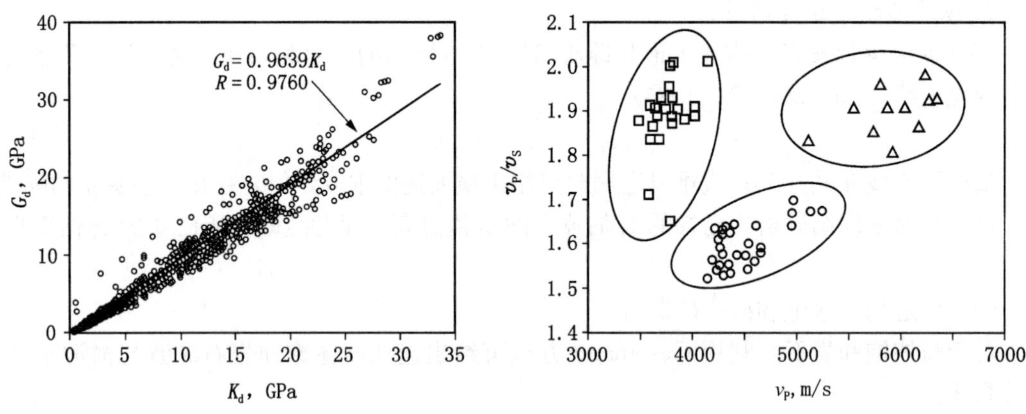

图 7－2　碎屑岩弹性参数之间关系

3. 地震属性与压力（围限压力、孔隙压力）、温度的关系

1）地震属性与压力的关系

对于埋藏在一定深度的储层存在两种不同的压力：上覆岩层压力与静水压力。上覆岩层压力（p_o）也称为围限压力，是整个上覆岩石地层所施加的压力；而静水压力（p_p）也称为流体压力 或孔隙压力，是流体质量所施加的力。上覆岩层压力与静水压力之差称为差压力或有效压力（p_e）。控制储层岩石地震特性的是有效压力（p_e）。严格地说 $p_e \neq p_d$。事实上 $p_d = p_o - p_p$，而 $p_e = p_o - np_p$，式中 $n \leqslant 1$。这是因为孔隙流体压力抵消了一部分上覆岩层的围限压力，进而减少了整个岩石地层的有效负载（Nur，1997）。

纵、横波速度及波阻抗随上覆岩层有效压力的增加而增加。但地震属性与有效压力的关系通常是非线性的：当有效压力较低时，速度等属性随压力增加更快（高斜率）。因此，在诸如时移、AVO 等地震技术应用中知道储层压力状态就显得十分重要。在图 7－3 中给出了砂岩中 v_P相对于上覆岩层有效压力的关系曲线。上覆岩层净压力从 1650psi 增加至

2650psi，引起 v_P 速度值增加近 5.2%；而当上覆有效压力以相同的增量从 4500psi 增至 5500psi 时，纵波速度仅增加 0.5%。

在常规生产和强化开采（EOR）过程中，孔压与流体饱和度都发生变化。压力与饱和度对地震波属性的影响可以表现为彼此加强或彼此消长，所造成地震属性（速度与波阻抗）的变化取决于压力、饱和度变化对地震属性的综合影响。

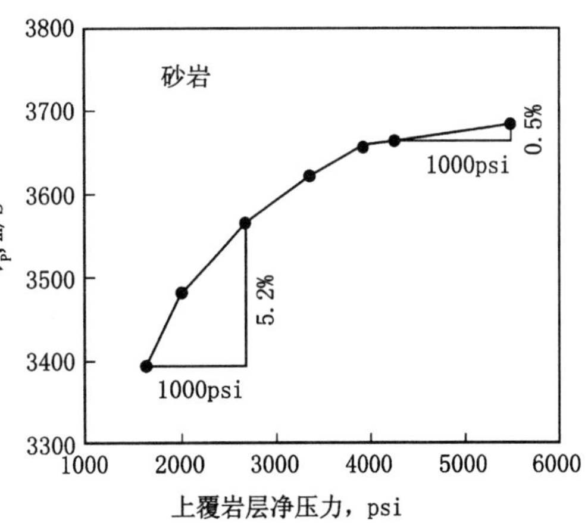

图 7-3　砂岩中 v_P 相对于上覆岩层净压力的关系曲线

2）地震属性与温度的关系

通常的实验结果表明当温度升高时，干燥或水饱和岩石的地震速度和波阻抗仅稍有减小。当岩石为高粘度油饱和时，地震特性可以随着温度的增加而明显降低，油饱和岩石中波的传播速度对温度的这种依赖关系，为热 EOR 的地震监测提供了一定的岩石物理基础。Wang 和 Nur 测量了多种重油砂岩和油气饱和岩石，他们的结果说明 v_P、v_S 随着温度的增加而降低（Wang and Nur，1990 年）。根据实验结果当温度从 20℃增至 125℃时，v_P 降低了 40%以上。

4. 孔隙流体与弹性波速度的关系

1）孔隙流体地震特性

（1）天然气

Batzle 和 Wang 提出了一组计算天然气体积模量与密度的方程式（Batzle and Wang，1992 年）。通常天然气在储层条件下可压缩，地震模拟中多数情况下天然气的体积模量（不可压缩率）可设置为 0.01GPa 至 0.2GPa。在对流体饱和岩石所计算的地震特性中，天然气体积模量的误差对计算结果不确定性影响很小。

（2）二氧化碳（CO_2）

CO_2 经常被注入到油气储层中以便置换原油，置换过程可以是混溶或非混溶的，取决于压力与温度。利用地震技术能够监控 CO_2 注入及其置换过程，唯一的条件是注入的 CO_2 能引起岩石的地震特性发生可识别的变化。因此，为模拟并解释地震数据需要了解 CO_2 的特性。Wang 给出了一些作为压力与温度的函数的 CO_2 特性数据（Wang，1998）。

（3）原油

原油的体积模量和密度随着压力的增大而增加，随温度的升高而减小。在不同的温度与压力条件下，原油的地震波传播速度、模量、密度可由如下经验公式计算：

$$v = 2096\left(\frac{\rho_0}{2.6-\rho_0}\right)^{1/2} - 3.7T + 4.64p + 0.0155\left[\left(\frac{18.33}{\rho_0} - 16.97\right)^{1/2} - 1\right]Tp \tag{7-10}$$

$$K = \rho v^2 \tag{7-11}$$

式中　ρ，v 和 K——分别是压力 p（MPa）、温度 T（℃）时的密度（g/cm³），速度（m/s），以及体积模量（kPa）；

ρ_0——在 15.6℃、1 个大气压下所测得的参考密度。

上述方程仅对死油是有效的（不含溶解气的原油）。对于活油（含溶解气的原油），需在（7－10）式中用饱和密度 ρ_G 替代 ρ_0；在（7－11）中用伪密度 ρ' 替代 ρ：

$$\rho_G=\frac{\rho_0+0.0012R_GG}{B_0} \tag{7-12}$$

$$\rho'=\frac{\rho_0}{(1+0.001R_G)B_0} \tag{7-13}$$

$$B_0=0.972+0.00038\left[2.495R_G\left(\frac{G}{\rho_0}\right)^{1/2}+T+17.8\right]^{1.175} \tag{7-14}$$

式中 B_0——地层体积因子；

G——气体的相对密度；

R_G——气油比（GOR），L/L。

（4）水和盐水

水是一种具有若干异常特性的流体：在大气压力下，水的密度在 4℃时达到最大值；对于它的分子重量来说，水有异常高的沸点与溶点；不同于油气液体的声速度随着温度的增加而单调减少，在大气压强下水的声速随温度增加而增大，在大约 73℃时达到最大值，然后随温度的进一步升高而减小。利用 Batzle 和 Wang 文献中所总结的公式可以计算出脱气水和盐水的声速与体积密度：

$$\rho_w=1.0+10^{-6}(-80T-3.3T^2+0.00175T^3+489p-2Tp+0.016T^2p-1.3\times10^{-5}T^3p-0.333p^2-0.002Tp^2) \tag{7-15}$$

$$\rho_b=\rho_w+0.668S+0.44S^2+10^{-6}S[300p-2400pS+T(80+3T-3300S-13p+47pS)] \tag{7-16}$$

$$v_w=\sum_{i=0}^{4}\sum_{j=0}^{3}w_{ij}T^ip^j \tag{7-17}$$

$$v_b=v_w+S(1170-9.6T+0.055T^2-8.5\times10^{-5}T^3+2.6p-0.0029Tp-0.0476p^2)+S^{1.5}(780-10p+0.16p^2)-1820S^2 \tag{7-18}$$

式中 ρ_w 和 ρ_b——分别为水与盐水的体积密度；

v_w 和 v_b——分别是水与盐水中的声波速度；

S——以重量百分数表示的盐浓度；

T——温度,℃；

p——压力，MPa。

2）流体饱和岩石弹性波速度

Gassmann 方程是利用骨架特性计算流体置换对地震特性的影响，用基质、骨架和孔隙流体的已知体积模量来计算孔隙流体饱和介质的体积模量。对于岩石来说，基质是由形成岩石的矿物组成的，而孔隙流体可能是气体、原油、水或三者的混合物：

$$K_{sat}=K_d+\frac{(1-K_d/K_m)^2}{\dfrac{\phi}{K_f}+\dfrac{1-\phi}{K_m}-\dfrac{K_d}{K_m^2}} \tag{7-19}$$

式中 K_{sat}——流体饱和岩石体积模量；

K_f——孔隙流体的体积模量；

K_d——干燥岩石体积模量；

K_m——基质（颗粒）体积模量；

φ——孔隙度。

岩石的剪切模量 G 不受流体饱和的影响，即：

$$G = G_d \tag{7-20}$$

式中　G_d——岩石的骨架剪切模量。

饱和岩石的密度 ρ_{sat} 简化为：

$$\rho_{sat} = \rho_d + \phi\rho_f \tag{7-21}$$

式中　ρ_{sat} 和 ρ_d——分别是流体饱和岩石、干燥岩石的密度；

ρ_f——孔隙流体的密度。

$$\rho_d = (1-\varphi)\rho_m$$

式中　ρ_m——基质（颗粒）密度。

利用 Wood's 方程（Wood，1955）可以计算出混合流体的体积模量 K_f：

$$1/K_f = S_w/K_w + S_o/K_o + S_g/K_g \tag{7-22}$$

式中　K_w、K_o 和 K_g——分别是水、原油和气体的体积模量；

S_w、S_o 和 S_g——分别是水、油及气的饱和度，表示为孔隙空间容积的组成部分，即 $S_w + S_o + S_g = 1$。

方程（7-22）意味着孔隙流体在孔隙中的任意尺度上是均匀分布的。

混合流体的体积密度由下式计算：

$$\rho_f = S_w\rho_w + S_o\rho_o + S_g\rho_g \tag{7-23}$$

式中　ρ_w、ρ_o 和 ρ_g——分别是水、原油和气体的体积密度。

颗粒（基质）体积模量与剪切模量是组成岩石的矿物的模量，对于多组分岩石，如果矿物成分是已知的，可利用 Voight—Reuss—Hill（VRH）平均（Hill，1952）计算出等效模量 K_m 和 G_m：

$$M = \frac{M_V + M_R}{2} \tag{7-24}$$

式中　M——颗粒有效模量（K_m 或 G_m）；

M_V 和 M_R——分别是 Voigt 平均值和 Reuss 平均值（Watt 等，1928）：

$$M_V = \sum_{i=1}^{n} c_i M_i \qquad M_R = \sum_{i=1}^{n} \frac{c_i}{M_i} \tag{7-25}$$

式中　c_i 和 M_i——分别是第 i 个矿物组分的体积系数与模量。

也可以利用 Hashin-Shtrikman 公式给出 M 更为严格的估算（Hashin and Shtrikman，1963）。

Wang 对 Gassmann 预测结果与实验室数据之间进行了广泛的比较（Wang，2001），其结果表明，对于具有高纵横比（约等于 1）相互连通孔隙的岩石，利用 Gassmann 方程计算的理论值与实验室测量速度之间的差别很小。对于孔隙纵横比很小（远小于 1）的岩石，诸如欠压实颗粒、裂缝或裂隙，在地震频率下所测量的速度可能比 Gassmann 计算值更接近于实验室测量值（Grant，1994）。对于这些岩石，尤其当其为高粘度孔隙流体所饱和时，会在很低的频率处发生显著的速度频散，此时地震与实验室超声频率都处于同样的“高”频带。对于具有低纵横比孔隙介质的岩石，在地震频率下所测定的速度高于 Gassmann 计算值，但低于实验室测量值。

5. 弹性波速度与密度关系

从理论上讲地震波速度与体积密度之间并无确定性单调关系，如白云岩比硬石膏具有更高的体积密度但却有更低的速度。但大量的实验结果表明确实存在地震速度随体积密度增加的经验关系式，其中较为重要的是 Gardner 等给出的经验关系（Gardner 等，1974）：

$$\rho = 0.23 v_P^{0.25} \tag{7-26}$$

式中 v_P——纵波速度，ft/s；

ρ——体积密度，g/cm³。

然而，Gardner 等的关系式仅考虑从水饱和沉积岩石的体积密度估算纵波速度，同时该经验公式的建立并没有区分不同的岩性。基于上述不足，Wang 利用大量的实验数据结果给出不同岩性条件下，纵波速度与密度的关系（见图 7－4），该结果类似于 Castagna 等的研究结果（Castagna and Backus，1993）。

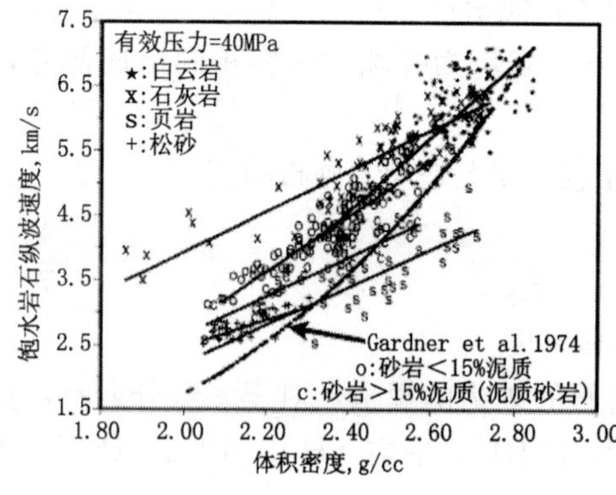

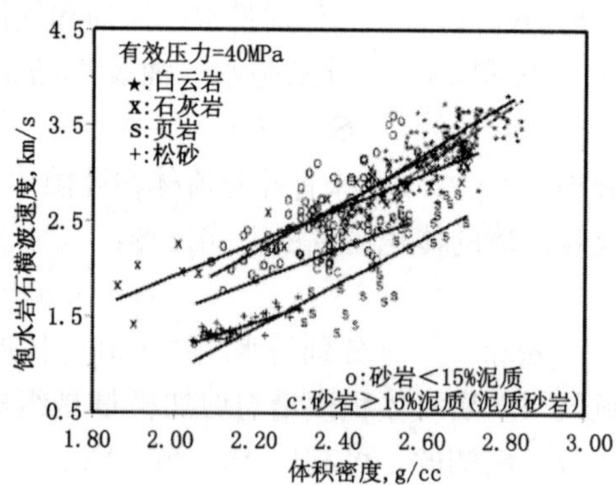

图 7－4　不同岩性密度与速度关系

6. 各向异性岩石实验规律

岩石中存在两种类型的各向异性：内在各向异性与诱发各向异性。内在各向异性由颗粒或孔隙（裂隙）的定向排布或层理所引起。沉积岩石中固有的内在各向异性通常表现为横向各向同性的形式，需要 5 个独立的弹性常量来描述岩石整体的弹性特性。大多数页岩具有这种各向异性形式。现有的实验测量结果表明页岩都显示出一定程度的地震各向异性，其范围从百分之几到 50％。诱发各向异性是应力各向异性与地层裂缝所造成。在应力的作用下，颗粒、孔隙（裂隙）在一定方向上形成优选排列。

三、岩石物理参数应用方法

岩石是一种具有很多孔洞、裂纹以及位错、晶内损伤和缺陷的多孔材料，而绝大多数孔隙中存在水、油或气等流体。不同岩石、含不同性质流体后，其物理性质差异较大，如力学性质的应力、应变、强度、弹性模量、剪切模量、泊松比及断裂力学等；物理性质如结构、温度、压力、密度、孔隙度、渗透度、饱和度、物理损伤等；化学性质如介质成分、流体成分、化学反应、化学损伤等，这些差异引起地震波运动学与动力学响应的特征参数（波速、波长、路径、振幅、相位、频散和衰减等）变化，而这些特征参数的差异是反射波法勘探油气资源的物理基础。

地震勘探的目标是从复杂多变的地震信息中识别并提取地下岩性及含流体信息，进而成像地下岩层的真实状况。实现这一目标需正确认识、了解地下岩层的各种物理性质。岩石物理相关理论在油气藏勘探与开发中的应用主要集中在测井解释模型建立、测井曲线重构、岩性识别、流体置换及其波场响应参数分析等方面，其中岩石声学与粘弹参数变化是波阻抗反演、AVO 分析、地震波衰减分析、时移地震及多波资料解释的基本依据。

近年来，中国石油天然气集团公司各研究单位，在利用岩石物理相关理论进行油气勘探与开发方面取得一定效果。例如，大港油田利用岩心及测井资料建立了图 7－5 横波速度曲线计算泥质含量孔隙度解释模型，并成功识别多种玄武岩储集层，取得一定效果；四川及新疆油田根据储层岩石物理特征，采用 AVO 技术从地震数据中提取与地层直接相关的岩石物理参数，如 λ、μ、K、σ 等，进行储层岩性与含流体性预测等。下面介绍岩石物理在储层预测中的部分方法。

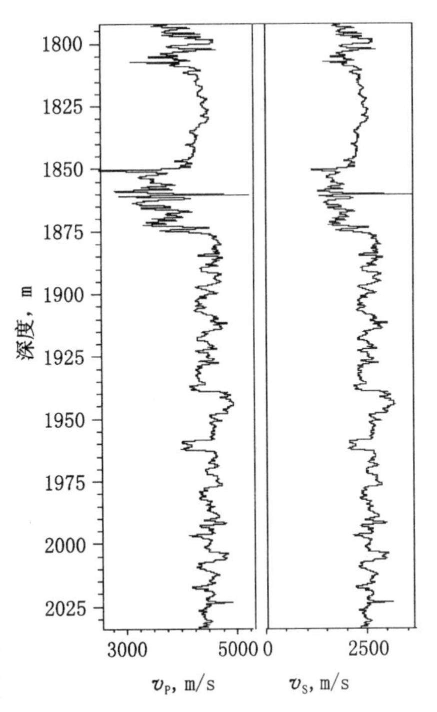

图 7－5 横波速度曲线计算泥质含量孔隙度解释模型

1. 横波曲线计算

研究地层岩石物理性质时，岩石的横波速度是必不可少的重要基础资料。如果将横波速度与岩石其他各种物性参数进行相关性分析，不难发现，横波速度与纵波速度总是存在着某种相关性很高的联系。因此，不少学者以各种方法揭示两者之间的定量关系。目前，纵、横波速度互换计算方法大致有两种，即理论计算模型与统计经验关系式。虽然理论模型可严格地确定纵、横波速度的对应关系，但理论模型所需要的先验信息在实际应用中很难确定。因此，进行纵、横波速度换算常常使用经验关系式。现有文献（Xu 等，1995；Castagna，1985；Greenberg 等，1992）提供了多种纵、横波速度转换的理论方法，各种计算方法只能适应特定地区岩石速度的计算。

目前应用广泛的是 Greenberg 模型，应用该模型需要已知岩石矿物组分及含量、孔隙度与含流体饱和度等，实际计算方法：首先采用 Gassmann 方程进行层代换，将声波测井速度转换为饱水条件下的纵波速度，然后利用 Greenberg 方程将其转换为横波速度，最后使用测井资料计算的含水饱和度与孔隙度资料将饱水条件下的横波速度置换为实际地层条件下的横波速度。纵、横波速度可用于岩性预测、AVO 分析及多波联合反演等储层预测之中。

2. 流体替换

岩石孔隙中的流体置换对岩石的纵、横波速度产生一定的影响。定量研究岩石弹性性质随所含流体变化的特征对于深入了解岩石物理性质，特别是对油气勘探与开发具有重要意义，它是时移地震勘探、AVO 分析及各种岩性反演方法进行流体识别与预测的基础。

流体置换具体计算方法：首先利用纵、横波速度及密度测井数据作为原始地层模型，根据 Gassmann 方程及 Batzle—Wang 的关系式，结合岩石物理测试及钻录井信息确定弹性参数及流体置换方程各变量，如流体、干燥岩石、含流体岩石体积模量及密度，最后根据 Gassmann—Biot 关系，由含流体体积、剪切模量及密度确定流体置换后的地层速度及密度。计算实例如图 7－6 所示。

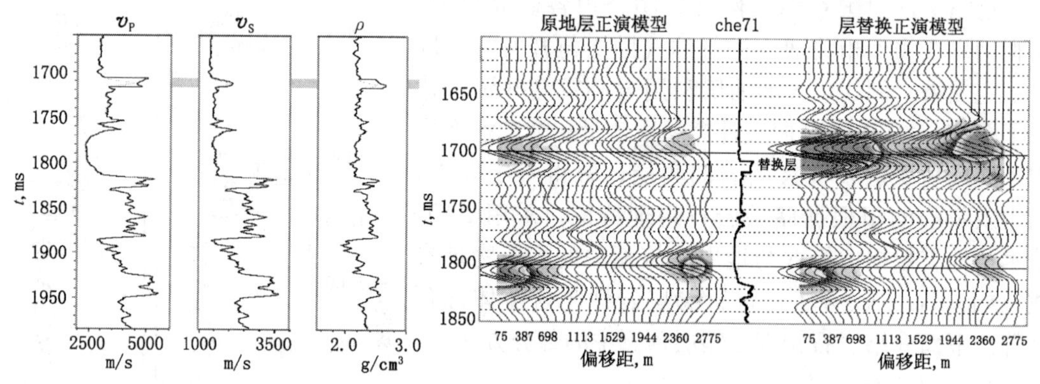

图 7－6 流体置换前后地层模型

图 7－6 中 v_P、v_S及 ρ 分别表示纵、横波速度与密度。图中淡色线条表示原始地层模型参数，黑色线条表示层替换计算结果。图框相间的暗色区域表示替换层深度段。替换层原流体为水，替换流体为油，替换层主要以砂岩为主，矿物成分取骨架体、剪切模量为 40GPa 和 44GPa，骨架密度为 2.506g/cm^3；孔隙流体模量与密度分别取为 2.38GPa 和 1.05g/cm^3。由该图可知，饱水地层经原油替换后，纵、横波速度与密度都有一定的增大。根据流体置换前后地层模型计算的理论地震记录可知，原始地层条件下，饱水地层的地震响应中，反射振幅只有微弱的增加，含油地层（1940ms 附近）近偏移距反射振幅较强；当饱水地层中的水被油置换后，反射振幅显著增强，并且和原含油地层反射特征保持一致。层替换前后的正演记录可用于 AVO 分析及时移地震解释。

3. 衰减因子

地层衰减因子与岩石矿物成分、孔隙度、流体含量及类型、孔隙流体压力、岩石围压与温度等因素有关。它反映了岩石在不同状态下的一种地球物理特征。因此，该参数也常被用于解释、预测地下岩层的孔隙特征及含流体性。例如，MacBeth 等研究表明，地层衰减与岩石裂缝密切相关（MacBeth 等，1999）；Hackert 等使用测井资料研究衰减因子的计算方法时，发现在高渗透率地层（比围岩渗透率高 10 倍）其衰减与围岩的衰减相比显著增强（Hackert 等，2001）；还有很多学者（Dvorkin 等，1994；Parra，1997，2002）观测到地层衰减与岩层孔隙中流体成分有关。

含流体岩石地层品质因子测试结果表明：品质因子随岩石含水饱和度的增加呈非线性变化，并在一定含水饱和度时达到最大。解释地层品质因子变化的理论方法比较多。Bourbie等（1987）采用实验室测定结果对多种理论进行了对比，发现在部分及完全饱和岩石中，局部流动机制（或称为喷流机制）是解释观测结果的理想模型（Mavko等，1979）。依据喷流机制，岩石中每一条微裂纹都是部分饱和的，且湿润了裂纹表面；增加流体饱和度的同时将引起各裂纹压缩，使得液体（被挤压）流向气体占据的空间而产生衰减，其大小不仅与液体的流动有关，而且与液体的粘度及岩石颗粒的接触面有关；随着岩石完全饱和，岩石受到波动力的作用后，裂纹长度方向的流体将被挤入其他方向的空间中，使得裂纹长度方向流体变为孤立状态，岩石的刚性增强（Murphy，1985）。地层品质因子对岩石孔隙中流体饱和度变化比较敏感，这是利用地震波衰减信息预测流体的基础。

由地震信息获取地层衰减信息的精度比较低，但可以通过计算地震波衰减量的相对变化关系，定性研究反射层含流体性。图7-7为采用谱比法计算的品质因子变化率剖面，该剖面中已知含油砂层位置正是处于衰减因子变化最大的位置（如图中箭头所示）。不幸的是，地震衰减因子变化率数据体中，衰减因子最大变化率的纵向分布太宽，不利于准确确定含油砂层的纵向位置（这可能与地震衰减中非本征衰减因素及衰减因子的分辨率有关）；但横向分布与含油砂层的构造形态比较接近。

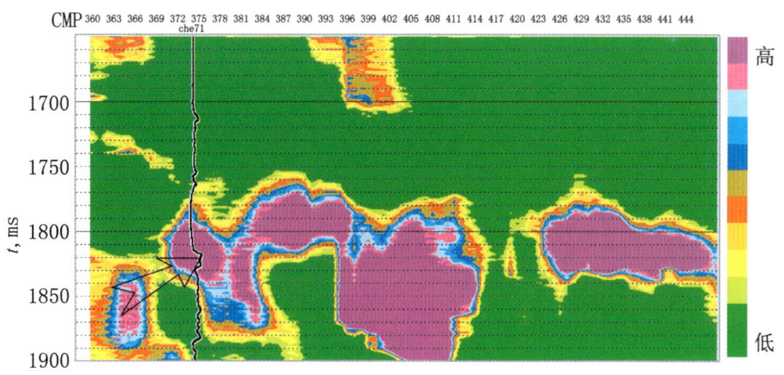

图7-7 地层品质因子变化率剖面

在使用衰减因子进行储层预测时，需根据岩石物理模型，首先确定研究区各地层单元衰减模型，依据钻井资料及地震波衰减正演计算方法，对比、分析目的层无衰减地震响应、平均衰减地震响应及含油砂层衰减（异常衰减）地震响应，依据正演模型相对关系，对地震衰减因子数据进行解释，确定可能的储层分布区域。

四、小结

岩石物理相关理论是油气勘探、开发的理论基础，可以应用该理论研究储层的微观性质（骨架，孔隙，流体）对地震响应及属性的影响。反过来，它可以指导我们从地震资料中提取地震属性参数、分析何种参数对储层预测最有效，岩石物理在地震属性参数与储层地质特征关系解释中发挥着桥梁的作用。因此，有必要深入开展岩石物理基本理论研究，努力寻求能够进一步提高地震储层预测的可靠性和准确性的实用方法、技术。

第二节　多分量地震

多分量地震勘探也称多波地震勘探，它是一种综合利用纵波、横波、转换波等多种地震波对含油气盆地进行精细勘探，直接预测储层物性及含油气性的有效方法。多波勘探技术的发展大体上经历了三个阶段：20 世纪 70 年代以前，人们试图利用横波的低速特性来获得比纵波更高的分辨率，但未能取得明显成效；70 年代后期到 80 年代中期，人们综合利用纵、横波资料提取岩性信息，取得了一定的成果，与此同时，由岩层裂隙引起的各向异性现象受到了人们极大的关注，从而促成了 80 年代中期以来的多波技术研究的浪潮；1996 年以后，海上多分量勘探技术的飞速发展及成功应用使得多分量地震技术再次引起人们的关注。近年来，随着数字技术的成熟及三分量数字检波器的应用，多波勘探技术又迎来了一次新的发展契机。CGG、Veritas DGC、PGS、WesternGeco 等许多公司对多波勘探进行了深入的研究，并已初具商业化勘探规模。而我国进行的多波勘探技术研究主要在陆上，由于陆上资料信噪比低，构造复杂，储层厚度薄等原因，前期进展较为缓慢。由于地表及地下地质条件的特殊性，单纯引进国外的技术并不能从根本上解决问题，还必须以自主研发为主。近年来，东方地球物理勘探有限责任公司引进了批量的数字化三分量检波器及配套仪器，在苏里格气田进行了规模化的三分量二维、三维试验，取得了一系列可喜的成果，推动了多波技术的应用。与此同时，国内的许多油田、煤田及南京地球物理研究所等也进行了多波勘探技术的研究与实践，总结了不少有益的经验，但还没有进入商业化阶段。另外，国内外的许多科研院所都对多波勘探进行了深入的理论研究。

可以说，多波勘探技术是一种正在兴起的勘探技术，其许多应用潜力还有待于进一步挖掘。到目前为止，多波勘探技术的研究主要集中在改善成像质量、岩性分析、油气预测、裂缝检测、各向异性分析及油藏监测等几个方面。针对这些研究热点，多波主要形成了以下发展趋势：由纯横波为主转向以转换波为主；海上多波勘探日益普及；处理方法由叠加成像走向叠前偏移成像；地面多波与三分量 VSP 的结合日益紧密。

一、多分量地震数据采集

不同于单一波型勘探，多分量地震接收的各种波的运动学与动力学性质不同，因此采集时观测系统设计及参数选择既要考虑纵、横波的传播特性，还要选择适合于矢量波场的激发与接收装置。

1. 激发装置

多波勘探最特殊的是 SH 波的激发，不仅要考虑激发的多波信号的品质，而且还要考虑信号的特征、能量的强弱及对环境的破坏程度。与常规纵波勘探相类似，陆上 SH 横波激发有多种方式，典型的有炸药震源与非炸药震源两种。

(1) 炸药震源：是一种具有球对称性的胀缩型震源，能产生十分强的纵波与非常微弱的横波。只有破坏介质的球对称性条件，炸药震源才可能激发出较强的横波。由于同时激发出的P波能量也比较强，因此还需要一定的手段压制P波、加强SH波以得到满意的SH记录。通常使用爆炸震源激发横波的方式有：三排炮法（Three—Hole method），壕沟爆炸索法（Trench—Shooting method）。最近，东方地球物理勘探有限责任公司进行了刚体约束爆炸激发横波试验，也得到了比较好的横波记录。

(2) 非炸药震源：是具有较强的机动性和重复性的地表震源，主要包括重锤、振动器、气压源等，基本上是通过将引力、压力、气流、电流或电磁场能量转换为机械能激发横波。常见的非炸药横波震源主要有：水平横锤（Horizontal Hammer），横波可控震源（Shear—Wave Vibrator），倾斜气压震源（ARIS和OMNIpulse），垂直力偶可控震源（SHOVER）。

2. 接收装置

多分量地震接收仪器分为陆上、海上两种。陆上较早使用的是双检波器（Biphone），后来出现的三分量检波器有两种：一种是XYZ正交型三分量检波器，Z分量与地面垂直，采用垂直检波器，X、Y分量采用水平检波器；另一种是UVW对称正交型检波器（Trihedral），3个分量与地面夹角均为54.74°。2002年，I/O公司推出了全数字的SYSTEM Ⅳ仪器和VectorSeis三分量加速度检波器，Sercel公司也推出了DSU3三分量数字检波器。这些数字检波器大都采用MEMS（Micro Electro Mechanical System）技术，这使得多分量采集设备具有直接数字输出、矢量保真、低畸变与传感器倾斜校正等优点，不仅可以提高采集数据的质量，而且降低了采集的成本。截至目前为止，东方地球物理勘探有限责任公司已经利用VectorSeis三分量加速度检波器进行了3个二维地震采集、两个三维地震采集项目，为了获得表层微测井横波资料，还研制了可进行井下接收的三分量检波器。

海上接收传感器系统主要有节点式与电缆式两种。节点式系统由Statoil公司的专利产品Sumic（Subsea seismic）系统演变而来。2002年，SeaBed Geophysical公司推出了便于操作和后续处理的CASE（Cable—less Seismic），该系统基于自动节点管理的概念，具有成本效益比合理、灵活性高、能提高现有系统资料品质等优点。电缆式系统目前主要有3种类型，一种是基于传统的OBC技术，但在水听器—垂直检波器对的基础上加了两个水平检波器。另一种类型是从测井技术演变而来的，它将传感器置于放到海底的钢圆柱体中，用1根高强度的电缆将传感器装置连在一起。第三种类型是基于拖缆技术，它将传感器置于1条充满流体的电缆中。

3. 观测系统设计及采集参数

观测系统正确与否直接影响数据质量、数据处理效果和地质解释成果的可靠性。观测系统设计必须根据地质目标、工区条件以及采集设备条件，通过论证计算和野外采集试验确定。

4. 观测方式

在实际应用中，多波地震主要是P波和P—SV转换波联合勘探，是用P波震源激发，三分量检波器同时接收P波和转换波。由于所用的震源简单，施工方便，具有激发条件一致性，节省费用等优点，目前已成为国内外采用最多的纵、横波联合勘探的形式。

1）测线布置

测线要根据地质任务与野外施工条件而定。如果进行常规的构造勘探，测线仍然以垂直构造走向布置为主；若以裂缝观测为主，根据横波分裂理论，要求测线与裂隙走向成一定夹角。另外，一般研究区域性岩性变化时，可作纵、横波联合测量；而在许多裂隙性碳酸盐岩储层开发阶段，多采用正交或放射状的测线，并综合利用 P 波与 P—SV 波研究裂隙方位和裂隙密度以确定井位。东方地球物理勘探有限责任公司 1999 年底在新疆轮南地区进行的多波采集就采用了放射状的测线布置，在采集之前进行了模型模拟研究。

2）观测系统

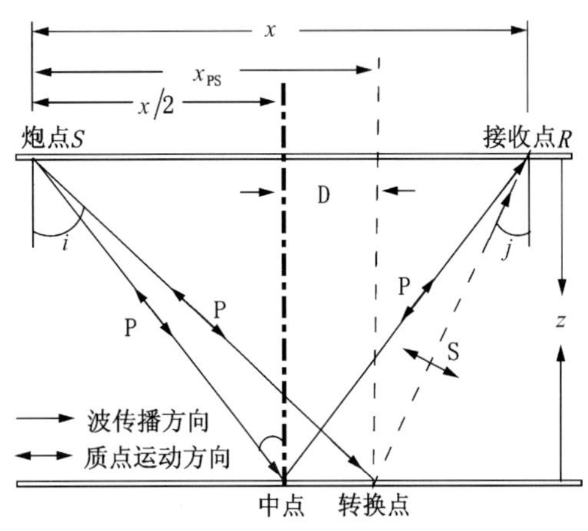

图 7－8　P—SV 波几何路径示意图

扩展排列是多波观测系统设计必须进行的施工前的试验方法，其目的是进行波场特征调查。扩展排列的工作方式是用常规震源激发纵波，在排列上用三分量检波器同时接收反射纵波及横波。一般来说，陆上数据采集通常有端点激发和中间激发两种排列方式，后者又分为对称与不对称两种。而海上多波数据采集方法与陆上有所不同，二维一般采取整排列搬家的方式，三维采集时则采用大的检波器间距（300～600m），用加密激发点（25～50m）的方式增加覆盖次数、控制面元尺度。

3）采集参数确定

由于转换波射线路径不对称使得 P—SV 波具有许多与 P 波不同的特点（如图 7－8 所示），要想同时获得优质的 PP 波和 P—SV 波剖面，在观测系统设计时必须根据它们各自的特点，并同时考虑转换波的特殊性，根据工区的地质情况确定纵波与转换波的接收时窗、偏移距等参数。另外，目的层的深度、倾角、偏移孔径、直达波与折射波的干涉、NMO 拉伸、AVO 分析、多次波等都对采集参数论证具有一定的影响。因此，多分量采集设计中的野外参数调查至关重要。

二、多分量地震数据处理

由于纯横波数据处理方法与常规纵波处理方法基本一致，而且并不常用，因此，多分量数据处理的重点仍是转换波数据的处理，其中以转换波抽道集、波场分离、静校正、动校正、叠加与偏移等最为关键。

1. 处理流程

多分量数据处理时，根据不同的目的与侧重点处理流程可能不尽相同，但都包括三个基本内容：（1）包含所有分量的处理；（2）P 波的时间域与深度域处理；（3）转换波的时间域与深度域处理。图 7－9 为二维多分量数据的基本处理流程。对于裂缝储层的多波数据还需进行快慢波分离处理。

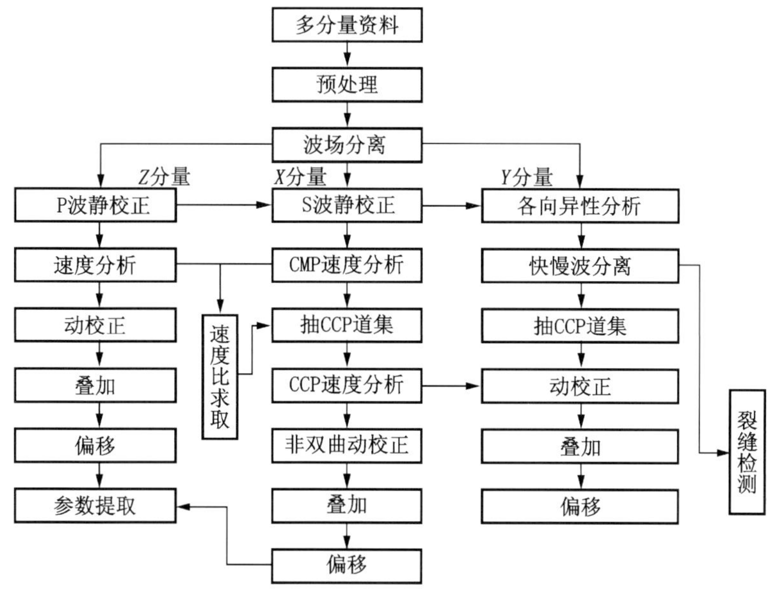

图 7-9　二维多分量数据的基本处理流程

2. 预处理

所有分量的预处理都包括四个方面：数据解编、记录仪器相位校正、观测系统定义与基准面校正。其中，基准面校正是把炮点与检波点校正到同一个水平面上。当海水较浅时可用垂向时移实现；对于中等深度或很深的海水层需要用波动方程法进行基准面校正。

3. P 波数据处理流程

P 波数据处理流程与常规纵波数据处理基本相同，主要包括：PZ 双检波器相加（海上）、增益补偿、反褶积、层析静校正或折射波静校正、反射波剩余静校正、速度分析、正常时差校正、倾角时差校正（DMO）、叠加成像。当然也可根据实际需要进行叠前偏移及其他特殊处理。

4. P—SV 波处理流程

P—SV 波数据处理与 P 波的数据处理类似，需要特别强调的是：三分量地震检波器水平分量的定向与旋转；横波检波点静校正；共转换点（CCP）道集抽取；速度分析及 NMO 叠前成像。要正确地应用水平偏振的上行 P—SV 波数据，在方位校正处理中必须消除与检波器耦合及定位有关的系统误差。

5. P—SV 波静校正

由于横波速度比纵波低，所以横波的静校正量较大。另外，纵波静校正只受潜水面以上低降速带的影响，而横波静校正则受整个风化层的影响，特别是低速带厚度及横波速度变化使得横波对表层结构的响应要比纵波复杂得多，所以静校正量变化也非常剧烈（如图 7-10 所示）。如果不做一些特殊处理，将严重地降低叠加剖面反射同相轴的连续性，甚至大大地降低横波反射的叠加速度分析精度。

关于转换波的静校正问题，国内外学者均进行了大量研究。其中，2002 年，李彦鹏在

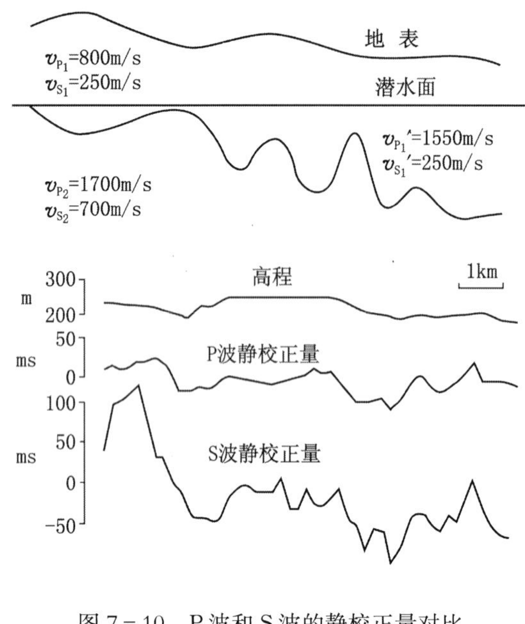

图 7－10　P 波和 S 波的静校正量对比
（据 Garotta，2000）

72 届 SEG 年会上提出了一种新的横波静校正方法（李彦鹏，2002），该方法主要是利用纵波与转换波存在的初至时差（该时差反映了纵、横波在风化层的旅行时差）求取检波点横波静校正量，使转换波的长、短波长静校正同时得到解决。该方法在苏里格气田的二维与三维三分量勘探中取得了明显的应用效果。

6. 叠前去噪及波场分离

多分量叠前去噪与波场分离主要是根据干扰波及纵、横波的动力学与运动学特征差异分别在 $t-x$ 域、$f-k$ 域、$f-x$ 域或 $\tau-p$ 域实现。其中，李彦鹏提出了在双曲拉冬变换域通过切除实现波场分离的一种实现方法（李彦鹏，1998），该方法在变换时采取先进行坐标拉伸再进行线性拉冬变换，与传统拉冬变换相比具有速度快、易于实现等优点。另外，由于地震记录中不同波的频带及位置均有明显特征，因此可以根据其速度与时距曲线特征，利用不同尺度因子对地震信号进行小波变换，将信号分解为多个频带，在对地震记录分频处理的同时实现波场分离与噪声压制。

7. CCP 道集抽取及速度分析

众所周知，转换点位置随深度变化，即使在水平层状介质的情况下，转换点位置的弥散也会造成叠加后振幅信息的丢失。由此可见，转换点位置的准确与否直接影响着叠加与成像的质量。为了在提高计算效率的同时得到可靠的转换点位置，人们分别从不同角度给出了不同形式的转换点计算公式，郭向宇等曾对不同的转换点公式进行过系统的对比研究（郭向宇，2002）。针对不同的勘探目的层深度与成像精度要求，共转换点道集的抽取又分为整道抽取、分段抽取和由浅到深逐点抽取 3 种方式，对于二维转换波资料，可以在共偏移距域通过内插实现逐点抽取（李彦鹏，1998），该方法具有计算精度高、实现简单、运算速度快等优点。

计算出转换点并抽取 CCP 道集后，就可以根据转换波时距曲线方程进行速度分析。在实际应用中，转换波速度分析是在 CCP 道集上进行横波速度扫描，即对于转换波记录从浅到深进行动校正，以找到一个合适的速度，然后用所求的速度再重新抽 CCP 道集，继续进行叠加速度分析，反复迭代以求得较高精度的横波叠加速度。另外，在速度扫描过程中，根据转换波层位时间、纵波与横波速度，动态地抽取相应层位的 CCP 道集并进行速度分析，可以将速度分析与 CCP 道集选排同时进行。

8. P—SV 波 DMO 成像

转换波叠前部分偏移（DMO）是在地层倾角较大时，对转换波道集进行倾斜校正，并将叠前数据从 CMP 道集变换为 CCP 道集。对经过 DMO 处理后的转换波 CCP 道集进行叠加，可以使倾斜反射层聚焦成像，解决共转换点发散问题，获得近零偏移距的叠加剖面。与P波DMO相类似，P—SV波DMO也主要是在$t-x$域或$f-k$域进行。需要说明的是，这些方法大都是从P波DMO算法扩展后发展起来的。

9. P—SV波叠前偏移

前面已经提到，P—SV波的入射波与反射波传播速度不同，射线路径不对称，反射点偏离中心点，其时距曲线不是双曲线，所以不能用常规的P波水平叠加与叠后偏移方法处理P—SV波数据。即使采用计算转换点等特殊处理技术，也会带来较大的误差。若采用声波方程及相移法对P—SV波进行叠前偏移，可高效率地解决P—SV波的运动学问题，并能保证成像精度。

由于转换波成像具有许多独特的优势，因此近年来对转换波叠前偏移方法的研究很多。其中，基于等效偏移距与共散射点理论的叠前偏移方法直接消除了转换点非对称性的影响，可以输出共散射点道集，然后沿用常规的纵波处理流程。

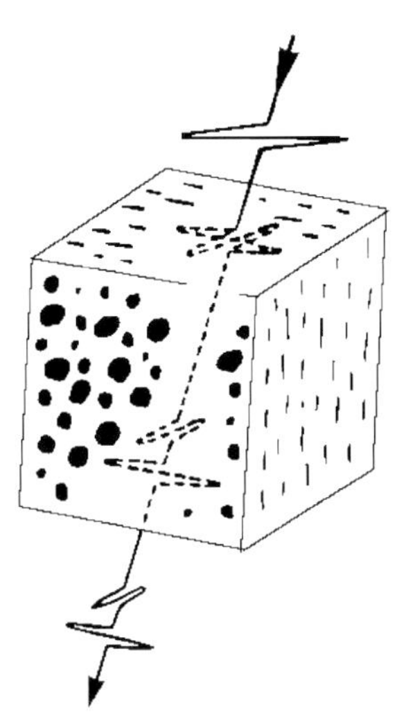

图7-11 各向异性介质中的横波分裂

10. 各向异性分析

一般情况下，横波穿过各向异性介质会产生横波双折射，即横波分裂现象（如图7-11所示）。通过对横波分裂及地层各向异性特性分析，可以求出地层的各向异性参数、裂隙发育的方位及裂隙密度等。由于横波双折射产生快慢两种横波，因此在处理前必须将它们分离。分离快、慢波有多种方法，对于横波激发的四分量可采用Alford旋转法，而对于转换波采用两分量旋转互相关模拟的方法可取得较好的效果（李彦鹏，2000）。

三、多分量地震数据解释

由于纵波与转换波的传播路径、偏振特征不同，其地震剖面也有很大的差异。多分量数据联合解释主要包括纵、横波资料对比、标定及联合利用纵、横波资料进行构造、岩性解释等几个方面。

1. 纵、横波资料层位对比方法

由于纵、横波的传播速度不同，使得不同分量资料在同一目的层的旅行时存在很大差异，因此，纵、横波地震数据解释的关键是做好纵、横波的对比与标定，它是进行联合解释的前提，只有做好这项工作，才能发挥多波勘探技术的优势，如果对比或标定错误，那么以后的解释将毫无意义。

一般情况下，多波层位对比主要通过地震地层学与合成记录实现。当然，在有纵、横波VSP或全波声测井的地区，可以容易地通过井震对比实现纵横波的对比。

1）利用地震地层学的方法进行纵横波同层对比

要实现地震地层学对比，首先要确定对比参考点，即在纵、横波剖面中找出具有明显特征的波组，如隆起、断层及岩性引起的反射波组特征变化，进而进行对比解释。然后再用v_S/v_P值进行压缩时间比例显示，得到有实际物理意义的v_S/v_P。最后进行时深转换，利

用 v_S/v_P 值进行补偿后，纵、横波之间的剩余可变时差也许依然妨碍着对地下同一界面的纵、横波反射特征的直接对比。但是，准确的深度比例尺显示的纵、横波剖面有助于两种剖面的对比，并且显示出两相剖面的相似性和差异性。

2）利用叠前合成记录方法实现纵、横波剖面的对比

当对 P—SV 地震资料作解释时，在没有全波声测井与三分量垂直剖面数据时，可利用合成地震记录算法产生非零炮检距的 P—P 与 P—SV 合成记录。它主要包括计算不同炮检距的 P—SV 波合成记录道，然后叠加产生“零炮检距”转换波合成记录。该算法假定具有不变的层间时间的水平均匀地层，无振幅衰减与多次波，要求有 P 波测井记录与纵、横波速比，如果没有密度测井资料，则用 Gardner 方程来估算密度。

2. 多分量资料的构造解释

排除近地表衰减的影响，横波资料的分辨率高于纵波，而且在某些纵波波阻抗差较小或气污染区，难以得到优质纵波资料的地区，横波可以发挥约束作用。转换波具有半程的纵波及横波信息，兼有纯纵波与纯横波的优势，因而对小断层、破碎带及薄层的识别具有独特的效果，这也是多波勘探构造研究的优势之一。多波勘探的构造解释就是分析两种剖面的特征，综合利用这些信息更可靠地描述剖面中反映的地质与地球物理特征。

3. 多分量资料的岩性解释

在纵波勘探中，通常用速度值判断岩性的变化，但由于同一种岩性所对应的速度范围很广，而且有很大程度的重叠，因此仅根据速度很难准确地描述地层的岩性特征。而多分量地震资料所提供的地震属性成倍增加，并能利用纵、横波对应属性的关系衍生出多种新的参数，综合利用这些参数可以减小依据速度判识岩性的不确定性，进而为油气勘探、开发提供了可靠的依据。

1）多分量资料地震属性的提取

多分量资料地震属性的提取主要体现在根据地震旅行时差异或速度资料求取纵、横波速比，利用叠前资料获取地下介质的弹性参数及弹性波阻抗反演等三个方面。

（1）纵横波速比的求取：最简单的速度比求取方法是利用纵、横波速度相比获得。另外，根据地层对比与纵、横波对比结果，纵、横波时差分析或岩性统计关系也可以求得速度比。

（2）多分量资料叠前属性分析及弹性参数提取：从地震资料中提取介质的弹性参数，并用经验关系式将这些参数与岩性、流体成分联系起来，在油气监测与油藏描述中发挥着重要作用。其中，AVO 分析是从叠前地震资料中估算岩石弹性参量的一种有效手段。由于横波振幅受上、下界面纵波速度的影响较小，这为 AVO 分析与弹性参数提取提供了很大的便利。当然，如果综合利用多分量资料的振幅信息，不仅可以得到更多、更为可靠的地层参数，而且还可以构建多种属性的 AVO 交会图。

（3）多分量资料弹性波阻抗分析：常规的波阻抗反演方法建立在地震波垂直入射假设的基础上，当炮检距较大时，垂直入射的假设就不能描述真实的叠加振幅信息。而描述非零偏移距反射的弹性波阻抗方法则同时包含了声波阻抗与纵、横波速度及密度等岩性信息，因此它能较常规地震道反演获得更多、更可靠的流体、孔隙度和泥岩含量等信息，有助于识别常规地震道反演与道积分剖面中的假象，减少反演的多解性，提高储层预测的精度。

2）利用多分量资料区分岩性与孔隙流体

（1）利用振幅信息直接预测油气：纵、横波振幅的强弱与界面的反射系数密切相关，由于不同的岩石类型及不同的孔隙填充物有着不同的弹性参数，这些弹性参数对纵、横波有着不同的影响，从而引起地震纵、横波反射振幅的差异。当岩性不同或同一岩性赋含油气时，其纵、横波反射振幅有着不同的特征，利用这种纵、横波振幅差异可以进行岩性预测与油气检测。目前，多波振幅信息的应用主要体现在真假亮点识别与 AVO 分析两个方面。

（2）利用纵、横波速比及泊松比区分岩性与含油气地层：一般来说，速度与岩性关系比较复杂，而速度比则具有简单的关系。大量的资料研究和试验结果表明，随着砂岩百分比的增加，速度比呈增大的趋势，不同的岩石有着不同的速度比范围。另外，泊松比与速度比之间具有确定的非线性关系，不同的岩石具有不同的泊松比范围，因此可以利用纵、横波速比或泊松比来预测岩性变化。当然，将泊松比、纵波速度资料与纵波阻抗一起使用，绘成交会图的形式更容易区分岩性与含油气地层。

（3）孔隙度预测：孔隙度是岩石物性与储层含油气评价的重要参数，因此，准确地估计储层的孔隙度对于了解储层的含油气性具有重要意义。一般情况下，由地震资料估计孔隙度主要利用 Wyllie 时间平均方程来实现，当然也有利用纵、横波速度联合估算的双波速法，协克里金法及多参数统计方法，各种方法的基本原理与使用条件也不尽相同。另外，实际应用结果表明，$(\alpha\beta)^{1/2}$ 的等值线大致反映了不同的孔隙度，而与岩性无关。如果可以得到纵、横波速度比以及纵波速度，便可以得到 $(\alpha\beta)^{1/2}$ 剖面图，$(\alpha\beta)^{1/2}$ 的高值反映了高孔隙度，而高值则反映了低的孔隙度特性。

（4）孔隙流体区分：通常不同的含气饱和度在地震剖面上可以产生类似的异常，如亮点、AVO 异常。从岩石物理角度来看主要是因为：岩石孔隙中含有少量的气，岩石的体积模量将会减小，但是随着含气饱和度的增加，这种不可压缩性的变化幅度非常小；剪切模量基本上不受岩石孔隙流体的影响；岩石体密度随含水饱和度的变化幅度比较小。所有这些因素都可能使不同的含气饱和度地层具有相同的速度或速度比。因此，一般情况下，利用现有的碳烃化合物指示因子或岩性参数很难判别储层的含油气性。这时，可以通过地层岩石物理参数分析选择最佳参数，进而利用这些参数区分孔隙流体，当然也可以利用前面讨论的多分量弹性波阻抗技术区分孔隙流体。

4. 多分量资料解释的其他方面

1）改善气云、盐丘等的成像质量

多分量数据在提高成像精度方面有着独特的优势。利用转换波，可以改善某些纵波资料品质不佳地区的成像质量。例如对于有气云覆盖的油藏，横波的速度变化很小，频散也最小，因此成像最好，特别是转换波，它使时深转换更可靠（如图 7－12 所示）。对于有些储层，纵波的波阻抗差不明显，而转换波的波阻抗差显著，也可改善成像质量。另外，对于盐下与火成岩下地层的成像，P 波反射成像十分困难，但盐下与火成岩下可能是转换波的最好发生地，从而提供了这些边界成像的信息。

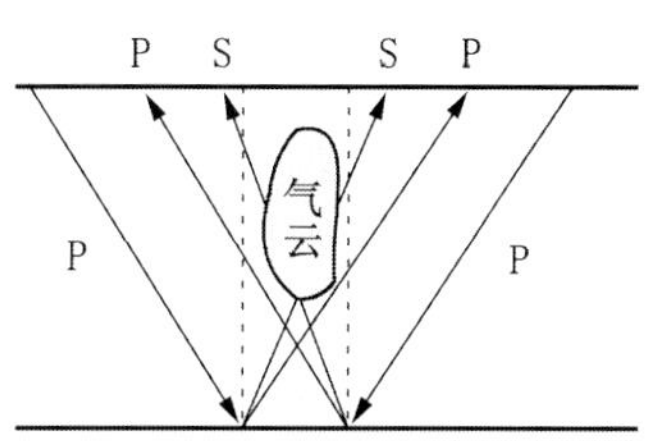

图 7－12　多波穿过气云

2）各向异性分析

利用两分量旋转扫描或旋转互相关得出最佳旋转角度，就可以得出地下裂缝的方位。另外，在处理后的快、慢横波剖面上拾取相应的初至波时间就能得到延迟时间并计算出方向各向异性系数。当然也可以根据各向异性系数有效地预测裂隙发育的统计主应力方向和裂隙发育密度。

（1）岩层各向异性的鉴别：在多波勘探中，鉴别地层是否存在各向异性的最简单方法是利用纵、横波速比与旅行时比的差异。当然还可以根据测线交点闭合情况来确定各向异性的存在。由于纵波传播速度受各向异性影响不大，而横波速度则随偏振方向变化，平行裂隙方向偏振的快横波速度总是大于垂直裂隙方向偏振的慢横波的速度。这样当测线以不同方式布设在裂隙上时，将会引起速度的改变，造成横波测线交点的不闭合。

（2）裂隙检测：一般用各向异性系数来衡量介质各向异性程度。利用分离后的快、慢波反射波时间，可确定快、慢波相对时差与各向异性系数。再利用各向异性因子与裂隙密度之间的关系得到裂隙的密度。值得指出的是，用快、慢波的旅行时差测量各向异性时分辨率较低，而它们的相对振幅差异对裂隙的局部各向异性测量有较高的分辨率。事实上，当薄层资料的分辨率有限时，振幅变化可能只是薄层地层中高裂隙岩石的一个特征。因此，保证最终的快、慢波剖面具有均衡的能量并保持相对的真振幅至关重要。

四、多分量地震应用实例

目前，多分量地震勘探已有很多成功的实例。这主要得益于横波信息的应用。SEG 对多波应用效果的一次统计结果表明：多分量地震的应用主要在于成像与岩性、流体识别两个方面。前者约占 60%，主要包括提高由于气烟囱或漏气造成的成像杂乱区的成像效果（40%），盐岩或玄武岩底成像（10%），透明油藏（纵波阻抗差小，但横波阻抗差大）成像以及多次波消除等（10%）。后者约占 40%，包括如碳酸岩与碎屑岩、泥岩与砂岩等的识别（12%），流体识别（13%），饱和度成像（8%），油气水边界确定（5%），各向异性与裂缝检测（2%）。

1. 多分量地震成像实例分析

多分量地震成像技术采用 P 波和 S 波构成地下岩石特征的图像。常规三维地震通常只接收地层反射 P 波能量，P 波对岩石可压缩性、刚性与密度的变化比较敏感，这些岩石特征的变化受到岩石类型、岩性、裂缝、孔隙空间的特性与大小、孔隙流体、孔隙流体压力与局部应力等因素的影响，由于这些变化可以描述油气聚集的状况，因此这种地震图像可以协助改善油气采收效果。S 波对地层的密度与刚性相当敏感，产生的地震图像不同于 P 波图像，因此综合提取 P 波与 S 波将会得到更丰富的信息了解地层特征。图 7－13 为新疆轮南多分量地震成像剖面。可以看出在浅层 P 波同相轴不连续，而 P—SV 波剖面使成像质量得到明显改善。

2. 含油气性预测

东方地球物理勘探有限责任公司在苏里格气田进行了多波勘探（李彦鹏，2004），该区储层为二叠系下石盒子组和山西组，属河流—三角洲沉积，岩性为石英砂岩。钻探揭示：苏里格气田主力储层盒 8 段砂体（复合砂体或砂层组）厚度较大（一般为 25～30m）；但单砂体厚度较薄，尤其是高孔隙度、高渗透率的有效储层厚度更薄（一般小于 5m），且横向

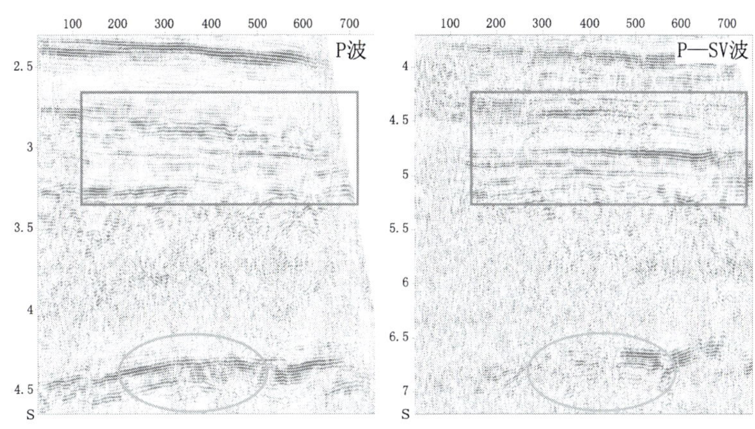

图 7－13　新疆轮南多分量地震成像结果

变化快，储层非均质性极强。

纵、横波测井曲线显示，在储层段砂岩的顶底与围岩（泥岩）纵波速度差异小，横波速度差异大，这时利用横波信息更容易预测砂岩的展布；而在富含气砂岩段，纵波速度明显降低，接近甚至低于泥岩速度，横波速度却基本不变，因此，纵波信息对含气性更敏感，但受分辨率等因素的影响存在多解性。综合利用纵波与横波信息，能更好地解决该区的储层含气性预测问题。

实际处理的剖面信噪比较高，可用于岩性预测及含气性检测。沿目的层的纵、横波振幅比是进行岩性预测的重要属性，实际对比解释表明，振幅比及速度比与储层含气性有很好的对应关系，如图 7－14 所示。

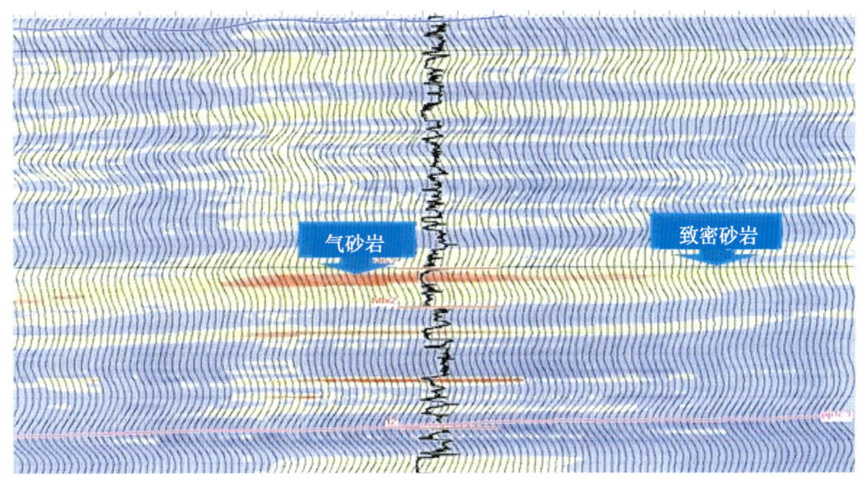

图 7－14　目的层段横波与纵波速度比剖面图

3. 各向异性分析

由于利用横波分裂现象揭示裂缝的假设条件是垂直裂缝在宏观上具有优势方位，且有一定的规模，而这些条件在我国陆上裂缝性油气田一般不容易满足，因此未见明显效果，东方地球物理勘探有限责任公司在轮南地区也进行过针对潜山裂缝的多波勘探，从潜山下面的深层反射可以看出，PP 波同相轴较连续，而 P—SV 波反射则因潜山裂缝的散射与衰减而变差，据此可以判断裂缝发育带的分布（图 7－13）。利用多分量 VSP 对裂缝性油藏的研究表明，当资料的信噪比较高时，利用横波分裂现象可以对裂缝进行较好的预测。

第三节 时移地震

时间推移地震（简称时移地震）油藏监测技术是在油藏生产过程中，对同一油气田在不同的时间多次进行地震测量，地震响应随时间的变化可以表征油藏性质的变化（岩石物理性质、流体运移、压力、温度），通过特殊的时移地震处理技术，差异分析技术与计算机可视化技术描述油藏内部物性参数的变化（孔隙度、渗透率、饱和度、压力、温度）、追踪流体前缘，不仅能监测油气边界的变化与注入流体（如水、蒸汽、二氧化碳和其他气体等）的移动，而且可以探测和发现死油区，进而指导开发井位的合理布设，提高最终采收率（陈小宏等，1998）。时移地震使地震勘探从静态的构造与储层描述发展到油藏动态监测，把时空概念引入油田开发，给油田生产方式带来了观念的转变。它已经对合理规划、管理油气藏产生了积极的影响（Anderson，1997）。

工业界在 1980 年以前，二维地震勘探使油气的采收率达到 20％～30％。三维地震的广泛应用不仅在勘探领域发挥了巨大作用，而且已成功地应用于开发领域，从提供精确的构造图发展到精细油气藏描述，三维地震的应用使油气的采收率提高到 40％～50％。应用时移地震开展全新的油藏管理不仅可揭示油气藏的三维特性，而且充分利用地震响应在时间上的差异信息，经过测井资料、开发史资料的标定，可识别剩余油所处的位置，为优化开发方案、减少干井提供宝贵资料。专家预测，时移地震方法的应用可望在 21 世纪使油气储量采收率提高到 70％左右（Anderson，1997）。

时移地震油藏监测技术是一项新技术，现在国外主要石油公司联合高校与研究机构在全球范围进行研究。应用成功的地区有美国墨西哥湾、北海 Sognefjord、加拿大艾伯塔冷湖、挪威 Njord、印度尼西亚 Duri、西非等地区。国内的时移地震研究起步较晚，胜利油田于 1988 年首次在单家寺地区进行了蒸汽吞吐与蒸汽驱稠油热采地震监测试验。之后，新疆石油管理局于 1993 年至 1995 年也进行了时移地震监测稠油开采的先导性试验，辽河油田对千 12 块 Q64—54 井区进行了蒸汽驱稠油热采的时移地震监测。

但在薄互层注水开采条件下进行时移地震研究在国内外还没有先例，我国油田储层薄、含水率高，这与国外大多数时移地震监测实例有明显区别，因此薄互层条件下时移地震应用的可行性、时移地震的采集方法、时移地震数据处理、时移地震数据分析是时移地震技术的基本问题。

一、时移地震应用可行性分析

时移地震的主要目的在于分析由于注入流体或开采而造成的流体运动、流体成分、流体饱和度、压力、孔隙度和温度等油藏特性的变化而引起的地震响应变化，并由地震响应的变化反演油藏特性随时间的变化，以便合理调整开发方案，提高油气采收率。然而，由于注采所造成的地震响应变化，因油田而异，因储层而不同。只有储层所有变化的综合效应在给定的地震分辨率范围内存在稳定可信的差异时，时移地震才会得到成功的应用效果。换句话说，时移地震的实施对储层条件、注采方式及地震方法本身都有不同的要求。

1. 储层条件

时移地震并非适合所有的储层，要进行时移地震监测，油藏本身必须满足特定的条件。低骨架弹性特征是时移地震监测得以实现的第一个必要条件；孔隙流体压缩系数的明显差异是时移地震成功的第二个必要条件；孔隙流体可压缩性差异较大的几种情况，孔隙度大（大于25%）岩石疏松；埋藏深度浅，厚度大；原有的油气比高；流体饱和度变化大等是时移地震监测较为理想的油藏条件。

2. 注采方式

时移地震适用于水驱或溶解气驱，且水驱采油最好是轻油或气；热驱采油应当是重油。在碳酸盐岩地区，时移地震适用于气驱、二氧化碳驱、蒸汽驱、溶解气驱储层。

3. 地震条件

当油藏特性、注采方式均满足监测条件时，地震数据的质量直接决定了时移地震监测的成败。地震数据的可重复性是时移地震所面临的主要困难之一。时移地震监测要求不同时间采集、处理的地震资料要有一致性或可重复性。此外，由于注入和开采而造成的储层差异是否能引起稳定而可信的地震差异是时移地震监测所面临的又一主要困难。地震所观测的是油藏与盖层（或围岩）的波阻抗差异，波阻抗又是密度与速度的乘积。因此，地震反射是速度与密度的函数。由于注采而引起的油藏变化最终将反映到油藏的地震波速度与密度的改变上，从而引起地震反射特征的变化。只要这一变化足够大，就能被观测到。这就要求地震资料必须具有足够的分辨率、信噪比与较高的保真度。

对时移地震的可行性研究有以下几种方法：

（1）定量评分法（Lumley，1997；Wang，1997）。该方法主要通过岩石物理参数与地震参数来评价时移地震的风险程度。

（2）零时间法。在较短的时间间隔内，在没有储层变化的条件下进行实际时移地震采集，然后通过处理的成像结果评估采集与处理的可重复性，进而进行风险评估。

（3）匹配处理法。对不同时期、不同采集参数的实际数据进行批处理，对处理成像结果进行评估，衡量资料匹配程度。

（4）物理模拟法。在实验室，用缩小的物理模型进行激发、接收实验，为研究激发、接收的可重复性提供基础数据。

（5）正演模拟法。根据实际的储层属性信息，采用Gassmann或Tokxoz模型，通过计算获得油藏开采动态变化引起的地震属性变化。可以精确地评估储层属性变化引起的地震属性变化的数量，从而评估时移地震的可行性。

由于时移地震技术主要是通过地震响应变化来描述储层性质随着油气的不断开采而变化的过程，定量评分法通过对参数评分来评估时移地震的可行性。它是时移地震风险评价中最直接、最简单、最具操作性的一种定量评价方法。

在时移地震数据研究油藏的过程中，很自然地涉及到正演问题，即从油藏参数变化到地震记录变化的过程。正演模拟法就是较精确地从储层属性模型正演储层物理属性信息，而后再用储层物理属性正演地震信息的变化。它是一种精确评价储层属性变化引起的地震属性变化程度，从而评价时移地震勘探的可行性的方法。它也是评价时移地震可行性的一种实用、有效的方法。

油藏时移地震监测正演模拟可分为四步，即建立油藏地质模型、油藏数值模拟（建立油藏时间模型）、岩石物理参数转换、地震正演模拟。

（1）建立油藏地质模型。油藏地质模型的建立方法依实际研究问题的性质决定。对于较复杂油藏的时移地震问题，必须采用油藏精细描述建立油藏地质模型。而对于一般的时移地震规律研究，可以建立一些简单的、抽象油藏模型，如研究简单的流体置换问题，或者研究某一类典型油藏模型的时移地震规律。

（2）建立油藏时间模型。油藏生产过程实际上是流体注入与采出的过程，即油藏内部流体饱和度变化的过程。油藏数值模拟方法建立不同时间的油藏空间模型，通过把油藏细分为许多具有不同油藏性质的网格块，根据流体渗流规律描述油田开发过程中流体的动态变化，再现油田开发过程并预测未来的油藏开发状况。

（3）岩石物理参数转换

经过油藏模拟得到各个时期的油藏状态，但它们都是由油藏压力、温度、流体饱和度等流体物理参数表示的。必须将其转换为油藏的地震属性进行地震正演模拟，比如地震波的纵波速度与横波速度。

（4）地震正演模拟

利用油藏数值模拟结果，并将其转换为地震属性，可以进行地震正演模拟与合成地震响应分析。

二、时移地震数据处理

从理论上讲，时移地震成像结果相减后，油气藏的静态性质（如构造、岩性性质等）被消去，从而导致了油气藏动态流体性质（流体饱和度、压力、温度等）的直接成像。因此在油气藏生产中以时间延迟的形式进行重复三维（二维或其他）地震勘探，可以对油气藏生产引起的油气藏内部物性参数（流体饱和度、压力和温度等）的变化进行描述，并追踪流体流动的前缘，从而对油气藏进行动态监测与管理。

但实际中，时移地震数据是间隔性采集、处理的，两次采集很难保证各项因素完全一致。地下水位的变化会造成地表条件的不一致，环境的变化会造成环境噪声的不一致，震源类型、激发位置或放炮方式的不同会造成能量分布的不一致，采集仪器型号的不同会造成不同的仪器噪声与不同的频谱特征，观测系统的差别会导致两个数据体难以比较等等。所有这些因素不一致都会造成反演结果之间的差异，可能无实际物理意义。特别是由于技术的进步，新的地震不可能与原有的地震采用同样的采集、处理参数。一句话，不一致是绝对的，一致是相对的。这就决定了时移地震监测必须加强数据采集、处理技术研究，将由于各种非地质因素引起的不一致降低到最小的限度。

1. 时移地震数据归一化及处理原理

同一地区在不同时间采集的地震数据，在剖面上大的构造形态基本一致，但剖面仍具有明显差异。这些差异的少部分是由于油气藏流体变化引起的，更多的则是由于采集、处理等因素引起的，因此必须消除这些不利差异，对数据体进行归一化处理。

时移地震归一化处理依据的原则是在非油气藏部分，由于没有流体流动的变化，因此在理想条件下，不同时间采集的地震数据应该一致，地震响应的时间、振幅、速度、频率和相位应该相同，而地震信号的变化是由于油气藏部分抽油生产或注气注水等引起的。实际数据采集、处理因素的变化导致了地震剖面中非油气藏部分地震波到达时间、振幅、速度、频率、相位等地震属性也发生变化，为了获得真正由于油气藏部分液体变化引起的地震属性差异，对非油气藏部分的时移地震数据进行归一化处理，使其尽可能保持特征一致，剩下油气藏部分的差异则可解释为由于油藏内部流体运动引起的变化。为了实现这一目的，在归一化处理过程的具体要求如下。

1）分析地震资料非一致性的原因

地震资料中非储层因素引起的不一致主要有两类：采集因素与处理因素。采集因素包括采集环境与采集方法。

2）保持处理流程与参数的一致

影响时移地震资料一致性的处理因素有：静校正、切除参数、振幅均衡、反褶积、成像速度、去噪等。

当采集方法不同时，应采用等效的处理方法、速度模型与反褶积参数等重新处理所有的时移资料，包括测网的规格化、能量及相位的匹配。

3）归一化处理

归一化处理是将基础地震数据与时移监测地震数据进行匹配，实际上是设计 1 个或多个滤波器。通常设计滤波器所用的资料是未受到储层流体影响的静态反射资料，归一化处理后，除在储层处有变化外，两个数据体的其他部分应该一致。在差值数据体上，所有静态的非储层的同相轴应该消失，有同相轴的地方仅仅是动态变化的油藏部分。

4）尽可能进行零时重复性试验

零时重复性试验是检测处理流程有效性的一种有效方法，它是指在非常短的时间间隔内，按同一采集方式采集多套地震数据，将处理后的多套数据相减，如果剩余反射能量为“零”或很小时，则认为地震数据的采集与处理的重复性好。

2. 时移地震数据归一化处理方法

时移地震数据的时间、振幅、频率和相位归一化是时移地震数据处理的主要内容，也是时移地震成功与否的关键。针对时移地震数据的时间、振幅、频率和相位方面的差异，利用多个校正归一化算子分别对地震剖面的主要差异方面逐个进行匹配校正。处理过程是寻找一种最佳匹配滤波器，对每条测线的有效震源信号整形，使其与参考测线的震源信号相同，求出对应的校正匹配算子，再进行校正。校正归一化算子可以是 1 个全局滤波器在所有的测线、所有道集中整体完成两个数据体的匹配，也可以是单线单道中进行局部化校正得到的局部滤波器。

振幅、频率校正在两个经过面元重置后的三维（或二维）地震数据体中进行。由于两个数据体之间的振幅与频率存在差别，无法描述油藏部分引起的地震差异，两个数据体必须具有相同的频带宽度、相同尺度的振幅幅值，即进行频率与振幅匹配。对于振幅校正，采用整体归一化方法，在地震剖面中获得校正因子。频率校正则通过带通滤波实现频带宽度的一致，并通过功率谱比较进行频率补偿与校正。

同样，为了分析油藏部分引起的相位差异，必须对非油藏部分进行相位校正处理。采用局部归一化方法，对每条测线的每道进行相位校正，每一道都可以得到 1 个相位归一化因子，因此整个三维（或二维）数据体就可以得到 1 个相位归一化算子族。

3. 归一化试验分析

TPT 地区时移地震数据处理，以区内 T_1 标准层为非油藏标准，它相当于姚家组顶面反射，在全区非常稳定又在葡萄花油层上面，因此时延地震分析中可作为随时间不变的标志层。

处理结果表明 T_1 标准层非油藏部分的差异消除后，油藏部分确实存在差异，而且与井分布有密切关系（见图 7－15、图 7－16、图 7－17）。

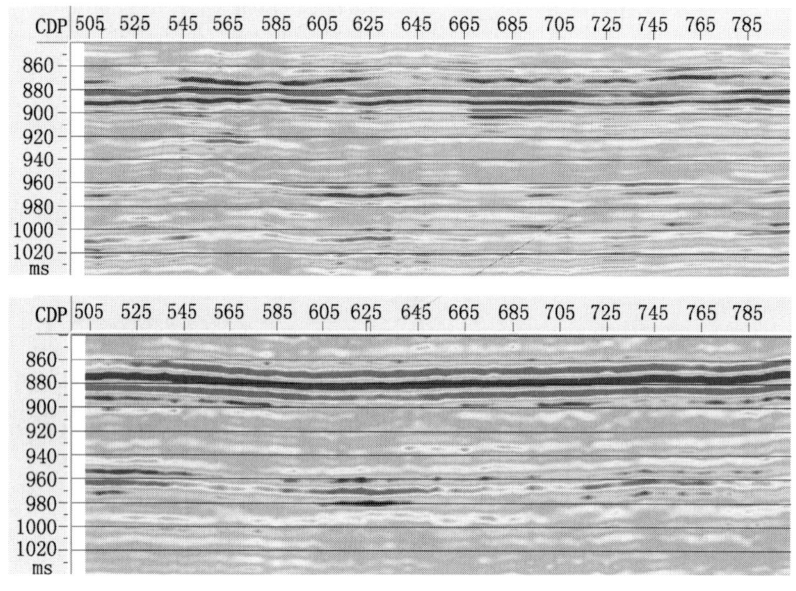

图 7－15　新（下）、老（上）测线剖面

归一化处理前的剖面，频率、相位、振幅等主要地震属性均差别较大，特别是该区非油藏部分（860～900ms 范围内）差别更大。说明时移地震属性受非地质因素影响较大。经过归一化处理后，基础数据与监测数据的地震属性得到了较好的均衡。

归一化处理后，基本消除了非地质因素引起的地震属性变化，在差值剖面上的剩余能量（940～1000ms）正是该区的主要油藏位置，反映了归一化处理方法的正确性和有效性。

三、时移地震数据分析与应用

1. TPT 油田注水地震监测研究

注水作为提高原油采收率一种有效的方法已被应用于世界各大油田，注水时移地震监测不仅可以发现死油区，而且可监测注水动态，进而可为油田开发方案的调整提供依据，

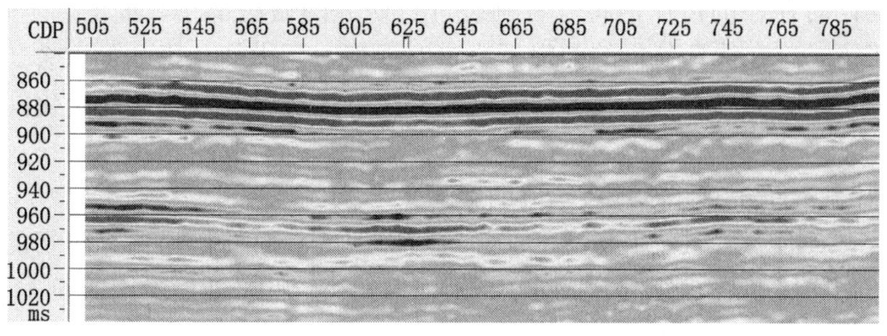

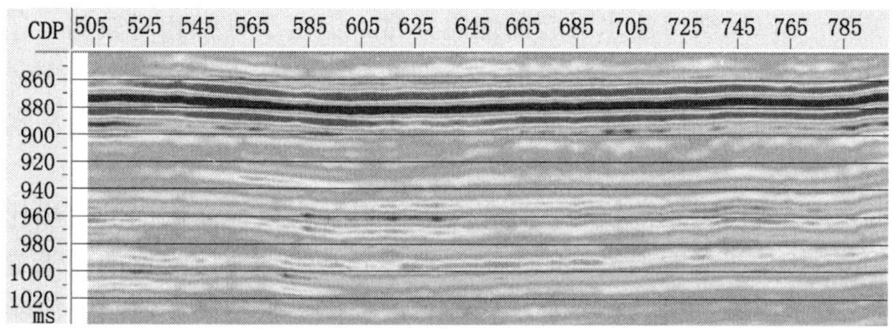

图 7－16　新（下）、老（上）测线归一化处理剖面

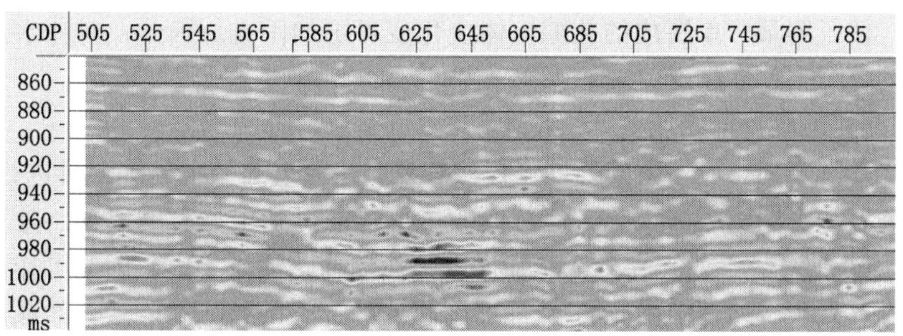

图 7－17　新、老测线归一化处理后差值剖面

以提高原油的采收率。我国薄互层油藏与国外大多数时移地震监测实例有明显区别。对这种薄互层注水开采条件下的时移地震研究在国内外还没有先例。

1）注水模拟研究

在认真分析 TPT 油田储层地质特性的基础上，结合测井资料建立了薄互层地质模型。根据地质模型计算得到注水前合成地震响应。

研究表明，由于注水而引起的流体替换以及地层温度、压力的变化均会造成不同程度的地震响应的变化。相比之下，由于流体替换所引起的地震异常为最大。温度、压力的变化对地震响应的影响几乎是互相抵消的。当地层温度、压力的变化不大时，温度与压力的变化对地震响应的影响可以忽略不计。但可以肯定地说，在注水过程中，流体替换、温度、压力的影响是同时存在的，任何将三者割裂进行研究的做法都是片面的、不符合实际的。对于研究的工区，应在认真分析的前提下决定对温度、压力变化影响的取舍。此外，对注水地震监测而言，除储层本身地震特征的变化外，下伏地层反射特征的变化同样可能会成为良好的监测标志。

2）信噪比与分辨率对注水地震响应的影响

当有噪声存在时，监测结果与注水前、后两次地震剖面的信噪比有密切的关系。原则上地震资料的信噪比越高越有利于监测。当剖面信噪比较低（如信噪比低于3）时，在差异地震剖面中，注水地震异常几乎完全淹没在噪声中，此时，利用地震资料进行注水地震监测比较困难，甚至是不可能的。当注水前、后两次地震剖面的信噪比高于 3 时，注水前、后地震剖面的差异可以反映出注水引起的地震异常，但由于异常相对较弱，还不足以用来揭示孔隙流体的动态变化。只有当注水前、后剖面信噪比高于 15（或至少应高于 10）时，利用注水地震异常剖面分析研究注水动态变化，识别注水前缘位置，判定注水波及范围等才是可行的。

由于注水而引起的地震异常较弱，且存在噪声时，有效提高剖面的信噪比、特别是地震异常剖面的信噪比是注水地震监测的关键。地震异常对剖面信噪比的要求是相对的，异常越强对信噪比要求越低，反之，异常越弱，对信噪比要求越高。原则上信噪比越高对注水监测越有利。地震波的分辨率对注水地震监测的影响主要表现为利用地震异常描述注水动态的精细程度。当地震波主频较低时，利用地震异常描述孔隙流体的横向变化是可行的，但要揭示孔隙流体在纵向的分布特性就显得无能为力。特别是对于薄互层，由于各层反射的相互干涉，使了解某一单层内的孔隙流体变化变得更加困难。因此，对注水地震监测而言地震资料的分辨率越高越好。

3）时间推移地震数据处理

在归一化处理之前，应用新的处理流程与参数，并通过同一批处理人员进行重新处理，首先消除处理方法不同引起的误差，使剖面的可重复性得到了显著的改善。处理原则以区内 T_1标准层为非油藏标准，它在全区非常稳定又在葡萄花油层之上，因此可作为随时间不变的标志层进行处理。处理结果表明 T_1标准层非油藏部分的差异消除后，油藏部分确实存在差异，而且与井分布有密切关系，结果令人满意。

4）时移地震属性分析

油气藏受孔隙流体组分，孔隙流体饱和度、孔隙度、渗透率，岩性和构造的控制，表现为空间非均质体，了解这些油气藏参数及它们空间变化是评估油气储量，了解并预测油气藏中的物理过程以及规划与监测油气藏流体生产、开采的关键。

时移地震属性与常规地震属性完全相同，所不同的只是属性的解释。在属性分析的基础上，对 TPT 油田时移地震数据进行初步分析。通过分析发现，波阻抗属性（差异波阻抗剖面），反射强度差异属性（新剖面反射强度与旧剖面反射强度之差），基本上反映了统一性与差异性的变化，可以作为时移地震的差异属性。

5）剩余油分布综合分析

综合上述，TPT 油田时移地震属性差异确实存在，当原始油藏完全被水淹时，在振幅差异剖面中有明显的反映；但在饱和度变化不大时，必须利用时移地震的属性分析技术作深入的研究，才有可能做出正确的预测。

2. GSP 地区水驱油藏时移地震的实例研究（甘利灯等，2003a，b；胡英，2003）

结合 GSP 地区两次地震勘探的数据，从实践上进一步说明了陆相碎屑油藏水驱地震监测的可行性。

GSP 地区为一断鼻构造，主力层高点埋深 -2200m，闭合高度 50m，面积大于 5.2km^2，断块含油范围受构造与岩性双重控制，西部发生岩性尖灭；小层油水界面深度为 -2240m；小层石油地质储量 39.2×10^{4}t。储层为陆相辫状河沉积，储层疏松，胶结较差（主要为泥质或钙质胶结），砂岩中泥质含量低，孔隙度为 26%～35%，渗透率为 264～1343mD，渗透率级差为 5.1，属高孔隙度、中（或高）渗透率储层，储层内非均质性很强。

区块石油地质储量为 187×10^{4}t，累计产油 13.5×10^{4}t，采出程度仅为 7.21%。工区内目前拥有各类井 17 口，其中 3 口井为注水井，但目前均已停注；8 口井为采油井。

根据互均化处理后两次地震测量的差异数据可以直接描述剩余油的分布状况，但对于长期注水保持压力开采的情况，由于油、水弹性性质差异相对较小，研究水驱油藏剩余油分布可以采用地震属性差异的方法。

地震属性主要分为运动学与动力学属性两种。对于长期水驱油藏，尤其是陆相薄层油藏，开采过程中由于水驱作用引起的地震波旅行时的变化非常小，可能在地震测量误差的范围，因此，一般来说，很少分析地震波运动学特征的变化。目前的地震波动力学属性一般指振幅属性、频率属性和相位属性。地震属性差异比直接地震数据体差异更易于反映剩余油的分布，且均方根振幅与波形相似性对储层参数的变化更为灵敏和稳健。

该实例进一步说明了利用时移地震数据研究陆相油藏长期水驱剩余油分布的可行性。在陆相水驱油藏时移地震油藏监测中，综合考虑振幅、频率、相位和积分地震道等不同地震属性信息，可以相互印证，从而达到较为客观地确定水驱开采后剩余油分布的目的。该实例同时表明，不是以时移地震分析为目的而采集、处理的多次三维地震数据，尽管其野外采集参数可能存在很大的差异（造成资料显著的不重复性），互均化处理仍然可以令人满意地去除大多数非生产因素（或人为因素）造成的储层差异，从而获得可靠的剩余油分布信息，在老油区中发现剩余油。

第四节 井中地震

通常将激发系统（震源）和接收系统（检波器）同时或其中之一置于井中测量地震波信号的方法称为井中地震技术。在测量过程中，由于激发接收方式、位置的不同，形成了不同的数据采集方法，主要有垂直地震剖面（VSP）、井间地震、随钻地震、单井地震，以及微地震监测等观测方法。在油田勘探开发领域中，目前我国井中地震技术的研究与应用主要集中在垂直地震剖面（一维、二维和三维）、井间地震，以及随钻地震（随钻 VSP）等方面，有些油田已进行了微地震监测等试验。

一、垂直地震剖面（VSP）

垂直地震剖面测量的基本原理是利用地面激发、井中不同深度检波器接收地震信号。

目前应用的井下接收系统多采用三分量检波器，接收来自地下不同偏振方向的地震波场。

1. *数据采集方法*

VSP 的数据采集方法在一维、二维和三维观测中有所不同。一维与二维的情况比较简单，这里主要介绍三维的采集方法。

三维 VSP 数据采集方法基本上分为三类。其一，与地面地震测量同步的数据采集。即在三维地面地震数据采集过程中，将井下接收系统置于井中设计的层段，三维 VSP 的数据测量共享地面地震的炮点，与地面地震的数据采集同步进行。数据采集中的震源参数按照地面地震的设计，三维 VSP 的采集设计主要确定井下接收系统的深度、接收点点距、采样率和采样时间长度等。其二，三维 VSP 独立数据采集。将井下接收系统置于预定层段，按设计的炮点逐一激发进行数据采集。在设计中，不仅要设计接收参数，而且要设计激发参数。这种采集方法的特点是速度较快、目的性强，有利于针对地质目标。其三，将接收系统永久性固定于井中给定深度井段，通过地面炮点激发采集三维 VSP 数据，其特点是易于进行时移观测。以上 3 种方法有各自的特点，在应用中可根据实际情况选用最佳的方法。

2. *仪器及设备介绍*

垂直地震剖面与井间地震技术快速发展体现在井下接收系统取得的重要技术突破，主要表现在：

(1) 由单级改为多级接收（诸如 8 级、24 级、80 级，甚至 200 级）。据此可大大提高工作效率。

(2) 由井下模拟信号传输改为数字信号传输，采用 20—24 Σ—△A/D 转换，动态范围大。

(3) 由单分量接收（垂直分量检波器或水听器）改为三分量或四分量（检波器 + 水听器）接收，丰富了数据采集信息量。

(4) 井下检波器性能显著提高。温度、压力、体积和方向性指标显著改善。

(5) 高速数据传输。推出采用井下光纤传输信号的产品。大大提高了信号传输能力，保证了多道数据采集的实时接收与传输，从而保证接收系统的可扩充性，为提高井中地震测量的效率创造了条件。

(6) 多种直径规格可选，有些（直径 43mm）可直接置于油管中进行测量。

这些特点一方面为接收更为丰富的波场信息提供了基本保证，另一方面大大提高生产效率，促进了采集技术的发展，增强了垂直地震剖面（特别是三维 VSP）和井间地震技术的实际应用能力。表 7－2 列出了几种主要的井下接收系统的特点。

表 7－2　国内外主要井下接收系统

型　号	产　地	级　数	特　点
HDSeis™	美国 OYO Geospace	24 级	三分量数字检波器 + 水听器
SST—500	法国 CGG BSD	12 级	三分量数字检波器 + 水听器
WR—MSR	法国 CGG Sercel	8 级	三分量数字检波器

续表

型　　号	产　　地	级　　数	特　　点
Tar—3	美国 CoreLab TomoSeis	10 级	水听器
X13	美国 Baker Hughes	13 级	三分量数字检波器
	美国 P/GSI	80 级	三分量检波器（模拟信号）
ASR—1	英国 Avalon Sciences Ltd	16 级	三分量数字检波器+万向架，VSProwess
JDB—30	中国 西安弘传	6 级	三分量数字检波器

3. 数据处理方法

1）零井源距垂直地震剖面

常规的零井源距 VSP 数据处理基于 z 分量数据。即拾取 P 波初至估算速度、分离上行波场、走廊叠加及层位识别或标定等。

近年来，数据处理技术方面取得了新的进展，主要体现在：

（1）三分量数据处理。目前许多零井源距 VSP 数据采集采用了三分量检波器。如果使用炸药或空气枪震源激发，由于这些震源不是纯 P 波源，有时候采集的三分量数据不仅只有 P 波，而且还有 S 波。这样，数据处理中首先要进行水平分量的旋转，从而可以得到较为清晰的 S 波初至。利用 S 波初至数据，反演得到 S 波层速度。结合 P 波层速度可以得到纵、横波速度比或泊松比，可用于对地面地震多分量属性的校正、约束以及 AVO 的分析；S 波层速度的另一重要用途是用于 VSP 的转换波成像。

（2）地震属性分析。从零井源距 VSP 数据中可提取有用的地震属性，而且这些属性是深度域的。利用初至数据并给定时窗计算分析其动力学特征，据此研究地震属性。应用比较多的是研究地震波的吸收衰减，诸如计算吸收系数与品质因子等。这些属性可以用于地面地震数据处理。

（3）深度域目的层位识别与标定。由于 VSP 数据采集是在深度域进行，结合钻井分层数据、测井资料可以对地震地质层位在深度域进行识别与标定。

2）二维垂直地震剖面

二维垂直地震剖面的数据处理面临较大的技术挑战。一方面，常规的非零井源距 VSP 的数据处理主要问题是成像效果。在许多情况下，数据处理仍难以达到预期的效果。主要原因是其中的一些技术关键仍未得到较好地解决。诸如波场分离、速度分析以及多分量成像等。另一方面，WALKAWAY 等观测方式给数据处理带来许多新的研究课题。目前在这方面比较突出的是利用 WALKAWAY 数据计算各向异性系数，一方面可以用于地层的各向异性研究，另一方面可用于提高偏移成像效果。

3）三维垂直地震剖面

（1）数据分选。对于采用多级检波器观测，可以将数据按共炮集分选；否则，按共接收点道集分选。

（2）水平分量处理。从 z 分量数据中拾取 P 波初至并用于水平分量数据的旋转。得到径向分量数据。

（3）波场分离。利用 z 分量和径向分量，综合不同井源距段、不同波场的偏振特性以及视速度、方向等差异进行波场分离。即按不同炮检距段进行数据分选。分段的准则是保证在共接收点中待分离信号的波场特征具有明显的分选性；充分利用波场的偏振特性进行波场分离。主要考虑 4 种波场，即：下行 P 波，上行 P 波，下行 P—SV 波和上行 P—SV 波。其他波场均忽略。对于共接收点道集数据，首先对两水平分量进行旋转定向，将原始三分量数据转变成两分量数据（x，z）。显然，如果已知波动在该平面内的传播方向，则可以根据 P 波和 P—SV 波的偏振特性确定 P 波和 SV 波；根据不同波场的视速度特征差异，进行波场分离。

（4）速度分析。对于三维 VSP 数据，按照地面地震的常规方法进行速度分析是不合理的。这是因为在水平层状均匀介质的假设条件下，地面地震的每一炮检对所对应的成像轨迹为一垂直地层界面的直线，在共中心点道集数据中，认为纵向覆盖次数是相等的。而在 VSP 观测方式下每一炮检对所对应的成像轨迹为一曲线，纵向覆盖次数具有时变特征。在井下接收点较少的情况下难以按地面地震的情况抽成共中心点的道集进行速度分析。但由于 VSP 测量中检波器置于地下一定深度，有准确的深度信息，同时能得到较高信噪比的旅行时数据。旅行时信息反映了地下介质的速度变化，在综合其他信息后，能够估算其速度结构。

对于速度的空间变化规律，可以用程函方程表征地震波旅行时与介质慢度分布的非线性关系：

$$T = \int s(x,y,z)\mathrm{d}l \tag{7-27}$$

式中 s（x，y，z）——地层慢度分布；

l——射线路径。

该式也称为拉冬变换，求取 S（x，y，z）的过程实际上为拉冬变换的反演问题，通常分成滤波反投影、傅里叶重建和代数重建三类方法，对于 VSP 数据的速度估算，实际上是一种数据不全的拉冬变换反演问题，往往属于一种欠定问题。一般用约束方法和正则化方法加以解决。

（5）偏移成像。三维 VSP 数据成像不适合地面地震数据处理过程中先进行动校正再叠加的方法。在常规的 VSP 成像处理中，在算法上分 VSPCDP 转换和 Kirchhoff 偏移两类。以往常用的 VSPCDP 转换算法主要基于一维速度模型，不能用于二维速度模型。为了能更好地对比、分析纵波和转换波成像效果，成像过程应在深度域进行，然后根据需要转换到时间域。其基本方法是根据速度分析结果进行三维成像网格设计，确保目的层具有一定的覆盖次数；建立三维纵波和转换波速度场；根据实际观测系统及经波场分离得到的数据，在设计的网格中实现射线追踪偏移成像，计算数据体地震属性并用于解释。

4. 资料解释

1）一维垂直地震剖面（零井源距 VSP）

零井源距 VSP 数据解释已有规范可循。其过程是：根据速度反演的结果确定过井处的时深关系；根据数据处理提供的走廊叠加结果，结合测井结果、合成地震记录、钻井分层数据等识别过井地震剖面中的目的层位并进行标定。这些过程可在时间域或深度域进行。在时间域进行则属常规的做法。在深度域进行则需在深度域完成走廊叠加。由于钻井分层数据是深度域的，用VSP数据进行目的层位的识别和标定是有利的。在深度域标定后的结果，通过深时转换及与地震剖面对比，实现在地震剖面中标定目的层。

2）二维垂直地震剖面（非零井源距VSP和WALKAWAY等）

二维垂直地震剖面的解释与常规二维地面地震剖面的解释方法类似。由于在许多情况下，二维VSP数据中的转换波非常发育，使得数据处理提供的成果不仅有P波成像剖面，而且还有P—SV波成像剖面。这样，资料解释就相对复杂。但由于VSP数据能提供比较精确的速度模型且成像范围不大，采用深度域成像有利于P波和P—SV波的解释。此外，可以利用二维VSP数据估算的地层各向异性参数分析检测裂缝。

3）三维垂直地震剖面

三维VSP资料的解释在数据体中进行，应针对不同的地质目标制定解释流程。具体做法可参考三维地震资料的方法。特别是针对油田开发领域的一些问题和三维VSP处理成果的特点，要综合利用多分量地震属性进行油藏分析。

5. 实例：莫北2000—3井区三维VSP数据处理效果分析（Yousheng Yan，2002，Yousheng Yan，2004）

用于进行三维VSP观测的莫北MB2003井为一口开发评价井，地表为沙漠，地表地形条件较为复杂。以往该区地震资料信噪比较低，一方面是地面激发条件较差；另一方面是目的层位于侏罗系煤层下方，煤层对向下传播的地震波有较严重的屏蔽作用。

1）数据采集

该井区的三维VSP测量与三维地震同步进行。在三维VSP测量中，四级三分量接收系统位于MB2003井深2670～2700m处，检波点距10m，炮点共享三维地震的9束81条炮线，炮线距为200m，炮点距为100m，炮点面积近80km^2，炮点总数为3645炮，采用12口井组合激发，每炮总药量为24kg。

2）数据处理

(1) 速度分析：通过拾取10000余个旅行时间数据，反演得到了纵波和转换波两个速度体用于成像。

(2) 波场分离：由于井下接收级数较少，常规的VSP数据波场分离方法不适用。通过制定了综合不同井源距段、不同波场的偏振特性以及视速度、方向等差异进行分离的对策，从原始数据中有效地将PP波和P—SV波分离。图7-18显示了共接收点道集波场分离后的PP和P—SV波数据。从中可见P—SV波较P波有较高的分辨率和信噪比。

(3) 三维VSP成像：根据已知速度场，在三维空间里进行网格剖分。由于测量采用的是地面地震的炮点，炮线距和炮点距较大，使得在成像中不能使用较小的成像面元，根据理论模拟的结果，P波的成像面元为100m×50m，P—SV波的成像面元为50m×50m，深度间隔均为2m。图7-19分别显示了PP和P—SV波成像数据体。

3）效果分析

由于转换波数据信噪比较高，选用了P—SV波成像数据体计算了某一深度（目的层段

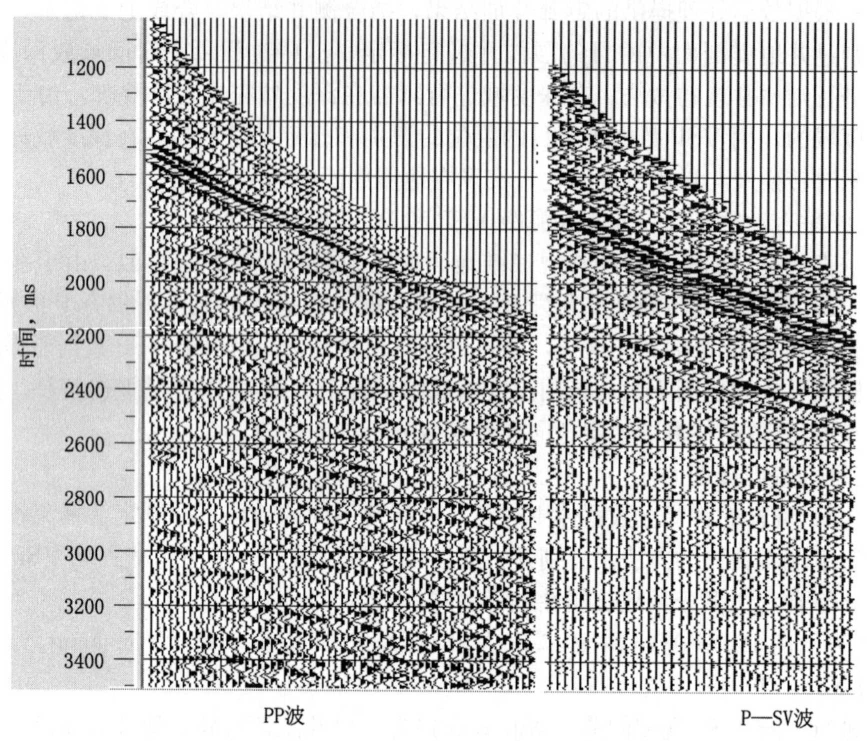

图 7－18　分离后的 PP 波和 P—SV 波共接收点道集

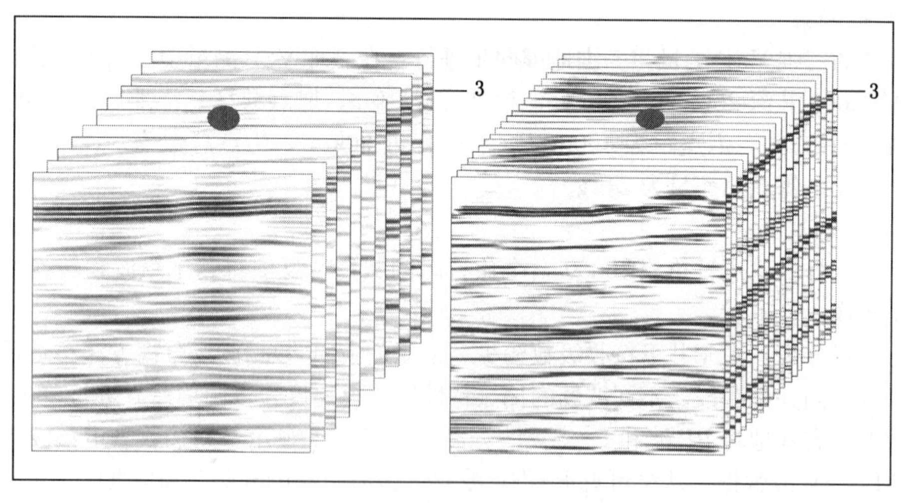

图 7－19　PP 波和 P—SV 波成像数据体

内）的振幅相干特性，图 7－20 显示了该属性的空间变化，主要表现为近南北向的两组异常，左边的呈直线状，右边的呈弯曲状。显然切片反映出地球物理属性的空间规律性，结合地质背景和其他资料，可以做出合理的地质解释。

二、井间地震

井间地震观测是将震源置于井中、接收系统置于其他井中观测地震响应。与VSP观测不同的是不仅能接收到来自震源和检波器下方地层的上行反射波，还可接收来自其上方地层的下行反射波。

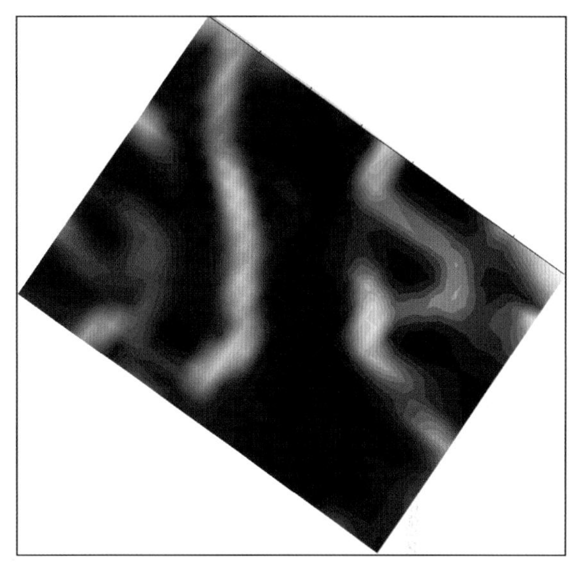

图7－20 振幅相干属性切片

1. 数据采集方法

井间地震数据处理提供的成果通常分为两类：井间地震速度层析成像剖面和井间地震反射波成像剖面。在实际测量中，由于井下激发且观测井段有限，采集设计一般不能很好地同时兼顾井间速度层析成像和反射波成像的效果。井间速度层析成像通常基于直达波旅行时，直达波入射角的变化范围较大，井间反射波成像的反射角度要求较小。因此，在数据采集设计中，首先要确定哪种处理成果可能最有效。然后，进行目标设计，确定观测系统和采集参数。采集设计中通常要计算反射波覆盖次数、上下反射波的反射角度、层析成像照明度和地震波场响应等，据此确定炮点距、接收点距、采样率和记录长度等。

2. 数据处理方法

井间地震数据处理流程包括：

（1）数据解编，建立观测系统。

（2）数据分选。通常可将数据分选为共炮点、共接收点、共中心深度点和共偏移距道集。

（3）拾取纵波和（或）横波初至。

（4）三分量数据旋转，将不同地震波场分配到不同偏振平面，供继后的进一步波场分离。

（5）利用数学变换将数据转换到不同的域，通过取舍并进行反变换得到用于成像的波场。f—k、中值滤波或拉冬变换等是常用的方法。

（6）利用拾取的纵波和（或）横波初至旅行时，采用图像重建算法（速度反演）得到井间速度层析成像剖面。

（7）利用分离的反射波场和计算的速度场进行井间反射波成像。成像方法通常有VSPCDP转换和偏移算法。深度偏移成像在井间地震数据处理中是行之有效的。

3. 资料解释

由于井间地震技术的工业化应用时间不长，井间地震资料的解释规范处于形成过程中。井间地震资料的解释通常是在深度域进行，基本做法分为四步：

（1）利用钻井、测井资料对井间地震数据处理成果进行岩性标定，确定目的层岩性与地震响应（属性）的关系，标定分别在激发井和接收井进行。

（2）对目的层进行层位标定。建立地震层位和地质层位的关系。

（3）在处理成果的基础上，综合其他有关信息估算地震属性和储层参数，如地震波阻抗、砂泥岩百分比等。

（4）基于地质背景处理成果的分析，进行综合的井间地震地质解释，提交解释成果，如井间的微构造剖面，砂体分布剖面，岩性推断解释剖面及沉积微相等剖面。

4. 实例：大港某井区井间地震测量（严又生等，2005）

根据中国石油天然气股份有限公司科技与信息部的部署，由大港油田、东方地球物理勘探有限责任公司和西安弘传公司在大港的 G1—G2 井对进行了井间地震测量。大港油田为该项目的牵头单位，负责提出地质目标，提供井位，协助施工和数据解释；东方地球物理勘探有限责任公司负责数据采集设计、处理和解释；西安弘传公司提供井下震源、6 级三分量接收系统并负责野外数据采集。

本次井间地震测量的主要目标是研究井间储层横向变化情况；分析井间是否存在小断层；评价井间地震技术在油田勘探开发中的应用可行性及其效果。

1）数据采集

用于井间地震观测的 G1—G2 井区所在构造位置为黄骅坳陷北大港断裂构造带港东油田一区七八断块。在 G1—G2 井间地震采集设计中，采用的主要技术：

（1）模型正演技术。

（2）特征参数分析技术。

（3）井间地震观测系统设计技术。

据此确定的井间地震观测井段参数见表 7－3，即在 G1，G2 井中互换激发和接收，每口井激发两炮，三分量接收。

表 7－3　观测井段参数

	震　源　井	接　收　井
井　　名	G1，G2	G2，G1
起止深度，m	1370～1400	1367～1814
深度间隔，m	30	3
数据道数，道	4×150×3＝1800	

2）数据处理

目的层深度，数据处理的井段为 1400～2000m，根据频率扫描分析，原始数据反射 P 波的频带较宽，有效信号的频段范围为 40～400Hz。针对井间地震数据地震波场复杂、信号频带较宽等特点，处理流程主要包括噪声压制、波场识别、波场分离和成像。图 7－21 为其中一个共炮点道集经波场分离后得到的上行 PP 波数据，道距 3m，共 150 道。图 7－22 为井间 P 波反射波成像结果［（b），道距 2m］和对应范围的过井地面地震成像剖面［（a），道距 10m］。可见井间地震成像剖面的分辨率和信噪比都高于地面地震成像剖面，能更精细地解决油田开发中的问题。

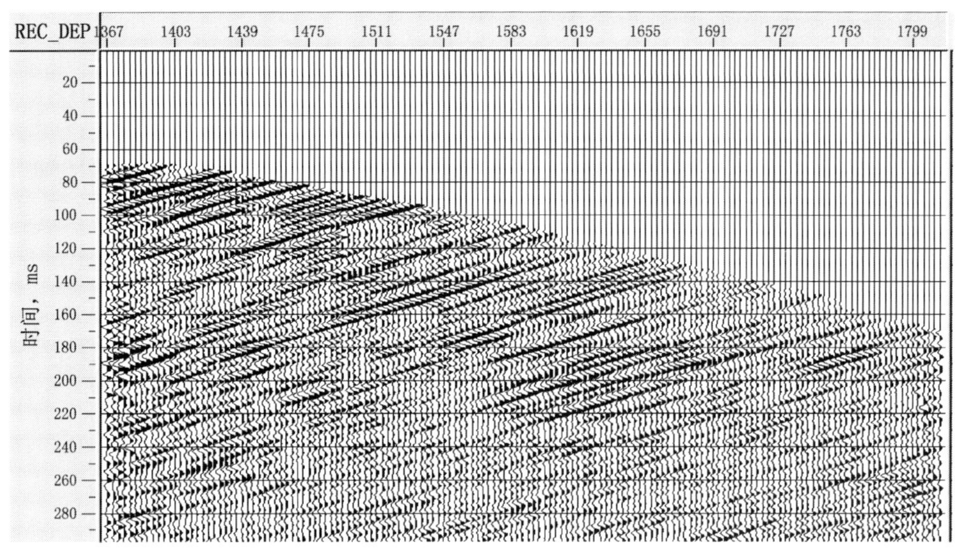

图 7－21　共炮点道集

经波场分离得到的上行 P 波，道距 3m

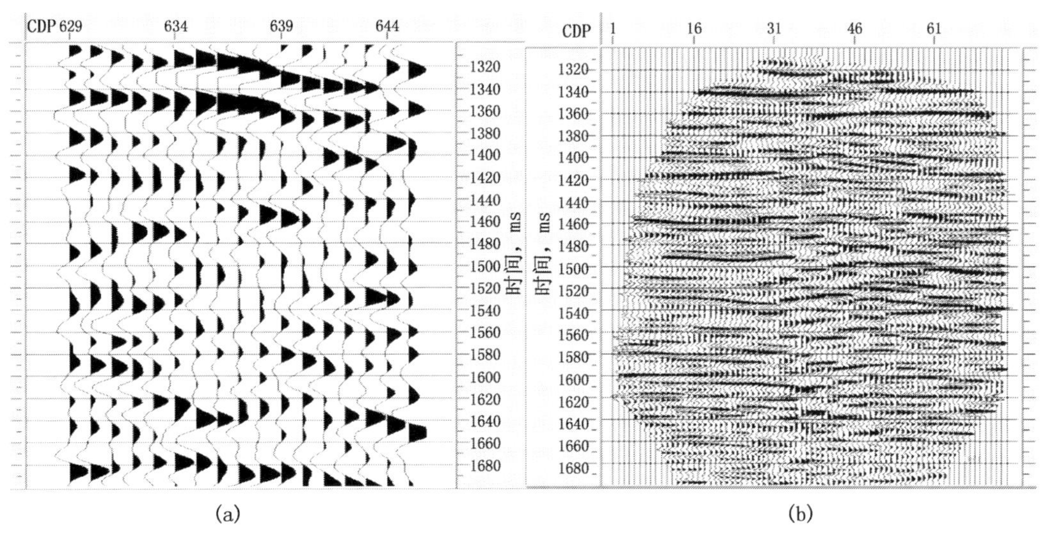

图 7－22　地面地震成像剖面（a）与井间地震成像剖面的比较（b）

3）资料解释

港东油田一区七八断块位于黄骅坳陷中区，北大港潜山二级构造带的东南部，是港东复杂断块区的主体部位，为被断层复杂化的大型逆牵引背斜构造的一部分，构造北东东向，地层倾角 3°～11°，闭合高度 50～130m，含油面积 6.3km^2。

断块内共发育北东东、北东及北北西向三组断层，其中北东东向断层为主断层，这些多期形成的、大小不一的断层将该区构造切割成大小不一的断块 20 多个。用于井间地震测量的两井面临的问题主要表现为河流相沉积环境导致储层横向变化大，尽管两井相距

148m，测井资料表现出明显的非均质性；在生产中，对基于测井资料解释的连通层进行注水开采不见效果。在该井的解释中，主要对目的层段（1400～2000m）井间资料进行解释，内容主要包括井间地震剖面的构造解释和储层描述。

（1）构造解释：井间地震资料的构造解释在深度域进行。根据钻井分层的结果，在两井都有分层数据的共有3层。首先根据标定的结果，追踪Nm3—11层，其他层位按G1井的分层深度进行追踪。图7-23给出了构造解释的结果。主要对其中的6个层位进行了对比追踪和断层组合。

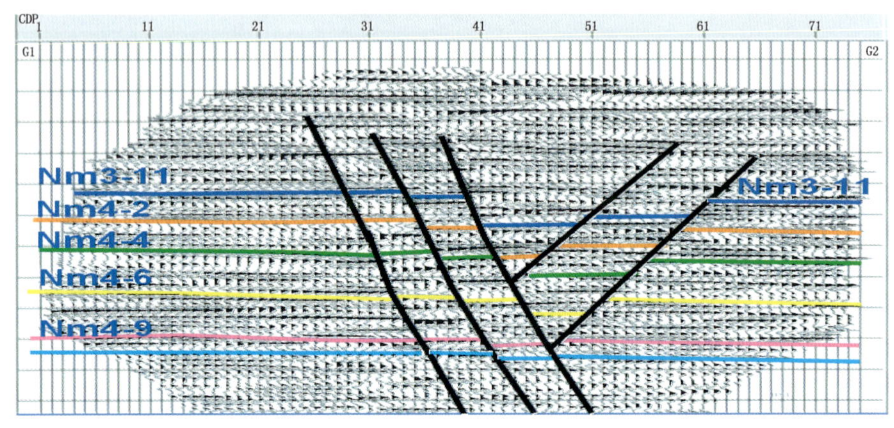

图7-23 井间地震剖面的构造解释

（2）井间砂层解释：从前面的分析可见，该井区的砂体受断裂影响，造成两井的砂体不连通。但由于本地区属于河流相沉积，井间砂体的不连续性也有可能是由于不同的河道沉积所致，特别是在明化镇组，其储层多源于中等弯曲度曲流河砂体。井间砂体解释主要基于波阻抗剖面和钻井、测井资料。

（3）井间储层性质的分析：储层性质受构造运动、砂体的形成过程控制。储层的泥质含量可以用于对储层性质作更深入的描述。图7-24为根据井间地震资料结合测井资料估算得到的井间泥质含量剖面。黄色表示低泥质含量，蓝色表示高泥质含量。图中说明了G2和G1井两井之间储层的泥质含量存在明显差异，在该断裂下盘（G2）储层的泥质含量要低于上盘（G1），说明断层下盘储层物性比上盘好。从中可见，泥质剖面在一定程度上诠释了在G1井深度1700～1800m根据测井资料未能解释小砂层的原因。

三、随钻VSP

随钻VSP属于一种逆VSP测量，主要用于钻前预测和井旁成像。其基本工作原理是在地面布置检波器接收钻头钻进中对地层岩石的冲击力产生的地震信号。在钻井过程中，钻头对地层产生两个方向的作用力。钻头上下振动产生的沿钻柱轴向的冲击力，这种冲击力可产生连续的P波和S波，井下钻头的振动可视为一种可控震源。

作为随钻VSP技术应用的一种推广，随钻井间地震技术在油田开发领域将是一种具有良好应用前景的技术。

1. 随钻VSP设备

（1）震源：用于钻井的钻头，通常有牙轮钻头和PDC（聚晶金刚石复合片）钻头。

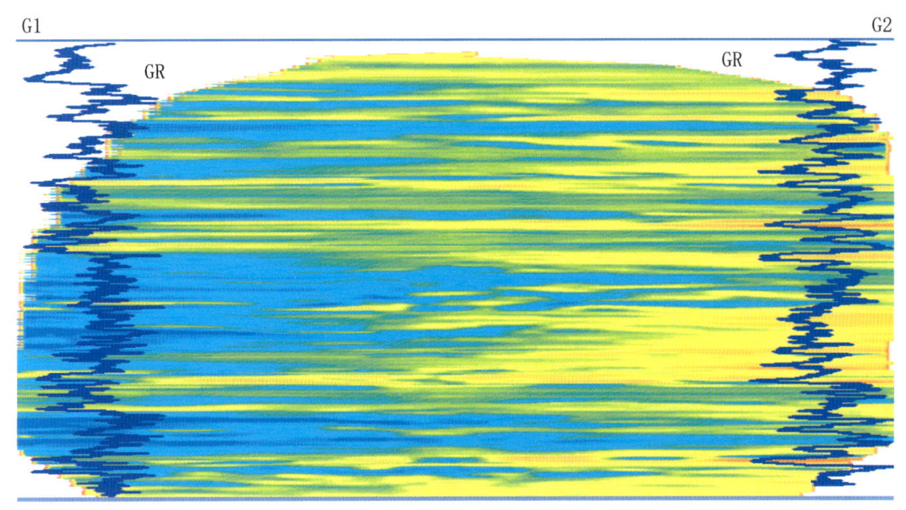

图 7－24　根据井间地震数据及测井资料估算的井间泥质含量剖面

（2）传感器：分为两类，一类为先导信号传感器，用于记录沿钻柱上传的钻头振动信号；另一类为普通地面检波器，用于记录来于沿地层上传的地震信号。两者信号经互相关及校正后即可得到类似常规 VSP 测量采集的数据。

2. 数据采集方法

随钻 VSP 的测量是在动态环境中完成，噪声大、震源能量变化大、先导信号不规则等诸多因素决定了数据采集设计的复杂性。在数据采集设计方面，主要考虑几个方面的问题：

（1）钻头信号影响因素。如钻头类型、钻遇岩石等。

（2）传感器先导信号接收方法。

（3）野外采集参数和地面观测方法。根据目的层深度，通过计算和理论模拟确定钻头的起始记录深度、地面检波器排列、采集参数等。

3. 数据处理方法

将随钻 VSP 测量应用于钻头前方目的层预测，其处理过程应在施工现场完成，即为所谓的实时数据处理。在处理方法上，与常规 VSP 的处理主要不同之处概括为：

（1）先导信号与地面接收信号的互相关。类似与地面采用可控震源进行 VSP 测量的情况，差别是可控震源标准信号在激发频率和振幅能量等方面是可控的，而随钻先导信号是不可控的。

（2）噪声压制。噪声类型分为环境噪声和随机噪声。在随钻 VSP 数据中，环境噪声是主要噪声源，诸如井场钻井泵、发电机、电网及井架振动等强能量形成相干干扰，这些干扰沿时间轴遍布于整个记录。

①先导信号噪声压制方法。通过统计发电机、钻井泵、井架振动等噪声信号的特征，实现信噪分离。

②相关后数据的噪声压制方法。通常可采用常规的 VSP 数据去噪方法。

（3）一致性处理。由于钻头钻遇不同硬度的岩石激发的信号差异较大，用于成像的数据必须经过一致性处理。可通过对波场特征的统计、数据分选和补偿算法（如一致性反褶积）加以解决。

(4) 速度分析。通常可根据相邻井的声波测井资料对地震波旅行时数据进行校正。校正后的旅行时数据可用于估算地层层速度。

(5) 成像。随钻 VSP 数据的成像可分为两个时间段完成，其一是现场完成用于钻头前方预测，要求迅速提供成果；其二为后期处理，可以进行更精细的处理，通常沿用 Walk-away VSP 数据的成像方法。

4. 资料解释

随钻资料的解释方法与地质目标紧密相关。为了预测钻头前方目标，资料解释过程要求是实时的，资料解释中要在应用常规的 VSP 资料解释方法的基础上紧密结合钻井工程资料分析进行。

5. 实例：轮古 47 井区随钻 VSP 测量（罗斌等，2004）

在“九五”期间技术研究的基础上，东方地球物理勘探有限责任公司在轮古 47 等井区进行了随钻 VSP 测量试验，其内容是钻头信号的准确记录或提取；随钻 VSP 记录多域去噪方法的研究；地震速度资料的分析和应用（速度校验炮测量）；实时确定钻头在地震剖面中的位置，预测钻头前地层深度。

1）数据采集

轮古 47 井位于塔里木盆地塔北隆起轮南低凸起轮南潜山西斜坡的轮古 47 潜山构造上，井区地表主要为沼泽，地形相对平坦。轮古 47 井为开发井，钻探该井的主要目标为古生界奥陶系顶面风化壳以下的碳酸岩溶洞。

对轮古 47 井进行了全井段观测（500～5950m），保证取全、取准所需研究资料；使用了两套现场处理系统，用于现场处理及质量监控；研制钻井液压力接收传感器，利用钻井液压力监测预留口，对钻井液压力进行了现场监测；科学、合理布设观测排列，避开了井场强噪声的干扰，检波器坑埋；改进先导传感器和其他井场强干扰噪声检波器的安置方式和耦合条件等。图 7－25 为轮古 47 井随钻 VSP 地面采集排列示意图。采集数据分为 515～1415m 井段的牙轮钻头记录（约 30GB）和 1700m 以后的 PDC 钻头记录（约 300GB）两部分。图 7－26 显示现场处理的单张记录，钻头深度位置分别为 1250m 和 760m。从中可见反射波场较为丰富，但其中的相干噪声也较强。

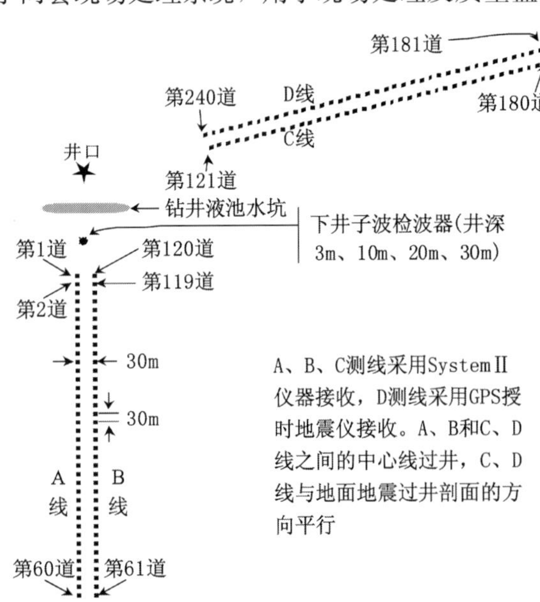

图 7－25　轮古 47 井随钻 VSP 地面采集排列示意图

2）数据处理

由于两种钻头采集的信号质量差别较大，PDC 钻头得到的反射波信号较弱，是数据处理中的难点所在。图 7－27 显示了

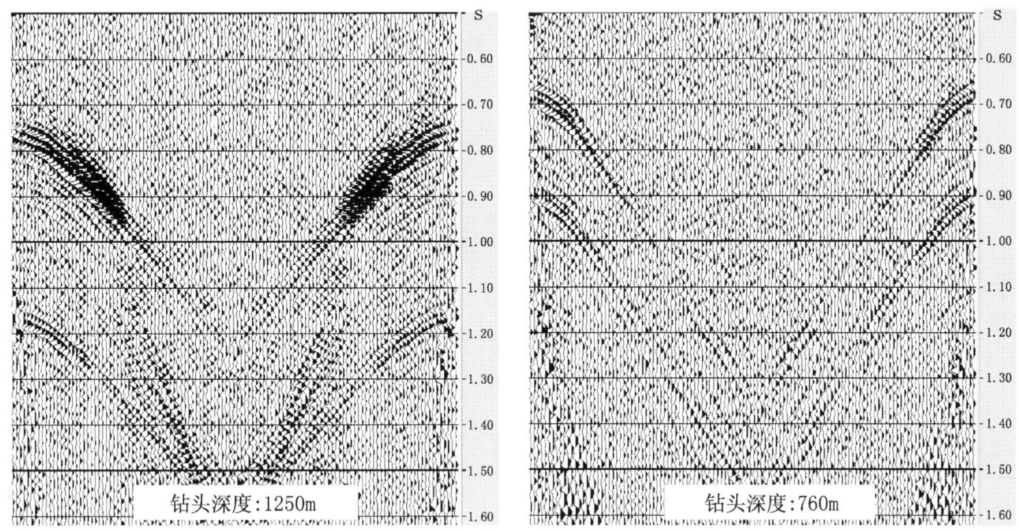

图 7－26 随钻地震现场处理单张记录

一共检波点道集（偏移距为 1570m）波场分离前后的结果。图 7－28 为随钻 VSP 成像剖面与过井地震剖面的对比，两者结果基本一致，井旁附近效果更好。

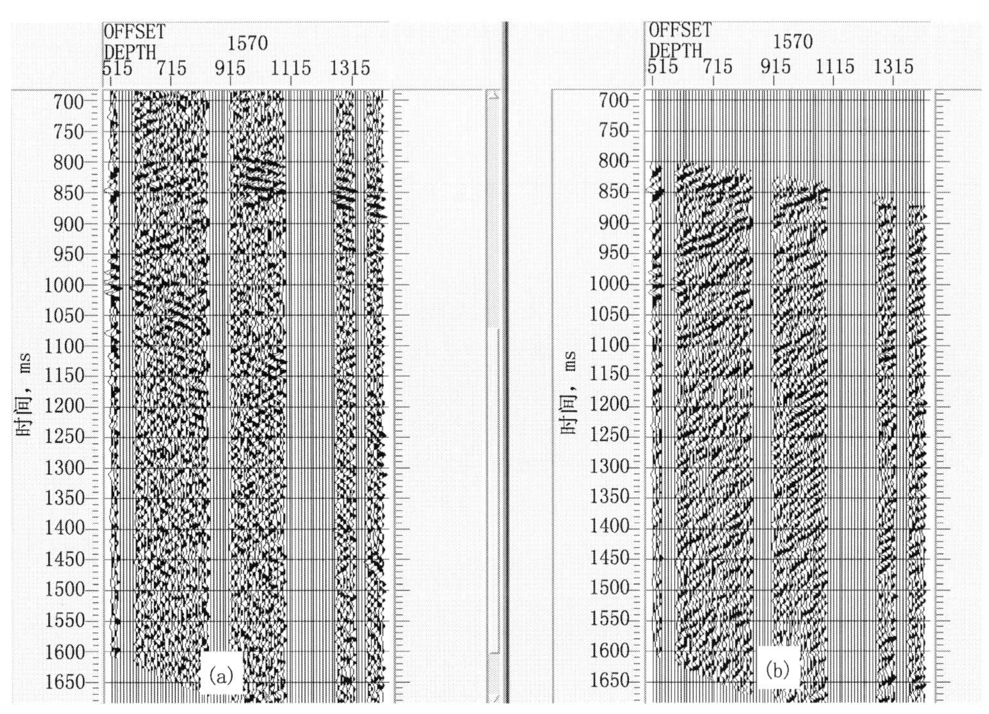

图 7－27 偏移距为 1570m 的波场分离结果

（a）为波场分离前记录；（b）为上行波记录

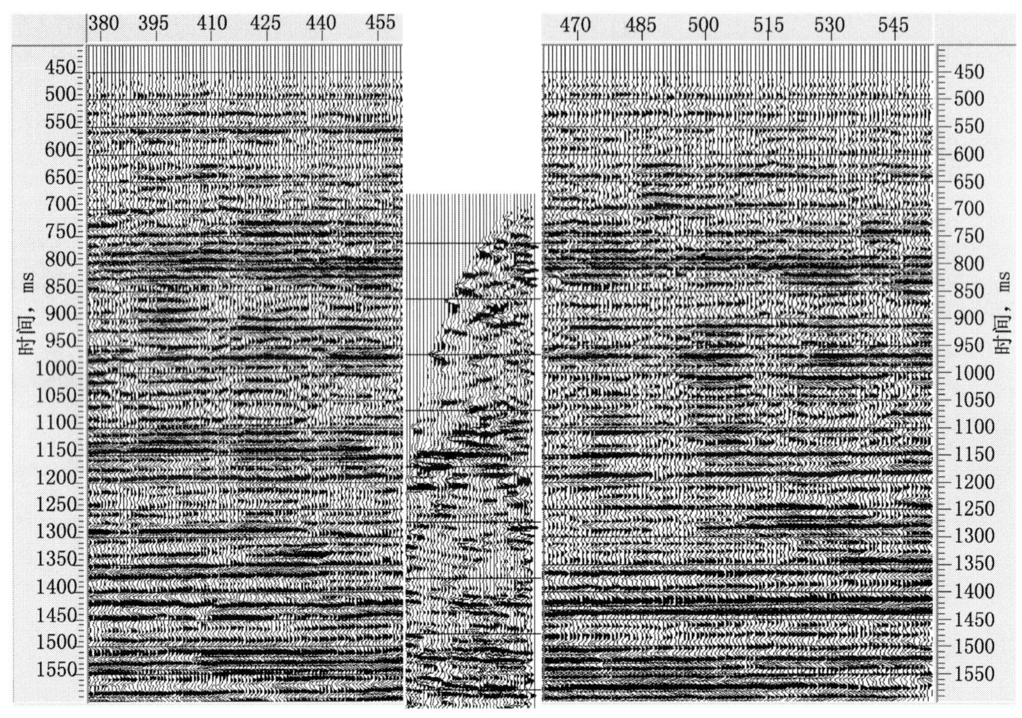

图 7-28　随钻 VSP 成像剖面与过井地面地震剖面的比较

第五节　小　　结

油藏地球物理技术是地球物理勘探技术发展的一个重要方向，它在油田开发中具有非常重要的应用价值，这里主要从以上几个方面描述了油藏地球物理技术的几项应用，实际上油藏地球物理技术涵盖许多方面，本章还有微地震监测（监控压裂方向）、井地联合地震监测等未及论述。油藏地球物理涉及现代最先进的技术，包括模拟高温、高压条件下的岩石物理试验设备，三分量数字传感器，多级井中电缆、可控震源等尖端设备的应用，技术难度较大，我们认识到在该领域，许多关键技术目前与国外还有一定的差距，需要持续研究，以更好地服务于油田开发。

参 考 文 献

陈小宏，牟永光．1998．四维地震油藏监测技术及其应用．石油地球物理勘探，33（6）：707～715

陈小宏，易维启．2003．时移地震油藏监测技术研究．勘探地球物理进展，26（1）：1～6

陈小宏．1999．四维地震数据归一化方法及实例处理．石油学报，20（5）：22～26

陈颙，黄庭芳．2001．岩石物理学．北京．北京大学出版社

甘利灯，姚逢昌，邹才能，杜文辉，周成当，张祖波．2003a．水驱四维地震技术可行性研究及盲区．勘探地球物理进展，26（1）：24～29

甘利灯，姚逢昌，邹才能，石玉梅，胡英，刘宇．2003b．水驱四维地震技术——叠后互均化处理．勘探地

球物理进展，26（1）：49～53

郭向宇，凌云，魏修成.2002，PS 转换波共转换点的几种计算方法及实际应用．石油物探，41（3）：141～143

胡英，刘宇，甘利灯，杜文辉.2003. 水驱四维地震技术—叠前互均化处理．勘探地球物理进展，26（1）：49～53

金龙，陈小宏.2003. 时移地震非一致性影响研究与互均衡效果验证．勘探地球物理进展，26（1）：45～48

李庆忠.1993. 走精细勘探的道路．北京：石油工业出版社

李彦鹏，马在田.1998. 坐标拉伸后的线性拉冬变换法波场分离．石油地球物理勘探，33（5）：611～615

李彦鹏，马在田.2000. 快慢波分离及其在裂隙检测中的应用．石油地球物理勘探，35（4）：428～432

易维启，李明，云美厚，陈小宏.2002 时移地震方法概论．北京：石油工业出版社

朱光明，1988. 垂直地震剖面方法．北京：石油工业出版社

Anderson R N，et al. 1997. 4D seismic：The fourth dimension in reservoir management，Part1：What is 4－D and how does it improve recovery efficiency? . World Oil，218（3）：43～49

Batzle M and Wang Z. 1992. Seismic properties of pore fluids. Geophysics，57（11）：1396～1408

Berryman J and Milton G. 1991. Exact results for generalized Gassmann’s equation in composite porous media with two constituents. Geophysics，56（11）：1950～1960

Best A I，Mclann C. 1995. Seismic attenuation and poro－fluid velosity in clay rich reservoir sandstone. Geophysics，60（5）：1386～1397

Biot M A. 1956. Theory of Propagation of Elastic Wave in A Fluid－saturated Porous Solid：Low－frequency Range；High－frequency Range. J Acoust soc Am，28（2）：168～178

Castagna J P，Batzle M L，Eastwood R L. 1985. Relationships between compressional wave velocities in clastic silicate rock. Geophysics，50（5）：571～581

Castagna J P and Backus M M. 1993. Offset－dependent reflectivity—Theory and practice of AVO analysis. Tulsa. Soc. Expl. Geophys，135～171

Crampin S. 1994. The fracture criticality of crustal rock. Geophys. J. Int，118（2）：428～438

Domenico S N. 1984. Rock lithology and porosity determination from shear and compressional－wave velocity. Geophysics，49（10）：1188～1195

Dvorkin J et al. 1994. The squirt－flow mechanism：macroscopic description. Geophysics，59（2）：428～438

Dvorkin J，Nur A. 1993. Dynamic poro－elasticity：a unified model with the squirt and the Biot mechanisms. Geophysics，58（3）：524～533

Gardner G H F，Gardner L W and Gregory A R. 1974. Formation velocity and density—The diagnostic basic for stratigraphic traps. Geophysics，39（6）：770～780

Gassmann F. 1951. Elastic waves through a packing of spheres. Geophysics，16（2）：673～685

Grant A Gist. 1994. Fluid effect on velocity and attenuation in sandstones. J Acoustic Soc Am，96（2）：1158～1173

Greenberg M L，Castagna J P. 1992. Shear－wave velocity estimation in porous rocks：Theoretical formulation，preliminary verification and applications. Geophys. Prospect，40（2）：195～209

第八章 重磁电综合勘探技术

第一节 重磁勘探

一、球面外部质量校正技术

1. 重力观测精度与校正

近20年来，重力勘探技术的发展（王家林，1991）（重力仪观测精度的大幅度提高与位场波数域技术的创立）及其相关技术的进步（计算机的广泛应用与GPS定位精度的极大提高），使平原地区高精度重力勘探的地质效果越来越显著。20世纪80年代1∶50000重力细测预测的许多古潜山，绝大多数都被后来的地震资料与钻探所证实，并且发现了一批油气藏；90年代末更高精度的重力细测（相当于1∶25000）对华北某地区的地震深层解释成果提出质疑，认为深层存在古潜山。钻探结果证实了古潜山的存在，展示了良好的油气前景。

重力勘探精度以重力异常总精度衡量，重力异常总精度由仪器观测精度、内部校正（零位校正与固体潮校正）精度与外部校正（布格校正、地形校正与正常场校正）精度决定。目前，重力仪观测精度与内部校正精度均已达到了微伽级，所以重力勘探的精度主要取决于外部校正精度。因为正常场校正与布格校正中的高程校正精度也已达到微伽级（布格校正包括高程校正与中间层校正两项），所以重力勘探的精度实际上主要决定于布格校正中的中间层校正精度与地形校正的精度。

中间层校正与地形校正合为一体的物理意义是消除大地水准面之外物质对观测重力值的影响。实际上，应该把“消除大地水准面之外物质对观测重力值的影响”的校正命名为外部质量校正，把地形校正与中间层校正视为外部质量校正具体实现的两个步骤，从物理本质上恢复问题的本来面目。这样一来，既便于问题的表述，又有利于抓住问题的实质，找到解决问题的办法。

多年的勘探实践表明：平原区的异常总精度相当高，可达数十微伽，原因在于平原地区的外部质量校正值基本上是一常数。然而山区的外部质量校正，由于资料与方法的限制，精度依然是数十至数百微伽。很显然，用同样的仪器、观测网密度在山区进行的重力勘探，实际上难以达到真正的高精度，也就不可能取得平原区那样的效果。

山区重力勘探外部质量校正的步骤：

第一步，以过观测点平面为准“移山”、“填海”。“移山”就是消除观测点平面以上的物质对重力观测值的影响，“填海”就是用组成地形的物质填充到观测点平面以下的空间，并计算出这部分物质对观测点的重力效应，加到重力观测值中。此即地形校正。传统地形校正方法中是将大地水准面视为平面，因而水准面以上的物质经地形校正后即变成了一无限水平板，其厚度等于观测点的高程。

第二步，消除上述水平板对重力观测值的影响。外部质量校正即告完成。

可见，传统外部校正技术的主要缺陷是没有考虑地球曲率的影响，更严格地说是没有对外部质量实施严格的空间归位，因而无法正确计算远区与超远区的外部质量校正值。当然，外部校正范围相当大时，地形质量的严格空间归位，不仅要考虑纵向归位（即曲高的影响），还要考虑横向归位（即高斯坐标的转换），也就是要进行三维空间归位。

2. 外部质量校正基本思路

外部质量校正问题可以用严谨的数学语言表述如下：

（1）地形曲面与大地水准面（水准椭球面）是两个函数，重力外部质量校正值计算的就是以这两个函数为积分限的积分问题。如果将这两个函数以直角坐标方程表达，那么重力外部质量校正值就可以严格地用直立方柱体组合模型进行计算。

（2）水准椭球面与以水准高程形式给出的地形曲面都是以球坐标形式表达的，球坐标很容易转换为直角坐标。

（3）球面坐标与高斯平面坐标有严格的换算关系。利用这一关系，将以高斯坐标与水准高程形式给出的地形资料，转换为以观测点为原点的三维空间坐标系中的实际地形点，实现外部质量的三维空间归位。

由以上分析可知，只要推导出外部质量三维空间归位的具体公式，外部质量校正值的计算问题就迎刃而解了。

3. 外部质量三维空间归位公式

如图 8－1 所示建立两个坐标系：一个是以地心 o 为原点的球坐标系，一个是以观测点 o' 为原点、z' 轴向下的 $o'-x'y'z'$ 直角坐标系，称作外部质量三维空间归位坐标系，简称归位坐标系。显然，水准高程为 h 的地形点 p，以球坐标表示即为 $p\left(r_0+h,\ \frac{s'}{r_0},\ \varphi\right)$，其中 s' 为地形点到观测点的球面距离，φ 为地形点与观测点的球心角，r_0 为大地水准面平均半径。

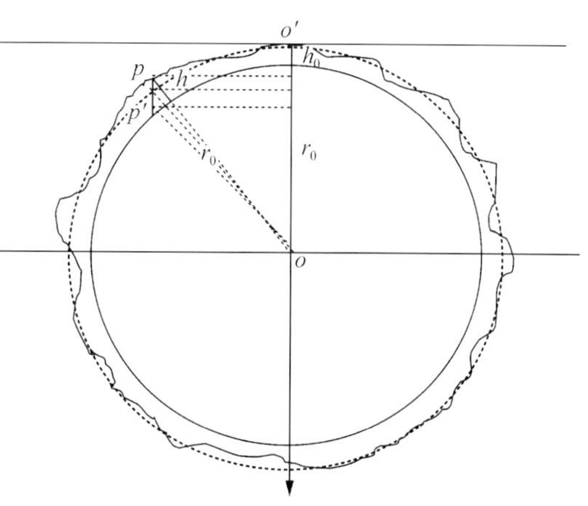

图 8－1 外部质量空间归位示意图

根据图 8－1 所示的坐标关系与关于外部校正问题的数学表述，可以导出外部质量三维空间归位方柱体重力效应计算公式：

$$\Delta g=-G\rho\left|\left|\left|\left\{X\ln(Y+R)+Y\ln(X+R)-Z\cdot\arctan\frac{XY}{RZ}\right\}\right|_{x'-a'}^{x'+a'}\right|_{y'-b'}^{y'+b'}\right|_{h_1}^{h_2} \tag{8-1}$$

式中 G——万有引力常数；

ρ——地形物质密度；

$R=\sqrt{X^2+Y^2+Z^2}$，X，Y，Z 为积分变量。

其他变量的表述见 APPLIED GEOPHYSICS，2005 年，第二卷，第三期。

4. 球面外部质量校正方法

球面外部质量校正方法：

第一步，球面地形校正。所谓球面地形校正，就是以过观测点的球面（与大地水准球面同心）为准，“移山”、“填海”。具体做法仍采用方柱体组合模型，单个方柱体重力效应的计算公式为式（8－1）。方体组合模型的重力效应加一负号，即为球面地形校正值。

第二步，球壳中间层校正。经球面地形校正后，地形面与水准面所夹的质量就变成了一有限球壳。计算出这一有限球壳对观测点的引力，并从观测重力值中减去，此即球壳中间层校正。有限球壳重力效应公式如下：

$$\Delta g(r_1,r_2,\theta)=\frac{2}{3}\pi G\rho\cdot r_2\Bigg\{\left[1-\left(\frac{r_1}{r_2}\right)^3\right]+\sqrt{2(1-\cos\theta)}\,(3\cos^2\theta+\cos\theta-1)$$

$$-\sqrt{\left(\frac{r_1}{r_2}\right)^2-2\left(\frac{r_1}{r_2}\right)\cos\theta+1}\left[\left(\frac{r_1}{r_2}\right)^2+\left(\frac{r_1}{r_2}\right)\cos\theta+3\cos^2\theta-2\right]$$

$$+3\cos\theta\sin^2\theta\cdot\ln\left[\frac{\left(\frac{r_1}{r_2}\right)-\cos\theta+\sqrt{\left(\frac{r_1}{r_2}\right)^2-2\left(\frac{r_1}{r_2}\right)\cos\theta+1}}{(1-\cos\theta)+\sqrt{2(1-\cos\theta)}}\right]\Bigg\} \tag{8-2}$$

式中 r_1——球壳的内半径，这里等于大地水准面半径 r_0；

r_2——球壳的外半径，$r_2=r_0+h_0$；

h_0——球壳厚度，等于测点高程；

$\theta=\tilde{s}/r_2$——球壳张角，$\tilde{s}$ 为观测点到最远地形点的球面距离。

5. 球面外部质量校正方法的应用效果

1999 年，在张家界地区开展了 1∶50000 重力详查勘探工作，但经过传统地形校正后重力异常图中的地形影响依然明显，解释工作难以有效开展。

众所周知，张家界测区内沟壑纵横，起伏逾数百米，测区外重峦叠嶂，绵延数百千米。这种地形对重力勘探的影响很大，地形校正直接影响勘探效果。然而，人们对这种影响的量值不甚清楚，不知道应该校正到多大范围合适，《重力勘探规程》中也没有给出考虑地球曲率的远区与超远区地形校正方法。况且当时也搜集不到更大范围的高程数据，因此只能按常规作法，校正到 20km。

用研究确立的新方法计算 20km 以外（20～300km）的重力外部校正值发现，当时的校正范围选择过小。20km 以外的地形校正值超过 3.382mGal。用新方法进行外部质量校正后的重力异常图与应用传统方法校正的重力异常图相比，两者有两处重大差异：

第一处在测区西北部（图 8－2），新方法重新处理的重力异常图［图 8－2（b）］有一圈闭负异常，原图［图 8－2（a）］没有。将新重力异常图与该区地质图叠合后发现，负异常恰好为二叠系低密度地层。显而易见，新方法得到的图对地质情况的反映更客观、更精细。

第二处在测区东北部（图 8－3），新成果［图 8－3（b）］中有一正异常条带，原图［图 8－3（a）］是两个孤立的高点。将新重力异常图与该区地质图叠合发现，正异常条带恰好处于条形分布的三叠系高密度地层。显然新图是正确的、合理的，原图由于严重的地形影响而失真。

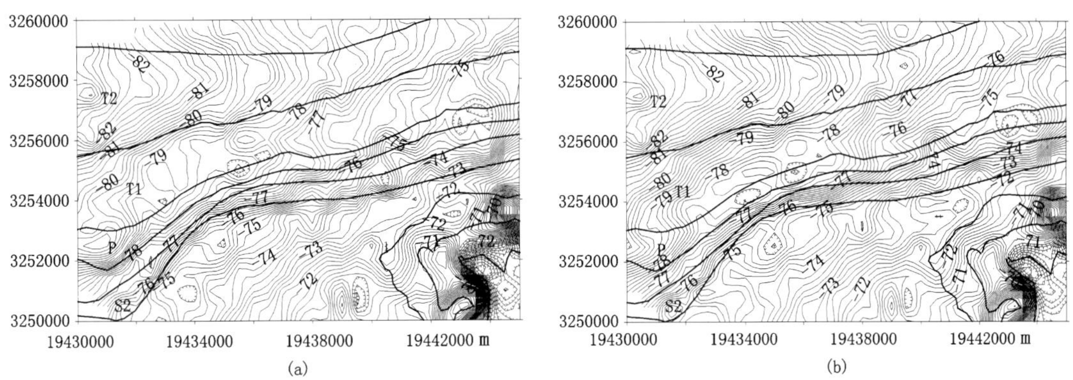

图 8-2 张家界地区布格重力异常图（西北部）

（a）常规地形校正，半径 20km；（b）球面外部校正，半径 300km。等值线单位：mGal

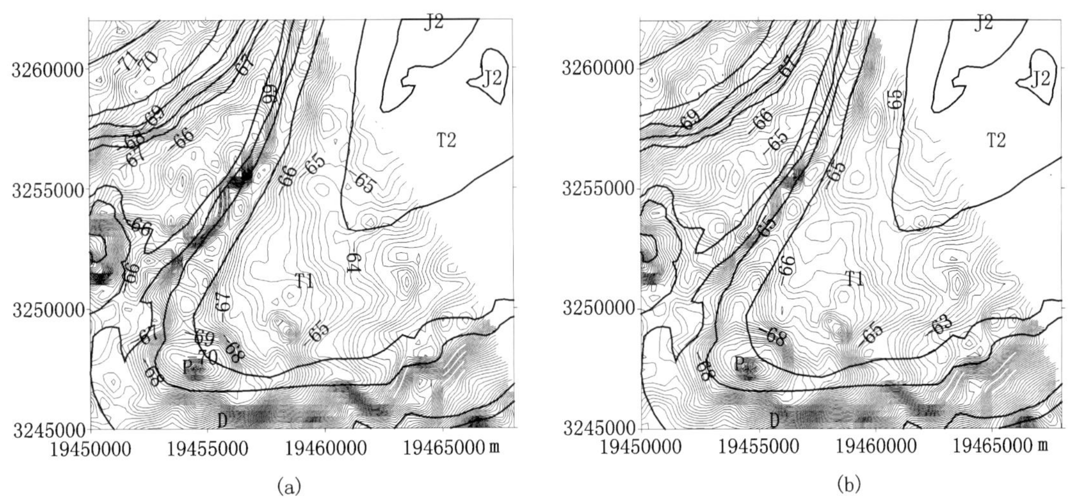

图 8-3 张家界地区布格重力异常图（东北部）

（a）常规地形校正，半径 20km；（b）球面外部质量校正，半径 300km。等值线单位：mGal

6. 认识与结论

球面重力外部质量校正技术的研发成功，解决了复杂山区重力外部校正中的计算方法与计算精度问题。必须指出的是，正确的计算方法是解决山区重力外部校正问题的必要条件，但不是充分条件。要将山区重力外部校正的精度提高到平原的水平，还必须具备高密度的高程数据体，特别是对于中区地形校正。在张家界地区的应用中，中区地形校正采用网密度为 20m×20m 的航片数据。

二、变密度地形校正技术

1. 表层密度不均匀对重力异常的影响

在球面外部质量校正中，我们采用的是均匀密度模型。这一模型对外部质量分布的模拟整体较好，但对表层的模拟程度较差，因为表层密度受出露地层岩性与风化程度的影响，变化较大。对表层密度模拟的较大差异必然对地形校正产生影响。距离较大时，表层密度变化对地形校正的影响可以忽略，但测点数千米内，地表密度变化对地形校正的影响就非常显著，尤其是山区。

那么，地表密度不均匀对地形校正将产生怎样的影响呢？如前所述，外部质量校正的作用就是消除大地水准面与地形面之间的物质对观测点的重力影响。在地表密度不均匀的情况下，如果采用常密度进行校正就会出现两种情况：真实密度大于校正密度的地方，地形校正不足；真实密度小于校正密度的地方，地形校正过度。校正不足的地方会产生与地形正相关的假异常（山形异常），校正过度的地方会产生与地形负相关的假异常（镜像异常）。假异常达到一定的量级，在布格重力异常图上就会表现为等值线的同向扭曲（图8－4），重力垂直二阶导数处理后就会形成圈闭异常（图8－5），与地下局部构造在重力垂直二次导数图上形成的圈闭异常混在一起，真假难辨，导致错误的地质解释。

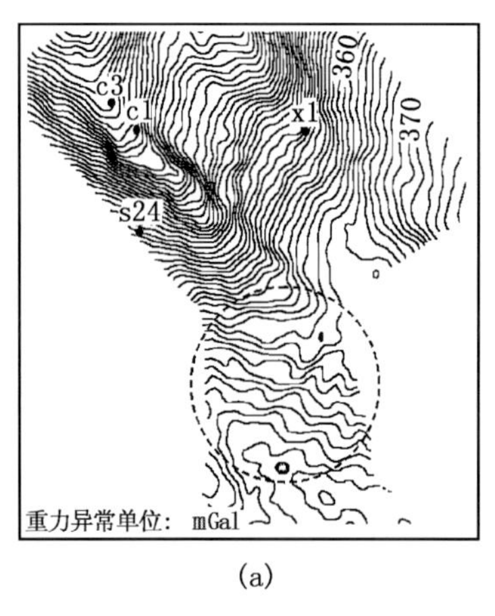

(a)

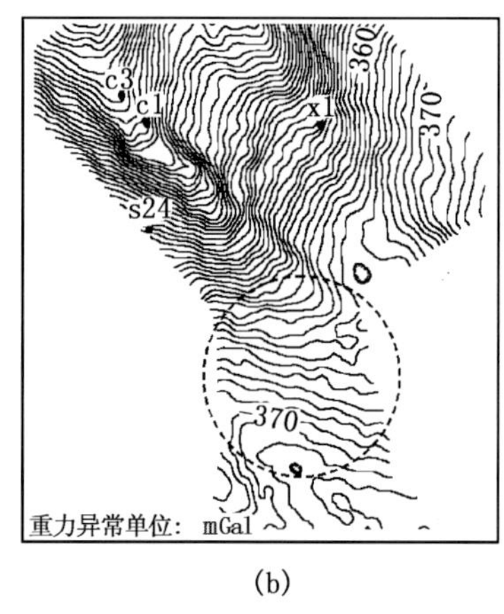

(b)

图8－4　英雄岭地区布格重力异常图

(a) 表层变密度补充地形校正前；(b) 表层变密度补充地形校正后

由此可见，在山区进行高精度重力勘探，必须考虑变密度地形校正。

2.“常规校正＋表层补充校正的”变密度地形校正方法

1）地形体残余密度模型

大量实际资料表明，山区表层密度主要受出露地层岩性与风化作用的影响。不同岩性的岩石，其密度有比较稳定的变化范围，例如，泥岩：2.0～2.2g/cm^3，砂岩：2.1～2.3g/cm^3，石灰岩：2.50～2.55g/cm^{3}等。风化作用则使岩石疏松，密度减小，而且随着深度的增加，风化程度减弱，岩石密度趋于稳定。由此可得到如下认识：

（1）山区表层密度的横向变化决定于岩性分布，一般比较复杂，但可以通过地表密度样品数据，获得其总体变化趋势。

（2）表层密度的纵向变化很难通过样品数据予以量化，但密度随深度的增加而增大，逐渐趋近于一稳定值（σ_0）却是普遍现象。

因此，如果外部质量校正（地形校正与中间层校正）密度采用σ_0，那么地形体内点

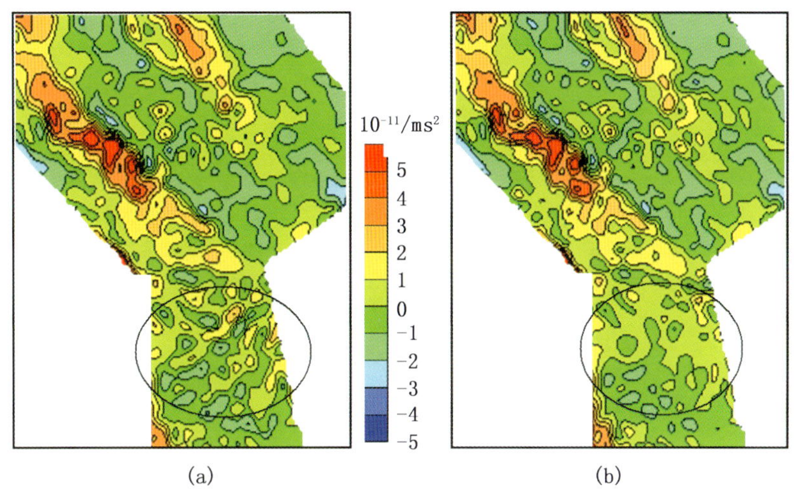

图 8-5 英雄岭地区重力垂直二阶导数异常图

(a) 表层变密度补充地形校正前；(b) 表层变密度补充地形校正后

p (ξ, η, h)的残余密度即可用式（8-3）表示：

$$\Delta\sigma(\xi,\eta,h) = \Delta\sigma(\xi,\eta)\mathrm{e}^{-k(\xi,\eta)\cdot[h_2(\xi,\eta)-h]} \tag{8-3}$$

式中 $\Delta\sigma(\xi,\eta)=\sigma(\xi,\eta)-\sigma_0$——地形表面残余密度，简称地表残余密度；

$\sigma(\xi,\eta)$——地表密度；

$k(\xi,\eta)$——地形体残余密度的纵向衰减率；

$h_2(\xi,\eta)$——地形点高程；

h——地形体内 p 点的高程。

因为 σ_0 是地形体密度随深度增加而增大的渐近值，所以地形体残余密度 $\Delta\sigma(\xi,\eta,h)$ 为负值，且以负指数规律随深度 h 衰减。当衰减到一个微量 δ 时，即认为残余密度的作用可忽略不计了。因此可以根据式（8-3）求得残余密度分布的底界：

$$h_1(\xi,\eta) = h_2(\xi,\eta) + \frac{1}{k(\xi,\eta)}\cdot\ln\frac{\delta}{\Delta\sigma(\xi,\eta)} \tag{8-4}$$

至此，就建立了一个有一定代表性的、比较合理的地形体残余密度模型。模型的上界为 $h_2(\xi,\eta)$，下界为 $h_1(\xi,\eta)$，密度变化规律如式（8-3）所示。

2）地形体残余质量的重力效应公式

以 $h_2(\xi,\eta)$ 为上界、$h_1(\xi,\eta)$ 为下界、密度变化如式（8-3）的地形体的重力效应可采用横向密度均匀、纵向密度随深度以负指数规律衰减的方柱体组合模型进行计算。式（8-3）所示密度模式的方柱体重力波数域正演公式有如下 3 种情况：

（1）柱体质量全部在观测点之上（$z>h_2>h_1$）。

（2）柱体质量全部在观测点之下（$z<h_1<h_2$）。

（3）柱体顶面在观测点之上，底面在观测点之下（$z\leqslant h_1\leqslant h_2$）。

导出三种情况下方柱体的重力波谱，对其作傅里叶逆变换，即得方柱体的重力效应：

$$\Delta g(x,y,z)=\int_{-\infty}^{\infty}\int_{-\infty}^{\infty}\Delta\tilde{g}(u,v,z)\cdot e^{i2\pi(ux+vy)}\,du\,dv \qquad (8-5)$$

利用式（8－3）至式（8－5）即可实现常规地形校正基础上的表层变密度补充校正。

3. 变密度校正方法的应用效果

英雄岭地区是柴达木盆地油气勘探的难点地区，为了配合地震勘探查清地下构造，近年来该区开展了1∶50000的高精度重力细测。图8－4（a）是未做表层变密度补充地形校正的布格重力异常图，图8－4（b）是进行了表层变密度补充地形校正的布格重力异常图。在未做表层变密度补充地形校正的布格重力异常图中，重力等值线零乱，与地形相关性强；经过表层变密度地形校正的布格重力异常图中消除了与地形呈负相关的虚假异常，而且等值线更加圆滑，重力异常的走向与区域构造走向一致。变密度地形校正取得了明显效果。

变密度地形校正的效果在重力垂直二阶导数异常图中表现得更为显著（图8－5）。未作表层变密度补充地形校正的重力垂直二阶导数异常图［图8－5（a）］中有三排与地形相关的北东向虚假异常，在经过表层变密度补充地形校正的重力垂直二阶导数异常图［图8－5（b）］中完全消失了。变密度补充地形校正后的重力垂直二次导数异常具有较明显的北西走向，与整体的构造背景走向一致。

4. 认识与结论

重力勘探成果的精度取决定于仪器精度与校正精度两个方面，高精度的仪器加上高精度的校正方法，才能获得高精度的成果。目前在复杂山区重力外部质量校正是影响重力勘探精度的主要因素。这里提出的变密度地形校正方法对于西部复杂山区具有重要意义，使复杂山区重力勘探成果的精度得到显著提高。

三、重磁力异常的曲化平

1. 观测面起伏对重磁力异常的影响

应用数学算法消除大地水准面之外的物质对重力观测值的影响，其物理实质就相当于移去了观测面与大地水准面之间的物质：表层是按照式（8－3）所示的密度分布移除的，表层以下移去的是密度为σ_0的均匀层。应该指出的是：外部质量校正并没有改变观测点的空间位置，因此得到的重力异常是分布在观测曲面上的。

与平面上的重力异常相比，曲面上的重力异常在形态上产生畸变是必然的，而且这种畸变随着地形复杂程度与起伏幅度的增加而加剧。因为这种畸变以高频成分为主，所以在重力垂直二阶导数图表现得更为明显。很显然，如果把曲面上的重力异常当作平面上的重力异常进行向下延拓、求导等处理，这些畸变就会产生出虚假异常，导致错误的地质解释。因此在上述外部质量校正以后，有必要进行曲化平处理，尤其是在起伏剧烈的山区。

在起伏面上观测的磁力异常存在同样的问题。

2. 偶层位曲化平方法

1）位场曲化平的数理基础

重力勘探的理论基础——引力场与磁力勘探的理论基础——静磁场都满足拉普拉斯方程，引力场与静磁场都属于位场。位场的一个重要性质称作位场等效源原理（王家林，1991）。这一原理指出了由地形面上的观测重力异常值换算任意平面上的重力异常值（简称曲化平）的可能途径：即首先根据地形面上的观测重力异常值反演出等效源，然后正演计算该等效源在地形面之上某一平面上的重力异常值，即可实现重力异常的曲化平。

因为位场及其导函数的线性组合都满足拉普拉斯方程，所以从等效源原理可以得到这样一个非常广义的结论：联系任何形式场源与任何形式位场的正演公式，都可以作为曲化平的工具，对该位场及其导函数组合进行曲化平。也就是说，等效源原理实际上提供了无数条实现重力异常曲化平的途径与方法，而且这些途径与方法理论上是等价的。

2）等效源的设计及观测场的选择

位场等效源原理给出的无数条理论上等价的重力曲化平途径，在技术上是不等价的，因为化平精度差异很大。采用何种形式的等效源、何种形式的位场进行重力曲化平可取得好的效果是关键的技术问题。

根据位场一般原理与经验，等效源的设计应遵循如下原则：

（1）应采用面源，而不是体源或点源。因为体源过于复杂，点源的等效性太差，而面源既有较好的等效性，又相对简单。面源又可分为单层面源和偶层面源。

（2）面源放置在与地形面同步起伏的曲面上，比放置在地形面之下的平面上效果更好，其原因是平面等效源与观测点的距离不均衡，而且一般都偏大。距离偏大必然导致等效源反演精度降低，距离不均衡则导致反演精度不一致。

（3）等效源曲面与地形面的距离，不宜过小，也不宜过大。过大会降低等效源反演的精度，过小则导致反演算法的不稳定。经验证明，半个到 1 个观测点距比较合适。

位场形式的选择应遵循如下原则：

（1）联系场与源的正演公式要简单，最好能导出正演解析表达式。

（2）场的空间衰减速率快，因而形成的正演方程组系数矩阵对角线优势明显，便于求解，且解的精度高，从而保证曲化平结果有较高的精度。

（3）形成的曲化平方法适用面宽，可通用于多种形式位场的曲化平。

根据上述原则，选择偶层面源作为等效源，选择位作为位场的具体形式，并将这种曲化平方法定名为偶层位曲化平法。偶层位曲化平法，精度高，算法比较简单，适用于重力 Δg，磁力 ΔT，ΔZ_a 等各种具体形式的位场曲化平换算。

3）偶层位的表达式

偶层位的表达式如下：

$$U(p)=\iint_S \mu(Q)\vec{n}\cdot \mathrm{grad}p\left(\frac{1}{r_{QP}}\right)\mathrm{d}s \tag{8-6}$$

式中　S——分布着偶层面源的空间曲面；

Q——S 上的任意点，其坐标为（ξ，η，ζ），$\zeta=\zeta$（ξ，η）；

μ（Q）——偶层面源的面密度；

$\vec{n}$——S 的外法线方向；

$r_{QP}=\sqrt{(x-\xi)^2+(y-\eta)^2+(z-\zeta)^2}$，为 Q 到 p 的距离（图 8－6）。

由式（8－6）不难导出偶层位如下形式的近似公式：

$$U(x,y,z)=\sum_{i=1}^{M}\sum_{j=1}^{N}\mu_{ij}I_{ij}(x,y,z) \tag{8-7}$$

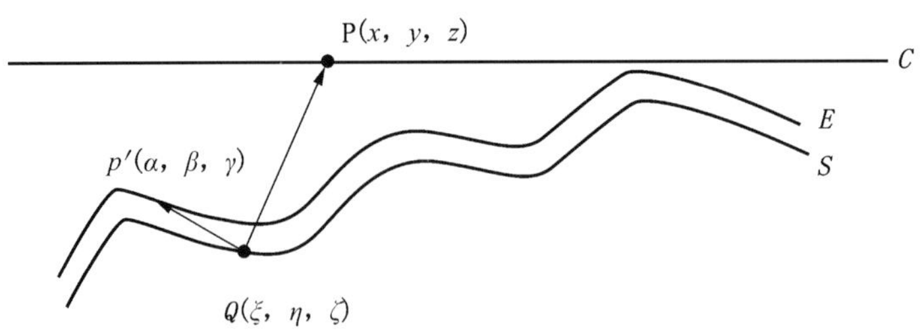

图 8-6　等效源曲面、观测曲面及化平目标面示意图

$$I_{ij}(x,y,z)=\left|\left|\arctan\frac{\dfrac{(1+A_{ij}^2+B_{ij}^2)uv}{Z}-B_{ij}u-A_{ij}v}{\sqrt{u^2+v^2+(Z_{ij}-A_{ij}u-B_{ij}v)^2}}\right|_{\xi_i-\Delta x/2-x}^{\xi_i+\Delta x/2-x}\right|_{\eta_j-\Delta y/2-y}^{\eta_j+\Delta y/2-y} \tag{8-8}$$

式中　x，y，z——计算点坐标；

μ_{ij}——第 ij 块空间平面偶层面源的密度；

ξ_i，η_j——第 ij 块空间平面偶层面源中心在水平面内投影的平面坐标；

Δx，Δy——空间平面偶层面源在水平面内的投影线度；

A_{ij}，B_{ij}，Z_{ij}——第 ij 块空间平面偶层面源的平面方程参数；

u，v——积分变量。

根据式（8-7）、式（8-8）可首先通过反演求出等效源密度，然后再通过正演，计算出地形面之上某一最低平面上的场值，即可实现曲化平。保证曲化平精度的关键技术是采用残差反演累加的方法提高等效源反演的精度。

3. 偶层位曲化平方法的应用效果

仍然以张家界重力数据处理为例。采用球面外部质量校正技术基本消除了外部质量对重力观测值的影响，取得了明显的地质效果。然而，采用球面外部质量校正技术处理后的重力异常，仍是起伏逾数百米的地形面上的重力异常，观测面如此大的起伏，使重力异常造成了严重的畸变。曲化平的任务就是将在起伏面上的数据校正到某一平面上。

在张家界地区南部（图 8-7）高密度的奥陶系（O）地层在处理后的重力垂直二阶导数异常图中，反映得非常完整，正异常的形态、范围与奥陶系露头完全一致，但在化平前的重力垂直二阶导数异常图中，难以确定奥陶系的分布范围。低密度的白垩系（K）地层，化平前、后重力垂直二阶导数图差异也很大：曲化平后的重力垂直二阶导数异常图中，负异常不仅把白垩系（K）露头反映了出来，而且把第四系覆盖下的白垩系（K）地层的边界也勾勒了出来，完整而清晰。此外，震旦系（Z）和与下寒武系（$\in_1$）等老地层（高密度）在曲化平后的重力垂直二阶导数异常图中的反映也比曲化平前清楚。

剧烈起伏的观测面对重力异常的畸变是高频性质的。正是这种高频畸变，破坏了地质体重力异常的完整性，干扰了重力异常对地质体边界的清晰反映。然而，这种高频畸变难以用简单的滤波法消除，因为简单的频率滤波在消除这种影响的同时，也极大地削弱了有效信号。曲化平方法针对性地消除这种影响，而不损失有效信息，所以效果明显。

4. 认识与结论

虽然重磁资料波数域处理技术已成为常规处理方法，但这些方法是建立在观测面为平

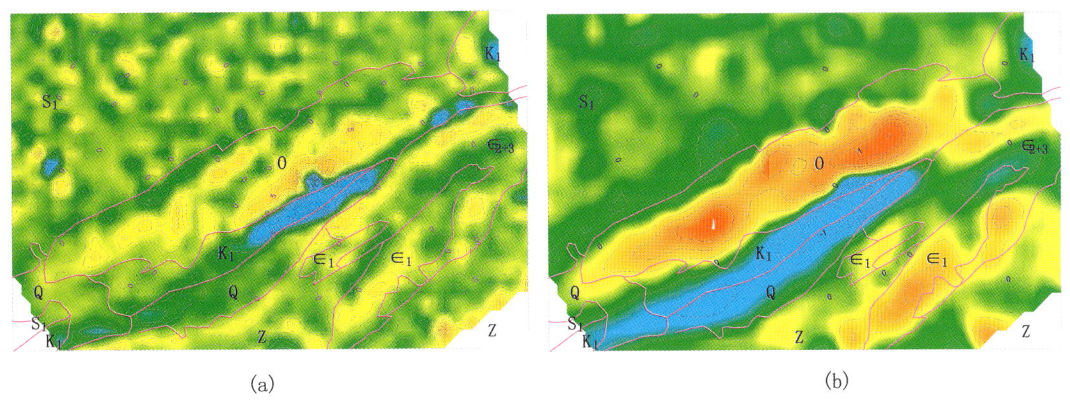

图 8-7　张家界地区南部重力垂直二阶导数异常图

(a) 曲化平前；(b) 曲化平后

面的基础上，必须通过曲化平换算为某一平面上的数据后，才能使用波数域处理技术进行处理。曲化平方法一直是重磁勘探中的难题之一，我们的研究成果提高了复杂区重磁勘探成果的精度，取得了明显的效果。

四、三维重力反演研究与应用新进展

1. 国内外研究进展

在消除实测数据中的各种影响获得真实异常后，对重磁异常进行各种滤波、延拓等异常分离处理后就可以进行地质解释，定性地得出地下构造特征，但尚未得到深度、规模等数据，因此，要提高重磁勘探精度必须进行反演，早期采用的反演主要采用二维试错方法，后来发展了基于地震建模的二维自动拟合反演成像方法。由于重力体积效应的影响，二维反演实际上是近似的，在复杂构造带二维反演不可能得到精确的结果。因此，三维重力反演是目前最主要的发展方向，在此基础上，非线性反演理论大量应用，如：全局优化反演、人工神经网络与基于小波分析的多尺度反演等；另一个特点就是利用其他地质、地球物理信息，进行综合信息约束反演，以及采用多种物探方法的联合反演等。这些反演理论、方法的实现与多种信息的利用加快了三维重力反演研究应用的速度。近年来，三维反演的研究取得了长足的进步。

最近，Kochnev（GMP，paper 125. pdf，2002，SEG）等实现了三维层状（包括弯曲界面）模型的重力反演，每一层由许多块体组成，每一块体内部密度为常数，反演时初始模型由探区已知密度给定，一般顶层赋予最小密度，底层赋予最大密度，也可以用地震资料给定每层的初始界面并赋予密度值，模型层数、块数可以无限，根据计算机的能力确定，适用于均匀网格的重力异常反演。用该方法对某一探区的重力资料进行了三维反演，测网为 765m×763m，点线数为 100×84，在主频为 1G Hz 的 PC 机上完成反演耗时 41min。反演迭代拟合精度较高，由反演模型计算的重力异常与实测重力异常吻合很好，没有由于边界效应产生异常畸变，能够给出地下平均密度的分布。显然，这样的反演速度与效果已接近了实用的需要。

由于张量重力观测技术的进步，出现了一些关于张量重力处理、解释的新技术，通过重力梯度与常规重磁资料的结合可提高反演解释的精度。Zhdanov（GM2，paper175. pdf，2002，SEG）等研究了三维矢量重力资料的正则化聚焦反演，并采用该方法对澳大利亚昆士兰州的重力梯度资料进行了三维处理解释。采用 Gzz 和 Gz 联合反演得到的结果与该区已知的地震、地质等其他资料的地质特征相当吻合，表明三维重力梯度资料的联合反演取得明显的效果。

国内，三维重力反演研究也取得了一定进展，中国地质大学（姚长利，2001）开发研究的随机子域三维重磁反演技术，采用有效的存储技术与快速计算方法提高了反演效率，其主要特点一是物性反演，即组合单元形态不变，物性变化；二是适应复杂异常的模拟，形体剖分简单，可以模拟任意复杂场源；三是场源信息可多可少。处理的数据量最大为：测点数据：3180 测点（60×53）；模型数据：82680（53×60×26），计算时间约 3. 5h，达到了实用化程度。安玉林（2003）提出的三维重磁场源全方位成像的理论与方法同时对场源的位置、场源的形态、场源的物性参数进行成像也取得了好的效果。显然，上述研究对于油气勘探中的重磁力模拟或成像问题只能算纸上谈兵，目前还达不到实用化程度。

2. *三维视密度反演方法*

我们提出了以常规的延拓分离为基础的拟三维视密度反演方法，其主要思路如下：

重磁位及其导数都是解析函数，可以从已知区解析延拓到场源以外区域而仍保持其解析性，但在场源处，函数失去解析性，使函数失去解析性的点叫奇点。因此，可以把确定重磁场场源的问题归结为通过延拓来确定解析函数的奇点问题。重磁异常视深度滤波（杨辉，1999）是确定场源奇点的一种方法。因此，不需要事先给出有关场源的密度差等附加条件，就可以对地下密度不均匀体做出定性解释，提高了重磁勘探的纵横向分辨率。

但是这种方法把地下三维密度的总体信息都集中到质心，结果是造成能量集中到局部点，形成自上而下的柱状异常，很难用于地质解释，因为沉积盆地地层往往成层展布，这样的柱状异常与实际情况不相符。对此进行了深入研究，提出了三维回归成像方法，将集中的能量按一定的规律从上至下逐层重新分配，回归方程可以根据已知资料给出，比如用测井与地震速度换算的密度建立回归方程，因此，已知资料越多建立的回归方程越合理，得到的三维密度结果就越符合地质实际，如果没有测井或地震等已知资料，可以根据区域地层密度建立简单的回归方程。该方法抗干扰能力强，可准确地确定主要地质构造的起伏，可为勘探目标地质结构的解剖提供立体的、三维空间的地质信息。可对任意面积的勘探数据进行处理，形成立体密度数据体，反映探区基底起伏与构造特征。

3. *应用效果*

ZM 凹陷北部缺少重磁力资料，南部的重力资料测点密度稀、采集精度低。该区以往的地震资料品质较差，凹陷基底无法落实，无法对凹陷进行整体评价。因此重新部署了高精度重力，目的是搞清凹陷的地质结构、地层发育情况、工区内的沉降中心与基岩埋深，查明工区内各主要密度界面起伏形态，评价、落实局部构造带。除进行常规处理外，还开展了三维视密度反演，图 8－8 是该区的剩余重力异常图，通过该区已知密度测井及地震资料提供了 50 个点的密度数据，据此建立三维空间的密度回归方程，通过三维反演得到该区地层密度的变化情况。图 8－9 是图 8－8 中的 A 剖面，图 8－10 是图 8－8 中的 B 剖面。可见反演结果比较好地揭示了从地表到 10km 深度地层密度的纵向变化特征，反演获得的是一个三维密度数据体，可用于研究局部构造，了解地层展布与盆地基底起伏等特征。

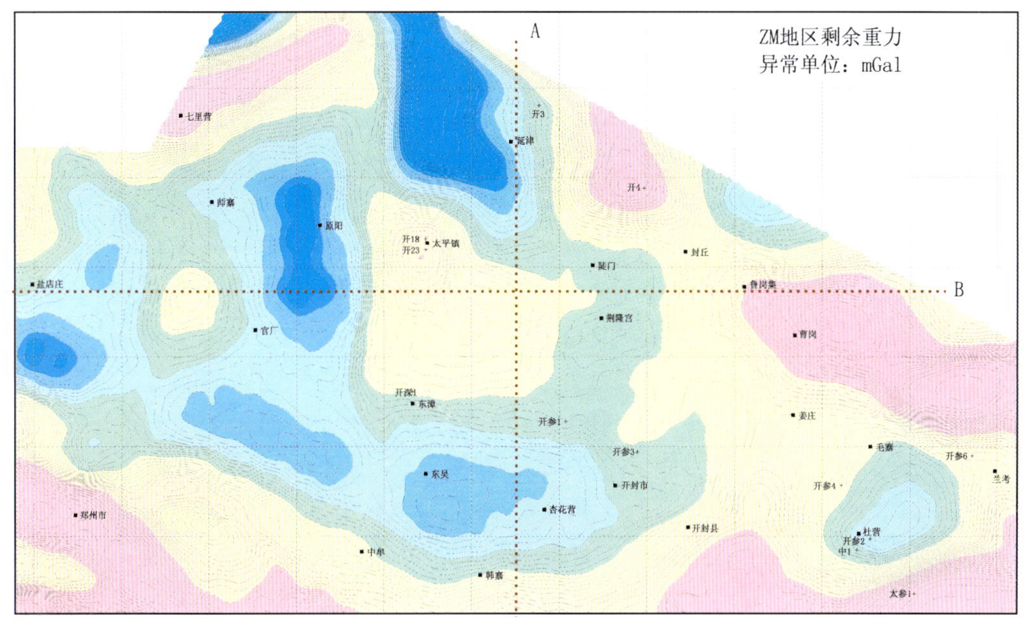

图 8-8　ZM 地区剩余重力异常图

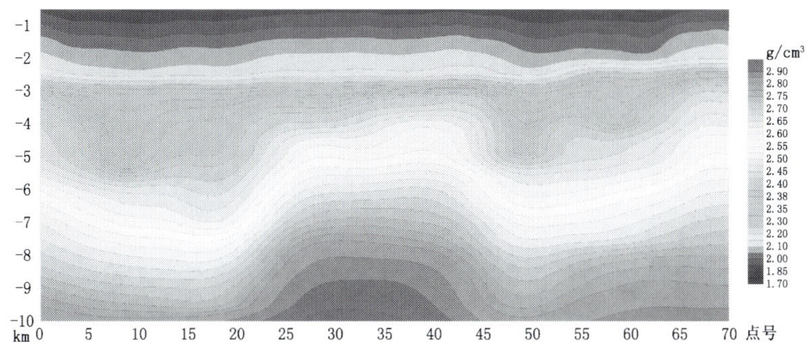

图 8-9　三维视密度反演 A 剖面

4. 认识与结论

重磁勘探方法都有体积效应，即 1 个点的测量数据由周围所有三维体的物性决定，地下任意 1 个异常地质体对地面所有测点都有影响，其场源是三维的，因此，三维正反演模拟才是重磁资料处理解释的根本出路。过去，重磁三维正反演模拟一直没有大的突破，其中，计算机速度与内存的限制、待反演的未知量较多，多解性强等，影响了重磁三维模拟的进展。目前，三维重磁反演模拟研究有了较大进展，可以构建任意形状的三维体，研究了许多新算法，计算速度加快，重磁力三维模拟速度已接近实际应用的要求。我们在这方面的研究取得了明显进展，特别是一些近似算法的引入与并行算法的应用，大大加快了重

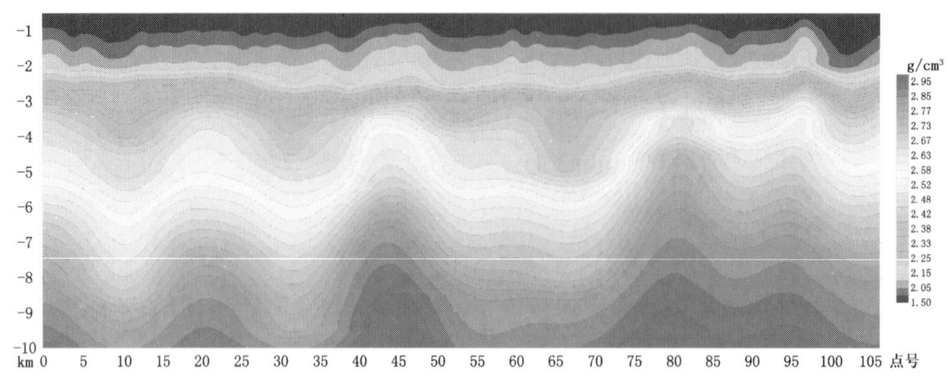

图 8-10 三维视密度反演 B 剖面

磁三维模拟的实用化进程。实际应用表明三维重力反演解决地质问题的能力、效果有显著提高。显然，对于复杂山区除做好地形改正、中间层密度校正、曲化平等工作外，三维重力反演处理技术也是提高重力勘探效果的必要途径。

第二节 电法勘探

一、应用于复杂山前构造带的三维 CEMP 勘探技术

目前，应用于油气勘探的电法技术主要是大地电磁测深法（MT）。大地电磁法的发展已有几十年的历史（A. A. 考夫曼，1987），早期主要是点测，点距较大（3km 左右），点与点之间独立采集。1990 年前后提出了电磁阵列剖面法（EMAP），为压制浅地表局部不均匀干扰开辟了新的思路（王家映，1997）。特别是 20 世纪 90 年代中叶的研究，在我国推出了连续电磁剖面法（简称：CEMP），该方法点与点之间采用 GPS 同步，互参考、远参考处理等提高了数据品质。同时该方法在复杂区实际应用中也取得了一系列引人注目的勘探效果，如塔里木盆地库车坳陷、塔西南山前带等，在地震勘探困难区发挥了重要的作用，使 CEMP 成为地震勘探困难区的首选方法。

但二维 CEMP 技术存在数据采集精度不高，采样控制不够均匀等问题，因此对复杂目标采用二维采集；以一、二维正反演为主的处理方法，严重影响了复杂区 CEMP 的勘探精度。远远不能满足高精度勘探的实际需求。因此，随着复杂区勘探工作的不断深入，三维 CEMP 技术研究，已成为勘探需求与电磁法技术发展的必然趋势，近年来，开展了三维 CEMP 采集、处理技术的研究，取得了明显效果。

1. 三维 CEMP 采集技术

1）小面元网格采集技术

CEMP 二维采集时采用长排列形式。这种采集方式，根据采集站数量确定采集道数，道数多时长达数千米维护比较困难，同时由于长排列内磁场采集站布置有限，各道磁分量不均，在一定程度上影响了远道质量。

三维 CEMP 采集采用小面元的多道采集方式（图 8-11），一个面元内的道数，可根据

采集站的数量与点距确定，一般为9道，也可为16道，25道等，中心点以四分量（Ex、Ey、Hx、Hy）或五分量（Ex、Ey、Hx、Hy、Hz）采集为主，周围道则可采用两分量（Ex、Ey）采集，共用中心点的磁场分量。面元内的各道以及远参考站之间利用GPS卫星同步控制采集。面元内道距依设计测网点线距确定。

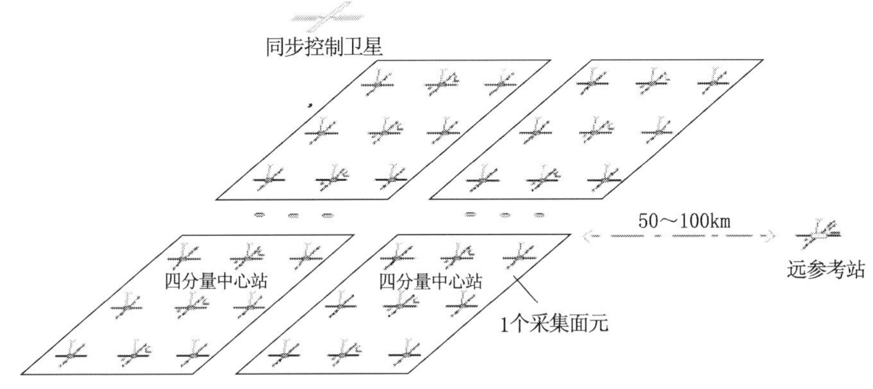

图8－11　三维规则CEMP小面元网格式采集布置示意图

2）参考站技术

在三维CEMP数据采集中，用于压制干扰的远、近参考采集技术更易于实施而且效果更佳。

实施三维CEMP数据远、近参考采集，其布置示意图如图8－11所示。若采集设备较多，可采用两个或多个面元同时采集的方式，各面元与数十千米之外的远参考站之间通过GPS实现同步采集。这种方式不仅可实现远参考采集处理，还可以通过对各站或各面元之间信号频谱的分析，了解干扰信号频率特征而采取相应的去噪手段，以有效压制相关干扰，同时面元之间可实现近参考采集处理，以有效压制不相关干扰。

远参考压制干扰的原理是利用弱噪声地区的远参考点测得的磁场分量与测区小面元测得的电磁场分量计算互功率谱。一般情况下，远参考点处的各道信号存在的弱噪声，与探区测点测得电磁场分量中的噪声无相关性，而探区内各点各道噪声相关的可能性很大，所以为有效压制相关噪声，一般在十几千米到上百千米以上设立远参考点。

图8－12为某测点V5—2000远参考采集及单站采集结果对比。对比表明V5—2000采集系统远参考采集处理结果对高频段及低频段资料质量都有明显提高，单站采集结果中，高频段资料因干扰原因有不正常下掉等现象，而低频段资料中的几个频点，误差都较大，这些干扰在远参考采集、处理结果中都得以有效压制。通过定量统计，远参考采集结果全频段资料的均方误差较单站采集可平均降低1％～2％。

2. 三维CEMP数据处理方法

1）用移动加权实现CEMP数据的规则化处理

三维CEMP采集数据在空间（或时域）的分布是离散的，大多数数据还是不规则的。因此，需要对不规则数据进行规则化处理，主要方法有：邻近元法（或称阶梯法）、趋势面拟合法、双线性多项式内插以及最小二乘配置法等。应用移动加权法对非规则数据进行规

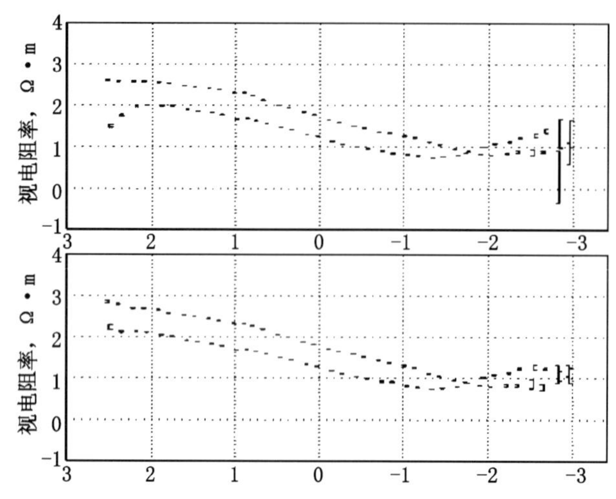

图 8-12 V5—2000 系统远参考采集效果
上：单站采集；下：远参考采集

则化处理，证明实用有效。

实现的思路：根据实测数据与坐标建立坐标文件及对应的数据文件，对坐标进行规则化设计，确定平面网格尺度，以及纵向网格高度，对空间进行剖分，构建规则空间节点网。设计移动球体窗口，窗口半径的尺度由实测数据点线距与电磁场趋肤深度确定，高频时窗口半径一般取大于最大线距，随着频率的降低或深度的加深，使窗口半径随趋肤深度的增大而逐渐增大。具体实现时从规则空间的某点出发，按一定规则对实测数据进行搜索并计算出实测数据点到该点的距离，将位于窗口内的数据取出，按距离反比进行加权平均，作为该点的输出。

如图 8-13 是插值前后三维数据体的 3500m 趋肤深度切片，可见插值前后电阻率分布的基本面貌一致，但许多细节有差别，插值后电阻率变化更丰富而且有规律，原始平面图中存在许多单点异常，插值后有的被合并，有的得到强化，这与三维插值对空间信息的相互控制补充有关。

2）应用三维中值滤波进行 CEMP 资料的去噪与静态位移校正

三维 CEMP 采集数据量倍增，使传统的手工编辑去噪面临很大的压力，常规低通空间滤波去噪与静校准确度常常难以控制，而中值滤波对于断裂及构造信息几乎不影响，但对于突变异常却具有很强的压制能力。

三维中值滤波的对象是频率与空间点所构成的三维规则数据体。

三维滤波仍然以三维滑动正方体窗口实现，因此，在正方体窗口中的一组数据实际上是相邻测深点、连续若干个频点的 1 个小数据体，将它作为一组观测值 $\{x_i\}$，那么这样一组 $\{x_i\}$ 值，就是三维滤波的输入。

假设一组观测值为：

$$x_i=\begin{Bmatrix} x^{11} & x^{12} & x^{13} \\ x^{21} & x^{22} & x^{23} \\ x^{31} & x^{32} & x^{33} \end{Bmatrix}$$

将它们按由大到小（或相反）的顺序排列为：

x^{21}，x^{22}，x^{23}，x^{11}，x^{32}，x^{13}，x^{31}，x^{33}，x^{12}。

那么 x^{32} 就是这一输入的中值滤波输出。

三维中值滤波具有如下特点：

（1）绝对消除“突变”异常，而且输出随输入序列的变化而变化。

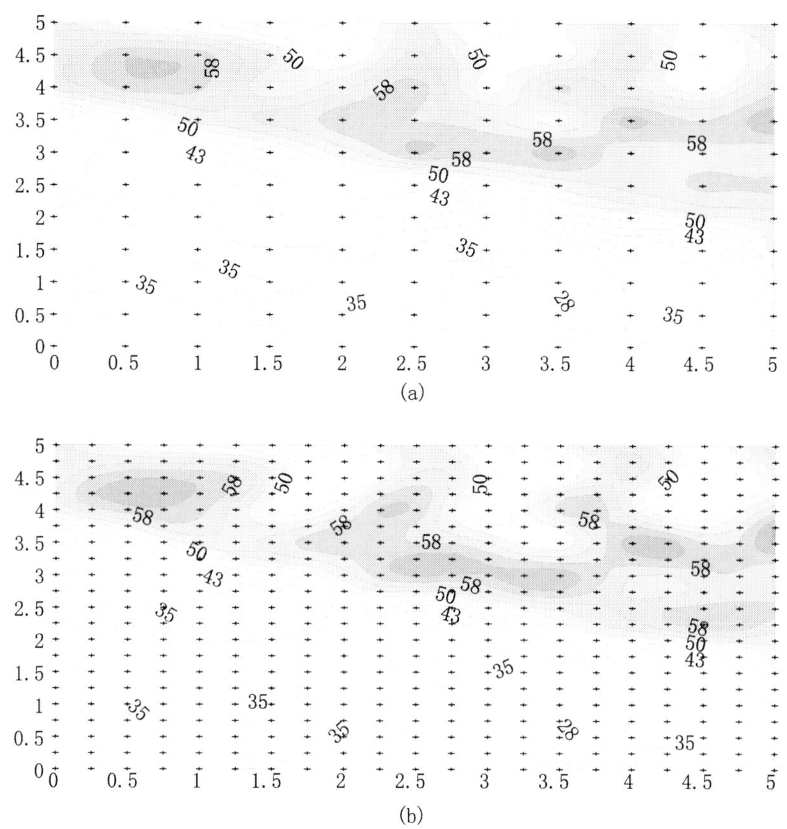

图 8－13　插值前后对比（等值线单位为 Ω·m）

（a）原始平面图；（b）三维插值后的平面图

（2）具有保真性，不会对大的电性变化进行平滑。

图 8－14 表明经过三维中值滤波处理后的视电阻率平面图具有明显的改善，对原始资料中的“飞点”及静态位移的压制都有好的效果，同时，对于压制或消除实测数据中随机干扰、强人文或工业电磁干扰以及近地表电性体不均匀畸变影响都有很好的作用；与传统去噪方法相比效果更好，处理速度更快。该方法可有效地改善数据质量，压制静态位移，在点距较密的电磁测深数据处理中特别有效。

3）三维正反演模拟研究

自 1996 年以来 SEG 年会中三维 EM 模拟一直是重要内容，除此之外，还多次召开三维电磁专题会议，反映三维电磁模拟研究呈现出快速发展的势头。计算机速度与内存容量大幅提高以及各种先进的正、反演算法研究成果，使三维电磁模拟效果得到了改善，而且实际生产应用速度加快。其中，三维有限差分正演与共轭梯度反演的研究已经取得实质性进展。

Torquil Smith（1996）实现了以求解电场分布为基础的交错采样有限差分数值模拟算法；Randy Mackie（1993）实现了以求解磁场分布为基础的交错采样有限差分数值模拟算法与共轭梯度反演算法。中国地质大学与东方地球物理勘探有限责任公司联合开展了交错

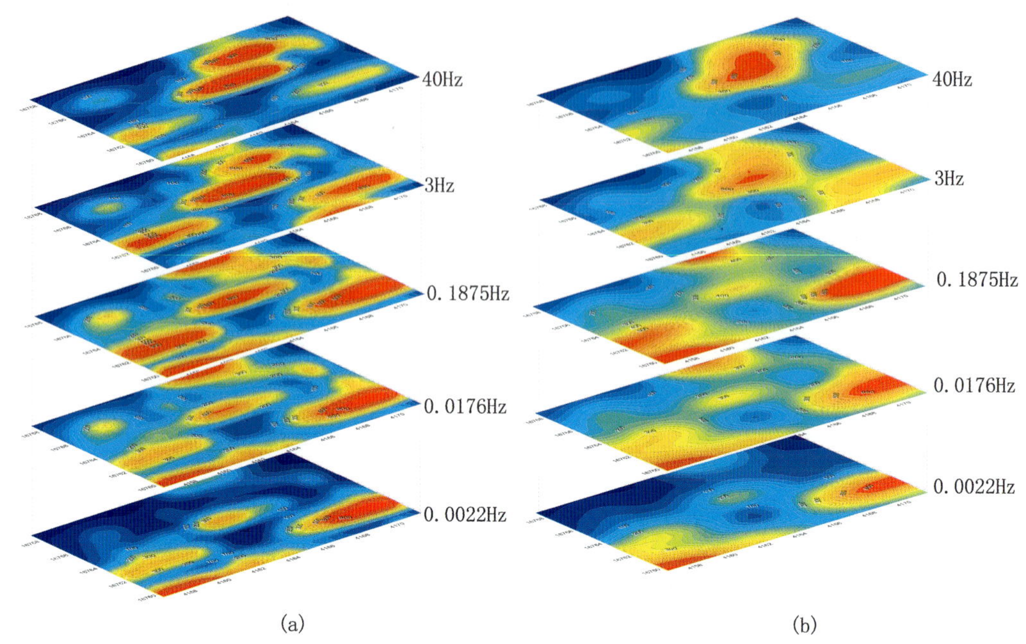

图 8-14 三维中值滤波处理前后的视电阻率平面图

(a) 处理前；(b) 处理后

采样有限差分三维正演与共轭梯度反演算法研究，取得显著效果。

图 8-15（见书末彩图）中模型特征：在第三象限和第一象限介质电阻率与 5km 以下介质电阻率相同，都为 100Ω·m，而第二象限和第四象限介质电阻率在 5km 深度以上都为 1000Ω·m，在空间表现为三维电性变化特征。应用该模型进行三维数值正演计算，利用其正演响应合成 2%的噪声后进行三维快速松弛反演，用不同方位的切片展示三维反演结果。图 8-15（b）为深度方向的切片结果，1.5km 深度的电阻率切片各象限的电阻率分布与模型特征一致，8km 深度的电阻率切片基本上反映了模型 5km 以下的均质介质模型特征，表明理论模型的正反演达到了比较好的效果。

3. 认识与结论

三维大地电磁勘探方法是电磁勘探发展的重要方向，三维电磁模拟算法的研究与应用还处于前沿，由于计算机时较长，对于实际应用仍然是一个富有挑战性的课题。但有关成功应用实例的报道开始见于相关文献。三维可视化是三维技术的表现手段，直接采用地震工作站，将三维电磁数据转换为地震工作站的数据格式可视化，将是未来三维电磁与其他各种地球物理数据联合解释的发展模式，具有广阔的发展空间。

二、用于圈定油气有利区的时频电磁测深法

自从天然场源的大地电磁法问世并应用于油气勘探中以来，人工源电法中，早期的直流电测深法以及交流电磁法应用较少，特别是前者由于施工效率低基本淘汰，而后者还处在发展阶段。但是其与 MT 相比有较高的数据采集精度及较高的勘探分辨率，是电磁勘探

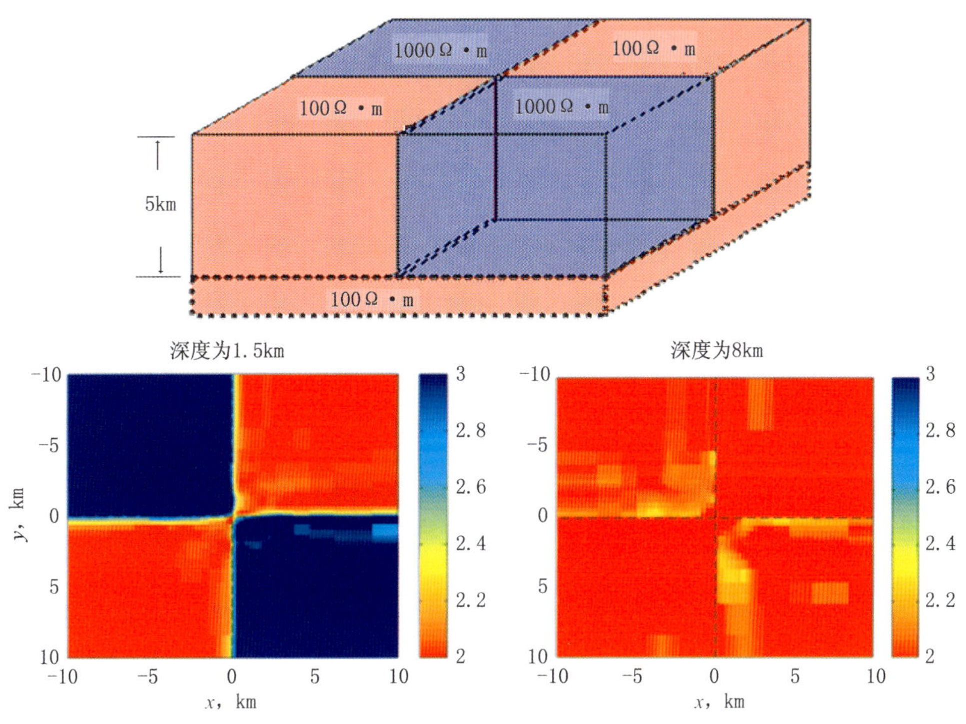

图 8－15　空间组合三维模型及三维反演电阻率深度切片图

专家一直研究的对象。其中，可控源声频大地电磁测深法（简称：CSAMT）、建场测深法（LOTEM 又称：长偏移距瞬变电磁法）以及复电阻率法（简称：SIP），已经在 20 世纪开始应用于油气勘探，在一些局部目标勘探以及油气预测中取得很好的效果（吕友生，何展翔，1994；何展翔，宋群会，2001）。但是这些方法作用单一、解决问题的能力不强，工作方法与施工效率存在一定的问题。如 CSAMT 方法是发射 1 个频率，接收 1 个频率，通过研究电磁场从高频 8192Hz 到 0.001Hz 的频谱特征来探测地下地质结构，一般测量一对正交电磁场分量；又如 LOTEM 方法是激发 1 个脉冲方波，测量其断电后随时间衰减曲线，通过研究衰减曲线特征来了解地下地质结构，一般只测量 1 个垂直磁场分量；再如 SIP，也像 CSAMT 一样逐频点激发，重复滚动工作，因此，施工效率很低。上述三者代表着目前主要的人工源电磁法，理论上，时间域与频率域是等价的（考夫曼，1997），从时间域信号可以获得频率域曲线，把频率曲线进行傅里叶变换也可以得到时间曲线，但实际上由于测量信号的不完整及误差的存在使这种转换没有实际意义，应用中也发现其间存在较大的差别，主要原因是对不同的电性目标具有不相同的灵敏度。因此，实际工作中人们常常希望一套仪器系统同时具有上述 3 种方法功能，将三者合而为一！

时频电磁法（TFEM）就是一种多方法有机结合的新方法，解决了电磁方法单独施测应用效果难以改进的难题，其基本思想源于俄罗斯。我们提出了比较完整的系统设计与处理解释方案，在我国已经应用于生产（黄州，2001；何展翔，2002），该方法实现了同一仪器一次采集，同时获得时间域与频率域的信息，以及激发极化信息。

1. 基本方法原理

时频电磁法野外施工布置如图 8－16 所示。其发射为长直导线源（AB），AB 一般几千米到 10km，由大功率发电机组供电，由多根并联的接地铜导线作为供电电缆，在偏离电偶源一定远处布设张量电磁场接收站，偏移距一般为几千米到十几千米，在电磁场接收站，用正交电磁探头接收平行及垂直于 AB 的水平电场（E_x 和 E_y）信号、水平磁场（H_y 和 H_x）信号以及垂直磁场（H_z）信号，根据研究目标的要求设计道间距，一般来说，电场分量站间的距离为 100m 左右，磁场分量站间的距离为 200m 左右。

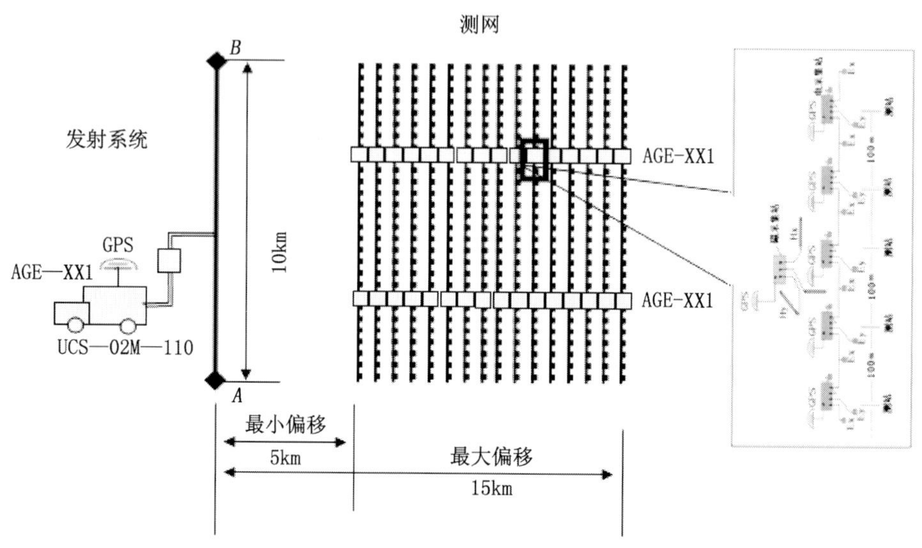

图 8－16　野外施工布置图

在室内对每个场分量、每个方波的信号进行叠加，提高信号品质。对每个记录的信号进行频谱分析，得到每个方波信号的基频及其谐波。然后汇总所有信号的频谱，得到从高频到低频信号的频谱，用于研究各个场分量的整个频谱规律，采用 CSAMT 一样的方法计算柯尼亚电阻率与相位曲线。同时对低频叠加后的信号按时间域瞬变电磁法规律研究，每一个周期信号的衰减规律都反映从浅到深的电性特征，可以对叠后信号进行处理，同样可以求出视电阻率曲线，或者直接对电磁场进行反演求出电阻率。

在研究地层电性时引入极化效应，即对介质的电阻率 ρ 采用更精确的形式（罗延钟，张桂清，1999）：

$$\rho(\omega)=\rho_0\left(1-\frac{\eta}{1+\sqrt{-i\omega t}}\right) \tag{8-9}$$

特别是可以利用双频或三频相位提取激发极化相位异常，一般激发极化双频相位参数可以用下式确定：

$$\Delta\varphi_{bn}=\frac{\omega_2\varphi(\omega_1)-\omega_1\varphi(\omega_2)}{\omega_2-\omega_1} \tag{8-10}$$

这里 φ（ω_1）和 φ（ω_2）为当频率为 ω_1 和 ω_2 时场源电场的绝对相移。对于多个频率可以

求取一系列激发极化相位。

2. 油气勘探机理

时频电磁法研究电阻率与极化率两个物性参数，并通过对异常场剖面的分析以及储层电导与极化率的剖面特征来研究电性构造并预测油气有利区。

（1）电阻率 ρ：在砂岩储层中油藏表现为高阻。因为原油比地层水高 1 个数量级，如果在储层孔隙中充满油气，则其电阻率比围岩高 1 个数量级以上。测井发现：油藏上方 400～600m 的地层，其 ρ 比没有油藏时高 20%～30%。纵向电导 S 资料对这种变化反映更明显。

（2）极化率 η：大量研究与实践表明，油气藏上方存在明显的极化异常，主要由以下几方面的因素引起：油气藏上方近地表一定深度的黄铁矿含量高于没有油气藏时；油气水与固体物质之间存在双电层，在没有受到外电场作用下处于平衡状态，当受到外界电场作用时会形成极化，外电场消失后会形成放电效应，产生激发极化异常；在油藏下部油气接触面附近，轻质成分少，主要为重烃成分，化学反应活跃，重烃本身存在一定的极化率，形成第三个极化率源，其异常表现为高频短周期特征。其中，双电层的激发极化是激电效应最重要也是最主要的油气藏异常机理。

（3）电阻率与极化率的变化程度又与频率变化有关。对极化特性反应最敏感的是双频相位参数。因此在实际工作中常常研究剖面的双频相位异常。在实际工作中，将电阻率 ρ、纵向电导 S、极化率 η 和双频相位 $\Delta\varphi$ 作为研究的主要参数。

3. 数据处理方法

数据处理包括以下步骤：

（1）原始信号分析、叠加与滤波：主要包括数据转录、回放显示、频谱分析与同步叠加。数据转录就是将野外数据文件传输到室内微机中，回放显示就是通过微机显示野外记录，了解数据品质、噪声水平等。进一步可以对原始记录进行频谱分析，了解信号与噪声的频谱特性。一般来说信号中存在随机噪声、脉冲干扰、低频大地电流、不规则干扰等噪声，对不同频谱特征的噪声应采用不同的处理方法，如叠加、平滑或滤波等。多次信号记录的叠加可以有效地抑制高频随机干扰。

（2）求取地电参数 $\rho(t)$、$S(t)$ 与 $\varphi(f)$：可以求出时间域剖面的视电阻率与电导。同样，可以求出频率域的视电阻率与相位。

（3）求取极化参数 $\eta(f)$、$\Delta\varphi$：结合已知的地震与钻井资料对频率域数据进行建模、反演、求取双频相位。

（4）求取异常场剖面：异常场剖面是去掉宏观背景场后微分处理获得的结果，反映微观电性变化特征，由于仍有噪声与干扰的存在，因此还应当对剖面进行必要的滤波与相关处理，使其形态规律性更明显。因此，数据处理后一般获得如图 8－17 所示的用于地质解释的电性剖面与断面。图 8－17（b）为反映电性构造的异常场剖面，据此可以获得电性构造信息，图 8－17（a）为判别含油气性的储层电阻率与极化率异常剖面。据此可以评价储层是否含油：当储层相对围岩为高阻，且具有明显极化异常可以推断该区段含油。三者的综合可以推断构造以及含油气性。

4. 勘探应用实例

TB 探区位于我国东部某油田，区内有铁路、公路贯穿，村镇及电网密布，人文干扰较

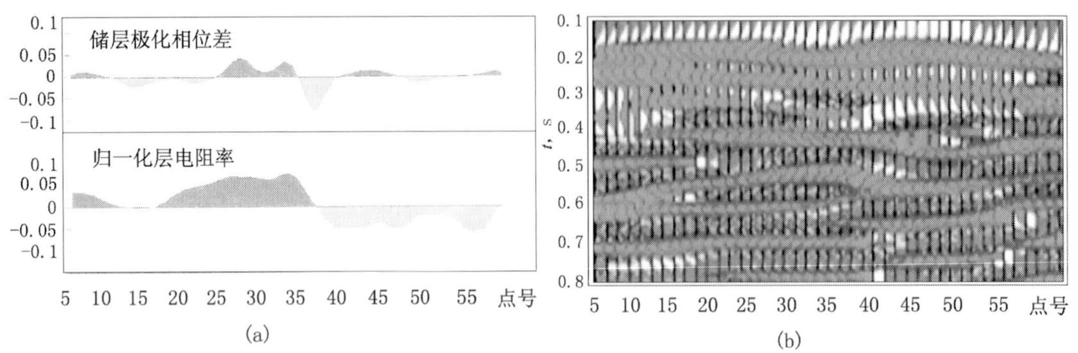

图 8-17 时频电磁异常

(a) 储层极化相位与层电阻率；(b) 异常场剖面

大，给施工带来较大困难。该探区已经发现油气，并且根据地震资料圈定了有利区范围，但钻探表明该区存在大量含油岩性圈闭，因此希望采用时频电磁法寻找电性构造并圈定具有工业价值的含油气圈闭。

在探区北部布设激发场源，AB 长 10.32km，最小偏移距 9.63km，最大偏移距 13.36km，测点距 50m，激发电流 100A。

数据处理时，针对脉冲干扰、低频大地电流、不规则干扰等采用了多种去噪处理方法，有效地提高了信噪比。通过反演处理获得了储层电阻率异常与激发极化双频相位参数异常，通过对磁场分量的去背景及差分处理得到异常场剖面。

图 8-18（a）为储层电阻率异常与激发极化异常，图 8-18（b）为异常场时间剖面。同时，通过对测井资料的分析，将测井资料转化为时间域曲线，便可以对异常场时间剖面进行标定，从而确定产油层位及电性构造，时间剖面上同相轴的错断等信息也反映了探区的断层结构与块状构造，可见，激发极化异常与电阻率异常对应于相应的断块构造上。

通过对探区激发极化双频相位参数异常分析可知，激发极化异常最明显的区段位于探区的西部已知油气区。该异常在两条测线上均反映明显，异常幅度达到了 0.8°～1.0°，为已知油区上方异常的平均水平，异常边界圈定了含油区的范围，目前，已知的出油井均在其范围之内；同时在其东发现 1 个次一级的较有利区，区内有 1 口已完钻的显示井。

5. 认识与结论

时频电磁法把可控源声频大地电磁法、建场测深法与频谱激电法的优点有机地结合在一起，同时研究油气藏的电阻率与激发极化异常，因而具有独特的优越性。俄罗斯利用这种方法在西西伯利亚地区大大提高了钻井成功率，我国利用这种方法在东部地区多个油田以及西部柴达木盆地取得了成功。证明了这种方法对油气藏的勘探行之有效，值得推广应用。

三、圈定油气边界的井—地电法

早在 20 世纪 80 年代，电磁法开始用于导电流体的动态监测：J. C. Hanson 等在野外现场用 6 种电磁方法进行了实验，其目的是为了评价它们在圈定模拟现场注入盐水溶液范围

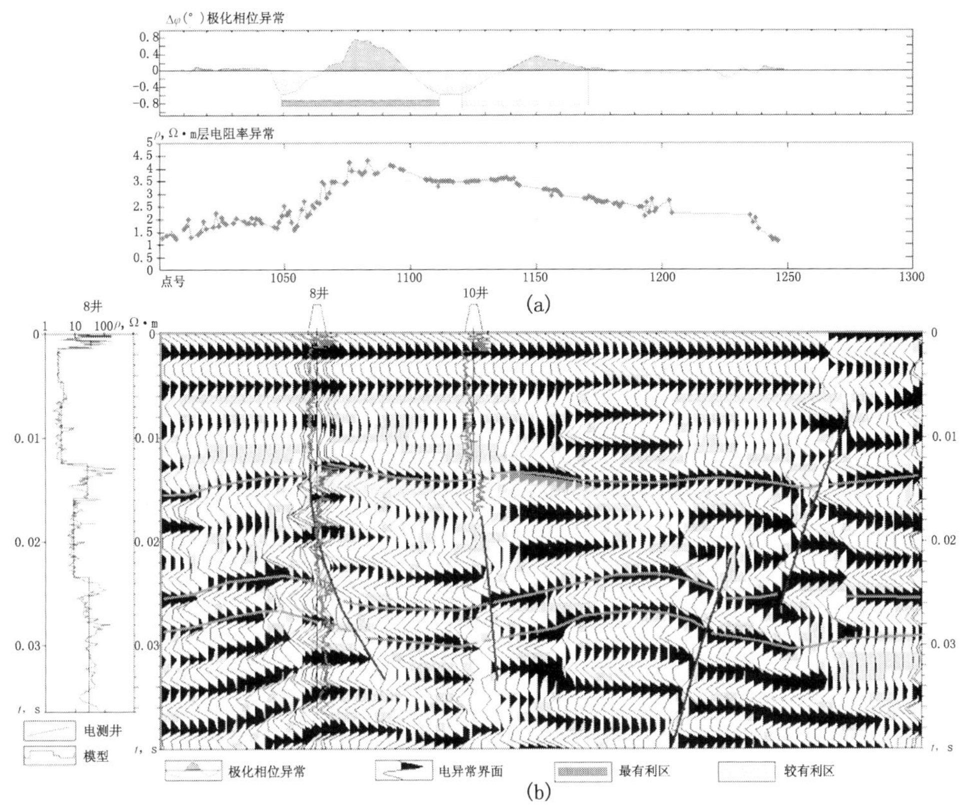

图 8－18　57 测线时间剖面

的效果。比较了可控源声频大地电磁法（CSAMT）、地面与井—地时间域电磁法（TEM）、井—地频率域电磁法（FEM）、跨井频域电磁法及地面磁场椭圆率法的效果，实验证明所有方法都探测到注入的盐水，取得了不同程度的成功，这一实验主要模拟固体矿产的开采，但对油气开采也有借鉴作用，后来 Keissuke Ushijima 等（2000）开展了电磁法在油田监测中的应用研究。

西方国家重点研究了井间油气储层的电阻率层析成像技术。单孔与跨孔多电极排列电阻率层析成像技术在固体矿产勘探开发中已有了比较成熟的应用。Horomasa Shima 等在美国伊利诺伊 Buckhorn 用电阻率层析成像技术进行查明多孔灰岩油气储层结构的实验，取得了有效成果，但此项技术要求在不下套管的井中进行，因此有很大局限性。后来将该方法应用在油气勘探开发中，在套管井中的试验研究表明，钢套管的影响、数值模拟方法阻碍了该方法的成功应用，特别是钢套管的存在使信号衰减，有效探测距离过小（Habashy，1999；Tasci. 1997）。

井—地电法是指井中供电地面接收的电法探测技术，由于在井中供电，近距离激发，因而具有很强的目的性，能够产生较强的目标异常。

用井—地电法圈定油水边界，早在 20 世纪 80 年代就有人提出，并进行了试验，俄罗斯是应用最早的（裘慰庭等，1992），而且具有独特之处，他们把变周期多分量建场法应用于井—地研究油气储层，分析油层电阻率、极化率等有关储层含油气情况的特征参数，从而评价储层圈闭。

国内也开展了实验室试验研究（张天伦，1997），并提出了圈定砂泥岩中高阻油层边界的井—地直流电法，但未在油气田现场试验。

1. 问题的提出

随着油田滚动勘探开发的不断深入，目标日趋隐蔽、复杂，勘探开发难度越来越大，特别是对已知目标区的含油范围与边界及相邻区块的关系很难确定，给开发井网的布设带来极大的困难。因此，准确确定已知油藏的分布范围与边界是急需解决的问题之一（何展翔，贺振华等，2001）。井—地电法油藏边界预测技术是针对油气勘探开发的一种高精度电法勘探方法。它最适用于1口探井出油后预测油藏的含油范围与边界或1个断块出油后预测其相邻区块的含油性，是油田开发中重要的方法之一。该方法对于储层范围较小而横向变化大的研究目标也有效，从而减少探井井数，为开发井网的部署提供可靠的依据，提高开发井的成功率。为提高预测的可靠性与成功率，不排除结合测井与地震信息，在此基础上进行目标评价，因而可以提高油藏预测的准确性与可靠性，改善测井与地震资料的应用效果。

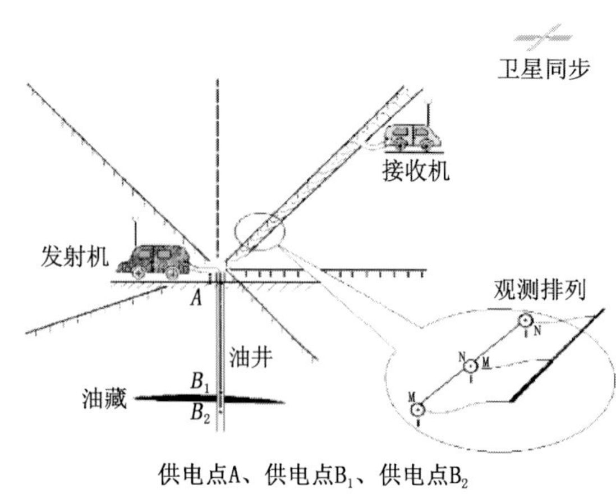

图8-19　井—地电法工作方式图

该方法在俄罗斯率先应用，近年来，已成为油田开发领域极为有效的方法。在引进俄罗斯井下电法的基础上进一步发展了该方法，提出了井—地时频电磁法，研发了多达4种波形74个频率的激发接收系统，在我国5个油田的多个井区开展了试验工作，取得了较好的效果。

2. 基本方法原理

井—地电法是根据地下存在固液界面时会产生激发极化效应与频散现象，综合地面建场测深与地面频谱激电法发展起来的，其工作方式如图8-19所示。当地层存在激发极化效应时，在井下发射交变的方波电流，在地面测量电磁场，研究目标体的电导率与极化相位。研究与实践表明，油气藏的油水边界附近就是电化学活跃区，并具有偏高的极化率，将发射极分别置于油藏的上、下方，分别观测极化效应与频散现象，在油藏内外所测得的电位差与相位都有明显的差异，不同供电频率所产生的变化也不尽相同。因此，利用这种差异与变化能准确地确定油藏的范围与边界及相邻区块的含油性。同时研究电阻率、纵向电导、极化率与双频相位等多个参数，不但可以研究电性构造，还可以研究目标体的电阻率和层极化性。

3. 野外采集方法

地面测线布设有4种方式：

（1）地形平坦时，以井口为中心呈放射状布设；

（2）可与三维地震的测网重合布置；

（3）地形复杂时，自由导线方式布设；

（4）上述布极方式的组合。

测线长度及其位置取决于预测油藏的尺度及工区地电条件，沿测线放置接收电极，点距视要求而定，一般为 25～50m。

井中供电电极的放置：根据测井资料确定供电电极的放置深度。井中的供电电极放置于油层上、下方。若有多套油层，则可放置多个供电电极，分别置于各套油层的上、下方。

4. 资料处理解释

资料的处理解释分为以下步骤：

（1）预处理：对记录的信号进行标定、处理，获得目标储层的电阻率与相位曲线。

（2）定性解释：将地电剖面分层，按深度标定地质层位，确定电阻率与极化率异常目标及这些异常在空间的分布。

（3）相位曲线解释：对不同频率曲线处理并解释，分析介质频率特性及变化规律，确定局部极化不均匀性在空间的分布情况，其解释结果可确定油气藏边界。

（4）综合解释：结合地震资料，建立剖面模型，进行约束反演，获得储层电阻率。对于陆相沉积盆地，地层电阻率与层速度总是正相关的，但含油时，电阻率会高于正常值，而速度变小，因而，形成高阻低速的负相关特征，将其做归一化处理并求出两者的差，可以发现含油带形成明显的异常，据此可以推断含油范围，进一步提高确定油藏边界的精度。

对上述解释结果进行分析，根据异常叠合情况评价含油气性，并圈定油藏范围。

5. 应用实例

实例 1：西部山前带恰 1（Q1）井区。

图 8－20 是在我国西部吐哈油田完成的井—地电法油藏预测工作。该区三维地震已经完成，图中背景就是三维地震构造图，地震构造已经很清楚，而且钻探的恰 1 井已经获得工业油流，但下步钻探目标却不能确定，哪个断块最为有利呢？依据地震资料难以确定！井—地电法的目的就是要落实最值得钻探的目标。

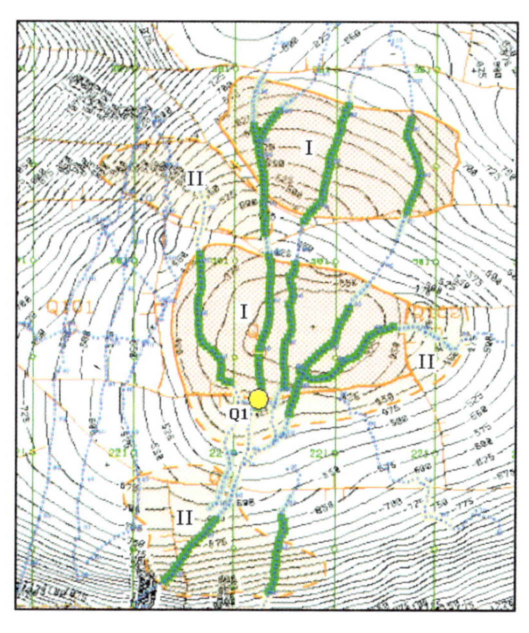

图 8－20　测线及有利区预测

由于探区地形复杂无法部署规则测网，因此沿山沟布设了 12 条测线供电电极下至侏罗系七克台油层上方（1700m）和油层下方（1890m）。图 8－21 是其中过恰 1 井的南北向第三测线极化相位差与层电阻率异常剖面，将两个参数综合分析后，根据恰 1 井提示的油藏情况，可以判断剖面中含油气有利范围。沿测线还发现了另一个有利区在恰 1 井断块以北。

此外，在其他测线上，上述有利区均有异常反应，异常值明显偏高。

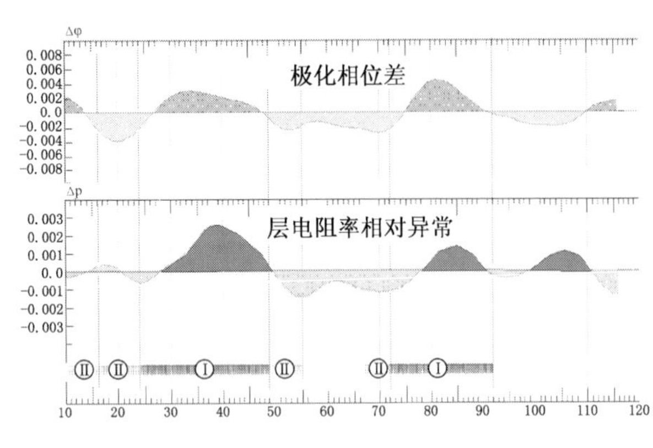

图 8-21 第三测线剖面异常图

图 8-20 展示了两个最有利区（I类）的平面位置，另外还有 3 个较有利区（类），其中恰 1 井所在有利区（I类）面积 4km²，恰 1 井断块以北另一有利区（I类）面积 3.2km²，这两个异常区都有多条测线控制，因此异常预测比较可靠。该成果得到油田的重视与肯定，并据此部署了开发井。

实例 2：东部大港油田房 19 井区。

在我国东部大港油田房 19 井区，已经完成三维地震，在上第三系深 1100m 的地层中，找到了多层河道砂层，每层 5～9m 不等，但是很难确定这些河道砂层是否连通，希望井—地电法结合三维地震落实河道砂层有利区范围。

在该区发现了 3 个最有利区，经过与井对比标定与约束反演解释确认有两个有利区位于较浅的层位（955m），另一个有利区位于较深层位（1080m），其中，较浅层位有利区中一个是 H19 井所在断块，另一个在探区北边，控制测线较少；较深层位有利区，夹在两个浅层有利区之间，即位于 H19 井断块以北，并圈定了有利区的范围，这一结果受到油田勘探开发部门的关注，得到了肯定的评价，据此在南部有利区部署了 9 口开发井，已钻探的 8 口开发井都获得成功。

6. 认识与结论

井—地电法油藏边界预测技术适用于 1 个井点出油后预测其油藏的含油范围与边界或 1 个断块出油后预测其相邻区块的含油性。该方法在已经钻探的井区得到了验证。用这种方法预测油气田有其优势，一是油气储层的物性条件一般都很有利，二是该方法施工成本低廉，不但适合于大型油气藏，对于规模较小且横向变化大的油气目标也适用，可以用较少的投入来确定油藏范围和边界及相邻圈闭或断块的含油性，从而减少探井井数，为开发井网的部署提供可靠的依据，提高开发井的效益，是现阶段和今后一个时期内值得大力应用的新技术。

第三节 综合物化探应用实例

一、CEMP 在鄂尔多斯西缘前陆盆地应用效果

鄂尔多斯盆地西缘位于华北地台、秦祁褶皱带和阿拉善地块的结合部，受构造运动影响，在不同时期表现为裂陷、挤压、剪切、升降等运动形式。自中—新生代以来经历强烈的逆冲褶皱构造运动，形成了多个具有前陆盆地性质的坳陷，使其地质构造复杂化，地表条件的限制影响了该地区油田勘探的进程。由于该地区的生储盖配套条件与鄂尔多斯盆地内部几乎没有差别，而且已经发现了马家滩、大水坑、百宴井、刘家庄等油气田，因而成为人们关注的热点。

经过多年的勘探工作，在鄂尔多斯盆地西缘积累了一定的石油物探资料，但该区地表山峦起伏，海拔一般在1350～1900m，地势南高北低。山地加黄土塬地貌增加了石油物探工作的难度。

该区地质条件复杂，冲断褶皱带断层发育，地层受到不同程度的剥蚀、抬升，破碎、断缺严重，并存在地层层序的叠置现象，构造完整性差，对地震成像影响严重。因此，地震勘探难度大，特别是进入褶皱带，地震剖面信噪比很低。

显然，部署CEMP（图8-22）对了解鄂尔多斯盆地西缘与周边构造单元之间的接触关系，优选区带和目标，为地震勘探缩小靶区，是加快该区勘探进程，提高勘探效益的有效途径。

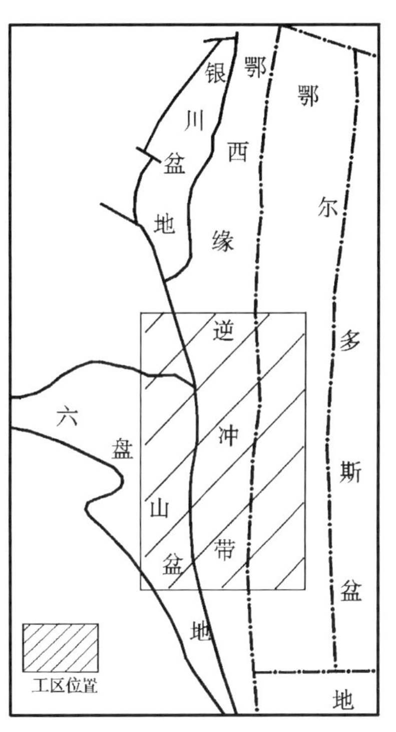

图8-22　探区位置示意图

1. 物性条件分析

鄂尔多斯盆地西缘东侧——纵向上：鄂尔多斯盆地天环向斜存在新生界、侏罗—三叠系两套低阻层（电阻率ρ为8～30Ω·m、4～40Ω·m），中间夹有白垩系高阻层（ρ为10～60Ω·m）；石炭—二叠系（ρ为30～50Ω·m）及以下沉积盖层的电阻率逐渐变高，形成次高阻层，高阻基底（ρ大于500Ω·m），由太古界及下元古界变质岩组成。显然，纵向上形成“低阻—高阻—低阻—中高阻—高阻”为特征的明显电性结构，为查明地层接触关系提供了物性条件。

鄂尔多斯盆地西缘冲断褶皱带内——横向上：当中—新生代沉积变厚时，地层的电性特征具有与天环向斜相同的变化规律；当中—新生代沉积被剥蚀或变薄时，古生界及以下地层的电阻率由低变高，形成低阻层、中高阻层和高阻基底。

鄂尔多斯盆地西缘西侧——进入六盘山盆地，第三系为一套较厚的低阻（ρ小于10Ω·m）沉积层，当新生界遭剥蚀或变薄时，浅层白垩系的电阻率为10～35Ω·m，由高变低成为低阻层，侏罗—三叠系（ρ为20～50Ω·m）及以下地层形成多套中高、高阻层基底（ρ为60～600Ω·m）。

显而易见，鄂尔多斯盆地西缘冲断褶皱带与东西两侧具有不同的电性特征，而且，鄂尔多斯盆地西缘冲断褶皱带内还存在着反映地层剥蚀与沉积加厚的电性特征，为采用CEMP法研究该区构造、断裂、地层提供有利的物性基础。

2. 针对山地加黄土塬地貌的采集处理技术

采集技术：该区地形复杂，布极（图8-23）困难，通过卫星遥感地形图设计测点点位，采用不规则布极使测点处于有利地形且分布均匀。有针对性地进行了极距试验，在狭陡的深沟或山脊，采用小极距施工，试验表明采用30m的极距、12h以上的记录时间可以保障资料品质。V5—2000系统采集仪通过GPS与其他电磁采集站实现同步，克服了山地地形起伏高差大以及剖面连通困难等因素，为后期互相关去噪处理提供了方便，提高了采

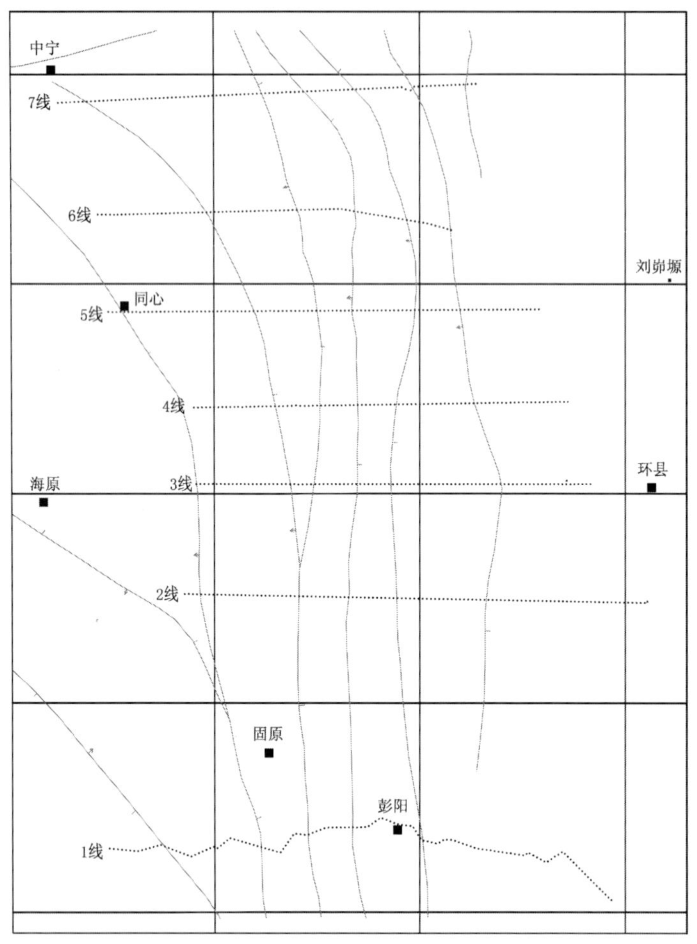

图 8-23　山区 CEMP 测点位置

集数据质量。

去噪处理技术：在 CEMP 资料的预处理中使用了 Robust 处理技术，有效地消除了随机干扰，使资料品质得到较大提高，保障了资料的可靠性。

静态位移校正：针对黄土塬及山地岩性剧变等造成的地表电性静态位移效应，采用低通二维中值滤波技术的方法有效地减小或压制了静态位移的影响，视电阻率等值线剖面中存在的垂向条带状异常，是由于地表局部电性不均匀引起的，使原本成层性较好的电性特征被严重破坏，如果不进行校正会严重歪曲地质现象，但是采用一般的低通空间滤波又有可能使该区明显的构造信息被平滑，因而采用了二维中值滤波（邵敏，何展翔，2001），该方法既可以很好地压制高频静态位移影响，又能有效地保留断层信息，校正后效果明显（图 8-24）。

地形影响的压制：为了消除该区地形影响，采用电磁场传输函数向上延拓方法（戴世坤等，1997），即在起伏地形上充添一电性均匀层，得到水平地面，然后利用起伏地形上实测电磁场计算出上延后水平地表上测点的电磁场，由于地形已经远离测点，因而其影响明显减小，在该区采用向上延拓的方法取得了良好的效果。

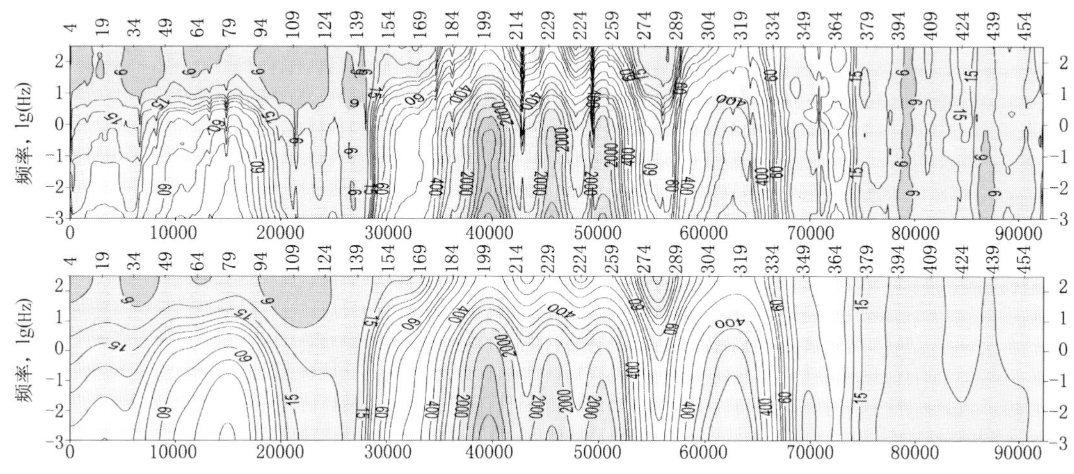

图 8－24　视电阻率静态效应校正前后对比剖面图

二维反演技术：由于该区构造走向为南北向，二维特征明显，采用 DSKIN 二维连续介质反演方法。DSKIN 是一种带地形校正与约束条件的二维反演方法（戴世坤等，1997），可以模拟地形与地表浅层不均匀电性体的影响，它以一维连续介质反演结果为初始模型，经过多次迭代，可以得到满足拟合误差的结果。其中的正演计算，使用了有限元方法。在电阻率界面附近（即断层处）采用密集网格剖分以确保电磁场计算的正确性，同时在规则网格内插入更多的节点，尤其是在网格边界，以进一步保持正演计算的精度。反演中对模型中出现的较大电导率反差值予以保留，而未作过多的平滑，以使反演结果能真实地反映该区断裂构造带的特征。特别将已知地层边界、断裂作为先验信息，进行约束反演，因而反演结果很好地反映了该区断裂与构造特征，取得了良好的效果，图 8－25 中 CEMP 反演剖面显示多个电阻率断块与本区不同构造单元或大型逆冲席的边界相吻合，对比表明，剖面中 4 个明显电阻率横向不连续段正是该区地质构造特征的反映，而与该区地形起伏无关。

采用该反演方法对探区 7 条 CEMP 剖面进行了处理，经过综合分析对比最终得到有效的地质解释。

3. CEMP 勘探效果

1）发现由 4 条大型逆冲断裂组成的断褶带

受秦岭—祁连褶皱带与六盘山弧形构造带由西向东挤压的影响，区内断裂以西倾东冲的逆断层为主，断裂近于平行展布，走向近南北和北西向。CEMP 反演剖面（图 8－25）显示Ⅰ级断裂大多为不同构造单元或大型逆冲席的边界，控制着本区的构造格局。西缘冲断褶皱带总体由青铜峡—固原断裂、韦州—安国断裂、青龙峡—平凉断裂、惠安堡—沙井子断裂 4 条大型逆冲断裂组成，具有规模大、延伸长的特点，同时水平逆冲的推覆距离存在着差异。西缘冲断褶皱带的前缘位于惠安堡—甜水堡—沙井子—彭阳一线。

西缘冲断褶皱带内，每条大型逆冲推覆断裂的下盘，都存在小型的前渊性凹陷或向斜。在主断裂的上盘，存在次级反冲断层。

根据总纵向电导异常图及重力异常图特征，山前存在近东西向的调节断层，使山前带

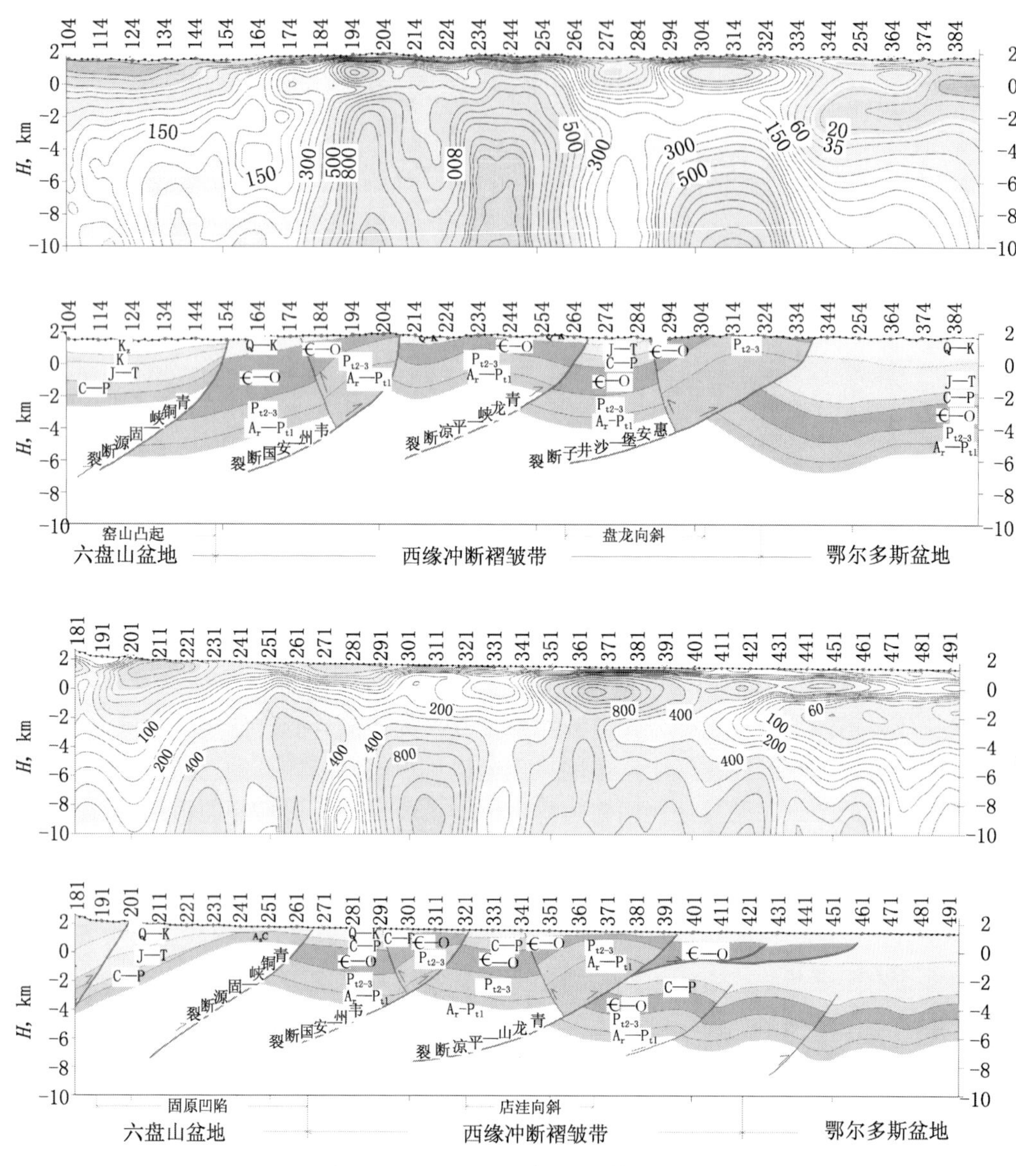

图 8-25 CEMP 反演及地质解释剖面

构造具有南北分带性。

2）查明了基底及盖层特征

鄂尔多斯盆地西缘基底具有分区性：鄂尔多斯盆地与西缘冲断褶皱带为稳定的刚性基底，六盘山盆地与银川地堑为活动性基底。西缘冲断褶皱带南段基底强烈卷入，形成多个由逆冲和反冲断层控制的基底抬升，北段为一系列断层控制的基底隆起。

鄂尔多斯盆地西缘发育的沉积盖层有中上元古界、寒武—奥陶系、石炭—二叠系、三叠—侏罗系、下白垩统—新生界。CEMP 剖面中，前三叠系整体表现为东薄西厚的构造格局。盆地内部三叠—侏罗系的沉积地层较稳定。西缘冲断褶皱带内大部分缺失三叠—侏罗系地层，局部发育残留前缘向斜。

3）指出了油气勘探有利区

工区的主体位于西缘冲断褶皱带内，油气藏主要受控于冲断构造，以构造油气藏为主，主要为背斜、断背斜、断鼻构造。在盘龙向斜（图 8－25）、石沟驿向斜内，地层沉积层序与天环向斜相同，也可能有三叠—侏罗系岩性油气藏存在。

剖面显示，石炭—二叠系和寒武—奥陶系起伏相对较大，构造显示较多，三叠—侏罗系起伏相对较小。西缘冲断褶皱带内，受逆冲断裂的影响，大部分地区寒武—奥陶系、中上元古界地层抬升到地表附近或已出露地表。

结合测区的石油地质条件，综合分析认为盘龙、石沟驿向斜是最有利的勘探区带。

二、用重磁电震综合勘探技术识别 TZH 地区特殊地质体属性

1. 基本情况

应用地震勘探技术方法准确判断埋藏在 6000m 以下的地震反射异常体的岩性是一个难题，采用重磁电震综合勘探技术可以解决这个问题。具体方法：利用地震资料建立探区三维模型，利用测井获得探区物性数据，对 CEMP 资料进行界面约束的二维反演，对重磁力异常采用三维剥离技术和三维人机交互联合反演异常体的物性参数，从而获得特殊地质体的密度、磁化率、电阻率、速度等多种物性特征，进而推断异常体的地质属性，为钻井部署提供依据。

测区位于我国西部 TZH 地区，该区已完成三维地震，根据地震资料解释，在中上奥陶统内部发现两个地震反射异常体（1 号和 2 号），见图 8－26，埋藏 6000～6500m，厚度 300～600m。对异常体的解释有两种可能：礁体或火成岩，如果是礁体则可能是一个大的油气藏，但是利用地震资料难以确定异常体的地质属性。为此，部署了高精度重磁电的工作，以期采用重磁电震联合处理技术落实异常体的地质属性。重力、磁法勘探测网密度为 500m × 250m，异常总精度分别为 $\pm 0.020 \times 10^{-5}$ m/s^2、$\pm 0.29nT$；电法 CEMP 剖面 4 条，剖面总长 132.6km。

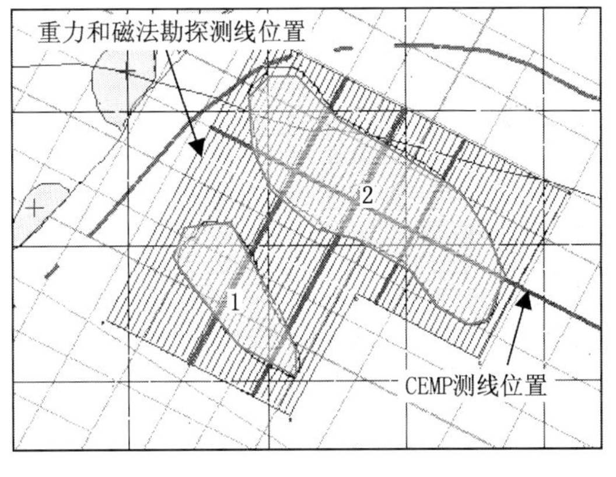

图 8－26　异常体平面位置与 GMES 测线布置

2. 地层岩石物理特征分析

通过物性研究表明：本区中上奥陶统及以上为相对低阻特征（5～10Ω · m）的砂泥岩沉积，地震反射异常体就发育于中上奥陶统地层中；而下奥陶统电阻率明显变大，一般在 200Ω · m 以上。火成岩电阻率明显高于砂泥岩层的电阻率，一般都在 1000Ω · m 以上，礁体的电阻率一般为几十欧姆米。

该区中新生界密度较小：为 2.20～2.53g/cm³；中上奥陶统砂泥岩沉积地层密度为 2.59g/cm³，下奥陶统平均为 2.65g/cm³。中、下元古界为浅变质岩系，太古界为深变质岩系，密度值介于 2.74～2.78g/cm³ 之间。玄武岩密度一般较大，平均为 2.72g/cm³；石灰岩、白云岩的密度较稳定，密度值一般为 2.70g/cm³ 左右，礁体的密度为 2.62g/cm³。

该区古生界及以上沉积地层磁性一般小于 30×10^{-5}SI，表现为无磁—弱磁性。中、下元古界变质岩系表现为中弱磁性，一般为 $130\times10^{-5}\sim200\times10^{-5}$SI。而玄武岩、安山岩等喷发岩一般具有较强磁性，其值分别为 2300×10^{-5}SI、3800×10^{-5}SI，礁体表现为无磁性。

表 8-1 火成岩和礁体的物性统计

	密度，g/cm³	磁　　性	电阻率，Ω·m	
火成岩	2.68～2.90	强磁性	>1000	围岩密度为 2.59g/cm³，围岩电阻率为 10Ω·m
礁　体	2.68	无磁性	70～90	

3. 重磁电震综合勘探技术

重磁电震综合勘探技术是在地震资料的约束下，进行地震—重力、地震—磁法、地震—电法的联合处理，从而获得高精度的重磁电震综合勘探解释成果。

1）地震—重力联合处理技术

地震—重力联合处理技术的步骤为：

（1）测井资料确定下奥陶系以上各套地层的密度；

（2）地震各层构造图作为地下地质构造模型，并正演计算下奥陶统以上各构造层的重力响应 Gs；

（3）基底深层背景异常场 Gb，获得剩余重力异常 $Ge=G-Gb$；

（4）从剩余重力异常中再消除下奥陶统以上盖层重力响应（$Ge-Gs$），获得地震反射体目标的剩余重力异常 Ga（图 8-27），它们反映了中上奥陶统内部地层岩性密度变化的重力异常特征；

（5）修改地震反射体目标的密度，使模型的重力响应 Gm 与前面获得的重力异常拟 Ga 合。因此，得到地震反射异常体的密度。

2）地震—磁法联合处理技术

本区磁力异常为一东南高西北低的斜坡，无明显局部磁力异常，利用区域磁法勘探资料获得区域磁力异常场，从而求得本区的磁力弱异常（图 8-28）。利用地震资料建立模型，反演异常体的磁化率。

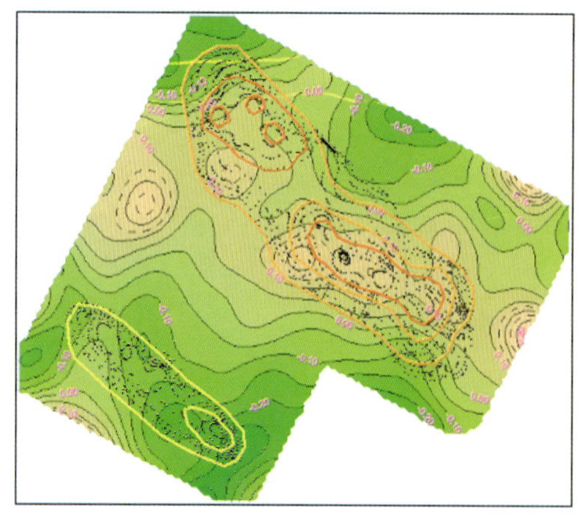

图 8-27 目标剩余重力异常与地震异常体叠合图

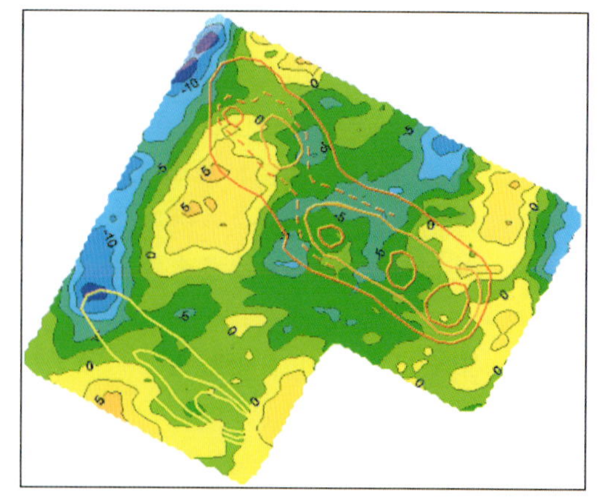

图 8-28 剩余磁异常与地震异常叠合图

3）地震—电法联合处理技术

根据地震资料建立初始模型，固定模型的几何参数以及限定中上奥陶统上覆地层电阻率的范围，主要反演中上奥陶统各电性层的电阻率，最终反演结果是其正演响应与实测响应拟合差最小的反演结果。约束主要以双模式（TE、TM极化模式）资料的二维反演为主，因此，要求最终反演模型的正演响应不仅可拟合TE极化模式的视电阻率、相位曲线，同时还可拟合TM模式视电阻率、相位资料。根据反演结果获得异常体的电阻率（图8-29）。

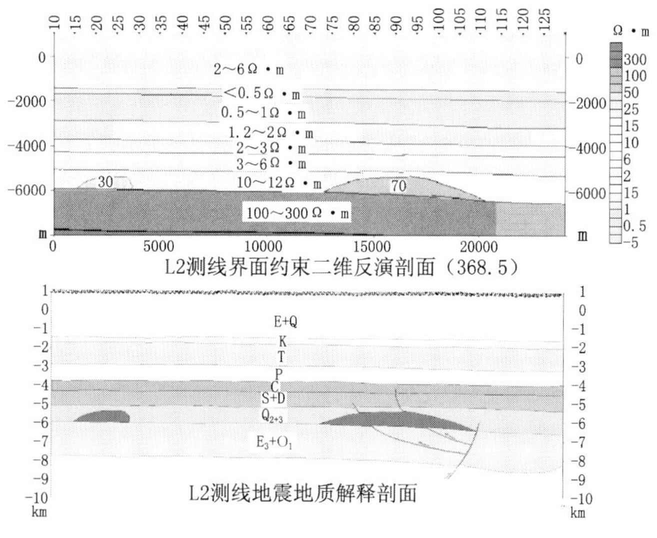

图8-29　CEMP资料二维约束反演剖面

4. 重磁电震综合勘探解释成果

采用重磁电震综合勘探技术获得的异常体物性参数结果见表8-2。

表8-2　解释得到的异常体物性结果

	密度，g/cm³	磁　　性	电阻率，Ω·m
1号异常体	2.61	无磁性	25～30
2号异常体	2.67	无磁性	65～80

根据重磁电震综合勘探处理解释结果，两个异常体均无磁性，因此可以排除为火成岩，其中2号异常体密度比纯石灰岩略小，比玄武岩密度小得多，而大于同层砂泥岩；它的电阻率反演值也比火成岩小得多，而与礁体接近。因此，2号异常体为礁的可能性很大，且异常体内部南北存在一定结构差异。1号异常体密度和电阻率均较低，推测为孔隙相对发育的礁灰岩或泥质含量较高的石灰岩。

三、用高频电磁法研究套保油田储层

套保油田位于吉林油田西部斜坡区，区内已完成二维地震勘探。该区圈闭目标——白垩系姚家组埋深为300～400m，总体构造形态为区域东倾斜坡（图8-30）。近年在西部发现的近北北东向逆冲断层，对来自中央凹馅的油气形成侧向封堵，同时在该断层东侧发现与断层伴生的断鼻构造数个并钻探见油，因而迎来了西斜坡工业油流的突破。但发现的圈闭均以构造圈闭为主；浅层成藏条件研究表明，还有大量岩性圈闭、地层超覆圈闭有待发现，这对于地震技术来说是一个挑战。为了经济高效地探明非构造圈闭，采用了高频电磁法，并取得了很好的效果。

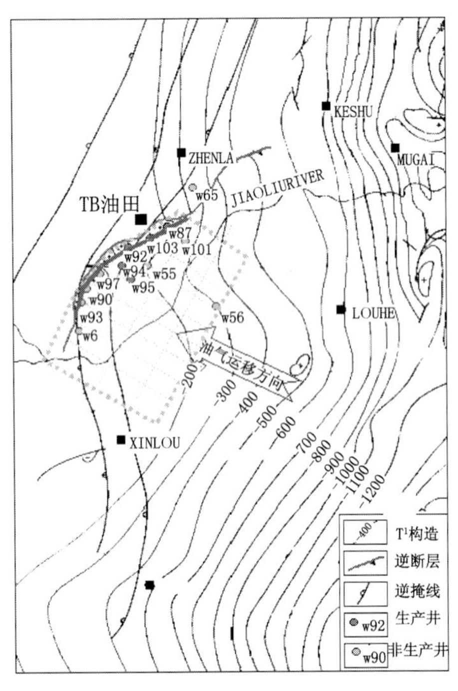

图 8－30　TB油田位置图

高频电磁法使用 EH4 电导率成像系统，野外采用“十”字布极，测量电磁场正交分量，场源主要为天然场，并辅以水平正交磁偶源信号，因此场源信号既有丰富的频率成分，又有足够的强度，较一般的天然电磁勘探方法信噪比高，记录频段为 1Hz 至 90kHz。

探区钻井电测揭示姚家组产油目标层电阻率可达 50～200Ω·m，而上覆泥岩电阻率一般为 3～8Ω·m，产油层电阻率比上覆泥岩电阻率高 10 倍之多，显然开展电磁勘探具有良好的电性前提。

在该区共布设测线 286km，点距 500m，线距 4km。

1. 电磁属性与油气藏富集规律

图 8－31（a）和图 8－31（b）是连井测线视电阻率等值断面和相位断面，纵坐标为频率，相对应地反映由浅到深的电性特征，通过对比工业油流井 W92、W102、W87 井与非工业油流井 W97、W90、W5 井的剖面特征，可以非常清楚地发现存在的明显差别：在相应的频率段工业油流井的视电阻率为高阻，相位为低相位异常；非工业油流井则相反。

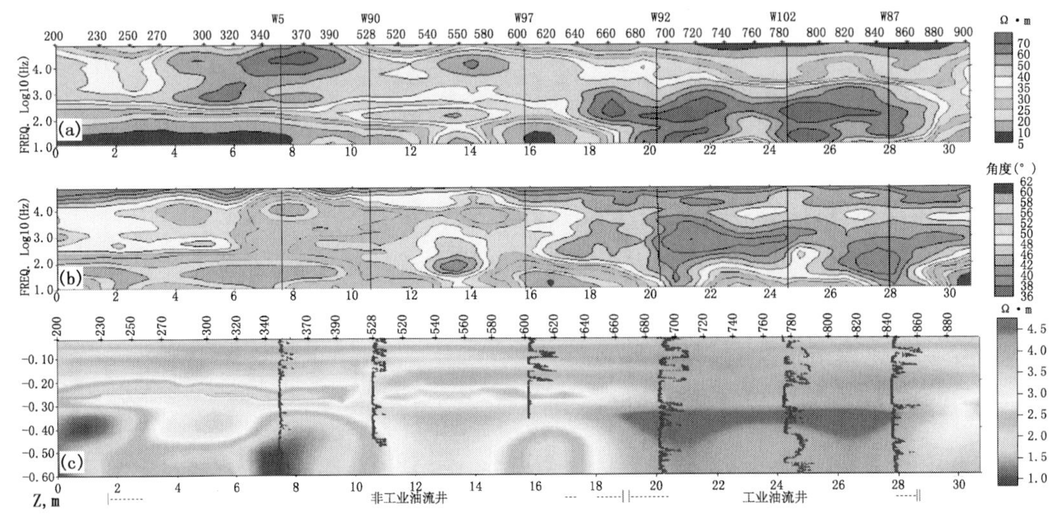

图 8－31　连井测线电磁属性剖面

（a）视电阻率等值线断面；（b）相位等值线断面；（c）二维约束反演电阻率断面

图 8－31（c）是用已知地震及测井资料作为约束完成的二维反演成像断面，它定量地描述了含油圈闭的剖面电性特征，工业油流井 W92、W102、W87 井所在断面中目标储层

的深度约 300m，油藏本身即核部电阻率大于 37Ω·m，上覆地层电阻率相对升高，相对于区域电性形成高阻异常，下伏地层油气运移形成的通道也呈高阻；而 W97 和 W90 井以南则有明显不同的特征。

定性与定量的剖面电磁属性存在如下规律：工业油流井所在的剖面段及目标层的频段上油藏本身为高阻；上覆盖层为相对高阻，可能为油气渗逸造成；下面还有高阻层，可能是油气运移形成；地表为低阻（高极化），是烃类在近地表氧化还原造成。

为了研究目标储层的电磁属性与储层特性之间的关系，提取了目标层电磁属性，同时根据已知油气井情况确定电磁属性的相关度，并进行了归一化处理。这些属性分别是：

（1）视电阻率：以统计平均值 $\rho_A = 41.2\Omega \cdot m$ 作为背景，归一化视电阻率异常：$Y_\rho = \rho_m / \rho_A$；

（2）相位：以 $\varphi = 45°$作为背景，归一化相位异常为 $Y_\varphi = \varphi_m / \varphi$；

（3）反演电阻率：工业油流区的定量指标为电阻率大于 37Ω·m，取背景值 $\rho_0 = 37\Omega \cdot m$，则归一化电阻率异常为 $Y_i = \rho_i / \rho_0$；

（4）储层厚度：工业油流区的定量指标为厚度大于 48m，取背景值 $H_0 = 48m$，则归一化异常为 $Y_H = H_i / H_0$。

前两个参数是定性属性，由于视电阻率与相位对储层特征的反映都具有相同的性质，我们将两者的异常做如下处理：

$$Y_1 = Y_\rho \times Y_\varphi$$

得到的 Y_1 是一个反映储层属性的定性参量，将它与 Y_i 和 Y_H 做加权叠加处理则可得到某一测点目标储层总异常：

$$Y_i = aY_{1i} + bY_{ii} + cY_{Hi}$$

其中 a、b、c 为权系数。

权系数的求取根据 3 个电磁异常属性与已知钻井产油情况而决定。

通过对全区剖面的统一处理解释，获得了储层总异常图（图 8-32）。总体上可分为两个有利区，一个是位于西北的 1 号有利区和南部的 2 号有利区，所有工业油流井都在 1 号有利区范围之内，而非工业油流井则在有利区之外；1 号有利区的周缘浅色部分则可能为稠油区或低产区；2 号有利区目前仍未钻探，其储层的电性条件较好，面积也相当大，应给予足够重视。

2. 储层特征分析

有利区构造特征：1 号有利区位于探区西部，受近南北向逆冲断裂控制，从 W87、W92 井区往南东顺构造鼻梁延伸，处于构造的有利位置。其中 W92、W87 均在局部高点。2 号有利区，处于两个构造鼻梁中间的斜坡位置。该区深层构造发育，侏罗纪至早白垩世在 E1356 测线附近存在 1 条电性断层 F2，断层南北形成断鼻构造，在与之相交的东西向测线 E550、E546 剖面，侏罗系深层存在电性构造高的显示。

有利区储层沉积特征：根据重矿组分分区推测的古水系图（图 8-33），表明目标储

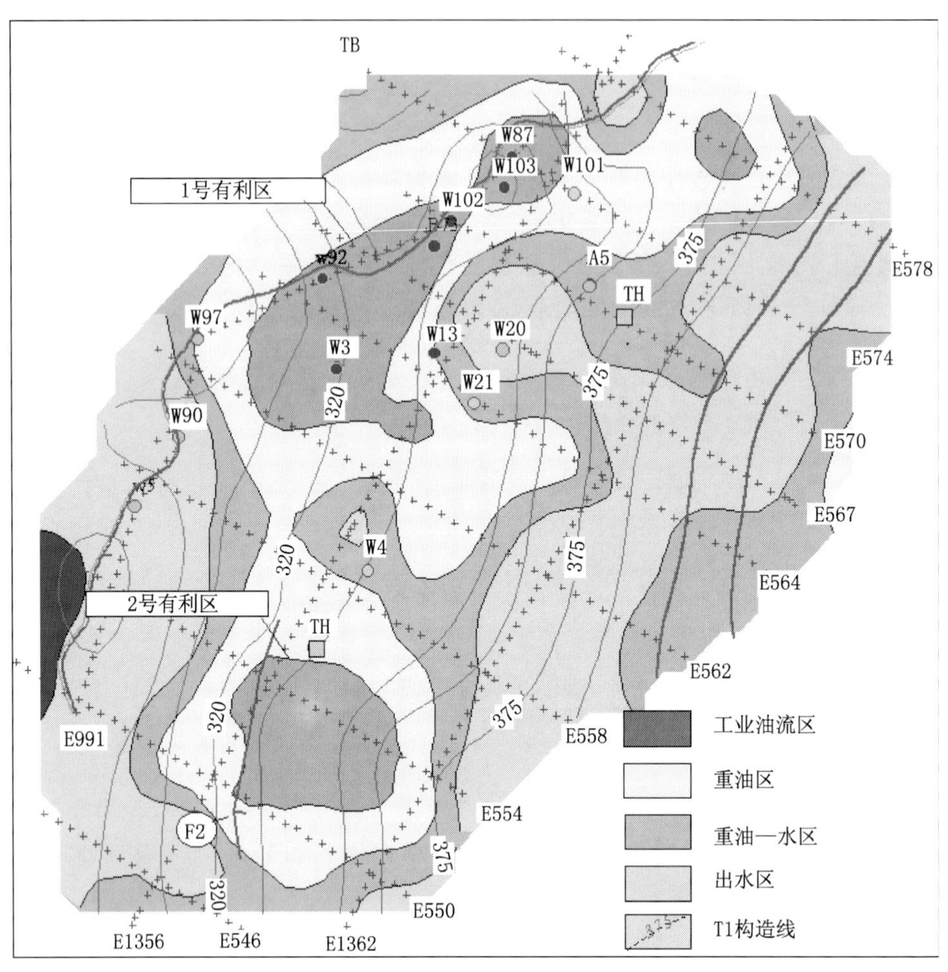

图8-32 异常分级图

层姚家组沉积主要受白城沉积体系控制，物源来自西北白城方向水系，因此在该区形成了以扇三角洲体系为主的沉积背景，控制了砂体的展布形态。目标层电阻率反映出砂体的展布和形态，电阻率呈西北高东南低，表明从西北至东南，砂体由粗变细、由厚变薄的趋势。而目标层厚度图中，厚度大于40m的高阻层，总体形态呈由西北向东南的走向，表明自西向东的目标层砂体延伸方向顺构造倾向由物源指向生油区，指示出油气运移的通道及方向；1号有利区位于主要河道交汇处或河弯，其高阻层厚度大于48m，在此，河道由北东向转为南北向；下游河道交汇处在2号有利区，2号有利区在河道由南北向转为北东向的转向处，其高阻层厚度大于48m，与W92井区相似。厚度大于40m高阻层分布区与根据重矿组分推测的古水系发育区完全吻合之事实，表明此即油气运移的通道，而1号有利区和2号有利区，则是该区油气运聚的场所。

有利区储层“孔渗饱”特征：储层特征主要研究目标层的电性及孔隙度、渗透率、饱和度等储层要素。为了研究储层的“孔渗饱”特征，收集了W103井储层电阻率、孔隙度、

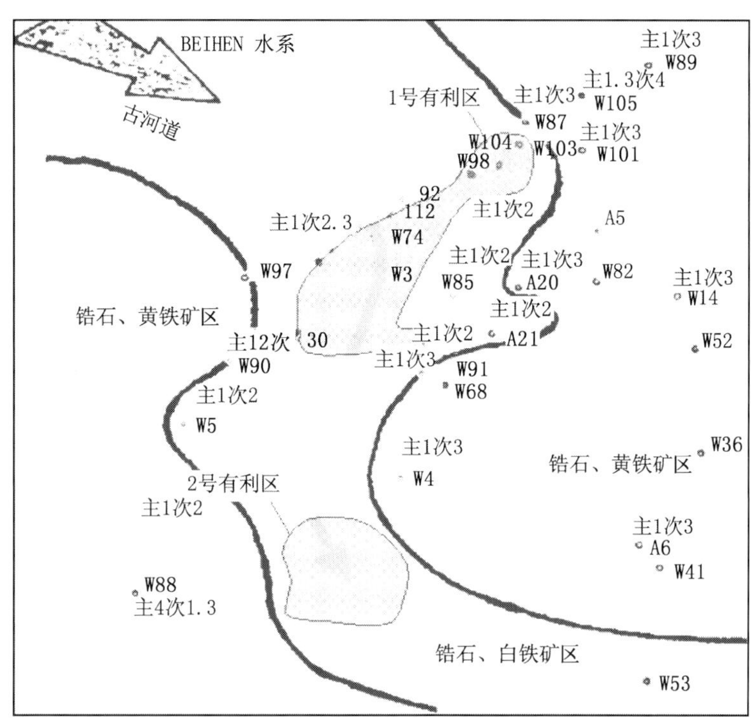

图 8-33　有利区与重矿分区叠合图

渗透率、饱和度等曲线，将其数字化后进行了对应关系的研究，获得了孔隙度—电阻率、渗透率—电阻率、饱和度—电阻率 3 条关系曲线，可见，产油层电阻率高，孔隙度高，渗透率高，含油饱和度高，含水饱和度低；相反，非产油层电阻率低，孔隙度低，渗透率低，含油饱和度低，含水饱和度高等。

根据电阻率与“孔渗饱”的关系，将储层电阻率平面图转换为“孔渗饱”平面图（图 8-34）。可见原电阻率高（大于 37Ω·m）的有利区孔隙度大于 36%，渗透率大于 8400mD，含油饱和度大于 47%，含水饱和度小于 37%。

3. 结论

高频电磁法采用人工场源，对于浅层较 MT 具有更高的精度和分辨率，因此，适用于浅层油气勘探和检测。由于电阻率和电磁场相位高阻油气层具有明显的相关关系，因此用高频电磁法研究浅层高阻油气储层具有更高的经济效益。储层研究主要根据剖面电性特征并与已知产油情况对比，分析其中的特征与关系，从而找到了利用高频电磁法圈定油气有利区的方法，通过约束反演得到储层电磁属性和厚度，解与已知油气情况的关联方程式，获得储层属性的横向预测结果。实例不但圈定了油田边界，还预测了另一个含油气有利区。

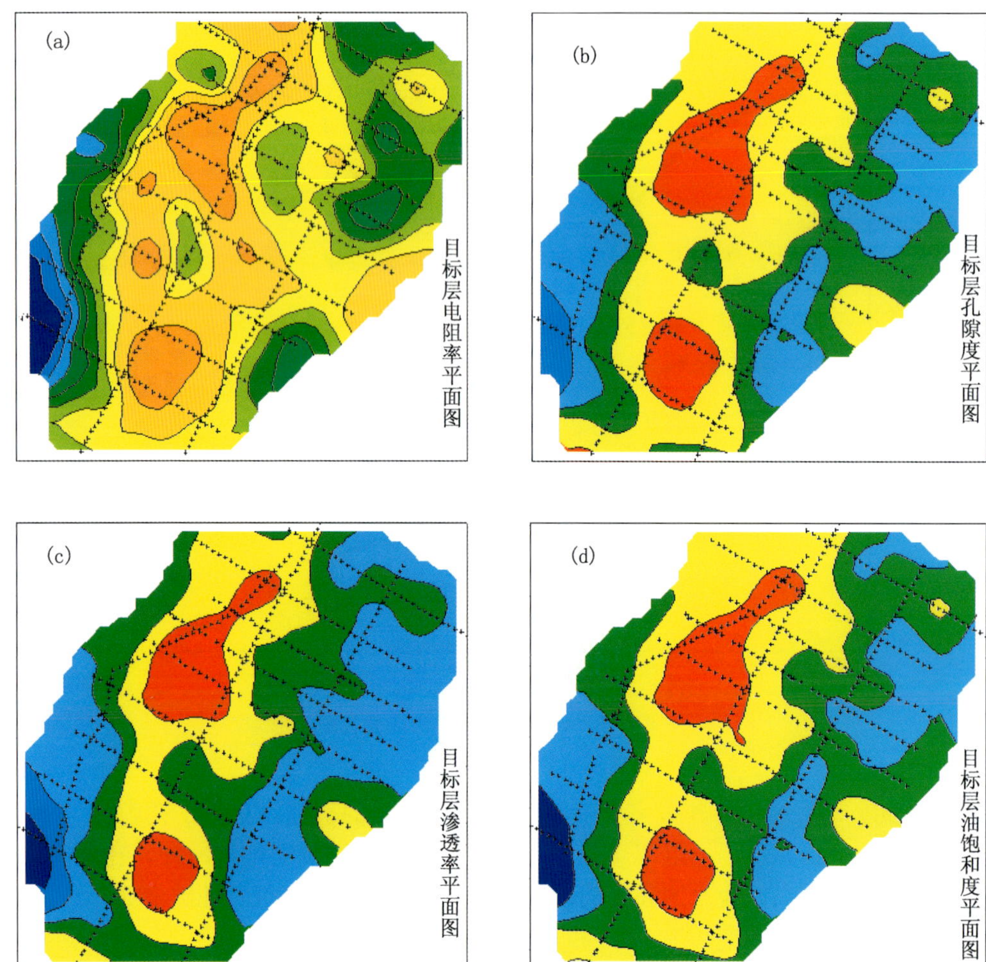

图 8-34　储层属性平面图

参考文献

安玉林等 . 2003. 局部重磁场源全方位成像（续）. 北京：地震出版社

蔡宗禧 . 2002. 曲面上的位场理论及其在地球物理中的应用 . 郑州：河南科学技术出版社

柴玉璞 . 1997. 偏移抽样理论及其应用 . 北京：石油工业出版社

戴世坤等 . 1997. MT 二维和三维连续介质快速反演 . 石油地球物理勘探，(4)

何展翔，贾进斗等 . 2001. 非地震技术在油气勘探中的作用 . 石油勘探与开发，28 (4)

考夫曼，凯勒 . 1997. 频率域和时间域电磁测深 . 北京：地质出版社

罗延钟，张桂清 . 1999. 频谱激电法原理 . 北京：地质出版社

王家林等 . 1991. 石油重磁解释 . 北京：石油工业出版社

王家映 . 1997. 我国大地电磁测深研究新进展 . 地球物理学报 . 40：206～215

武汉测绘学院《测量学》编写组 . 1982. 测量学（下册）. 北京：测绘出版社

张天伦，张伯林，聂荔 . 1997. 用地—井工作方式的三极梯度法寻找小块油气藏 . 石油地球物理勘探 . 32（4）：520～531

A. A. 考夫曼，G. V. 凯勒著，刘国栋等译 . 1987. 大地电磁测深法 . 北京：地震出版社

孙卫斌等，2003. 大地电磁测深技术发展及在油气勘探的应用 . 地质与勘探，39，增刊

第九章　地球物理技术应用实例

近年来，油气地球物理技术有了显著进步并在油气勘探实践中取得了明显成效，从中西部地区油气重大发现与突破、复杂山前带大型油气田的探明，到中部黄土塬区探明石油储量的不断增长、大型天然气气田相继发现；从东部老油区的滚动挖潜、滩海地区油气勘探的重大突破，到西部碳酸盐岩储层认识深化、岩性地层油气藏不断发现，从富油凹陷的再认识研究、深层油气勘探目标的搜寻，到油气勘探新领域的准备，在油气勘探开发的各个领域，地球物理技术所发挥的作用均日益显著。本章从近年实施的地球物理勘探的诸多实例中，选择了 10 个成功实例，从不同的角度与侧面，针对不同的油气盆地、不同的地表条件、不同的地震地质背景、不同的勘探目标，展示了地球物理技术的创新与进步所取得的应用效果与勘探成效。

第一节　塔里木盆地迪那 2 气田山地三维地震勘探

2001 年 4 月 29 日，迪那 2 井钻至上第三系吉迪克组底砂岩段顶部井深 4875.59m 处发生强烈井喷，并获高产；相隔不久，位于工区东端迪那 1 号构造上的迪那 11 井在吉迪克组和下第三系 5518～4449m 处见到良好油气显示。两口探井的相继突破，预示着继克拉 2 号气田之后，在塔里木盆地库车前陆盆地又一个大气田的发现。同时，也由此拉开了一场大规模的山地三维地震勘探序幕。

2001 年 6 月，为进一步精细落实迪那 1、迪那 2 号构造，为提交迪那 2 气田的探明储量提供可靠的物探基础数据，中国石油天然气股份有限公司塔里木油田分公司在迪那 2 构造带整体部署了满覆盖面积为 675.95km^2 的山地三维地震，东方地球物理勘探有限责任公司承担了这一项目，投入两支加强山地三维地震队、研究院库尔勒分院和处理中心的相关技术力量，展开了山地地震技术攻关研究，应用及完善了卫星遥感数据指导山地三维地震设计及采集过程、复杂山地三维静校正、规则与不规则三维观测系统联合实施、大面积山地三维地震数据处理、复杂前陆冲断带构造建模与制图等技术，成功地实施了这一山地三维地震勘探工程，获得了高品质的三维数据体与解释成果，实现了既定的勘探目标。

一、工区概况

迪那 2 构造带位于秋里塔格构造带上，紧靠天山南麓，地理上位于新疆维吾尔自治区轮台县境内，东距阳霞乡约 90km，北离依奇克里克乡约 31km，南邻 314 国道约 30km（图 9－1）。

迪那 2 三维工区东西长 60km，南北宽约 15～20km，施工面积达 1100km^2。工区大部分属典型的风成雅丹与径表流冲蚀复合地貌，地表高差较大，地形北高南低，海拔在 1000～2646m 之间，最大相对高差达 1600m 左右。工区东北部和西部为高大复杂山体分布

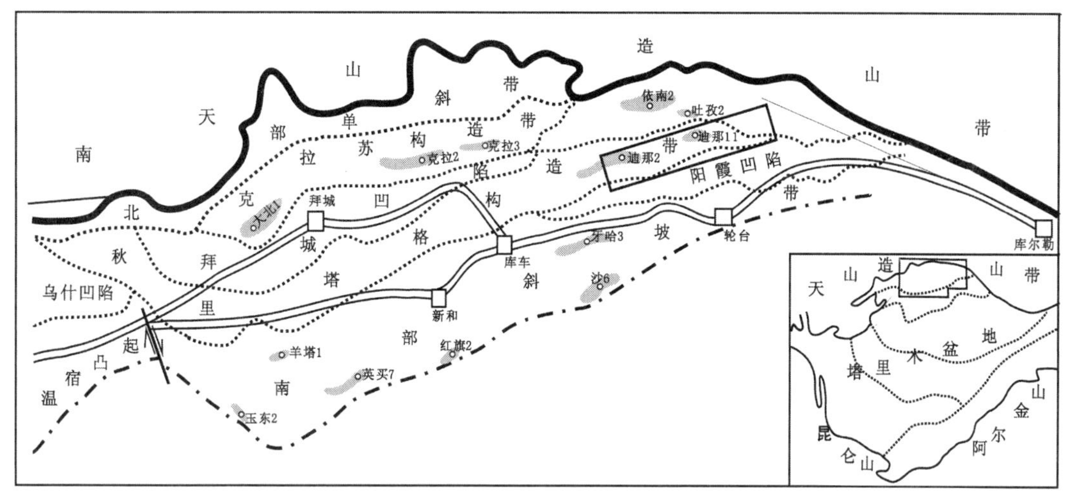

图 9－1　迪那 2 构造带三维工区位置示意图

区，多呈锯齿状，地层倾角 20°～40°，局部倾角可达 40°～60°，相对高差在 300m 左右。中部为第四系砾石覆盖区，东南部为地势相对比较平缓的山前戈壁砾石区，松散的砾石堆积较厚，并发育有众多规模不一的冲沟，迪那河近南北向贯穿工区中部，谷深崖陡，地形险峻。整个工区植被稀少，山体基本无植物，戈壁滩有稀疏植被。

二、技术难点

实施迪那 2 气田山地三维勘探存在如下技术难点：

(1) 目的层埋藏较深，地层倾角较大，以往二维资料构造内幕不清，控制构造发育的主要断层的断点模糊不清，三维观测系统的论证优选至关重要；而在局部复杂地形区，选用何种变观类型，将直接影响采集数据体的完整程度。

(2) 复杂地表条件造成激发、接收条件差，对地震波产生强烈的吸收衰减作用，降低了资料的信噪比。提高三维资料信噪比是数据采集及处理的关键。

(3) 地形起伏大，表层纵、横向速度变化明显，表层结构复杂，三维静校正问题对野外采集和室内处理都是一项工作量大、技术难度高的挑战。

(4) 去噪、速度分析与三维偏移难度高。

(5) 解释成图精度要求高，钻井、测井资料较少，储层变化较大，提高层位精细标定与储层横向预测精度困难。

三、主要技术与措施

针对上述技术难题，在迪那 2 气田山地三维地震勘探中，集中技术力量，开展地震数据采集、处理和解释方面的技术研究，创新性的开发、应用了多项新技术，为全面完成地质任务奠定了坚实技术基础（徐礼贵，严峰，2003）。

1. 采集技术

1）三维观测系统优化设计

建立工区三维地质模型，利用 Klseis 等软件进行设计论证。根据地质目标与地形条件，选择有效的观测系统类型。以常规束状观测系统为主，局部灵活使用不规则观测系统；经论证，采用了窄方位、可细分面元的砖墙式束状观测系统。最大限度地保障了复杂地表、地质条件下三维资料的完整性、面元属性的一致性与施工的可行性。

针对冲断带展布规律，优选三维线束方向。以基本垂直构造走向的近南北方向作为接收线方向，使构造倾向方向覆盖次数增加到15次，利于改善高陡构造成像效果。

采用了20m×40m（细分后20m×20m）面元，选用60次为基本覆盖次数。在西部构造主要部位资料信噪比降低的区域，通过变观加密炮点等措施增加覆盖次数到90次。确保三维数据的纵横向分辨率与信噪比。

保持较大的单线排列长度，适当扩大线束接收道数。以满足高陡构造较深目的层大倾角反射的有效接收为前提，保证纵向有效覆盖次数，改善高陡构造成像效果。使用了8线×270道、单线排列长度10800m、最大纵向炮检距5380m、总接收道2160道的三维线束。

2）卫星遥感数据多信息辅助设计与施工

应用卫星遥感数据体，并开发了卫星遥感数据多信息辅助设计软件。卫星遥感数据可以提供更加丰富的表层信息，提高采集方法设计的直观性与精度，缩短技术设计与野外实施的距离。

（1）利用卫星遥感数据体，进行地表类型及表层岩性分区，辅助地震激发与接收分区设计；

（2）在卫星遥感数据体中实现模拟“飞行踏勘”，全面了解工区地形，辅助物理点选择与变观设计；

（3）优化选择激发试验点、段，增强试验的目的性；

（4）辅助表层调查控制点的合理选择和布设，指导野外静校正表层建模；

（5）辅助确定野外施工线路和施工顺序，提高生产组织与指挥效率（王乃建，2002）。

3）三维静校正技术

多种方法相结合，精细做好三维工区表层调查。根据工区地表特点，结合以往表层调查成果，灵活运用小折射、常规微测井、露头速度测量、深井微测井、地质露头调查、三维初至反演等方法，精细开展表层调查工作，全面获取工区表层资料。调查点的布设，不局限于密度控制，充分利用卫星遥感数据体、地质露头资料，加强对地形突变点及岩性边界的控制。

多手段综合建模，建立正确的三维表层模型。以小折射、微测井表层控制点数据作为建模基础，以卫星遥感数据体作为建模的岩性分区指导，以露头速度调查成果控制建模的速度分区，以表层岩性调查资料控制表层结构划分，通过初至波反演，进行厚层模型控制及模型修正，使用中间参考面模型法计算野外静校正量，建立精细的三维表层模型与表层数据库。

4）规则与不规则三维观测系统联合实施

为解决局部（迪那河上游面积较大的断崖区）三维资料的完整性问题，采用了规则与不规则三维观测系统联合实施技术，其核心是以规则束状三维观测系统为基础，配合常规变观与不规则三维观测，解决了受复杂地表条件的制约，规则三维观测系统无法正常布设，常规变观难以保证资料的完整性，不规则三维观测系统给数据处理带来极大困难等问题，为复杂山地三维地震采集顺利实施开辟了有效途径，获得了完整的三维数据体。

5）多种震源联合激发技术

根据工区地表复杂、激发条件变化大的特点，针对性地研究、应用多种震源联合激发技术，即在地势相对平坦的戈壁、冲积扇和较宽山间谷地等砾石覆盖区，使用大吨位可控震源组合激发；在岩石出露的山体区，使用 WTRZ—2000 新型山地钻机单深井激发；在砾石区，使用砾石钻组合激发。通过系统的激发试验与分析，结合详细的表层调查资料，分区分片逐点确定激发方式和激发因素，并保障不同激发方式的科学衔接。

2. 针对性处理技术

1）山地三维静校正

首先，应用野外静校正量，使长波长静校正问题得到较好的解决；其次，在室内处理中，通过与野外静校正研究人员的结合，建立全区的三维表层模型，解决主测线与联络测线的静校正闭合问题；第三，采用不同的剩余静校正参数，解决山体、冲沟等地表一致性剩余静校正问题；第四，速度分析与静校正的多次迭代，最终使静校正问题得到了比较好的解决。图 9－2 是野外静校正前后初至对比图和三维自动剩余静校正前后叠偏剖面。

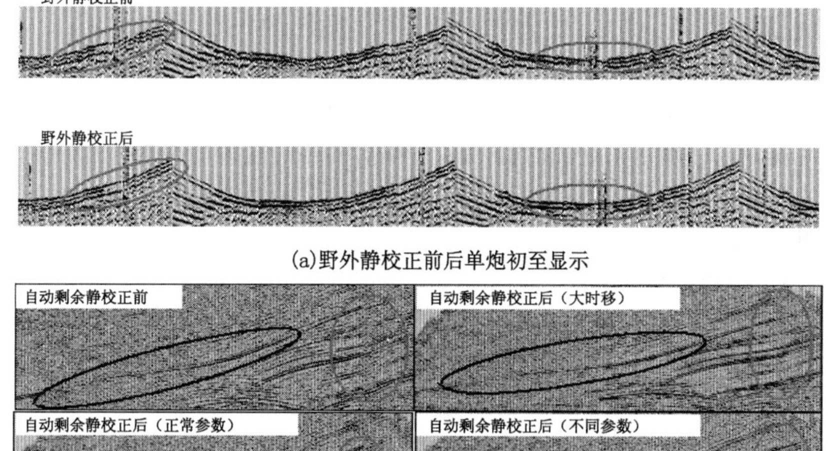

(a)野外静校正前后单炮初至显示

(b)三维自动静校正前后叠偏面

图 9－2　野外静校正和三维自动剩余静校正前后对比图

2）以叠前为主的分步去噪技术

采用预滤波和区域滤波技术压制面波干扰，采用模型减去法压制线性干扰，采用异常振幅处理技术压制野值随机干扰，叠后采用三维随机噪声衰减法对随机干扰进行压制。通过分步综合去噪后，单炮记录品质得到显著提高。

3）子波一致性处理

针对该区地震子波一致性差、地震波能量横向差别较大的特点，在处理过程中应用地

表一致性处理技术消除子波波形的差异、对地震波进行了地表一致性能量补偿，使子波一致性得到改善，地震波能量得到均衡。

4）精细速度分析

处理与解释人员结合，分析各种速度资料，了解工区速度的变化规律，综合判断速度曲线的真实走向，保证主要目的层及构造主体的叠加成像。参照初叠剖面，分析相邻速度谱的速度变化规律，剔除异常速度谱。充分考虑上第三系大套膏泥岩造成的速度反转，进行精细速度拾取。在信噪比较低区域，常速扫描与变速扫描、主测线与联络测线方向相结合，综合确定叠加速度场。

5）三维 DMO

应用三维 DMO，可以消除倾角的影响，使不同倾角的同相轴都能较好地叠加成像。同时，DMO 处理将非零炮检距地震资料转换成零炮检距资料，为叠后偏移奠定基础。

6）三维偏移处理

综合多种信息，建立偏移速度场。借鉴克拉 2 及其他山地三维数据处理的经验，进行多轮次偏移方法试验，在此基础上，优选使用一步法 STOLT 偏移加两步法剩余差分偏移。

3. 三维解释技术

1）地震地质综合层位标定

仔细分析各主要目的层段的岩电特性及层速度特征，建立各反射界面的反射系数系列。对声波测井曲线进行环境校正，分析地震资料主要目的层的主频及相位特征，利用理论子波制作合成地震记录，确定大约的时深关系。在主要目的层段较大时窗范围内利用井旁地震道与声波测井曲线提取子波，制作最终的合成记录。利用各井人工合成地震记录、岩性剖面等资料对过井地震剖面进行综合标定。

2）冲断构造解释建模

以现代构造理论为指导，结合浅中深多层位解释、露头资料综合分析和倾角测井资料，划分构造层及其分界面，经过迭代，建立了迪那 2 号构造区冲断构造模型，奠定了解释制图的基础。

3）全三维解释技术

充分利用三维数据，采用放大比例、任意线结合时间切片的解释方法，并在局部资料较好的地方采用连片自动追踪，确保小幅度、小面积的构造和发育规模较小的断层不被漏掉。任意线与时间切片的结合，能连续反映构造形态变化及构造幅度的大小，以确保层位解释的正确性。

4）相干体处理与解释

采用迭代处理与迭代解释的方法，不断完善、修正解释方案，使相干处理始终贯穿于资料解释的过程中，确保断层的合理解释，快速建立断裂系统空间展布。

5）地震多信息分析

以钻井对地震属性的标定为出发点，通过对振幅、频率、波形、相位等地震属性的综合分析，为储层预测及油藏描述提供参考依据。

6）测井约束地震反演

发挥地震资料横向采样密度高、测井资料纵向采样密度高的优点，通过测井资料对地震响应的约束，研究储层的平面分布及变化。地震反演的波阻抗属性可较好地反映储层的横向变化，对比两种不同的反演方法，选用效果相对较好的JASON反演。

7）VP3变速成图技术

VP3是基于三维射线追踪归位的变速成图软件。应用中，选取7个控制层，建立目标区精细三维速度场，对目的层进行三维射线偏移归位，完成各主要目的层的变速构造图，提高了构造成图的质量与精度。

四、勘探效果

1. 获得了品质优良的三维地震资料

通过地震数据采集、处理和解释人员的一体化研究，尤其是处理—解释“一体化”迭代，迪那2气田三维地震勘探获得了品质优良的三维数据体。三维地震剖面信噪比、分辨率比二维剖面明显提高（图9-3）。在迪那2气田构造主体部位和东部的迪那1构造部位，主要目的层T6、T8反射层同相轴连续性好，断点清晰可靠，波组特征明显，在成图范围内一级品率达到85%以上，在圈闭范围内一级品率为100%。三维时间切片可以清楚地展示构造的形态（图9-4），相干数据体切片对断层的响应明显，使解释人员可以采用多种方法对资料进行精细的解释，落实构造的形态以及研究储层的变化规律。

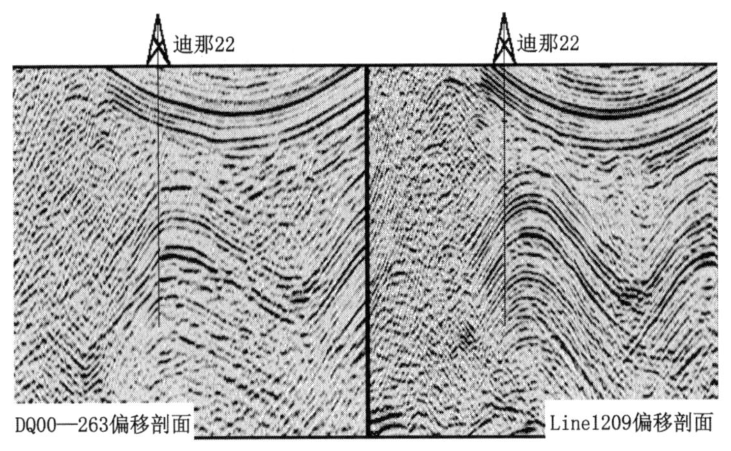

图9-3　DQ00—263二维剖面与三维Line1209剖面效果对比

2. 落实了迪那1和迪那2含气圈闭，发现新的构造显示

通过构造精细解释及速度场的精细研究，落实了迪那1、迪那2两个背斜构造，新发现迪那4和亚克西构造。其中，迪那1、迪那2是两个钻探已证实的含气构造，前者为穹隆状背斜，上第三系膏泥岩底，下第三系顶、底均有圈闭，最大圈闭面积35.1km^2；后者是一近东西展布的长轴背斜，从下第三系顶面到白垩系顶面均有背斜圈闭，面积在78～85.5km^{2}之间。

3. 为计算探明、控制储量提供了重要参考依据

地震预测结果表明，迪那1气田地层厚度与有效储层厚度分布规律为构造主体部位及

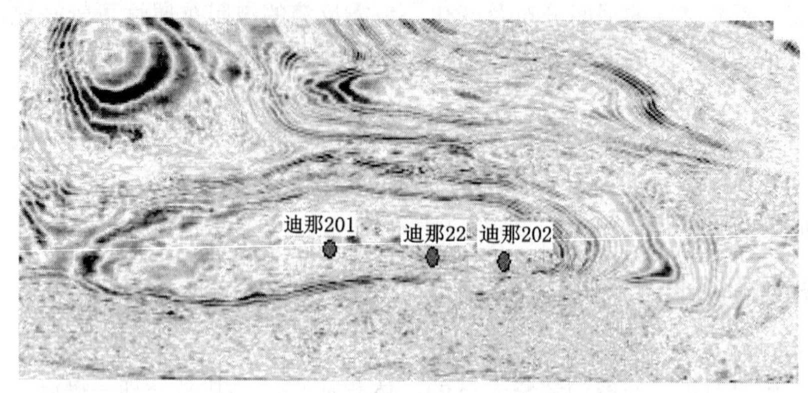

图9-4 迪那2号构造时间切片

东部薄，构造南北两翼厚，物性为构造轴部较好，南北两翼相对较差。迪那2气田各岩性段厚度和储层有效厚度分布稳定，除下第三系苏维依组第一岩性段为构造主体部位厚、东西薄外，其他各岩性段厚度整体表现为西北厚、东南薄。迪那2气田下第三系苏维依组第一岩性段有效孔隙度、渗透率范围分别为9.2%～11.6%，0.3～0.9mD，为中孔特低渗；下第三系苏维依组第二岩性段有效孔隙度、渗透率范围分别为8.0%～11.2%，0.24～0.40mD为中孔特低渗；第三系苏维依组第三岩性段孔隙度、渗透率范围分别为8.8%～12.2%，0.4～1.6mD，为中孔低渗；下第三系库姆格列木群第二岩性段孔隙度、渗透率范围分别为6.0%～8.4%，0.1～0.48mD，为中孔特低渗。储层预测成果，为搞清迪那1、迪那2构造主要产层段储层的横向变化规律，上交迪那1凝析气田控制储量和迪那2气田东高点探明储量及西高点控制储量提供了可靠的基础资料。

4. 迪那2成为库车前陆冲断带第二大天然气田

根据三维地震资料解释成果及储层预测结果，结合地质、测井资料，配合塔里木油田分公司，计算了迪那1气田控制储量，迪那2气田东高点探明储量，迪那2气田西高点控制储量。包含迪那2、迪那1在内的迪那2气田，天然气探明加控制储量$1492\times10^8m^3$、凝析油探明加控制储量$1038\times10^8m^3$，是库车前陆冲断带第二大天然气田，也是我国为数不多的单个储量超过千亿方大型天然气田之一。迪那2气田的发现与探明，进一步加强了西气东输的天然气储量基础。迪那2气田三维地震的成功实施，标志着复杂山地三维地震技术又向前迈出了坚实的一步！

第二节 塔里木盆地塔中30井大沙漠区三维地震勘探

塔里木盆地塔中30井三维地震工区地处塔克拉玛干大沙漠腹地塔中30井至31井之间，地理位置上隶属于新疆维吾尔自治区且末县。区内松散沙层厚度变化大，最薄处只有几米，最厚处超过70m，长期受定向风力作用，沙丘走向性较强。地表起伏剧烈，相对高差达到120m。

该区区域构造位于塔里木盆地中央隆起塔中低凸起塔中I号坡折带中段。塔中低凸起是早加里东期开始发育的继承性古隆起，早海西运动期间基本定型，晚海西期在下古生界背景上形成了成排分布的以背斜圈闭为主的各类圈闭。凸起轴部的构造类型：下古生界为潜山，上古生界为断垒披覆背斜及断背斜组成的复合型构造，发育的断裂主要为塔中Ⅰ号坡折及其伴生断裂。研究表明，塔里木盆地塔中低凸起石油地质条件优越，具有勘探范围广，勘探层系多的特点，尤其是奥陶系碳酸盐岩和志留系沥青砂岩勘探潜力巨大。

为了进一步加快塔中地区深层地震勘探步伐，2003 年塔里木油田分公司在塔中 30 井区部署了 400km^2的三维地震，期望利用高品质的三维地震资料进行奥陶系碳酸盐岩储层预测，同时落实该区志留系沥青砂岩顶面构造形态，寻找志留系地层圈闭。

一、勘探难点

受盆地腹部大沙漠区复杂的表层及深层地震地质条件的影响，塔中 30 井区三维地震勘探项目面临着诸多的技术难题，概括为以下 5 个方面。

1. 接收问题

地表为剧烈起伏的沙丘，沙丘厚度一般为 3～80m，高大疏松的沙丘导致地震波吸收衰减严重。

2. 静校正精度问题

以提高分辨率为主要目的二次三维地震采集、深层低幅度圈闭目标落实和碳酸盐岩储层预测对静校正精度要求很高，由于沙丘的速度较低，如果表层结构调查不准、静校正精度不高，将直接影响地质任务的完成。

3. 地表一致性问题

剧烈起伏的地表，致使地表一致性问题比较严重，如不能有效解决，将对储层横向预测带来不利的影响。

4. 三维地震“脚印”问题

受复杂沙漠地表和三维勘探技术的限制，沙漠区三维地震“脚印”问题普遍存在。从采集入手，最大限度地削弱三维地震“脚印”，对于提高三维地震属性分析与储层预测的可靠性及精度至关重要。

5. 深层及潜山内幕信噪比问题

东河砂岩埋藏深（3800～5500m）、圈闭幅度低（小于 30m）、储薄层（10～30m），其顶部的石炭系双峰灰岩、生屑灰岩为强反射，影响石炭系底部及志留系和奥陶系、寒武系等深部反射的信噪比和分辨率；志留系内部有多套油气组合，但由于其与上、下层之间的波阻抗界面不明显，反射信号弱，为一套典型的弱反射、低信噪比勘探层系；主要目的层奥陶系碳酸盐岩古潜山顶面波阻抗界面不稳定，孔洞—裂缝型储层严重非均质性，导致潜山顶面形态准确成像难、内幕资料信噪比低。

二、主要技术应用

针对大沙漠区地表特征和勘探目标的特点，开展针对性的地震技术研究，在塔中 30 井大沙漠区三维地震采集实践中取得了显著效果。

1. 削弱采集“脚印”的三维观测系统设计技术

按产生机理，采集“脚印”可以分为三类：一是与观测系统参数有关的采集“脚印”；

二是与地形、地貌特征有关的采集“脚印”；三是激发、接收方式差异产生的采集“脚印”（如井炮与可控震源联合施工等）。

与观测系统参数有关的采集“脚印”主要与炮检距、方位角分布均匀程度有关。常规线束状观测系统中的炮线、接收线周期性滚动，引起炮检距、方位角等属性周期性变化（图9－5），形成采集“脚印”。由图9－5可见，线束状观测系统的炮检距呈条带状周期性分布，并且同一面元内的炮检距分布呈“分段集中”状态，特别是中远炮检距。

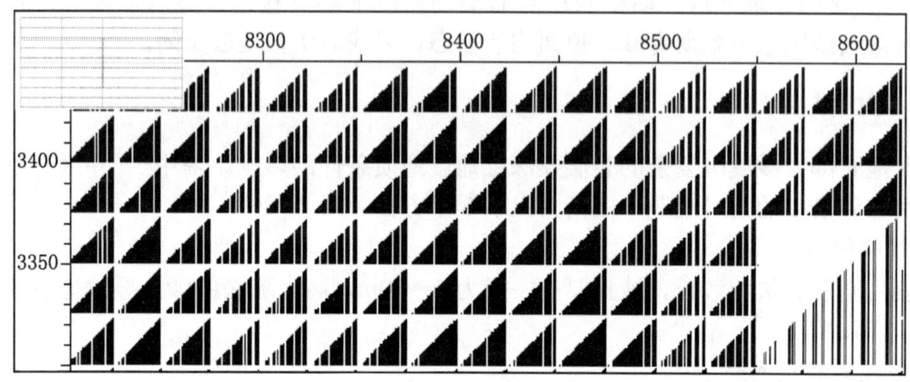

图9－5　10线30炮216道正交观测系统炮检距分布图

影响炮检距分布的主要因素是覆盖次数，很显然，覆盖次数越高，炮检距分布越均匀，其次是炮检点相对位置关系。在覆盖次数一定的条件下，改善炮检点位置关系，是改善炮检距分布最有效的方法之一。通过大量的观测系统类型及参数对比，在塔中30井区三维地震勘探中，设计并采用了非正交观测系统，该类观测系统使炮检距分布均匀（图9－6），削弱了设计中的三维“脚印”问题，同一面元内不同炮检距均匀分布。非常有利于开展储层横向预测研究。

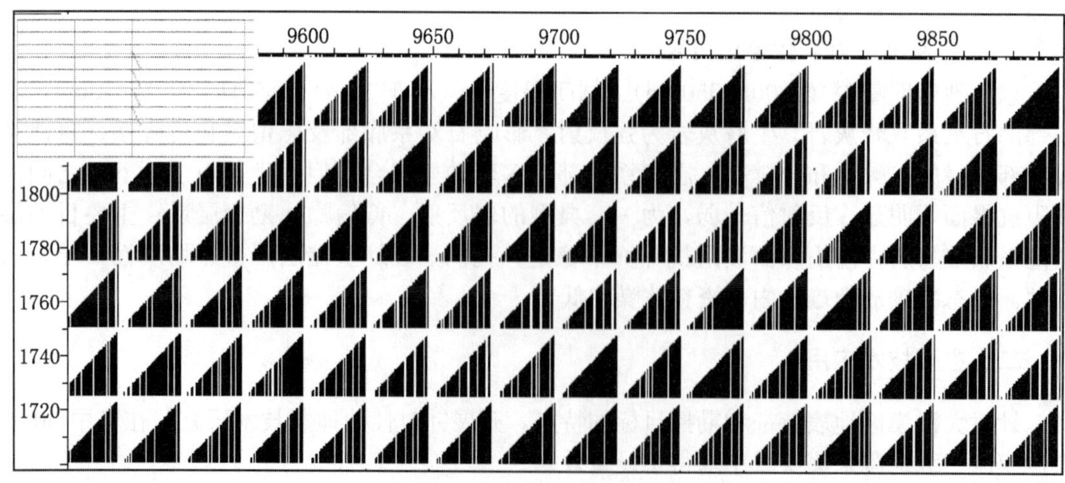

图9－6　12线36炮216道非正交观测系统炮检距分布图

塔中大沙漠区起伏剧烈的条带状沙丘地表，导致接收条件不一致，引起地震资料振幅、信噪比等属性发生变化，形成采集“脚印”（图9-7）。针对塔中大沙漠区的地表条件，减弱采集“脚印”的有效方法是垂直沙丘走向观测，这样可以避免接收条件较差的地段集中分布在某一线束，增加同一面元内地表因素的平均统计效应，从而降低采集“脚印”的影响程度。但如果垂直沙丘走向观测，则观测方向与塔中Ⅰ号坡折带构造走向相同不利于精确成像。针对上述问题，观测方向仍采用沿沙丘走向观测，同时采用较宽的方位角和较高的横向覆盖次数，从而削弱因地貌特征引起的采集“脚印”影响。

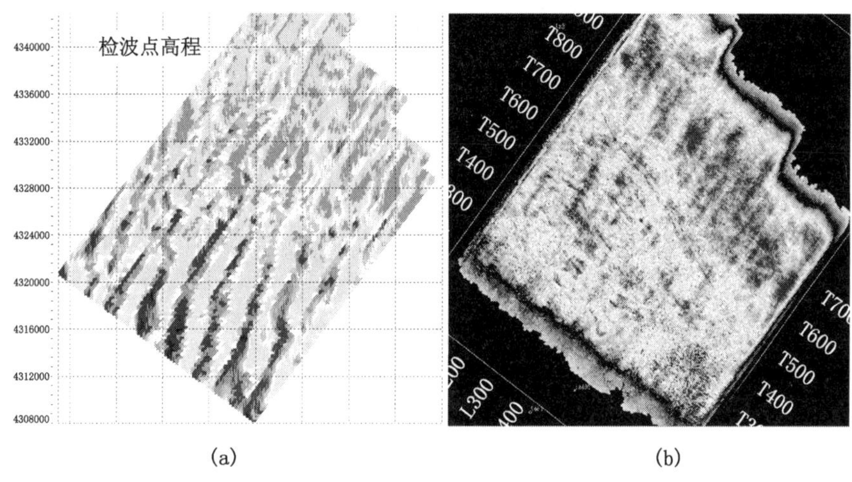

图9-7　塔中16井区地表高程（a）和Tg2″反射层位振幅平面图（b）

2. 加强沙丘的吸收衰减特征研究，进一步改善接收条件

1）沙丘对地震波吸收衰减规律研究

通过采用“蜂窝状”微测井方法对沙丘的吸收衰减规律进行了精细的调查。分析结果表明，地震波在沙丘中的吸收衰减与沙丘速度密切相关，在潜水面以下衰减较慢，在沙丘中衰减较快，尤其是在近地表速度较低的沙层内能量衰减最快，占整个沙丘吸收衰减的一半以上。

2）沙丘表面不同压实程度对接收效果的影响

通过对沙丘迎风面、背风面的接收效果对比试验，认识到沙丘的迎风面和背风面接收效果基本相当。因此，在保证检波器埋置良好的条件下，沙丘表面的压实程度对接收效果影响较小。

3）检波器埋深对比

将检波器深埋10m（仍在潜水面以上）面积组合接收，与地表接收相比，单炮记录品质差别不大。

将单个水下检波器（与常规检波器型号相同）埋置到潜水面以下0.5m处接收，由于单个检波器接收无组合效应，采集到的记录品质低于地表组合接收效果。把5个水下检波器埋置到潜水面以下0.5m处面积组合接收，采集到的记录品质与地表组合接收效果基本相当。因此，即便在潜水面以下接收，也需要足够的组合个数，否则，无法达到预期效果。

4）沙丘厚度对地震记录的影响调查

通过抽道方式调查了不同沙丘厚度对地震记录的影响，经分析对比，厚度小于10m左右的沙丘对资料品质影响较小，厚度10～50m的沙丘对资料品质有一定影响，厚度大于50m的沙丘影响较大（图9－8）。

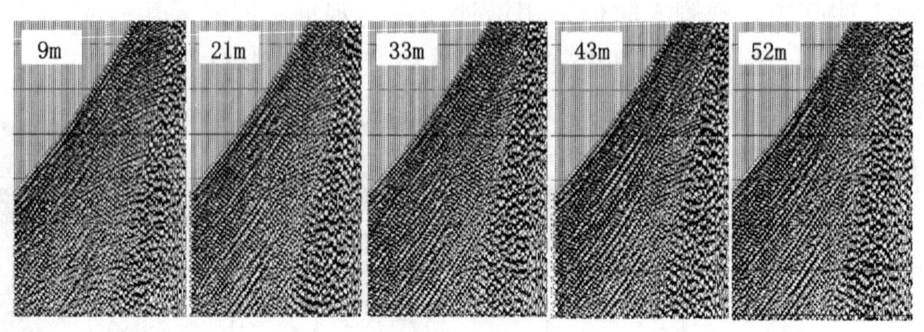

图9－8　不同沙丘厚度接收的抽道记录

上述试验表明，沙丘厚度是影响地震波接收效果的主要因素。目前，在地表进行面积组合接收仍是经济适用的方法。为减少沙丘的影响，采取的改善接收条件的主要措施是检波点“避高就低”，尽量将检波点布设在沙层厚度较薄的地段，该方法在提高资料信噪比方面取得了很好的效果。但大量的检波点长距离偏移，影响覆盖次数、炮检距和方位角的均匀分布，产生新的采集“脚印”，不利于储层横向预测。为此，在大沙漠区三维地震采集时，对沙丘厚度大于50m的接收点在1个道距范围内适当偏移，这样既保证覆盖次数和炮检距分布产生不利影响，同时又改善了接收效果。

3. 针对勘探目标的激发技术

在塔里木大沙漠区勘探历程中，钻井深度由早期的4m、8m到部分潜水面以下深井激发，通过钻井设备的研制与改进和钻井工艺水平的提高，并结合选点、高大沙丘区炮点转移等措施的实施，2001年在大沙漠区实现了100％潜水面以下激发，显著提高了大沙漠区地震资料品质。

对于潜水面以下激发深度的确定，不同的施工单位存在不同的看法（邹才能，张颖等，2002）。为确定适宜的激发井深、药量，进行了大量的激发因素试验，通过分析对比，对激发参数应进行3个方面的优化：

（1）潜水面以下3～7m激发。

（2）为避免产生虚反射，在潜水面埋深较浅的地区，采用潜水面以下多井、小药量、小基距组合激发。

（3）在保证信噪比的前提下，采用适中的激发药量。

另外，非正交观测系统采用的是1炮1个排列片，与常规束状观测系统相比，覆盖次数、炮检距和方位角分布对任何1个炮检点变化都非常灵敏。为保证设计思想得到落实，在野外实施时，增加深井钻井能力，减少或避免恢复性炮点，从而降低或避免了因炮点恢复对覆盖次数、炮检距和方位角分布的影响。

4. 精细表层结构调查技术

野外表层调查在低洼地以小折射调查为主；在低降速带厚度较厚的地区（表层厚度大于10m），采用微测井进行补充，并辅以潜水面调查，提高了表层建模精度。通过上述方法的实施，为准确控制潜水面的高程分布，掌握沙丘厚度的变化规律，计算高精度的静校正量提供了准确的基础数据。

三、勘探效果

通过塔中30井大沙漠区三维勘探项目的实施，使该区三维地震资料品质在信噪比和分辨率方面较以往三维资料有了显著提高，主要表现在3个方面。

1. 单炮记录品质显著提高

采用潜水面以下激发并通过对激发参数的进一步优化，使单炮记录品质显著提高。

2. 剖面整体面貌改善明显

新一轮三维地震剖面中，石炭系东河砂岩低幅度构造形态更加清晰；志留系弱反射层信噪比明显提高，同相轴连续性增强，尖灭点清晰可靠；勘探目的层Tg5′构造形态更加清晰、自然；塔中Ⅰ号坡折带的断点更为清晰；基底反射层信噪比进一步提高。

3. 潜山面构造形态更易于刻画，潜山面附近信息更加丰富

新采集的三维地震剖面中潜山面构造形态和塔中Ⅰ号坡折带更易于精细刻画，潜山面附近包含的信息更加丰富，特别是经过观测系统优化后的塔中30井区比塔中16井区三维资料品质进一步提高，奥陶系内幕及白云岩反射更加清晰（图9－9）。

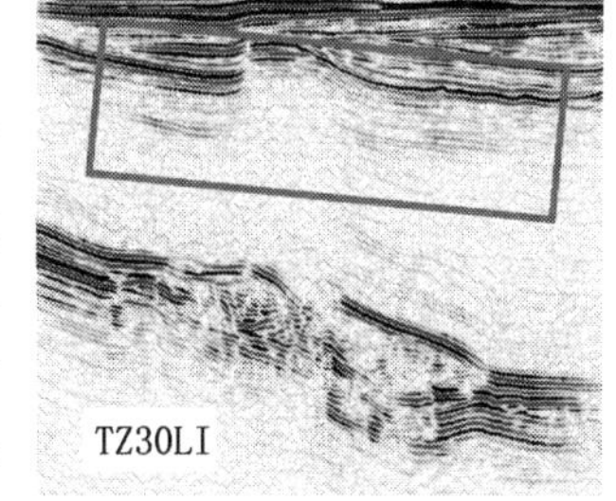

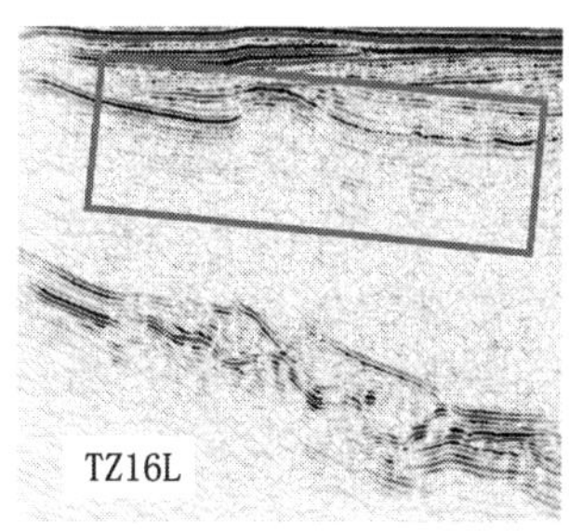

图9－9　塔中30与塔中16井三维剖面对比

塔中30井高精度三维地震资料品质的提高，为进一步研究石炭系和志留系低幅度圈闭、预测奥陶系碳酸盐岩潜山储层和了解奥陶－寒武系内幕构造奠定了坚实的资料基础，必将促进该区多目的层油气勘探的不断深入。

第三节　鄂尔多斯盆地子洲—清涧黄土塬区多线地震勘探技术

子洲—清涧黄土塬区位于陕西北部，区域构造处于陕北斜坡中东部。子洲—清涧黄土塬区在20世纪90年代主要以沟中地震弯线勘探为主，受地形地貌的影响，弯线测网密度稀疏，对目的层山$_2^3$砂体展布特征的刻画不能满足油气勘探的需要。

2000年以来，随着黄土塬地震勘探采集技术的进步，黄土塬直测线多线接收采集技术逐渐成熟，使子洲—清涧黄土塬区开展大规模直测线地震采集成为可能。2003年、2004年在该工区部署地震直测线测网密度达到2km×4km，新的地震资料更准确地刻画了山$_2^3$砂体的展布特征，从而提高了含油气预测的精度。

一、表层、深层地震地质条件

1. 表层地震地质条件

子洲—清涧地区地表以沟壑纵横的黄土山地为主（图 9－10），地表的剧烈起伏不仅造成严重的静校正问题而且使散射干扰非常发育（图 9－11）；黄土厚度变化在 50～200m 之间，疏松、干燥的黄土对地震高频有效信息吸收、衰减严重；黄土直接覆盖在中生界三叠系顶部砂岩、侏罗系底部砂岩之上，二者之间形成强的波阻抗界面，影响有效信息的传播。

图 9－10　工区典型地貌

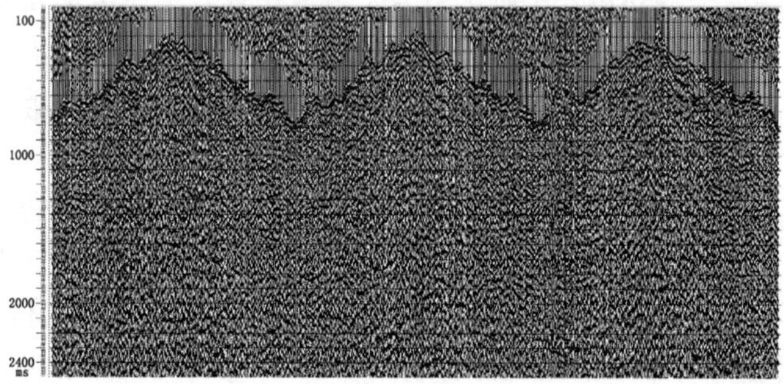

图 9－11　原始单炮

2. 深层地震地质条件

主要目的层山$_2^3$砂体在工区呈平缓展布，埋深在 1500m 以内。山$_2^3$砂体厚度一般小于 20m，当地层层速度为 4000m/s 时，要分辨 20m 的砂体，地震资料主频应达到 50Hz，为查清厚度不足 20m 的山$_2^3$砂体，需要保护的主频应高于 50Hz。

二、表层结构调查与激发因素选择

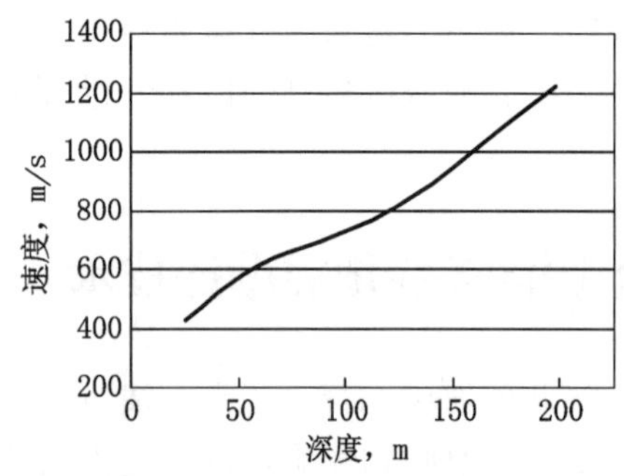

图 9－12　黄土速度—深度曲线

1. 表层结构调查

调查表层结构有两个目的，一是准确建立表层速度、厚度数据库，以提高静校正精度；二是选择最佳激发岩性，优化激发参数。一般情况下，黄土是一种连续介质，速度随埋深的增加而呈线性增加趋势（图 9－12），子洲—清涧地区黄土层同样具有这一特性。

在子洲—清涧地区部署一定的微测井，利用微测井数据、连续介质速度—埋深关系，结合地震初至反演数据就可以准确建立表层速度、厚度数据库。

2003 年和 2004 年在子洲—清涧等地区开展了近地表黄土含水性、黄土成因的调查，发现黄土具有层状结构：黄土、夹钙质结核的“胶泥”。这种层状结构在纵向（垂向）上具有类似沉积旋回的特征，与野外表层岩性调查情况吻合。近地表层状黄土的含水性较特殊表现为三类，即：随埋深增加含水逐渐增加的黄土、富含水且夹钙质结核的胶泥、含水性差的黄土，这与黄土随着埋深的增加其含水性也增加的简单认识不一致。

2. 激发因素选择

激发岩性对于采集资料的品质有很大影响，一般来说，选择在含水丰富的或层速度高的地层中激发效果较好。在子洲—清涧地区速度随着黄土埋深的增加而线性增加，速度的增加与含水性、黄土成层性无关，与压实作用有关。在现有钻井能力下（最深 30m 左右），选择较高速度的地层激发（加大激发井深不考虑表层含水层状结构）或选择含水“胶泥”激发，经试验二者区别不大。理论上，含水“胶泥”更有利于激发弹性波。单一考虑加大井深可能会打穿含水“胶泥层”，在相对高速但比较干燥的黄土中激发，不利于激发弹性波；另一方面，打穿“胶泥层”在干噪黄土中激发会明显提高采集成本，是不可取的。根据层状黄土理论，含水“胶泥”层是普遍存在的，且与地形关系不大（垮塌黄土除外）。在子洲—清涧地区施工中采用了逐炮点提前钻 1 口井调查含水“胶泥”层深度的方法实现逐点井深设计。

黄土中激发存在的困难是使能量有效下传的问题，多井组合单井小药量激发是保证能量有效下传的有效手段。其中井数的选择要根据黄土厚度而定，一般来说，海拔越高、黄土越厚，增加组合井数才有效果。

多井组合单井小药量、选择有利于激发弹性波的含水“胶泥”层激发在一定程度上保证了能量有效下传，也在一定程度上提高了高频有效信息的激发能量。

三、多线观测系统

子洲—清涧地区地形起伏剧烈、沟壑纵横交错。散射干扰非常发育，原始资料信噪比极低，有效压制干扰、提高资料信噪比成为黄土塬山地区地震勘探最重要的问题之一。

散射干扰是一种次生干扰，可以分为源致散射干扰、反射波致散射干扰。假定散射干扰源数量有限，则对于常规二维地震采集而言，散射干扰在剖面中具有相干性，降低剖面的信噪比，以往单炮及剖面证明，子洲—清涧地区属于这种情况。在实际勘探中，采用了多线观测系统的采集方法，解决了此问题。多线观测系统具有以下优势。

1. 破坏散射干扰的相干性，提高资料信噪比

多线观测系统资料在做 CMP 面元叠加时，利用地震波在传播方向与路径上的差异性破坏了散射干扰的相干性，提高了叠加资料的信噪比，普通二维观测系统 CMP 叠加则无法达到这样效果。

2. 减少黄土塬陡坡、陡坎以及悬崖等地形对资料的影响

黄土塬陡坡、陡坎以及悬崖等地形对普通二维观测系统采集的资料影响很大，不仅减少局部覆盖次数降低信噪比，而且导致部分反射空白段。在做资料反演时出现采集“脚印”，降低油气预测的精度。多线观测系统采用多线接收与激发，可在黄土塬陡坡、陡坎以及悬崖等特殊地形地段降低空点率、弥补普通二维观测系统采样点不足的缺点，获得比较均匀的覆盖次数，削弱特殊地形对资料的不良影响。

图 9－13 是相邻测线相同覆盖次数普通二维观测系统与多线观测系统采集的对比剖面，

多线采集资料信噪比明显高于普通二维采集资料。多线观测系统也有局限性，在相同道距、相同覆盖次数、相同排列长度条件下，普通二维观测系统 CMP 道集炮检距均匀线性递增，有利于速度分析、有利于实现高精度静校正；多线观测系统 CMP 面元炮检距具有跳跃递增特性，分布不均匀，增加了速度分析的难度、增加了利用初至实现高精度静校正计算的难度。子洲—清涧地区反射目的层近水平发育，与地震基础理论中的假设前提条件非常吻合，尽管多线观测系统 CMP 面元炮检距具有跳跃递增特性，但是近水平发育的地层在很大程度上降低了速度分析的难度，弥补了炮检距跳跃性引起的速度分析问题。黄土层的速度随着埋深的增加呈线性增加趋势，具有典型的连续介质的特征，炮检距跳跃性引起的静校正问题不严重。

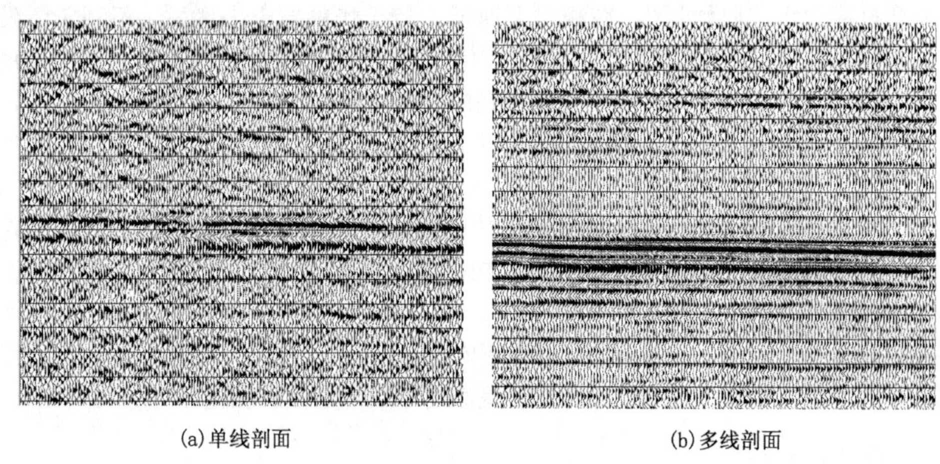

(a)单线剖面　　(b)多线剖面

图 9-13　不同观测系统采集的剖面对比
两条剖面覆盖次数相同

多线观测系统的道距、线距、排列长度、覆盖次数等参数的论证与常规二维观测系统的论证方法相同。

四、特色处理与解释技术

1. 黄土塬多域多次迭代高精度静校正方法

在子洲—清涧黄土塬山地区，同样可以把静校正问题分为长波长与短波长静校正问题。由于黄土具有连续介质的特性，因此，可以利用微测井数据约束黄土速度—埋深曲线，从而建立表层结构数据库，计算大静校正量解决长波长静校正问题。此后，可以假设地震记录中大的近地表静校正量已消除，那么来自同一折射层的折射波初至，它们在共炮点域、共检波点域、共中心点域和共偏移距域所对应的初至时距曲线是平直且相互平行的。基于此，在 4 个域中进行线性拟合，多次迭代，求得炮点和检波点的静校正量，从而解决短波长静校正问题。后一种解决短波长静校正问题的方法称为多域多次迭代静校正方法。实践证明，多域多次迭代静校正方法在子洲—清涧黄土塬山地区取得了良好的效果（图 9-14）。

2. 共反射面元选排与面元均化技术

黄土塬多线观测系统共反射面元选排是弯线处理技术的扩展，地下反射点分布基本规

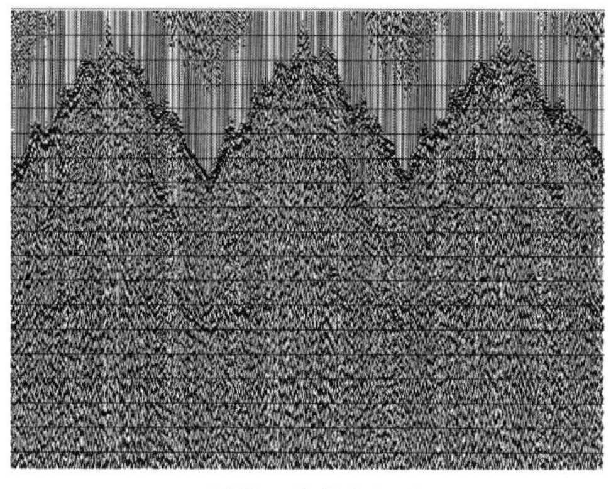

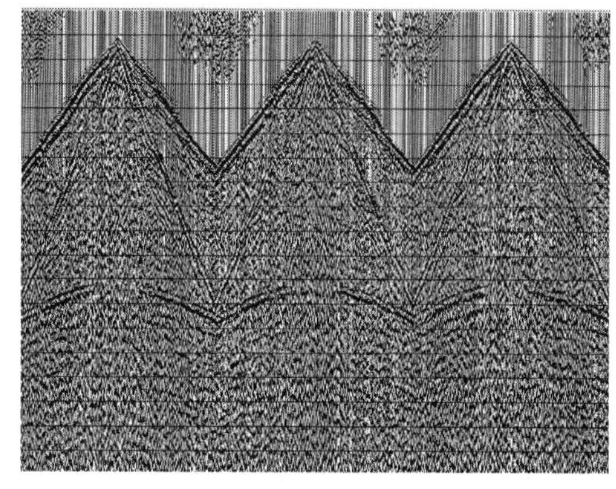

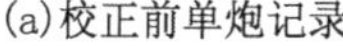

(a)校正前单炮记录　　　(b)多域多次迭代静校正后单炮记录

图 9－14　多域多次迭代静校正效果对比

（a）校正前单炮记录；（b）多域多次迭代替静校正后单炮记录

则、均匀。面元选排中采用面元优化方法将面元向边界移动，以保证最大覆盖次数。共反射面元选排与面元均化是解决不等覆盖次数和不均匀炮检距、实现有效叠加最重要的措施，是多线观测系统采集数据处理的特色方法之一。

3. 高保真数据处理技术

子洲—清涧地区属于岩性油气勘探领域。数据保真处理是保证储层物性研究精度的前提，保真处理来源于已知井信息控制下的地震信息。在子洲—清涧地区地震数据处理中为了达到高保真、高分辨率、高信噪比的要求，一开始就用已知井资料通过合成记录等手段对数据处理的每一个步骤进行监控。

4. 储层横向预测技术

子洲—清涧地区主力储层山$_{2}^{3}$砂体具有厚度小、横向变化大的特点，使用二维地震数据在已知井分布极不均匀的条件下进行储层厚度预测的具体思路是：定性—半定量—定量。主要预测技术包括波形特征分析技术、地震反演技术。

波形特征分析技术是鄂尔多斯盆地特色解释技术，该技术应用的前提条件是必须具有在反射系数序列控制下处理的高保真、高信噪比、高分辨率的地震剖面。由地震波形成的机理可知：地震波的波形是地层埋深、产状、厚度、岩性、物性以及含流体等性质的综合表征。显然，波形特征纵、横向上的变化，反映了地层上述性质纵、横向上的改变。通过视觉可以分辨的波形差异有：相位振幅、强弱关系、波形的宽度以及干涉等。因此，依据这些差异，从已知测井资料出发，可对目的层段的波形进行分类，进而做出宏观定性的预测。定性预测的结果结合其他反演手段实现了对子洲—清涧地区主力储层山$_{2}^{3}$砂体的预测。

五、成果与认识

1. 成果

（1）剖面主要目的层视主频达到 50Hz，基本能满足储层横向预测要求。

（2）依据资料重新编绘了山 2 砂体厚度图，对砂体横向变化特征取得了一个新的认识。

（3）重塑了奥陶纪沟槽、潜台等古地貌，为准确确定钻探井位提供了依据。

2. 认识

（1）巨厚黄土具有岩性成层性，含水性较大的“胶泥层”普遍存在。

（2）黄土的含水性与黄土的层状结构有关，与埋深无必然联系。

（3）黄土是一种连续介质，其速度随埋深加大而线性增加，速度与压实作用关系密切，与黄土层状结构、含水性没有必然联系。连续介质模型可以简化表层结构，有利于高精度静校正的实现。

（4）多井组合、单井小药量、选择含水性较大的“胶泥层”激发是提高黄土塬地震勘探分辨率的最佳激发方式。

（5）在目的层近水平发育的前提下，对于复杂黄土地貌区，多线观测系统是较少损失分辨率并显著提高信噪比的一种经济有效的观测方式。

（6）多域多次迭代静校正技术、多线处理技术以及波形特征分析等技术是黄土塬开展岩性地震勘探的必不可少的地震数据处理、解释技术。

第四节　塔里木盆地轮南奥陶系潜山储层地震解释与预测

轮南古潜山位于塔里木盆地塔北隆起中部的轮南低凸起，是一个古生界残余古隆起，潜山地层为中下奥陶统碳酸盐岩，上覆地层主要为石炭系泥岩、局部高部位为三叠系砂泥岩。潜山整体表现为面积约 2400km^2 的大型背斜，其上发育轮南、桑塔木两个断垒带，以及北部、中部、南部和西部等 4 个斜坡（图 9－15）。

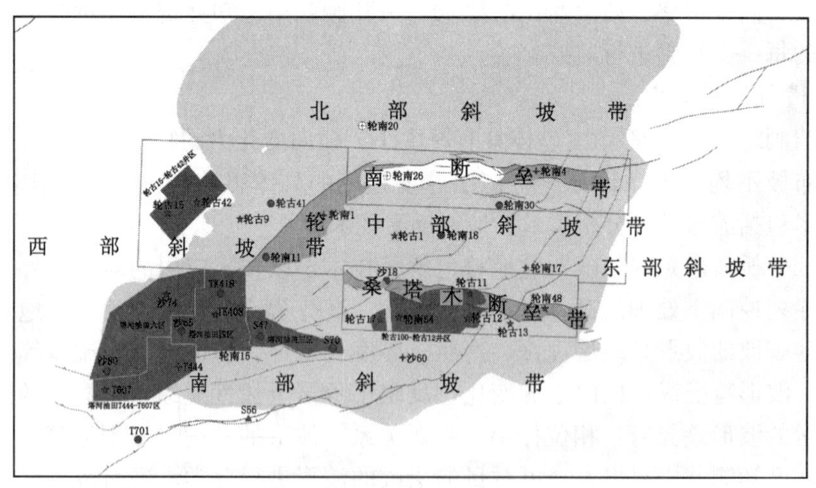

图 9－15　轮南潜山构造纲要图

1986 年二维地震发现轮南潜山，1988 年获得高产油气，其后的 10 年间进行了大规模的二维、三维地震勘探和钻探工作，到 1998 年共钻井 52 口，由于储层结构复杂，储层基质孔隙度平均小于 2%，储集空间主要为溶蚀缝洞，非均质性极强，且埋藏深（5100～5800m 以下）等特点，钻探成功率不足 20%，严重制约了油气勘探开发进程。1999 年至

2003 年通过高分辨率三维地震数据采集—处理—解释一体化攻关，特别是针对奥陶系碳酸盐岩储层的地震资料解释与预测技术研究，取得了新的突破，共钻井 29 口，钻探成功率达 90%以上，建立了 3 个高产井组，使得轮南奥陶系古潜山成为塔里木盆地油气增储上产最重要的区域（王鹏，刘兴晓，2003）。

一、三维地震数据采集与处理

1. 地震数据采集

轮南地区地表平缓，为干松土及硬土层所覆盖。具有低速和高速两层结构：低速层速度在 350～500m/s 之间；高速层速度在 1600～1800m/s 之间。目的层及下古生界地层倾角为 2°～3°，上覆中新生界地层平缓。地震勘探的主要难题是奥陶系潜山埋藏深，高频信号衰减严重；潜山顶面为典型的喀斯特地貌，起伏剧烈，绕射波强、速度横向变化大、分辨目标小，精细成像困难（贾振远，2001）。

在三维地震勘探过程中，采用了采集—处理—解释一体化的勘探模式。主要思路是：根据地质认识建立地质模型，针对地质模型设计采集参数，处理与解释人员参与采集过程，监控采集质量，采集处理措施结合压制干扰。处理与解释人员结合，在干扰波分析、提高速度分析精度、偏移速度场建立、偏移方法应用以及地震信息的过程解释等方面发挥重要作用，逐步提高资料品质。

三维地震数据采集时，充分考虑目的层埋深大、目标小的特点，在大量试验分析的基础上，确定针对性的措施，即：小面元、窄方位、小药量、宽频带的高分辨率三维地震采集方法。

2. 数据处理

紧紧围绕高保真、高分辨的要求，突出潜山顶面及内幕成像。

(1) 应用地表一致性处理与全三维处理技术，为储层预测奠定基础。

(2) 充分考虑深层反射的特点，体现迭代处理的思想，在确保信噪比的基础上，保护高频信息，逐步提高分辨率。

(3) 针对喀斯特地貌的复杂性和速度畸变特征，做好交互速度分析和偏移成像。

3. 资料品质分析

在轮南古潜山主体近 1200km^{2}的面积内，前后进行过两次三维地震勘探，1992 年全区进行了 25m×50m 面元的三维地震勘探。2000 年后，应用采集—处理—解释一体化的勘探模式，完成了三块面元为 20m×20m 的二次三维地震数据采集。与 1992 年施工的三维地震资料比，2000 年后的三维地震资料品质显著提高（图 9-16）。

(1) 新资料波组、波形活跃，信噪比明显提高。

(2) 目的层主频由 30Hz 提高到 45Hz，频宽达到 8～70Hz，潜山顶面反射信息明显，可横向分辨 60～80m 尺度的地质体。

(3) 新资料保真效果好，潜山内幕反射清晰、丰富，能够反映内幕岩溶孔洞发育的宏观规律。

二、潜山储层地震资料解释与预测

轮南奥陶系碳酸盐岩潜山经受过长期风化溶蚀，潜山岩溶地貌、内幕岩溶缝洞非常发

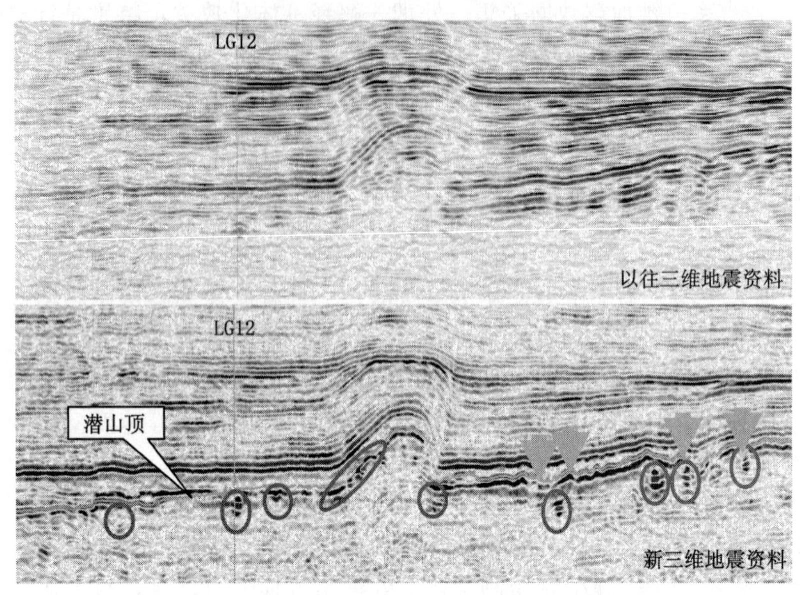

图 9-16 轮南古潜山三维地震剖面效果对比

育。地震资料解释中以描述碳酸盐岩非均质不规则油气藏为目标，侧重潜山顶面刻画、储层预测、综合评价 3 个环节。将现代岩溶学中描述和研究岩溶现象的方法和思路引入地震地质解释，以全三维可视化解释、地震信息分析等一系列方法和技术为手段，研究碳酸盐岩古岩溶，形成了包括潜山地貌成图、岩溶缝洞预测和储层综合评价的地震岩溶解释技术（冯许魁，刘兴晓，温声明，2002）。

1. 潜山地貌成图

潜山地貌成图技术是针对喀斯特地貌的特点而提出的一种成图方法。突破了构造描述的框架，在地震地质层位标定的基础上，以现代岩溶理论为指导，利用高分辨率三维地震资料反映出的侵蚀沟、地貌古梁、剥蚀残丘、落水洞等各种地表岩溶现象进行解释，应用下述 3 种图件在平面上精细刻画出喀斯特地貌特征。

（1）应用小间距、小网格半径生成不带断层的等值线形态图，描绘潜山地貌的起伏、埋深。

（2）层面可视化俯视图直观描述潜山地貌的相对高低与陡缓。

（3）相干数据体层切片描述潜山顶面断裂、侵蚀沟以及表层裂缝发育区等。

2. 岩溶储层描述及预测

碳酸盐岩岩溶内幕缝洞发育带的解释是描述岩溶系统的重点，也是预测岩溶型储层的关键。岩溶缝洞的地震响应标定（储层标定）是认识岩溶现象、开展岩溶解释及储层预测的基础。通过多信息交会分析和可视化信息解释，预测岩溶型储层的发育规律。

1）理论分析

钻井统计表明，轮南古潜山上覆石炭系地层层速度为 4400～4600m/s，奥陶系潜山、均质灰岩（厚度近 1000m）层速度为 5400～5800m/s，溶洞发育段（未充填或砂泥质半充填）速度为 2500～3500m/s。风化壳表层岩溶储层发育时，潜山顶面上下波阻抗差变小，顶面反射应为弱反射。而内幕溶洞，在考虑其顶底多次复合反射时，只要溶洞发育段大于 1m，在当前主频为 45Hz 的地震资料中就可以产生强反射。

2）处理信息解释

DMO 叠加剖面中，潜山面反射下常伴生较强的弧形绕射波，顶点一般在距潜山面20～60ms。无论用何种速度或偏移方法，偏移后这些强反射总是存在，说明其为潜山内幕异常体的地震响应。对于奥陶系灰岩地层，这些强绕射点则可能是溶洞的响应。

3）地震标定

对轮南地区近 40 口钻井资料综合解释后，应用地震合成记录沿井轨迹把缝洞发育段标定在地震剖面。得到以下重要认识：风化壳表层岩溶储层发育时，潜山顶面反射确为弱反射。内幕溶洞发育段在地震上表现为强反射，溶洞顶底的裂缝发育段为弱反射。内幕致密层的响应为弱反射或空白反射。

4）储层预测

认识了缝洞发育段的地震响应特征后，就可以沿潜山反射面下一定时窗内，应用三维可视化信息（图 9－17）解释或分析预测岩溶缝洞储层的平面分布发育规律。

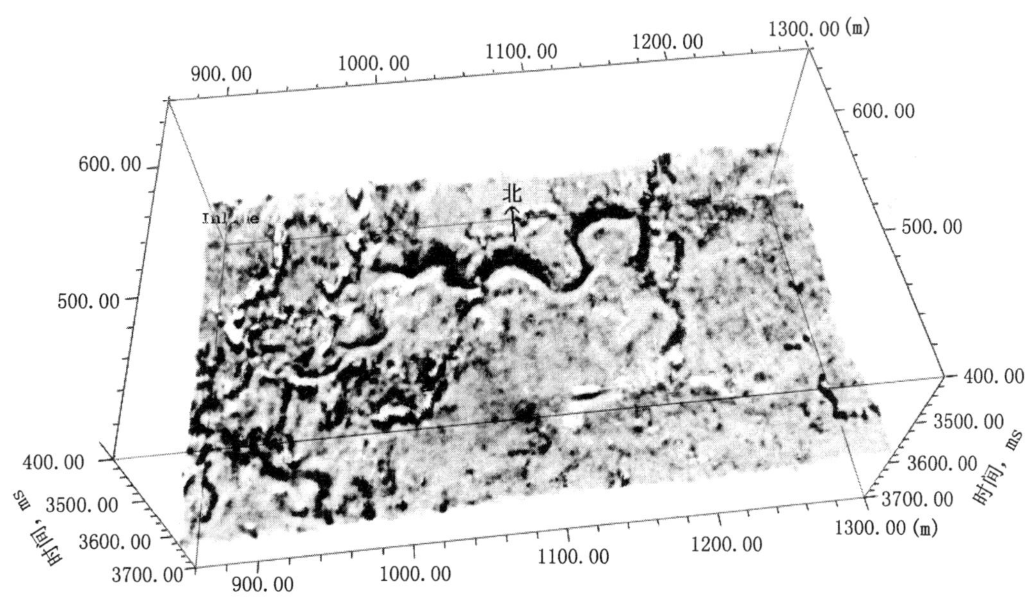

图 9－17　三维雕刻可视化预测岩溶储层

钻井分析表明，轮南潜山岩溶储层一般发育两到三段，主要集中在潜山面下 0～150m 范围内。第一段为风化壳表层岩溶，发育在 0～30m 范围内。第二溶洞段主要发育在潜山面以下 30～70m 内，是岩溶缝洞最发育的层段，相当于现代岩溶学中地下暗河、水平潜流带等水平溶洞发育段。第三溶洞段主要发育在潜山面以下 80～150m 内，属深部岩溶发育段。

3. 碳酸盐岩储层综合评价

通过构造演化分析和古应力场分析，研究古构造环境、古应力方向、强弱等，推测岩溶缝洞发育之前的构造裂缝发育方向和主要发育区域等，这是后期岩溶缝洞发育的前提条件，也可以由此推断溶洞发育的总体方向；另外，在岩溶发育时期，淡水的供应及其水动力条件也是影响岩溶发育的重要因素。通过古地貌恢复和潜山顶面相干数据体层切片的分析，研究古水流方向及其水动力条件，进一步预测和评价岩溶储层的发育规律和可能的发育区。

针对轮南古潜山岩溶缝洞发育和油气聚集的有利目标区，重点编制3种（现今潜山顶面构造形态图、潜山古地貌图、储层预测平面图）大比例尺（1：10000）图件。综合评价时，根据不同地貌单元的相互关系，把纵横向相互连通、平面上相对独立的岩溶缝洞发育区称作1个岩溶系统单元。将轮南古潜山划分为若干个形状、大小各异的岩溶系统单元。在每个岩溶系统单元内，建立不规则开发井组，从而达到少井、高产、高效的开发目的。

4. 岩溶系统刻画

1）理论计算

设定溶洞夹于厚层灰岩中的模型，通过理论计算，得出的结论是：任意厚度岩溶储层的地震反射振幅与该类储层的厚度以及该类储层顶或底界的反射系数有关，即统计出溶洞（甚至裂缝等）的厚度以及计算出顶底界面对应的反射系数就可以定量计算出不同类型（厚度）储层对应地震反射振幅的量值。综合考虑储层厚度、充填程度、流体性质及反射叠加等因素的影响，用8位地震数据记录，确定轮南地区奥陶系地震反射振幅72～127之间的反射对应I类溶洞型储层的响应，反射振幅32～72之间的反射对应II类孔洞—裂缝型储层的响应，反射振幅2～32之间的反射对应III类裂缝型储层的响应。

2）岩溶系统刻画

认识到地震剖面上潜山顶面至潜流带之间不同的反射振幅范围对应不同类型的岩溶储集层，就可以利用先进的可视化手段，透视掉除振幅72～127以外的地震数据，剩下的强振幅就代表研究区溶洞型储层的展布范围。相比于定性预测，更为直观地将空间叠置的地震信息区分开，清晰地展示出岩溶储层的纵、横向变化，顶面展布形态，岩溶系统间的连通性以及储集空间的大小。

三、研究及勘探效果

通过一体化地震勘探技术攻关，近年来，轮南潜山地震数据的信噪比和分辨率显著提高，基本反映了岩溶缝洞储层的发育分布规律，为地震岩溶解释技术的应用奠定了基础，使地震解释成果和地质认识发生了质的飞跃。

（1）精细刻画了潜山顶面岩溶地貌形态。轮南潜山整体为1个呈北东走向的大背斜，沿背斜东南、西北两翼侵蚀沟谷由低向高呈树枝状延展，使潜山顶面沟壑纵横。高部位丛峰林立，低部位地貌平缓、地貌平台区发育，为围绕潜山围斜的平缓区形成大型油气藏提供了条件；也解释了较高部位大多数钻井获得油气，但没有获得效益的根本原因：潜山顶部局部缺失石炭系泥岩盖层（约20km^2），三叠系巨厚砂岩直接覆盖在潜山顶面上，形成“天窗”。原有大量钻井位于潜山较高部位近400km^{2}内，大多数区域虽有较厚的石炭系盖层，但缺乏上倾方向的遮挡条件，只有靠剥蚀残丘形成地貌圈闭。所以多数钻井获得油气或高产，却由于高部位地貌圈闭规模有限，不能稳产。

（2）基本搞清了轮南碳酸盐岩岩溶型储层发育及油气聚集规律。应用地震岩溶解释技术进行储层预测表明，轮南潜山岩溶储层整体较为发育，岩溶缝洞主要发育在侵蚀沟两侧的山体内，呈不规则网状分布。全区分布不均，横向连通性差，可划分为若干个彼此独立，而其内部连通性较好的古岩溶系统单元。结合盖层及其他成藏条件的分析，认为轮南古潜山背斜的较高部位多形成地貌圈闭型油气藏，围斜等相对低部位发育受岩溶缝洞储层分布控制的不规则油气藏。后者分布面积广、规模大，是轮南潜山油气聚集的有利区带。由此提出了以岩溶系统为单元，滚动勘探开发一体化，建立不规则高产稳产井组的方案，成为轮南碳酸盐岩潜山增储上产、提高勘探开发效益的最佳途径。

（3）精细刻画了轮南下奥陶碳酸盐岩潜山岩溶系统单元的平面、空间展布及相互间连通关系，为碳酸盐岩非均质油藏开发井位的确定提供了科学依据，达到少井、高产、高效的开发目的，取得了较好的经济效益和社会效益。

（4）为碳酸盐岩非均质油气藏的储量计算提出了一条新的思路与方法。常规的容积法计算储量，需要确定含油面积与有效储层厚度两个重要参数，对于非均质性较强的碳酸盐岩油气藏来说难度较大。通过岩溶缝洞系统定量描述后，可以简便、有效的计算出储集空间，供储量计算参考。

（5）勘探开发效果显著。1999 年至 2003 年，通过地震岩溶解释技术的运用，先后在轮南潜山提供了多批次钻探井位，已完钻井共计 29 口，其中 20 口井获得高产工业油气流，6 口井获低产油气流，钻井成功率大幅度提高。石油产量最高的井达 $600m^3/d$，多数井产量稳定在 $60\sim80m^3/d$。目前，正在建设三块产能区，2003 年年产 32×10^4t。根据岩溶系统的分布，2003 年上交探明石油地质储量 0.2864×10^8t，控制石油地质储量 0.657×10^8t，油气当量近 1×10^8t，整个潜山预测油气当量 3.5×10^8t，取得了较好的经济效益和社会效益。

第五节　哈萨克斯坦肯基亚克油田盐下构造三维地震勘探

哈萨克斯坦肯基亚克盐下构造三维地震勘探项目是一个采集、处理和解释一体化项目，工区位于哈萨克斯坦共和国阿克纠宾州阿克纠宾市西南约 220km，属于中国石油天然气集团公司阿克纠宾油气股份公司肯基亚克油田。地表一次覆盖面积为 $375km^2$，满覆盖面积为 $265km^2$，共 17 束线，18091 炮，采集、处理、解释均由东方地球物理勘探有限责任公司 2000 年至 2001 年度完成。

一、工区地表条件

工区地表条件比较复杂，有草原、丘陵、沙漠、沼泽以及丛林等多种地形。工区内地表海拔高程 170～220m，平均海拔 184m。捷米尔河（Темир）南北向贯穿工区西部，在工区南部拐弯一直向东延伸出工区。

工区西北部相对较低，捷米尔河两侧有数百米宽的芦苇塘、水塘，形成沼泽，水深为 0.5～1.5m。Шубарши、Кумсай、Кенкияк3 个村庄分布于该区。工区西南部为肯基亚克油田主采油区，地下管道、泵站、生产油井及相应的动力电网密集。工区东南部相对较高，捷米尔河河床与两侧河岸的落差有10～20m，河岸陡立，达70°～80°，河床宽15m左右，水深1～2m。工区南部捷米尔河以南为沙漠，沙层厚，沙丘起伏较大，部分表面生长有较低矮的灌木。

丘陵草原区浅层为胶泥，在8m深度左右有一厚度约0.5m的砾石层；沙漠区沙层较厚，有的地方高达70m；沼泽区5m深左右为胶泥和沙层分界线。总体而言，整个工区以捷米尔河为界，表层结构工区北部为3层，南部为两层。草原区和丘陵区表层结构为3层，低速层速度和厚度变化比较平缓，其速度为350～550m/s，厚度为3～9m，降速层厚度变化剧烈，其厚度值为5～90m，速度为700～1100m/s；沼泽区和沙漠区表层结构为两层，沼泽区低速带厚度比较薄，速度变化不大，沙漠区的低速带厚度变化剧烈，速度变化较缓。

二、深层地质特征

肯基亚克油田位于滨里海盆地东缘的乌拉尔—恩巴盐丘构造带中部，油藏主要分为两类：盐上油藏和盐下油藏。盐上油藏地层主要由白垩系、侏罗系、三叠系和上二叠统地层组成，深度变化范围为400～4000m；盐下油藏地层主要由下二叠统和石炭系地层组成（最大倾角10°左右），深度范围为3700～5000m。

三维工区内，地下分布着3个较大的盐丘，分别位于工区西部、东部和南部，其中西部肯基亚克盐丘最大，盐丘埋深400～4000m，厚度超过3000m，且侧翼非常陡，倾角高达60°～90°，盐丘东西向延伸大约10km，南北向大约5km，见图9-18。

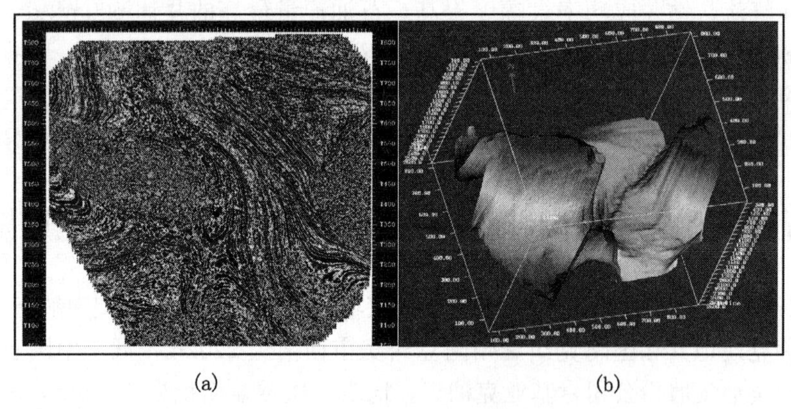

(a)　　　　　　　　　　　　(b)

图9-18　工区地下盐丘分布

(a) 盐丘地震水平切片；(b) 盐丘三维可视化显示

三、地质任务

勘探目标为下二叠统—石炭系油藏，并调查盐丘侧翼的披挂油藏。主要研究内容为：落实下二叠统及石炭系构造形态，研究石炭系顶不整合面上下地层的接触关系；探查下二叠统—石炭系油藏，预测下二叠统的砂体分布，进行石炭系储层预测；调查肯基亚克盐丘分布及盐丘侧翼和上二叠统披挂油藏，研究石炭系地层的裂缝发育情况。

四、勘探技术难点

（1）工区内盐丘发育，尤其在工区西部，盐丘巨厚，覆盖范围大，且翼部较陡，盐丘内部速度高，地震波能量发生屏蔽，散射严重，再加上工区西部地形复杂，有村庄、公路和采油区，固定干扰源较多，取得好的盐下资料非常困难。

（2）工区地表条件复杂，存在草原、丘陵、沙漠、沼泽及油田区等多种地形，给施工带来比较大的困难。

（3）南部沙漠区地震资料信噪比很低。

（4）勘探地质目标要求高，需要资料有较高的分辨率。

（5）盐丘和围岩速度差异较大，盐底成像困难。

（6）由于巨大盐丘的影响，解释成图精度要求高，尤其盐底成图难度大。

五、主要技术与措施

围绕地质任务和技术难点，在肯基亚克三维地震勘探中充分发挥采集、处理、解释一体化的优势，开发和应用了多项新技术、新方法，为圆满地完成地质任务奠定了坚实的基础。

1. 基于模型的观测系统设计

由于本区盐丘巨厚、覆盖范围大且侧翼非常陡，所以要得好资料，选择、设计合适的观测系统是关键。首先根据工区内二维资料建立盐丘模型，然后进行一系列的射线追踪试验（见图 9－19），对偏移孔径、最大偏移距、面元尺寸等参数进行反复论证，对不同观测系统进行筛选、优化，最后确定了大偏移距、高覆盖次数的窄方位角观测系统。

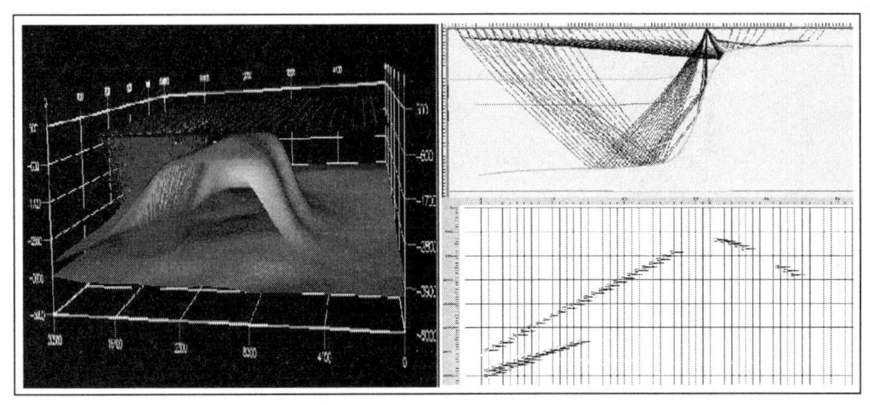

图 9－19　基于模型的观测系统设计

2. 多种震源激发

由于工区内存在多种地表，为了方便施工，增加地震波穿透盐丘的能量，采用了两种激发震源。草原丘陵区采用大吨位可控震源激发；沙漠、沼泽区采用较大药量的炸药震源进行激发。整个工区可控震源激发炮点约占 75％，井炮约 25％。为了得到最佳的激发参数，在项目开工前期和施工中进行了大量的激发参数试验，试验总炮数达225炮。由于在整个工区可控震源炮点占75%，其激发效果对整个项目资料的质量影响重大，因此着重进行了可控震源扫描参数试验。经试验发现，在盐丘区线性扫描所得资料信噪比高于非线性扫描，但在盐丘区外围非线性扫描资料比线性扫描具有更高的信噪比和分辨率，因此可控震源在盐丘区和盐丘区外围采用了不同的扫描参数。

3. 地表一致性处理

由于本工区地表和地质条件复杂，野外施工时采用的激发因素也不相同，从而引起地震信号能量上的差异。盐丘两翼激发和盐丘顶部激发的地震记录在不同的频率，不同的时窗其能量差异较大。尤其盐丘的屏蔽，对地震数据能量也有一定的影响。为了消除这些影响，处理中采用地表一致性处理技术，包括地表一致性振幅补偿、地表一致性反褶积等。这些技术的应用，为储层横向预测奠定了良好的基础。

4. 深度域处理技术

肯基亚克工区内分布有3个不完整的盐丘，肯基亚克盐丘为最大的盐丘。时间域处理叠加剖面效果很好，但是时间偏移结果存在一定的问题，主要表现在：由于盐丘与围岩速度上的巨大差异，时间偏移不能使盐丘边界精确成像，盐丘引起的下伏地层（盐底反射）上拉现象较严重等等，这是由于横向速度变化引起的成像问题。

叠前深度偏移的要点是建立准确的速度模型。基于DeregowskiLoop的成像道集分析完成模型建立和修改。其初始模型建立依赖于DMO速度分析和Dix公式。建立模型采用层层剥离方法，只有当浅层速度准确之后，才做下层的速度分析，这样不至于因浅层速度不准导致深层难以成像。肯基亚克三维地震数据采用的偏移方法是克希霍夫积分方法。

从图9-20可见，叠前深度偏移剖面盐丘侧翼和盐下成像效果有明显改善。

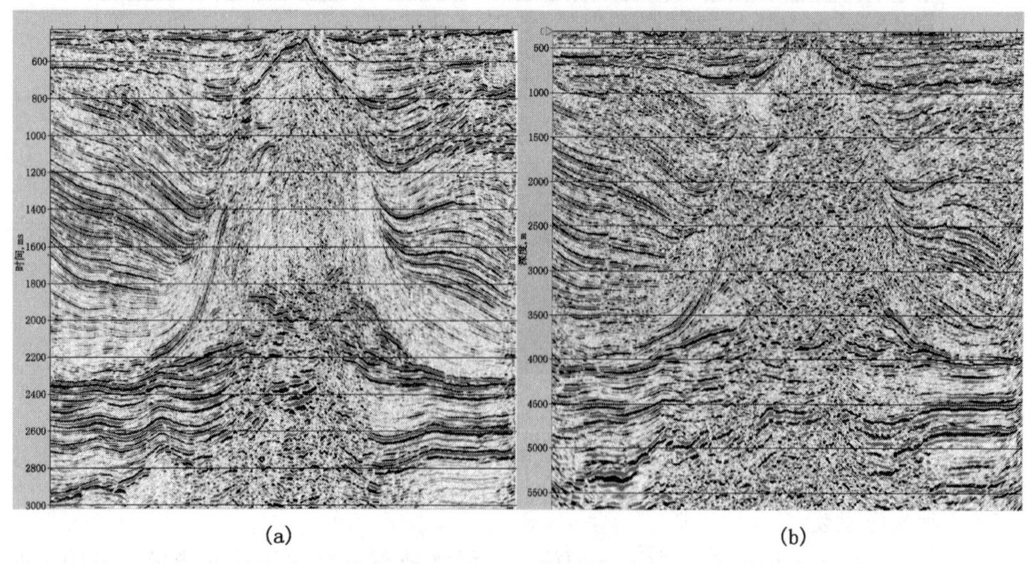

(a)　　(b)

图9-20　三维叠后时间偏移（a）和三维叠前深度偏移（b）

5. 三维资料综合解释

（1）充分发挥处理、解释一体化的有利条件，及早介入地震资料处理工作，密切注意高角度盐丘侧翼的成像情况，为处理人员提供充分的地质支持。

（2）利用声波测井及 VSP 资料制作合成地震记录，进行层位标定，在此基础上利用水平切片、层切片、三维可视化等解释手段对三维地震数据体进行构造解释，以获得可靠的目的层构造形态。

（3）利用声波测井及 VSP 测井资料，结合地震资料建立速度场，进行变速成图。鉴于该区巨厚盐丘大面积分布的情况，为保证速度场的精度，首先对盐丘的顶底进行解释，得到盐丘的空间分布，再用声波及 VSP 测井资料校正速度场，为变速成图提供准确的速度资料。

（4）对下二叠统和石炭系目的层进行测井约束反演，利用反演结果解释目的层系中的砂层段或碳酸盐岩储层段的分布，以寻找砂层集中分布区和碳酸盐岩储层发育区，为井位选择提供依据。由于本区下二叠统的砂层为海陆过渡相的三角洲沉积，单砂体在平面上有明显的迁移，开发中可能采用水平井或大斜度井的钻探工艺，储层预测不但要对下二叠统总的砂层分布作平面预测，也要尽可能地预测各主力油组中主要单砂体的空间分布。

（5）结合测井解释结果和波阻抗等地震信息，分析各目的层段储层孔隙度及储层厚度与地震信息间的变化关系，并据此预测储层的孔隙度和厚度的分布。

（6）搜集钻井、测井资料中石炭系的裂缝发育情况，结合区域地质资料分析裂缝性质和发育期次及裂缝发育程度与地震信息的关系，利用相干体等技术尽可能地预测裂缝发育带的分布。

（7）应用多种信息综合预测和评价各目的层的储集性能，综合构造、沉积、储层等多种资料分析油气藏的类型与分布，在此基础上提供钻探井位。

六、综合地质效果

（1）采取上述技术措施取得了具有较高信噪比和分辨率的资料，尤其是盐下资料达到了预期的效果。

（2）综合研究揭示，下二叠统与石炭系各目的层的构造特征总体表现为北西倾的鼻状构造，构造高点位于工区东南部，各层位的构造格局有明显的继承性。在鼻状构造的背景上，各构造层发育有大小不等的低幅度局部构造，且这些局部构造大多发育于鼻状构造的相对高部位（鼻梁）上，对构造—岩性型油气藏的形成非常有利。

（3）根据本次精细构造解释和储层预测结果，结合试油资料分析，认为下二叠统主要为海陆过渡环境的沉积，储层主要为水下分流河道砂体及河口坝砂体；下二叠统油藏主要为构造—岩性复合型油气藏，因此构造相对高部位上的储层集中发育区是开发的有利目标区。

（4）根据肯基亚克三维地震成果确定的某探井，钻探获得日产千吨的高产工业油流，使中国石油天然气集团公司阿克纠宾油气股份公司获得巨大的经济效益。

第六节　大港滩海埕北断阶带三维地震勘探

大港滩海埕北断阶带的三维地震勘探工作始于20世纪90年代初期，但受当时地震数据采集技术和客观条件的限制，海滩区和极浅海区原始资料品质不理想，难以进行精细构造解释和储层预测，制约了滩海勘探开发的进程。随着勘探程度的不断深入，滩海区逐渐成为了增储上产的主要战场，为了取得滩海勘探的突破，近几年来在滩海采集装备水平提高的前提下，优化采集参数设计、强化施工管理，特别是对三维地震数据采集技术方面进行了大量的研究与试验，地震数据品质有了明显的提高，并取得了显著的效果。2000年至2001年在羊二庄东、张东东分别部署实施两块三维地震，在新资料及综合研究的基础上首先甩开部署实施庄海1×1井，获得成功。随后在该区先后部署庄海4×1、庄海8等预探井均获高产油气流。进一步证实了南部滩海巨大的勘探前景。2003年在张东地区又部署实施93.8km^{2}的二次三维地震，2004年在埕海地区部署了340km^{2}三维地震，实现了南部滩海的三维地震连片，为进一步对南部滩海区整体评价与勘探提供了资料基础。

一、工区概况

大港滩海埕北断阶带，北起张巨河、张海6井一线，南至埕宁隆起北缘，西以海岸线、防波堤为界，东至5m水深线附近的矿权边界，勘探面积约800km^2（图9-21）。该断阶带是埕宁隆起向歧口凹陷的过渡部位，为一个基岩潜山背景的斜坡构造带。截止到2003年底，该区主体已覆盖三维地震，其余为二维地震，测网达1km×1km。发现了明化镇组、

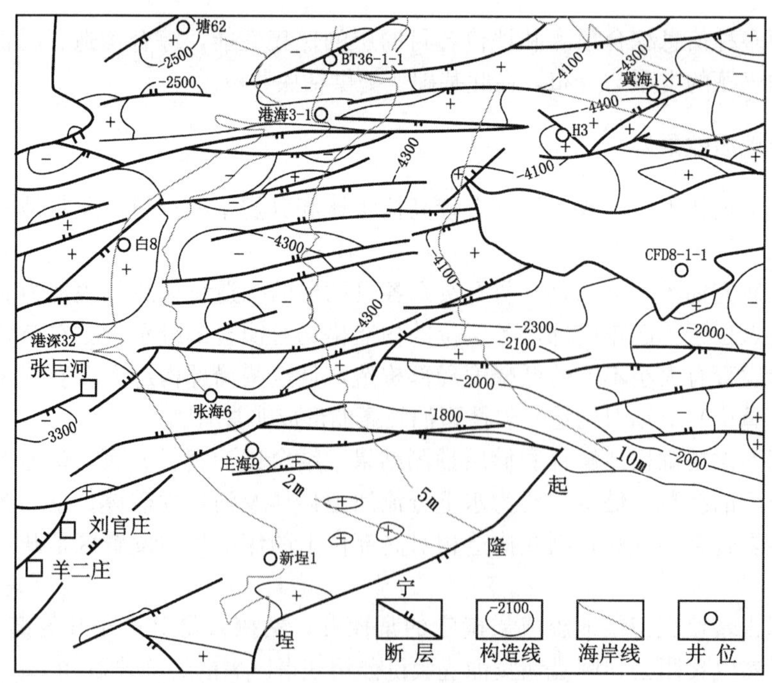

图9-21　埕北断阶带区域构造示意图

馆陶组、东营组、沙河街组一段、沙河街组二段、沙河街组三段及前第三系七套含油层系，展示出良好的勘探前景。

该区地表条件复杂，陆地部分以大面积的盐田、卤池、鱼虾池为主，其间沟渠纵横交错；沿海岸线村镇密集；滩涂部分淤泥厚度为0.3～1.0m，河口附近淤泥最大厚度可达2m左右，激发、接收条件恶劣；枯潮线附近为地捞网，作业船只进出困难，地方工作复杂。该区每年的春秋两季多风，海岸线附近在5月至10月的鱼虾养殖期禁止地震施工。整个工区地表变化大，外界干扰严重，地震采集施工困难极大。

二、技术难点

1. 地表条件复杂

大港南部滩海区横跨陆海，地表条件复杂，城市、村庄密布，盐田卤池连片。滩海区海床坡缓水浅、潮差大、浪击海床；冬季寒冷、冰期长，构成了复杂的地震勘探地表条件。

2. 以往地震资料品质分析

复杂的地表条件影响了处理效果和资料品质，主要表现在中浅层2.0s以上信噪比、分辨率较高；中深层2.0～3.0s信噪比、分辨率较低，难以进行地震资料解释。

3. 地质条件复杂

该区处于歧口凹陷向埕宁隆起的过渡部位，区域地质条件有利。但该区存在以下地质难点：

（1）构造复杂、解释难度大；圈闭幅度低，精度要求高。

（2）地层分布复杂、层位横向对比追踪困难：该区处于埕宁隆起向凹陷过渡的斜坡区，由于埕宁隆起的持续抬升，造成了该区地层分布复杂。前第三系地层主要表现为剥蚀残留特征，下第三系地层主要表现为底超顶剥，上第三系地层表现为逐层超覆。而由于长期的隆升，使得地层残存较薄，尤其下第三系地层残留较少。这为地层的识别与追踪带来了难度。

（3）储层横向变化快、预测难度大：该区第三系物源主要受埕宁隆起控制，发育了下第三系扇三角洲及上第三系河流相砂泥岩互层沉积。储层横向变化快，单砂层较薄。

4. 勘探开发一体化、勘探节奏快，勘探成本高、成果质量要求高

滩海地区由于地表条件的限制，勘探成本较高，同时勘探节奏较快。另外为了降低勘探风险，针对滩海地区的研究要求以评价的精度确定预探井位，而在勘探程度较低的滩海地区无疑增加了解释的难度。

三、主要技术与措施

1. 滩海区高精度采集技术

大港南部滩海区钻探证实单砂层厚度多在10m左右，且横向变化大，这种地质特点要求地震资料具有较高的纵横向分辨率。因此重点开展了小面元精细采集技术论证、观测系统优化和施工工艺改进，提高了整个滩海区地震采集的技术水平，为该区地震勘探找到了较为有效的方法。

1）合理的采集参数

根据大港滩海区的地质情况，要有效地识别下第三系地层中厚度10m左右的单砂层，

要求地震资料视主频至少在50Hz以上。以往地震采集时一般采用25m×25m或25m×50m的面元，以3000m的层速度、30°的最大倾角来计算，25m的面元边长最多只能保护60Hz的最大频率，主频在35Hz左右，这是理论上的极限，由于滩海区厚层淤泥对地震波的吸收、严重的环境噪声及接收系统的动态范围等其他因素的影响，地震资料信噪比、分辨率还将有一定程度的下降，以往的采集参数不可能在下第三系地层中得到主频50Hz以上的反射。因此，高精度采集最重要的参数之一是CDP面元的尺度，其直接影响地震资料的纵、横向分辨率和成像精度。

根据纵向分辨率的要求确定野外采集中要保护的最高频率，通过信噪比分析合理确定覆盖次数，综合考虑反射系数、动校正拉伸、速度求取精度及目的层埋深等因素的影响选择最大炮检距，由面元属性优选观测系统类型，在考虑炮检距、覆盖次数分布的均匀性、适中的反射点方位角和排列纵横比以及时空采样率后确定以下面元属性：CDP面元，12.5m×12.5m。

2）施工措施

滩海地区始终受潮汐、风浪和海流等水动力作用的影响，地震作业完全是在一个动荡的海水环境下进行，施工效率低、作业难度大，地震资料品质差一直是面临的难题。针对大港南部滩海区地震地质条件复杂、外界噪声大、环境动态、精确定位难度大的特殊性，在施工中重点控制噪声和定位两个采集中的关键点。

2. 滩海区地震数据处理技术

1）叠前噪声压制技术

主要针对滩海区广泛发育的高频噪声、次生干扰和多次波，采用有效的技术措施进行衰减，提高地震资料的信噪比。主要研究高频噪声在时频域与有效信号的分布规律差异。采用时频统计分析的方法进行衰减；由于滩海区的次生噪声源主要是渔船等移动的物体，所以次生源的位置极难确定，处理时采用统计和倾角滤波的方法进行压制。

2）室内二次定位技术

由于海流和潮汐的影响，造成部分排列检波点位置发生漂移，直接影响了资料品质。处理中主要根据共偏移距初至，确定偏差较大的检波点位置，通过大量、细致的单炮初至拾取，由检波点初至时间统计出本区的炮检距与初至时间的关系，再重新计算偏差检波点的实际位置，从而解决部分检波点位置漂移所造成的成像影响。

3）三维子波一致性调整技术

由于滩海区激发和接收因素变化很大，采用的仪器、震源类型、检波器类型等存在差异，从而造成不同区块三维地震资料存在着频率、相位的较大差异。处理中主要应用反褶积、相位校正、子波整形和频率调整等技术，达到整体三维连片处理的和谐统一。

4）$v(z)$ DMO成像技术

南部滩海区地下地质结构复杂，主要发育羊二庄断层、赵北断层和张巨河3条主要断层，断距大，断裂结构复杂，常规DMO的理论基础（常速假设）受到挑战，处理中必须研究能够适应速度随深度变化的DMO方法，主要通过对常速倾角分解法DMO中与倾角有关的速度修改，改善高倾角反射的成像质量，从而提高陡倾角地层的归位精度。

3. 地震资料综合解释技术

面对复杂的三维地震资料和滩海区勘探的实际情况，近几年探索出了一套有效的解释研究技术与方法。

1）定向斜井合成地震记录标定技术

大港滩海区的钻井多数为定向斜井，而定向斜井的层位标定往往会出现合成地震记录不能与地震资料的同相轴很好吻合的现象，影响标定精度。为此，应用了沿井斜轨迹方向剖面分段提取时变子波，依据地震子波的变化制作合成地震记录，然后进行斜井计算空间归位，使合成记录与地震剖面得到最佳的吻合，提高了层位标定的精度。

2）应力场分析确定地质结构模式

滩海区复杂的地震资料，突出地表现在构造解释中的多解性，不同人不同时期的解释方案差别较大。在解释过程中充分了解工区所处的区域地质特征，建立工区相应的地质解释模型，减少解释的多解性，使确定的地质结构模式趋于接近地下的实际情况。

3）分屏多线递推对比解释

利用地震解释系统在屏幕上多个窗口，注意相邻地震测线之间的关系，对地质结构的渐变与突变，无论是地层产状还是断层断面位置均给出合理的解释。

4）三维可视化技术

地震与地质一体化解释平台为构造解释提供了方便快捷的三维可视化解释手段（图 9－22）。三维可视化技术可以综合地显示多种地球物理数据，不仅为构造解释提供了良好的工具，同时也是发现和识别隐蔽圈闭的重要手段。

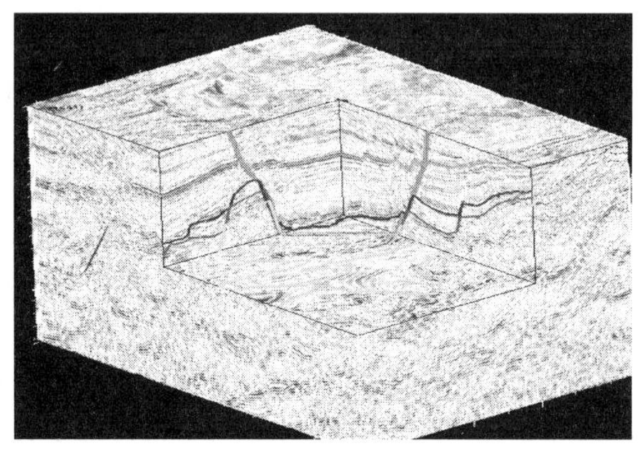

图 9－22 埕北断阶带张东三维可视化图

5）储层综合预测技术

以综合分析为主线，充分利用钻井、测井、地震和油气信息等资料，强调地震与地质、构造与沉积、储层与圈闭评价的紧密结合，通过优选实用的储层预测技术获得最终的预测效果。该项技术为滩海区的勘探部署提供了较为可靠的储层预测成果。

四、三维地震勘探效果

1. 三维资料品质改善

近几年，在埕北断阶带新采集的三维资料品质有了显著改善和提高。2003 年在埕北断阶带张东地区实施二次三维地震，针对该区复杂的地表条件和地质特点，野外采集主要应用了激发与接收新技术、实时气枪激发和接收点 DGPS 定位技术、二次定位技术、基于小面元的滩海三维地震采集技术等，新采集的资料品质比以往资料品质有较大幅度的提高（图 9－23）：浅、中、深层的能量分配较均衡，各层段内的地质信息更加丰富；主控断层两侧断块中地震反射特征更加明显；主要目的层（2.2～2.8s）地震反射视主频可达到 30～35Hz，中浅层（2.0s 左右）地震反射视主频可达到 40Hz 以上，而极浅层 1.5s 以上地震反射视主频可达 50～80Hz，使地震资料分辨率有了一定的提高。

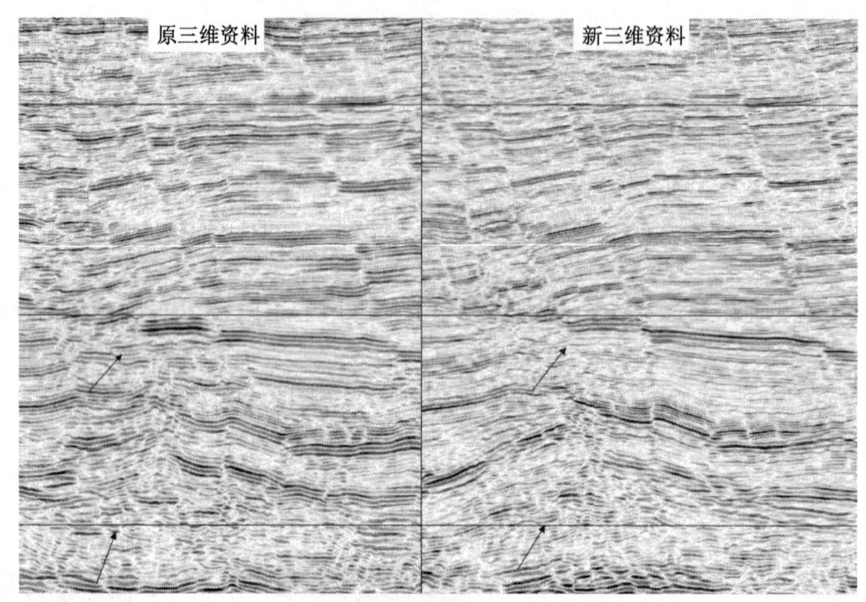

图 9-23 张东地区三维地震剖面效果对比

2. 精细的构造解释，发现和落实了一系列的有利圈闭

利用三维资料进行精细解释，发现及重新落实了以庄海 8 井低幅度断鼻为代表的 12 个构造圈闭，圈闭面积 120.3km^2。这些圈闭主要分布在羊二庄和赵北断层两侧。主断层下降盘的上第三系以逆牵引背斜为主，下第三系以断鼻为主，主断层上升盘的上第三系为披覆型背斜断鼻、断块构造，下第三系为断鼻、断块及地层超覆剥蚀形成的地层圈闭，以及前第三系潜山。该区具有圈闭类型多、圈闭面积大、丰富的油源、沉积相带有利、良好的储层和储盖组合等特点，具有形成复式油气聚集带的有利条件。

3. 应用储层预测技术，明确了储层展布规律及发育特征

通过对古地貌分析，结合区域地质分析，明确了该区第三系物源来自埕宁隆起，且具有沟-扇对应的特点：即该区第三纪沉积前古地貌发育了一系列北西向展布的沟谷，而第三系的砂体主要沿这些沟谷展布，在地震剖面上明显的有河道充填迹象。同时，沟谷也可能为油气运移的优势通道区，沿沟谷附近应为有利勘探区。通过储层预测技术的运用明确了该区沙河街组及上第三系的储层展布。

4. 综合评价优选关家堡及张东东构造，部署钻探获得了油气突破

利用重处理资料进行连片解释和综合研究，在对羊二庄—赵家堡地区综合分析的基础上，认为羊二庄断层下降盘一系列鼻状构造为有利构造，在关家堡地区提供钻探的庄海 1×1 井、庄海 4×1 井在沙河街组均获得高产油流，说明该区是一个油气比较富集的区域。在进一步落实以关家堡庄海 8 井断鼻及张东东构造张海 4 井断鼻为代表的一系列圈闭的基础上，经评价部署了庄海 8 井、张海 4 等井，钻探也均获得了较大的突破，在大港海域展现了一个近 5000 万吨级以上规模的勘探战场。同时也证实了滩海区地震勘探技术的可喜进步。

第七节　冀东老油区二次三维地震勘探

一、勘探开发背景

冀东油区位于渤海湾盆地黄骅坳陷北部的南堡凹陷。南堡凹陷面积约 2000km²，其中陆地面积 570km²，是中新生界叠置的断陷盆地（图 9－24）。晚中生代以来经历了多期构造运动，形成了多种构造样式、多个沉积旋回、多期油气成藏的复杂地质条件。南堡凹陷勘探工作始于 20 世纪 60 年代，先后发现了高尚堡、柳赞、老爷庙、北堡等油田。1992 年到 1995 年，由于受南堡凹陷复杂的地质条件和勘探情况的限制，勘探工作未取得实质性进展。“九五”之初，冀东油田在认真分析和总结多年来勘探开发实践的基础上，认为制约油田勘探的核心是地质认识，造成地质认识不清的“瓶颈”是地震资料品质问题（周海民等，2004）。因此，在充分论证的基础上，1996 年在老爷庙地区开展了二次三维地震勘探。科学设计、严格施工和精心处理的二次三维地震资料品质有了大幅度的提高，通过精细解释，在老爷庙地区相继部署 17 口探井，有 14 口井获得成功，结束了老爷庙地区“有油无田”的历史，从而也增强了立足南堡陆地、开展精细勘探、实现油田持续发展的信心。1998 年以后，借鉴老爷庙二次三维地震勘探的成功经验，在陆上高尚堡－柳赞地区已开发的油田中整体实施了二次三维地震勘探。通过几年的系统研究，已开发区块的地质认识、油藏认识更符合实际，油田储量大幅增长，开发效果明显提高。可以说，以二次三维地震为基础的精细勘探、精细开发在冀东老油区谱写了新的成功篇章，也为向外围及滩海进军奠定了坚实的理论及实践基础。

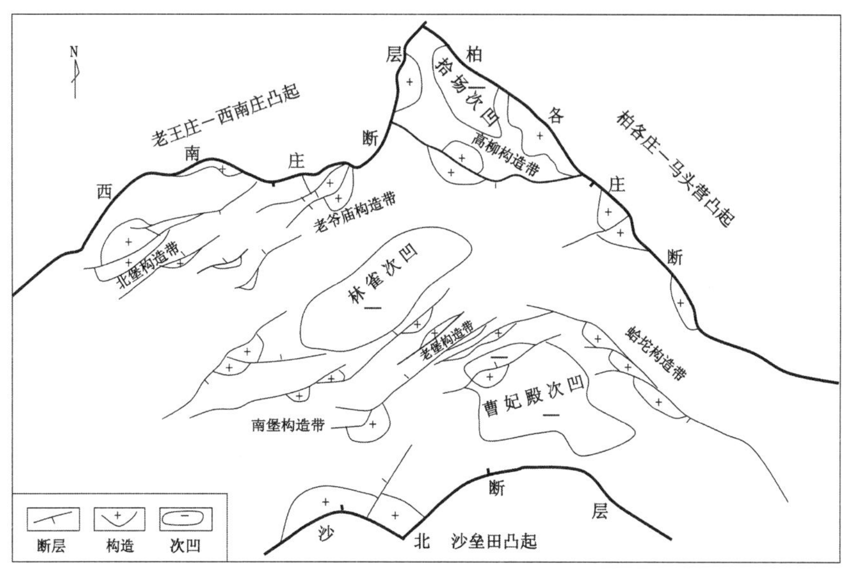

图 9－24　南堡凹陷构造纲要图

二、二次三维地震采集

1. 地震数据采集难点

(1) 地表条件复杂。工区内分布有虾池、鱼塘、苇地、村庄、厂矿、油井、盐池、河流、公路等，严重影响了炮点布设，造成覆盖次数、炮检距、方位角分布不均匀。

(2) 中深层（东营组、沙河街组）岩性为砂泥岩互层，空间岩性变化大，砂泥岩间速度、密度差异较小，不易形成较强的反射。

(3) 中浅层（馆陶组、东营组一段、东营组三段等）火成岩大面积、多层位分布，激发能量下传难，造成严重透射损失，且易产生各种类型多次波，特别是层间多次波和微屈多次波尤为突出。

(4) 严重的层间多次波和全程多次波对中深层本就微弱的有效反射造成强烈干扰。

(5) 构造顶部断裂发育，地震波场复杂，成像困难。

2. 技术对策及措施

(1) 针对复杂的地表问题，加强特观设计。

在保证安全施工的前提下，尽可能进入障碍物区布设激发点和接收点；同时，开展实地踏勘，实测障碍物位置和范围；在现场设计系统进行模拟，优化炮点位置，保证地下面元的覆盖次数、炮检距、方位角分布均匀合理。

①应用恢复性炮点变观技术解决因地表障碍物使物理点不能按标准位置设计摆放的问题；应用炮点非纵向变观技术解决了部分典型障碍物的问题。

②应用块状特观设计技术确保了大部分面元内炮检距、覆盖次数、方位角分布均匀合理。

(2) 多技术措施结合，强化“弱反射”的接收：

①采用检波器下井接收。该区北部是多年生长的芦苇地，根系发育，造成地震波衰减；施工期集中在冬季，多风，环境干扰大；地貌复杂，难以消除环境噪声。因此，选择检波器井下接收，既适合该区的地貌和气候，又能大大降低环境噪声，有利于接收弱反射。

②采用中密、中低爆速的炸药震源，增加激发能量，提高弱反射品质。

③采用大动态范围（24 位）的地震仪，有利于接收弱信号。

④采用高覆盖次数。根据前期方法攻关试验结果，该区的覆盖次数应不低于 60 次。构造顶部由于构造破碎，下第三系反射更弱，覆盖次数增加到 120 次。

(3) 针对复杂多次波问题，利用剩余时差分析原理，在选择观测系统时，合理加大炮检距压制多次波。

(4) 针对断层发育、构造破碎问题：尽量保证炮检距分布均匀，需要在现场进行合理的设计。针对浅层断层多、断块小，选择了较小的最小偏移距和对称的小面元观测，如在老爷庙地区采用 25m×25m 面元，柳赞地区 15m×30m 面元。表 9－1 为老爷庙地区三维采集参数对比表。

表 9-1　老爷庙地区三维地震采集参数对比表（据周海民等，2001）

项目　　类别		老三维地震	二次三维地震
总道数		96，120	960
观测系统	观测系统类型	2×48（60）×11，4×60×10，4×24×12	12×80×24
	最小纵向偏移距，m	150，750	150
	最大纵向偏移距，m	3050，3100，3200	4100
	最小横向偏移距，m	0，50	25
	最大横向偏移距，m	800，750，1150	1675
	接收线距，m	100，200，400	200
	道距，m	50，55，100	50
	炮线距，m	100，150	200
	炮点距，m	100，300，50	50
组合检波	检波器个数	9，12	单个检波器（4 芯串联）井下 1m
	组内距，m	5，10	
	组合基距，m	50	
激发方式	井深，m	9	15
	药量，kg	2，4	6
覆盖次数		10×2，12×2	10×6，20×6
CMP 面元，m×m		50×25	25×25

（5）其他技术措施：

①采用变药量激发，在障碍物附近减小药量，最大限度缩小禁炮区，尽可能减小浅层资料缺口。

②针对油井和大钻的干扰，通过精确计算，将距离接收排列在 200m 以内的油井予以关停。

③合理安排生产时间，减少了车辆、船只、潮汐、大风等环境干扰，提高了采集质量。

三、二次三维地震数据处理

1. 数据处理难点

（1）野外采集使用变观、特观较多，需要面元属性存在差异。

（2）较发育的各种多次波严重影响了目的层的资料品质。

（3）目的层反射微弱。

（4）断裂系统复杂，断块小，造成地震波场复杂。

2. 主要处理技术

（1）进行面元均匀化处理，消除变观或区块连接处由于缺少不同偏移距的接收道而引起叠加次数降低的问题。

（2）压制和削弱多次波。通过对速度谱、动校正道集及多次波叠加剖面的分析，认为该区多次波主要是在明化镇组强反射界面间产生的层间多次波和馆陶组与低降速带底界产生的全程多次波。在馆陶组产生的全程多次波速度约在2400～2600m/s，影响到反射时间4s左右的资料，易识别，对最终成果影响不大；而明化镇内部产生的层间多次波速度约在2050～2350m/s，影响范围为2.5～3.5s的目的层，且难以识别，是影响资料品质的主要原因，但其速度与一次波有一定差别，只要野外炮检距合适，处理时可以削弱其影响。因此，采集时针对多次波采用了大炮检距的全排列接收，为处理时衰减多次波创造了条件。处理时采用内切除法切除小于最小炮检距的部分炮检距效果较好。

（3）叠前去噪处理，利用地表一致性异常振幅压制和低截滤波压制干扰波，去噪后的干扰波能量受到压制，有效信号频宽和相对振幅关系也得到最大限度的保护。

（4）针对DMO处理后的叠加剖面中目的层反射仍很微弱的问题，采用了叠后随机噪声衰减压制随机噪声、提高信噪比。针对本区Inline方向断层多且构造复杂、Crossline方向构造相对简单的特点，通过反复试验，选择了特殊的预测因子，分频处理，取得了较好效果。

（5）运用带限能量加地表一致性反褶积技术，在波组特征和信噪比得到了较好保护的前提下，使频率有所提高，有效信号频带拓宽至12～75Hz。

（6）针对断裂发育、地震波场复杂问题，首先对三维偏移进行了试验，采用STOLT偏移方法。同时，在DMO速度分析基础上，由解释人员进行1km×1km测网的地震解释，建立地质模型，根据地质模型沿层拾取速度，绘出等时速度切片，用来检查速度场与构造形态的吻合程度，再用测井资料对速度场进行约束，建立较为准确的偏移速度场。

图9-25、图9-26为高柳和柳赞两地区新老三维剖面对比，可以看出，相对原来的三维资料，二次三维地震剖面浅、中、深层资料分辨率和信噪比都有显著提高，断点清晰，为精细的地质研究奠定了坚实的基础。

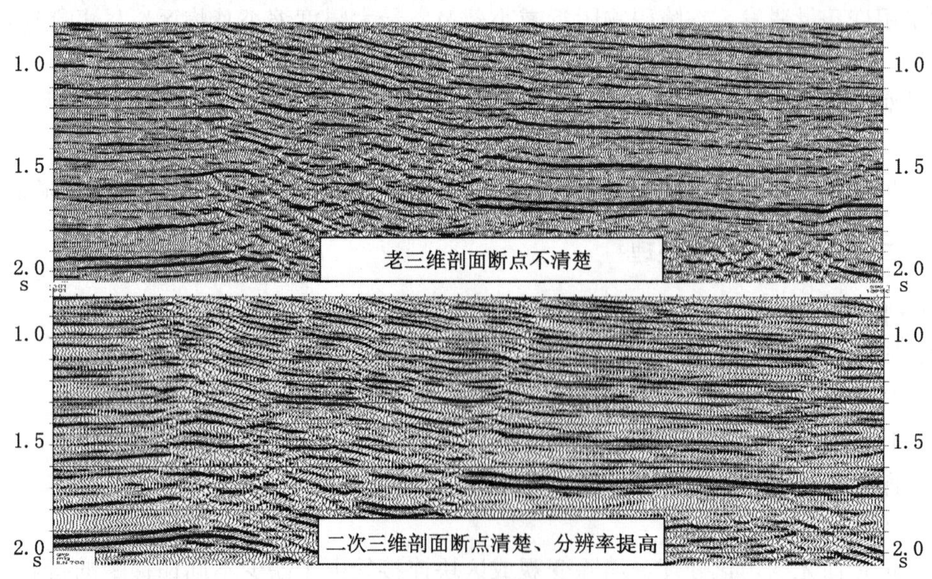

图9-25　高柳地区二次三维地震剖面效果（据周海民等，2004）

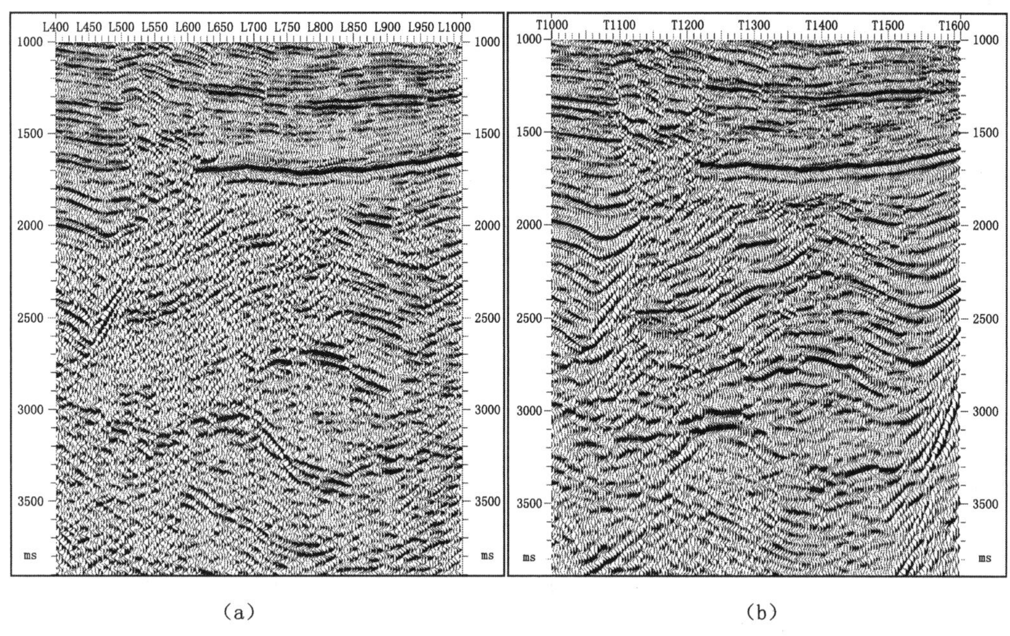

（a）　　（b）

图 9－26　柳赞地区新（b）老（a）三维地震对比剖面

四、老油田精细油藏描述

以二次三维地震资料为基础，结合老油区深化勘探、精细开发的需要及地质特点，大规模开展了精细油藏描述，包括了以下关键技术。

1. 地层（油层）划分对比

陆相断陷湖盆地层普遍具有岩相、厚度变化快的特点，尤其在盆地边缘附近，往往造成地层划分不合理，对比精度低、不等时。实践证明，以层序地层学理论为指导，地震、钻井、测井、开发动态资料紧密结合，能有效解决这一问题。主要步骤为：

（1）利用高精度地震资料分析地层结构，结合钻井、测井资料，寻找并应用最大湖泛面、沉积间断面等建立等时地层格架。

（2）利用电阻率、自然伽马等曲线，结合油水分布资料进行单井地层层序、准层序组的划分，使地层对比精度达到准层序组的级别。

（3）用动态资料建立储层模型，进行细分对比，达到地震资料（包括反演资料）、地层对比资料和生产动态资料三者的统一。在开发区，特别强调油层细分对比。要求最大限度地细分每个小层（最好仅包含 1 个单砂体），从而保证小层与油水运动单元一致。

2. 构造精细解释

陆相地层由于油层顶面构造形态往往与更高级别地质层位间构造形态不完全一致，因此，在解释过程中，不仅要搞清大的构造形态，还要精细刻画油层顶面的构造形态，编制大比例尺（1∶10000，局部 1∶5000）构造图（5m 或 2m 等高线距），使构造图能清晰准确地反映出低幅度构造和小断层，为挖掘油藏潜力和确定调整井、水平井靶点最佳位置提供可靠依据。

3. 油层精细描述

由于含油砂体横向变化较快，加之断层切割的影响，使同一砂体单井钻遇率较低。充分应用测井约束反演技术，在高精度三维地震反演数据体上对主力含油砂体进行逐个标定和解释，预测其平面展布、厚度和物性变化及沉积微相分布，提高井间储层预测的精度，为开发调整提供依据。

4. 定性、定量研究结合，综合预测剩余油分布

利用（微）构造、沉积微相、储层非均质等油藏精细描述结果，结合常规油藏工程分析方法定性分析剩余油的分布状况和分布特点；同时，在精细油藏描述基础上，结合水淹层测井解释和油藏工程综合分析，通过油藏数值模拟，可以反映剩余油的平面、层间和层内分布。

五、勘探开发应用效果

应用二次三维地震资料及其解释成果，带来了油藏地质认识的深刻变化，通过勘探开发方案的重新调整，进行精细勘探和精细开发，油田储量、产量都实现了大幅增长。

高尚堡地区深层是冀东油田最早开发的油田之一，但由于油田的地质状况认识不清，两次开发加密调整都未能取得理想的效果。二次三维地震后，对油田构造面貌的认识发生了重大改变，构造主体位置由原来的高 17 井附近变为高 65 井附近（图 9－27）。地质认识的突破加深了对油藏分布规律的认识，通过不断加大油藏评价的力度，深层油藏储量增长数千万吨，目前已实现含油连片，石油地质储量近亿吨，同时也为新区块产能建设和老区块产能调整奠定了基础。

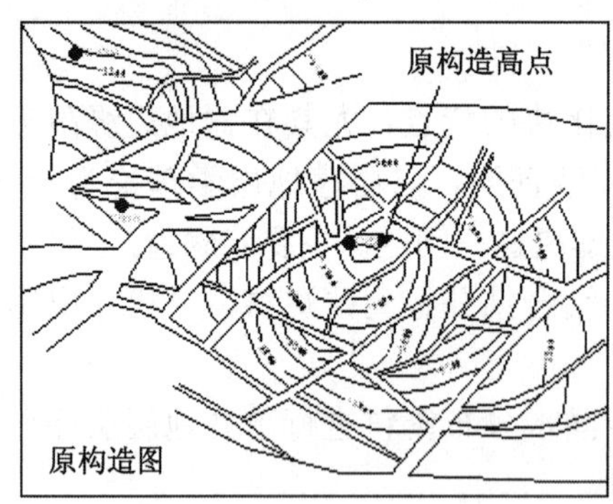

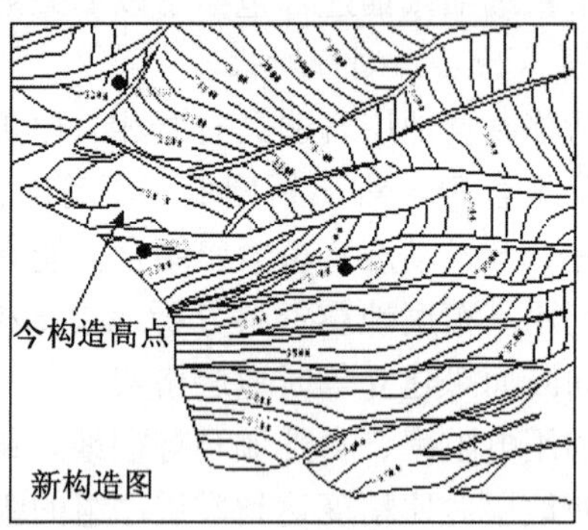

图 9－27　高尚堡地区 Es33Ⅱ油组底新老对比构造图

柳北地区沙河街组沙三^{3}亚段长期以来认为是个复杂断块油藏，按照传统的断块油藏认识，不断进行滚动开发和滚动认识，不断进行井网调整，一直未能实现油藏的精细开发。二次三维地震勘探后，认为它是一个构造背景下由若干扇三角洲砂体叠置、油层分布受其控制的构造岩性油藏（图 9－28）。通过滚动勘探和评价，油田储量增长迅速，产量将达到原来的 3.5 倍左右。

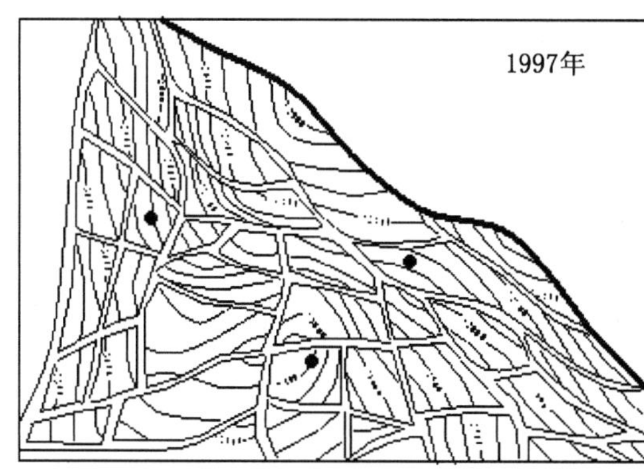

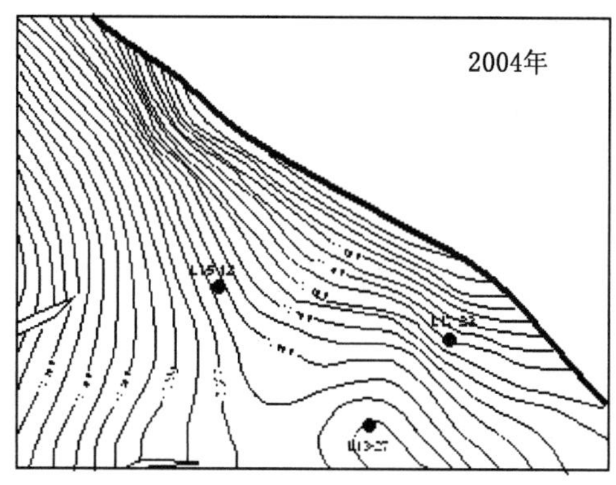

图 9－28　柳北地区沙河街组沙三^3 亚段新老构造图对比

总之，到目前为止，所有进行过二次三维地震勘探的地区都取得了显著的效果，如老爷庙地区明化镇组、馆陶组、东营组的勘探、唐海地区沙河街组的勘探、高尚堡地区高104—5 区块馆陶组的精细开发、柳赞油田柳 102 区块浅层高效高速开发等。

冀东老油区二次三维地震勘探之所以取得显著效果，是解放思想、大力进行管理、技术创新的结果。在地震数据采集方面，以分析评价以往资料为基础，进行精细部署设计论证、系统规范的施工试验、施工技术参数的反复论证，并具有完善的施工和质量保证体系；在地震数据处理中，制定了针对多次波发育、深层目的层反射微弱及复杂断裂等难点的技术措施；在综合研究方面，大力开展构造精细解释、层序地层学分析和油藏精细描述，重新认识油气分布规律。目前，二次三维地震勘探工程正有计划地在南堡凹陷深入展开，可以预计，新的勘探开发成果将会不断涌现。

第八节　准噶尔盆地莫北开发三维地震勘探

莫北开发三维工区位于准噶尔盆地腹部莫北凸起的莫北油气田，在早期施工的莫北三维 A 块内。莫北油气田地处盆地腹部古尔班通古特沙漠腹地，地理位置上隶属昌吉回族自治州，位于和丰、玛纳斯和呼图壁三县交界处，莫索湾以北 60km，距石西油田南约 20km。

一、地震地质条件

莫北地区地表为大沙漠覆盖，为准噶尔盆地腹部古尔班通古特沙漠地形起伏最大的区域，最大高差超过 70m。沙丘多为近南北走向或蜂窝状，地形起伏频繁，一般平均每千米有 5～10 个沙丘。低速层速度为 300～600m/s，厚度 3～15m；一般有 1～2 个降速层，速度为 600～1100m/s，厚度 10～100m；高速层速度为 1700～1900m/s，低降速带厚度 20～110m，一般在 60～80m 之间。地面海拔 380～450m。

莫北凸起是准噶尔盆地中央坳陷中的次级构造单元，处于盆 1 井西凹陷与东道海子北凹陷之间，南接中央隆起的马桥凸起，北连陆梁隆起的陆南凸起，是一被石西 1 井南断裂、莫北 1 号断裂两条倾向相反的逆断裂所夹持的北东向展布、南西倾的石炭系—二叠系鼻状凸起，侏罗系也表现出具有继承性的低幅度鼻凸背景。受深层逆断裂的影响，侏罗系发育一系列正断层和与其相伴随的低幅度断块、断鼻等构造圈闭。主要目的层侏罗系埋深3100～5200m。

二、勘探开发背景

工区地震勘探始于20世纪80年代初，二维测网密度2km×2km～2km×4km。1996年在该区进行了高分辨率二维地震勘探，效果较好，不仅侏罗系信噪比和分辨率较高，而且深层资料优于常规方法施工剖面。1998年在该区进行过大面元三维地震勘探，尽管效果较二维详查有显著提高，但成果资料不能满足精细油藏描述及油田开发需要。

莫北油气田于1998年2月发现，发现井为莫北2井，经过1998年和1999年评价勘探和油藏描述研究，于1999年12月上交莫北2井、莫005井区块侏罗系三工河组油气藏石油探明地质储量2544×10^4t，天然气地质储量$76.98\times10^8m^3$，含油气面积24.0km^2。经过滚动勘探扩大，2000年10月上交莫北9井、莫北10井区块控制储量1490×10^4t，可采储量372.6×10^4t，叠加含油面积21.2km^2。

莫北油气田自2000年投入开发以来，勘探阶段的问题依然存在：

(1) 断裂位置与规模不清。

(2) 构造形态及圈闭规模不清。

(3) 莫北2井区的油气分布不清。

(4) 三工河组储层$J_1s_2^1$、$J_1s_2^2$的砂体变化不清。

(5) 西山窑组储层展布及油气分布规律不清。

特别是莫005井区的三工河组油藏投入开发以后，经钻井证实，原三维地震解释构造形态发生了很大变化，尤其在断裂的解释方面，多个单位解释结果差别很大，多次的地震资料重复处理，出现了多种断裂解释方案，给油气藏开发井部署决策带来很大的风险。为了加快莫北油气田莫北9井、莫北2井区块侏罗系三工河组油藏开发方案的编制，新疆油田分公司开发部及时部署了满覆盖面积84km^2的开发区三维地震，并于2000年10月完成了野外采集，12月底完成了数据处理，2001年1月底完成了该块三维精细地震地质解释工作（黄永平，夏代学等，2002）。

三、勘探难点与对策

技术难点：地表干沙层对地震信号（特别是高频）吸收严重；工区地形起伏，原始单炮信噪比低，加上目的层埋藏深，提高分辨率以满足低幅度构造解释和储层预测的需要有一定难度；分辨油气、油水界面难度大；提高数据处理速度精度比较困难。

技术对策：强化激发能量，优选激发接收条件；减小CMP面元、保证必要的覆盖次数；通过试验优选炮检组合参数，合理设计观测系统等技术措施提高地震资料信噪比和分辨率；数据处理时，应用动、静校正迭代处理、高精度速度分析等高分辨率处理技术，解决剩余静校正问题，加密速度分析点，提高速度分析精度。利用地震相干技术识别断裂系统、利用地层倾角分析技术识别地层倾角变化情况、利用地震振幅属性判别振幅分布与断裂系统的关系、利用三维透视技术研究地震相、利用约束反演技术进行储层砂体预测、利用模式识别技术进行油气检测。

四、主要技术与措施

1. 优化观测系统设计

根据参数估算结果，经反复论证、多种方案对比，确定采用6线9炮960道接收奇偶型观测系统，25m×50m的CMP面元，60次覆盖。奇偶型观测系统的炮检距分布均匀。莫北2井高分辨率三维与1998年施工的莫北三维A块施工参数对比见表9-2。

表9-2 莫北2井高分辨率三维与原莫北三维施工参数对比

不 同 点	1998年大面元三维	莫北2井高分辨率三维
面 元	50m×100m	25m×50m
线束方向	平行于断裂及构造走向	垂直于断裂及构造走向
观测系统	线束型	奇偶型
目的层的有效覆盖次数	47～51次	55～57次
炮检组合	炮检点组合方向相同	炮检点组合相互垂直
检波器	10Hz检波器	28Hz检波器
激发条件	偏移炮点不足10%	偏移炮点占42%
低降速带采集密度及精度	1个点/km^2、组合接收	1个点/0.3km^2、点激发、点接收

2. 大折射—沙丘曲线法低降速带调查

用大折射—沙丘曲线法调查表层结构并计算静校正量。沿接收线每600m采集1条浅折射连续剖面，每线炮点密度为500m，点激发、点接收得到每个检波点准确的低降速层“底界”折射交叉时t_0；用由大量微测井资料统计综合出的时深曲线对t_0作时深转换，得到低降速层底界高程，进而由此平滑出“底界”平面图并计算每个炮点、检波点静校正量。

3. 合理组合压制干扰波

沙漠区干扰波主要有面波、折射波、次生干扰和随机噪声，它们来自各个方向，合理进行组合是提高信噪比和分辨率的重要手段。组合基距过大，压制了高频有效信号过小，低频干扰波（能量太强）不能很好压制，不利于高频信息的恢复。为了更好压制干扰波，提高原始单炮信噪比，激发、接收联合压制。工区线束方向为近东西向，地表沙梁走向为近南北向，采用炮点顺线束方向组合，检波器垂直线束方向组合，二者结合，可有效的压制各个方向的干扰波，炮点与检波点垂直组合压制效果明显优于平行组合。

4. 优选激发接收参数

大量试验资料表明，在大沙漠区，选用浅井、多井组合激发，可以保证激发能量；使用中高频检波器、多检波器面积组合可有效压制低频干扰，提高信噪比。通过试验，选择多井顺线束方向组合，基距44m；36个检波器、垂直线束方向组合，组合基距50～70m。

5. 数据处理技术

应用的主要处理技术包括沙丘曲线法静校正、地表一致性脉冲反褶积、交互速度分析、沿层自动拾取层位的剩余静校正等。

6. 综合解释与储层预测技术

（1）利用地震相干技术识别侏罗系断裂系统。

（2）利用地层倾角分析技术识别地层倾角变化情况。

（3）利用地震振幅属性判别振幅分布与断裂系统的关系。

（4）利用三维透视技术研究地震相。

（5）利用 RAVE 技术进行地震相、沉积相划分。

（6）约束反演技术进行储层砂体预测，并利用 GR 值对砂、泥岩分辨率较高的特点，进行反演。

（7）利用模式识别技术进行油气检测。

（8）利用吸收系数技术判别储层含油气性。

（9）用三维建模技术完成了各砂层、砂体的空间展布。

五、效果

1. 高分辨三维剖面品质和分辨率明显提高

从图 9－29 的对比可见，高分辨率三维叠加剖面效果，明显优于常规二维剖面，与同期实施的高分辨率二维剖面基本相当。主要目的层侏罗系主频，达到 50Hz，高分辨率二维为 45Hz，常规二维为 25Hz。常规二维有效频宽为 10～60Hz，高分辨率二维频宽为 10～80Hz，高分辨率三维有效高频超过 80Hz，90～180Hz 滤波记录中侏罗系仍有有效信息；80～160Hz 滤波记录，高分辨率三维优于高分辨率二维，不仅主要目的层侏罗系同相轴清楚，而且白垩系反射清晰。相对原大面元三维资料而言，高分辨率三维剖面的信噪比和分辨率均有提高，剖面上小断层等地质现象清晰，断层解释更加可靠（图 9－30）。

2. 理清了断裂系统及构造形态

使用开发高分辨率三维地震，解释编制的主要开发目的层精细构造图，解决了原大面元三维地震结合开发井所编构造图断裂体系上存在的问题，理清了工区断裂体系和构造形态。侏罗系三工河组油气层顶面，整体上为向西南倾没的单斜，被一系列断层切割形成一系列的断块和断背斜构造。该区主要存在两组断裂，一组为近南北向，呈雁行状分布，另一组为东北—南西向。共解释大小断裂 27 条，皆为正断裂，其中 17 条为新发现的断裂，10 条为重查断裂；这些断裂走向皆为北—北—东走向，呈雁行状分布；从图 9－31 可见，与利用大面元三维资料编制的构造图相比，不仅断裂增加 17 条，而且构造细节、断块、含油气区块、含油气面积等均有很大变化。新的解释成果，已经完钻井的测井、录井及岩心资料证实，复合率大为提高，油气藏顶界面构造精度控制在 0.5%以内。

3. 进一步明确了油气藏类型

莫北原油各项地化参数均表明原油为成熟—高成熟原油，沉积环境为淡水—微咸水，天然气为高成熟的混合型气和油型气，其成熟度高于原油的成熟度，比原油生成晚。莫北地区油、气与石南、石西、陆南地区原油相似，莫北地区的油气应主要来自盆 1 井西凹陷风城组和下乌尔禾组烃源岩。形成与控制因素：盆 1 井西凹陷为主要油源区，断裂为油、气纵向调整通道；在侏罗系内，好储层优先聚烃成藏；三工河组砂岩厚度大、分布范围广，成藏主要受构造因素控制；断距是影响三工河组断块圈闭有效闭合度的因素之一；圈闭严

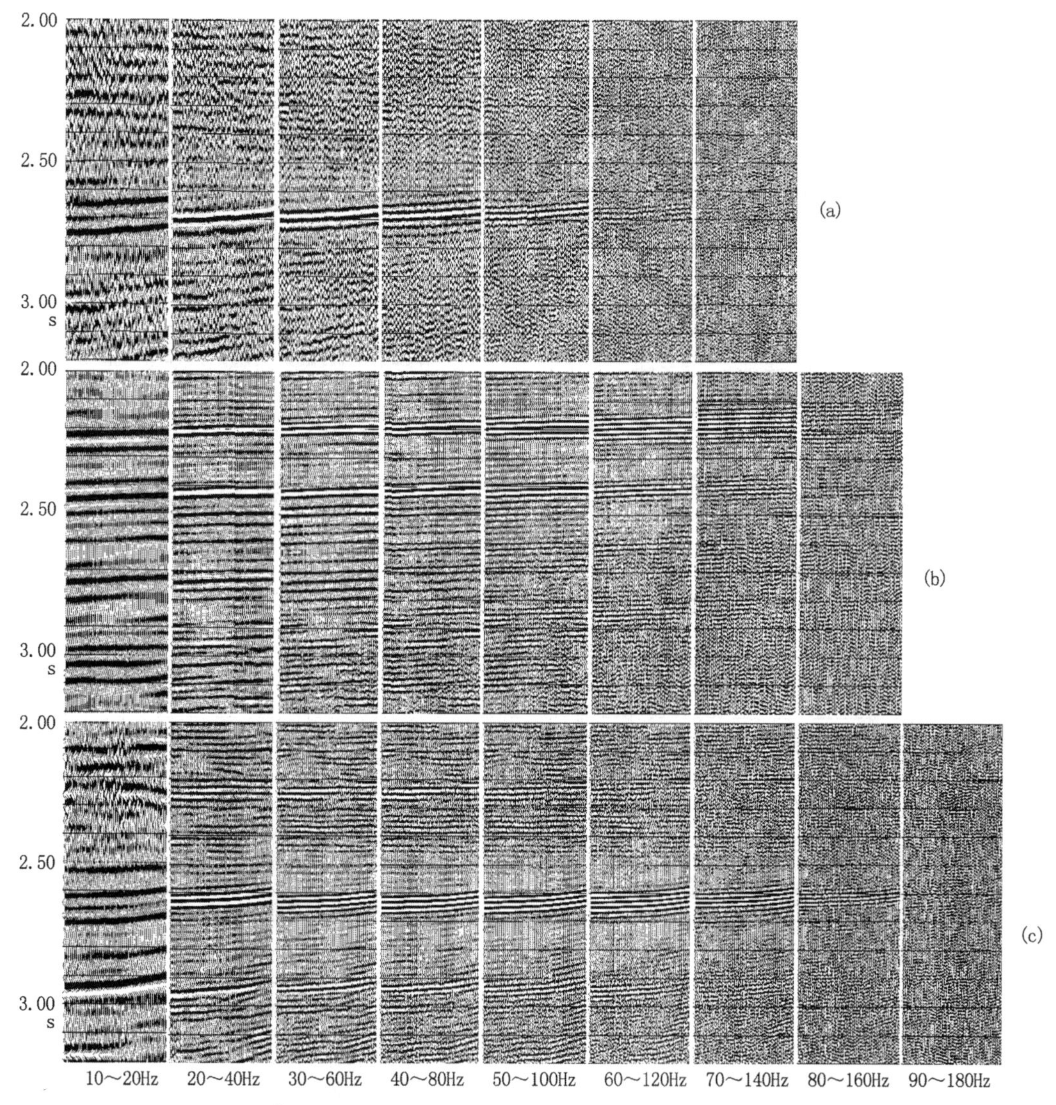

图 9-29 莫北 2 井高分辨率三维与二维剖面频率扫描对比

(a) 常规二维剖面；(b) 高分辨率二维剖面；(c) 高分辨率三维剖面

密则油气保存好，否则油气散失；深部三叠系—石炭系圈闭有良好的油气聚集条件。开发三维地震结合探井及开发井资料，重新确定工区油气藏类型，莫北 9 井、莫北 10 井、莫北 2 井和莫 005 井区块 $J_1s_2^2$ 均为构造油藏，$J_1s_2^1$ 为受岩性控制的构造油藏。

4. 开发钻井效果良好

利用开发三维地震成果，对原莫 005 井区部署的 5 口水平井进行了评价，并初步部署了莫北 9 井区开发井网。共部署开发井 101 口（利用探井 3 口），其中采油井 74 口，注水井 26 口，评价井 4 口。进一步验证了莫北油田的莫北 2 井区、莫 005 井区、莫北 9 井区的含油气面积、油气水界面；钻井成功率 100%，产能到位率 100%，方案符合率 100%，日产油 900t 左右。

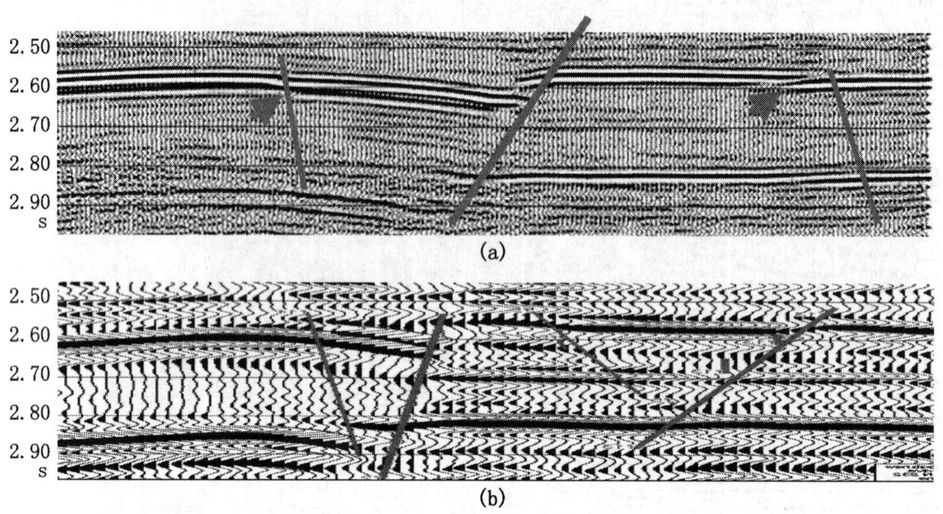

图 9-30　莫北 2 井高分辨率三维与大面元三维剖面对比

(a) 高分辨率三维剖面；(b) 大面元三维剖面

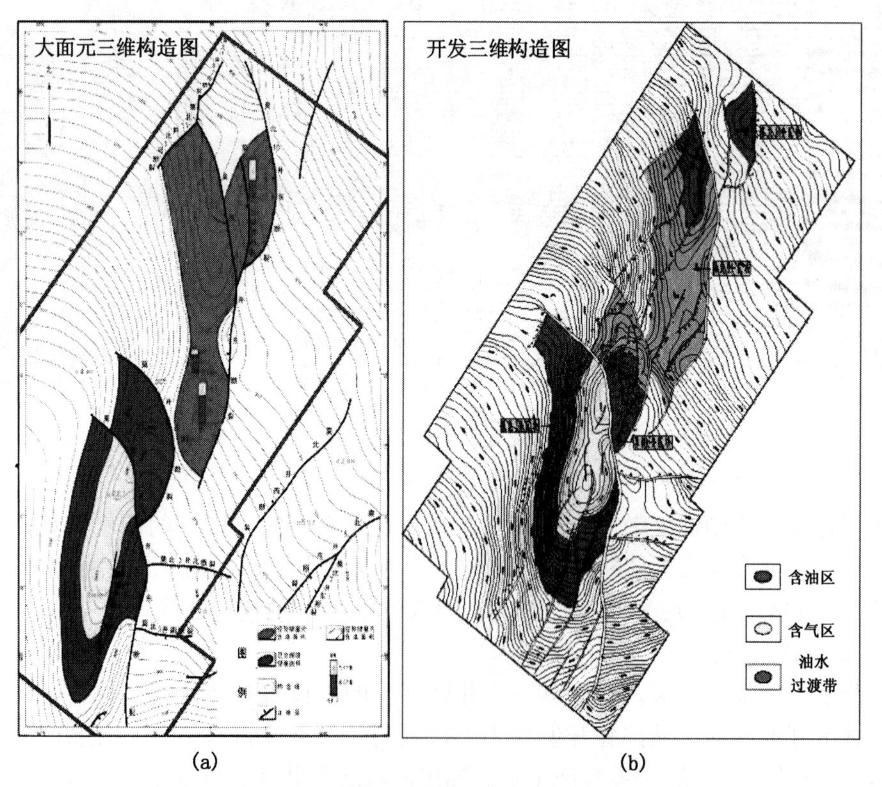

图 9-31　开发三维构造图与大面元三维构造图对比

第九节 苏南金坛储气库三维地震勘探

根据“西气东输”工程的统一部署，拟在江苏省金坛地区建立盐穴储气库。为向这一重点配套工程提供更加科学的依据，2001 年，东方地球物理勘探有限责任公司在该区实施满覆盖面积 45km²的三维地震勘探，主要地质任务是查清下第三系阜宁组盐岩层厚度分布，调查盐岩层边界，了解含盐区域内断裂系统，为储气库规划和实施提供可靠的物探资料与研究成果。

工区属典型的江南水乡，河流纵横，村镇密集，盐岩勘探目的层埋藏浅，浅层局部有喜马拉雅期火成岩屏蔽，三维地震勘探存在诸多困难。通过设计及使用针对性的三维观测系统、强化激发、合理变观、精细处理和解释等技术与措施的应用，获得了品质较高的三维数据体和解释研究成果（徐礼贵，张宇生，2003），降低了盐穴储气库选址和地下溶盐造穴工程的决策与实施风险，满足了建设盐穴储气库的特殊工程需要。

一、工区概况

工区位于江苏省南部。区内有 4 个大的湖泊及多条河流，河湖纵横交错，西南部为小丘陵区，海拔高程为 2～42m，表层岩性为红色胶泥，10m 以下为坚硬的岩石层。其余地区为平坦的耕地水网区，潜水面多为 2m 左右。区内经济发达，电网密度很大。

工区区域构造上位于下扬子准地台东北部的苏南隆起，是夹持于茅山推覆带和上黄—大华隆起带之间呈北东走向的新生代沉积盆地的一部分，中生界、古生界及元古界地层出露于其北部的宁镇山脉东段及西部茅山地区，新生界下第三系除在茅山东麓有零星出露外均被第四系覆盖。上第三系在本区缺失，第四系松散堆积覆盖全区，下第三系自下而上由阜宁组、戴南组、三垛组组成，盐岩层分布于阜宁组上部，埋深 800m 至 1200m。20 世纪 80 年代末至 90 年代初，工区曾做过二维地震普查。

二、勘探难点

（1）勘探目的层浅，盐岩埋藏仅 900～1200m，盐岩及盐膏岩厚度 60～340m，地表复杂，三维观测系统设计优化和变观实施难度较大。

（2）浅层第三系三垛组上段的玄武岩大面积分布，埋深 400～500m，西南部丘陵区局部出露地表，对目的层有很强的屏蔽作用。

（3）工区农田水网区激发岩性差，激发高频能量吸收衰减快，影响目的层反射的分辨率。

（4）工区村镇密集，河湖纵横，工业发达，高频信号干扰强，加上气候多雨潮湿，给稳定采集仪器性能、三维变观系统选用和资料处理带来很大困难。

（5）原始资料信噪比不高，还存在多次波干扰，合理压噪、压制多次波和提高分辨率是处理的关键问题。

（6）盐穴储气库的科学选址和工程实施，对三维资料解释精度、盐岩层厚度及展布、区块的评价等提出了精细的要求。

三、主要采集技术及措施

1. 设计及应用针对浅目的层的三维观测系统

通过建立工区地质地球物理模型，利用 Klseis 软件论证三维观测系统的各项参数。在提高盐岩目的层有效覆盖次数，保障较高信噪比的基础上，提高主要目的层的空间分辨率。经过不同设计方案对比，优选了 10 线 10 炮的小面元、小炮检距的砖墙式三维观测系统。

2. 精细的分区激发技术

详细表层结构调查，了解火成岩及火成岩之上浅层岩性及结构，划分了三类激发分区。通过分区系统激发试验，优选最佳的激发深度、岩性、药型、药量等参数，在西南部丘陵区，采用单深井，火成岩埋深小于 20m 时，在火成岩中激发；火成岩埋深大于 20m 时，选择火成岩上的泥岩中激发；对于农田水网工区，以保证激发匹配效果、压制虚反射、加强下传能量为原则，选择潜水面以下胶泥和粘土等岩性，单深井激发。现场处理分析中，进行子波一致性处理，消除不同激发子波差异，正确判断激发效果。

3. 综合措施压制高频干扰

配备及使用性能先进的新型水陆两用型 SN408XL 仪器、沼泽检波器、防水井中检波器、防水采集站等防水仪器设备，确保雨季和水域正常作业。水陆采用不同检波器及组合图形，陆地使用沼泽防水检波器（GS20DX—10）24 只面积组合；水域采用井下防水检波器（FS—10—4）3 组线性组合。同时注意检波器的埋置，改善组合压噪效果。加强仪器环境噪声监控，避开居民活动高峰时间，加强警戒，坚持弱噪声背景下采集。

4. 合理的三维变观

提前设计，反复论证。在理论设计、现场炮检点实测和反复论证的基础上，在村镇密集的束线设计了常规变观方案；灵活布设变观炮点，在房前屋后，河湖水域，见缝插针，布设恢复和加密炮点，采用深井小药量激发，缩小变观距离，确保炮检距分布均匀，适当增加覆盖次数。在村镇建筑密集区，穿街走巷，堆袋埋土，插置检波器；在河湖水域区，采用井下防水检波器，做到水域不空道；通过合理的应用三维变观技术，大大地缩小变观资料缺口，更好的保证了三维面元属性的一致，取全取整了密集村镇和水域等障碍区下的反射资料。

四、数据处理技术

1. 3 种方法相结合的振幅补偿

采用了首先是利用合理的区域速度进行几何扩散补偿，使远近道、中深层能量得到一定的补偿，然后利用地表一致性原理进行地表一致性振幅补偿，最后利用剩余振幅补偿使得全区资料的能量趋于一致、更加均匀，为后续的地表一致性处理、偏移成像奠定基础。

2. 地表一致性反褶积处理

发挥地表一致性反褶积和单道预测反褶积的联合优势作用，消除由于工区地表条件的变化导致地震子波的不一致。反褶积前后单炮、反褶积前后频谱、子波的自相关函数及反褶积前后叠加剖面（图 9-32）等资料对比表明，反褶积后资料的频谱得到拓宽，部分低频干扰也得到一定压制，剖面信噪比、分辨率有了一定的提高。

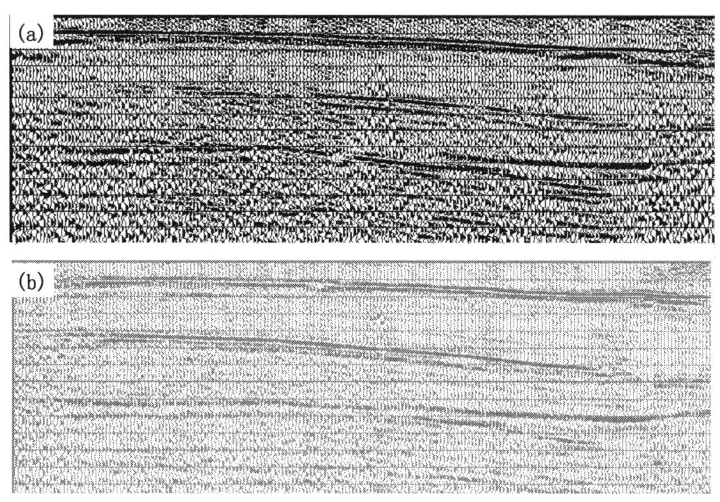

图 9-32 地表一致性反褶积处理前（a）后（b）剖面效果

3. 叠后谐振反褶积提高分辨率

在试验对比谐振反褶积、反 Q 滤波、时变谱白化等方法的基础上，采用了谐振反褶积技术来提高资料的纵向分辨率。

五、资料解释及区块优选

1. 多井精细层位标定

为避免不同位置不同钻井合成记录的标定矛盾，以区内测井资料相对可靠的新钻井为标准，对其他 3 口探井资料进行一致性处理，在此基础上制作合成记录，对主要目的层段三垛组玄武岩顶底、阜宁组盐岩顶底等进行标定。所标定的层位在地震资料上可进行层位的同相轴追踪对比，转换的时深关系曲线与区内仅有的两口 VSP 测井的时深关系曲线基本一致，且变化符合一定的规律性。

2. 多技术精细断层解释

断层对于储气库的有利区块优选评价至关重要。三维资料解释中，采用倾角、方位角、断棱综合检测技术，优势频带相干数据体解释等各种技术手段对断层进行精细解释，理清区内的断裂特征，为区块评价提供了支持。

3. 多层位精细构造制图

在全三维解释的基础上，对该区三垛组玄武岩顶、底，阜宁组盐岩段顶、底等主要目的层进行构造成图，同时，开展相应的速度研究，以确保 t_0 图与构造图转换的精度。多目的层精细构造制图的目的体现在 3 个方面：一是通过三垛组玄武岩顶、底的精细构造制图，明确其厚度及空间分布，便于消除其对下伏的阜宁组盐岩段构造形态的影响；二是阜宁组盐岩段顶、底的精细制图，有利于掌握盐岩空间变化，编制盐岩层厚度图，奠定储气库区块优选基础；三是为将来的钻井固井及盐岩溶蚀造穴工程提供第一手资料。

4. 盐岩层段沉积相与厚度研究

单井分析表明，区内含盐层系自下而上可分为三段：盐下硫酸盐—碳酸盐亚段、中部盐岩亚段、盐上亚段。盐岩段上部为大套的灰、灰绿、绿灰色含膏、含钙泥岩为主的戴南组沉积，泥岩具水平层理。这种由阜宁组四段到戴南组以大套灰绿、绿灰色，具水平层理的泥岩沉积，反应了水体深、水动力弱的深水湖盆的沉积环境，即盐岩只能是深水蒸发岩沉积的产物。

基于深水蒸发岩的这种沉积模式，造成了相邻很近的钻井岩性及厚度的剧烈变化。体现在平面上就是岩性的急剧相变。沉积相的相变体现在地震资料上就是地震相的变化。通过地震相的变化分析，结合钻井资料，就可以确定不同类型蒸发岩的平面展布：工区东部处于断陷盆地的陡坡带，发育以陆源碎屑岩为主的陡坡带快速堆积物；工区中部为巨厚的盐岩。向西发育平面上以窄带展布的富含膏、钙芒硝泥岩；工区最西部发育大套的含膏、高钙泥岩。

为了准确确定工区目的层盐岩的空间展布，从井出发，通过单井相分析，建立合理的沉积模式，利用地震资料的地震相分析、地震属性分析，确定其不同类型蒸发岩的相变带，平面展布，最终完成盐岩层段的厚度图。

5. 建立有利区块评价标准

根据对工区内玄武岩层及盐岩层构造特征的刻画、通过盐岩地层厚度变化规律的分析，结合工区内的断裂展布特征，考虑工程设计的要求，确定地下储气库有利区块的综合评价标准：

有利区：盐岩层厚度＞100m，岩性均匀，分布稳定；断裂、裂缝少（小于10条/3km^2），断距小于10m（断层没有断穿玄武岩）；岩层有效面积＞3km^2；资料可靠。

较有利区：盐岩层厚度为50～100m，岩性均匀，分布稳定；断裂、裂缝少（小于30条/3km^2），断距小于20m；盐岩层有效面积＞23km^2；资料可靠。

远景区：盐岩层厚度＜50m，岩性不均匀，分布不稳定；断裂、裂缝多（小于30条/3km^2），断距大于20m；盐岩层有效面积＜23km^2；资料不可靠。

六、综合效果

1. 获得了齐全完整的三维数据体，剖面品质大幅度提高

由于三维观测系统设计合理，三维变观实施及时有效，在村镇密集、工业发达的江南金坛地区，获得了完整齐全三维数据体，所有剖面上均没有影响资料品质的浅层缺口。

三维剖面（图9－33）上部是第三系三垛组上段的火成岩强反射，其下在时间深度700～900ms处的较强反射即是勘探主目的层下第三系阜宁组盐岩层，其反射波形特征清晰，信噪比和分辨率都较高。下部的两套中低频反射波组为盐下的阜宁组中下段及更老的地层反射。三维资料还清楚揭示了盐岩层的小断层、褶皱、加厚、不整合等地质现象，波组接触关系清楚，断层、断点清晰，岩盐层的构造形态及边界基本清楚，为资料解释创造了较好的条件。而在与三维剖面位置相近的二维老剖面（图9－34）中，除浅部可见火成岩反射外，以下难以识别有效反射信息。新老资料对比表明，此次三维地震勘探突破了浅层火成岩的强烈屏蔽，获得了位于火成岩之下的勘探目的层盐岩的可靠反射，火成岩反射信噪比也明显改善。

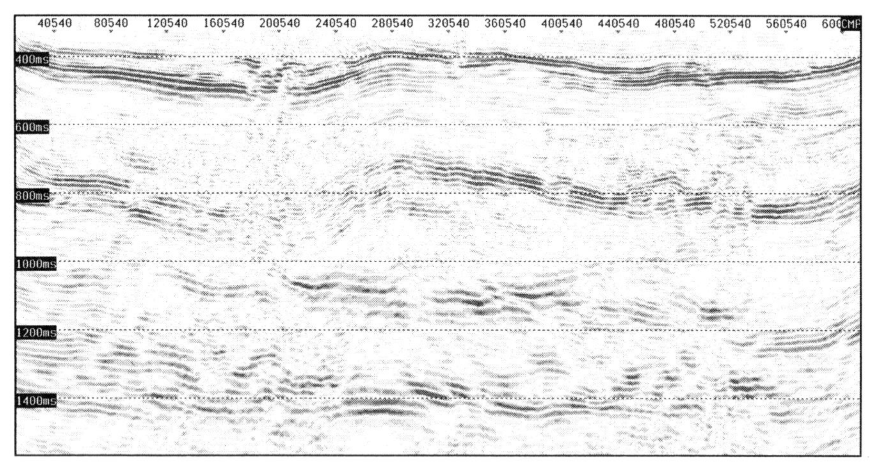

图 9－33　金坛地区三维地震剖面

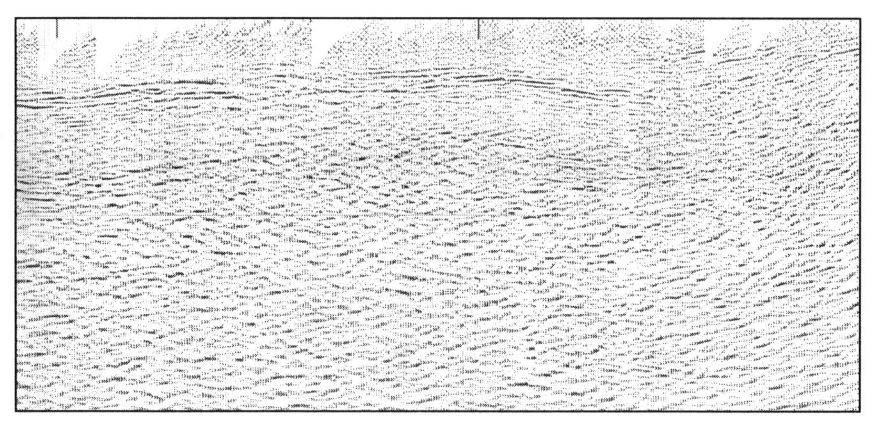

图 9－34　金坛地区原二维地震剖面

2. 理清了工区断层展布

通过资料解释，理清了工区复杂断裂系统。由盐岩底界至玄武岩顶界、由深层至浅层，断层发育有一定的继承性，按其发育程度，断距大小，由工区西部至东部总体上可分为东、中、西部 3 个断层发育带。西部断层发育带，呈北东—南西向展布，断层断距较大，部分断层已断穿玄武岩；东部断层发育带，断层断距较大，大部分断层已断穿玄武岩，断距最大可达上百米，局部控制了盆地早期的沉积演化和盐岩层的平面分布；中部小断层发育带，发育两组走向的断裂，一组为北东—南西向雁列式展布，一组为北西—南东向，后者为前者的调谐断层。

3. 明确了工区构造特征

从深到浅，由老到新，工区区域构造表现了明显的继承性特征，盐岩顶界面构造轴向近于北东—南西向，总体是南高北低的构造格局，现今构造呈现一凸两凹的结构特征。

4. 查清了盐岩段的分布范围

区内盐岩段的分布范围较广，中部盐岩最厚可达240m，向北、向西逐渐减薄，相变为各种泥岩。

5. 评价优选了两个建库有利区块

以三维资料为依据，综合考虑断裂、构造、埋深、盐岩厚度、地震资料品质、沉积相带等多种因素，通过综合评价，优选了两个储气库建设有利区、两个较有利区。两个有利区总面积约93km²。综合评价认为，在金坛地区建立地下储气库，有利区块选择回旋余地较大，地下地质条件较好。

6. 已钻探井验证地震勘探成果可靠

根据此次三维地震勘探成果井位意见，目前已完钻前期探井1口。该井盐底设计井深1169m，实钻1163m，预测盐岩厚196m，实钻190m，地震成果与实钻结果吻合精度很高。由此可见，金坛储气库三维地震勘探成果可靠，已经在地下储气库的建设中发挥了重要的作用。

第十节　扶余油田浅目的层三维地震勘探技术及效果

扶余油田地处吉林省松原市区内，于1959年发现，油层埋深280～500m，是开发了40多年的老油田。累计完成各类钻井5000余口，高峰产油量达到134.5×10⁴t，2003年产量下降为64×10⁴t，综合含水率高达92%。为了挖掘老油田潜力，2003年东方地球物理勘探有限责任公司承担了吉林油田分公司在扶余老油田开展的浅目的层三维地震勘探项目，取得显著成效。不仅为老油田年产能重上100×10⁴t、使之焕发青春奠定了坚实基础，也形成了浅目的层城区三维地震勘探技术。

一、勘探开发背景

扶余油田位于吉林省松原市宁江区境内，地处第二松花江和第一松花江交汇地带，地势相对平坦，有1/3的面积在市区内。区域构造位于松辽盆地南部中央坳陷区东缘，扶新隆起带扶余3号构造上，勘探开发经历了两个阶段（刘军，侯平等，2003）：

第一阶段：早期探明阶段（1955年至1970年），1955年开始应用重力、磁法、电法、光点地震勘探，1959年发现白垩系泉头组四段扶余油层。1964年探明并建产，1970年复算探明含油面积89.95km²、石油地质储量12919×10⁴t，油层埋深280～500m。另外探1井于1963年8月在泉头组三段试油获工业油流，首次发现杨大城子油层。但由于储层变化快、油藏复杂一直未形成规模效益。

第二阶段：油藏稳产、降产阶段（1970年至2003年），利用溶解气驱油上产，1970年产油84.57×10⁴t，1972年上升到126.7×10⁴t。但地层能量严重不足、压力迅速下降，于1973年开始注水并稳产10余年，产量稳定在125×10⁴t以上。之后由于注水波及不均衡，开始降产。从1982年至2000年经过两次调整、稳产降产，到2003年产量下降到64×10⁴t，含水率上升为92%，但采出程度仅有25%。

回顾扶余油田勘探开发40余年，地震勘探始于20世纪80年代，先后完成了常规二维及高分辨率二维地震勘探工作，测线主要集中在扶余油田周边，油藏主体部位为地震空白区。客观原因是油田地处松原闹市区，且油层埋藏极浅，地震勘探技术应用受到一定限制；主观原因是油层浅、钻井开发成本低，区内勘探开发井数多达5000余口，平均钻井密度20口/km^2，油田主体局部最高密度达到60口/km^2，地震勘探的投入与经济效益难以预料。为了进一步延长油田经济开发年限，2003年吉林油田对扶余油层下的泉头组三段杨大城子油层实施整体评价和探明，为层间调整、周边滚动，挖掘扶余油田的资源潜力奠定了基础。在扶余油田区部署三维地震勘探满覆盖面积258km^2，开展老油田浅目的层城市三维地震勘探项目。

二、地震勘探难点

在已进入开发中后期，并且地表为城区的扶余油田进行三维地震，主要有4个方面难点。

1. 主要目的层埋藏浅，地表障碍物多，观测系统设计极其困难

扶余油层一般埋深在280～500m，其主要目的层T_2反射层的双程反射时间约200ms，且构造主体部位处于松原市区，地表障碍物密布，因此对三维地震采集精度要求极高。尤其是勘探费用投入有限的条件下，观测系统设计与勘探投资的平衡点难以确定。

2. 三维工区横跨第二松花江、中部位于松原市城区内，并且老油田开发区各种工业设施多，不仅地震采集施工难度大，而且各种人文、工业干扰极其严重

松原市区在工区中南部，面积约30km^2，周边大的村镇还有35个，松花江面宽100～800m，在工区的覆盖面积约50km^2。一方面由于障碍物密集，地面多为柏油或水泥路面，炮、检点布设和实施极其困难；且城区及油田各种外界干扰严重影响采集施工和地震记录的质量，同时，给地震信号处理中的噪声压制、能量补偿、子波整形、相位校正等带来难以估量的难题。

3. 区内地震地质条件复杂，尤其表层结构、岩性变化较大

由于第二松花江穿越工区西部，江湾区表层岩性为淤泥和流沙，北部高岗区为巨厚的沙岗，潜水面较低、频率吸收严重、浅层折射十分发育、多数区域缺少低频成分。这种表层差异不仅造成野外激发、接收参数的选择困难，也造成了严重的静校正问题，同时表层结构横向变化对后续的子波处理带来困难。

4. 目的层为浅层复杂断块油藏，对地震资料浅层成像的信噪比要求极高

钻探井证实，扶余油田为复杂断块油藏，由于上述表层结构变化、城市和江河干扰等因素，使原始地震资料品质整体偏差、横向差异大、静校正问题突出，对后期地震数据处理解释中断裂系统准确成像和精细刻画造成较大难度。

三、主要技术与对策

针对上述难点，实施该三维地震勘探的基本技术思路是，围绕地质目标、充分考虑地表及地下条件，开展地震采集—处理—解释一体化的精细目标勘探，发挥采集—处理结合的重要作用。针对浅目的层，开展采集—处理一体化的精细目标勘探设计；处理始终参与采集过程，实时动态监控变观及其实施效果；采集—处理相结合，做好噪声压制和静校正。

1. 采集—处理一体化优化观测系统设计

根据老二维地震及丰富的钻井资料做精细的技术分析，理论计算面元边长为12.1m，但工程造价高。为此在处理定量分析邻区木头三维（15m×30m面元）原始资料基础上，确认在150～200ms处只要适当提高近炮检距覆盖次数，通过精细处理会达到较好的成像效果。因此，在不同面元尺度和观测方式的15种预设计方案中，重点突出考虑经济可行、面元满足、缩短排列、放宽方位、提高覆盖、降低脚印等因素，优选为15m×30m面元、10线5炮80道接收（10*L*×5*S*×80R）、40次覆盖的斜交观测系统。

2. 动态变观设计与实施，跨越城区等障碍

由于采用较小的观测面元，给城区施工提出了近乎苛刻的要求。在跨越城区障碍时成立了采集—处理一体化变观设计及逐点监督落实小组，实现动态变观设计。利用大比例航片，在图上确定物理点后，详细踏勘实地逐点落实，再根据实测结果用计算机模拟放炮，分析论证不同目的层的覆盖次数，在覆盖次数达不到设计要求的部位适当加密炮点，直到满足设计要求为止。

（1）检波点不允许空道，尽量在城区内的街道、楼宇间及院子内等空地布设检波点，检波点偏移距离小于±1/2道距。

（2）炮点恢复要根据目标点目的层的埋深和初至折射波的速度、剖面的缺口时间，设计各点的最大空炮范围，保证每个CMP面元内有足够的小炮检距分布和一定的覆盖次数。

（3）保证观测系统尽量与原设计一致的条件下，在人口最稠密的江北城区加密了508炮，并加长接收排列到120道对称接收，增加深层覆盖次数，提高城区资料的信噪比。

（4）确保城区环保安全，采用炸药震源与可控震源联合激发。在能用井炮的草坪、空地尽量采用炸药震源，药量在0.2～2kg之间。在院区、公路上用可控震源联合激发。

（5）检波器尽量布设在花坛、草坪、绿化带等空地上采用电钻打眼埋置检波器，在水泥路面采用沙袋插置检波器的方法，保证了与大地耦合效果。

（6）针对城区外界干扰严重的难点，采取夜间施工。

（7）针对松花江水流湍急、采集困难，通过科学组织，分区采集，应用“平移排列”施工方法，在冰冻后完成松花江的采集。

通过以上措施，城市等障碍区激发点、接收点全部到位，确保了成像精度和浅层资料的完整性。

3. 强化采集—处理一体化的质量监控，确保原始资料品质

从采集设计开始，到野外变观逐点实施，始终坚持处理对采集每一炮的记录质量进行定性和定量的分析，实时监控环境噪声、研究有效信号的接收质量，保证采集资料品质的有效性。

4. 采集—处理一体化，做好精确的静校正、噪声压制和能量补偿

在强化野外表层调查的基础上，处理中应用三维初至折射波剩余静校正技术，结合自动剩余静校正技术，有效而准确地解决了该区复杂的表层结构对资料的影响。

针对表层结构变化大的特点，野外强化表层调查，小折射控制点密度达1个/km^2、微测井控制点达1个/$2km^2$，并进行逐点岩性录井。在低降速带变化剧烈部位增加调查点数，有效控制低速带厚度变化，为后续处理工作提供了准确的静校正控制数据，同时也为激发

参数的选择提供了依据。室内应用三维折射波剩余静校正技术进一步解决中、长波长静校正问题，在此基础上应用地表一致性剩余静校正和模拟退火剩余静校正有效地解决了高频静校正问题（图 9－35）。

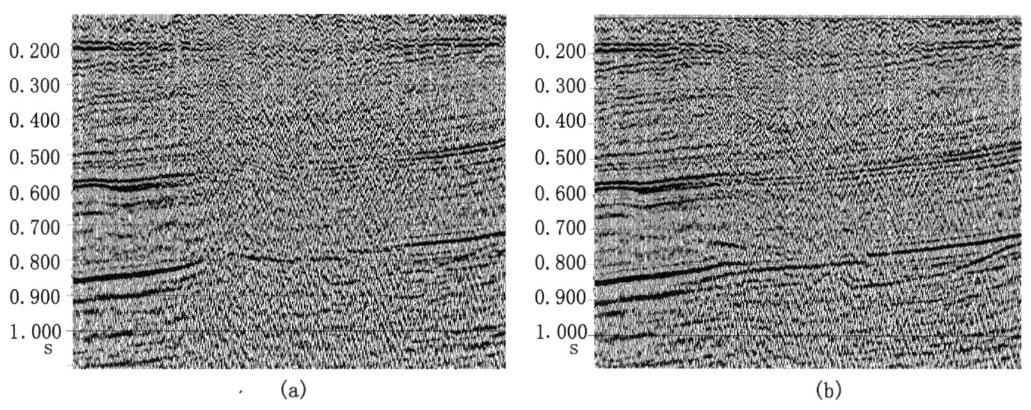

图 9－35　应用折射波静校正前（a）后（b）剖面

针对江湾、高岗等不同表层条件下激发、接收参数不同所表现的较大的频率、能量差异及信噪比低差异和城区内干扰波发育的特点，资料处理过程中重点应用了叠前能量补偿及地表一致性异常振幅压制、地表一致反褶积等子波整形技术。尤其针对城区复杂干扰，在叠前分别应用单频压制技术去除 50Hz 工业干扰、叠前线性滤波压制强烈的线性干扰、区域滤波压制面波、用高能压噪与道编辑压制随机噪声，最后在叠后应用随机噪声衰减进一步提高信噪比。

5. 处理—解释一体化刻画复杂断裂

针对浅层复杂断裂的特点，处理—解释一体化结合，在每一步速度分析中，考虑地层的变化和断裂的发育特点对速度变化的影响。尤其在偏移方法试验和偏移速度场建立中，在平滑 DMO 速度场的基础上充分应用了丰富的钻井资料对偏移速度场进行了约束，最终得到了满意的偏移效果。资料解释过程中，强调与储量评价及油田开发密切结合，以钻井、地震匹配为基础，注重小断裂的地震属性分析与解释识别，精细刻画了断裂系统特征。

四、勘探效果

1. 地震剖面效果

针对勘探目标特点的采集—处理—解释一体化目标设计技术解决了浅层勘探的问题；实时动态的地震变观设计与质量监控技术解决了复杂城区障碍物问题；钻井、地震联合逐点设计参数的激发技术解决了城区的安全环保问题；复杂区高精度配套静校正技术解决了低降速带变化带来的静校正问题；子波处理技术解决了变化采集参数带来的横向波形变化，使本次采集的三维地震剖面比以往采集的二维地震剖面（图 9－36），以及周边三维地震剖面（图 9－37）的资料品质有了质的提高，信噪比、分辨率高，新三维地震勘探的频带达到 10～95Hz，断点清楚，波组特征明显，完全能够满足构造精细描述的地质任务。第一次在

100m以下的浅层得到了清晰的地震反射成像；第一次在实现了跨过整座城市和江河，实现了资料无缺口的勘探记录；第一次得到了本区浅、中、深层及其基底的地震清晰成像和精细构造图。

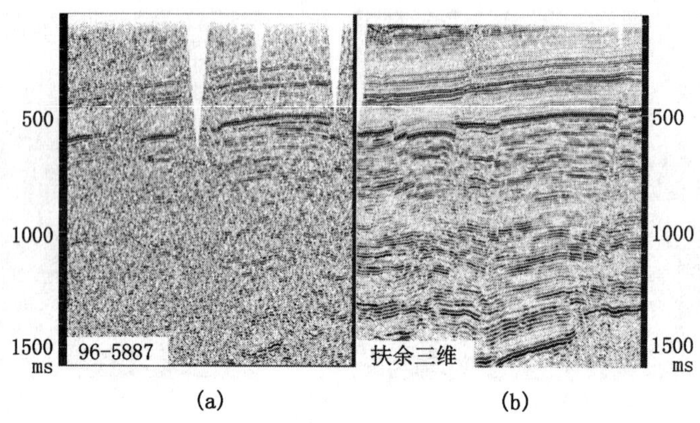

图9-36　二维（a）与三维（b）地震剖面对比

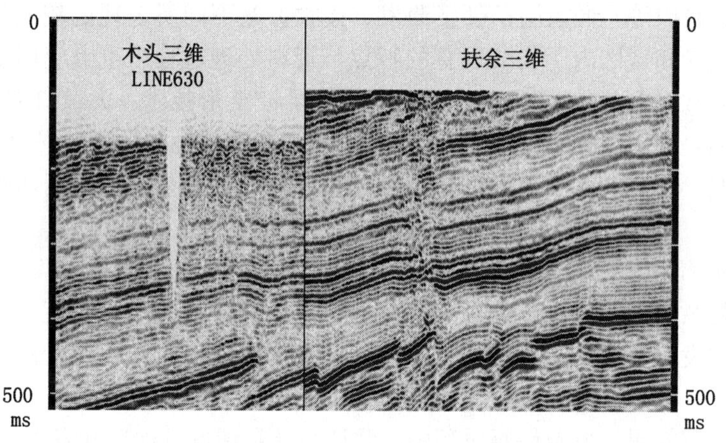

图9-37　扶余三维与邻区2002年木头三维地震资料连线剖面对比

2. 地震地质成果

1）进一步明确了扶余3号构造区断裂发育特征和构造细节

发现和证实了东西向和北东东向断裂系统的存在。明确了扶余3号——东西分带、南北分块的特征。与应用5000余口钻井资料结合老二维地震资料得到的构造图相比，对断层的平面组合关系、发育位置、条数，发生了巨大变化：老构造图有断层334条，三维地震资料的新构造图上有780条，增加了446条，是原断层数的2倍还多（图9-38），东西向断裂系统的发现对油藏起到重要的分割作用。在目前主要开发层T_2反射层落实圈闭面积123.2km²，发现有利构造19个，总面积12.4km²；T_2'反射层落实圈闭面积75.2km²，发现有利构造12个，总面积10.9km²。其他深层T_{a1}，T_{a2}，T_3，T_5反射层共发现圈闭总面积218km²。

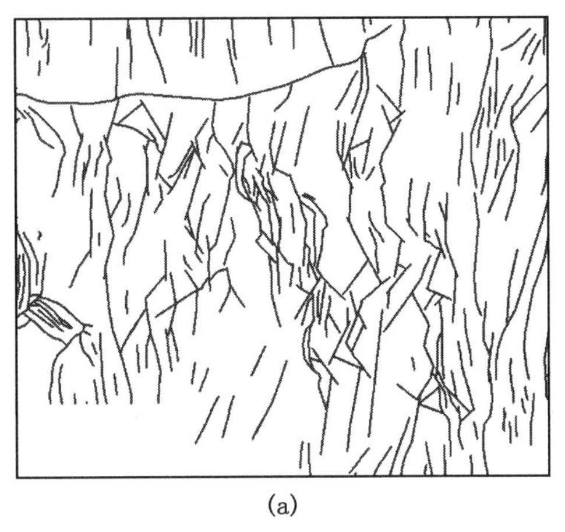

(a)

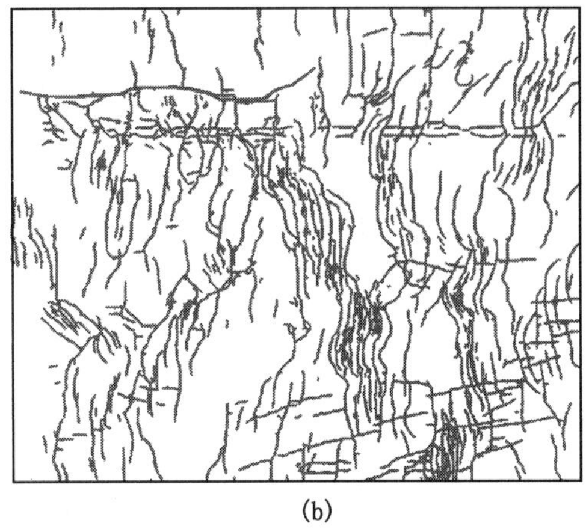

(b)

图 9－38　泉头组四段顶面断裂系统对比图

(a) 钻井资料结合老二维地震资料得到的构造图；(b) 三维地震资料得到的新构造图

2) 大幅度超额完成了杨大城子油层油藏评价任务

在 2003 年预计探明 20km^2 含油面积，700×10^{4}t 储量的基础上，应用三维资料后新落实含油面积 35km^2，探明储量增加到 2342×10^{4}t，是原计划的 3.2 倍。

3) 推动了扶余老油田的外围滚动勘探开发并获得新的突破

2004 年应用三维资料在老油田的南北外围滚动，都获得了突破。仅扶北区块，已完钻评价井 17 口，有 16 口见到油层，预计新增探明储量远大于 1000×10^{4}t。随着其他区块的不断滚动勘探开发，扶余油层储量将会大幅度增加。

4) 为开发方案调整奠定了基础

根据三维地震精细刻画的断裂系统，发现原开发单元的划分存在较大问题，大批同一生产和注水井组并非在同一断块单元内，严重影响了注水驱动效果。目前扶余油层的储量采出程度仅有 25%，如果根据高分辨的三维地震刻画的精细断裂系统，重新认识扶余油层的开发单元，调整和完善开发、注水井组，将进一步挖掘老油田潜力，预计可使采出程度提高 10%～15%，相当于找到一个新的亿吨级大油田。

总之，扶余油田超浅目的层三维地震采集—处理—解释一体化的勘探技术攻关，顺利完成了任务。不仅初步形成了浅层城市三维地震勘探的技术系列，达到了 3 个预期的目标——探明杨大城子油层、外围和深层滚动勘探开发的目的。更重要的是为扶余老油层的开发方案调整奠定了坚实的基础，创造了扶余油田开发 40 年后，年产量重上 100×10^{4}t。同时也再次用事实证明了地震技术在油气勘探开发过程中的不可替代作用。

参考文献

董敏煜 . 2000. 地震勘探 . 东营：石油大学出版社

冯许魁，刘兴晓，温声明 . 2002. 岩溶地震解释技术在轮南古潜山勘探中的应用及效果 . 石油地球物理勘探，l37 (6)：22～24

何自新 . 2003. 鄂尔多斯盆地演化与油气 . 北京：石油工业出版社

贾振远.2001.论碳酸盐岩储集层（体）.海相油气地质，6（4）：1～7

姜在兴.2003.沉积学.北京：石油工业出版社

李庆忠.1993.走向精确勘探的道路.北京：石油工业出版社

刘军，侯平等.2003.大情字井地区高精度三维地震解释技术及应用效果.石油地球物理勘探，39（1）：50～55

陆基孟.1996.地震勘探原理.东营：石油大学出版社

吕炳全，李银德等.1995.蒸发边缘海相储层的研究.上海：同济大学出版社

王鹏，刘兴晓.2003.轮南古潜山岩溶缝洞系统定量描述.新疆石油地质，24（6）：546～548

[美] 渥·伊尔马滋著，黄绪德等译.1993.地震资料处理.北京：石油工业出版社

徐礼贵，严峰.2003.复杂前陆冲断带三维地震采集技术及应用效果.中国地球物理2003.南京：南京师范大学出版社

徐礼贵，张宇生等.2003.苏南金坛储气库三维地震采集技术与效果.中国地球物理2003.南京：南京师范大学出版社

俞寿朋.1994.高分辨率地震勘探.北京：石油工业出版社

张白林等.2003.地震资料数字处理方法.北京：石油工业出版社

周海民，常学军等.2004.复杂断块油田精细开发——渤海湾盆地南堡凹陷精细开发实践与认识.北京：石油工业出版社

周海民，董月霞等.2001.小型断陷盆地油气勘探理论与实践——以渤海湾盆地南堡凹陷为例.北京：石油大学出版社

邹才能，张颖等.2002.油气勘探开发实用地震新技术.北京：石油工业出版社

Gijs J. O. Vermeer. 2003. 3D Seismic Survey Design optimization. USA：The Leading Edge. 1～5

H. G. 里丁主编，周明鉴，陈昌明等译.1991.沉积环境和相.北京：科学出版社

第十章　技术发展战略

油气资源是一种不可再生的能源，也是一种易于运输、储存、使用和安全的能源，正因为如此它在人类各种活动中占有特殊的地位，它的资源量也备受人们的关注。有一些预言家曾在20世纪中叶预言再有50年，地球上的石油资源会枯竭。近20年来，石油物探技术的进步表明，情况并非如此，虽然地球物理勘探工作条件越来越困难，但石油物探解决地质问题的能力要远远高于20年前的水平。不久前，又有人根据现代物探技术发展情况做了一个保守的估计，认为全世界已开采的石油只占石油总储量的1/4至1/3。就我国而言，我国的石油已探明储量约占全国总资源量的1/4，但我国的天然气资源形势更好，目前已开采的天然气只占总天然气资源量的7%，也就是说我国尚有75%的石油资源及93%的天然气资源待探明，拥有极大的勘探开发潜力。我们应当看到，地球上的油气资源总是有限的，但是资源量，或者说可开采的储量却与人们掌握的技术水平有密切的关系，因此在不同的时期，人们对全球油气资源的预测不同。

我国的大庆油田和胜利油田每年新增地质储量已经连续20年保持 1×10^8 t 以上，其中石油物探技术的贡献率功不可没。目前我国石油物探技术水平已经今非昔比，我国在陆相薄互层勘探理论、复杂地震地质条件下的勘探技术及物探资料解释技术等方面已经取得了举世公认的成绩，但我们在整个石油物探领域的原创性技术还是凤毛麟角，绝大多数的技术只能够列入应用创新领域。当前不论在国内还是国外，勘探市场仍然处在一派蒸蒸日上的局面，我国的石油物探工作者应当很好地把握21世纪初石油物探技术发展的机遇，本着有所为、有所不为的精神，使我国的石油物探技术提高到一个新水平。

第一节　地球物理技术发展趋势

当人类步入新世纪的时候，人们对石油物探技术的发展趋势虽然有不同的预测，但对今后一段较长时间石油物探技术要解决的问题却能做到异口同声：

（1）复杂地区油气勘探的地球物理技术。

（2）油藏地球物理技术。

实际上，上述这两个问题也是石油物探技术发展战略要解决的两个根本问题，前者是如何在日益复杂的条件下寻找油气，后者是如何辅助开采油气，两者缺一不可。

石油物探技术属于应用地球物理学范畴，而应用地球物理学是介于地球物理学、石油地质学、构造地质学、沉积学和岩石物理学之间的一门边缘科学。也就是说，这些学科既是石油物探技术发展的理论基础，又是推动石油物探技术发展的动力。自20世纪80年代以来，在石油物探资料解释中所应用的一系列新的解释方法，都是上述各学科相互渗透而形成的，如地震地层学、层序地层学、平衡剖面等，再如岩性地震学和开发地震学是地震勘探理论及技术与石油地质学及构造地质学相结合而形成的一些新学科。

此外石油物探数据采集技术的发展还需依赖于微电子学、精密仪器制造和自动控制等学科的发展，石油物探成果的显示与计算机的图形技术密切相关。

数学及计算机技术为石油物探技术的发展提供了广阔的空间，如地震勘探理论与数学相结合，以通过几何学射线形式描述地震波波前的空间位置与传播时间关系，研究地质构造几何形态的学科称为几何地震学；以描述人工场源激发的弹性波场传播规律，研究地质构造的几何形态和岩性的学科称为物理地震学。再如石油物探技术的全部研究内容，不论是正问题还是反问题研究都要涉及许多相关学科的基础理论和数学计算方法，而每一种计算方法均对应一种数据处理技术。为了不断提高物探方法的精度和计算效率，就会不断地有新方法出现，从而推动石油物探技术不断向前发展。

综观当前全球石油物探技术发展趋势大体上沿着如下几个途径：

在物探数据采集上实现二维向三维的转变，对地震勘探而言还要实现单分量采集向多分量采集转变；

在物探数据处理及解释一体化基础上，实现时间域向深度域转变，实现叠后处理向叠前处理转变，实现单一信息反演向多信息联合反演转变，实现单一属性解释向多属性联合解释转变，实现声波成像方法向弹性波成像方法转变，实现构造解释向油气藏解释转变，实现定性解释向定量解释转变；

在地震勘探理论上，实现均匀各向同性介质假设向各向异性介质假设转变。

以上列举了10种转变，下面分别简要地介绍这些技术当前进展的情况。

一、物探数据采集

重磁电地面勘探方法由二维向高精度三维发展在技术上已不存在任何障碍，尤其是广泛使用全球定位系统（GPS）精确测量垂直和水平位置，采用激光测距仪精确测量地形，从而使得实际重磁勘探数据最终结果的精度和可靠性有了明显的提高。就大地电磁法而言，为了适应三维发展的需要，目前国外正在研制一种与以往不同的采集系统，它可以对油气富集区间接或直接成像。

在地震勘探中，以二维数据采集为主的时代逐渐为三维采集取代，现在国内外都倾向于在复杂区进行二维地震勘探时，一旦第一口预探井成功，就不继续做二维详查或细测，而是直接开展三维勘探。此外，为了适应复杂地区三维勘探的需要，地震数据采集系统正在开发万道遥测地震仪替代在用的千道遥测地震仪；为了适应勘探隐蔽油气藏及研究各向异性介质的需要，要扩大使用多分量采集技术（陆上采用三分量，海上采用四分量）。若分别采用纵波和横波震源激发、用三分量检波器接收，就会得到9个分量的地震记录。有人预言多分量采集及其相关的问题将会发展成为多分量地震学。采用多分量地震技术，不仅可以减少地震地质解释的多解性、易于识别细微的岩性变化、进行裂隙及各向异性检测，而且能够识别储层流体的特性（包括识别饱和度）。多分量四维地震技术在油藏监测、提高油气采收率方面的作用已初现端倪，有望成为油藏开发领域常规作业技术。

二、物探数据处理及解释

在物探数据处理及解释一体化基础上要实现上述7个转变，除定性向定量转变有较大难度外，其他 6 个转变都已在不同程度上展开，并显示出强大的生命力。如今将一些涉及地震振幅保真处理的项目由叠后转向叠前处理在技术上及计算机资源上均可做到。叠后处理对于构造相对简单地区能很好地成像，但对于复杂地区，地震射线严重弯曲不满足叠加处理条件，此时就应进行叠前处理。此外，在叠前资料上提取各种属性也更能真实地反映地层及构造信息。由时间域向深度域转变，不仅为了适应地质学家和油藏工程师的需要，而且也是提高地震数据解释精度的需要。值得特别指出的是，由于计算机性能不断完善和速度建模技术的改进，现在叠前深度偏移技术已经由试验性处理走向规模应用处理，地震偏移成像正逐步被用作后续处理的输入数据。至于成像方法总体发展趋势是射线偏移成像方法被波动方程偏移成像方法取代，声波方程成像方法被弹性波方程成像方法取代，进而实现全波动方程的矢量波场成像。在当前，三维叠前深度偏移技术被广泛认为是解决复杂区地震数据成像问题的最好方法，其具体实现思路大体上有两类：其一是在每个延拓步长内实现主要波场的变换域偏移和散射波场的变速偏移，达到成像角度高及纵横向变速的效果，对叠前数据而言则是对每个共炮检距或共方位角数据进行波场延拓，再将所有炮检距偏移成像叠加起来构成叠前深度偏移结果；其二是通过激发点和接收点两次聚焦实现共聚焦点深度成像，此法可以消除复杂近地表的影响（如对于各向异性介质难以求取速度模型，此时利用共聚焦点深度成像技术即可估计出相应算子，解决静校正问题），消除全程多次或层间多次波，消除上覆层对波的传播影响有利于盐下构造成像，可自动实现转换波成像（先对下行波做激发点聚焦，后对转换波做接收点聚焦）。

至于单一信息反演及解释向多信息联合反演及解释两部分内容是不可分割的，此处一并叙述。数学上通常将由观测数据演绎对应的模型称为反演（也称为反问题），或者说由一个物理系统上的控制观测数据来恢复该系统的一套数学运算及统计方法称为反演。石油物探技术要研究的根本问题是反演问题。有学者说，直到 20 世纪 60 年代初地球物理反演才真正在地球物理学家的头脑中扎根，成为日常数据处理及解释的最基本方法。从那时开始，地球物理反演才逐渐发展起来，地球物理学理论和计算机技术的发展为地球物理反演技术发展带来无限生机。必需指出，反演结果的正确性必须由地球物理解释人员解释认定才算数，那种无监督的地球物理反演是不可信的。由于反演能处理不同的地球物理数据，因此人们能够将不同的地球物理数据集（如地震、位场及井中等数据）与同一地层模型同步或顺序地进行拟合，从而形成多信息或多参数联合反演。这种多信息或多参数联合反演有着不可估量的应用前景。

反演与正演有密切关系。为了减少反演的不确定性，通常采用最优化算法估量观测地球物理响应与正演计算的地球物理响应是否匹配，就是说力求使得观测数据与计算数据之间的差异达到最小。在大多数算法中都是先对模型参数作初始估计，进而算出模型响应，然后用最优化算法产生一组调节或修正参数的估计值，并将其插入到理论模型中，形成新的理论响应，改善两者匹配情况。如果匹配情况满足两者差异最小，则说明此反演是收敛的。可见反演计算结果取决于两个因素，即正演模型的选择和最优化算法的选择。即便如此，对应两者差异最小匹配的解并不是唯一的，必需利用一些先验性知识对解进行约束，从而发展了许多约束反演方法。约束反演在地球物理数据反演中有着广阔的应用前景，如遗传算法、模拟退火法、蒙特卡洛搜索法及人工神经网络法等求解反演问题算法的应用越来越普遍。近年来，在地震勘探领域，地震反演方法层出不穷，除储层预测及地震偏移外，出现了地震旅行时反演（又称地震旅行时层析反演）及地震全波形反演等新方法。地震旅行时反演是对一组观测（或者是拾取的）旅行时数据与由一个合适的正演模拟算法获得的旅行时数据进行迭代拟合，直到两者之间的一致性达到满意为止。此处的正演模拟算法通常采用射线追踪方法及波动方程求解，波动方程又有声波和弹性波两种形式。此法广泛用于地震静校正、井间地震、地震偏移速度估算及各向异性研究领域。全波形反演是旅行时反演的推广，它不是将观测的（或拾取的）旅行时与计算的旅行时拟合，而是将全波形合成地震图像与全波形地震记录数据相拟合，无需拾取旅行时数据。目前此法应用的最大困难在于计算机的资源还不能满足需要，另一个困难是一旦给定的模型响应与数据中的噪声分量相拟合，所造成的影响将比其他反演方法要严重。

此外，在地震反演领域还有两个发展方向值得注意：其一是深度域反演，即直接利用测井地质模型约束识别小层，从而避免了深时或时深的转换引起信息的丢失；其二是采用弹性波反演，可以更真实地反映地层的 AVO 特性，增强对岩性及地层所含流体特性的预测能力。

至于地震数据解释由构造解释向油藏解释转变的进程早在 20 世纪中叶就开始了。近 10 年来，这种转变的速度逐步加快，主要得益于储层地震解释技术及三维可视化技术的发展。前者包括精细三维构造解释、约束反演及属性提取和识别等 3 个方面的内容，其中涉及地震属性提取和识别的发展更令人刮目相看。如何使提取的地震属性更具有代表性、如何更有效地建立多属性与储层物性参数的关系及如何快速地优化属性，仅依靠某种单一方法都不能系统地、全面地解决这些问题。为此，最近有人提出一种双重优化方法，建立地震属性与目标参数之间的关联；在此基础上利用 $k—l$ 变换进行属性组合的正交变换，从高维组合中优选出低维的属性组合。此法的关键是通过灰色理论中的灰关联分析，确定灰色系统内各因素之间的主要关系，从中找出影响目标值的重要因素。而确定地球物理属性与预测储层目标体参数的关系恰恰可以看作灰色问题，所以采用灰关联分析方法能很好地反映这种映射关系，同时也突破了寻找地球物理属性与储层目标体之间线性或者非线性的局限。采用 $k—l$ 变换不仅能对高维属性组合作降维处理，而且能使变换的优化属性组合保留原数据所有的特性，从而能较合理地反映原目标体的特征，提高了地震储层的预测精度。应该看到，地震属性提取及解释技术已经成为地球科学解释中一项常规技术。由于地震资料的信息量相当丰富，它不仅有振幅、频率、相位、极性、速度、地层倾角、方位及几何形状、结构表征，而且将地震资料与其他学科结合，还在不断产生新的属性，因此应用地震属性进行油藏解释有着广阔的发展空间。

三维地震数据体可视化实质上是地质构造、地层岩性及地震振幅特性在三维空间的综合反映，三维可视化技术是地震资料解释技术发展史上一项标志性技术。三维可视化解释过程通常由五步构成：

（1）形成数据体，对数据体进行质量控制。

（2）对数据体快速观察。

（3）对数据体进行精细层位标定。

（4）对感兴趣的目标数据体进行可视化解释。

（5）将可视化解释的层面和断面数据进行立体可视化显示，直接完成钻井轨迹设计，或者完成等值线平面图。

由于三维可视化是在三维图形服务器环境下运行，各种基于数据操作、图素提取与曲面造型及体绘制技术的应用，使得地震解释人员有可能直接以人机交互方式进行地层解释、地震相解释及油藏特征描述。解释结果在三度空间呈立体显示，可以激发解释人员的灵感，赋予人们的无限想像空间与创造力，从而有利于提高工作效率及地质解释结果的质量。随着微机性能的提高、成本的降低及可视化解释软件的发展，三维可视化解释设备正向微机群发展，其发展途径有两条：

（1）采用并行机群进行大量的计算及三维可视化分析。

（2）采用分布式机群，人手一台，通过网络连接，用于精细解释研究。

三维可视化能以人们容易理解的显示方式，综合大量的数据，从而促进了各学科科学家的沟通和协作。现在国外已出现虚拟现实技术，它是三维可视化技术发展的新境界。这种技术有可能利用计算机生成一个逼真的感觉世界，使人们可以用自身的自然技能对这个生成的虚拟实体进行交互观察。近年来，虚拟现实技术随着计算机技术的进步得到了飞快的发展，并逐步走向实用阶段。

在开展油藏解释中还应注意以下一些方法的应用和发展：地震岩性分析的目标是直接从地震数据中提取岩性、孔隙率和孔隙流体成分信息，以评价储层的优劣。岩石物理学是地震岩性分析的理论基础。鉴于储层的时延效应、各向异性、复杂岩性、孔隙流体性质等因素的影响，加上现有求取纵、横波速度精度的限制，地震岩性分析工具仍依赖于实验室测定归纳的一些经典的经验公式上。但是三维叠前 AVO 分析为地震岩性分析和地震储层识别提供了一条可行的途径。总之，这个领域的发展充满了机遇和希望。此外，多波联合勘探、时移地震、井间地震、VSP 和地面三维立体勘探也是推进油藏地球物理技术发展的重要方面。

近年来，用于油藏解释的井间电法及井—地电法的发展令人刮目相看。

井间电法有两类基本形式：其一是利用井间电磁场层析成像方法获得两井之间的电阻率分布，进而动态地监测油田开采及注水前驱变化；其二是以传导类电法勘探基本理论为依据的电位法监测技术测量注水层位（或其他注入液）所引起的地面电位梯度的变化，进而寻找大孔道、评价剩余油分布、监测压裂缝及注水推进方向。

井—地电法始于 20 世纪 80 年代俄罗斯发明的沉井激电法，即供电电极沉入井中，测量排列沿地面呈放射状布置，测量电极由远至近移动。当测量电极移到油水接触边界处，电阻率出现极大值，据此即可确定油水的边界。近年来，俄罗斯又推出井—地建场测深法，即采用大功率供电电极井下激发（分别在油藏上、下方激发），研究地面建场剖面中目标体的电阻率及层极化特性，从而预测储层厚度、特征、监测注水前驱的动态。21 世纪初，东方地球物理勘探有限责任公司在井—地建场测深法基础上开发出井—地建场激电法，建成 4 种波形、64 个频率的激发接收系统，并在我国 4 个油田的多个井区开展了试验，取得了较好的效果。此法应用前景看好。

三、理论模型假设

地球物理技术的发展像其他科学一样，在最初阶段总是从最简单的理想模型入手，例如假设地下介质是均匀各向同性介质，在此基础上发展了一套比较完善的勘探技术，成功地解决了许多地震地质条件不太复杂地区的勘探问题。将这套技术用于比较复杂地区勘探后，遇到了许多前所未有的问题，例如对地震勘探来说，以往在可以假设成各向同性介质的地区获得的反射波旅行时曲线不再是双曲线，那么这种非双曲线特征应当被看成是各向异性介质的典型特征。实际上各向异性介质在沉积岩层中是普遍存在的，通常是由薄互层沉积及有方向排列的垂直裂隙引起。理论上认为引起地震各向异性介质的可能有两种情况：其一是地下为韵律性（周期性）薄互层介质（PTL）；其二是由垂直裂隙引起的扩容性介质（EDA）。这两种介质均称正交各向异性介质，可分别用 VTI 及 HTI 两种理论模型来刻画。当其在本构坐标系下的对称轴与观测坐标系不重合时就会产生极化各向异性和方位各向异性。对 VTI 介质，当其对称轴倾斜时又称 TTI 介质，此时需研究极化各向异性；对 HTI 介质，需研究方位各向异性。可见这两种各向异性均是 VTI 介质与 HTI 介质的对称轴与观测系统不重合所引起。当前地震勘探中各向异性的研究基本上沿着两个方面展开：

（1）考虑到在介质同一位置沿不同方位具有不同的速度，即地层具有速度各向异性，也就是说速度各向异性具有方位各向异性的特点。研究表明，在方位各向异性介质中，NMO 速度随方位变化呈现椭圆形状，对于单层、多层及裂隙介质，NMO 速度具有不同的椭圆属性。

在地震数据处理中，考虑到速度各向异性的影响，需采用水平层状各向异性（VTI）介质 P 波反射时距公式（内含常规动校正速度及 1 个各向异性系数，前者反映短排列旅行时，后者反映旅行时曲线非双曲线部分），才能使地震数据叠加效果及速度分析精度得到明显地改进。尤其是宽方位地震数据采集中，必须考虑方位各向异性的影响。

裂隙介质（可用 HTI 模型描述）的 NMO 速度椭圆属性不仅与裂隙密度有关，而且与裂隙填充物性质有关。研究表明，对于干裂隙介质，裂隙的存在对 P 波方位 NMO 速度影响较大，对 S 波方位 NMO 速度影响较小；对于充满流体（水）的裂隙介质，裂隙的存在对 P 波方位 NMO 速度影响较小，对 S 波方位 NMO 速度影响较大。也就是说，在通常情况下，S 波各向异性要比 P 波各向异性强烈。此种属性可广泛用于裂隙检测，更有利于储层分析。对于裂隙型单斜各向异性介质，其方位 NMO 速度椭圆轴向并不像 HTI 介质那样与自然坐标系一致，而是发生了一定角度的偏离，其大小与裂隙填充物的性质、两组裂隙密度的比值及裂隙的夹角有关。据此，即可利用这个特点将单斜介质与 HTI 介质区分开，并有可能确定裂隙填充物的性质。

（2）地震波传播方程只有在极其简单介质的情况下才有精确的正演解析表达式，无论是各向同性介质或是各向异性介质的波动方程一般都是比较复杂的，其弹性波波场模拟均采用数值模拟方法。目前各向异性介质的波场模拟有单程波模拟及全程波模拟两种，前者计算效率高，精度低，一些复杂地质现象的波动传播无法模拟；后者计算效率低，但能较完整地描述弹性波的传播。有关各向异性介质的弹性波数值模拟方法发展很快，其中以弹性波交错网格高阶有限差分数值模拟算法最有代表性。此法有利于压制差分算法中出现的数值频散现象，提高模拟精度。此法广泛用于地震数据处理、地质解释及储层解释。

综上所述，人们不难看到各向异性有可能在以下方面得到发展：（1）在考虑各向异性之后有可能出现崭新的采集方案；（2）在 P 波偏移算法中将考虑各向异性的影响；（3）在横波或者转换波处理及解释中，同时考虑极化和方位各向异性的作用，会明显地提高处理及解释的效果；（4）各向异性参数会像速度及反射振幅一样，广泛用于岩性、流体和应力的描述，并将出现新的方法，其中时变方位各向异性将被稳健地用于油藏描述及管理。

第二节　我国油气勘探面临的主要问题

我国油气工业持续发展面临四大困难：

（1）我国作为世界上第二大能源消费国，以煤为主体的消费结构与世界先进工业化国家有明显的差距，尽快依靠以油气资源的发展实行能源结构重组是当务之急。

（2）油气资源的供需形势严峻，随着国民经济的发展及人民生活水平的提高，从1993年起我国已成为石油进口国家，供需缺口的增大将会影响国家的经济安全和国防安全。

（3）油气资源的储采矛盾突出，我国的原油产量近10年来增长缓慢，每年新增探明可采储量不能弥补同期采出量，年储采比递减速度为0.5%。

（4）资金投入与效益产出不成比例，由于我国剩余可采储量开采难度大、品味低，采油成本逐年上升，导致一些油田的综合成本已接近国际低油价水平。

我国今后一段时间油气勘探面临的基本形势可以概括为：油气资源勘探空间仍然比较宽广，但资源品位比较低，勘探条件越来越困难，勘探对象越来越复杂，勘探难度越来越大，因而油气勘探对科技的需求也比以往任何时候都更加迫切。

我国油气资源主要集中分布在10个大中型盆地：东部的松辽盆地及渤海湾盆地；西部的鄂尔多斯盆地、四川盆地、塔里木盆地、柴达木盆地、准噶尔盆地和吐哈盆地；海上的南海北部湾盆地及东海盆地。以下分别具体分析这方面的情况。

一、我国东部成熟区勘探面临的主要问题

我国东部的松辽盆地及渤海湾盆地是我国勘探程度最高、陆相中新生界油气资源探明率最大的含油气盆地。平均每平方公里完成二维地震测线约2.5km，其中渤海湾盆地的钻探程度达到每平方公里8.85口探井。今后一段时间，我国东部老油田仍将是增加可采储量的主要地区。但是，这些地区的勘探对象日趋复杂，勘探难度日益增大，可用“深、隐、低、稠、小”5个字来概括。“深”指勘探目的层埋深不断加大；“隐”指勘探对象的隐蔽性不断增加；“低”指低渗透、特低渗透油气藏所占比例不断上升；“稠”指稠油、超稠油油藏的比例不断增大；“小”指勘探对象的单元储量规模越来越小。为了在如此复杂情况下实现“稳定东部”战略，应将以下问题作为战略实施的方向：

（1）查明剩余可采油气资源的分布状况及控制因素。

（2）在已知油田区及其周边查明新断块、潜山、潜山披覆背斜及各种隐蔽油气圈闭，并将寻找隐蔽油气藏作为一项长期的勘探战略。

（3）在油气主力产层下方寻找深层油气，尤其要十分注重深部海相地层的油气资源评估。

（4）发现新的层系，开拓新的领域。

（5）重新评估在以往技术和认识条件下被认为是无油气远景的一些中、小盆地。

二、我国西部战略接替区勘探面临的主要问题

我国的10个大、中型含油气盆地中有6个分布在西部，其油气资源量占我国总资源量的42%和87.9%，为我国主要油气战略接替区。其中塔里木、准噶尔、柴达木及吐哈等4个大盆地的面积约占全国陆地面积的1/3。我国西部地区的油气勘探历史虽然悠久，但因这些地区的地震地质条件极其复杂，盆地周边多以前陆盆地为主，地表及地形条件恶劣，地下地质结构复杂；盆地腹部均为浩瀚沙漠和戈壁，总体勘探程度很低，许多地区仍属新区。这4个大盆地的发育背景、油气系统形成条件与我国东部油气区截然不同，主要表现为多期不同的构造层叠覆，各构造层在空间上互不联系，各构造层间多以不整合面相隔，同时伴以侵蚀及破坏，因而具有多期生烃，多期生烃中心，多期、多方向、多模式聚烃及多期改造破坏的复杂成藏历史。此外勘探目标普遍偏深，一般在4000m以下，而且断裂发育、圈闭幅度小，物性差、高压层多，在地震记录上多表现为信噪比极低、有效信号能量弱、地震成像及归位困难。为了在如此复杂地区实现“发展西部”的战略目标，加快西部勘探步伐，拟将以下问题作为战略实施方向：

(1) 在勘探思想上要牢固树立只有在地震地质条件相对比较简单的地区才能采用通用或相似的物探方法，在地震地质条件复杂的地区必须依靠新的技术方法，换句话说，一个地区通过攻关获得的成功方法也仅对该区有效，其他复杂地区必须重新研究，不能照搬已有的方法，这就是我国西部石油物探的特点。

(2) 在勘探领域上既要大力勘探各大盆地周边分布的各类中生代前陆盆地，又要加快盆地腹部台盆区勘探。现今各盆地总体勘探程度均比较低，对一个地区过早做否定的结论是不合适的。

(3) 在勘探方法上仍然要把数据采集方法放在首位，加强表层结构调查、加强观测系统设计及论证、做好静校正；在数据处理上要特别注意去噪、反褶积、偏移及速度分析等几个基本处理环节的工作，同时针对具体问题采用特殊的处理方法，还要考虑各向异性的影响。

三、我国近海海域油气勘探面临的主要问题

我国是世界上拥有海岸线较长和大陆架面积比较大的国家之一，海域面积有300×10^4 km^2，有以新生代沉积为主的51个沉积盆地，具有良好的油气资源前景。仅近海海域7个大中型盆地，石油资源量占全国总资源量的26.17%，天然气资源量占21.4%，由于我国海洋勘探起步比较晚，目前海洋油气产量在全国所占比重并不高，但是近年来我国海洋勘探不断有新的发现，海洋油气储量、产量迅速地上升，海洋油气区可望成为我国21世纪油气工业重要的接替区之一。

我国近海海域由于受周边几个板块构造活动的影响，处在大陆拉张分裂的沉降构造背景之中，地质构造特点与中国东部大陆有相似之处，也有明显的差异。主要表现为新生代裂谷构造发育，有的裂谷是陆地裂谷系的延伸，如渤海及黄海；有的裂谷自成体系，如东海。这些裂谷系均由若干断陷组成，每个断陷都有1个相对独立的沉积体系，从而控制了与其相应的油气田。我国南海海域面积有$150\times10^4km^2$，由20多个沉积盆地组成。其新生

代沉积厚度近万米，以海相沉积为主，构造发育，是我国在海洋寻找新生代海相油气田的主要地区，也可能是我国在21世纪中期油气的主要接替区。目前该区多被周边国家侵占及开采，而我国在该区的勘探工作尚未真正展开，对该区的研究工作也很薄弱。为了实现海上“油气并举”的目标，拟将以下问题作为战略实施方向：

(1) 从整体上说我国海域的勘探是勘探方法问题，主要表现为海洋勘探与陆地相比在作业环境、技术要求、质量控制、施工方法及关键技术等方面有很大的差异，全部现场作业均处在动态之中，因此对综合导航、定位及勘探数据的采集有很高的要求。

(2) 大力加强滩海区石油物探工作，迅速拓展滩海油气勘探的新局面。我国渤海海域周边均是我国主要油气生产基地，海域中央的渤中坳陷也是油气资源富集区，从区域构造上看，海上的地质构造均为陆地构造的延伸，所以不论从构造或沉积上分析，渤海的滩海区是一个勘探油气最有利的地区。但是该区构造复杂、地层多呈剥蚀残留特征、储层横向变化快、圈闭幅度低，给石油物探数据采集、处理及解释增加了难度。

(3) 我国东海海域不仅保留我国东部地区陆相地层的一些油气特征，而且发现了物性好的海相储层，现有资料表明在近海盆地的外带普遍存在一些快速沉降的断陷，不同于我国东部的裂谷型盆地，因此在勘探上要注意两者的区别。

(4) 我国南海的主权受到周边国家的争议，我国政府从大局出发，提出搁置争议共同开发的方针。现有资料表明，南海油气资源极为丰富，为维护我国领海的权益，我国应从无争议的地区着手加速开展南海海域的油气资源研究和勘探工作。

(5) 我国的海洋勘探区域基本上处于大陆架范围，水深一般在200m以内，还需向深水区发展。因此研发深水勘探技术，可为我国石油工业的发展开拓更加广阔的空间，选择更加坚实的油气战略接替区。

第三节　勘探对策

我国是世界上油气资源比较丰富的国家之一，但我国的油气资源勘探及开采难度远较其他国家大。面对我国东部、西部及海上存在的主要问题，采取什么样的勘探对策是一项十分复杂的系统工程。勘探地球物理学是一门涉及许学科的边缘科学，而且又是一门试验性很强的科学。因此唯有经过实际检验的思路及方案才是正确的，反之意味着勘探的试验工作仍需继续。技巧是有的，但无捷径可走。

一、确立正确的科技发展思路

1. 努力发展最实用的勘探技术

所有研究的新技术一定要紧密结合勘探生产的实际需要，一定是要能够解决勘探生产实际问题的，一定是要能产生效益的。针对我国油气勘探当前存在的实际问题，重点要发展复杂地区的地震勘探技术、深层（深海）勘探技术、复杂构造成像技术、薄储层及超薄储层的预测技术、裂缝性储层预测技术、油藏地球物理技术。

2. 努力发展具有自主知识产权的勘探技术

由于我国油气勘探工作起步比较晚，以往许多关键勘探技术在相当程度上依赖于引进、仿制和跟踪研究，尤其在勘探装备及软件上表现更突出。近年来，随着我国综合国力进一步增强，自身勘探技术及经验的积累，国际交往频繁，在勘探领域已经出现了可喜的变化。必需本着有所为有所不为的方针发展我国的勘探技术，例如在勘探装备上像大型可控震源、地震钻机、数字检波器已经完全具备自主独立研制及开发的能力，就应当加速提高自主创新能力，走“自主创新”的路子；像重、磁、电等勘探设备需求量有限，又无雄厚的制造技术，制造难度又大，就应继续走“引进创新”的路子。“自主创新”是指具有独立自主知识产权的创新，它涉及新的设计理念和新系统、新材料的集成，实现装备的高效率、低成本及高可靠性，并不顾及这种集成整体的组件（硬件及软件）产自何方。也就是说，我们必需善于利用国内外市场上已有的成熟的技术；“引进创新”是指对引进设备使用的创新，而不是机械地照引进技术指南操作。CEAP电磁阵列剖面技术就是东方地球物理勘探有限责任公司根据引进的EMAP技术创新的一项实用技术。

3. *进一步发展多学科、多信息联合勘探技术*

由于我国面临的油气勘探对象既复杂又隐蔽，宜从不同的角度去了解、查清地下同一勘探对象，这样可避免仅依据单一勘探方法结论的片面性，或者说减少多解性。现今石油地球物理勘探工作者普遍认识到多学科、多信息联合勘探技术是解决复杂地质问题的最好的手段，它不仅适用于勘探，也适用于油气田开发。这项联合勘探技术既包含有多学科信息，也包含有同一勘探方法不同的属性信息。这里值得提及的是，多学科、多信息联合勘探技术的应用效果优劣是以各学科技术创新程度为基础的，也就是说各种单项技术提取的参数越准确，它参与联合作用的效果越显著。

4. *发扬团队精神，整体提高勘探技术水平*

鉴于石油地球物理勘探工作的特点及我国当前所面对地质问题的复杂性，必须将发扬团队精神放在勘探事业成败的高度去看待。这里所说的团队至少有3个层次：

一是国家科研院所及高等学校与企业的科研院所组成的技术团队，这应当成为我国创新技术开发的骨干团队，它充分体现了理论与实际的结合。

二是不同企业科研院所组成的团队，即不同业务性质的科研院所之间的合作，例如在油气田进入滚动勘探开发阶段，必须将勘探及开发方面的专家集为一体，才便于快速推进勘探开发工作。

三是在石油物探工作上正在积极倡导及实施物探数据采集、处理及解释一体化，就是一种团队组成模式，它不仅是当前勘探形势发展的需要，也是勘探技术发展的需要。

上述后两类团队是应用技术创新的主力部队。

5. *鼓励百家争鸣*

在学术及技术领域应当鼓励持有不同观点的人勇于发表自己的意见，虽然有的意见用现有的理论还解释不清楚，也应允许争论和保留，尤其是那些已被实际见证的观点，更应受到鼓励，将不清楚的问题探索明白。我国地球物理界至今原创性技术缺乏，必须大胆鼓励一些年轻的地球物理科学家勇于解放思想，勇于探索。

二、复杂地区可供选择的地球物理勘探技术

我国在以往40多年的地球物理勘探活动中，遭遇过各种各样的复杂地震地质条件挑

战，积累了丰富的、宝贵的经验，虽然这些经验不是手到病除的灵丹妙药，但它毕竟是首选的试验技术，如以下8个方面。

（1）地震勘探数据采集技术：对我国东部地区要特别注意针对隐蔽油气藏勘探选用提高分辨率的数据采集技术及改进深层数据质量的采集技术。对于前者主要通过尽可能补偿高频衰减、提高高频成分的信噪比、加密时间及空间采样率等措施实现，对于后者主要是通过提高深层信噪比、提高深层反射能量、尽可能压制高频噪声及降低多次波等规则干扰水平来实现。为此，要在勘探目标模型正演模拟基础上，选择最合适的激发、接收参数及设计最佳的观测系统。对我国西部地区必须针对各种复杂地表条件选用不同的采集方法，即复杂山地地震采集技术、高陡逆掩构造地震采集技术、黄土塬地震采集技术及大沙漠地震采集技术等。

（2）静校正技术：静校正问题并非只有地震数据才存在，实际上重、磁、电勘探数据也存在。旨在消除对正常观测值产生静态影响的附加值均称为静校正。在不同的物探方法中，这种静态影响的附加值有不同的涵义。重力勘探中按校正对象不同分别将静校正称为高程校正、地形校正及纬度校正，磁法勘探中按校正的对象不同将静校正称为正常场校正和垂直梯度校正。大地电磁测深法中将消除因表层电性不均匀，电流线通过电性分界面形成静电荷积累，造成静电场的叠加，从而导致两种不同极化模式（TE及TM）的视电阻率曲线发生平移的校正称为静态时移校正。相比而言地震勘探中的静校正问题最复杂。重磁是一种体积效应，静校正问题相对比较简单。大地电磁法及地震法虽然都可看作是射线传播，但是大地电磁法的测点距依地质任务不同，一般可在2～8 km之间。因此电流线的分布不太复杂，而地震波射线的传播一般都需经过表层，因此表层结构的不均匀、地形起伏及井中不同的激发深度都会造成不同的时差，从而导致不同的静校正方法。高精度地震资料解释表明，不论是海洋、平原或是其他各类地区都应当把静校正技术看成一项常规处理技术，地震资料处理质量在许多方面都取决于静校正的精度。严格说来，静校正不单纯是一项处理技术，还涉及到静校正的数据采集方式（折射初至波法、微测井法、小折射法）、解释、建立表层模型和资料处理等工作，它是一项综合性技术。静校正大致分两类，即基准面静校正和剩余静校正。前者代表性的方法有高程（地形）静校正、风化层静校正、表层模型静校正、沙丘曲线法静校正等，其中表层模型静校正按实现方法又可细分为初至折射法静校正、模型约束反演静校正、中间层静校正、合成延迟时静校正、层析静校正、近地表一致性静校正、交互初至折射静校正、全差分静校正、模拟退火静校正及复杂地表波动方程延拓静校正；后者代表性的方法有自动剩余静校正、反射剩余静校正、分频剩余静校正、广义线性剩余静校正、剩余时差拾取静校正等等。

（3）去噪技术：滤波是地震数据处理中的最基本去噪声手段。不断提高地震资料的信噪比是地震资料处理的首要任务。只有地震资料具备一定信噪比，提高地震资料的分辨率才有实际意义。地震记录由有效信号和噪声两部分组成，噪声又分随机噪声和规则噪声。去除噪声主要通过滤波方式解决。滤波方式主要有以下几种：一维滤波，包括低通滤波、高通滤波、带通滤波和时变带通滤波及陷频滤波，以时变带通滤波应用最广；二维滤波，包括扇形滤波、带通扇形滤波、对称带通滤波和对称带阻视速度滤波，主要用于压制规则干扰波，如面波和浅层折射波等低速度干扰波；相干加强滤波，主要用于压制地震道之间不相关的随机噪声，突出叠后相关的地震道；多项式拟合滤波，最先由俞寿朋提出，此法由于采用多道相关方法进行有效波时间和波形能量拟合，可以有效地压制随机干扰，明显地改善地震资料的信噪比；随机噪声衰减，主要用于压制随机噪声和非线性噪声；多道相关噪声衰减、f—k 滤波、中值相关滤波及叠前逐点自动识别去噪主要用于强规则噪声的压制。

（4）提高分辨率处理技术：反褶积是地震资料处理中用于提高地震时间分辨率的主要技术。反褶积技术不仅用于叠后资料，也可用于叠前资料。常用的反褶积方法有脉冲反褶积、预测反褶积、自适应反褶积、同态反褶积、最大熵反褶积、最小熵反褶积、谱白化反褶积、L_1 范数反褶积、两步法统计子波反褶积、地表一致性反褶积、反 Q 滤波、子波整形反褶积、可控震源反褶积和混合相位反褶积等等。但是在叠后相对保持振幅提高分辨率处理中要特别注意反褶积方法的选择，例如谱白化反褶积及最小熵反褶积具有多函数映射的特点，无法实现空间的相对保持振幅，因此不利于储层岩性研究。

（5）大炮检距数据处理及共反射面元叠加技术：在复杂地震地质条件及深层勘探中，为了提高反射质量，除提高叠加次数外，还应开发大炮检距处理及共反射面元叠加技术。大炮检距的反射时距曲线已经不是双曲线，不能再用双曲线方程进行正常时差校正，必须采用高次项或增加修正项，才能使叠加精确成像。也有人采用差分叠加方法获得成功。此外，最近国外有人采用相邻共反射点面元叠加改善深层信噪比获得了较好的效果。

（6）地震偏移：又称偏移归位或偏移成像，主要用于使反射波正确归位，绕射波自动收敛，干涉带自动分解，恢复和逼近地下真实构造原貌。地震偏移分为叠前偏移、叠前部分偏移、叠后偏移和深度偏移四类。就偏移实现方法而言，又分为两类：一类称作射线偏移，包括直射线偏移和曲射线偏移；另一类称作波动方程偏移，包括有限差分法、积分法和相移法等偏移方法。目前常用的众多偏移方法都是从上述偏移方法中延伸而来。此外，在时—空域、频率—波数域、τ—p 域等出现一些双域偏移方法。从理论角度看，在众多偏移方法中以叠前深度偏移成像精度最高。但是它受速度模型的准确程度影响很大，这也是此法当前难以推广的重要原因。从应用角度看，鉴于叠后深度偏移可以较准确地提供深度域层位信息（优于其他时—深转换方法），叠前时间偏移可以对复杂构造成像（只是成像位置有偏差），因此可采取先做叠前时间偏移，后做叠后深度偏移，获得最佳的成像效果。

鉴于波动方程叠前深度偏移技术具有既能保持波的运动学及动力学特征，又适于解决复杂构造成像的优点，因此成为人们竞相研究的目标。目前比较成熟的波动方程叠前深度偏移方法有：用有限差分法实现的频率空间域方法；用傅里叶有限差分实现的频率空间域与波数域结合的方法；用相移插值实现的频率波数域方法；用分裂相移算法实现的频率空间域方法。此外，还有波动方程与射线相结合的叠前偏移方法也是一种可供选择的方法。

（7）精细速度分析：速度分析研究既是地震勘探中的基础性工作，又是一项事关地震勘探成败的工作，对此必须倍加注意。进行动校正要使用叠加速度，进行偏移要使用偏移速度，进行时—深转换要使用平均速度。影响地震速度的因素太多，难以找到一个精确解析式来描述速度函数，只能从建立各种简化介质模型基础上根据用途不同获得不同的速度。目前获取地震速度的途径是有限的，除了利用地震测井及垂直地震剖面法获得一些局部井点上的比较精确的速度以外，主要是依靠地震资料本身求取，这就不可避免地受到地震资料成像精度的限制。因此要针对具体地区、具体资料及研究目的选用相应的速度建模方法。目前应用比较好的速度建模技术有层位反偏移、横向叠加速度谱剖面、三维空间射线追踪层速度相干反演等技术。

（8）综合地球物理联合反演技术；在复杂地震地质条件地区，有时难以获得地震资料，并不意味着得不好电磁及其他物探资料，特别是在中国西部山地山前逆冲推覆构造带及中国南方碳酸盐岩出露区，经验表明电磁勘探是获取这些复杂地区的地质信息很有用的方法。但是电磁勘探方法的分辨率及勘探精度不及地震勘探方法，因此要采用联合地球物理反演技术，才能收到事半功倍的效果。

三、油气田开发中可供选择的地球物理技术

自20世纪90年代以来，我国在石油物探工作中广泛开展了地震储层横向预测工作，经过10多年的勘探实践，我国的储层预测工作已由油气勘探早期的区域性储层研究进入到油气勘探中后期的储层描述及油气藏描述，现在正向油气田开发领域延伸。我们在储层研究及油气田开发领域积累了一些可供选择的地球物理技术：

（1）三维高分辨率勘探技术：是应对我国复杂中小型油气田勘探唯一有效的勘探手段，此种技术采集的资料也是进行储层预测的最基础性的资料。

（2）地震储层成像技术：主要利用多种地震约束反演技术获取储层精确成像，为层位标定提供准确资料，比较常用的技术有波阻抗反演（其代表性的软件有 Seislog，Glog，Parm，Blog）、道积分反演、AVO 反演等。

（3）层位标定技术：主要有通过连井地震剖面用钻井分层标定、合成记录层位标定、VSP 层位标定等。

（4）地震属性提取及分析技术：现今已知表征地震波的地震属性大约有100多种，这些属性均与地震数据中的时间、振幅、频率和衰减等信息有关，其中绝大多数属性信息都可沿层提取。地震属性既可用于定性解释，又可用于定量解释。通常利用地震属性平面图表示地震构造或岩性异常，或者利用地震属性数据体切片动画显示和快速检测地质构造及岩性异常。目前将地震属性转换成地质参数的方法，主要采用地质统计算法中的克里金技术、协克里金技术、聚类分析技术及主元素分析技术。

（5）烃类检测技术：以往在地震剖面上通过识别“亮点”、“暗点”及“平点”的反射直接进行烃类检测的技术还是可以用的，但必须在可靠的岩石物理学分析基础上经过模型正演才能确认。现在比较流行的做法有：①智能预测法，包括模式识别、神经网络等方法。模式识别法是将地震属性参数特征进行分类，以区分油层、气层、水层及干层。模式识别法又分无监督模式识别及有监督模式识别两种，前者是按样本的特征分类，后者是按参数本身的自然特征分类。原则上说，只要各类样本的地震属性特征区分明显，预测效果就会很好。神经网络技术主要涉及网络结构、权值训练方式和学习规则的设计。在网络结构及学习规则确定后，权值的训练方式决定着网络建模及预测的成败。目前常用的神经网络算法有反传播算法（BP）及遗传算法（GA），前者基于梯度下降原理，在训练过程中逐步调整权值，直到最终得到一个较好的权值分布；后者以模拟生物进化过程，由任一初始群体出发通过随机选择、交换及变异等遗传操作，使群体一代一代地进化到搜索空间中越来越

好的区域，直至达到全局最优解。②AVO分析法，是20世纪90年代以来被地球物理界普遍看好的直接烃类检测方法，由于AVO数据处理是一种保持地震波动力学特征的处理，可消除一切与介质无关的影响信号振幅的因素，可以从中提取AVO属性参数（纵波速度、横波速度及介质密度），进而用来识别孔隙流体类型及饱和度。③时频分析，包括单道地震记录时频分析（又称垂直时频分析）及多道地震记录时频分析（又称水平时频分析）。利用时频分析数据体可以得到：时频分析剖面，主要用于划分能量连续分布的分界面及具有方向性分布的地震旋回体；分频剖面，主要用于详细了解地震信号在各频带上的变化；层位切片，主要用于了解时频分析数据在空间—频率域的变化；多频层位切片，主要用于不同尺度的地层沉积单元的检测与识别。

（6）井中地球物理技术：包括三分量VSP、VSP时移、井地立体地震勘探（VSP与地面三维同时实施）、井间地震（或井间时移地震）、井中电法、井—地电法及井间电法（或井间时移电法），主要用于精确求取储层参数、波场模拟和改善地震成像质量及偏移归位精度。其中井间物探还可用于寻找剩余油的分布。

（7）多波多分量勘探技术：此项技术被国内外地球物理界认为可用于油气田开发的技术，其优点在于可以减少地震地质解释的多解性、进行储层识别、监测油气运移、检测裂缝及各向异性。

（8）时移地震技术：此项技术已经从试验阶段走向实用阶段，在国外它已经成为油气田开发中常规技术，主要用于油气藏动态监测，寻找剩余油的分布，提高油气采收率。

四、优先发展关键技术

虽然我国的地球物理技术水平有了很大的提升，但是在很多领域仍面临一系列技术问题，在此提出以下优先发展的关键技术：

（1）复杂地震地质地区的地震数据采集及高信噪比处理技术。

（2）复杂构造速度建模（如叠瓦状逆冲推覆构造）及叠前深度偏移技术。

（3）大炮检距及共反射面元叠加技术。

（4）地震与重磁电联合反演方法。

（5）构造模式、构造平衡复原与地震模型相结合的解释方法。

（6）岩石物理学研究及其储层表征。

（7）高分辨率地震勘探技术。

（8）高精度地震反演技术。

（9）地震属性分析与地质统计技术。

（10）多波多分量联合勘探技术。

（11）三维井地立体地震勘探技术（VSP与地面三维地震同时作业）。

（12）井间地球物理及三维随钻VSP技术。

（13）AVO拟合及AVO分析。

（14）低幅度平缓背斜油气藏的精确识别技术。

（15）大型地层岩性圈闭识别技术。

（16）裂缝型油气藏识别技术。

（17）油气层检测技术。

（18）复杂油气层横向预测技术。

（19）时间推移地球物理技术。

（20）叠前多域及叠后保真技术。

（21）真实地表叠前深度域波动方程偏移成像技术。

（22）宽方位三维地震数据处理技术。

（23）各向异性处理技术。

（24）多重约束速度建模技术。

（25）叠前弹性波反演技术。

（26）三维可视化及虚拟现实地震综合解释技术。

（27）三维电磁正反演技术。

（28）复杂地表条件下层析静校正技术。

（29）复杂地表条件下以压制散射为主的去噪声技术。

（30）地震采集及处理软件。

参考文献

范祯祥，郑先种 . 1998. 地震波参数反演与应用技术 . 郑州：河南科技出版社

冯连勇等 . 2005. 世界石油物探行业及技术发展趋势 . 石油地球物理勘探，40（1）

何樵登，熊维纲 . 1991. 应用地球物理学教程——地震勘探 . 北京：地质出版社

黄绪德 . 2003. 油气预测与油气藏描述——地震勘探直接找油气 . 南京：江苏科学技术出版社

蒋先勇等 . 2005. 深层地震速度分析的不确定性研究 . 石油地球物理勘探，40（1）

科学技术部农村与社会发展司油气资源领域科技战略研究组 . 2000. 21 世纪初期我国油气资源领域科技发展战略研究 . 北京：冶金工业出版社

立早 . 2002. 关于发展我国物探装备技术的思考 . 物探装备，12（1）：11～14

陆基孟等编 . 1984. 地震勘探原理 . 北京：石油工业出版社

马海珍等 . 2002. 地震速度场建立与变速构造成图的一种方法 . 石油地球物理勘探，37（1）：53～59

钱荣钧 . 2003. 炸药震源激发效果分析 . 石油地球物理勘探，38（6）：583～588

钱荣钧等 . 2002. 不断创新是科技发展的动力 . 物探装备，12（3）：155～164

邱中建，龚再升主编 . 2000. 中国油气勘探 . 北京：石油工业出版社

王得利，何樵登 . 2004. 各向异性介质中 NMO 速度方位属性地震学研究新进展 . 北京：石油工业出版社

吴国忱，王华忠 . 2004. TTI 介质弹性波数值模拟——储层地震技术新进展 . 东营：石油大学出版社

中国石油集团地球物理勘探局志编委会 . 2002. 石油物探局志 . 北京：石油工业出版社

［俄］H. H. 普济廖夫等著，裘慰庭等译 . 1993. 横波和转换波地震勘探 . 北京：石油工业出版社

［美］M. B. 多布林著，吴晖译 . 1983. 地球物理勘探概论 . 北京：石油工业出版社

附录

大 事 记

2000 年 1 月 24 日，中国石油天然气集团公司（简称集团公司）地球物理勘探局（简称物探局）技术中心通过了国家经贸委会同财政部、国家税务总局、海关总署等部门的考核，被批准为第七批享受优惠政策的企业（集团）技术中心。

2000 年 3 月 14 日，物探局成立技术发展中心。

2000 年 8 月 1 日，集团公司在敦煌召开青海柴达木盆地物探技术座谈会，讨论有关柴达木盆地地震勘探的问题。

2000 年 8 月 16 日至 18 日，全国石油物探西部地区第九次技术研讨会在新疆伊宁市召开，会议由新疆油田分公司勘探开发研究院承办。来自全国 48 个单位的 129 位代表参加了会议，报名文章 68 篇，大会发言 31 篇。与会论文充分反映了西部复杂地表和复杂构造条件下物探技术取得的进步。

2000 年 9 月 2 日，物探局研究开发的地震数据采集工程软件系统 KLSeis1. 0 通过集团公司鉴定。

2000 年 10 月 15 日至 18 日，全国石油物探南方地区第十次技术研讨会在南京举行，会议由中国石化石油勘探开发研究院南京石油物探研究所和新星石油公司第六物探大队承办。40 多个单位的 130 名代表出席了会议，有 35 篇文章在大会上进行了交流。会议的主要议题是有关南方中、新生界小盆地和碳酸盐岩的物探技术。

2000 年 10 月 31 日，物探局研究院地球软件公司通过了由国家计划委员会、中国科学院、清华大学、同济大学等单位专家组成的验收组验收，成为国家油气勘探软件工程研究中心。

2000 年 11 月 18 日，物探局与加拿大 OGI 公司就开发地震国际合作研究项目举行签字仪式。

2000 年 12 月 4 日至 7 日，SPG/SEG 深圳 2000 国际地球物理研讨会在深圳召开。会议的主题是“储层地球物理”。来自中国、美国、英国、加拿大、挪威、印度等国家的中外代表 145 人（其中外方 21 人，中方 124 人）出席会议，外方论文 18 篇，中方论文 41 篇（口头 20 篇）。

2001 年 1 月 6 日，物探局决定对地震数据处理与解释研究资源进行重组。

2001 年 3 月 7 日，物探局成立技术发展中心（研究院）。

2001 年 3 月 15 日，集团公司公布“中国石油天然气集团公司十大科技进展”项目。其中包括：“GRISIS/5. 0 地震数据处理系统”、“KLSeis1. 0 地震采集工程软件系统”、“塔里木盆地山地超高压气藏勘探技术和克拉 2 大气田的发现”和“鄂尔多斯盆地上古生界天然气富集规律及勘探技术研究和苏里格庙大气田的发现”。

2001 年 4 月 25 日，由中油油气勘探软件国家工程研究中心研制的“GRIStation/WS—

V3.0 地震地质综合解释系统”通过集团公司科技评估中心组织的鉴定。

2001 年 7 月 23 日至 27 日，“全国石油物探东部地区第十次技术研讨会暨大庆地震会战 40 周年地震技术回顾与展望”在黑龙江省齐齐哈尔市鹤城宾馆召开。会议共有代表 120 余人参加，由大庆石油管理局物探公司承办。报名文章 38 篇，大会发言 28 篇。会议的文章反映了与油田开发有关的地震技术。

2001 年 8 月 14 日至 17 日，全国石油物探西部地区第十次技术研讨会由青海省石油学会、青海石油管理局物探公司承办，会议在敦煌市召开。来自全国 50 个单位的 230 位代表参加了会议。收到论文 95 篇，充分反映了在西部地区大型油气田发现过程中地球物理勘探技术发挥的重要作用。

2001 年 10 月 25 日至 27 日，全国石油物探南方地区第十一次技术研讨会在湖南张家界市举行，由中国石化集团江汉油田分公司物探处承办。130 名代表出席了会议。会议收到论文 67 篇，论文主题内容为复杂地震地质条件的物探技术。

2001 年 12 月，“地震采集工程软件系统 KLSeis 1.0”、“中国东部深层石油地质综合研究与目标评价”、“电磁勘探新技术”分别获中国石油天然气集团公司技术创新奖一、二等奖。

2002 年 1 月，“克拉 2 大气田的发现和山地超高压气藏勘探技术”获国家科技进步一等奖。

2002 年 5 月 31 日，由中油油气勘探软件国家工程研究中心研制的“GRISIS/WS—V6.0 地震数据处理系统”和“GRIStation/WS—V3.0 地震地质综合解释系统”获得中国软件协会 2001 年度推荐优秀软件新产品证书。

2002 年 6 月 16 日至 20 日，中国石油学会南方地区第十二次物探技术研讨会在江苏省无锡市举行，由中国石化集团江苏石油勘探局承办。102 名代表出席了会议。先后共收到论文 49 篇，编入论文集 43 篇，会议主题为复杂地震地质条件下的物探技术。

2002 年 7 月 23 日至 28 日，中国石油学会东部地区第十二次物探技术研讨会在山东省青岛市举行，由山东省石油学会物探专业委员会、胜利石油管理局物探公司科学技术协会承办。212 名代表出席了会议。这次技术研讨会，共收到论文 80 篇，包括地震传播数字模拟、叠前深度偏移、共反射面元叠加等。

2002 年 8 月 16 日至 23 日，中国石油学会西部地区第十一次物探技术研讨会在新疆乌鲁木齐举行，由中国石油天然气集团公司地球物理勘探局勘探事业部承办，325 名代表出席了会议。中国科学院院士刘光鼎、马在田，中国工程院院士李庆忠，著名地球物理学家孟尔盛等出席了会议。这次技术研讨会共收到论文 80 篇，全面总结了复杂地区物探技术的重要进展。

2002 年 11 月 14 日，物探局与中国石油天然气勘探开发公司（CNODC）联合成立物探地质分中心。

2002 年 12 月 26 日，中国石油天然气集团公司东方地球物理勘探有限责任公司（简称东方地球物理公司）成立。

2003 年 1 月 24 日，东方地球物理公司研究院物探技术研究中心成立。

2003 年 1 月 28 日，东方地球物理公司科研成果“地震勘探数据采集处理系统”获国家科技进步二等奖。

2003年4月17日，集团公司投资1.4亿元的“GeoEast V1.0地震处理解释一体化系统”项目正式启动。

2003年10月14日，由东方地球物理公司承担、中国地震局地质研究所、石油大学（北京）、中国石油集团测井有限公司技术中心参与开发的“十五”国家科技攻关计划项目“中国油气资源发展关键技术研究”课题之一“矢量地震、山地地震勘探技术研究”通过国家科技部组织的验收。

2003年10月16日至22日，中国石油学会南方地区第十三次物探技术研讨会在云南省昆明市举行，由中国石化南方勘探开发分公司承办，云南省石油学会、滇黔桂石油勘探局物探公司协办。138名代表出席了会议，会议论文79篇。会议主题为复杂地表地质结构和低信噪比。

2003年12月，由石油大学（北京）和东方地球物理公司联合研究的“中国复杂区油气地球物理勘探理论与技术”获国家科技进步二等奖。

2004年3月31日至4月3日，由中国石油学会（CPS）与美国地球物理学家学会（SEG）联合主办、中国石油学会物探专业委员会（SPG）承办的“CPS/SEG北京2004国际地球物理会议暨展览”在北京隆重开幕。大会的主题为“地球物理勘探走向西部”。美国、加拿大、英国、法国、意大利、日本、俄罗斯、乌克兰、蒙古国、以色列、马来西亚、印尼等十几个国家等近1200人出席会议。大会录用论文352篇。其中国外论文83篇，国内269篇，论文涉及地震采集、处理、解释、偏移、井间、非地震、多分量等专题，共24个单元。会间同时举办了“高峰专题论坛”和“新产品、新技术推广介绍会”。在“高峰专题论坛”会上，共有9位专家针对“面向21世纪的世界地球物理技术和经济”这一主题发表了讲演。会间召开了SPG与SEG联席会议，会议决定，2006年在中国举办一次CPS/SEG技术交流会，2008年在北京举办亚太地区SEG国际会议。

2004年4月29日，集团公司物探技术研究中心在研究院成立。集团公司副总经理周吉平、东方地球物理公司党委书记王小牧为集团公司物探技术研究中心揭牌。

2004年6月20日，中国石油学会东部地区第十二次物探技术研讨会在杭州举行，会议由东方地球物理公司海上勘探事业部和大港油田有限责任公司承办。近300名代表出席会议。征集了129篇论文，其中的68篇论文作为大会和分组交流。会议主题为隐蔽油藏物探技术。

2004年8月16日至22日，由中国石油学会物探专业委员会主办，新疆石油学会、新疆油田分公司承办的中国石油学会西部地区第十二次物探技术研讨会在新疆乌鲁木齐举行。共200多人到会。本次会议旨在认真总结、交流西部地区复杂构造和隐蔽油气藏地球物理勘探的新技术、新方法、新经验、新成果。

2004年12月，东方地球物理公司科研成果“西部复杂地区三维地震采集技术”获中国石油天然气集团公司技术创新奖一等奖；由中国石油天然气勘探开发公司、中国石油勘探开发研究院和东方地球物理公司共同研究的“中非裂谷系低勘探程度区快速发现大油田的预测技术和评价方法”获中国石油天然气集团公司技术创新奖一等奖。

2004年12月31日，集团公司东方地球物理公司GeoEast V1.0地震数据处理解释一体化软件产品发布会在北京国际科技会展中心举行。公司历时一年零九个月，终于如期圆满完成了拥有自有知识产权的物探核心软件 GeoEastV1.0 的研发任务。

2004 年 12 月 20 日至 23 日，东方地球物理公司 2004 年物探地质技术成果交流会在十三陵石油工人疗养院隆重召开。集团公司老领导王涛，集团公司原副总经理、中国工程院院士邱中建，集团公司总经理助理徐文荣，中国石油天然气股份有限公司总地质师贾承造，以及各油田分公司、各科研院所的领导、专家共 220 多人参加了此次盛会。

2005 年 4 月 15 日至 20 日，中国石油学会东部地区第十三次物探技术研讨会在广西壮族自治区北海市举行。近 170 名代表出席了会议。这次会议的主题为河流相储层预测及油藏描述技术交流、深水水域地球物理勘探技术交流及天然气藏地球物理勘探技术交流。共收到论文 117 篇。

2005 年 5 月 25 日至 26 日，“GeoEastV1.0 处理解释一体化系统”顺利通过集团公司项目验收。

2005 年 5 月 29 日至 30 日，由中国石油学会物探专业委员会和 GeoTomo 中国分公司联合主办的“复杂构造地震成像”国际地球物理高级研讨会在北京五洲大酒店召开。近 150 名代表参加了研讨会。研讨会上 20 多位著名中外地球物理学家及专家参加会议并做了专题技术报告。

2005 年 8 月 23 日至 29 日，中国石油学会西部地区第十三次物探技术研讨会在新疆乌鲁木齐举行。会议由中国石油学会物探专业委员会主办，中国石化西北分公司、西部新区勘探指挥部承办。有近 160 多名代表出席了会议，入选论文 60 篇，会议主题为复杂地表及地质条件下的地震采集方法技术。

2005 年 10 月，“塔里木盆地台盆区高分辨率地震勘探技术攻关”和“哈得逊亿吨级超深海相砂岩油田高效勘探开发技术”获中国石油天然气集团公司技术创新奖一等奖；“苏里格气田开发工程配套技术”和“井下电法油水界面探测技术”获中国石油天然气集团公司技术创新奖一等奖。